恢复生态学

——跨学科的融合

管卫兵　王为东　主编

科学出版社

北　京

内 容 简 介

世界是一个整体,每一个学科和生境都无法孤立存在。本书从各个生态系统角度出发,从多学科交叉的原则出发,整合现有的生态学新技术和新理念,以近年恢复生态学的相关最新内容编写而成,以期为这个蓝色星球的可持续发展提供理论和实践支持。

本书可作为高等院校生态学教材,也适用于生态保护、环境保护、水产及海洋科学等领域的相关人员,以及生态学工作者的实践参考书。

图书在版编目(CIP)数据

恢复生态学:跨学科的融合 / 管卫兵,王为东主编.
—北京:科学出版社,2021.2
ISBN 978-7-03-067819-5

Ⅰ.①恢… Ⅱ.①管… ②王… Ⅲ.①生态系生态学—高等学校—教材 Ⅳ.①Q148

中国版本图书馆 CIP 数据核字(2021)第 003763 号

责任编辑:朱 灵 / 责任校对:谭宏宇
责任印制:黄晓鸣 / 封面设计:殷 靓

科 学 出 版 社 出版
北京东黄城根北街 16 号
邮政编码:100717
http://www.sciencep.com

南京展望文化发展有限公司排版
广东虎彩云印刷有限公司印刷
科学出版社发行 各地新华书店经销

*

2021 年 2 月第 一 版 开本:787×1092 1/16
2024 年 7 月第五次印刷 印张:26 1/2
字数:550 000
定价:90.00 元
(如有印装质量问题,我社负责调换)

《恢复生态学》编委会

主　　编 | 管卫兵　王为东

编　　委 | （按姓氏笔画排序）
王　丽　王　然　毕永红　罗仕明
宣富君　商　栩　阎希柱　魏文志

前　言

随着世界人口和社会经济的快速增长,人类活动影响效应不断加剧,使地球表面生态环境发生了巨大的变化。许多生态系统在此过程中其结构和功能出现了严重受损或退化,生物多样性受到极大破坏,使人类社会的可持续发展受到了前所未有的挑战。退化生态系统的修复或恢复因此成为全球面临的重大生态环境问题,恢复生态学(restoration ecology)便成为生态学专业的主修课程之一。恢复生态学是研究生态系统退化的原因、退化生态系统修复与重建的技术和方法及其生态学过程和机理的学科。恢复生态学也是新公布的生态学二级学科之一,为资源和环境的可持续管理提供了重要的理论支撑。目前,我国很多高校(复旦大学、北京师范大学、中山大学、中国农业大学等)开设了恢复生态学课程,中国科学院大学也开设了"恢复生态学"研究生课程。与此同时,国内外出版了多部有关恢复生态学的教材/专著,如《恢复生态学》(彭少麟,2007)、《恢复生态学导论》(任海和彭少麟,2001)、*Foundations of Restoration Ecology*(Donald A. Falk,1998;2016)、*Restoration Ecology: The New Frontier*(Jelte van Andel & James Aronson,2012)等。这些教材/专著极大地推动了恢复生态学的发展。

然而,我们在开设恢复生态学课程时,深感缺少全面系统并具有学科交叉特点的恢复生态学教材。《恢复生态学——跨学科的融合》是一部重基础理论、强调多学科交叉的教材,试图打通陆地、淡水和海洋甚至大气等之间的人为界线,突出"山水林田湖草"这一生命共同体的生态文明建设思想,更体现系统生态学思想。编写团队实践经验丰富,在淡水生态、生态农业、水源地治理、河道生态修复等多领域都取得了领先的理论和应用成果。本书强调人工设计生态学在农业和生态城市可持续发展构建中的应用,以及人类和自然平衡协调发展多景观共存模式。该书参考了国内外的一些相关教材/专著,如李文华主编的《中国当代生态学研究》,于振良主编的《生态学的现状与发展趋势》。更参考生态、农业、水利等领域的老一辈科学家的创新科研成果,正是他们为推动我国生态科技发展做出的重要贡献,让我们教材知识体系更有厚度、更有力量。相比于其他教材,本书无论在体系上还是内容上均有较大的提升,反映了恢复生态学领域的最新进展,也提供了经典和最新的参考文献。

本书共分 10 章,由上海海洋大学组织编写,中国科学院生态环境中心协助编写,其中管卫兵(上海海洋大学)执笔第一、二、三、四、六章,第七章第五节,第八章第一至四节;王为东(中国科学院生态环境中心)执笔第七章第三节,第九章;阎希柱(集美大学)执笔第八章第六至十节;毕永红(中国科学院水生生物研究所)执笔第七章第四节;商栩(温州医科大学)执笔第七章第一节;魏文志(扬州大学)执笔第七章第二节;王丽(复旦大学)执笔第五章;宣富君(盐城师范学院)执笔第八章第五节;罗仕明、王然(上海农工商前卫园艺有限公司)分别执笔第十章第一、二节和第十章第三、四节。

全书编写工作,自始至终是在上海海洋大学海洋生态与环境学院领导的关心、支持和勉励下进行的,在此表示感谢。感谢硕士研究生沈玺钦、李奎、陈嗣威、顾芸、孙静妤、耿婉璐、吕金亮、李敏等协助检查文字错误,图表制作等。感谢历届恢复生态学课程本科同学的课程提问及协助整理相关参考材料。

感谢复旦大学生命科学学院生态学系主任李博教授,厦门大学环境与生态学院生态学系主任黄凌风教授,华东师范大学生命科学学院生物系主任姜晓东教授,中国科学院水生生物研究所李敦海研究员,上海海洋大学海洋生态与环境学院何培民教授、张饮江教授等对本书提出宝贵的修改意见。

由于编者水平有限,书中不足之处,敬请读者多提宝贵意见,以在今后再版工作中修改和提高。

编　者

2020 年 6 月

目 录

第一章　绪　论

我们面临的问题,不是需要做什么——分析全球状况的人士显然对此已十分清楚,而在于在允许的时间内如何去做。遗憾的是,我们不知道还剩下多少时间。大自然在给地球掐表,但我们看不见这个跑表的表面。

——莱斯特·R.布朗著《B 模式 4.0——起来,拯救文明》

随着工业化的扩展,人类对可更新资源过度利用,致使大面积植被遭受到不同程度的破坏,许多类型的生态系统出现严重退化,继而引起一系列的生态环境问题,如水土流失、森林消减、土地荒漠化、水体和空气污染加重、生物多样性受损、淡水资源短缺等。近些年来,全球平均每年有 500 多万 km^2 的土地由于过度利用、侵蚀、盐渍化等原因已不能再生产粮食,土地荒漠化也以每年 5 万~7 万 km^2 的惊人速度发展。在我国,自然生态系统的退化也十分严重。这些日益加剧的环境问题对人类的生存环境以及经济社会的可持续发展构成了严重威胁。生态环境保护和修复实践的迫切要求,使恢复生态学研究成为当前国内外生态学研究的热点和国际前沿科学之一。

恢复生态学(restoration ecology)是研究生态系统退化的原因、退化生态系统恢复与重建的技术和方法及其生态学过程和机理的学科。恢复生态学的研究对象是那些在自然灾变和人类活动压力下受到破坏的自然生态系统,它所应用的是生态学的基本原理,尤其是生态系统演替理论。恢复生态学这个术语最初是由美国学者 Aber 和 Jordan 于 1985 年提出的,当时并没有给予确切的学科定义,主要强调的是恢复和生态管理技术概念。因为恢复过程是人工设计的,且恢复过程是综合的,因而也称之为"合成生态学"(synthetic ecology)。恢复生态学不同于传统应用生态学之处在于,它不是从单一的物种层次和种群层次,而是从群落,更准确地说从生态系统层次考虑和解决问题。

生态系统的动态发展,在于其结构和功能的演替变化,如物种的组成、各种速率过程、复杂程度和随时间推移而变化的组分。正常的生态系统处于一种动态平衡中,生物群落与自然环境围绕其平衡点作一定范围的波动。但是生态系统的结构和功能也可能在自然干扰和人为干扰的作用下发生位移,位移的结果打破了原有生态系统的平衡,使系统固有的功能遭到破坏或丧失,稳定性和生产力降低,抗逆能力减弱,这样的生态系统被称为退化生态系统(degraded ecosystem)或受损生态系统(damaged ecosystem)。按这种理解,退化生态系统不仅包括按栖息地划分的各类退化生态系统,还包括两种生态系统间退化的过渡带。

恢复是一个概括性的术语,包含改建(rehabilitation)、重建(reconstruction)、改造(reclamation)、再植(revegetation)等含义。由于生态演替的作用,生态系统可以从退化或受害状态中得到恢复,使生态系统的结构和功能得以逐步协调。在人类的参与下,一些生态系统不仅可以加速恢复,而且还得以改建和重建。目前,生态恢复一般泛指改良和重建退化的自然生态系统,使其重新有益于利用并恢复其生物学潜力。生态恢复并不意味着在所有场合下恢复原有的生态系统,这未必都有必要,也未必都有可能。生态恢复最关键的是恢复系统必要的结构和功能,并使系统能够自我维持。

恢复生态学的发展和实践离不开理论著作的指导和相关课程的引导。"恢复生态学"课程相关内容已成为生态学研究中主要方向和重点方向之一,也成为生态学二级学科之一。恢复生态学相关理论为资源和环境的可持续发展提供重要的理论支撑(见表1-1)。1997年 Science 杂志刊登恢复生态学专题,专题导言"The Rise of Restoration Ecology"(恢复生态学的升起)指出在艺术中,恢复包括重新获得某个物体的美学价值,而在生态学中,赌注则要大得多——我们星球的未来可能要依赖于生态恢复这门年轻学科的成熟[1,2]。

表1-1　主要的恢复生态学著作

主编或作者	年份	著 作 名 称	出 版 社
陈灵芝,陈伟烈	1995	中国退化生态系统研究	中国科学技术出版社
任海,彭少麟	2001	恢复生态学导论(第1版)	科学出版社
赵晓英等	2001	恢复生态学——生态恢复的原理与方法	中国环境科学出版社
杨京平,卢剑波	2002	生态恢复工程技术	化学工业出版社
彭少麟等	2003	热带亚热带恢复生态学研究与实践	科学出版社
黄铭洪	2003	环境污染与生态恢复	科学出版社
李洪远等	2005	生态恢复的原理与实践(第1版)	化学工业出版社
孙书存,包维楷	2005	恢复生态学	化学工业出版社
彭少麟	2007	恢复生态学	气象出版社
任海等	2007	恢复生态学导论(第2版)	科学出版社
董世魁等	2009	恢复生态学	高等教育出版社
赵哈林等	2009	恢复生态学通论	科学出版社
郑昭佩等	2011	恢复生态学概论	科学出版社
陈彬,俞炜炜等	2012	海洋生态恢复理论与实践	海洋出版社
Jelte van Andel, James Aronson	2012	*Restoration Ecology: The New Frontier*(第2版)	Wiley-Blackwell
魏志刚等	2013	恢复生态学原理与应用	哈尔滨工业大学出版社
李洪远,莫训强	2016	生态恢复的原理与实践(第2版)	化学工业出版社
王宏镔等	2016	污染与恢复生态学	科学出版社
Margaret A Palmer, Joy B Zedler, Donald A Falk	2016	*Foundations of Restoration Ecology*(第2版)	Island Press
李永祺,唐学玺	2016	海洋恢复生态学	中国海洋大学出版社
任海等	2019	恢复生态学导论(第3版)	科学出版社

　　人类在飞速提高自身物质生活水平的同时,不但大量挤占了其他物种的生存空间,而且严重改变或破坏了自然的环境。目前,摆在人类面前的一个严峻的现实是,并非所有遭破坏的自然环境都是可以完全重建的,至少在短时间内是不可能的。一门崭新的也是寄托了人类无限希望的学科——恢复生态学,就在这种形势下诞生了。

　　自20世纪80年代后期以来,地球的生态足迹已开始超越地球生态系统的承载能力。如果任由这种状态不加控制地发展下去,估计到2050年,全球人口可能高达90亿,则平均每年需要的自然资源要两个地球才能满足,地球生态系统将面临大崩溃的危险[3,4]。

　　多年以来,人类憧憬着冲出地球,向宇宙进军。"生物圈2号"的失败也许有技术上的失误和设备上的欠缺,但不管怎样,我们都必须看到,模拟的生态系统毕竟不是自然的生态系统,地球环境是在经历了几十亿年的风风雨雨后形成的。对这种异常可靠的结构,人们渴望窥其脉络,然只能望其项背,这绝不是简单的人工模仿再造能够完成的。"生物圈2号"的失败告诫我们:在茫茫宇宙中,地球是我们人类唯一的家园,她不是实验室,我们模仿不了,只有善待和保护她才是我们真正的出路[5]。

　　全球环境的变化挑战了生物多样性的持久性和人类福祉。国际恢复生态学会(Society for Ecological Restoration,SER)主要任务是"促进生态修复,维持地球生物多样,重塑人与自然的健康关系"[6]。

第一节　全球生态危机

　　全球问题是决定人类的共同命运,而且只有靠全人类的共同努力才能解决的当今世界的一些重大问题,人们又称之为世界生态问题。对人类而言,地球迄今仍然是个得天独厚的乐园。过去一万年以来,人类在农业、工业、科技以及文化上所取得的绝大多数成就都发生在一个十分温和的时期。在地球自然系统的调节下,这个时期的地质、气温以及环境都维持在一个相对平稳的范围内,没有太大的波动。较之此前的"更新世"和"上新世",这一万年的"平静"实属难得,因此,学者们将其称为地球的"全新世"。自18世纪末人类进入工业化时代起,人类又进入了一个被称为"人类世"(anthropocene)的新时期[7]。在这个时期,人类逐渐从大自然手中夺过了"船舵",成了这个星球的新主人:地球上所有的系统由人定义、受人统治。但当人类雄心勃勃"向大自然宣战"、渴望"战胜自然,征服世界"的时候却发现其实一开始我们就错了——人与自然间本是共生共赢的手足,而非你死我活的仇敌。美国《科学》期刊上发表了题为《地球的界限:在变化的星球上引领人类发展》的研究报告,我们已经跨过地球的四个极限:生物灭绝速率、砍伐森林、大气中的二氧化碳含量以及过量的氮和磷(用作肥料)流入海洋等[8],地球岌岌可危。

一、人类成为自然破坏力

人类的出现和发展改变了地球面貌,特别是近代以来,人类活动几乎"再生产整个自然界"。人类活动导致的地球系统变化促使以克鲁岑(Paul J. Curtzen)为代表的科学家提出以人类世取代全新世而成为新的地质纪年。他们认为,自工业革命以来,地球系统留下了深深的人类印迹;特别是 20 世纪中叶以来,人类活动导致地球系统变化"大加速",使得地球生物物理特征突破了全新世的上限而进入人类世。这些生物物理特征包括迄今为止维持整个人类文明安全运行空间的生态过程,主要有气候变化、生物圈完整性、生物地球化学流动等方面。

人类世代表了人类的"进步",更代表了人类活动超越地球系统自然阈值而导致的重大负面影响,这就是各种生态环境问题即生态危机。同时与人类世密切相关的全球性生态环境问题主要有以下几个[9]:

1. 全球变暖与气候变化

这是人类世最重要的标志,也是当前人类面临的最严峻的生态危机。全球变暖是"全球气温长期升高的趋势",它将导致全气候变化(包括气候失调和极端天气即气候混乱)。其根源主要是自工业革命,特别是 20 世纪中叶以来,煤炭、石油、天然气等化石燃料的使用导致大气(及海洋)中的二氧化碳等温室气体含量剧增,打破了调节地球气候系统能量平衡的自然碳循环过程。

2. 物种灭绝

人类世的第二个特征是较之全新世相比,生物圈完整性的变化,即生物多样性丧失和物种灭绝。主要原因来自人类活动:全球变暖导致气候变化超过许多物种自然适应能力变化;工业化和城市化导致耕地、森林、湿地消失,耕地扩张等破坏生物自然栖息和生长环境;海洋酸化和塑料污染破坏海洋生态平衡;货运和旅行导致物种入侵发生等。

3. 土地制度变化

包括耕地面积减少、森林砍伐、湿地破坏等。地球陆地面积约占总面积的 30%,耕地面积仅占陆地面积 10.7%——这些支撑全球 70 多亿人口的粮食生产,其余是山地、森林和草原。由于过度开垦导致耕地荒漠化、土地污染,加之城市化和工业化侵占,地球耕地面积减少速度惊人。这导致人类砍伐森林、破坏湿地用于耕种。特别是 1950 年之后的 30 年中,人类开垦的耕地面积超过了 1700~1850 年的 150 年间所开垦土地面积的总和。目前的垦殖系统约占地球陆地表面的 1/4。全球大约有 42% 的无冰地被用于耕种,而这片土地以前占世界草场的 70%、大草原的 50%、温带落叶林的 45%。

4. 新材料及其导致的生态环境污染

所谓新材料即人类通过现代手段合成的自然界此前不存在的各种化合物——包括各种有机化合物,如塑料化合物和尼龙纤维、化学制剂、水泥、有机铝制品等。20 世纪初美国发明塑料之后,目前塑料的年产量已超过 5 亿 t;尼龙等人造纤维目前全球年产

7 000多万t;农药、杀虫剂、消毒剂、洗涤剂等的生产和使用,更是不计其数;2020年全球水泥窑产能需求(不包括中国)预计将达到约6 000~7 500万t/年;世界各国已生产了超过5亿t的铝。

5. 其他生态环境问题

与人类世相关的其他生态环境问题还有化肥、海洋酸化等。氮肥是现代农业最常用的化肥。人工合成氮需要高温高压,1 t氮肥需要约850 m³天然气(即甲烷)作为原料,其生产过程伴随大量温室气体的排放。同时过量使用氮肥,导致大气中氮含量增加,加剧全球变暖并破坏臭氧。

生态问题已发展成为全球性的生态危机,并危及人类整体利益。那么,如何克服呢?地球系统科学家们认为:"当今世界的发展取决于维护整个地球系统的稳定性"。人类世时代需要全球共同体(global commons)概念,全球共同体即人类命运共同体。

二、环境破坏是人口过快增长的恶果

在农业得到发展之前,人类以狩猎和觅食为生,世界范围内人口增长缓慢。当人类进入农业社会以后,影响人口的主要因素是战争、饥荒、疾病。20世纪以后,医疗技术的进步使得世界人口增长速度大大加快[10]。联合国最新发布世界人口将在2030年之前达到73亿,2050年达到97亿,2100年达到112亿。面对全球人口发展的新趋势与新格局,全球需要正确理解未来人口变化及其对实现可持续发展所带来的机遇与挑战。当前全球每年以8 000万人口的增幅在增长,地球资源承载力的警报已经拉响。地下水位日益下降,土壤沙漠化严重,南北极冰川在融化,海洋渔业资源日益枯竭[11]。

人口过剩、资源危机和环境污染是当代世界的三大社会问题,而首要问题就是人口过剩。人类消耗自然资源的速度,已经远远超过了大自然再造资源的速度,其他生物的生存空间不断被压缩。如果这种状态继续下去,地球生态系统在21世纪中叶将面临大崩溃的危险[12,13]。

三、人类面临的重大生态科学问题

《生态学家面临的挑战问题与途径》一书提出多个生态科学重大问题,其实这些问题,也是恢复生态学和生态修复需要面对的重大问题[14,15]。

(一)全球变化与区域生态安全

在全球一体化进程中,其中经济一体化必然带来环境与生态问题的全球一体化,国家与国家、区域与区域之间的冲突常常表现在环境与生态问题上,因此全球变化是当代生态学研究的热点之一。全球变化构成了一个完整的体系,由4大计划组成,它们是"国际地圈-生物圈相互作用计划"(IGBP),"世界气候研究计划"(WCRP),"国际全球环境变化人文因素计划"(IGBP)以及"生物多样性计划"(DIVERSITAS)。[16]当前,任何一个国家的经济结构和生产方式必定或多或少地改变地球系统某一组分从而影响全球的环境,特别是大气中二氧化碳浓度升高、全球气候变暖和海洋的大面积污染都已经超越了传统的国家概念[17]。

(二)外来物种入侵及其管理

外来物种入侵的生物学本质、入侵后对生态系统的影响是生态学面临的重要科学问题,也是国际生物/生态学界研究的热点。采取措施减少或消除外来有害物种的影响也是我国经济可持续发展、社会进步、环境保护所必须解决的现实问题[18]。

外来物种入侵是导致生物多样性丧失的主要原因,已成为全球性热点生态环境问题之一。目前,许多国家、国际组织纷纷采取措施加强外来物种管理。2015年我国提出实施生物多样性保护重大工程[19]。经统计入侵中国的物种有700多种,加拿大一枝黄花、空心莲子草、烟粉虱、福寿螺、松材线虫等重大杂草、病虫害给中国造成严重的经济危害、社会危害和生态危害。中国每年因外来入侵物种造成的直接和间接损失达2 000亿元[20]。同时,由于很多入侵物种已经常态化,如米草、空心莲子草、水葫芦等,要发展资源利用方式才是方向,而不是简单地控制。

(三)重要生态区与生物多样性保护

与其他全球性环境问题相比,生物多样性的丧失更为严峻。因为物种的灭绝是不可逆的。生物多样性包含基因、物种、生态系统、景观多个层次,到底从哪个尺度上来保护生物多样性才更有效,这是摆在我们面前的问题。近年来,保护生物学家已经注意到,人类活动导致生境丧失是对生物多样性的最大威胁,单纯保护某一个濒危物种的作用是十分有限的,所以应该在更大尺度上进行研究。"全球2000"以生态区为单元来实施生物多样性保护行动[21]。

(四)流域生态学与科学管理

流域生态学(watershed ecology)是一门新兴的交叉学科,它把整个流域作为一个系统,研究其自然、社会和经济等组件的结构和功能以及他们之间的相互作用。但目前流域生态学的研究范围,还基本局限于在一定的人类活动干扰下水资源和生态系统之间的相互关系,即狭义流域生态学[22]。尽管流域生态学的理论和方法已经在国内外的重大实践中取得了明显成效[23]。

随着中国生态环境问题呈现出越来越强的流域性特征,政府和公众对流域生态研究越来越重视和关注。但由于多方面的限制,并没有将纷繁多样的流域生态相关研究组织整合起来形成一个体系,流域生态学还只是个概念,流域生态相关研究也还沿着各自的轨迹发展。要推进流域生态学的发展,第一步要做的就是明确流域生态研究体系构建的核心现实需求,并对流域生态系统进行一个概念模型上的相应设计[24]。

（五）湿地生态系统的保护与水资源安全

湿地资源是地球自然生态系统的重要组成部分,是自然界最富生物多样性的生态景观和人类最重要的生存环境之一。湿地仅占全球表面积的 6%,却为世界 20% 的生物提供了生存条件。湿地生态系统每年提供的服务功能价值占全球自然资源总价值的45%。我国湿地面积占世界的 10% 左右。过度的开发利用和耕作管理不当使得中国湿地资源数量减少,质量退化,生态环境功能和生物多样性降低[25]。在发展中,过多采用广义湿地概念,将所有水下 6 m 作为湿地领域,而其中大部分是湖泊、池塘、近海,都是水产养殖或捕捞或其他产业发生较多的地方。不从产业可持续发展的角度,简单地保护湿地,设置成所谓保护区,也并不科学。很多湿地其实并没有有效地利用和发挥作用。从自然演替的观点可以知道湿地自然都会退化,只有合理的改造才是更科学的。

在地球水循环的过程中,湿地不但是淡水资源的主要来源地,也是水资源的巨大净化器。水资源是基础自然资源,是生态环境的控制性因素之一。同时又是战略性经济资源,是一个国家综合国力的有机组成部分。有人预言 21 世纪全球将在水资源的争夺上展开激烈的竞争与冲突。我国淡水资源占世界水资源总量的 6%,居世界第 4 位,但是从人均拥有淡水资源量来看却只有 2 200 m³,我国已被列入世界仅有的 13 个人均水资源最贫乏的国家行列。中国水资源面临的形势非常严峻,全国范围内水资源可持续利用问题已经成为国家可持续发展战略的主要制约因素[26~28]。

（六）农业生态系统健康与食物安全

近年来农业生态系统健康研究在国际上也日益受到多学科科学家的关注,已成为农业生态学研究的热点和前沿领域之一[29]。农业生态系统健康是一个涉及多学科的研究领域[30]。耕地作为农业最重要基础资源,其安全无疑成为农业安全问题的重点[31]。要想解决粮食危机,就要从提高粮食的综合生产能力上入手。如何挖掘和进一步提高粮食的综合生产能力,已成为保障未来食物安全重中之重的大问题[32,33]。中国面临十分严峻的农业生物安全形势,包括危险性外来入侵有害生物、毁灭性高致害变异性植物病虫害、转基因生物潜在危险的预防与控制及农业生物多样性保护等领域,如何确保国家农业生物安全需紧迫解决若干重要科学与技术问题[34]。

农业环境领域的诸多问题日益突出,已经成为制约农业可持续发展的重要因素[35~40]。发展可持续的现代化生态农业才是解决人类生存和发展的方向[41],图 1-1为农业生态系统管理及其栽培措施对生物多样性的影响。

水土资源总量短缺及空间上的不匹配直接影响着中国的食物安全。随着我国人口及其所带来的农产品需求量的持续增长性与水土资源潜力及其有效供给的刚性约束性反差的不断拉大,以及随着人们生活水平的提高,食物结构由植物型为主转向以动物型食物为主,都会使我国的粮食供需矛盾更加尖锐[43]。

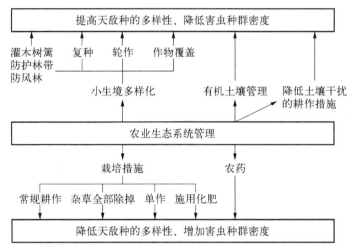

图 1-1 农业生态系统管理及其栽培措施对生物多样性的影响[42]

（七）植被恢复与生态灾害防治

中国是世界上森林覆盖率最低的国家之一，除了自然条件以外，还与历史上发生过多次大规模的森林砍伐有关。另外，草原和草甸类型的植被也不容乐观。由于过度放牧，青藏高原草甸草原已经出现了严重的退化，鼠害猖獗，杂草丛生。在退耕还林工程区实施植被恢复过程中，如何选择适宜的造林树种、建立行之有效的造林配套技术体系、提高造林成活率与保存率，进一步发挥退耕还林的生态和经济效益是亟待解决的技术关键和重要的研究课题[44,45]。

生态灾害是指在某一因素的干扰下由于生态系统平衡改变所带来的各种始料未及的现象和突发事件。生态灾害的发生根源在于生态系统结构和功能的灾变。湖泊生态系统中的某一功能群在一定条件下可能会对整个生态系统的结构和过程起到决定性作用，并因此成为关键功能群。如"清水态"浅水湖泊中的大型水生高等植物，寡营养型深水湖泊中的大型植食性滤食浮游动物等。关键功能群对生态系统的驱动作用与过程是生态学基础理论的研究热点，对这一问题的认识不仅是了解生态系统灾变和进行生态系统过程预测的关键，也是保护和恢复生态系统的核心理论支撑[46]。

四、生态修复工程是解决生态危机的重要方向

如何拯救生态危机？世界上各国的专家们给出了统一的答案，即生态修复。核心是对生态系统停止人为干扰，利用生态系统的自我恢复能力，辅以人工措施，使遭到破坏的生态系统逐步恢复或使生态系统向良性循环方向发展。

我国把一切旨在保护、恢复和改善自然（生态）环境及生态系统的建设工作统称为生态环境建设。更科学来讲生态环境建设称为"生态建设"[47]，但不能与环境建设混

同,因为后者主要指人为环境方面的工程建设,如水污染、排气污染的治理等。生态环境建设更加强调了改善生态环境的积极行动。生态学中归结为生态环境或生态系统(含生态环境)的恢复重建(rehabilitation 或 restoration),形成了一门叫作恢复生态学的分支学科[48]。

生态建设可以分为两大类:一是以生物措施为主要手段的植被建设,二是以工程措施为主要手段的工程建设,两者的密切配合、综合应用构成综合治理和建设,如水土保持和荒漠化防治。例如,西部地区生态环境建设应遵循的 6 项原则:因地制宜,因害设防;保护先行,善待自然;多样措施,林草为本;生态经济、密切结合;全面规划,综合治理;加大投入,群策群力[49]。

纵观世界各国生态治理的历程,我们充分认识到,实施重大生态修复工程成为解决生态危机的必由之路。

全球人口不断增加,由农业和人类住区改造的景观覆盖了全球无冰面积的四分之三。人类活动不断增加的程度和强度造成的生态和环境退化,已经并将继续成为实现全球可持续性的最令人困惑的挑战。在这一具有挑战性的背景下,生态恢复和保护已被广泛构想和实施,作为解决环境退化问题的重要纠正措施,促进各种规模的可持续性。覆盖全球陆地面积约 13% 的保护区是生态保护工作的主要形式。作为全球最大的发展中国家,中国拥有世界五分之一的人口。中国的社会经济地位继续快速提高,并且遭受严重的生态退化问题。

自 20 世纪 70 年代末以来,中国在全国范围内启动了 6 个国家重点保护项目,以保护其环境并恢复退化的生态系统[50~52]。① 三北防护林计划(Three-North Shelter Forest Program,TNSFP),该计划始于 20 世纪 70 年代末,该项目也被称为“绿色长城”。② 长江和珠江防护林项目(Yangtze River and Zhujiang River Shelter Forest Projects),于 1989 年在中国南部地区启动,旨在与洪水作斗争,减少土壤侵蚀。该项目的第二个阶段始于 2001 年,并于 2010 年结束。③ 天然林保护项目(Natural Forest Protection Program,NFPP)于 1998 年启动,包括生物多样性保护,减少土壤侵蚀和洪水风险和预防与砍伐森林有关的其他自然灾害。④ 退耕还林计划(Grain for Green Program,GGP),于 2000 年启动,推动了丘陵地区农田向森林的转变。退耕还林计划在规模和投资方面被认为是世界上最大的生态恢复计划,是生态补偿的典型例子。⑤ 京津风沙源控制项目(Beijing-Tianjin Sand Source Control Project),简称“防沙项目”,始于 2001 年,旨在通过控制风沙和土壤侵蚀风险来促进中国首都附近的环境保护。⑥ 草原退耕还林项目(Returning Grazing Land to Grassland Project)于 2003 年启动,旨在减少过度放牧的影响,促进草地生产力恢复。这些项目共覆盖了中国 44.8% 的森林和 23.2% 的草原。

实施重大生态修复工程让一些不堪重负的森林、湿地等生态系统得到了休养生息,取得了显著的生态、经济和社会效益。

案例　盖亚假说和生物圈2号

世界上不同的文明在冥冥之中似乎会酝酿出许多类似的传说。至今,西方人仍常以"盖亚"代称地球。1961年,英国科学家詹姆斯·洛夫洛克(James E. lovelock)受美国国家航空航天局(NASA)之邀,帮助寻找火星上生命的痕迹,这让他开始思考,何种环境适合于生命存在? 由此他把目光转回地球,研究地球上孕育生命的基本条件。1965年,人们发现火星大气的成分几乎全是二氧化碳,这种对比让他再次体会到星球大气成分对孕育生命的重要性,并联想到生物体也可以调节大气层,地球的平衡就是靠这种机制自我维持的,于是詹姆斯·洛夫洛克提出了最初的假说"自平衡的地球控制理论",即盖亚假说(Gaia hypothesis)。该假说认为,地球生物圈就像一个活的有机体,它会自我调节以提供适合生命存在的环境条件。为了维持有机体长久的健康,盖亚本身发展出了一种负反馈机制,假如她的内部出现了一些对她有害的因素,她能够将那些有害的因素除掉[53]。

1986年,美国石油大亨爱德华·巴斯为了扩展人类新的生存空间,出资2亿美元在美国亚利桑那州的沙漠区动工兴建了仿真地球生态环境实验室——"生物圈2号"工程(见图1-2)。之所以取名"生物圈2号",是把地球作为"生物圈1号"。后来因为空气恶化,最初原定两年的生态实验被迫提前结束,"生物圈2号"工程以失败告终。

图1-2 "生物圈2号"工程[54]

"生物圈 2 号"计划的目的是想研究人类和约四千种动植物,在密封且与外界隔绝的人造系统中,是否可以经由系统内的空气、水、营养物的循环与重复使用而生存下来。也就是想知道人类离开地球能否生存,为今后登陆其他星球做探索与准备。"生物圈 2 号"无论从规模、技术难度和复杂程度,以及所取得的效果来看,均堪称人类科学史上的一大杰作。大自然并非我们想象得那样简单,复杂巨大的系统关联中,可能每一缕轻风都是生命所不可或缺的。人类要依赖地球存活,要珍惜大自然的一切,才能与地球万物持续发展。

第二节　恢复生态学的发展

自 1940 年以来,由于科学技术的进步,人类生产、生活和探险的足迹遍及全球。人类面临着合理恢复、保护和开发自然资源的挑战。恢复生态学从理论与实践两方面研究生态系统退化、恢复、开发和保护机理,因而为解决人类生态问题和实现可持续发展提供了机遇[55~57]。人类引起的变化和对地球生态系统的破坏程度使得生态系统修复成为我们未来生存战略的重要组成部分,这要求恢复生态学为这项任务提供有效的概念和实用工具[58]。

一、恢复生态学概念

恢复生态学是一门关于生态恢复的学科,由于恢复生态学具理论性和实践性,从不同的角度看会有不同的理解,因此关于恢复生态学的定义有很多[59],其中具代表性的简述如下。

美国自然资源保护委员会认为使一个生态系统回复到较接近其受干扰前的状态即为生态恢复;Jordan(1995)认为使生态系统回复到先前或历史上(自然的或非自然的)的状态即为生态恢复;Cairns(1995)认为生态恢复是使受损生态系统的结构和功能恢复到受干扰前状态的过程;Egan(1996)认为生态恢复是重建某区域历史上有的植物和动物群落,而且保持生态系统和人类传统文化功能的持续性的过程。上述四种定义强调受损的生态系统要恢复到理想的状态[60]。

但由于缺乏对生态系统历史的了解、恢复时间太长、生态系统中关键种的消失、费用太高等现实条件的限制,这种理想状态不可能达到。余作岳等(1996)提出恢复生态学是研究生态系统退化的原因、退化生态系统恢复与重建的技术与方法、生态学过程与机理的科学。Bradshaw(1987)认为生态恢复是生态学有关理论的一种严格检验,它研究生态系统自身的性质、受损机理及修复过程;Diamond(1987)认为生态恢复就是再造一个自然群落或再造一个自我维持,保持后代具持续性的群落;Harper(1987)认为生态恢复是关于组装并试验群落和生态系统如何工作的过程。

国际恢复生态学会先后提出三个定义：生态恢复是修复被人类损害的原生生态系统的多样性及动态的过程（1994）；生态恢复是维持生态系统健康及更新的过程（1995）；生态恢复是帮助研究生态整合性的恢复和管理过程的科学，生态整合性包括生物多样性、生态过程和结构、区域及历史情况以及可持续的社会实践等广泛的范围（1995）。第三个定义是该学会的最终定义。

与自然条件下发生的次生演替不同，生态恢复强调人类的主动作用。生态恢复包括人类的需求观、生态学方法的应用、恢复目标和评估成功的标准以及生态恢复的各种限制（如恢复的价值取向、社会评价、生态环境等）等基本成分。Higgs 等（2000）代表国际恢复生态学会提出生态恢复强调参考条件，而且生态学家已致力于寻找适当的时间和空间参考点；恢复是一个动态的过程，而且恢复包括结构、干扰体系、功能随时间变化；恢复促进了乡土种、群落、生态系统流（能流、物流等）、可持续的文化的繁荣，它是应用生态学的一个分支[61]。

二、恢复生态学研究简史

恢复生态学研究起源于 100 多年前的山地、草原、森林和野生生物等自然资源管理研究，其中 20 世纪初的水土保持、森林砍伐后再植的理论与方法在恢复生态学中沿用至今，例如，Phipps 于 1883 出版了《森林再造》，其中有些理论至今可用。早在 20 世纪 30 年代就有干旱胁迫下农业生态系统恢复的实践。最早开展恢复生态学实验的是 Leopold，其《沙乡年鉴》（1948）被后世奉为"自然保护运动的圣经"。Leopold 的突出贡献是在现代生态学知识的基础上提出了"大地伦理学"；Clements（1935）发表了"实验生态学为公共服务"的论文，阐述生态学可用于包括土地恢复在内的广泛领域[62]。

20 世纪 50、60 年代，欧洲、北美和中国都注意到了各自的环境问题，开展了一些工程与生物措施相结合的矿山、水体和水土流失等环境恢复和治理工程；从 70 年代开始，欧美一些发达国家开始水体恢复研究，在此期间，虽有部分国家开始定位观测和研究，但没有生态恢复的机理研究。Farnworth 在 1973 年提出了热带雨林恢复研究中的 9 个具体方向。1975 年在美国召开了"受损生态系统的恢复"国际研讨会，会议探讨了受损生态系统恢复的一些机理和方法，并号召科学家们注意搜集受损生态系统科学数据和资料，开展技术措施研究，建立国家间的研究计划。

1980 年 Cairns 主编了《受损生态系统的恢复过程》一书，8 位科学家从不同角度探讨了受损生态系统恢复过程中重要生态学理论和应用问题，同年，Brandshaw 和 Chdwick 出版了 *Restoration of land, the Ecology and Reclamation of Derelict and Degraded Land*。1983 年在美国召开了"干扰与生态系统"国际研讨会，探讨了干扰对生态系统各个层次的影响。1984 年在美国威斯康星大学召开了恢复生态学研讨会，强调了恢复生态学中理论与实践的统一性，并提出恢复生态学在保护与开发中起重要的桥梁作用。1985 年美国成立了"恢复地球"组织,该组织先后开展了森林、草地、海岸带、矿地、流域、湿地等生态系统的恢复实践并出版了一系列生态恢复专著。同年 Aber 和 Jordan 提出了恢复生态学的术语,他们还出版了 *Restoration Ecology: A Synthetic Approach to Ecological Research* 的论文集。

1985 年,国际恢复生态学会成立。第一届国际恢复生态学年会于 1989 年在美国召开。国际恢复生态学会 2005 年在西班牙召开第十七届大会时,将会议定为"首届国际恢复生态学大会",以后每两年召开一次(见表 1-2)。2007 年第二届国际恢复生态学大会在美国加利福尼亚的圣何塞举行。2009 年第三届国际恢复生态学大会在澳大利亚的珀斯举行。2011 年恢复生态学会国际会议是第四届国际恢复生态学大会、第二十届国际恢复生态学会年会与伊比利亚美洲和加勒比海生态恢复网络第 2 次会议的联合大会。第六届国际恢复生态学大会于 2015 年在英国曼彻斯顿召开。[63,64]

表 1-2　近几届国际恢复生态学大会会议主题

年　份	会　议　主　题	会　议　地　点
2005	生态恢复的全球性挑战	西班牙萨拉戈萨
2007	变化世界中的生态恢复	美国加利福尼亚州圣何塞
2009	如何改变正在变化的世界	澳大利亚珀斯
2011	恢复与重建自然与文化的和谐	墨西哥尤卡坦半岛
2013	回顾过去,引领未来	美国威斯康星州麦迪逊市
2015	恢复城市、乡村和原野	英国曼彻斯顿
2017	为了更好世界的科学和实践	巴西巴拉那州
2019	生态修复面临的问题、挑战和机遇	南非开普敦

在过去的几十年里,恢复生态学发展得非常惊人,提供了新的想法和机会[65,66]。它被认为是保护生物多样性和生态系统完整性的新策略,是生态理论适用于实践的试金石和未来的希望。但正如 Davis(2000)指出的那样,我们的第一个困境是设定过去的目标生态系统[67]。在未来的环境中,为过去环境建造的恢复生态系统的可持续性是不太可能的。面向未来的恢复应该关注生态系统功能,而不是重新组合物种或景观层面的宇宙。我们现在所能做的就是通过在有限的基础上重建生态结构来恢复某些生态功能,这些生态结构因环境退化而丧失。

此外,正如 Bradshaw(1983)所指出的那样,生态恢复将继续成为生态学理论应用的试验场。生态系统过程是动态的,而不是静态的,可能在不同的亚稳态向多个终点进行快速转换,并且终点通常是不可预测的。因此,我们需要设置替代的多个目标,而不是单个目标进行恢复。国际恢复生态学会将恢复生态学定义为协助恢复受损、退化或破坏的生态系统的过程。因此,我们的生态恢复模式需要通过功能性修复来重新定义,而不是怀旧地重建过去。

"新型生态系统(novel ecosystems)"概念的提出是近年恢复生态学的重要进展,也称为新兴生态系统(emerging ecosystems),其主要特征是新物种组合形式的新颖性,以及生态系统功能和人类活动变化的可能性。随着越来越多的地球环境被人类行为所改变,新的生态系统的重要性日益增加。将这些系统返回到以前的状态可能是非常困难或昂贵的,需要考虑这些新系统是否具有持久性以及它们可能具有的价值,需要制定适当的管理目标和方法[68]。

三、恢复生态学研究中存在的问题

恢复生态学作为20世纪80年代以来快速发展的一门新兴的应用生态学分支学科,30多年来,在退化生态系统的发生演化机制及恢复途径方面取得了一定的成果。但是,目前对退化的概念、内涵、分类,退化的机理、评价指标及标准还没有形成明确的统一的认识。由于生态恢复是指群落和生态系统层次上的恢复,因此,恢复措施的选择,必须从生态系统的观点出发,符合生态学规律。另外,有关恢复生态学的研究多以定性和半定量研究为主,缺少系统的、连续的、动态的定量研究,因而还不能很好揭示系统退化的本质规律,并影响系统恢复的程度和速度的确定,以及恢复效果的评价和管理技术的选择。

对生态系统退化的总体框架已有所认识,但是进一步对生态系统退化的深刻阐述和研究还是相当肤浅的。并且退化生态系统恢复与重建模式的试验示范研究还只停留在一些小的、局部的区域范围内或单一的群落或植被类型,缺乏从流域整体或系统水平的区域尺度的综合研究与示范,也缺乏对已有的模式随着时间推移和经济发展的需求而变化的优化调控模式。

生态环境恢复与重建的最终目标之一还在于保护恢复后的自我持续性状态,恢复生态学的研究的一个重要方面,就是要建立生态系统可持续发展的指标体系,这也是恢复生态学研究的趋势之一。目前,缺少从理论上深入研究恢复重建的问题,如生态系统稳定性及其变化、物种对系统退化环境的响应与适应、生态系统退化和恢复重建机理等,从而导致在恢复重建技术方法的应用上的盲目性和不确定性。

四、恢复生态学发展趋势

(一)强调自然恢复与社会、人文的耦合

恢复生态是全球性的,不只是自然的过程,应有全社会的支持,包括政治、经济和人文的介入[69]。2000年在英国召开的国际恢复生态学大会,其主题是"以创新理论深入推进恢复生态学的自然与社会实践"。会议特别提出恢复生态学的生态哲学观,强调恢复生态学研究的自然与社会人文交叉。21世纪是城市的世纪,城市的未来亦是人类的未来。城市的生态恢复不仅包括自然景观,还包括人文景观、历史景观、文化与美感等,应特别强调社区艺术。必须开展生态恢复教育,为人类与自然的和谐发展提供机会。

2011 年国际恢复生态学大会的主题是"恢复与重建自然与文化的和谐"。由于环境的不断恶化迫使人们不得不弄清楚当前自然反馈机制的轨迹,人类只有形成与自然和谐的文化,才有可能不过度地破坏地球,并恢复生态系统的结构和功能,尤其是恢复平衡性、完整性和弹性。生态恢复也许是人类处理气候变化的不利影响、栖息地丧失、物种灭绝的最重要的工具之一。James Aronson 代表国际恢复生态学会理事会重申生态恢复的四个方面:社会、文化、生态、经济,还特别指出政治、经济与生态恢复的相互作用,强调了生态恢复中科学、文化、政治与实践的融合;国际恢复生态学会前主席 Erie Higgs 明确指出:理解自然与文化的关系对生态恢复至关重要,它不仅会恢复生态系统,更重要的是会改变人们的行为,以及人们对自然的认识,从而创造新的价值观。国际全球环境变化的人文因素计划(IHDP)启动,从而使全球变化的研究增加了人类社会活动的内涵。

把人类生存和发展的需要作为人类实践的终极价值尺度的弱化"人类中心论",基本上是合理的。一定要走出那种仅以人类眼前利益为目的和尺度,对自然进行任意掠夺和残暴征服的强化的"人类中心论"。人类社会发展模式的反思、严酷的现实促使人们冷静地审视人类社会的历程,总结传统发展模式所伴随的经验与教训,寻求社会经济发展的新模式。可持续发展是当代社会进步的指导原则,体现人与自然关系的和谐、协调以及人类世代间的责任感[70]。

（二）恢复生态学研究在地域和理论上都要跨越边界

2001 年召开的国际恢复生态学大会,其主题是"跨越边界的生态恢复",会议的焦点集中在跨越美国和加拿大的世界著名的大湖区域的生态恢复。就研究地域而言,生态系统的结构和功能是只有自然边界而没有政治边界的,自然地理区域的统一性决定了生态系统恢复行动跨越政治边界的必要性,有效的区域或流域的生态恢复往往需要多个行政区以至多个国家的共同参与。"跨越边界的生态恢复"在学术上包括了更为深刻的内涵。在理论支撑方面,恢复生态学的许多理论、方法来源于生物学、地学、经济学、社会学、数学等自然学科,以及工程学、林学、农学、环境学等应用性科学。生态恢复的过程和机理研究,必须从不同的空间组织层次上来进行。恢复生态学涉及众多学科,需要多学科的理论集成。Richard J. Hobbs 提出将致力于探索传统修复科学与其他学科之间的界限,希望能够找到方法来克服广泛的环境管理领域内的学科分散[71]。

（三）恢复生态学研究以生态系统为基点,在景观尺度上表达

在景观尺度上表达生态系统的研究理论和概念,是支撑生态系统经营和管理的理论核心,也是生态恢复实践的理论基础,对生态系统的完整了解才是生态实践的重要条件。2002 年在美国召开的第 14 届国际恢复生态学大会以"了解和恢复生态系统"为主

题,强调生态系统是开展生态学以及其他分支学科研究工作的最基本和完整的单元,只有认识生态系统的结构和功能,才能了解生态系统在各种环境,尤其是在当今全球关心气候变化条件下的发展趋势。而生态恢复的实践也是以具体的生态系统作为研究的对象。随着环境问题与社会经济发展的全球化,生态系统乃至景观等大尺度的研究日益成为恢复生态学新的研究热点。2004年第15届国际恢复生态学大会的会议主题就是恢复、景观与设计。

五、我国恢复生态学的发展

(一) 我国恢复生态学发展历程

我国也是较早开展恢复生态学实践和研究的国家之一。朴素的生态学思想早在公元前2000年就已见诸中国的著作和古歌谣中。据研究,有生物分布、物候、土壤以及生物与环境关系的零星记载可见于春秋时期的《管子》一书中;到公元前475~公元前221年的战国时期,对各种可更新资源合理利用的记述大为增加,如《禹贡》《周礼》《山海经》《淮南子》《吕氏春秋》等,这些著作是长期以来民间对生物与环境关系深刻认识的总结[72]。

在我国,春秋时代就有关于土壤侵蚀、毁林以及其他环境问题的记述。南宋的陈旉在《农书·粪田之宜》中就曾提出土地退化问题。20世纪50年代末,有关专家开始注意到资源不合理利用及由此产生的生态环境问题,但直到80年代初才进行了零散的小规模的试验。自20世纪80年代以来,生态退化问题已日益成为困扰我国农业可持续发展的重要因素,从而引起了政府决策部门和相关科学家的关注和重视。"七五"和"八五"期间,分别从不同角度支持了有关恢复生态学的研究。我国土地的恢复生态学研究,前期主要是以土地退化,尤其是土壤退化为主,并且土地退化和土壤退化往往交织在一起,针对水土流失、风蚀沙化、草场退化及盐渍化对农林牧业的危害进行,也包括岩化、裸土化、砾化、土地污染及肥力贫瘠化等[73]。

从20世纪50年代开始,我国就开始了对于退化生态系统的长期定位观测试验和综合整治研究。中国科学院华南植物研究所余作岳等1959年在广东的热带沿海侵蚀台地上开展的退化生态系统的植被恢复技术与机制研究。70年代末"三北"(西北地区、华北北部、东北西部)防护林工程建设。80年代长江、沿海防护林工程建设和太行山绿化工程建设。为从根本上扭转我国长江、海河、珠江等大江大河及沿海地区生态环境恶化的状况,1987年、1989年、1990年、1994年、1996年,先后启动长江中上游防护林、沿海防护林、平原绿化、太行山绿化、珠江流域防护林体系建设工程,到2000年底,5个防护林工程一期建设结束。根据《国民经济和社会发展第十个五年计划纲要》,2000年国家林业局组织编制了长江、沿海、珠江、太行山绿化、平原绿化5个防护林体系建设二期工程规划。

20世纪80年代末在农牧交错区、风蚀水蚀交错区、干旱荒漠区、丘陵、山地、干热河谷和湿地等进行的退化或脆弱生态系统恢复重建研究与试验示范，都是典型的生态恢复工程。90年代中期，先后出版了《热带亚热带退化生态系统的植被恢复生态学研究》（余作岳，彭少麟）、《中国退化生态系统研究》（陈灵芝，陈伟烈）等专著，提出了适合中国国情的恢复生态学研究理论和方法体系。

到了90年代，淮河、太湖、珠江、辽河、黄河流域防护林工程建设，大兴安岭火烧迹地森林恢复研究，阔叶红松林生态系统恢复，山地生态系统的恢复与重建，毛乌素沙地恢复等都提出了许多生态恢复与重建技术及优化模式，发表了大量有关生态恢复与重建的论文、论著，在实践上已形成了一大批生态恢复的成功案例，极大促进了我国恢复生态学的研究与发展。

90年代后期，有关生态系统退化的研究除继承前期的研究内容外，重点逐渐转移到区域退化生态系统的形成机理、评价指标及恢复与重建的研究上。"八五"期间，中国科学院组织有关科研单位进行了"生态环境综合整治研究""我国主要类型生态系统结构、功能及提高生产力途径研究"等项目。"生态环境综合整治与恢复技术研究"是以合理开发利用自然资源、综合整治退化生态系统，达到资源、环境、社会经济协调、稳定地可持续发展为主攻目标而被国家列入"八五"攻关的系统工程项目，项目共分三大部分：① 脆弱生态系统综合整治试验示范研究；② 矿山开发后生态环境综合整治技术前期研究；③ 生物多样性保护技术前期研究。项目共建立了5个脆弱生态系统、2个退化生态系统、4个矿山环境综合整治示范工程。国家自然科学基金委员会也组织有关科研单位，开展了"草原退化原因、过程、机理及恢复途径"和"内蒙古典型草原草地退化原因、过程、防治途径及优化模式"及"亚热带退化生态系统的恢复研究"等项目。

对黄土高原区主要是对水土流失和退耕还林（草）进行的研究。中国科学院水利部水土保持研究所提出了黄土高原退耕还林（草）的基本思路[74]；积累了较多的黄土高原地区植被恢复的理论和实践探索，以安塞、神木、长武、固原、宜川、子午岭等野外生态站为基础，取得多项有关植被建设的研究成果[75]。许多学者研究表明水土流失问题是治理黄土高原的关键突破口之一，认为水土保持生态修复是黄土高原生态建设的有效途径，并提出了修复机理和一些治理的措施，如打淤地坝、治理坡耕地等。中国科学院生态环境研究中心在黄土高原退耕还林可持续性研究方面取得重要进展，研究通过揭示半干旱黄土高原地区碳水权衡关系，构建自然-社会-经济水资源可持续利用耦合框架，提出了当前和未来气候变化情景下黄土高原的退耕还林阈值[76]。

东南红壤丘陵区是我国热带、亚热带经济林果、经济作物及粮食生产的重要基地，但由于开发和保护不平衡，红壤地区土壤和生态环境退化严重，主要问题包括局部水土流失加剧、土壤肥力和生态功能退化、土壤酸化加速、土壤污染等。20世纪50年代，我国陆续开展了红壤资源调查和利用、红壤生态系统养分循环和管理、土壤侵蚀与治理、生态系统恢复重建等方面的研究。90 年代以来,我国在红壤退化机理和治理方面开展了系列研究和技术示范;在这些研究基础上,中国科学院南京土壤研究所主持的"中国红壤退化机制与防治",中国农业科学院农业资源环境与可持续发展研究所主持的"南方红壤区旱地的肥力演变、调控技术及产品应用"都获得科技进步奖[77]。

中国是在干旱区较早开展生态恢复实践和研究的国家之一。干旱区主要的生态问题之一是风沙危害,而恢复措施以通过人工植被建设促进恢复为主。从 20 世纪 50 年代就开始了退化生态系统的长期定位观测试验和综合整治研究。50 年代末,在中国北方干旱区开展了荒漠生态系统的恢复。70 年代,针对中国西北、华北、东北地区风沙危害和水土流失的状况,"三北"防护林工程开始建设。80 年代末在农牧交错区、风蚀水蚀交错区、干旱荒漠区进行了退化或脆弱生态系统恢复重建研究与试验示范。1985 年建立中国科学院奈曼沙漠化研究站,开始对科尔沁沙地生态系统进行长期监测、沙漠化及其逆转过程和机理的定位研究以及沙地治理与沙地农业的试验示范[78]。中国科学院沈阳应用生态研究所从 1990 年起走进科尔沁沙地,同赤峰市、通辽市各级部门合作,通过 8 年时间试验研究与示范工程建设,在我国率先建成面积 10 万亩(1 亩 ≈ 666.7 平方米)的科尔沁沙地综合整治试验示范区,成为国家林业局荒漠化防治的典型示范基地[79]。

20 世纪 90 年代针对毛乌素沙地的恢复等提出了许多生态恢复、重建技术与优化模式。在 21 世纪初,内陆河流域(塔里木河、黑河和石羊河)通过生态调水缓解了下游河岸林的大规模退化,逐步形成了以下具有代表性的生态恢复模式,有效地促进了区域环境的改善:极端干旱区绿洲沙害防治与生态恢复模式(新疆和田模式);干旱区绿洲荒漠过渡带沙害治理模式(甘肃临泽模式);包兰铁路沙坡头地区植被防护体系模式[80]。有关荒漠化和沙漠化这种生态退化的极端发展过程,揭示了中国沙漠与沙漠化的成因和机制,澄清了科学界的长期分歧[81,82]。

2000 年,中国科学院围绕西部大开发的需求,针对代表区域的生态环境重大科学问题和关键技术,在西部生态环境演变规律理论研究、生态环境建设试验示范、高新技术产业化等方面先后启动 8 项院级重大项目。遴选塔里木河中下游,浑善达克沙地与京北农牧交错区,黑河流域、岷江上游山地、黄土高原,设立生态环境建设试验示范区,称为"五大试区"[83]。2000~2005 年,"西部行动计划"(一期)开展了西部地区环境演变规律、水土资源合理利用、生态恢复试验示范、基于特色资源的新药开发等方面的研究工作,取得了丰硕成果。在一期成功实施的基础上,中国科学院于"十一五"期间继续实施"西部行动计划"(二期)。西部行动计划(二期)(2005~2010)深化生态恢复的试验示范研究,新增三峡库区,喀斯特地区和江河源区三个试验示范项目。按照实施方案,该计划共设立"生态建设试验示范""综合观测与重大工程维护""西部重大战略资源开发利用"三大研究模块以及 17 个项目。

我国是草原资源大国,丰富的草原资源为我国草业发展提供了坚实的物质基础和广阔的发展空间。从中国科学院综合考察委员会成立之日起,草地资源便是重要考察研究内容之一。有关草地生态系统的退化及恢复改良研究,在我国起步也较早。20 世纪 50 年代在全国草地资源状况调查的基础上已注意到了草地退化问题,开始了划区轮牧、以草定畜及退化机理分析方面的工作。中国科学院内蒙古草原生态系统定位研究站始建于 1979 年 3 月,是我国在温带草原区建立的第一个草原生态系统长期定位研究站,取得了许多重大原创性基础研究成果。80 年代以来,针对西部地区自然条件进行了草地工程建设。“十二五”以来,启动了以草原生态补助奖励为核心的系列重大措施,持续实施以退牧还草、京津风沙源治理、石漠化综合治理等为重点的草原修复工程[84]。《全国草原保护建设利用“十三五”规划》提出坚持“生产生态有机结合、生态优先”的基本方针,建立草原分区治理体系,健全草原生态文明制度体系,完善草原政策项目体系,加快改善草原生态,积极推进草牧业发展,培育牧区发展新动能,推动形成草原地区生态改善、生产发展、农牧民富裕的良好局面。中国在近 30 年来也探索出了一条发展大农业草产业解决粮食危机的创新之路[85]。

有关农田生态系统的退化与恢复是最早的一个研究内容。例如,土地退化和土壤退化研究主要就是针对农田生态系统的退化进行的。

改革开放后,一项重大制度创新是国家恢复对土地资源利用的行政管理。1979 年,农业部恢复设立土地利用局,其核心业务是以行政审批控制耕地改变用途、遏制耕地快速减少。1989 年,国家土地管理局和农业部联合在湖北荆州召开了全国基本农田保护区现场会,要求推广划定基本农田保护区经验、完善做法。1992 年,国务院批转国家土地管理局、农业部关于在全国开展基本农田保护工作请示的通知,确认了基本农田概念。1994 年,国务院颁布《基本农田保护条例》,在法制层面确立了基本农田保护制度。党的十七届三中全会提出了“永久基本农田”概念,有专家解读为“基本农田,永久保护”,也有专家解读为“需实施更加严格保护的,居于更加重要意义的基本农田”。1997 年,中央 11 号文件《中共中央国务院关于进一步加强土地管理切实保护耕地的通知》下发,要求加强土地建设;1998 年,修订后的《中华人民共和国土地管理法》颁布、国土资源部组建,土地整理成为一项国家事业。2001 年,第一批国家投资土地整理项目计划付诸实施。2003 年 3 月,国土资源部发布《全国土地开发整理规划(2001～2010 年)》,提出优先开展基本农田整理,以建设促保护,按照现代农业发展要求,全面提升基本农田的生产能力。2006 年,国土资源部发文,正式确定 116 个国家基本农田保护示范区。《全国土地整治规划(2011～2015 年)》经国务院批准发布后的 2013 年 12 月,国家发改委牵头编制《全国高标准农田建设总体规划》发布。该规划用高标准农田统一了各部门的同类建设活动,明确了到 2020 年,建成旱涝保收高标准农田 8 亿亩,亩均粮食综合生产能力提高 100 公斤以上的国家战略目标。在标准化方面做了进一步提炼,要求“高标准农田集中连片,田块平整,配套水、电、路设施改善,耕地质量和地力等级提高,科技服务能力得到加强,生态修复能力得到提升”。“十二五”期间,《全国土地整治规划》尽管没有把土地生态环境建设作为一个重要目标和内容,但在编制规划过程中,比较系统地梳理和总结了国际趋势和中国经验,宣传了"生态型土地整治"的理念、工程技术和案例。农田生态状况堪忧,农田景观建设和农田生物多样性,不仅是一个国际趋势,更是我国农田建设的一个突出短板,而长期单一追求"粮食总产"连连增,深化了这一严峻形势。"生态良田"最终写进《全国土地整治规划(2016~2020)》[86]。

"十二五"以来,我国高度重视农业资源保护和生态建设,不断加大投入力度,实施了高标准农田建设、旱作节水农业、退牧还草、京津风沙源治理等一系列重大工程。农业部支持部分适宜地区,在传统稻田养殖的基础上,积极探索"以渔促稻、稳粮增效、质量安全、生态环保"的稻渔综合种养新模式[87]。要想真正实现"藏粮于地、藏粮于技",必须重视和保护我们的农业生态环境。《农业资源与生态环境保护工程规划(2016~2020年)》通过实施重大工程项目,不断夯实农业绿色发展的物质基础,走产出高效、产品安全、资源节约、环境友好的现代化道路。确定了加强耕地质量建设与保护、推进农业投入品减量使用、开展农业废弃物资源化利用等8项重点任务;划定了东北黑土区、南方耕地污染区、京津冀地下水超采区等7个重点区域;安排了西北地区旱作节水农业工程、草原生态保护工程、渔业资源及生态保护工程等10个重点工程。

2018年农业部生态总站组织召开了农田生态系统生物多样性保护专家研讨会。专家们指出,农田生态系统建设中的生物多样保护,在遗传资源保护、害虫生物控制、自然授粉、水体自净、土壤肥力保持等方面具有至关重要的作用,是提高农业生产力和农业可持续发展水平的重要保障。

"十三五"期间,我国不断加强顶层设计,推进湿地全面保护。2016年,国家林业局制定了《林业适应气候变化行动方案(2016~2020)》,明确了开展湿地保护与恢复应对气候变化的具体行动。2016年12月国务院办公厅印发了《湿地保护修复制度方案》,计划到2020年,全国湿地面积不低于8亿亩,其中,自然湿地面积不低于7亿亩,新增湿地面积300万亩,湿地保护率提高到50%以上,对新形势下湿地保护修复做出部署安排[88,89]。湿地保护法正式列入十三届全国人大常委会立法规划,第三次全国国土调查将湿地列为一级地类,出台修订《国家湿地公园管理办法》,湿地公园建设管理进入质量提升阶段。"十三五"以来,通过项目建设共修复退化湿地66万亩,实施退耕还湿50万亩。通过完善湿地评估规范,加强湿地监管力度,不断提升湿地保护与管理水平。

周茂箐等(2018)总结中国干旱区湿地的研究成果,获取到中国干旱区湿地的变化特征、时空变化过程和规律。为了遏制自然湿地的萎缩,目前中国干旱区采取的主要湿地修复技术有建立自然保护区、生态输水和生态修复等[90]。高原湿地是我国重要湿地类型之一,生态环境功能独特,极具研究价值。李珂等(2011)总结了中国高原湿地退化与退化湿地恢复研究进展,并提出了高原湿地退化研究主要优先领域及退化湿地恢复与保护对策[91]。

据第二次全国湿地资源调查统计,中国现有湿地面积5 360.26万公顷,约占全球湿地面积的4%,位居亚洲第一位、世界第四位。同时,湿地面临着面积减少、功能退化、生物多样性衰退、管理存有短板等诸多问题。中国湿地保护恢复取得了一定的成效,但依然存在以下问题:湿地威胁加剧、自然修复为主难以满足湿地恢复的需求、小微湿地生态问题被忽视和经济发展的积极效应没有充分发挥等。安树青等(2019)提出了中国湿地保护恢复由抢救性保护转向全面保护,合理选择湿地恢复等级,自然恢复与人工修复并重,注意中度干扰应用和创新湿地保护恢复新模式等策略[92]。

水生态恢复方面,影响较大的包括中国科学院水生生物研究所提出的"以鲢控藻"的研究,主要大力发展湖泊投放食蓝藻的鲢。最早是在武汉东湖进行实验,后来在太湖进行了大规模的围隔养鱼控藻实验[93]。还有垂直流湿地的构建已取得广泛应用[94]。上海海洋大学在千岛湖鲢生态增殖渔业发展中,提出"保水渔业"新概念[95]。在河蟹生态养殖的发展过程中,针对生态渔业的模式,创新性提出"净水渔业"概念[96],后被应用到太湖生态渔业发展中[97]。上海海洋大学等单位在河道水生态修复、人工鱼礁建设方面做了许多开创性工作[98,99],中国科学院南京地理与湖泊研究所在五里湖的实验是国内较大规模的滨湖区的水生态修复实验,后来有较多的太湖滨岸湿地恢复、生态清淤等生态修复项目[100]。暨南大学在热带水库的生态修复方面做了较多研究[101]。

对于河口、近海、大洋的生态和渔业发展,全国各个单位都做了很多相关工作。复旦大学、华东师范大学、南京大学等的河口海岸和滨海湿地生态研究[102];中国水产科学研究院东海水产研究所的河口渔业资源修复[103];上海海洋大学在远洋渔业可持续利用方面做了系统的开创性工作[104];厦门大学的红树林生态修复、近海海洋环境保护[105,106];中国科学院海洋研究所等的海湾生态保护[107];中国科学院南海海洋研究所在海草生态修复等领域近年也有较多发展[108];中国水产科学研究院黄海水产研究所等在近海海洋生态系统动力学及黄渤海资源生产研究方面也取得较多的研究成果[109];中国水产科学研究院和中国科学院各个淡水领域相关的研究单位,如珠江水产研究所、黑龙江水产研究所、长江水产研究所等在各个区域所管辖内陆水域渔业资源保护和生态养殖,水生态修复方面也开展了众多工作[110];中国水产科学研究院淡水渔业中心和渔业机械研究所则在生态型渔业方面做了较多工作[111];浙江大学在稻鱼共生机制方面取得较多的成果[112];中国海洋大学在海水综合养殖方面有较多的研究[113]。

近年国家大规模开展水专项研究,在几大重点流域稳定支持相关水生态修复项目,多年来形成较多创新性成果。"水体污染控制与治理科技重大专项"(以下简称水专项)是国家十六个重大科技专项之一,旨在为中国水体污染控制与治理提供强有力的科技支撑[114]。水专项针对解决制约我国社会经济发展的重大水污染科技瓶颈问题,重点突破工业污染源控制与治理、农业面源污染控制与治理、城市污水处理与资源化、水体水质净化与生态修复、饮用水安全保障以及水环境监控预警与管理等水污染控制与治理等关键技术和共性技术。

2017年,科技部制定了国家重点研发计划"典型脆弱生态恢复与保护研究"重点专项实施方案[115]。专项紧紧围绕"两屏三带"生态安全屏障建设科技需求,重点支持生态监测预警、荒漠化防治、水土流失治理、石漠化治理、退化草地修复、生物多样性保护等技术模式研发与典型示范。

为推进我国现代渔业科技创新,驱动我国渔业产业转型升级与持续发展,2019年启动实施"蓝色粮仓科技创新"重点专项。专项围绕水产生物种质创制、健康养殖、资源养护、友好捕捞、绿色加工等产业面临的重大科学问题和重大技术瓶颈,贯通基础研究、重大共性关键技术、典型应用示范科技创新全链条,进行一体化组织设计[116~118]。蓝色粮仓是以优质蛋白高效供给和拓展我国粮食安全的战略空间为目标,利用海洋和内陆水域环境与资源,通过创新驱动产业转型升级,培育农业发展新动能,基于生态优先、陆海统筹、三产融合构建的具有国际竞争力的新型渔业生产体系[119]。

此外,我国还在采矿废弃地的恢复重建方面开展了一些研究。我国是世界上为数不多、矿产资源种类较齐全的国家之一。随着经济、社会的发展,我国已成为矿产品生产和消费大国,煤炭、钢铁、有色金属、水泥等产量和消费量均居世界第一。在促进经济发展的同时,矿产资源的开发利用也造成了严重的生态破坏和环境污染,成为制约我国经济、社会长远发展的重要因素。土地复垦和生态修复是解决矿山环境保护和综合治理的有效途径。

我国矿山生态修复历史欠账多、问题积累多、现实矛盾多,且面临"旧账"未还、又欠"新账"的问题。我国对矿山修复的研究起步较晚,始于20世纪80年代,90年代以后才初步形成一定的规模,21世纪以来,在国家政策的推动下,我国矿山修复逐渐走向成熟。从我国矿山修复的情况来看,主要集中在煤矿废弃地和有色金属尾矿库植被覆盖等,而从目前国内矿山修复成功案例来看,综合其不同功能与特性,主要有生态恢复类、博物资源利用类、旅游开发类、复垦造田类、引水造湖类、垃圾处理厂类、仓储类七大类型,其中生态恢复类、旅游开发类占据主导,约占国内矿山修复工程的一半以上,主要是由于这两类具有较高的经济价值。

据自然资源部遥感调查监测数据,截至2018年底,全国矿山开采占用损毁土地约5 400多万亩。其中,正在开采的矿山占用损毁土地约2 000多万亩,历史遗留矿山占用损毁约3 400多万亩。自然资源部印发《关于探索利用市场化方式推进矿山生态修复的意见》,明确激励政策,吸引社会投入,推行市场化运作、科学化治理的模式,加快推进矿山生态修复[120]。综上可知,我国恢复生态学的研究,从范围和广度上看是其他国家所不能比拟的,在某些领域已达到了国际同类研究水平,在国际学术界产生了一定的影响。

(二)我国生态保护和修复工作成效

在全面加强生态保护的基础上,不断加大生态修复力度,持续推进了大规模国土绿化、湿地与河湖保护修复、防沙治沙、水土保持、生物多样性保护、土地综合整治、海洋生态修复等重点生态工程,取得了显著成效。我国生态恶化趋势基本得到遏制,自然生态系统总体稳定向好,服务功能逐步增强,国家生态安全屏障骨架基本构筑[121]。

1. 森林资源总量持续快速增长

通过"三北"等重点防护林体系建设、天然林资源保护、退耕还林等重大生态工程建设,深入开展全民义务植树,森林资源总量实现快速增长。截至 2018 年底,全国森林面积居世界第五位,森林蓄积量居世界第六位,人工林面积长期居世界首位。

2. 草原生态系统恶化趋势得到遏制

通过实施退牧还草、退耕还草、草原生态保护和修复等工程,以及草原生态保护补助奖励等政策,草原生态系统质量有所改善,草原生态功能逐步恢复。2011~2018 年,全国草原植被综合盖度从 51% 提高到 55.7%,重点天然草原牲畜超载率从 28% 下降到 10.2%。

3. 水土流失及荒漠化防治效果显著

积极实施京津风沙源治理、石漠化综合治理等防沙治沙工程和国家水土保持重点工程,启动了沙化土地封禁保护区等试点工作,全国荒漠化和沙化面积、石漠化面积持续减少,区域水土资源条件得到明显改善。2012 年以来,全国水土流失面积减少了 2 123 万公顷,完成防沙治沙 1 310 万公顷、石漠化土地治理 280 万公顷,全国沙化土地面积已由 20 世纪末年均扩展 34.36 万公顷转为年均减少 19.8 万公顷,石漠化土地面积年均减少 38.6 万公顷。

4. 河湖、湿地保护恢复初见成效

大力推行河长制、湖长制、湿地保护修复制度,着力实施湿地保护、退耕还湿、退田(圩)还湖、生态补水等保护和修复工程,积极保障河湖生态流量,初步形成了湿地自然保护区、湿地公园等多种形式的保护体系,改善了河湖、湿地生态状况。截至 2018 年底,我国有国际重要湿地 57 处、国家级湿地类型自然保护区 156 处、国家湿地公园 896 处,全国湿地保护率达到 52.2%。

5. 海洋生态保护和修复取得积极成效

陆续开展了沿海防护林、滨海湿地修复、红树林保护、岸线整治修复、海岛保护、海湾综合整治等工作,局部海域生态环境得到改善,红树林、珊瑚礁、海草床、盐沼等典型生境退化趋势初步遏制,近岸海域生态状况总体呈现趋稳向好态势。截至 2018 年底,累计修复岸线约 1 000 公里、滨海湿地 9 600 公顷、海岛 20 个。

6. 生物多样性保护步伐加快

通过稳步推进国家公园体制试点,持续实施自然保护区建设、濒危野生动植物抢救性保护等工程,生物多样性保护取得积极成效。截至 2018 年底,我国已有各类自然保护区 2 700 多处,90% 的典型陆地生态系统类型、85% 的野生动物种群和 65% 的高等植物群落纳入保护范围。大熊猫、朱鹮、东北虎、东北豹、藏羚羊、苏铁等濒危野生动植物种群数量呈稳中有升的态势。

（三）生态保护和修复工作面临的主要问题

目前,我国自然生态系统总体仍较为脆弱,生态承载力和环境容量不足,经济发展带来的生态保护压力依然较大,部分地区重发展、轻保护所积累的矛盾愈加凸显。同时,在推进有关重点生态工程建设中,山水林田湖草系统治理的理念落实还不到位,也影响了治理工程整体效益的发挥[121]。

1. 生态系统质量功能问题突出

全国乔木纯林面积达 10 447 万公顷,占乔木林比例 58.1%,较高的占比会导致森林生态系统不稳定,全国乔木林质量指数 0.62,整体仍处于中等水平。草原生态系统整体仍较脆弱,中度和重度退化面积仍占 1/3 以上。部分河道、湿地、湖泊生态功能降低或丧失。全国沙化土地面积 1.72 亿公顷,水土流失面积 2.74 亿公顷,问题依然严峻。红树林面积与 20 世纪 50 年代相比减少了 40%,珊瑚礁覆盖率下降,海草床盖度降低等问题较为突出,自然岸线缩减的现象依然普遍,防灾减灾功能退化,近岸海域生态系统整体形势不容乐观。

2. 生态保护压力依然较大

我国在生态方面历史欠账多、问题积累多、现实矛盾多,一些地区生态环境承载力已经达到或接近上限,生态保护修复任务十分艰巨,既是攻坚战,也是持久战。一些地方贯彻落实"绿水青山就是金山银山"的理念还存在差距,个别地方还有"重经济发展、轻生态保护"的现象,以牺牲生态环境换取经济增长,不合理的开发利用活动大量挤占和破坏生态空间。

3. 生态保护和修复系统性不足

对于山水林田湖草作为生命共同体的内在机理和规律认识不够,落实整体保护、系统修复、综合治理的理念和要求还有很大差距。权责对等的管理体制和协调联动机制尚未建立,统筹生态保护修复面临较大压力和阻力。部分生态工程建设目标、建设内容和治理措施相对单一,一些建设项目还存在拼盘、拼凑问题,以及忽视水资源、土壤、光热、原生物种等自然禀赋的现象,区域生态系统服务功能整体提升成效不明显。

4. 水资源保障面临挑战

水资源供给结构性矛盾突出,部分地区水资源过度开发,经济社会用水大量挤占河湖生态水量,水生态空间被侵占,流域区域生态保护和修复用水保障、水质改善、生物多样性保护等面临严峻挑战。一些地区长期大规模超采地下水,形成地下水漏斗区,引发地面沉降、海水入侵等生态环境问题。部分城市过度挖湖引水造景,加剧水资源紧缺,破坏水系循环。全国废污水排放总量居高不下,不少河流污染物入河量超过其纳污能力,部分地区地下水污染严重。

5. 多元化投入机制尚未建立

生态保护和修复工作具有明显的公益性、外部性,受盈利能力低、项目风险多等影响,加之市场化投入机制、生态保护补偿机制仍不够完善,缺乏激励社会资本投入生态保护修复的有效政策和措施,生态产品价值实现缺乏有效途径,社会资本进入意愿不强。目前,工程建设仍以政府投入为主,投资渠道较为单一,资金投入整体不足。同时,生态工程建设的重点区域多为老、少、边、穷地区,由于自有财力不足,不同程度地存在"等、靠、要"思想。

6. 科技支撑能力不强

生态保护和修复标准体系建设、新技术推广、科研成果转化等方面比较欠缺,理论研究与工程实践存在一定程度的脱节现象,关键技术和措施的系统性和长效性不足。科技服务平台和服务体系不健全,生态保护和修复产业仍处于培育阶段。支撑生态保护和修复的调查、监测、评价、预警等能力不足,部门间信息共享机制尚未建立。

总体上看,我国生态环境质量持续好转,出现稳中向好趋势,但成效并不稳固。当前,我国生态文明建设正处在压力叠加、负重前行的关键期,已进入提供更多优质生态产品以满足人民日益增长的优美生态环境需要的攻坚期,也到了有条件有能力解决生态环境突出问题的窗口期,人民群众对美好生活的向往更加强烈,对优美环境的诉求更加迫切。实施重要生态系统保护和修复重大工程,是加快生态文明建设的重要任务,是保障国家生态安全的重要基础,是满足人民群众对良好生态环境的殷切期盼的重要途径,是践行绿水青山就是金山银山理念、实现人与自然和谐共生的重要举措。

(四) 计划实施重要生态系统保护和修复重大工程

贯彻落实主体功能区战略,以国家生态安全战略格局为基础,以国土空间规划确定的国家重点生态功能区、生态保护红线、国家级自然保护地等为重点,突出对京津冀协同发展、长江经济带发展、粤港澳大湾区建设、海南全面深化改革开放、长三角一体化发展、黄河流域生态保护和高质量发展等国家重大战略的生态支撑,在统筹考虑生态系统的完整性、地理单元的连续性和经济社会发展的可持续性,并与相关生态保护与修复规划衔接的基础上,将全国重要生态系统保护和修复重大工程规划布局在青藏高原生态屏障区、黄河重点生态区(含黄土高原生态屏障)、长江重点生态区(含川滇生态屏障)、东北森林带、北方防沙带、南方丘陵山地带、海岸带等重点区域。

1. 青藏高原生态屏障区

大力实施草原保护修复、河湖和湿地保护恢复、天然林保护、防沙治沙、水土保持等工程。若尔盖草原湿地、阿尔金草原荒漠等严格落实草原禁牧和草畜平衡,通过补播改良、人工种草等措施加大退化草原治理力度;加强河湖、湿地保护修复,稳步提高高原湿地、江河源头水源涵养能力;加强森林资源管护和中幼林抚育,在河滩谷地开展水源涵养林和水土保持林等防护林体系建设;加强沙化土地封禁保护,采用乔灌草结合的生物措施及沙障等工程措施促进防沙固沙及水土保持;加强对冰川、雪山的保护和监测,减少人为扰动;加强野生动植物栖息地生境保护恢复,连通物种迁徙扩散生态廊道;加快推进历史遗留矿山生态修复。

2. 黄河重点生态区(含黄土高原生态屏障)

生态保护和修复重大工程大力开展水土保持和土地综合整治、天然林保护、三北等防护林体系建设、草原保护修复、沙化土地治理、河湖与湿地保护修复、矿山生态修复等工程。完善黄河流域水沙调控、水土流失综合防治、防沙治沙、水资源合理配置和高效利用等措施,开展小流域综合治理,建设以梯田和淤地坝为主的拦沙减沙体系,持续实施治沟造地,推进塬区固沟保塬、坡面退耕还林、沟道治沟造地、沙区固沙还灌草,提升水土保持功能,有效遏制水土流失和土地沙化;大力开展封育保护,加强原生林草植被和生物多样性保护,禁止开垦利用荒山荒坡,开展封山禁牧和育林育草,提升水源涵养能力;推进水蚀风蚀交错区综合治理,积极培育林草资源,选择适生的乡土植物,营造多树种、多层次的区域性防护林体系,统筹推进退耕还林还草和退牧还草,加大退化草原治理,开展林草有害生物防治,提升林草生态系统质量;开展重点河湖、黄河三角洲等湿地保护与恢复,保证生态流量,实施地下水超采综合治理,开展滩区土地综合整治;加快历史遗留矿山生态修复。

3. 长江重点生态区(含川滇生态屏障)

生态保护和修复重大工程大力实施河湖和湿地保护修复、天然林保护、退耕还林还草、防护林体系建设、退田(圩)还湖还湿、草原保护修复、水土流失和石漠化综合治理、土地综合整治、矿山生态修复等工程。保护修复洞庭湖、鄱阳湖等长江沿线重要湖泊和湿地,加强洱海、草海等重要高原湖泊保护修复,推动长江岸线生态恢复,改善河湖连通性;开展长江上游天然林公益林建设,加强长江两岸造林绿化,全面完成宜林荒山造林,加强森林质量精准提升,推进国家储备林建设,打造长江绿色生态廊道;实施生物措施与工程措施相结合的综合治理,全面改善严重石漠化地区生态状况;大力开展矿山生态修复,解决重点区域历史遗留矿山生态破坏问题;保护珍稀濒危水生生物,强化极小种群、珍稀濒危野生动植物栖息地和候鸟迁徙路线保护,严防有害生物危害。

4. 东北森林带

大力实施天然林保护、退耕还林还草还湿、森林质量精准提升、草原保护修复、湿地保护恢复、小流域水土流失防控与土地综合整治等工程。持续推进天然林保护和后备资源培育,逐步开展被占林地森林恢复,实施退化林修复,加强森林经营和战略木材储备,通过近自然经营促进森林正向演替,逐步恢复顶级森林群落;加强林草过渡带生态治理,防治土地沙化;加强候鸟迁徙沿线重点湿地保护,开展退化河湖、湿地修复,提高河湖连通性;加强东北虎、东北豹等旗舰物种生境保护恢复,连通物种迁徙扩散生态廊道。

5. 北方防沙带

大力实施三北防护林体系建设、天然林保护、退耕还林还草、草原保护修复、水土流失综合治理、防沙治沙、河湖和湿地保护恢复、地下水超采综合治理、矿山生态修复和土地综合整治等工程。坚持以水定绿、乔灌草相结合,开展大规模国土绿化,大力实施退化林修复;加强沙化土地封禁保护,加快建设锁边防风固沙体系和防风防沙生态林带,强化禁垦(樵、牧、采)、封沙育林育草、网格固沙障等建设,控制沙漠南移;落实草原禁牧休牧轮牧和草畜平衡,实施退牧还草和种草补播,统筹开展退化草原、农牧交错带已垦草原修复;保护修复永定河、白洋淀等重要河湖、湿地,保障重要河流生态流量及湖泊、湿地面积;加强有害生物防治,减少灾害损失;加快推进历史遗留矿山生态修复,解决重点区域历史遗留矿山环境破坏问题。

6. 南方丘陵山地带

大力实施天然林保护、防护林体系建设、退耕还林还草、河湖湿地保护修复、石漠化治理、损毁和退化土地生态修复等工程。加强森林资源管护和森林质量精准提升,推进国家储备林建设,提高森林生态系统结构完整性;通过封山育林草等措施,减轻石漠化和水土流失程度;加强水生态保护修复;开展矿山生态修复和土地综合整治;加强珍稀濒危野生动物、苏铁等极小种群植物及其栖息地保护修复,开展有害生物灾害防治。

7. 海岸带

推进"蓝色海湾"整治,开展退围还海还滩、岸线岸滩修复、河口海湾生态修复、红树林、珊瑚礁、柽柳等典型海洋生态系统保护修复、热带雨林保护、防护林体系等工程建设,加强互花米草等外来入侵物种灾害防治。重点提升粤港澳大湾区和渤海、长江口、黄河口等重要海湾、河口生态环境,推进陆海统筹、河海联动治理,促进近岸局部海域海洋水动力条件恢复;维护海岸带重要生态廊道,保护生物多样性;恢复北部湾典型滨海湿地生态系统结构和功能;保护海南岛热带雨林和海洋特有动植物及其生境,加强海南岛水生态保护修复,提升海岸带生态系统服务功能和防灾减灾能力。

8. 自然保护地建设及野生动植物保护重大工程

落实党中央、国务院关于建立以国家公园为主体的自然保护地体系的决策部署,切实加强三江源、祁连山、东北虎豹、大熊猫、海南热带雨林、珠穆朗玛峰等各类自然保护地保护管理,强化重要自然生态系统、自然遗迹、自然景观和濒危物种种群保护,构建重要原生生态系统整体保护网络,整合优化各类自然保护地,合理调整自然保护地范围并勘界立标,科学划定自然保护地功能分区;根据管控规则,分类有序解决重点保护地域内的历史遗留问题,逐步对核心保护区内原住民实施有序搬迁和退出耕地还林还草还湖还湿;强化主要保护对象及栖息生境的保护恢复,连通生态廊道;构建智慧管护监测系统,建立健全配套基础设施及自然教育体验网络;开展野生动植物资源普查和动态监测,建设珍稀濒危野生动植物基因保存库、救护繁育场所,完善古树名木保护体系。

9. 生态保护和修复支撑体系重大工程

加强生态保护和修复基础研究、关键技术攻关以及技术集成示范推广与应用,加大重点实验室、生态定位研究站等科研平台建设。构建国家和地方相协同的"天空地"一体化生态监测监管平台和生态保护红线监管平台。加强森林草原火灾预防和应急处置、有害生物防治能力建设,提升基层管护站点建设水平,完善相关基础设施。建设海洋生态预警监测体系,提升海洋防灾减灾能力。实施生态气象保障重点工程,增强气象监测预测能力及对生态保护和修复的服务能力。

（五）恢复生态学在我国的战略地位

可再生资源的持续利用是经济可持续发展的基础和增长点,资源的量和质已不再是模糊的概念,我国"地大物博"的观念已成为过去。面对我国当前自然生态系统退化十分严重的状况,如何进行综合整治,使退化生态系统得以恢复和重建,已成为提高区域生产力、改善生态环境,使资源得以持续利用和经济得以持续发展的关键所在。在农业的现代化和集约化过程中,生态问题也逐渐成为主要矛盾,形势迫使我们不得不把视野转移到资源的可持续利用和生态系统的良性循环上。

目前,我国在各领域的研究已充分证明退化生态系统的恢复是可行的,而且产生了较大的经济效益、生态效益和社会效益。例如,中国科学院华南植物园在小良热带人工森林生态系统定位研究站,鹤山丘陵综合试验站几十年的研究构建的优化人工林模式以及利用丘陵山地构建的林果草和林果苗复合大农业模式均得到大面积推广[122]。中国科学院兰州沙漠研究所中卫沙坡头试验站致力于交通和农田防护体系的建设,开展了沙区绿洲化的研究。在陕西的一些水土流失区,结合小流域治理进行的草、田、果、林复合农业建设,不仅使水土流失得以控制,而且其产品特别是果品已在全国市场具有一定的竞争力[123]。稻田综合种养在全国范围内大面积推广,稻田养殖的小龙虾成为人民经常食用的食品,稻渔产业成为乡村振兴的重要力量[124]。

作为一门新的生态学分支,恢复生态学与若干学科保持着广泛的学科交叉。随着恢复生态学领域广度和深度的不断发展,它的理论基础和方法论研究将会进一步深入并扩大,它不仅是一门有着高度实践价值的分支学科,而且也具备丰富潜在的理论意义。恢复生态学的理论意义,不仅在于它为已有的理论提供严格的检验,而且在于它能使已有的理论在生态恢复的过程中得到更精确恰当的表述,从而使理论在应用中更具操作性。另外,恢复生态学将是新的生态学理论观点的生长点。

（六）关于加强我国恢复生态学研究的建议

1. 加大综合研究项目的支持力度

在我国,有关恢复生态学的研究多是在国家及部门的各类课题中分散附带进行。为了适应新时期的发展需要,有必要定期评价并制定恢复生态学发展的战略规划,确定研究的重点内容和优先领域。将国家重要的生态监测站点和所在地区大学等机构相结合的模式,既降低成本,利用长期观测数据,有利于发现科学问题,也有利于培养相关专业人才。在国家、区域和全球的水平上进行网络性研究已经成为国际生态学的一种发展趋势,例如,已运行的中国生态系统研究网络（CERN）。国家应在 CERN 已有研究的基础上,联合水利部、国家林业与草原局、农业农村部、生态环境部及一些高等院校建立的资源环境和生态系统定位观测和研究站,从更广的范围、更高的层面上开展这方面的深入研究。

2. 加强基础理论研究,注重高新技术的应用

我国恢复生态学研究,还缺乏进一步的理论探索和系统研究成果。特别是缺乏大批定量化、系统化、完整性的样板实体。我国是世界上生态退化最严重的国家之一,各类型各地区生态系统退化情况究竟如何,发展趋势怎样,对我国经济的进一步发展会起什么制约作用,必须运用客观的科学分析方法。同时,应研究各种有价值的指示物,以综合判断一个地区的退化程度和发展趋势。如科学的综合自然区划可为全球环境变化的区域响应、环境监测系统的建立、遥感与地理信息技术的应用、生态网络台站的部署、定位试验观测资料的分析等工作提供宏观的区域框架[125]。农作物生物技术在世界范围内取得了飞速的发展,一批高产优质的农作物新品种已培育成功,在解决人类目前所面临的粮食安全、环境恶化、资源匮乏、效益衰减等问题上发挥巨大作用。只有解决产业的生态化,尤其是农业生产的集约化和生态化才能真正解决新时代人类的需求[126~130]。

3. 注重恢复的科学性、现实性和可操作性

退化生态系统的恢复和重建是一个系统工程,涉及环境、经济、社会诸因素,应权衡各种方案,在多方面平衡下做出选择是制定恢复和重建目标的关键。为此,需要进行决策系统的研究,构建恢复和重建方案的决策框架,其中包括系统的决策分析、风险评价和管理干预。需要根据不同区域的具体情况确立以价值为基础的明确的恢复目标,具有方便实施的技术路线和切实可行的生态工程技术以及对恢复结果的预测和评价。使退化生态系统的恢复和重建建立在科学的、现实的和可操作的基础之上。

1999年中央决定实施西部大开发战略,2000年已迈出实质性步伐,计划到2050年,使西部地区的面貌发生根本性变化。但是,西部地区经济和社会发展相对滞后,自然条件恶劣,根本改变面貌乃是一项长期艰巨的事业,是一项规模宏大的系统科学工程。西部地区过去的生态环境究竟是什么样子? 究竟是什么原因使西部地区生态环境演变成现在的模样? 将来可能向什么方向演变? 搞清这些问题,对于理清思路、确定方向,正确制订西部大开发的战略和方针至关重要[131]。

4. 呼吁成立恢复生态学会

作为一门新兴科学,恢复生态学仍有许多问题有待于在实践中解决,对于恢复生态学的内涵,科学界尚未形成一致的看法。总的来说,恢复生态学首先要研究生态退化的原因,进而找到恢复生态原有状态的方法,并研究在这一过程中所涉及的技术问题。随着经济的发展和对环境的日益重视,欧美等发达国家率先成立了恢复生态学专业委员会。不仅发达国家非常重视恢复生态学科的发展,一些发展中国家对此也很重视。如亚洲的泰国、马来西亚,非洲的肯尼亚等国,都先后成立了恢复生态学的专门机构,将恢复生态学的发展作为解决本国生态环境问题与可持续发展的重要途径[132]。

5. 加强生态修复规划,实施重大生态修复工程

国家发展改革委、自然资源部等联合印发《全国重要生态系统保护和修复重大工程总体规划(2021—2035 年)》(以下简称《规划》),明确了到 2035 年中国生态保护和修复的主要目标,提出了青藏高原生态屏障区生态保护和修复等 9 项重大工程。此次发布的《规划》是党的十九大后生态保护和修复领域第一个综合性规划。这份《规划》新提出的 9 大生态保护修复重大工程,是原有京津风沙源治理、三北防护林等生态工程的接续和拓展,同时更加注重整体性和系统性。

思考题

1. 简述恢复生态学和生态学的异同点。

2. 简述恢复生态学的发展趋势。

3. 简述为什么人类进行生态恢复是非常必要的和非常紧迫的。

4. 国内外学者对恢复生态学定义的学术观点及其代表性定义是什么。

5. 如何理解恢复生态学的综合性。

6. 阐述下恢复生态学怎么造福人类?

7. 生态退化和资源开采的关系是什么? 如果资源不足,生态会面临怎样的挑战?

8. 生态恢复对可持续发展有什么影响?

9. 人类的生产活动会对生态系统造成干扰,但一定的干扰对生态系统又有益处,人类如何在其中维持平衡?

10. 人口快速增长,产生不可避免的环境污染和资源紧缺问题,恢复生态学能够为此提供什么样的可行方案?

11. 全球气候变暖对生态恢复有什么影响?

12. 全球的氮循环是怎么样的一个循环? 为什么会有氮循环的改变?

13. 为什么在全球变暖的趋势下还会有地区出现历史罕见的严寒?

14. 生态危机的解决对于我国建设美丽中国战略有何影响?

15. 地球系统功能退化,我们该怎么办?

16. 观看《家园》,谈对地球生态的感想?

17. 历史上很多文明,如玛雅文明,古埃及、古印度等文明消亡的原因是什么? 举例说明。

参考文献

[1] Roberts L, Stone R, Sugden A. The Rise of Restoration Ecology[J]. Science, 2009, 325(5940): 555.

[2] 魏冬.寻找回来的世界——恢复生态学研究历史简述[J].生命世界,2010,(11): 8 - 9.

[3] 章家恩.地球人迟到的忏悔: 恢复生态学[M].上海: 上海科学技术出版社,2002.

[4] 蒋青,冷琴,王力.“人类世”论评——环境领域的“舶来品”,地球科学的新纪元? [J].地层学杂志,

2009,(1):11-17.

［5］Seuly."生物圈 2 号"难圆超越地球之梦[J].环境,2005,(5):76-77.

［6］国际恢复生态学会[OL].http://www.ser.org.

［7］Richard T. Corlett. The Anthropocene concept in ecology and conservation[J]. Trends in Ecology & Evolution. 2015, 30(1). 36-41.

［8］Perring MP, Standish RJ, Price JN, et al. Advances in restoration ecology: rising to the challenges of the coming decades. Ecosphere, 2015, 6(8): 131.

［9］杨筱寂,张丽.人类世与人类命运共同体[J].山西高等学校社会科学学报,2018,30(12):14-18+31.

［10］科学家称地球生态系统正在逼近 9 大极限[OL].http://news.qq.com/a/20100404/000863.htm.

［11］WWF 称地球生态系统本世纪中面临崩溃危险,40 年后人类生存需两个地球?[OL].http://news. sohu.com/20061026/n246020326.shtml.

［12］胡滢.世界人口发展之展望[J].生态经济,2015,31(10):2-5.

［13］Sanderman J, Hengl T, Fiske GJ. Soil carbon debt of 12,000 years of human land use[J]. Proceedings of the National Academy of Sciences, 2017, 114 (36): 9575-9580.

［14］Zhang H, Xu E. An evaluation of the ecological and environmental security on China's terrestrial ecosystems [J]. Scientific Reports, 2017, 7(1): 811.

［15］陈家宽,马涛,李博.中国生态学家面临的挑战[M]//陈吉泉,李博等,生态学家面临的挑战:问题与途径.北京:高等教育出版社,2005.

［16］郭小燕,丁丽.全球变化对自然环境和人类社会的挑战[J].北方环境,2012,24(04):1-5.

［17］孔锋,王一飞,吕丽莉.全球变化背景下中国应对气候变化的主要进展和展望[J].安徽农业科学,2018,46(01):18-23.

［18］张润志."外来物种的入侵生态学效应及管理技术研究"取得重要进展[J].中国科学院院刊,2007,(06):508-510.

［19］刘昊,张强,陈正桥.外来物种入侵的风险管理体系研究[J].农业灾害研究,2016,6(10):7-9+16.

［20］庞淑婷,刘颖,朱志远.国内外防止外来物种入侵管理策略研究进展[J].农学学报,2015,5(12):99-103.

［21］赵淑清,方精云,雷光春.全球 200:确定大尺度生物多样性优先保护的一种方法[J].生物多样性,2000,(04):435-440.

［22］陈求稳,欧阳志云.流域生态学及模型系统[J].生态学报,2005,(05):1184-1190+1239-1240.

［23］阎水玉,王祥荣.流域生态学与太湖流域防洪、治污及可持续发展[J].湖泊科学,2001,(01):1-8.

［24］杨海乐,陈家宽.流域生态学的发展困境——来自河流景观的启示[J].生态学报,2016,36(10):3084-3095.

［25］赵其国,高俊峰.中国湿地资源的生态功能及其分区[J].中国生态农业学报,2007,(01):1-4.

［26］周轶.中国水资源安全问题研究[J].科技创新导报,2015,12(24):135-136.

［27］张利平,夏军,胡志芳.中国水资源状况与水资源安全问题分析[J].长江流域资源与环境,2009,18(02):116-120.

［28］刘昌明.中国 21 世纪水供需分析:生态水利研究[J].中国水利,1999,(10):18-20.

［29］梁文举,武志杰,闻大中.21 世纪初农业生态系统健康研究方向[J].应用生态学报,2002,(08):1022-1026.

[30] 章家恩,骆世明.农业生态系统健康的基本内涵及其评价指标[J].应用生态学报,2004,(08):1473-1476.

[31] 赵其国,周炳中,杨浩.中国耕地资源安全问题及相关对策思考[J].土壤,2002,34(6):293-302.

[32] 张琳,张凤荣,姜广辉,等.我国中低产田改造的粮食增产潜力与食物安全保障[J].农业现代化研究,2005,(01):22-25.

[33] 席承藩.我国粮食增产与耕地土壤的养护[J].大自然探索,1996,15(3):6-8.

[34] 戴小枫,吴孔明,万方浩,等.中国农业生物安全的科学问题与任务探讨[J].中国农业科学,2008,41(6):1691-1699.

[35] 孙铁珩,宋雪英.中国农业环境问题与对策[J].农业现代化研究,2008,29(6):646-648.

[36] 朱兆良,孙波.中国农业面源污染控制对策研究[J].环境保护,2008,(8):4-6.

[37] 袁隆平,唐传道.杂交水稻选育的回顾、现状与展望[J].中国稻米,1999,(4):3-6.

[38] 赵团结,盖钧镒.栽培大豆起源与演化研究进展[J].中国农业科学,2004,37(7):954-962.

[39] 何中虎,庄巧生,程顺和,等.中国小麦产业发展与科技进步[J].农学学报,2018,8(1):107-114.

[40] 任继周.系统耦合在大农业中的战略意义[J].科学,1999,51(6):12-14.

[41] 卢良恕.中国可持续农业的发展[J].中国人口资源与环境,1995,5(2):27-33.

[42] 李琪,陈立杰.农业生态系统健康研究进展[J].中国生态农业学报,2003,(02):150-152.

[43] 刘彦随,吴传钧.中国水土资源态势与可持续食物安全[J].自然资源学报,2002,(03):270-275.

[44] 薛建辉,吴永波,方升佐.退耕还林工程区困难立地植被恢复与生态重建[J].南京林业大学学报(自然科学版),2003,(06):84-88.

[45] 赵平.退化生态系统植被恢复的生理生态学研究进展[J].应用生态学报,2003,(11):2031-2036.

[46] 吴庆龙,谢平,杨柳燕,等.湖泊蓝藻水华生态灾害形成机理及防治的基础研究[J].地球科学进展,2008,(11):1115-1123.

[47] 邬江.探讨生态环境建设、生态环境的内涵[J].科技术语研究,2005,7(2):36.

[48] 沈国舫.生态环境建设与水资源的保护和利用[J].中国水利,2000,(8):26-30.

[49] 沈国舫.西部大开发中的生态环境建设问题——代笔谈小结[J].林业科学,2001,37(1):1-6.

[50] Lu YH, Zhang LW, Feng XM, et al. Recent ecological transitions in China: greening, browning, and influential factors[J]. Scientific Reports, 2015, 5: 8732.

[51] 深入实施重大生态修复工程 如期实现生态良好发展目标[OL].http://www.forestry.gov.cn/main/4431/content-721368.html.

[52] Lu F, Hu HF, Sun WJ, et al. Effects of national ecological restoration projects on carbon sequestration in China from 2001 to 2010[J]. Proceedings of the National Academy of Sciences, 2018, 115(16): 4039-4044.

[53] 赵斌.人类将往何处去,盖亚假说告诉你[J].生命世界,2014,(07):90-93.

[54] 李勉.人类能离开地球生活吗?"生物圈"2号实验的启示[J].青海科技,2014,(1):90-91.

[55] 傅丽君,杨文金.恢复生态学与可持续发展[J].山东农业大学学报(自然科学版),2005,(04):609-614.

[56] 徐炳权,胡雪敏.恢复生态学的进展与展望[J].科技创新导报,2008,(07):97-98.

[57] 赵晓英,孙成权.恢复生态学及其发展[J].地球科学进展,1998,(05):61-67.

[58] Hobbs RJ, Harris JA. Restoration ecology: Repairing the Earth's ecosystems in the new millennium

[J]. Restoration Ecology, 2001, 9(2): 239-246.

[59] 国际生态恢复学会关于生态恢复的入门介绍[OL].https://max.book118.com/html/2016/0129/34318315.shtm.

[60] 任海,彭少麟,陆宏芳.退化生态系统恢复与恢复生态学[J].生态学报,2004,(08):1760-1768.

[61] Mark A. Davis, Lawrence B. Slobodkin. The Science and Values of Restoration Ecology[J]. Restoration Ecology, 2004, 12(1).1-3.

[62] Paul A. Deddy.湿地生态学——原理与保护(第二版)[M]//兰志春,黎志春,沈瑞昌,译.北京:高等教育出版社,2018.

[63] 彭少麟,陈蕾伊,侯玉平,等.恢复与重建自然与文化的和谐——2011生态恢复学会国际会议简介[J].生态学报,2011,31(17)5105-5106.

[64] 彭少麟,吴可可.提高生态系统快速恢复能力:恢复城市、乡村和原野——第六届国际恢复生态学大会(SER 2015)综述[J].生态学报,2015,35(16):5570-5572.

[65] Choi YD. Theories for ecological restoration in changing environment: toward "futuristic" restoration[J]. Ecological Research, 2004, 19: 75-81.

[66] Davis MA, Slobodkin LB. The science and values of restoration ecology[J]. Restoration Ecology, 2004, 12: 1-3.

[67] Davis MA. "Restoration" — a misnomer? [J]. Science, 2000, 287: 1203.

[68] Richard J. Hobbs, Salvatore Arico, James Aronson, et al. Novel ecosystems: theoretical and management aspects of the new ecological world order[J]. Global Ecology and Biogeography, 2006, 15(1).1-7.

[69] 彭少麟,陆宏芳.恢复生态学焦点问题[J].生态学报,2003,(07):1249-1257.

[70] 郑度.21世纪人地关系研究前瞻[J].地理研究,2002,21(1):9-13.

[71] Richard J. Hobbs. The Future of Restoration Ecology: Challenges and Opportunities [J]. Restoration Ecology, 2005, 13(2).239-241.

[72] 李文华.我国生态学研究及其对社会发展的贡献[J].生态学报,2011,31(19):5421-5428.

[73] 赵晓英,孙成权.恢复生态学及其发展[J].地球科学进展,1998,(05):61-67.

[74] 彭珂珊.黄土高原水土流失区退耕还林(草)的基本思路[J].水土保持研究,2000,(02):164-171.

[75] 杜盛,刘国彬,等.黄土高原植被恢复的生态功能[M].北京:科学出版社,2015.

[76] Feng Xiaoming, Fu Bojie, Piao Shilong, et al. Revegetation in China's Loess Plateau is approaching sustainable water resource limits[J]. Nature Climate Change, 2006, 6(11): 1019-1022.

[77] 孙波,等.红壤退化阻控与生态修复[M].北京:科学出版社,2011.

[78] 赵哈林,等.科尔沁沙地沙漠化过程及其恢复机理[M].北京:海洋出版社,2003.

[79] 蒋德明,等.科尔沁沙地荒漠化过程与生态恢复[M].北京:中国环境科学出版社,2002.

[80] 李新荣,赵洋,回嵘,等.中国干旱区恢复生态学研究进展及趋势评述[J].地理科学进展,2014,33(11):1435-1443.

[81] 王涛.我国沙漠与沙漠化科学发展的战略思考[J].中国沙漠,2008,(1):1-7.

[82] 赵哈林.沙漠生态学[M].北京:科学出版社,2012.

[83] 程国栋.中国西部生态修复试验示范研究集成[M].北京:科学出版社,2012.

[84] 2017国际草产业创新大会在呼和浩特召开[OL].http://www.sohu.com/a/160877566_796172.

[85] 李毓堂.全球化粮农危机与中国大农业草产业系统工程[J].草业科学,2011,28(02):171-175.

［86］农田理念转变 40 年：从基本农田到智慧农田（微信公众号"中国自然资源报"独家编辑）［OL］. http://www.sohu.com/a/281980551_659723.

［87］朱泽闻,李可心,王浩.我国稻渔综合种养的内涵特征、发展现状及政策建议［J］.中国水产,2016, (10)：32 - 35.

［88］2017 年中国湿地工程投资额、湿地公园分布情况及湿地修复行业前景分析［OL］.http：//www. chyxx.com/industry/201711/581531.html.

［89］崔丽娟,张骁栋,张曼胤.中国湿地保护与管理的任务与展望——对《湿地保护修复制度方案》的解读 ［J］.环境保护,2017,45(04)：13 - 17.

［90］周茂箐,春喜,梁文军,等.中国干旱区湿地变化与修复研究综述［J］.内蒙古农业大学学报(自然科学 版),2018,39(02)：94 - 100.

［91］李珂,杨永兴,杨杨,等.中国高原湿地退化与恢复研究进展［J］.安徽农业科学,2011,39(11)：6714 - 6716+6719.

［92］安树青,张轩波,张海飞,等.中国湿地保护恢复策略研究［J］.湿地科学与管理,2019,15(02)：41 - 44.

［93］刘建康,谢平.揭开武汉东湖蓝藻水华消失之谜［J］.长江流域资源与环境,1999,(03)：85 - 92.

［94］吴振斌,詹德昊,张晟,等.复合垂直流构建湿地的设计方法及净化效果［J］.武汉大学学报(工学版), 2003,36(1)：12 - 16.

［95］刘其根,何光喜,陈马康.保水渔业理论构想与应用实例［J］.中国水产,2009(5)：20 - 22.

［96］陈晓方.运用"净水渔业"理论生态修复千年护城河［J］.渔业致富指南,2015(5)：17 - 19.

［97］"蠡湖净水渔业技术研究与示范"项目完成首批标志放流工作［J］.科学养鱼,2010(2)：75 - 75.

［98］杜霞,何文辉,邵留,等.上海市农村富营养化河道生态修复工程研究［J］.上海环境科学,2013,(1)： 15 - 19.

［99］章守宇,周曦杰,王凯,等.蓝色增长背景下的海洋生物生态城市化设想与海洋牧场建设关键技术研究 综述［J］.水产学报,2019,43(1)：81 - 96.

［100］陈开宁,包先明,史龙新,等.太湖五里湖生态重建示范工程——大型围隔试验.湖泊科学,2006, 18(2)：139 - 149.

［101］韩博平.中国水库生态学研究的回顾与展望［J］.湖泊科学,2010,22(02)：151 - 160.

［102］丁丽,徐建益,陈家宽,等.崇明东滩互花米草生态控制与鸟类栖息地优化［J］.人民长江,2011,(S2)： 122 - 124.

［103］徐超,王思凯,赵峰,等.长江口水生动物食物网营养结构及其变化［J］.水生生物学报,2019,43(1)： 155 - 164.

［104］丁琪,陈新军,李纲,等.渔获物平均营养级在渔业可持续性评价中的应用研究进展［J］.海洋渔业, 2016,38(1)：88 - 97.

［105］范航清,王文卿.中国红树林保育的若干重要问题［J］.厦门大学学报(自然科学版),2017,56(3)： 323 - 330.

［106］焦念志,骆庭伟,张瑶,等.海洋微型生物碳泵——从微型生物生态过程到碳循环机制效应［J］.厦门 大学学报(自然科学版),2011,50(2)：387 - 401.

［107］孙松,张永山,吴玉霖,等.胶州湾初级生产力周年变化［J］.海洋与湖沼,2005,36(6)：481 - 486.

［108］黄小平,黄良民,等.华南沿海主要海草床及其生境威胁［J］.科学通报,2006,51(B11)：114 - 119.

［109］唐启升,苏纪兰,孙松,等.中国近海生态系统动力学研究进展［J］.地球科学进展,2005,20(12)：

1288-1299.

[110] 李谷,钟非,成水平,等.人工湿地——养殖池塘复合生态系统构建及初步研究[J].渔业现代化,2006(1):12-14.

[111] 戈贤平.大宗淡水鱼池塘循环水养殖技术研发进展[J].科学养鱼,2014(8):2-4.

[112] 丁伟华,李娜娜,任伟征,等.传统稻鱼系统生产力提升对稻田水体环境的影响[J].中国生态农业学报,2013,21(3):308-314.

[113] 李德尚,董双林.对虾与鱼、贝类封闭式综合养殖的实验研究[J].海洋与湖沼,2002,33(1):90-96.

[114] 水体污染控制与治理科技重大专项[OL].http://nwpcp.mep.gov.cn.

[115] "典型脆弱生态修复与保护研究"重点专项 2017 年度拟立项项目公示[OL].https://www.instrument.com.cn/news/20170610/221689.shtml.

[116] 李嘉晓.蓝色粮仓:建设基础、面临问题与发展潜力[J].中国海洋大学学报(社会科学版),2012,(2):40-44.

[117] 李大海,韩立民.中国"蓝色粮仓"理论研究进展评述[J].中国海洋大学学报(社会科学版),2014,(6):31-35.

[118] 杨红生.我国蓝色粮仓科技创新的发展思路与实施途径[J].水产学报,2019,43(1):97-104.

[119] 2018 年国家重点研发"蓝色粮仓科技创新"专项申报指南[OL].https://www.sohu.com/a/239877034_811190.

[120] 矿山生态修复鼓励社会资本进入 推进生态修复[OL].http://news.eastday.com/eastday/13news/auto/news/china/20191225/u7ai8989284.html.

[121] 全国重要生态系统保护和修复重大工程总体规划(2021—2035 年)[OL].http://www.h2o-china.com/news/view?id=309853&page=1.

[122] 彭少麟.热带亚热带退化生态系统的恢复与复合农林业[J].应用生态学报,1998,(06):29-33.

[123] 李森林.关于持久建设雨养有机生态农业的绿色纲要[J].当代生态农业,2006,22:84-109.

[124] 李嘉尧,常东,李柏年,等.不同稻田综合种养模式的成本效益分析[J].水产学报,2014,38(9):1431-1438.

[125] 郑度,葛全胜,张雪芹,等.中国区划工作的回顾与展望[J].地理研究,2005,24(3):330-344.

[126] 涂金星,张冬晓,张毅,等.我国油菜育种目标及品种审定问题的商榷[J].中国油料作物学报,2007,29(3):350-352.

[127] 刘永忠,马湘涛,张红艳,等.我国柑品种现状及主要产区的果实品质比较[J].园艺学报,2004,31(5):584-588.

[128] 侯锋,李淑菊.我国黄瓜育种研究进展与展望[J].中国农业科学,2000,33(3):100-102.

[129] 黄耀祥.水稻生态育种科学体系的构建及新进展[J].广东农业科学,1999,(5):2-6.

[130] 戴景瑞.发展玉米育种科学 迎接 21 世纪的挑战[J].作物杂志,1998,(6):1-4.

[131] 秦大河,丁一汇,王绍武,等.中国西部生态环境变化与对策建议[J].地球科学进展,2002,17(3):314-319.

[132] 杨柳春.专家呼吁成立恢复生态学学会[J].中国科学院院刊,2001,(02):142-143.

第二章 生态系统退化及修复

我们已造成了一个资源过度开发而且拥挤的世界。之所以如此,乃是借由消费古老阳光,将之转换为现代食物,再以这些食物供养更多的人。没有古老阳光的使用,地球所能维持的人数约在 2.5 亿至 10 亿之间,也就是在石油与煤发现之前地球曾供养的人数。若失去了石油与煤,50 亿人口会饿死。

——〔美〕哈特曼《古老阳光的末日》

生态恢复是一个有目的的行动,这个目的就是启动或者促进一个生态系统恢复其健康、完整性和可持续性。有些情况下,对生态系统的负面影响是由自然因素引起的;或者自然因素加剧了生态系统受到影响的程度。生态恢复试图将一个生态系统恢复到它的历史轨迹上或者恢复到最邻近的参考生态系统水平上,所以历史发展轨迹中的任一状态都可以是恢复设计的理想起点。但是,通过结合受损生态系统已存在的结构、组成和功能的相关知识、与未受干扰生态系统的比较,并借助于区域环境信息和其他生态、文化及历史的参考资料,可以确立历史轨迹的大体方向和边界。在恢复过程中,生态轨迹的模拟应该有助于促进生态系统向健康和完整性方向发展[1]。

恢复意味着土地和资源无限地长期投入,所以关于恢复某个生态系统的提议需要深思熟虑。根据过去干扰的持续时间和强度、塑造景观的人文条件及当前的限制条件和机会的不同,不同项目所采取的恢复措施存在很大的差异。最简单的生态恢复措施是去除或者更改某种特定干扰,从而使生态系统沿着自身正常生态过程而独立恢复。在更为复杂的情况下,可能还需要慎重地再引入已经消失的本地种,以及尽可能去除或控制有害的外来种。

当期望的恢复轨迹实现后,人工操纵下的生态系统就不再需要外界协助来确保其以后的健康和完整性,这种情况下可以认为恢复已经完成。然而,恢复生态系统通常还需要持续的管理来抵制机会种的入侵,抵消人类活动、气候变化和其他不可预测事件的影响。在这一方面,恢复生态系统和同类型的未受损生态系统没有区别,即都可能需要采取一定程度的生态系统管理措施。虽然生态系统恢复和生态系统管理是连续的且两者通常采取相似的干涉措施,但是生态恢复的目的是协助或启动恢复,而生态系统管理是为了维持恢复生态系统处于较好的状态。

某些特别是处于发展中国家的生态系统仍然以传统的、可持续的技术进行管理。在这些人工生态系统(cultural ecosystem)中,种植活动与生态过程之间具有互利性,即人为活动加强了生态系统的健康和可持续性。北美集中恢复原始景观的实践活动在欧洲、非洲、亚洲和拉丁美洲的大部分地方几乎没有任何参考意义。在欧洲，人文景观是常态；而在非洲、亚洲和拉丁美洲的大部分地方，如果生态恢复不能够明显地强化人类生存的生态基础，那么这种生态恢复就是不可行的。生态恢复令人振奋的一点是人类实践和生态过程可以相互促进。

生态恢复是指实施者在特定项目地点上恢复生态系统的实践，而恢复生态学是生态恢复实践所依据的科学。恢复生态学为实践者提供了可支持他们实践的明确概念、模型、方法论以及工具。有时实践者和恢复生态学家是同一个人——恢复实践和创建理论同时进行。恢复生态学领域不限制于直接服务恢复实践。恢复生态学家可以利用恢复项目地点作为实验地来改进生态理论。例如，从项目地点得到的资料可能对解决生物群落集合规则的相关问题有用。另外，恢复生态系统可以作为选定自然保护区的参照。

生态恢复是以下几种实践活动中的一种，它们都试图改变某一区域的生物和非生物环境，而且通常与恢复混淆。这些行为包括改造、复原、缓解、生态工程和各种资源管理等。生态系统具有很强的自我恢复能力和逆向演替机制，即使在植被完全被破坏的情况下，生态系统都有可能恢复。例如从古老废弃的耕地恢复到林地，从火山灰上发展起来的灌木林和草地等都足以说明生态系统的自我恢复能力。无论来自自然因素（如冰川碛地），还是来自人为因素，都会发生系统的自然恢复。恢复生态学是一门多学科的高度综合，涉及环境、经济、社会、自然诸多因素，除需要生态学理论，特别是演替理论的指导外，同时也与其他学科，如农学、林业、水利、土壤学、国土整治、环境保护、管理科学和土木工程等密切相关，并且特别强调实际应用和最终结果[2]。

第一节　生态系统退化原因及特征

生态系统的动态在于其结构的演替变化如物种的组成、各种速率过程、复杂程度和随时间推移而变化的组分变化。正常的生态系统是生物群落与自然环境取得平衡并作一定范围波动，从而达到动态平衡状态。但如果生态系统的结构与功能在干扰的作用下发生位移，打破了原有生态系统的平衡状态，使系统的结构和功能发生变化和障碍，形成破坏性波动或恶性循环，这样的生态系统被称为退化生态系统。退化生态系统自身恢复的速度非常缓慢且必须排除持续性的干扰。退化生态系统的形成是各种干扰方式和不同干扰强度作用的结果，其形成过程使系统变得越来越脆弱。生态系统脆弱性的研究虽然未发展成恢复生态学的一个分支学科，但利用脆弱性与退化生态系统各因子的关系应用到退化生态系统的恢复研究中就具有明显的指导意义。因为生态系统的脆弱性与退化生态系统的特征关系密切[3]。

一、生态系统退化原因

(一)干扰是生态系统退化的主要原因和驱动力

生态系统是一种动态系统,它像自然界的任何事物一样,永远处于不断运动和变化之中。生态系统在这种随时间而发展变化的过程中,系统结构和功能变化是多方面的,也是定向的。即在无外力干扰下,演替顺应自然,沿着单一方向,结构由简单到复杂、最终建立处于自维持状态的功能相对稳定的生态系统。但是强大的物理因素干扰和人类干扰则会抑制甚至终止演替的过程。一旦这种干扰强度超过其负荷,即超过生态系统的抵抗力并发生不可逆变化,生态系统将发生退化。因此,生态系统的退化既决定于其内在的因素即系统的自维持和抵抗力的强弱,也决定于外在的驱动力——干扰。

干扰的概念是指在时间序列上一个中断系统与生物群落,并改变资源与物理环境的间断的事件。许多灾害式干扰变得更加频繁且具有毁灭性,这些干扰常被称为灾害。但从生态上讲,这些干扰也许是自然生态系统中的一部分或一个重要环节。生态系统除了发生自然干扰外,还经历人类的干扰。在森林为主的流域系统中,干扰既改变或重组陆地生物群落,影响陆地的物理环境,同时,也改变水生系统的生物群落与物理环境[4]。干扰是生态系统的一个关键组成部分,影响着各种规模的陆地、水生和海洋生态系统。干扰改变了系统状态和生态系统的轨迹,因此它们是空间和时间异质性的关键驱动因素。扰动发生在相对较短的时间间隔内;飓风或风暴发生在数小时至数天,火灾持续数小时至数月,火山爆发数天或数周。在起源中,干扰可能是非生物、生物或两者的某种组合。许多干扰具有强烈的气候强迫,但不同驱动因素的相对重要性因系统而异,甚至可能在同一系统中随时间变化[5]。

生态系统退化是系统内组分及其相互作用过程发生的不良变化。凡是干扰系统内各组成成分及其生态学过程的因素都可能引起系统退化。这些因素或单一或多种同时干扰生态系统,或强或弱,或暂时或间断或持续作用。而每一干扰均有其特定的性质和特征,构成特定的干扰体(disturbance regime)。干扰体是所有干扰类型、干扰频率和干扰强度在某一段时间过程中的总和。在变化的世界中,不断变化的干扰体将在短期或长期时间内对生态系统和生态系统服务产生急剧变化。干扰大小,频率和严重程度的未来趋势难以预测,干扰的变化将因地区而异。尽管如此,在引起注意的许多紧迫挑战中,生态学家必须加大努力,以了解和预测不断变化的干扰制度的原因和后果,并参与决策过程。

(二)生态系统退化过程

退化生态系统是指生态系统在自然或人为干扰下形成的偏离自然状态的系统。退化生态系统是相对未退化或退化前的原生态系统而言的。虽然生态系统的退化实际上是系统的逆向演替。但生态系统的退化与正向演替一样是个连续变化的过程。正向演替也可能是个退化的过程,如天然湖泊的沼泽化和陆地化,这也可能是个天然过程,但这一过程可能会非常缓慢,人类活动或人为干扰可能会极大地加速这一过程,例如,巢湖的寿命在人类活动的影响下可能至少缩短五百年。大部分湿地保护区只是封闭,没有有效的定期人为改造,最终反而成为退化的或生态效率极低的生态系统,甚至鸟类都没有得到有效保护。

生态系统的退化过程可以归纳为这样几种退化过程:突变过程、渐变过程、跃变过程、间断不连续过程及其复合退化过程。显然退化过程不仅决定于干扰作用的强度、干扰时间、干扰频率、干扰规模等,还受制于系统本身的自然特性(稳定性和抗干扰性),表现出明显的退化过程多元化和退化程度的多样化。而自然演替过程只决定于系统本身,仅表现为单一的发展模式即向相对稳定状态发展。因此,这决定了退化生态系统恢复和重建时,必须首先合理诊断退化的过程及其退化程度,才可能合理选择应采取的途径和具体技术方法。

以正常的森林生态系统退化到荒漠状态的渐变过程为例,生态系统的退化过程(见图2-1)大体可分为几个阶段[6]:① 植物种群及其年龄结构发生变化,优势种群年龄结构变化,老龄个体居优,中幼龄个体少,更新不成功。② 生物多样性下降,生产力下降,植物种类发生明显变化,其捕食者及其共生生物减少或消失。③ 植被盖度变小,土壤侵蚀严重,水土流失加剧,环境严重退化。④ 植物盖度几乎完全丧失,形成"人工沙漠",即荒漠状态。这个阶段退化最为严重,而扭转退化决定于气候条件及土壤条件,恢复重建困

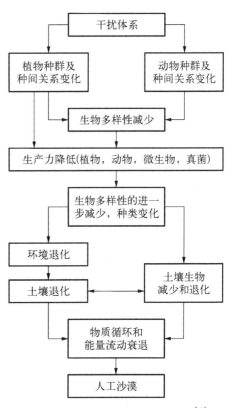

图2-1 生态系统退化过程示意图[6]

难大。生态系统退化的上述过程不仅决定于前面阐述过的诸多干扰体系的单独作用,更重要的也更普遍存在的是决定于诸多干扰体系的复合增效作用。此外,还决定于系统类型及其对干扰的抵抗力和恢复能力。

(三) 生态系统退化的特点

1. 生物多样性变化

系统的特征种类首先消失,与之共生的种类也逐渐消失,接着依赖其提供环境和食物的从属性依赖种相继不适应而消失,即k对策种类消失。而系统的伴生种迅速发展,

种类增加,如喜光种类、耐旱种类或对生境尚能忍受的先锋种类趁势侵入、滋生繁殖。物种多样性的数量可能并未有明显的变化,多样性指数可能并不降低,但多样性的性质发生变化,质量明显下降,价值降低,因而功能衰退。种类贫乏是退化生态系统的特征之一,退化生态系统恢复的主要任务之一是改善系统的环境,使生物多样性得以恢复[7]。

2. 层次结构的简单化

复层嵌镶,多种群结构退化,优势种群碎片化,群落结构矮小化,景观碎片化、岛屿化。湖泊富营养化是一个由生物层层次高向层次低的藻型湖转换过程,例如高原湖泊滇池生态系统相对脆弱,如物种的同域分化、窄生态位,导致系统的稳定性差、自我修复能力弱。

3. 食物网结构变化

有利于系统稳定的食物网变得简单化,食物链缩短,部分链断裂和解环,单链营养关系增多,种间共生、附生关系减弱,甚至消失。如随着森林的消失,某些类群的生物如鸟类等也因失去了良好的栖居条件和隐蔽点及足够的食源而随之消失。由于食物网结构的变化,系统自组织自调节能力减弱。

4. 能量流动出现危机和障碍

主要表现为:① 系统总光能固定的作用减弱,能量流规模降低,能流格局发生不良变化;② 能流过程发生变化。捕食过程减弱或消失,腐化过程弱化,矿化过程加强而吸贮过程减弱;③ 能流损失增多,能流效率降低。

5. 物质循环发生不良变化

生物循环主要在生命系统与活动库中进行。由于系统退化,层次结构简单化,食物网解链或链缩短、断裂,甚至消失,使得生物循环的周转时间变短,周转率降低,因而系统的物质循环减弱,生物的生态学过程减弱;地球化学循环主要在环境与储库中进行,由于生物循环减弱,活动库容量小,相对于正常的生态系统而言,生物难以滞留相对较多的物质于活动库中,而储存库容量增大,因而地球化学循环加强。如森林的退化,导致其系统内土壤和养分被输送到毗邻的水生系统,又引起富营养化等新的问题。当今全球范围内的干旱化及局部的水灾原因也就在于此。

6. 系统生产力下降

其原因在于:① 光能利用率减弱;② 由于竞争和对资源利用的不充分,光效率降低,植物为正常生长消耗在克服环境的不良影响上的能量增多,净初级生产力下降;③ 初级生产者结构和数量的不良变化也导致次级生产力降低。

7. 生物利用和改造环境能力弱化,功能衰退

主要表现在:① 固定、保护、改良土壤及养分能力弱化;② 调节气候能力削弱;③ 水分维持能力减弱,地表径流增加,引起土壤退化;④ 防风、固沙能力弱化;⑤ 净化空气,降低噪声能力弱化;⑥ 美化环境等文化环境价值降低或丧失。这导致系统生境

的退化,在山地系统中尤为明显。

8. 系统稳定性差

稳定性是系统最基本的特征。正常系统中,生物相互作用占主导地位,环境的随机干扰较小,系统在某一平衡附近摆动。有限的干扰所引起的偏离将被系统固有的生物相互作用(反馈)所抗衡,使系统很快回到原来的状态,系统是稳定的。但在退化系统中,系统内在正反馈机制驱使下系统远离平衡,其内部相互作用太强,以致系统不能稳定下去,如岷江上游退化的桦栎灌丛,由于竞争作用的强烈,而稳定性极差。当内部相互作用太弱时,干扰作用大于内部相互作用,随机作用使系统偏离平衡状态,稳定性也变得很差,如弃耕地由于人类的强烈活动而强于系统内成分间的生物作用而稳定性极差。

总之,生态系统的退化原因是复杂的,既有系统本身的自然属性决定的内在原因,更重要的是人为的外部干扰体系的驱动。而退化过程因外部干扰体系展现出多元化,退化的关键是系统中的能动因子——生物及其多样性的不良变化或丧失,其本质是系统的结构被破坏后失衡,导致功能衰弱。必须首先诊断退化的过程及退化程度,合理判定当前退化状态在该系统正向演替中的地位和阶段,才可能顺应自然正向演替规律进行有效的退化生态系统的恢复重建。系统退化过程的剖析表明,恢复重建应从生物及其多样性的恢复和系统合理结构重建入手,才能恢复系统正常功能。

二、生态系统退化的诊断及评价指标

在恢复生态学的研究中,人们对生态恢复的目标讨论和关注比较多,然而必须指出的是:恢复的目标不一定等于退化程度诊断的参照系统。退化生态系统是相对未退化或退化前的原生态系统而言的,一般也应以退化前的生态系统作为参照系统。然而由于种种原因,人们往往对退化前生态系统整体状态的各项参数缺乏足够的了解。因而在现今的生态恢复实践中,以原来生态系统作为参照系统有一定的现实困难,人们可以在本区域或邻近区域内选择未受破坏或破坏程度很轻的"自然生态系统"作为相应参照系统。

(一) 退化生态系统的诊断

退化生态系统诊断途径(见图2-2)有生物途径、生境途径、生态系统功能/服务途径、景观途径、生态过程途径等[8]。退化生态系统具有结构和功能简化、生产力和抗逆力低、生物多样性下降等基本诊断特征,由于区域背景和人类活动干扰的差异,生态系统退化具有不同的类型、过程和阶段。为了定量地研究退化生态系统,分别建立了土壤、植被、大气、水体以及农业生态系统、区域自然-人类复合生态系统退化的评价指标体系。[9]

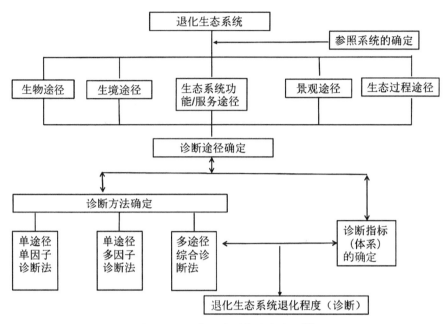

图 2-2 退化生态系统诊断途径[9]

1. 土壤退化指标体系的建立

土壤是生态系统的载体,是陆上动植物生长和生活的物质基础,是地下生物的容器,而且它是环境生态系统中物质循环和能量交换的主要场所。土壤具有支撑功能、肥力功能、环境功能三大基本功能。土壤退化是由于自然或人为干扰或两者共同作用导致土壤基本结构及其三大功能的劣化或丧失。由于土壤肥力是土壤的物理、化学、生物学等性质的综合反映,因此土壤退化也必然在这几个方面表现出来。在这些退化诊断指标中,土壤厚度、质地、水分、养分及其有效性是最基本的诊断指标(见图 2-3)。

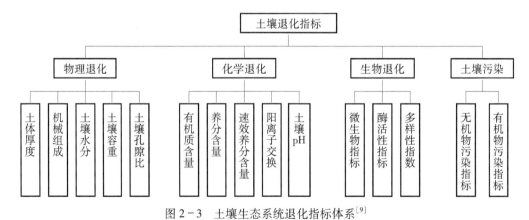

图 2-3 土壤生态系统退化指标体系[9]

评价土壤质量和健康十分复杂,需要考虑土壤的多重功能,而且要把土壤物理、化学和生物学性质结合起来。

（1）土壤微生物指标

这是最有潜力的敏感性生物指标之一,在农田系统中,微生物群落可以早在土壤有机质变化被测定之前对土壤的变化提供可靠的直接证据。土壤真菌影响土壤团聚体的稳定性,是土壤质量的重要微生物指标。微生物多样性指标可以作为生物指标描述微生物群落的稳定性、微生物群落生态学机理以及自然或人为干扰对群落的影响,对微生物多样性的评价还可进一步揭示土壤质量在微生物数量和功能上的差异。但是土壤中微生物种群组成资料的缺乏严重限制了这些指标的应用。

（2）土壤质量的土壤酶活性指标

在土壤中很难区分土壤酶的来源,土壤酶绝大多数来自微生物,动物和植物也是来源之一,但土壤微型动物对土壤酶的贡献十分有限。植物既能分泌胞外酶,也能刺激微生物分泌酶。进入土壤的植物残体也含有酶,并在其分解中起作用。在土壤中已发现 50~60 种酶,研究较多的是氧化还原酶、转化酶和水解酶。随着微生物和酶分析方法的改进。许多研究结果表明土壤酶活性与土壤生物参数间有很好的相关性。

（3）土壤质量的动物指标

土壤动物是由一群大小差异很大的生物组成的,从直径几个毫米(原生动物)到几个厘米(陆地蜗牛)或长度超过一米(长蚯蚓)。虽然很多脊椎动物显著影响着土壤的某些性质。但从生物量和数量上来说,土壤动物仍以无脊椎动物为主。土壤动物的大小和生活方式,尤其是它们的运动和摄食方式,决定了它们影响土壤过程的方式和程度[10]。

土壤污染需要由土壤生态系统中不同食物链结构中的敏感代表者来判定。它们(例如,土壤微生物;暴露在土壤中的陆生植物;通过与土壤、母岩或暴露的化学品直接接触的无脊椎动物;暴露在土壤中的脊椎动物等)是土壤污染诊断的可靠指标[11]。

2. 植被退化指标体系

植被具有能量固定、转化、贮存和调节区域环境的功能,是维持生态系统平衡的杠杆。相对无机环境而言,它是有生命物质,而对于动物和人类而言,它又作为一个环境要素。可见,植被具有双重作用。植被退化势必导致整个生态系统的瓦解和崩溃,它是生态系统退化的重要标志。植被退化主要表现在植被数量、组成与结构,功能与生产力,品质等几个方面。表征植被数量的指标有森林覆盖率、林地面积等,表征植被组成与结构的指标包括种类、丰度、优势度、多样性指数、密度盖度、郁密度、乔灌草比例等;表征植被功能与生产力的指标有净第一性生产力、生物量、环境效应指标;表征植物品质的指标有植物中养分含量、污染物含量、微量元素含量等(见图 2-4)。

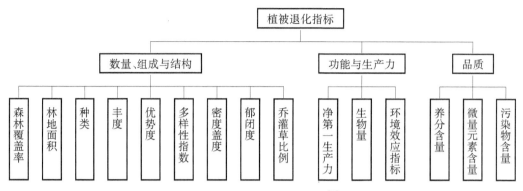

图 2-4　植被退化指标体系[9]

3. 大气退化(或异常)指标体系

大气是生态系统物质和能量的携带者之一,它自身成分的变化及其运动都会给生物和环境带来较大的影响。大气退化主要包括三个方面的内容:① 大气组分改变:包括含氧率、含氮率、温室气体含量等;② 大气污染:包括有毒气体含量、大气尘埃含量、大气能见度、酸雨等;③ 气象灾害:其度量指标包括干旱、大风、洪涝等发生的多度、频度和强度等(见图 2-5)。

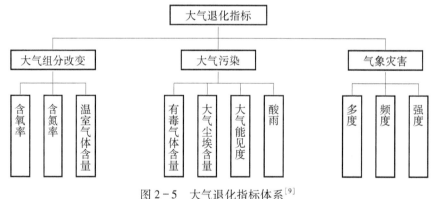

图 2-5　大气退化指标体系[9]

4. 农业生态系统退化指标体系

农业生态系统是人们利用农业生物与非生物环境之间,以及生物种群之间的相互作用建立的,并按人类需求进行物质生产的有机整体。农业生态系统介于自然生态系统与人工生态系统之间,是一种被人类驯化了的自然生态系统。农业生态系统退化可从农业生态系统的生产力、稳定性、持续性、均衡性、多样性、开放性、土壤水肥保持特性、作物品质几个方面加以度量(见图 2-6)。

5. 区域复合生态系统退化的评价指标体系

与单个生态要素,单个自然、人工或半人工生态系统相比,区域-自然-人类复合生态系统是更大规模更高层次的生态系统,因此其退化评价指标必然会具有更高的综合性、概括性。也就是说,一些在低层次生态系统退化评价中涉及的诊断指标,往往在高

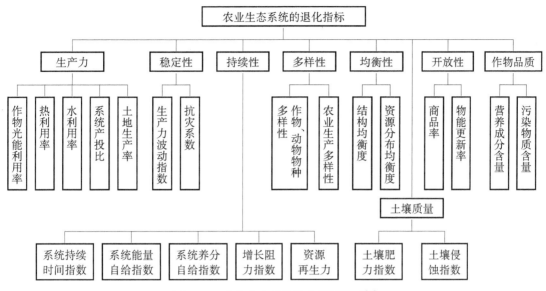

图 2-6　农业生态系统退化指标体系[9]

层次生态退化评价中而不予考虑。区域复合生态系统是由人口（population）、资源（resource）、环境（environment）、经济（economy）、社会（society）系统组成的一个具复杂结构和功能的统一体，简称为 PREES 系统。区域复合生态系统的退化就是 PREES 失调的表现和结果。贫穷、落后、环境恶化、人口素质降低、社会动荡是区域复合生态系统退化的基本诊断特征。因此，PREES 退化指标就应该涵盖上述五个方面的内容。

6. 水域生态系统健康定量评价

在湖泊生态系统健康研究方面，已提出了许多评价指标，如毛生产力指标、生态系统压力指标、生物完整性指数、热力学指标，包含湖泊生态结构、生态功能和生态系统方面的综合生态指标体系。在评价方法方面，Jorgenson（1995）提出了一套初步评价程序，徐福留等（2001）提出了实测计算和生态模型两种评价方法[12]。美国弗吉尼亚工程学院及州立大学环境研究中心 Cairns 等（1969）创建了用聚氨酯泡沫塑料块法（polyurethane foam unit，PFU）测定微型生物群落的群集速度。在确定 PFU 能客观地反映微型生物群落的结构与功能时，就逐步探索用 PFU 进行群落级的毒性试验和野外生态试验。国内已开展用周丛原生动物和周丛藻类对污染水体进行水质评价的研究[13]。原生动物作为对象，以化学数据为基础处理生物数据，提出了种类污染值（species pollution value，SPY）和群落污染值（community pollution value，CPV）的概念[14]。

近 20 多年来，阐述水环境污染机理和效应、发展水环境基准新理论、确定科学的水环境基准一直是世界各国环境保护部门和环境科学工作者的重要研究内容和不懈追求。水环境基准是指水环境中污染物对特定对象（人或其他生物）不产生不良或有害影响的最大剂量（无作用剂量）或浓度；污染物包括营养物质以及人为和自然化学物质（金属和有机物）等，可分优先污染物和非优先污染物等。欧美和日本等均已经根据各自的水环境特点和环境保护要求初步建立了水环境基准体系。基于水环境基准的概念,湖泊水环境基准确定过程应包括环境暴露、效应识别和风险评估三个关键环节,而污染过程与机理、污染物的生态和健康毒理效应,及生态与健康风险评估是确定过程中的三个重要方面[15]。

三、生态恢复的评价

如何评价生态系统是否恢复成功。SER(2004)认为恢复的生态系统应具有以下属性:① 与参考地点相比,具有相似的多样性和群落结构;② 存在本地物种;③ 长期稳定所必需的官能团的存在;④ 物理环境维持繁殖种群的能力;⑤ 正常运作;⑥ 与景观融为一体;⑦ 消除潜在威胁;⑧ 对自然干扰的抵御能力;⑨ 自我维持。尽管测量这些属性可以提供对恢复成功的出色评估,但很少有研究具有监测所有这些属性的财务资源。此外,对许多属性的估计通常需要详细的长期研究,但大多数恢复项目的监测阶段很少持续超过5年。在实践中,大多数研究评估了可分为三个主要生态系统属性的措施,这些属性是:① 多样性;② 植被结构;③ 生态过程[16]。

生态恢复是一个长期的动态过程。对这一动态过程进行客观和准确的评价,及时掌握生态系统当前的恢复程度、发展方向等方面的信息不仅为进一步调整和改进恢复方案提供依据,而且为生态系统管理提供了决策支持。生态恢复评价作为生态恢复工程中极为重要的一个环节,已成为生态恢复领域研究的前沿与热点[17]。

(一)生态恢复评价指标体系的建立

生态恢复评价的关键在于评价指标选择和指标体系构建,如何全面客观地选择评价指标、如何科学设计指标体系一直是生态恢复评价领域的热点话题。大部分退化生态系统的恢复目标是恢复生态系统的结构和功能,主要利用相关生态指标对恢复过程中的生态效应进行评价。如高阳等采用重要值、多样性指数、稳定性等指标对我国黄土区典型人工林草本层生态恢复效应进行了评价。Morgan 等利用污染指数、土壤重金属含量、植物体内重金属含量等指标对地中海某金属矿地恢复的生态效应进行了评价。Hay 等利用种子扩散形式、染色体组型、杂交方式等指标构建了基因风险评估框架,对英国 60 种本土植物进行了基因风险等级评估,利用基因风险等级指标来评价生态恢复过程中的生物多样性。不同评价案例中采用的评价指标不尽相同,而目前多数研究中选取的生态效应评价指标,存在相关性大、动态性不强等问题。

为实现评价指标的动态性,近年来利用指示性生物进行生态效应的评价研究日益成为热点。例如,在森林生态系统中常选择鸟类、土壤动物(如蚯蚓);湿地生态系统中常选择无脊椎节肢动物(如蜘蛛、蚂蚁等);农田生态系统中常选择蜜蜂等传粉动物。但由于生态系统间的异质性以及同种生物在不同生态系统中所处的营养级、所起作用的不同,对典型生态系统指示性生物的选择至今仍没有统一的标准。

　　符合社会需求并具有一定经济效益是生态恢复工程持续进行的必要条件。生态恢复工程投资巨大常成为工程开展的一大障碍。美国地质调查局的 Richardson 计算了佛罗里达州大沼泽生态恢复前后的经济价值,在经济效益方面对生态恢复做了评估,提醒人们对生态恢复的经济价值予以关注。在生态恢复的社会经济效应评价中,常通过构建模型、引入概念框架对指标进行选取。例如,Crookes 等利用生物生产量、草场清理费等指标构建了系统动力模型,计算生态恢复过程中产生的经济效益;Cheng 等引入"购买绿色覆盖(BGC)"概念构建了评估生态恢复经济效益的指标体系。但是,社会经济效应涉及范围比较广泛,评价指标的选取并没有统一的标准,一些社会效应指标难以量化。因此,如何量化指标并构建统一的指标体系将是今后社会经济效应评价方面研究的重点问题。

　　客观合理的生态恢复评价离不开恰当的参考系。如何在当前的干扰下对历史参考系进行修正成为研究的热点。Larson 等利用大气水平衡参数、尺度下推演气温的预测值、植物群落种类来修正历史参考系,从而得到气候变化背景下的参考系。Froude 利用"当前潜在自然状态(PPNS)"概念,将当前的生态系统排除人类活动、外来物种的干扰而建立一个模拟的生态系统作为参考系。这些方法都是对参考系修正的尝试,值得今后的研究借鉴。

　　为完善评价体系的构建,一些相关的评价体系被应用到生态恢复评价中来。O'Leary 对密歇根湖南岸沙丘生态系统进行了生态健康评价,评估了该生态系统恢复的生态效应。Tian 等利用生态安全评价对秦皇岛生态恢复现状进行了评估。Morri 等通过生态系统服务评价对意大利两个河流生态系统的恢复效果进行了对比。袁兴中等(2001)根据生态系统健康评价的目的和指标筛选的原则,把生态系统健康指标体系分为生物物理指标、生态学指标和社会经济指标子体系三大类。

　　生态健康评价、生态安全评价、生态系统服务评价等相关评价体系的引入对于生态恢复评价指标体系的构建起到良好的辅助作用,有利于确立更加客观、全面的评价指标体系[18]。

　　(二) 生态恢复的评价方法

　　生态恢复的评价方法是生态恢复评价研究的焦点之一,恰当的评价方法对评价结果的分析起着至关重要的作用。目前生态恢复评价的主要方法有综合评价法、模糊评价法、层次分析法和模型评价法等。

　　综合评价法在指标选取方面具有综合全面的特点,能从社会效益、经济效益、生态效益等多方面对生态恢复工程进行综合评价,因而使用较为广泛。但在综合评价法中,采用专家打分法确定指标贡献率具有较大的主观性,不利于对生态恢复进行客观评价。针对不同生态系统构建评价模型是近年来常用的评价方法。王兵等利用"驱动力-压力-状态-影响-响应(DPSIR)"模型构建指标体系评价了黄土高原生态恢复的生态效益。Everaert 等利用分类树模型对欧洲某生态河岸的建设进行了评价。此外还有系统动力模型、数据包络分析(DEA)模型、复合模型等被用于生态恢复的评价研究中。美国 Davey 研究所 Zelaya 利用 i-TreeEco 模型软件,从大气污染、碳固定、生物多样性、公众健康等方面对城市森林生态系统进行生态恢复综合评价,从而克服了传统评价体系指标无法定量化或局限于生物特征指标的缺陷。Perez 基于"适应性监测框架(AMF)"构建评价模型对英国河漫滩的森林恢复工程进行了评价,从而解决了一些评价模型动态性不强的问题。

目前生态恢复评价方法较多,为生态恢复评价提供了多种途径。但是缺乏不同评价方法效果之间的横向对比分析,并且由于不同方法适用的情景并不明确,导致评价研究准确性难以保证。因此对于不同评价方法间的对比研究,特别是同一生态恢复区域采用多种评价方法进行评价的研究应当是今后的研究重点。

(三)生态恢复监测与动态评价

退化环境中生态系统的恢复通常很缓慢,恢复过程中生态系统如何发展存在着很大的不确定性。需要生态恢复者对生态恢复的状态、程度进行及时掌握。因此,对退化生态系统进行监测是生态恢复过程中的重要一环。

随着生态恢复工程的大量开展,人们逐渐意识到动态评价对一个生态恢复工程的重要性。为了对生态恢复进行动态评价,就需要选择能够反映生态过程的动态指标进行监测。周伟等通过对矿区复垦基本问题的分析提出了实施土地复垦监测的 39 个监测指标。Rochefort 等通过样地试验,最终确定泥炭藓作为沼泽生态恢复前期的指示生物。Harris 等对加拿大安大略省的红山溪河岸植被恢复进行了动态监测研究。该研究选取了物种丰富度、植物区系质量指数、物种多样性等易于野外调查的动态指标。Bloodworth 通过监测柽柳甲虫的分布、定居点来分析科罗拉多河岸生态系统的恢复状况。利用动态指标进行监测是目前较为普遍的研究方法,但是对于不同的恢复项目,监测指标各不相同,没有统一的标准。新西兰怀卡托地方委员会的 Byers 等介绍了该委员会构建陆地生物多样性监测体系的研究项目,他们对涵盖陆地生物多样性的 18 个动态指标进行修订,建立了一个陆地生物多样性监测的通用指标体系。但目前关于生态恢复监测指标体系的研究并不完善,有待于进一步深入探讨。

3S 技术对信息的获取具有迅速、准确、实时的特点,其是遥感技术(remote sensing, RS)、地理信息系统(geographic information system, GIS)和全球定位系统(global positioning system, GPS)的统称。目前,3S 技术在生态监测中的应用不仅改变了以往依靠人力定点调查的传统监测方法,节省了监测的人力、物力,同时做到了短时间内对信息的有效获取,甚至是对生态系统恢复进行实时监测。大自然保护协会(The Nature Conservancy, TNC)的 Christopher 等对美国伊利湖外来芦苇入侵的生态恢复过程进行了监测研究。史文中等对地理国情动态监测的理论和关键技术进行探讨,并提出了利用现代遥感技术构建天地一体化的多尺度监测体系的思路。Piniewski 等利用基于 GIS 的动态模型对波兰 KNP 公园湿地生态恢复进行评价,并预测了未来湿地植被和地下水深度等状况。为了解中国 2000~2010 年的生态转型,利用遥感和线性回归分析了植被变化的趋势。纳入气候和社会经济因素,通过相关性或比较分析筛选植被变化的驱动力[19]。土地利用变化是区域生态恢复研究的重要方面之一。Guo 利用遥感图像和地理信息系统技术,研究了中国沂蒙山生态恢复区土地利用格局变化及其驱动力因素[20]。

案例 舟山渔场的退化

1. 生态系统退化

近年来,舟山渔场水质受到污染,生态系统处于严重退化的状态。舟山渔场近岸海域主要有七个大中城市,该地区经济发达,工厂密集,每年向舟山渔场近岸海域排放大量的工业废水。从全国来看,舟山渔场海域沿岸地区面积占全国 0.57%,而废水排放量却占我国的 12.0%。渔场环境恶化的同时也会破坏整个渔场生态系统的平衡。水质的污染使得海洋生物栖息环境被破坏,整个海域生物的种类减少,生物结构趋于简单化,生态系统自我调节功能减弱,最后导致生态系统平衡被破坏。由于舟山渔场海域海洋污染严重,水体富营养化程度高,赤潮也频繁暴发。20 世纪 90 年代以前,我国沿岸每年发生赤潮 20 起左右,90 年代以来每年发生 30 起。浙江省渔场年发生赤潮从过去的几起增加到现在的 10 余起,而舟山渔场近年来发生赤潮更是家常便饭[21]。

2. 渔业资源衰退

据统计,舟山渔场有鱼类 360 种,虾类 60 种,蟹类 11 种,贝类 134 种,海洋哺乳动物 20 余种,海洋藻类 154 种。最高渔业年产量曾经达 50.059 6 万 t(1997 年)。其中,四大主要经济鱼类产量中,大黄鱼最高达 10.16 万 t(1967 年),小黄鱼最高达 2.9 万 t(1957 年),墨鱼最高达 2.956 0 万 t(1980 年),带鱼最高达 21.44 万 t(1974 年)[22]。随着舟山渔场环境的恶化以及当地渔民过度捕捞[23](见图 2-7),舟山渔场的渔业资源逐渐减少,尤其是传统的四大经济鱼类(大黄鱼、小黄鱼、带鱼和墨鱼)。在早期捕捞强度不大的年代里,渔业资源丰富,海洋捕捞的主体就是大黄鱼、小黄鱼、带鱼和墨鱼,占到海洋捕捞总量的 50%~60%。随着捕捞行业的发展,当地对舟山渔场渔业资源的开采力度也逐渐加大。早期无限制的捕捞导致如今资源岌岌可危的状态[24]。

3. 渔业结构变化

经过长期过度捕捞,舟山渔场主要的渔业资源从传统的四大经济鱼类转变为低值化、低龄化、小型化的海洋生物资源。原有的资源结构基本解体,渔业资源被新成长的生物群落或食物链更低层次所代替。目前,虾类、贝类、蟹类等无脊椎动物产量接近 50%。贻贝、对虾、梭子蟹称为舟山渔业的新三大主导产业。同时,随着近海渔业资源的枯竭,舟山渔业开始向远洋渔业发展。

图 2-7 穿越时光,默片时代的舟山渔场是这样捕鱼的[23]

第二节　生态恢复主要研究内容

一、生态恢复研究的基本内容

(一) 生境恢复

世界正面临着自然栖息地丧失和生境破碎化的危机。物种的灭绝正以加剧的趋势进行,对物种的保护已成为人类面临的重大课题。生境片断化是指大面积连续分布的生境变成空间上相对隔离的小生境的现象。虽然一些自然干扰(如火)的作用也能够引起生境片断化,但人类活动是造成这种现象最主要的原因。生境片段化不仅影响生态系统的种类组成、数量结构、生态过程以及非生物因素,同时也会对物种的遗传结构产生较大的影响[25]。

自然生态系统的破坏和退化是全球生物多样性下降的主要原因。栖息地的破坏

(habitat destruction)通常导致破碎化(fragmentation)。生态学家一致认为,栖息地破坏对生物多样性的维护是有害的。跨越五大洲多个生物群落 35 年的破碎化实验的研究表明,栖息地破碎化将导致生物多样性降低 13%~75%,并通过减少生物量和改变养分循环来削弱关键的生态系统功能。在最小和最孤立的碎片中作用最大,并且它们随着时间的推移而放大。这些发现表明迫切需要采取保护和恢复措施来改善景观连通性(landscape connectivity),从而降低灭绝率并有助于维持生态系统服务。

生境是指某个种的个体或群体为完成生命过程需要的、在一定面积上的资源和环境条件的联合体,近来也有指同类的植被或土地覆盖类型。生境恢复的目标受生态、社会、经济、历史和哲学观的影响,有些生境恢复甚至还要考虑与先锋种、区域内的干扰相匹配。恢复的生境要考虑物种特征的生境要求(食物要求、庇护/繁殖要求、移动/扩散能力、对环境的反应能力、与其他种的种间关系),在斑块内的特征(植被结构、种类组成、关键资源、地表覆盖),以及在景观上的特征(斑块的大小与形状、资源的距离、连接度、基底特征)。生境恢复的过程可以看作是某个区域从一个低质量生境的退化状态向高质量生境的改进过程。

生境破碎化不仅导致适宜生境的丢失,而且能引起适宜生境空间格局的变化,从而在不同空间尺度上,影响物种的扩散、迁移和建群,以及生态系统的生态过程和景观结构的完整性。在连续的生境中,种群内的个体通过扩散和迁移,寻找和开拓新的生境和资源,降低亲缘个体间的资源竞争,避免近亲繁殖,降低遗传漂变,增加不同种群间的遗传基因交流,从而扩大物种的分布范围,增加个体和种群存活的机会。

在破碎的生境中,由于适宜的生境斑块周围分布着不适宜的生境,种群中的个体受到隔离效应(isolation effects)的影响,正常迁移和建群受到隔离或限制。同时因适宜的生境斑块面积不断减少,种群的规模变小,各种随机因素对群的影响随之增大,近亲繁殖和遗传漂变潜在的可能性增加,种群的遗传多样性下降,影响到物种的存活和进化潜力。生境破碎化引起斑块边缘的非生物环境(如光照、温度和湿度)和生物环境的剧烈变化,从而导致边缘效应(edge effects),这进一步减少了适宜生境的面积,引起大量的外部物种入侵。伴随着生境破碎化,景观中非适宜生境的类型和面积不断增加,各种斑块的相互作用随之增加,这最终会改变斑块生境的物种丰富度、种间关系、群落结构以及生态系统过程,导致生态系统退化。因此生境破碎化研究对解释生物多样性降低和发展生物多样性保护原理具有重要意义[26]。

(二) 种群恢复

种群恢复主要研究以下 5 个方面的内容:① 原始种群的个体数量、遗传多样性对种群定居、建立、生长和进化潜力的影响;② 地方适应性和生活史特征在种群成功恢复中的作用;③ 景观元素的空间排列对复合种群动态和种群过程(如迁移)的影响;④ 遗传漂变、基因流和选择对种群在一个经常加速、演替时间框架内持久性的影响;⑤ 种间相互作用对种群动态和群落发展的影响[27]。典型的种群尺度的生态恢复就是物种回归,它是指在迁地保护的基础上,通过人工繁殖把植物引入到其原来分布的自然或半自然的生境中,以建立具有足够的遗传资源来适应进化改变、可自然维持和更新的新种群。

种群恢复的理论来自种群生态学和复合种群理论。一般认为,种群的命运由种群统计学参数、环境参数、遗传因子及它们的相互作用决定,生境破坏和破碎化会导致常住种种群减小和增加居群间隔离,进而导致迁移和基因流的减少,而事实上,地方种群通过形态可塑性和适应性遗传分化两种方式来适应环境及其变化。适应性遗传分化导致地方适应,基因流限制会引起近亲繁殖和遗传漂变,而这又会导致小种群平均适合度的降低。因此,在恢复生态学中要考虑通过遗传挽救来避免低适合度种群。遗传多样性恢复不仅包括遗传挽救,还包括增加基因流而影响中性变异和适应性变异。因此,在恢复时要考虑种子转移区的种源原则,即在乡土种的个体(种子、幼苗、成年植株)的地理分布内的移植。另要考虑关键种的影响可能会超越种群水平,产生扩展的表型效应,这种效应能影响生态系统诸如氮矿化、凋落物分解和与植物相连的昆虫群落结构等过程[28]。

(三)群落恢复

群落尺度上的恢复最关注如下问题:最接近自然的恢复终点要强调群落的功能(如营养结构)而不是特定的物种。虽然用物种和多样性来衡量恢复较为简单,但事实上在群落中重建所有的乡土种几乎是不可能的,有时甚至可以考虑用恢复哪些植物功能特征来代替恢复哪些物种。物种多样性与群落稳定性有关系,但也要考虑在区域物种库中有些种类是功能冗余的。植物群落在种群建立过程中存在定居限制,通过护理植物的方式可以解除部分定居限制。生境恢复要考虑能够满足物种及其功能恢复的需要,而不只是种类恢复。可以利用群落演替和扩散理论来调控自然演替过程并促进恢复。通过自然演替方式恢复原始林很困难是因为存在环境条件及定居限制,而且这些限制因子因种而异,这种种类依赖性又由功能群决定。此外,生物群落由生物与环境相互作用以及各种生物间的相互影响而形成,因而在群落恢复中要考虑生物群落的直接相互作用(消费、寄生、生态系统工程师、化感作用)、互利共生(植物-真菌相互作用、植物-传粉者相互作用)和间接相互作用。

人类活动所造成的物种灭绝,很多情况是从局域灭绝开始的,局域灭绝的后果可能导致物种的最后灭绝。集合种群理论关注的就是具有不稳定局域种群的物种续存条件。因此,随着人类和其他生物赖以生存的环境破碎化程度的加剧,有关集合种群的概念和理论将会被广泛地应用于物种保护研究和设计[29]。

(四)生态系统恢复

生态系统尺度的恢复主要是,重建参考生态系统中发生的物种有一定特征的组合,

SER 指出了恢复的生态系统必须具有的结构、功能和动态方面的 9 个特征,其中最主要还是考虑生态系统功能的恢复。生态系统恢复过程中,地上部分与地下部分的连接与生态过程的恢复由植物、动物和微生物等生物组分功能特征谱决定。事实上,植物与土壤间的反馈作用随时间的变化会驱动乡土种恢复并控制恢复/演替过程,土壤的物理、化学和生态学结构对地下的能流和物流影响很大,但目前对地下生态学过程的研究远不如地上生态学过程研究,例如对土壤中的无脊椎动物了解就不多[30]。

生态系统恢复更强调动态平衡、非线性、多样性与稳定性的关系、结构功能与动态的协调性,还要考虑冗余性和生态网络的恢复,因此,国际恢复生态学会提出恢复的生态系统应该是复原性的,具有复原性和复杂性。

同时要考虑它在景观背景下与其他生态系统的边界、连接性、能量与物质流动态、物理环境等问题。在恢复生态系统时,系统内部要重点考虑营养、污染和能量的收支、输入的胁迫效应、食物网的结构、植物与传粉者间的网络关系、生态系统组分间的反馈作用、养分转移效率、初级生产力和系统分解率以及干扰体系。

（五）恢复的景观尺度

景观生态学主要关注比生态系统尺度更大的时空上的问题,强调景观结构、格局、过程、动态与可持续性。景观生态学中的岛屿生物地理学理论和生态水文知识被广泛应用于恢复生态学领域,并让这两个新兴学科间的联系日益紧密。需要恢复的生态系统与生物群落或种群是在一定的时空尺度下生存的,与之相关的自然过程与各种干扰也是。因此,生态保护与生态恢复项目都要考虑尺度效应。景观生态学有关原理可以为评估退化生态系统的生境功能及破碎化、生态恢复提供参考生态系统及目标,在有利于植物或动物定居的空间格局安排方面有重要的作用,但在大尺度生态恢复中的指数选取、量化与预测性方面还很有限。未来,景观生态学中的格局与过程、景观连接度和破碎化、尺度中的等级理论、土地利用的影响、生态系统服务功能、景观可持续性等理论将在恢复生态学中有更广阔的应用。

（六）全球变化与人类干扰要纳入生态恢复范畴

已有证据表明全球变化越来越明显,它已经对全球各类生态系统的结构与功能、产品和生态系统服务产生影响。全球变化对生态恢复的实践与产出有潜在的、重要的影响,至少要恢复历史上的生态系统条件已不太可能。因此,在全球变化的背景下,生态恢复要在重建过去的系统与将来的恢复性系统间保持一个平衡。

由于人类对世界各类生态系统的影响已很大且不可避免,人类在恢复过程中又要考虑经济利益,因而人类会更关注生态系统服务功能的恢复以及投入产出的经济效益。生态系统在各种自然和人为干扰后,其恢复的时间和空间尺度有所不同,因而自然和人类的干扰应纳入生态恢复范畴。

由于人类干扰,许多生态系统快速变成了新的、非历史性的新生态系统。这种新系统可能会导致生态系统生物组分的变化(如灭绝或入侵)、非生物的变化(如土地利用和气候变化)以及生物和非生物的联合作用。这些变化可能会导致历史生态系统和新生态系统间的杂合系统保留一些原始特征和新的元素,在新奇生态系统中则由完全不同的生物、种间作用和功能组成。新型生态系统的存在将引起传统保护和恢复生态学的理论与方法的新思考。

随着人口增长对自然系统的压力越来越大,科学家和资源管理者都需要更好地了解人类活动的累积压力与有价值的生态系统服务之间的关系。各种社会经常寻求通过大规模,昂贵的恢复项目来减轻对这些服务的威胁。例如,目前正在进行的超过 10 亿美元的大湖恢复计划[31]。

二、恢复生态学近期研究趋势

由以上基本内容的分析可以得出恢复生态学近期研究的若干前沿命题[32]。

(一)恢复生态学的学科理论框架

目前,自我设计与人为设计理论是唯一从恢复生态学中产生的理论。恢复生态学应用了许多学科的理论,但最主要的还是生态学理论。这些理论主要有:限制性因子原理、热力学定律、种群密度制约及分布格局原理、生态适应性理论、生态位原理、演替理论、植物入侵理论、生物多样性原理、缀块-廊道-基底理论等。这些理论的进一步整合,以及新理论的引入和提出都是恢复生态学目前和今后的研究热点。

(二)恢复生态系统的服务功能

生态系统服务功能是指人类直接或间接从生态系统功能(即生态系统中的生境、生物或系统性质及过程)中获取的利益。恢复退化生态系统的最终目标是恢复并维持生态系统的服务功能,但生态系统的服务功能多数不具有直接经济价值而被人类忽略。目前,对生态恢复的功益认识仅仅停留在定性阶段,如何进行定量计算尚未有成熟的方法。近期由于生态经济学理论的引入,已有较好的突破。

(三)生物功益多样性在生态恢复中的作用

生态恢复中的一个关键成分是生物体,因而生物多样性在生态恢复计划、项目实施和评估过程中具有重要的作用。在生态恢复的计划阶段就要考虑恢复乡土种的生物多样性;在遗传层次上考虑温度适应型、土壤适应型和抗干扰适应型的品种;在物种层次上,根据退化程度选择阳生性、中生性或阴生性种类并合理搭配,同时考虑物种与生境的复杂关系,预测自然的变化,种群的遗传特性,影响种群存活、繁殖和更新的因素,种的生态生物学特性,足够的生境大小;在生态系统水平层次上,尽可能恢复生态系统的结构和功能,尤其是其时空变化。在恢复项目的管理过程中首先要考虑生物控制,然后考虑建立共生关系及生态系统演替过程中物种替代问题。在恢复项目评估过程中,可与自然生态系统相对照,从遗传、物种和生态系统水平进行评估,最好是同时考虑景观层次的问题,以兼顾生境损失、破碎化和退化对生态系统等大尺度的问题。

外来种在生态恢复中也具有一定的作用。应在恢复、管理、评估和监测中注意外来种入侵问题,关注从外地再引入原来在当地生存的乡土种对当地群落的潜在影响。

总体上说,在生态恢复构建时,如何设计在不同层次和时空尺度上的植物、动物和微生物的协同结构,并利用其功能过程,是一个广泛关注的课题。

(四)生态恢复对全球变化的响应

关于植被的破坏对加剧全球变化的真实性来说,由于很难将全球地质历史上的变暖与人为过程影响区分出来,尽管已做了大量研究,仍是以定性推论为主。全球 CO_2 倍增对植被的影响及植被恢复对其的响应已成为国际学术界广泛关注的热点。各界学者在不同尺度上做了大量的试验研究和定性研究,结果各异而未有定论。人类大部分活动都在加剧地球环境的恶化,而恢复生态过程却是人类改善地球环境的努力。正如第 19 届恢复生态学大会主席 Dixon 指出,"恢复生态学或许是变化世界的唯一未来"[33]。

植被作为陆地生态系统中不可或缺的一部分,在全球变化研究中占有举足轻重的地位。气候变化对陆地生态系统的影响及陆地生态系统对气候变化的反馈作用是全球变化研究的热点之一。植被作为陆地生态系统的主体,与一定的气候、地貌、土壤条件相适应,受自然和人为因素的控制,同时对各因素的变化也最敏感,因此植被动态研究一直是生态学研究的主要内容和热点问题之一[34]。根据大气环流模型预测,到 21 世纪中叶,大气中 CO_2 浓度将增加 1 倍,气温升高约 2℃。例如,全球气候变暖对我国东北植被的影响如下:① 未来东北森林建群种的变动类型可划分为 3 个类群,即扩展种群、退却种群和绝灭种群。② 气候变暖后,根据模型预测,植物种群将向北迁移 400~700 km,向上迁移 250~350 m[35]。近 40 年的降水趋势表明,青藏高原年平均降水量在减少,尤其是夏季降水量减少显著。而同期气温则呈上升趋势,青藏高原气候呈现暖干化趋势。几项有关青藏高原植被生态学年代间的对比研究表明,在高原气候暖干化过程中高寒植被群落表现出逆行演化的趋势,植株生长高度降低、地表生物量减少、群落优势种及主要组成成分演替[36]。

(五)生态恢复立法

区域性和大尺度的有效的生态恢复,不能只靠学者的研究和民众的热情,必须通过立法成为依据,由司法进行保证。生态恢复的有效实施,要依赖政治上的支持、立法和相关的机构的保证;应该有政府的规定,并与土地利用规划相结合。

（六）生态恢复与社会、经济的整合性研究

就恢复生态学研究与实践的本质而言，它是应全球环境危机而生的应用性学科，旨在通过对退化生态系统的恢复与重建缓解人与自然的发展矛盾，改善人类社会、经济发展的自然环境。其应用、实践与评估都要求进行生态、社会和经济三方面的整合。

（七）恢复生态系统的模型预测及模拟

尽管对退化或恢复可以通过许多生态系统特征（如指示种）的指示作用，以及原生或稳定的系统比较，均可以达到判别和预测的目的，但对模型的理论研究和实践验证也很重要，能预测未来生态恢复的效果和发展趋势，并起到一定的指导作用。例如，相关的机理模型可以预测人工植被的稳定性和演替趋势。目前有关模型的研究主要集中在生态效应评价、资源的承载力评价、生态恢复的可持续发展预测、生态恢复的效益评价等方面。而对恢复生态系统中各组分变化（如预测植被恢复过程中植被、土壤、动物群落动态变化等）的模型预测，干扰对恢复生态系统发展方向模型预测（如火烧干扰对森林生态系统演替进程的影响）等方面的研究较少。此外，国内目前采用的模型大多数是国外开发的，由于中国生态环境的特殊性，其模型的预测能力可能存在差异，因此我们应该从各生态系统特征出发，研究适合中国的生态模型。

三、生态恢复的基本原则

退化生态系统的恢复与重建要求在遵循自然规律的基础上，通过人类的作用，根据技术上适当、经济上可行、社会能够接受的原则，使受害或退化生态系统重新获得健康并有益于人类生存与生活的生态系统重构或再生过程。生态恢复与重建的原则一般包括自然法则、社会经济技术原则、美学原则等。自然法则是生态恢复与重建的基本原则，也就是说，只有遵循自然规律的恢复重建才是真正意义上的恢复与重建。社会经济技术条件是生态恢复重建的后盾和支柱，在一定尺度上制约着恢复重建的可能性、水平与深度。生态恢复的基本原则主要如下[37]。

（一）基于适当的本地参考生态系统

生态恢复的根本原则是确立一个适当的参考模型，通常被称为参考生态系统（reference ecosystem）。虽然现有的参考站点（reference sites）可以选择作为类似物用于参照，但在实践中，参考生态系统通常需要从当地天然植物、动物、其他生物群和非生物条件的不同信息来源汇总。这些来源可能包括多个现存的参考站点、野外指示生物、历史记录和预测数据。所产生的模型有助于识别和传达项目目标和特定生态属性的共同愿景,然后为设定目的和目标提供依据,并随时间监测和评估恢复结果。

在可能的情况下,参考生态系统被组合来代表该地点的生态系统,因为它将不会发生退化,同时将生态系统的能力纳入适应现有和预期的环境变化。也就是说,需要认识到生态系统是动态的,随着时间的推移适应和演变,以应对不断变化的环境条件和包括气候变化在内的人类压力。如果当地信息不完整,区域信息可以帮助了解当地生态系统的特征(SER,2004)。如果不确定或不可预见结果潜力很高,那么组建参考生态系统可能不是一个阶段的操作。实际上,参考生态系统通常在最初起到工作假设的作用,并根据发现的有关该站点的新信息进行调整。随着对参考生态系统的信心的增加以及来自站点本身的反馈,细节和目标可能会变得更加具体。

总之,采用参考生态系统不应被视为企图在某个时间点固定生态群落,或"转回时间"。相反,选择或综合参考生态系统的目的,是通过有针对性的恢复行动,优化当地物种和群落恢复的潜力,并继续重新组装和发展变化。出于这个原因,参考模型主要涉及考虑当前的例子或它们存在的退化前生态系统的类似物。否则,考虑自然变化和预期的未来环境变化,历史信息被用作识别恢复目标的起点。通过这种方式,恢复将生态系统过去的状态和条件重新连接到未来发展的状态和条件。

发展参考生态系统时需要考虑非生物条件包括基质、水文、能量流、养分循环、干扰周期和参考生态系统的触发特征,以及参考生态系统阶段的生物群。因此,参考生态系统的制定涉及分析位点上恢复的生态系统组成(物种)、结构(物种的复杂性和构型)和功能(潜在的非生物和生物物理过程以及生物的群落动态)。参考生态系统还应包括可能是生态系统衰退或恢复特征的演替或发展状态的描述,以及需要恢复的生态压力源和干扰机制的描述。

(二)识别目标生态系统的主要属性

表2-1中列出了六个关键生态系统属性类别。鉴于需要生态恢复的生态系统类型范围非常广泛,这些类别在必要时是广泛的,并且只有在细分为更详细的子类别时才可以测量,这些子类别足以告知给定项目的目的和目标。因此,在项目早期规划阶段,将特定于恢复生态系统的、特定于场所的属性或子属性确定为参考生态系统阶段的一部分。选择具体和可衡量的指标,以帮助评估项目的生态和社会经济目标、目的是否得到干预的结果。为了评估成功,每个恢复目标必须明确阐明:① 正在操纵的属性或子属性;② 期望的结果(例如,增加、减少、维持);③ 效果的大小(例如,植物覆盖增加40%);④ 时间范围。

包含与特定目的和目标相关的指标的项目不仅可以确保项目能够随着时间的推移进行评估,还可以确保项目具有更高的透明度,可管理性以及其结果可以转移。如果在自适应管理环境中设置,这种方法最有效(见表2-1)。

表 2-1 关键生态系统属性类别和每个属性类别解释的广泛目标的示例

属　　　性	广泛目标的例子——将制定更适合该项目的具体目的和目标
没有威胁	停止过度利用和污染等威胁;消灭或控制入侵物种
物理条件	恢复水文和底质条件
物种成分	存在理想的植物和动物物种以及不需要的物种
结构多样性	恢复层次、生物食物网和空间栖息地多样性
生态系统功能	适当水平的生长和生产力,恢复营养循环、分解、栖息地元素,植物-动物相互作用,正常胁迫因子,生态系统物种的持续繁殖和再生
外部交流	恢复移徙和基因流动的联系和连通性;以及包括水文、火灾或其他景观尺度过程的流动

（三）协助自然恢复过程

恢复的一个重要基础概念是,作为从业者,我们可以创造条件和组装组件,但恢复工作是由生物群自身通过萌发或出生/孵化、生长、繁殖、补充以及与其他生物及其环境的相互作用来进行的。恢复可以通过协助恢复适当的周期、流量、生产力水平和具体的栖息地结构和生态位来促进这一点。这表明恢复干预措施应侧重于恢复适合这些过程重新开始的组成部分和条件,以及退化的生态系统恢复其退化前的属性,包括其自我组织能力和对未来压力的恢复能力。实现这一目标的最可靠和最具成本效益的方法是利用物种的任何剩余潜力进行再生,并仅在再生潜力耗尽的情况下进行更强烈的干预。这不意味倡导再生的方法高于重建方法,而是强调通过正确评估恢复能力和提供相应的方法来改善恢复的有效性和效率(见图 2-8)。因此,需要在恢复项目的基线清单阶段进行评估,以考虑:① 修复包括动力学在内的条件后的任何剩余再生潜力;② 恢复缺失的生物和非生物元素的任何需要。这种评估应该通过知识来告知诸如可能在现场发生的个体物种的恢复机制以及它们的繁殖群体的预测指标。如果由于缺乏知识或指标而导致这种潜在或局限性不明确,则可以接受在大面积应用之前测试较小区域的恢复响应。

无论是否有帮助,这种恢复潜力评估不仅对优化恢复至关重要,而且对于确定哪些区域应优先进行治疗也很重要。例如,通过优先将尚未完全耗尽的稀缺资源投入到再生能力的区域,可以获得优势,并将其置于较低潜力的优先区域,除非它们具有战略性或其他重要性。通过这种方式,恢复区域可以扩大规模,从战略上扩大和连接原生态系统,使它们能够合并成更大,功能更多的整体,为动物群提供更多功能栖息地。

恢复干预的准确结果是不可预测的,因此,从业者需要准备好进行额外的治疗,以克服意外的限制或遇到出现的机会。旨在刺激康复的干扰,例如,本地物种也可能刺激可能存在于繁殖体中的不良物种的响应,通常需要多次后续干预,直到项目的目标实现。

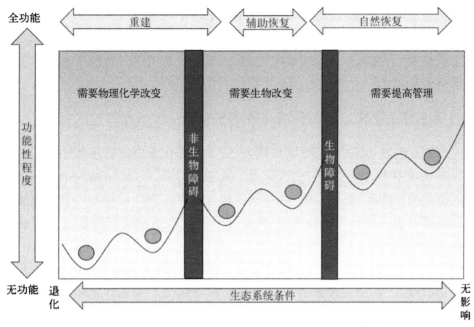

图 2-8　生态系统退化及对恢复的反应的概念模型[37]

(四) 恢复最高标准是全面恢复

生态恢复项目计划的目标是尽可能实现相对于当地原生参考生态系统的完全恢复。然而,任何地方都无法完全恢复,甚至在可能的情况下,由于某些恢复过程的长期性,需要数十年甚至数百年。认识到完全恢复可能是缓慢的,这需要管理者采取持续改进的政策。持续改进的策略可包括在新知识、技术或资源可用时,通过采用标准的适应性管理流程,在先前处理的地点重新处理或应用新的干预措施。因此,从长远来看,可以鼓励那些认为自己只能实现部分恢复的管理者,考虑将目标提升到更长远的全面恢复。

(五) 成功恢复需要所有相关知识

与当地人民(包括土著人民)建立长期关系,建立了广泛而详细的位点和生态系统知识;并且,当纳入恢复项目时,为改善恢复结果和社会效益提供了极好的机会。恢复的从业者和其他学科的研究人员也为项目带来了广泛而详细的知识。生态恢复实践的特点是将生态知识与恢复实践,如农学和种子生产、园艺、动植物管理、水土管理、工程,景观设计和管理以及保护规划等领域开发的从业者知识相结合。恢复生态学是一个侧重于与生态恢复实践相关问题的科学领域,而生态恢复实践又涉及基础和应用生态学,如保护生物学、保护遗传学、景观生态学、社会科学和经济学等专业科学。

通过实验设计原则进行的更正式的监测越来越多地被纳入生态恢复项目。在许多情况下,从业者有足够的知识和技能来采用科学方法并达到理想的监测水平。然而,在专业生态恢复规划、实施和监测的情况下,要求规划者和从业者有恢复实践和基础生态学的大量背景知识。

(六)利益相关者真正参与影响长期恢复成功

不仅要恢复环境价值,而且要满足社会、经济和文化价值的需求和期望。在自然和半自然生态系统中生活或工作的社区受益于恢复,改善了空气、土地、水和植被的质量。城市社区也受益于恢复,提供设施、自然资源和与大自然重新接触的机会。在恢复任务尚未到位或需要进一步参与的情况下,恢复项目管理人员应真正和积极地与在恢复地点内或附近生活或工作的人合作。

人类与世界生物群落和景观之间存在着一系列关系;人类的价值观和行为(无论是积极的还是消极的)将决定未来的生态系统健康和状况。恢复本身可以为鼓励对生态系统和整个自然世界的积极和恢复态度提供强大的工具。然而,保护和恢复生态系统取决于对利益相关者的期望和利益的认可以及所有利益相关者参与寻找确保生态系统和社会相互繁荣的解决方案。

特别重要的是要认识到生态系统和位点对个人和社区的文化重要性,包括那些从事恢复的人。这种参与需要在项目开始时或之后不久进行,以帮助确定生态目标、目的和实施方法,并在整个恢复项目中确保社会需求得到满足。如果管理者和社区利益相关者之间进行真正的对话,恢复项目不仅会更加安全,而且这种对话加上有关生态系统的信息共享,可以提高实际协作的水平,从而促进最适合当地生态系统的解决方案和文化。

第三节　生态修复技术和程序

一、生态恢复技术

所谓生态恢复技术,就是指运用生态学原理和系统科学的方法,把现代化技术与传统的方法通过合理的投入和时空的巧妙结合,使生态系统保持良性的物质、能量循环,从而达到人与自然的协调发展的恢复治理技术。不同类型、不同程度的退化生态系统,其恢复方法亦不同。从生态系统的组成成分角度看,主要包括非生物(生境的恢复)和生物系统的恢复(生物群落)。

从空间角度,将地球的生境分为陆地生态系统、淡水生态系统、海洋生态系统、破坏地生态系统等几种类型,分别提出各种生境的恢复技术;从产业角度,将国土分为不同的生境类型,只有在保证相关产业生态发展的前提下,保护相关生境的安全,才能有效地保护其中的各种生物群落,从而形成复合系统管理的格局;对于人类拥挤的城镇生态系统则需要高度的生态设计才能维持人类的发展和环境的协调。

无机环境的恢复技术包括水体恢复技术(如控制污染、去除富营养化、换水、积水、排涝和灌溉技术)、土壤恢复技术(如耕作制度和方式的改变、施肥、土壤改良、表土稳定、控制水土侵蚀、换土及分解污染物等)、空气恢复技术(如烟尘吸附、生物和化学吸附等)。

生态修复不仅要考虑植物和微生物的作用,动物在系统中也起到重要的作用,这是一直被忽视的[37];生物系统的恢复技术包括植被(物种的引入、品种改良、植物快速繁殖、植物的搭配、植物的种植、林分改造等)、消费者(捕食者的引进、病虫害的控制)和分解者(微生物的引种及控制)的重建技术和生态规划技术(RS、GIS、GPS)的应用。在生态恢复实践中,同一项目可能会应用上述多种技术(见图2-9)。

★ 生态系统功能：特征-环境框架；
地上和地下联系；营养网络

图2-9　实现植物、动物和土壤的功能和组成目标[30]

人们越来越认识到从恢复开始就应考虑动物的重要性,包括它们在生态系统退化和恢复中的作用,以及帮助恢复植物群落。关键的动物物种的增加或移除可能对生态系统的组成和结构产生复杂和深远的影响,特别是如果这些物种是生态系统工程师或顶级捕食者。

恢复中的关注越来越多地转向功能目标的实现,超出了康复项目中经典考虑的功能目标。基于特征的生态学有很大的潜力帮助实现退化系统恢复的功能目标,恢复正常运转的生态系统必然涉及更广泛地包括和理解环境与植物,动物和土壤生物群之间的相互作用,所有想法都需要在恢复框架中进行测试[38]。

通过选择具有特定非生物条件下的持久性的功能特征的植物物种,可以将恢复特征用于恢复设定目标。除了根据特定土壤/气候条件的特点选择植物物种外,响应特性也受生物过程的影响。效应特征可用于恢复设定功能目标,以提供特定的生态系统服务。生物多样性和生态系统功能研究已经在功能组成和不同生态系统服务之间建立了明确的联系,但在恢复背景下几乎没有例子。

恢复生态学一直强调将自然科学与社会科学结合,但关于如何结合的研究工作不多。扩大恢复活动的需求要求基于斑块的方法考虑更广泛的景观和区域尺度上的过程,例如水的迁移或生物群的扩散。在考虑从单个河流范围到整个区域河流或湿地系统的过程中,这种需求可能最为明显地体现在恢复水生生态系统。地理信息系统(GIS)

技术的应用进展为水生生物传播问题带来了新的认识。

美国生态学会(ESA)成立一百年以来,很多生态学概念已经被开发、完善、循环利用,但有时也被丢弃。对跨学科方法的需求以及将社会领域和基于价值的观点与"客观"科学相结合仍然是实现恢复目标的挑战。恢复生态学及其生态恢复实践为进一步检验既定和新兴的生态学理论提供了一个舞台。

二、生态恢复成功的标准

生态恢复评价是指对退化生态系统恢复进行评价。生态恢复是一个长期的动态过程,对这一动态过程进行客观和准确的评价,及时掌握生态系统当前的恢复程度、发展方向等方面的信息不仅为进一步调整和改进恢复方案提供依据,而且为生态系统管理提供了决策支持。生态恢复评价作为生态恢复工程中极为重要的一个环节,已成为生态恢复领域研究的前沿与热点。第 5 届国际生态恢复学会大会有关生态恢复评价的研究可归纳为:生态恢复评价指标体系的建立、生态恢复评价方法的选择、生态恢复监测与动态评价三方面内容。

国际生态恢复学会(2004)建议恢复的生态系统应该具有以下属性:① 与参考地点相比,具有相似的多样性和群落结构;② 本土物种的存在;③ 存在长期稳定性所必需的功能团;④ 物理环境维持繁殖群体的能力;⑤ 正常功能;⑥ 与景观的融合;⑦ 消除潜在威胁;⑧ 对自然扰动的抵御力;⑨ 自我可持续性。

恢复生态学家、资源管理者、政策制订者和公众希望知道恢复成功的标准何在,但由于生态系统的复杂性及动态性却使这一问题复杂化了。通常将恢复后的生态系统与未受干扰的生态系统进行比较,其内容包括关键种的多度及表现、重要生态过程的再建立、诸如水文过程等非生物特征的恢复。国际恢复生态学会建议比较恢复系统与参照系统的生物多样性、群落结构、生态系统功能、干扰体系以及非生物的生态服务功能。Bradsaw 提出可用如下 5 个标准判断生态恢复:① 可持续性(可自然更新);② 不可入侵性(像自然群落一样能抵制入侵);③ 生产力(与自然群落一样高);④ 营养保持力;⑤ 是具生物间相互作用(植物、动物、微生物)。Lamd 认为恢复的指标体系应包括造林产量指标(幼苗成活率,幼苗的高度、基径和蓄材生长,种植密度,病虫害受控情况)、生态指标(期望出现物种的出现情况,适当的植物和动物多样性,自然更新能否发生,有适量的固氮树种,目标种出现否,适当的植物覆盖率,土壤表面稳定性,土壤有机质含量高,地面水和地下水保持)和社会经济指标(当地人口稳定,商品价格稳定,食物和能源供应充足,农林业平衡,从恢复中得到经济效益与支出平衡,对肥料和除草剂的需求)。Davis 和 Margaret 等认为,恢复是指系统的结构和功能恢复到接近其受干扰以前的结构与功能,结构恢复指标是乡土种的丰富度,而功能恢复的指标包括初级生产力和次级生产力、食物网结构、在物种组成与生态系统过程中存在反馈,即恢复所期望的物种丰富度,管理群落结构的发展,确认群落结构与功能间的联结已形成。任海和彭少麟根据热带人工林恢复定位研究提出,森林恢复的标准包括结构(物种的数量及密度、生物量)、功能(植物、动物和微生物间形成食物网、生产力和土壤肥力)和动态(可自然更新和演替)。

Careher 和 Knapp 提出采用记分卡的方法,假设生态系统有 5 个重要参数(例如,种类、空间层次、生产力、传粉或播种者、种子产量及种子库的时空动态),每个参数有一定波动幅度,比较退化生态系统恢复过程中相应的 5 个参数,看每个参数是否已达到正常波动范围或与该范围还有多大的差距。

三、生态恢复的程序

人类对地球的影响加剧导致生产和保护价值的普遍丧失,并使大规模的生态系统恢复变得越来越迫切。解决这个问题需要制定恢复的一般指导原则,以便我们能够摆脱现在普遍存在的特设,特定地点和具体情况的方法。可以认识到连续的恢复工作,包括恢复局部高度退化的场地,以及为生产和/或保护原因恢复整个景观。我们强调开发适用于景观尺度的恢复方法的重要性。重要的关键过程包括首先确定和处理导致退化的过程,确定切合实际的目标和措施,制定实现目标的方法,并将其纳入土地管理和规划战略,并监督恢复并评估其结果。但目前很少有这些程序被纳入修复项目[39]。

以下内容是规划、实施、监测和评估专业人员或承包商从事的生态恢复项目的标准程序。[40]

(一) 计划和设计

1. 利益相关者参与

所有关键利益相关者(包括土地或水资源管理者,行业利益者,邻居和当地社区以及土著利益相关者)在恢复项目的规划阶段就参与进行。

2. 外部环境评估

得到区域保护目标和优先事项的信息:① 包含与其周围景观或水生环境有关的项目图或地图;② 确定在修复场地物理调整生境的方法,以改善与周围景观或水生环境的外部生态连通性;③ 确定项目未来管理的机制,与最近的本地生态系统的管理联系起来。

3. 生态系统基线清单

计划确定该位点目前的生态系统及其状况,包括:① 现场的任何本土和非本土物种的清单,特别是注意到任何受到威胁的物种或群落,以及入侵物种;② 当前非生物条件的现状,包括相对于先前或不断变化的溪流、水体、陆地表面、水量或任何其他物质元素的尺度、构型和物理化学状况;③ 现场或外部区域的生物开始并且继续恢复的相对能力,有或没有帮助;④ 导致位点退化,损坏或破坏的驱动因素和威胁的类型和程度,以及消除、减轻或(在某些情况下)适应它们的方法。

4. 参考生态系统识别

计划确定并描述适当的本地参考生态系统,参考生态系统组成的结构或功能要素,包括:① 底质特征(生物或非生物,水生或陆生);② 生态系统的功能属性包括营养循环,特征扰动,流动状况,动植物相互作用,生态系统交换和组分物种的任何干扰依赖;③ 主要特征物种;④ 任何生态复杂景观位点,需要在现场使用多个参考生态系统;⑤ 评估重要生物群落的栖息地需求。

5. 恢复对象、目的和目标

为了制定有针对性的修复方法,并衡量是否已取得成功,计划明确规定:① 恢复对象,即参考生态系统(包括生态系统属性的描述);② 恢复目的,即该生态系统的状况或状态以及项目旨在实现的属性;③ 恢复目标,即相对于站点内任何不同空间区域实现目标和目标所需的变化和即时成果。这些目标是根据可衡量和可量化的指标来确定,以确定项目是否在确定的时间框架内达成目标。

6. 恢复方法描述

每个区域都有明确的修复方法,描述什么,何处以及由谁接受修复及其顺序或重点。在缺乏知识或经验的情况下,必要的适应性管理或有针对性的研究可能会提供适当的修复方法。应包括:① 描述为消除和减轻(或适应)因果问题而采取的行动;② 确定具体恢复方法的,对每个区域的具体处理和优先行动的描述。

7. 评估现场使用和后续维护计划的安全性

恢复计划应确定:① 项目地点的任期安全,以实现长期的恢复承诺,并允许适当的持续探访和管理;② 在完成项目后,有必要为现场预防、现场影响和维护做出适当安排,以确保现场不会退化到退化状态。

8. 分析逻辑

在开展恢复计划之前,需要对项目资源的可能性和可能的风险进行一些指示。计划解决实际的限制和机会,包括:① 确定资金,劳动力(包括适当的技能水平)和其他资源安排,以便在现场达到稳定状态之前进行适当的修复(包括后续修复);② 进行全面的风险评估,确定项目的风险管理策略;③ 项目的大致时间表和项目期限;④ 适用于位点和项目的权限、许可和法律约束。

9. 审查流程安排

包括一个计划和时间框架:① 要求利益相关者和独立同行评议;② 根据新知识、改变环境条件和从项目中汲取的经验审查该计划。

(二) 实施

在实施阶段,恢复项目的管理方式如下:

1) 对任何自然资源或景观元素的恢复工程不会造成进一步的或持久的水生环境

损害,包括物理损坏(如清除、埋地表土、践踏),化学污染(如过度施肥、农药泄漏)或生物污染(如引入包括不良病原体的入侵物种)。

2)治理在技术和经验丰富的合格人员的监督下,负责任、有效、高效地解释和执行。

3)所有修复都以对自然过程和促进剂有反应的方式进行,并有保护自然和辅助恢复的潜力。对任何种植的种群提供适当的善后服务。

4)为方向的纠正变化(以适应意外的生态系统反应)及时提供便利,并提供生态学知识和记录。

5)所有项目都完全遵守工作、健康和安全法律以及所有其他法律法规,包括与土壤、空气、水、海洋、遗产、物种和生态系统保护有关的立法(包括所有所需许可证已到位)。

6)所有项目工作人员定期与主要利益相关者(或资助机构要求)沟通,以评估他们的进展情况。

(三)监测、记录、评估和报告

生态恢复项目采用观察、记录和监测处理的原则和对处理的响应,以便为未来工作的变化提供信息。他们定期评估和分析进展,以根据需要调整修复方法(适应性管理)。在正在试验大规模应用的创新修复或修复并确保所有必要的研究许可和道德考虑因素到位的情况下,寻求研究人员与从业者的合作。

1)从规划阶段开始监测并评估恢复结果,制定监测计划以确定修复的成功与否。① 监测面向项目开始时确定的具体目标及可衡量的目标,包括在工作之前收集基线数据,以确保对以后收集的数据进行比较;在工作之后以适当的间隔收集数据;记录恢复活动的详细信息,包括工作次数,特定修复和大致费用。② 小型志愿者项目的最低监测标准是使用照片,物种清单和条件描述。③ 项目使用与目标一致的预先确定的指标监测恢复情况。在专业或大型项目中,理想情况下是通过条件评估支持的正式定量抽样方法来实现的。④ 对于统计分析和结果公布,抽样单位必须与严格的抽样设计一致,对于测量的属性应适当大小,并应在场地内充分复制。

2)足够的修复记录。为适应性管理提供信息,并使未来的评估结果与修复相关,保留所有修复数据,以及所有评估监测记录以供将来参考。此外:① 应考虑向开放存取设施提供数据;② 应安排安全存储,最好由项目经理安排,用于记录任何重新引入的植物或动物的来源。这些记录应包括位置、供体和接收地点的描述,参考采集协议、采集日期、识别程序和收集器/传播者的名称。

3)对工作成果进行评估和记录,并根据项目的对象、目的和目标评估进展情况。① 评估应充分评估监测结果;② 使用结果应为正在进行的管理提供信息。

4) 向主要利益相关者和更广泛的利益集团(新闻通讯和期刊)发送进度报告,以传达可用的产出和结果。① 报告应以准确、易懂的方式传达信息,并为受众量身定制;② 报告应指明对准确评估所依据的监测水平和细节。

(四) 执行后维护

管理机构负责持续维护,以防止有害影响,并在项目完成后对现场进行必要的监控,以确保现场不会降级到退化状态。

案例　食藻虫(大型溞)控藻引导水下生态系统修复

1. 技术原理

蓝藻(特别是铜绿微囊藻)具有特殊的蓝藻胶和多糖类物质,难以被其他水生动物所消化、吸收、利用。随着水中氮、磷物质的增加,水体富营养化,产生越来越严重的蓝藻积累污染,最终成为世界性的水华污染难题。

食藻虫摄食消化水体蓝藻后,可以产生弱酸性的排泄物,降低水体中的 pH,并抑制水体蓝藻的生长(水体蓝藻暴发需要较高 pH)。水体蓝藻减少消失后水体透明度增加,阳光可进入水底,促进水体水底沉水植被的生长,沉水植被与食藻虫可形成良好的共生关系。

沉水植被替代蓝藻进行水下光合作用,释放出大量的溶解氧,吸收掉水体中过多的氮、磷等富营养化物质,形成水域生态自净,并产生他感作用进一步抑制蓝藻。

水生植被恢复后,由食藻虫携带有益微生物向底泥扩散,促进底泥氧化还原电位升高,有利于水生昆虫和水生底栖生物的大量滋生,在水生植被共生作用下,形成底泥营养物质的封存和生态链自净(物质能量的逐步吸收转化)。

再逐步向水体中引入螺、贝、鱼、虾类等高级水生动物,食藻虫和水生植被又可以被鱼、虾、螺、贝等高级水生动物吃掉,通过食物链把水体水中的氮、磷营养物质从水体中转移出,彻底降低水体的富营养化程度(见图 2-10)。

2. 食藻虫控制水体蓝藻引导生态修复达到的效果和指标

1) 水清见底,主要水质富营养指标达到国家地表水三类水质标准(饮用水源基本标准)(数据可由水质监测权威机构来测定)。

2) 对藻类、总氮、总磷和 COD 的去除率分别为 99%~100%、90%~95%、80%~90%、75%~80%。

3) 除占水体主导自净功能的沉水植被得以恢复外,还要恢复水生观赏植物睡莲、荷花等。

4) 进一步恢复了水体原有的部分土著水生昆虫,底栖蠕虫、寡毛类动物,底栖螺、贝类,以及部分鱼类。

5) 形成全面稳定的生态平衡,并建立后续生态平衡维护保养系统和操作规范。

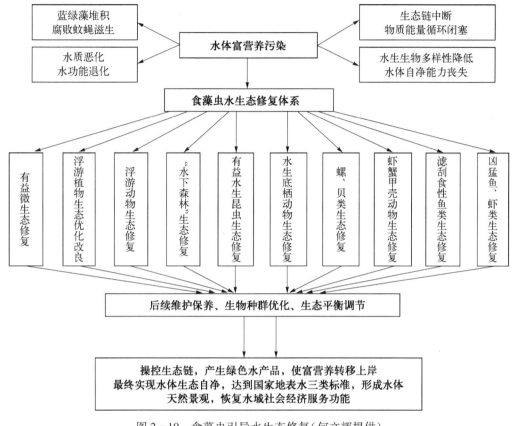

图 2-10　食藻虫引导水生态修复(何文辉提供)

思考题

1. 请举出轻度退化、中度退化、重度退化和极度退化的例子以及其退化原因。

2. 无机营养物质储存在环境中和储存在生物库中有什么区别?

3. 环境库和生物库对于生态的作用分别是什么?

4. 稳定情况下土壤-生物-大气之间的相互作用会导致生态系统退化吗? 为什么?

5. 生态系统内部产生的干扰主要来自哪个方面?

6. 退化生态系统和环境污染的关系是什么? 恢复生态系统的目标是什么?

7. 为什么说许多生态系统退化的过程是一个正反馈的过程,以实例说明。

8. 关于风蚀有什么例子和具体影响?

9. 退化生态系统恢复与重建的基本原则是什么? 恢复成功的标准是什么?

10. 生态系统退化过程的实质是什么,以及对我们有何影响? 政府以及我们具体该怎么做?

11. 生态退化主要体现在哪些方面? 各自的特征是怎样的? 各自又该如何修复?

12. 是否可以使用入侵植物进行退化土地的植被恢复？这样做会对原有生态系统带来什么样的影响？

13. 人类的影响对生态系统的退化有多大的影响？退化的生态系统若没有人类管理能否自我恢复？

14. 生态恢复的基本原则（自然原则、社会经济原则、美学原则）互相冲突时，应该如何取舍？

15. 火灾引起的生态系统大面积退化应该如何治理？

16. 为什么污染性干扰被归类在自然干扰之中，有哪些是自然干扰且为污染性干扰的例子。

17. 大气为生物能够提供什么？大气组分的失衡会对生物产生什么不利影响？

18. 判断生态恢复的成功与否比较复杂，用以判断生态恢复的标准有哪些？

19. 生态系统恢复的合理性评价包括哪些？

20. 人们往往对不同的退化生态系统制定不同水平的恢复目标，主要包括哪些？

21. 你对临界阈值理论有什么看法。

22. 生态恢复的过程是怎样的？

23. 是否可以使用入侵植物进行退化土地的植被恢复？这样做会对原有生态系统带来什么样的影响？

24. 在运用防渗技术时需要用到的防渗物质具体是什么？运用该物质的原理是什么？

25. 对于生态系统恢复，比如上海的水葫芦入侵，能否用群落恢复（引入天敌）的方法？

26. 我国有哪些成功实施生态恢复技术的例子，以及国外有哪些我们可以借鉴的技术。

27. 湿热地带的恢复为什么要比干冷地带快？

28. 生态系统的恢复中如何达到人与自然的统一，美学与系统功能的统一，以及该生态恢复与该地区原始生态的和谐一致？

29. RS 和 GIS 在生态系统服务中的应用有哪些？

30. 能否用外部人工干预的方式去加速生态系统的自我调节，请举例。

31. 如何帮助自然生态系统恢复自我发展和维持稳定的能力？

32. 所谓的碳捕集技术能对现如今的全球二氧化碳浓度变化产生多大的影响？

33. 生态工程的基本原则和结构构成是什么？

34. 生态恢复治理方案的基本内容包括什么？

35. 区域尺度上恢复生态应采用哪些具体措施？请举出具体实例。

36. 除了广泛种植植物外，有什么办法减少 CO_2 的量，或者能否通过某种方法增加其他气体的含量，以缓解全球变化？

37. 举例说明中国在全球变化的适应对策。

参考文献

[1] 国际生态恢复学会关于生态恢复的入门介绍[OL].https://max.book118.com/html/2016/0129/34318315.shtm.

[2] 舒俭民,刘晓春.恢复生态学的理论基础、关键技术与应用前景[J].中国环境科学,1998,(06): 61－64.

[3] 赵平,彭少麟,张经炜.生态系统的脆弱性与退化生态系统[J].热带亚热带植物学报,1998,(03): 179－186.

[4] 魏晓华.干扰生态学:一门必须重视的学科[J].江西农业大学学报,2010,32(5):1032－1039.

[5] 任海,王俊,陆宏芳.恢复生态学的理论与研究进展[J].生态学报,2014,34(15):4117－4124.

[6] 包维楷,陈庆恒.生态系统退化的过程及其特点[J].生态学杂志,1999(02):37－43.

[7] 赵平,彭少麟,张经炜.恢复生态学——退化生态系统生物多样性恢复的有效途径[J].生态学杂志,2000,(01):53－58.

[8] 章家恩,徐琪.退化生态系统的诊断特征及其评价指标体系[J].长江流域资源与环境,1999,(02): 215－220.

[9] 杜晓军,高贤明,马克平.生态系统退化程度诊断:生态恢复的基础与前提[J].植物生态学报,2003, (05):700－708

[10] 孙波,赵其国.土壤质量与持续环境:Ⅲ.土壤质量评价的生物学指标[J].土壤,1997,29(5): 225－234.

[11] 孙铁珩,宋玉芳.土壤污染的生态毒理诊断[J].环境科学学报,2002,22(6):689－695.

[12] 赵臻彦,徐福留,詹巍,等.湖泊生态系统健康定量评价方法[J].生态学报,2005,25(6):1466－1474.

[13] 沈韫芬,龚循矩,顾曼如.用PFU原生动物群落进行生物监测的研究[J].水生生物学集刊,1985, 9(4):299－308.

[14] 姜建国,沈韫芬.用于评价水污染的生物指数[J].云南环境科学,2000,19(A08):251－253.

[15] 吴丰昌,孟伟,宋永会,等.中国湖泊水环境基准的研究进展[J].环境科学学报,2008,28(12):2385－2393.

[16] Ruiz-Jaen MC, Aide TM.Restoration Success: How Is It Being Measured? [J].Restoration Ecology, 2005, 13(3):569－577.

[17] 丁婧祎,赵文武.生态恢复评价研究进展与展望:第5届国际生态恢复学会大会会议述评[J].应用生态学报,2014,25(09):2716－2722.

[18] 马克明,孔红梅,关文彬,等.生态系统健康评价:方法与方向[J].生态学报,2001,(12):2106－2116.

[19] Lü, Yihe, Zhang L, Feng X, et al. Recent ecological transitions in China: greening, browning, and influential factors[J]. Scientific Reports, 2015, 5: 8732.

[20] Gao P, Niu X, Wang B, et al. Land use changes and its driving forces in hilly ecological restoration area based on gis and RS of northern China.[J]. Scientific reports, 2015, 5: 11038.

[21] 方雯雯,吕金镣.关于修复振兴舟山渔场的问题研究[J].农村经济与科技,2016,27(09):95－96+266.

[22] 赵淑江,夏灵敏,李汝伟,等.舟山渔场的过去、现在与未来[J].海洋开发与管理,2015,32(02): 44－48.

[23] 穿越时光,默片时代的舟山渔场是这样捕鱼的[OL].http://m.sohu.com/a/69442851_296176.

[24] 海洋深处"种葡萄"？300多万颗曼氏无针乌贼卵投放吕四渔场[OL].https：//www.sohu.com/a/146594862_654914.

[25] 陈小勇.生境片断化对植物种群遗传结构的影响及植物遗传多样性保护[J].生态学报,2000(05)：884-892.

[26] 武正军,李义明.生境破碎化对动物种群存活的影响[J].生态学报,2003,(11)：2424-2435.

[27] 彭少麟,赵平,张经炜.恢复生态学与中国亚热带退化生态系统的恢复[J].中国科学基金,1999,(05)：25-29.

[28] 张文辉,郭连金,徐学华,等.黄土丘陵区狼牙刺种群恢复及群落土壤水分养分效应[J].水土保持学报,2004,(06)：49-53.

[29] 鲁庆彬,王小明,丁由中.集合种群理论在生态恢复中的应用[J].生态学杂志,2004,(06)：63-70.

[30] Allan JD, Mcintyre PB, Smith SDP, et al. Joint analysis of stressors and ecosystem services to enhance restoration effectiveness[J]. Proceedings of the National Academy of Sciences, 2013, 110(1)：372-377.

[31] 彭少麟,陆宏芳.恢复生态学焦点问题[J].生态学报,2003(07)：1249-1257.

[32] 彭少麟,周婷.通过生态恢复改变全球变化——第19届国际恢复生态学大会综述[J].生态学报,2009,29(09)：5161-5162.

[33] 郭兵,姜琳,戈大专,等.全球气候变暖胁迫下的雅鲁藏布江流域植被覆盖度变化驱动机制探讨[J].热带亚热带植物学报,2017,25(03)：209-217.

[34] 周园,邹春静,徐文铎.全球气候变暖与东北植被分布关系的研究[J].安徽农业科学,2009,37(11)：5229-5231.

[35] 王谋,李勇,黄润秋,等.气候变暖对青藏高原腹地高寒植被的影响[J].生态学报,2005,(06)：1275-1281.

[36] 章家恩,徐琪.恢复生态学研究的一些基本问题探讨[J].应用生态学报,1999,(01)：111-115.

[37] 王健胜,刘沛松,杨风岭,等.中国生态修复技术研究进展[J].安徽农业科学,2012,40(20)：10554-10556.

[38] Hobbs RJ, Norton DA. Towards a Conceptual Framework for Restoration Ecology[J]. Restoration Ecology, 1996, 4(2)：93-110.

[39] International Standards for the Practice of Ecological Restoration [OL]. https：//www.ser.org/page/SERStandards.

第三章　生态修复的理论基础

　　未来的历史学家一定会为我们扭曲的判断力所震惊：为什么智慧的人类要通过污染整个环境、毒害动物甚至人类自身的方法，来控制一小部分自己不喜欢的物种。

——蕾切尔·卡逊《寂静的春天》

　　长期以来人们已经认识到对环境修复的需求，并且几十年来一直试图恢复不同类型的生态系统。恢复生态学是伴随着其他主要学科一起成长的，特别是生态学，这些学科都有着悠久的传统。正是在这些学科中，恢复生态学找到了指导其发展的原则和思想。恢复生态学学科基础的构建模块来自理论和应用生态学以及其他领域。这些构建模块不一定会在恢复生态学中保持不变，相反，它们经常需要重新设计，理论必须在实践中才有意义。事实上，恢复的实践应该作为理论的试验场，这可以帮助提供信息并改进生态理论[1]。通过基于对生态系统如何组合和运作的最新理解，确保所使用的思想和方法能够实现，同时从其他系统和世界其他地方的成功和失败中学习，可以显著提高恢复实践的成功和有效性。

　　尽管生态学总体上缺乏统一理论，但该领域已经形成了一个强大而多样化的理论体系，几乎涉及生态相互作用的各个方面。生态学是讨论生物及其栖息环境相互关系的科学，也是开展生态修复工作的理论基础。在各种尺度上获取的信息有助于我们更好地了解这个纷繁复杂的世界。生态学的研究尺度可以小到基因，大到整个地球，系统地探讨生态系统的生命与非生命组分之间的相互作用。在过去的一百年，基础生态学研究催生了一些重要的范式变化。随着生态科学变得更加跨学科，一些思想的转变和意想不到的影响还将不断涌现[2]。

　　中国生态学会的生态学发展战略研究，对指导我国生态学研究起到重要作用，提出的四大发展战略：① 推进持续发展生态系统的研究；② 提高生物生产力及其科学管理；③ 加强生物多样性保护及保护生态学研究；④ 开拓和发展生态学理论和应用的前沿研究[3]。当代生态学，在继承和发展传统学科的同时，积极参与人类发展及解决自然界和社会不相协调所造成的一系列的迫切问题，成为自然科学和社会科学之间的一道桥梁。当代生态学有如下几个特点：① 生态学在研究社会问题中的重新定位；② 研究对象的时空尺度不断拓展；③ 研究的对象从自然生态系统向自然社会经济复合系统发展；④ 学科之间相互融汇与新分支学科的不断发生；⑤ 从研究系统的结构与功能向过程和预测发展；⑥ 从局部的、孤立的研究向整体的网络化研究发展；⑦ 研究方法与手段的迅速发展。

恢复生态学对以下主要理论生态学提出要求：① 生物多样性及其在生态系统功能中的作用；② 生态系统组装原则（assembly rules）及结构；③ 生态交错带（ecotones）、生态梯度变异（ecoclines）和影响边界关系；④ 生态系统弹性；⑤ 生态系统健康和完整性；⑥ 新生态系统；⑦ 社会-生态系统及其在修复目标和参考系统确立中的作用；⑧ 联系、整合和可持续发展科学[4]。

第一节 生态修复的理论生态学基础

一、群落生态学

在早期，生态学的发展史实际上就是群落生态学的发展史，生态学研究也主要是观察和描述群落，尤其是植物群落。植物群落是不同植物在长期环境变化中相互作用、相互适应而形成的组合。经过百余年的积淀，群落研究在 20 世纪 20 至 40 年代达到鼎盛时期。在此期间，不同观点和流派在各国传统研究的基础上纷纷发展起来。

尽管在 20 世纪 70~80 年代就有过关于群落演替与生态位关系的激烈争论，但一些重要的新观点、新假说和新理论，如种库假说、中性理论、生态学代谢理论、中域效应假说等，都是于 90 年代以后提出和发展起来的。能量假说、历史成因假说和稍早提出物种分布在范围地理格局的 Rapport 法则也在这一时期得到了大量数据的检验。生物多样性的分布格局和维持机制一直是群落生态学研究的核心问题，其中的关键是物种的共存机制。以前，群落生态学家一直苦于缺少关于物种多样性和物种相对多度的一般性理论，Hubbell 为代表提出的群落中性漂变理论则填补了这一空白，因而也备受关注，获得了学术界的一致好评[5]。

（一）生物多样性与生态系统功能

通常认为生物多样性包含 3 个组织层次：基因、物种和生态系统。生物多样性是生物与环境形成的生态复合体以及与此相关的各种生态过程的总和，包括数以百万计的动物、植物、微生物和它们所拥有的基因，及其与生存环境形成的复杂生态。生境的改变和破坏、有意识或意外的非本地物种入侵率的提高、土地资源过度利用等都能够引起生物多样性的改变。这种改变不仅仅局限于物种的灭绝和增加，而且包括从种群、群落、生态系统、景观到全球尺度上遗传和功能多样性的变化[6]。

生态系统内部成分与外部环境之间所发生的物质循环、能量流动和信息传递的总和即生态系统功能。生物多样性是生态系统功能和服务的基础，而生态系统功能又直接或间接地影响生物多样性的存在和维持。研究生物多样性与生态系统功能关系及作用机制对于保护生物多样性、理解生态系统如何响应气候变化和土地利用变化，以及发展可持续生态系统管理措施均有重要意义。

生态系统的可持续性是指生态系统持久地维持或支持其内在组分、组织结构和功能动态健康及其进化发展的各种能动性总和。物种丧失将会威胁到生态系统功能和可持续性。多样性-可持续性假说认为，土壤元素循环和土壤肥力的可持续性依赖于生物多样性。

（二）群落形成机制

群落生态学核心问题是物种是如何聚集在一起形成群落的。群落生态学研究生物相互作用的本质，以及它们的起源和生态与进化后果，群落生态把各自进化的物种与影响全球过程的生态功能联系在一起。面对全球环境破坏的形势，了解群落是如何组装的以及影响它们的动态、多样性和生态系统功能的驱动力，将对地球生物圈的管理和恢复至关重要[7]。生态学家们一直专注于加深对不同群落中物种的种类和比例的认识与理解，"这些驱动力是怎样构建群落的"这一问题不容置疑地已成为自然生态学诞生以来推动生态学发展的最主要问题之一。对于群落是一个长期物种之间相互作用形成的、紧密关联的有机整体，还是物种各自扩散的随机组合一直存在激烈而对立的争论。群落"组装法则"提出后，引发了一场关于竞争和抛弃竞争的大辩论。随着研究的深入，越来越多的研究者认为确定性过程和随机性过程之间可能是一个连续谱，实际群落的形成和组装是这个连续谱中的一个节点。同时局部群落的形成受到区域尺度的生态、历史和进化过程的影响。

1. 系统发育群落生态学

系统发育群落生态学试图将系统发育信息融入群落生态学的研究，以期发现群落组装过程上的确定性过程和随机性过程，这是群落生态学研究的一个巨大革新。当一个群落具有翔实的物种系统发育数据、表型数据以及空间分布数据时，就可以通过结合这三类数据，反映群落形成和维持过程中的组装机制。这类方法假设在中性过程作用下，群落内物种的系统关系、表形组成是空间随机的，如果不随机，则可能是环境筛或竞争排斥等作用造成的[8]。

2. 亲缘地理学

亲缘地理学最早出现于 John C. Avise 1987 年发表的文章，是分子生物技术与种群遗传学、群落生态学和历史生物地理学交叉融合的产物。亲缘地理学主要是利用种内基因谱的空间分布理解历史过程对现时物种个体分布的影响，这些历史过程包括种群扩张、瓶颈、隔离以及迁移等事件。近期的研究进一步整合了溯祖理论，或者说，等位基因家谱的历史和分布信息从而更加精确地刻画出上述不同历史事件对于塑造物种现代地理格局的相对作用[9]。

第四纪冰期大约始于距今 250 万年前，结束于 1 万~2 万年前。冷暖周期先以 4.1 万年，后来以 10 万年的周期变化。亲缘地理学理论认为，第四纪冰期与当今生物多样性和群落形成具有最直接的联系,并产生了极其深刻的影响。冰期和间冰期变化对生物生存、扩散和演化产生了巨大作用,全球物种反复不断地发生着大迁移、大扩张和大收缩,生物群落和生物分布格局也不断发生着瓦解、演变和重组。

(三) 物种多样性的大尺度格局

物种多样性大尺度分布格局是宏观生态学最核心、最活跃的研究问题之一,其中物种多样性由赤道向两极递减的纬度格局被称为适应学之"圣杯"。近年来人类活动直接或间接地引起了大量物种栖息地的破坏或消失,如中国长江流域的活化石——白暨豚。气候变化也对全球物种多样性产生了巨大的影响。中国是全球 12 个有着巨大生物多样性的国家,广阔的气候梯度,印度洋板块与欧亚板块相撞及青藏高原隆起等引起了一系列独特的进化历史,形成了大量新物种和特有种,极大地影响了中国物种多样性及其地理格局。关于影响物种多样性大尺度格局的因子,主要集中在现代气候、地质与宏观进化历史以及随机过程[10]。

(四) 食物网的结构与功能

不同物种之间通过直接或间接的营养关系相互链接组成食物链,链接彼此交错形成一个复杂的网络结构,即食物网。作为种间营养关系的集成体现,食物网既是生物和生态系统演化和适应的产物,也是影响生态系统结构和功能的重要因子。

1. 生态系统正负反馈调控

自然界生态系统的一个很重要的特点就是它常常趋向于达到一种稳态或平衡状态,使系统内的所有成分彼此相互协调。这种平衡状态是靠一种自我调节过程来实现的。生态系统的另一个普遍特性是存在着反馈现象。反馈有两种类型,即负反馈(negative feedback)和正反馈(positive feedback)。负反馈是比较常见的一种反馈,它的作用是能够使生态系统达到和保持平衡或稳态。另一种反馈叫正反馈,正反馈是比较少见的,正反馈往往具有极大的破坏作用,但是它常常是爆发性的,所经历的时间也很短。从长远看,生态系统中的负反馈和自我调节将起主要作用。

由于生态系统具有自我调节机制,所以在通常情况下,生态系统会保持自身的生态平衡。当生态系统达到动态平衡的最稳定状态时,它能够自我调节和维持自己的正常功能,并能在很大程度上克服和消除外来的干扰,保持自身的稳定性。

2. 生物操纵、营养级联反应和上行-下行作用模型

(1) 生物操纵

生物操纵(biomanipulation)是 Shapiro 及其同事提出的术语。Shapiro 等是最早意识到可以利用食物网结构对水体初级生产力的决定性影响来控制水体富营养化的学者。生物操纵也被称为食物网操纵(food web manipulation),相对于其他概念(如营养级联反应),生物操纵目前使用最为广泛,大多针对湖泊敞水带(pelagic zone)的生物类群。

许多学者出于寻找一种简单而便宜的解决水体富营养化问题手段的极大热情,20 年来利用不同规模的实验系统(围隔、池塘和整个湖泊)对生物操纵进行了广泛的研究。Shapiro 等最早使用的生物操纵概念范围较宽,即不直接涉及营养物质的控制湖泊和水库水质的措施均属于生物操纵范围,包括对生物及其生境的改变(见图 3-1)。

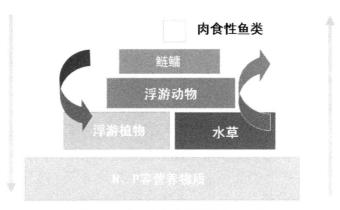

图 3-1　非经典生物操纵基本示意图

(2)营养级联反应

营养级联反应(trophic cascading interactions)是 Carpenter 和 Kitchell 等使用的术语,其主要观点是食物网顶端的生物种群的变化,通过体型大小的选择性捕食,在营养级上自上向下传递,对初级生产力产生较大影响。其中海獭-海胆-海藻三级食物链研究是一个经典案例。随着研究的深入,人们发现营养级联效应也广泛存在于陆地生态系统中不同类型的食物网中。由大型土壤动物构成的碎屑食物网中存在着较强的营养级联效应。营养级联效应强度与生态系统类型、物种属性和多样性,以及植物的抗性水平等因素有关。营养级联的作用机制研究经历一个长期的探索过程。密度介导的间接相互作用和属性介导的间接相互作用是营养级联效应的两种主要作用机制,前者如狼-鹿-山杨,后者有螃蟹-螺-米草关系。

Carpenter 和 Kitchell 等认为营养级联反应与生物操纵相似但并不相同,营养级联反应是为了解释湖泊内和湖泊之间基本的初级生产过程的差异;生物操纵是为了减少水体不良特征的出现(如湖下层缺氧、蓝绿藻水华和沿岸带大型植物过多)而改善水质的湖泊管理工具。

(3)上行-下行作用模型

McQueen 等提出了上行-下行作用模型(bottom-up and top-down model),这个模型的特点是既考虑捕食者的影响(下行作用),也考虑到营养物等资源的影响(上行作用)。这个模型预测,浮游植物可达到的最大生物量取决于营养物质的多少,但实际实现的生物量则取决于上行-下行作用的共同影响。上行-下行作用模型还预测在食物网顶端下行作用强,向下逐渐减弱;在食物网底部上行作用强,向上逐渐减弱。因此预测在富营养化水体中肉食性鱼类的变化,从上至下将逐渐减弱,对水体中藻类影响很少甚至不产生影响,即所谓的营养衰减假说(nutrient attenuation hypothesis)。

生物操纵、营养级联反应和上行-下行作用模型都强调浮游动物的中心地位,不管作者如何强调概念间的差异,实际上并无本质的区别,许多作者同时使用生物操纵、营养级联反应和下行影响3个术语。

3. 食物网的结构与功能

生态系统网络分析和与生态系统动力学、生态系统功能、生态系统稳定性有关的食物网结构的最新进展,为食物网分析确定了相得益彰的新研究方向[11]。食物网内部物种之间的联系模式影响生态系统的不同组分之间的物质和能量交换,进而影响生态系统的物质循环和能量流动。早期描述食物网结构特征的参数主要有食物链长度、捕食者-猎物比例、顶级捕食者、中级消费者和基底物种的比例等。May(1972)认为复杂性和多样性不会造就更高的稳定性,相反,复杂性的提高将导致不稳定性增加。MacDonald(1978)认为群落稳定性与生态系统结构和功能相联系,不要过度关注局部的相互作用和稳定性[12]。

我国近海高营养层次生物种类组成以多种类为特征,鱼类是主要组成部分。多种类特征反映在食物网上将是种间关系和能量传递的复杂性,也为研究工作带来难度[13]。因此,我国近海食物网和营养动力学研究中仍然需要采用简化食物网的研究策略,以各营养层次关键种为核心展开研究。图3-2是一个简化的黄海食物网和营养结构图,就可以形成从关键种、重要种类和生物群落三个层面开展食物网与营养动力学研究的"点"与"面"结合的研究格局。

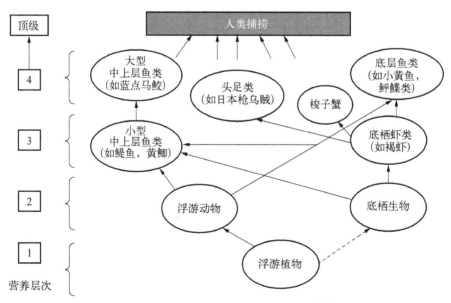

图3-2 黄海简化食物网和营养结构图[13]

基于微型生物生态过程的"非沉降生物泵"即"微型生物碳泵"(microbial carbon pump, MCP)。海洋中的微型生物是惰性溶解有机碳(recalcitrant dissolved organic carbon, RDOC)的主要贡献者。"微型生物碳泵"指的就是这种把活性 DOC 转化为 RDOC 的微型生物生态过程,不仅储碳,而且释放氮、磷保障了海洋生产力的可持续性。MCP 理论提出,固碳不等于储碳,初级生产力水平高不等于储碳高。河口虽然初级生产力很高,但是对于储碳并没有多大贡献。而大洋虽然初级生产力水平低,但是伴随着呼吸作用 MCP 将活性有机碳转化为惰性的 RDOC,构成了储碳。基于此,提出一种超常规的海洋增汇思路:通过减少陆地施肥/排污来促进近海储碳效应。即在近海富营养的情况下,减少营养盐输入,维持生产力-呼吸水平最佳平衡以及活性有机碳向惰性有机碳的最大转化,达到"固碳-储碳"效应最大化。

营养动态综合模型的开发使食物网模拟和预测成为可能,其中 Ecopath with Ecosim 是较成功的例子,该模型通过建立食物网的质量-平衡关系,研究系统的能流效率、捕食关系和人类活动(如渔业)对食物网的影响,已在全球 100 多个海洋生态系统中运用。

食物网的网状结构使研究者们注意到,应该可以采用社会网络分析(social network analysis)的有关理论对食物网进行更加量化的研究。拓扑学结构理论为食物网动态研究提供了科学基础,使得可以通过拓扑学建模,研究食物网的结构和动态[14]。缩尺定律(scaling laws)是物理学、化学研究中常见的准则,表示不同变量之间的普遍联系。在食物网方面,对缩尺定律的研究热点之一是营养缩尺模型(trophic scaling models),该模型试图建立食物网拓扑学指标与群落物种多样性指数之间具有普遍性的定量关系。

(五)植物功能性状、功能多样性与生态系统功能

植物功能性状是指在植物个体水平上通过影响植物生长、繁殖和存活能力从而间接地影响其适合度的形态、生理及生活史特征。例如,植株高度、生活型、叶片氮含量、比叶面积、叶寿命、比根长、根质量比、种子质量等。在自然生态系统中,植物通过改变其功能性状,来适应外界环境条件的改变,这种改变同时也体现了生态系统功能的变化。大多数研究者认为植物群落中优势物种的相对生物量及其特定性状主导着生态系统过程的动态变化,即"生物量比"假说(mass-ratio hypothesis)。事实上,该假说也意味着植物功能性状可以用来预测生态系统功能或过程[15]。

基于植物功能性状的群落功能参数和植物功能性状多样性都能够强烈影响植物群落构建和生态系统功能或过程。此外,研究发现,植物功能性状多样性比物种多样性对环境胁迫或扰动更敏感,更能指示生态系统功能的变化,而且植物功能性状多样性有助于人们理解为什么在不同的研究中物种多样性与生态系统功能之间的关系会产生巨大的差异性。

在植物群落水平上,基于个体水平植物功能性状计算的群落功能参数与生态系统功能存在着密切关系。日益增加的研究证据显示,在不同类型的生态系统中,植物功能

性状,特别是优势物种的功能性状,可能影响种群的稳定性,是生态系统过程和功能(如生产力、土壤碳库以及土壤养分动态等)的主要决定者。例如,优势物种中与碳获取相关的一些性状是生态系统初级生产力和次级生产力的主要决定者。

植物群落中优势物种的叶片干物质含量、养分含量、寿命、比叶面积、机械强度、对昆虫的适口性和可消化性等性状都直接或间接地决定着凋落物的化学性质,与分解过程息息相关。此外,基于不同植物功能性状(或组合)的群落功能参数将影响着同一生态系统过程或功能。与物种分类多样性相比,植物功能性状多样性考虑了植物群落中冗余种和种间互补作用,把植物功能性状和生态系统功能连接起来,并且可以用多个植物功能性状描述生态系统功能。因此,植物功能性状多样性能够更准确地预测生态系统功能。

二、景观生态学

景观生态学(landscape ecology)是以地球表层景观为对象,重点研究景观空间格局和生态过程的相互作用及尺度效应的一门新兴交叉学科。景观最初是一种视觉美学的概念,而生态学意义上的景观是地球表层一定地段由不同生态系统镶嵌构成的空间实体,是植被、土壤、地形等自然因子和人类活动因子相互作用形成的地域综合体。景观的根本特性就是空间异质性。

作为生态学、地理科学和环境科学之间的一门综合交叉学科,景观生态学发展过程中,地学和生态学思想的日益交叉融合推动了其基本理论范式的形成,主要是景观空间格局直观分析和描述的"斑块-廊道-基质"范式、理论分析中的"格局-过程-尺度"范式。在这个理论范式指导下,景观生态学能够把包括景观格局与种群动态、物质能量迁移转化等复杂的生态过程甚至人类活动和经济社会因子整合起来进行综合的理论分析。

(一)景观生态学重点领域

自景观生态学引入中国以来,中国学者结合中国国情,在跟踪国际研究前沿的同时,开展了许多具有特色的工作,其重点领域与特色主要表现为以下十个方面[16]:① 土地利用格局与生态过程及尺度效应;② 城市景观演变的环境效应与景观安全格局构建;③ 景观生态规划与自然保护区网络优化;④ 干扰、森林景观动态模拟与生态系统管理;⑤ 绿洲景观演变与生态水文过程;⑥ 景观破碎化与物种遗传多样性;⑦ 多水塘系统与湿地景观格局设计;⑧ 稻-鸭/鱼农田景观与生态系统健康;⑨ 梯田文化景观与多功能景观维持;⑩ 源汇景观格局分析与水土流失危险评价。此外,许多中国学者还从农田景观设计与生态规划及非点源污染控制、农业景观与美丽乡村建设、农业景观与生物多样性保护、景观格局与生态功能等方面开展了许多有特色的研究,拓展了景观生态学的研究领域。在可持续发展背景下,景观可持续性与景观可持续性科学也开始进入了研究者的视野。

（二）景观生态学理论在生态恢复领域的应用

以往,恢复生态学中占主导的思想是通过排除干扰、加速生物组分的变化和启动演替过程使退化的生态系统恢复到某种理想的状态。许多案例表明,这些方法在生态恢复的早期阶段确实成效显著,但随着恢复过程的发展延续,许多新问题的出现超出了人们的预料,甚至导致生态恢复过程的前功尽弃。一个很重要的原因是没有考虑到景观格局的配置和时间及空间尺度而没有获得良好的效果,没有在景观水平利用生态系统的整合性来保存和保护生态系统,并进行退化生态系统的恢复[17]。

景观生态学的理论与方法与传统生态学有着本质的区别,它注重人类活动对景观格局与过程的影响。退化和破坏了的生态系统和景观的保护与重建也是景观生态学的研究重点之一。景观生态学理论可以指导退化生态系统恢复实践,如为重建所要恢复的各种要素,使其具有合适的空间构型,从而达到退化生态系统恢复的目的;通过景观空间格局配置构型来指导退化生态系统恢复,使得恢复工作获得成功。

1. 景观格局与景观异质性理论

景观异质性是景观的重要属性之一,异质性定义为"由不相关或不相似的组分构成的"系统,异质性在生物系统的各个层次上都存在。景观格局一般指景观的空间分布,是指大小与形状不一的景观斑块在景观空间上的排列,是景观异质性的具体体现,又是各种生态过程在不同尺度上作用的结果。恢复景观是由不同演替阶段、不同类型的斑块构成的镶嵌体,这种镶嵌体结构由处于稳定和不稳定状态的斑块、廊道和基质构成。

斑块、廊道和基质是景观生态学用来解释景观结构的基本模式,运用景观生态学这一基本模式,可以探讨退化生态系统的构成,可以定性、定量地描述这些基本景观元素的形状、大小、数量和空间关系,以及这些空间属性对景观中的运动和生态流的影响。不同斑块的组合能够影响景观中物质和养分的流动,生物种的存在、分布和运动,其中又以斑块的分布规律影响大,并且这种运动在多尺度上存在,这种迁移无论是传播速率还是传播距离都同均质景观不同。

利用景观生态学的方法,能够根据周围环境的背景来建立恢复的目标,并为恢复地点的选择提供参考。这是因为景观中有某些点对控制水平生态过程有关键性的作用,抓住这些景观战略点,将给退化生态系统恢复带来先手、空间联系及高效的优势。在退化生态系统的某些关键地段进行恢复措施有重要意义。在异相景观中,有一些对退化生态系统恢复起关键作用的点。

对于大尺度不同的空间动态和不同恢复类型都可利用景观指数如斑块形状、大小和镶嵌等来表示。如果可以将物质流动和动植物种群的发生与不同的景观属性联系起来,那么对景观属性的测定可以使恢复实施者们预见到所要构建的生态系统的反应并且可以提供新的、潜在的更具活力的成功恢复方案。

2. 干扰理论

干扰出现在从个体到景观的所有层次上。干扰是景观的一种重要的生态过程,它是景观异质性的主要来源之一,能够改变景观格局,同时又受制于景观格局。不同尺度、性质和来源的干扰是景观结构与功能变化的根据。在退化生态系统恢复过程中如果不考虑干扰的影响就会导致初始恢复计划的失败。从恢复生态学角度,其目标是寻求重建受干扰景观的模式,所以在恢复和重建受害生态系统的过程中必须重视各种干扰对景观的影响。

3. 尺度

退化生态系统的恢复可以分尺度研究。首先,在生态系统尺度上揭示生态系统退化发生机理及其防治途径,研究退化生态系统生态过程与环境因子的关系,以及生态过渡带的作用与调控等。其次,在区域尺度上研究退化区生态景观格局时空演变与气候变化和人类活动的关系,建立退化区稳定、高效、可持续发展模式等。第三,在景观尺度上研究退化生态系统间的相互作用及其耦合机理,揭示其生态安全机制以及退化生态系统演化的动力学机制和稳定性机理等。对于退化生态系统的恢复研究在尺度上可以从土壤内部矿物质的组成扩展到景观水平。并且多种不同尺度上的生态学过程形成景观上的生态学现象。如矿质养分可以在一个景观中流入和流出,或者被风、水及动物从景观的一个生态系统带到另一个生态系统重新分配。

利用恢复实践来验证景观生态学理论是相对比较直接和简单的。恢复地可以作为评价很多景观生态学现象的测试系统,恢复区域可以作为景观生态研究的缩微样本。在景观生态学朝着更数量化和更具有预测力方向的发展过程中,能够通过一些恢复项目和工程来检验和发展其理论。尤其是一些与生态系统功能和生态系统破碎化问题相关的理论。而且能够从景观生态学的概念、理论和技术应用方面来更好地为恢复退化生态系统服务。

在恢复实践中要考虑景观特征如斑块结构、连通性和景观渗透性,充分了解干扰的程度和性质及退化生态系统恢复所需的条件,了解关键的景观过程及其发生时的影响范围和程度。

三、区域生态学和生物地理学

区域生态学或宏生态学是生物学和生态学领域近一二十年才发展起来的一门新兴学科,从一开始它就得到了人们的广泛关注。区域生态学曾经被定义为:研究大时空尺度下不同物种之间的食物和空间分配规律的学科。区域生态学是研究区域生态结构、过程、功能,以及区域间生态要素耦合和相互作用机理的生态学子学科[18]。

区域生态学的提出使生态学、地理学以及经济学紧密结合,并衍生出丰富的科学内涵。区域生态学更注重区域的生态整合性,将由某一种或某几种生态介质联系的整个生态区域作为一体化研究对象。研究区域生态完整性和生态分异规律、区域生态演变规律及其驱动力、区域生态承载力和生态适宜性、区域生态联系和生产资产流转等,并基于上述内容研究区域生态补偿和环境利益共享机制。其主要研究对象是地球上各种类型或不同尺度的区域综合体,其理论方法可以适用于全球生态学。

生物地理学是研究生物的分布及其规律的科学,研究领域涉及物种的起源、扩散、分化和分布[19]。在讨论物种的分布时,应当考虑到其过去、现在以及将来;在探讨其规律时,离不开对分布区及其周围的气候、土壤、地质及相关环境要素的分析,以及分布区内物种之间相互关系的探讨。生物地理学理论问题的核心是要解决现存物种是如何起源的,其分布模式是如何形成的,为什么会存在特有种和物种间断分布等现象?目前人们对物种及其分布的产生和分化的认识尚未形成统一的观念。

生物多样性的大尺度格局是宏观生态学(macroecology)、生物地理学(biogeography)研究中的核心问题。为了解释物种多样性格局的形成机制,提出了物种多样性-能量假说、生态学代谢理论(metbolic theory of ecology,MTE)等[20]。

四、全球变化生态学

全球变化是指由自然和人文因素引起的地球生态系统结构和功能的变化以及这些变化产生的影响。全球变化已经导致自然系统(冰雪和冰土、水文、海岸带过程)和生物系统(陆地、海洋、淡水生物系统)发生深刻改变,这些改变将直接影响甚至威胁人类的生存环境及社会经济的可持续发展。全球变化的生理生态响应以及生物地理驱动机制研究已取得较大进展[21]。

恢复生态与全球变化间的互作研究越来越多地引起了人们的广泛关注。全球土地覆盖的变化影响大气成分的改变,进而影响全球的气候;而后者又反过来影响土地的利用。对这个反馈过程的多数研究仍停滞在定性研究阶段[22]。

工业革命以来,大量的工业污染物和有害废弃物累积于大气、水体、土壤和生物圈中。所有这些变化正逐渐接近并有可能超出地球系统的正常承载阈值。同时,这些变化会伴随着全球化进程逐渐扩展到更大的空间范围,从而诱发全球变化的正反馈效应,主要包括全球变暖、干旱化现象、大气 CO_2 浓度升高、空气污染、氮沉降增加、大气气溶胶增加、臭氧空洞、紫外线增加、自然和人为干扰增强、土地利用/覆盖变化、土壤侵蚀和海平面上升等(IPCC,2001)[23]。

这些史无前例的全球环境变化不仅通过改变生态系统的结构和功能来直接影响人类的生活质量,而且通过影响生态系统提供的生产资料和生态服务,改变生态系统生产力,碳、氮、磷、硫循环,以及生物多样性等多个过程,间接作用于人类社会。全球变化对人类社会的影响使得政府部门和科研机构都面临着巨大的挑战,大批相关研究组织相继成立(如 IPCC、UNFCCC 等),大量研究计划相继启动(如 WCRP、IGBP、IHDP、DIVERSITAS 等)。《巴黎协定》指出,各方将加强对气候变化威胁的全球应对,把全球平均气温较工业化前升高控制在 2℃ 之内,并为将升温控制在 1.5℃ 之内而努力。2018

年10月8日政府间气候变化专门委员会(IPCC)在韩国仁川发布新报告称,鉴于已经累积的碳排放量,如果全球变暖以目前的速度继续下去,全球升温可能在2030年至2052年间的某个时刻达到1.5℃[24]。

五、保护生物学和生物多样性科学

保护生物学包含这样一个基本过程:拯救生物多样性,研究生物多样性和持续、合理地利用生物多样性[25]。其目标是评估人类对生物多样性的影响,提出防止物种灭绝的具体措施。目前,地球上的生物物种正面临一场空前的生存危机。经过20余年的发展,保护生物学已经成长为一个影响深远的综合性学科。保护生物学作为一个正在成熟的学科,其多学科特征、地理特征以及全球通信的发展和信息交换的便利促进了研究群体的多元化和广泛合作[26]。

保护生物学具有理论科学和应用管理科学的双重特征,由基础生物学、应用生物学、环境科学和社会科学交叉融合而成。由于不断加剧的人类活动的影响,生物多样性正以前所未有的速度丧失。国际生物多样性计划(DIVERSITAS)1995年确定了生物多样性科学的9个关键科学问题/重要研究方向:① 生物多样性的起源、维持和丧失;② 生物多样性的分类和编目及其信息化;③ 生物多样性的生态系统功能;④ 生物多样性评价与监测;⑤ 生物多样性的保护、恢复和持续利用;⑥ 土壤和沉积物的生物多样性;⑦ 微生物多样性;⑧ 海洋生物多样性;⑨ 生物多样性的人文因素[27]。

六、生理生态学

生理生态学和种群生态学沿着各自的方向发展多年了。生理生态学家早已假定他们是以研究动物的适应来反映一个种的种群动态作为研究目的,种群生态学家则假定种群变化与生理限制及能量的可利用性和匹配相关,两方的学者都假定生理学及资源利用决定自然选择,而自然选择又反映了所研究物种的生活史及生活史对策,但遗憾的是这些假定很少被验证过。发展到今天,两方面都出现了困境。正如某些学者所指出的,科学的专业化导致了学科的短浅和狭窄,以至很少通才能对于分子遗传学、生理变异及种群生态学与在自然选择过程中和进化历程中,物理和生物环境的地位之间的关系提出问题。因此,两方面需相互靠拢,互相协作,同时需引进其他学科思想解决问题。

生物物理生态学包含生物能学的生物物理途径的扩展,使我们在动物生理生态学分析中考虑过资源的获得及分配。在种间、种内研究中涌现出的许多问题,都可通过生物物理-生物能学的途径解决,分子分析对于机体的生理生态学可提供更广阔的前景。如普通生物能量学已不足以揭示更精确的种群动力机制。

(一)植物生理生态学的特点

植物生理生态学是植物生态学的分支学科。植物生理生态学是研究生态因子与植物生理现象之间关系的科学。它从生理机制上探讨植物与环境的关系、物质代谢和能量流动规律以及植物在不同环境条件下的适应性。研究的问题包括：① 植物与环境的相互作用和基本机制；② 植物的生命过程；③ 环境因素影响下的植物代谢作用和能量转换；④ 有机体适应环境因子改变的能力。

近 20 年来，植物生理生态学研究对象从过去的作物和常见种为主转向生物多样性和全球变化的关键植物种类。包括植物在温室气体浓度上升造成的全球气温上升和由它带来的各种全球变化中的生理生态响应；植物适应和进化的机理，对有限资源的合理利用；光、温、水、气、养分等多种环境因子对植物影响的相互作用；对植物生长发育的影响；植物的抗逆性潜能和植物生长过程的动态模拟；特殊生境下植物的生态适应机制等。

近年来，由于人类经济活动对生物圈干扰的不断升级，造成的生态环境问题越来越突出。植物生理生态学从生理机制上探讨植物与环境的关系、物质代谢和能量传递规律以及植物对不同环境条件的适应性。由于它能够给许多生态环境问题以生理机制上的解释，因而得到日益广泛的重视。植物生理生态学的发展，为研究退化生态系统植被恢复的机理和解释植被恢复的宏观生态学问题提供有效的实验证据，其作用变得越来越重要和不可替代。植物生理生态学在研究植被恢复中的应用，很大程度上起到一种工具或手段的作用，并没有形成一整套完整的研究方法和理论体系[28]。

（二）动物生理生态学发展趋势

动物生理生态学（physiological ecology of animals）是动物生理学和生态学的交叉学科，应用生理学研究手段，探讨与物种分布、生存和繁殖相关的生态学问题。经典的动物生理生态学主要研究温度、湿度、氧气等环境因子对动物的生理调控（如体温和渗透压调节）、能量和营养利用、生长、发育、生殖、存活等的影响，分析动物在极端或胁迫环境条件下的生理适应策略[29]。

近代动物生理生态学加速与其他学科的融合，朝着微观和宏观两个方向发展。微观更侧重揭示动物适应环境的生化和分子机制。宏观上更加关注动物生理特征在大尺度时空上的变化格局及成因分析，预测动物对全球变化的生理响应模式。

七、入侵生态学

全球化就像地质事件一样，对物种的分布区产生着深刻的影响。就全球范围来看，由人类有意或无意"嫁到"新的地理分布区的物种总数可能已达到 50 万种之多。尽管引入一个区域的物种中只有极少数会最终成为有害的外来入侵性生物，即外来入侵种。但正是这少数的物种被全世界公认为是新千年最严重的生态威胁之一，已给土著生态系统的生物多样性带来了灭顶之灾，给人类健康造成了严重的威胁，给所入侵区域的经济带来了巨大的损失。

生物入侵过程压缩了传统生态学和进化生物学所涉及的时间和空间尺度,如外来入侵种中的进化现象可以发生在数十个至数百个世代的时间尺度内,所以外来入侵种成为研究生态学和进化生物学重大问题的理想材料或模式生物[30]。很多因素使得中国成为生物入侵的重灾国,而且生物入侵问题还有日趋严重的趋势。我国在近10年内已在生物入侵研究领域中取得了可喜的进展,尤其是有关互花米草、紫茎泽兰、喜旱莲子草、松材线虫、B型烟粉虱等我国重要入侵种的研究已取得了国际认可的成果。但中国有多达520种外来入侵生物,我们对绝大多数物种影响的认识还是模糊不清的,这给我们的管理带来了困难。

生物入侵并非独行,而是与全球的环境变化问题同时袭来。可以说,几乎所有全球环境变化的主要过程都与生物入侵过程相互作用,不仅正在催生出一次进化史上的革命,而且将可能产生难以预测的生态、经济和社会后果。生物入侵作为全球变化的重要过程之一,应与其他过程整合起来加以研究,认识这种相互作用的格局、机制与后果。

八、土壤学

土壤学是农业科学和资源环境科学的基础学科之一,研究内容包括土壤组成,土壤理化性质及生物学特性,土壤发生和分类,土壤生态环境功能,土壤开发、保护、利用等方面。研究目的为合理利用土壤资源、防止土壤退化、消除低产因素、提高土壤生产力以及构建良好的生产环境和生态环境等提供理论依据和科学方法[31]。

土壤学的研究成果在解决全球面临的粮食安全和社会可持续发展中发挥了极其重要的作用。土壤学正在经历从传统向现代土壤学的转变,土壤资源保护和肥力提升是现代土壤学的主要研究内容,土壤生态环境安全与农业可持续发展是现代土壤学的根本任务。现代土壤学研究更加具有综合性和学科交叉性的特点,在研究土壤本身的同时还要研究土壤与人口、资源、生态、环境、社会、经济协调发展的关系[32]。

以"土壤圈层"理念为基础,建立"土壤生态农业经济圈"成为新形势下的土壤科学战略发展的新目标。土壤圈是覆盖于地球陆地表面和浅水域底部的土壤所构成的一种连续体或覆盖层,犹如地球的地膜,通过它与其他圈层之间进行物质能量交换。通过土壤圈学(pedosphere)研究土、水、气、生物等物质循环及能量交互作用、过程及机理。

土壤是地球可持续发展的自然基础,土壤学是支撑全球社会可持续发展的核心基础学科。这一点已经越来越不容怀疑,当代急需一个系统的土壤科学来了解人类脚下的土壤性质与存在状态,需要一个全球观测系统来认知土壤资源状态及其分布与变化,需要一个全球土壤观来统领地球土壤资源政策、管控及治理土壤资源的变化;需要一个完善的土壤学教育、研究与技术发展体系,担当起教育全球公民、监控土壤变化并发展土壤技术的重任[33,34];建立"土壤生态农业经济圈"。在上述土壤圈研究基础上,通过土肥、土态、土生、土经综合研究,建立我国土壤生态高值农业经济体系,推动国家社会经济的全面发展。

九、动、植物学

动物学是研究动物体的形态结构和有关生命活动规律的科学,根据研究内容和方法的不同,建立了动物形态学、动物分类学、动物生理学、动物生态学、实验动物学和保护动物学等不同的横向分支学科[35]。我国新物种的分类和鉴定是动物学研究的一项十分重要的工作,也是全世界动物学主题研究领域的热点。王祖望和黄大卫1995年提出"宏观动物学家在大空间、时间尺度上研究动物生命现象,不仅记述和分析各式各样的生命多样性等,而且探索多样性的发生、发展过程和进化趋势"。

植物学是研究植物界和植物体生长和发展规律的生物科学,主要研究植物形态结构的发育规律、生长发育的基本特性、类群净化与分类、植物与环境的相互关系等内容。随着生产和科学的发展,植物学已形成许多分支学科。植物分类学是植物学中最早出现的一个基础分支学科,其任务是对植物命名和进行分类,并根据各级分类群间的亲缘关系以及对其系统发育的了解做出系统排列。250多年来,经过世界多数植物分类学家的努力,描述了植物界20余万种植物,大致揭示出地球植物区系的"真面目"。我国植物分类学家取得了多项成果,其中《中国植物志》的完成为世界区系的研究做出了重要贡献[36]。

植被生态学(vegetation ecology)或植物群落学(phytocoenology)因其与生物生产力的开发、生物群落的保护、生物资源的利用和管理以及人类面临的诸多环境问题的密切联系,同时也由于它的理论成熟和遥感分析等新技术的应用,有了迅速的发展和进步[37]。中国植被中的自然、半自然植被被分为6个植被型纲,13个植被型亚纲和31个植被型组。生态恢复中,首先是植被的恢复,并从群落演替的早期阶段开始。动物作为初级和次级消费者,其生存与群落恢复完全依赖于生产者-植物和植被的恢复;植物的种类多样性发展促进了动物多样性发展,新动物种的出现及种类多样性发展,又为植物的繁育、种群的延续与扩展、系统中的营养与能量循环做出贡献,促进植物多样化发展;动、植物在协同进行中维持在某一平衡点上。因此在退化生态系统恢复与重建研究中,除植物、环境条件外,动物也是不可缺少的[38]。

因此,不应把动物种群生态学与植物种群生态学当作两个分支来研究,而是将两个种群作为是生态系统的一个有机成分,形成一个综合研究的有机体。生态学将发展成为包括动物、植物、微生物生态学的统一学科,作为基本单位的种群,将有可能成为相互联结的纽带(也可能是唯一纽带)。如果这一观点成立,在生态恢复与重建中动物种群与植物种群的相关性与交结点,将显示出其特有的重要地位。

十、微生物分子生态学

在地球上,微生物无所不在,在整个生物圈中都能检测到微生物的存在,它们在酸性湖泊、深海、冰冻的地方和热泉口都能够生存。随着研究的不断深入,科学家越来越多地认识到了微生物在全球物质能量循环中起到的作用,对微生物生态学的研究将对气候、环境研究起到至关重要的作用[39]。

物种这一概念并不经常被用到,而是采用一个更加精确和易于描述的概念:可操作性分类单元(operational taxonomic unit,OTU),在对群落微生物的研究中,这一概念往往取代物种来描述和比较微生物群落。微生物生态学正是研究和分析某个环境中微生物的群落结构及其与其他生物群体及环境因素之间的相互作用的规律的学科。

分子生物学手段应用于微生物群落结构分析使得对环境样品中占大部分的不可培养微生物的研究成为可能。目前大多数用于分析微生物群落结构的方法是基于 PCR 扩增的。基于 SSU rRNA 基因序列的分子生物学手段运用到环境微生物群落多样性分析后,揭示了庞大的微生物世界的一角,然而,这些 SSU rRNA 序列对于了解微生物的生理生化代谢是远远不够的。因此,Handelsman 等提出了宏基因组(metagenome)的概念,它指环境中所有微生物基因组的总和,提取环境样品的 DNA,使用限制性内切酶将其打断至合适的大小,构建文库,得到该样品的元基因组文库。

将细菌群落结构和特定生态功能联系起来,一直是众多微生物生态学家关心的热点。Biolog Ecoplate(TM)、稳定性同位素、高级 FISH 技术、微阵列杂交、功能基因的扩增测序和定量研究、蛋白质组测序技术,都大大促进了人们对湖泊水体细菌各种生态功能的认识[40]。如何对渔业环境进行生态调控,提高海水养殖效益和生态环境效益,促进海水养殖业健康持续地发展,已成为当前以及今后急需解决的问题。由于海洋微生物在海洋生态系统中的重要作用,它们同环境之间的生态效应关系已经不容忽视[41]。

第二节　生态修复的应用生态学基础

人类社会进入 21 世纪后,还继续面临着人口增长与资源环境的矛盾不断加剧的现实,Schimel 由此呼吁应用生态学的研究者和实践者们应该去面对这种挑战。由于应用生态学与经典生态学的区分是以人类及其活动介入生态系统与否为基本分界的。因此,应用生态学的研究对象十分广泛,几乎涵盖了地球表面所有的生态系统类型。

一、应用生态学发展

应用生态学的研究目标就是为了解决当今出现的生态环境问题,特别是环境污染问题。早期应用生态学的重点研究内容是生态环境问题发生演化的过程、机理及其生态调控、修复与对策,强调协调人类活动与生态环境的关系。现代生态学研究领域可包括地圈-生物圈和人类社会所能触及的各个方面。人类美好未来对生态学和经济学结合的依赖要比对新技术的依赖大得多[42]。目前,应用生态学已经进入到较为成熟的阶段,其基本走向主要有以下五大特点和趋势。

（一）更注重其应用性

近年来,随着应用生态学的发展,应用生态学研究更注重它的应用性,即专业性,因此污染控制生态学、农事生态学、农业生态学、林业生态学、牧业生态学、淡水渔业生态学、海洋渔业生态学、资源管理生态学、生物多样性保护生态学、人口生态学、城镇规划生态学、乡村生态学和经济生态学等适应人类生活及工农业生产发展需要的分支学科普遍受到重视,发展很快。特别是还出现了诸如工业生态学、商业生态学、旅游生态学、毒理生态学、设计生态学、恢复生态学、风沙控制生态学、太空生态学、政治生态学和军事生态学等新的应用生态学分支学科[43]。

（二）强调与工程学的相互交叉

自 1971 年美国学者 H. T. Odum 提出"生态工程"的思想、1979 年马世骏院士提出"生态工程"的生态学概念以来,生态学与工程学的相互交叉和不断结合日益深入。其中,以农业生态工程开始最早,至今已取得了许多成功的实例,如美国的有机农业、再生农业与持久农业工程,西欧的生物动力学农业工程,日本的自然农业工程和泰国的立体生态农业工程等,都很有地方特色与应用生态学气息。我国的传统农业也蕴含了农业生态工程的思想,是具有一定应用生态学实践特色的传统农业工程技术领域的杰作。

随着农业生态工程思想的深入人心和各国农业生态工程建设的发展,还出现了诸如天然农产品、有机农产品、绿色农产品、"洁净"农产品和安全农产品等各种生态农业产品。由于应用生态学常常以解决生态环境与资源问题为中心以及各个方面都对生态环境问题表现了极大的重视,应用生态学原理对污水进行处理的工程(污水处理生态工程)、应用生态学原理治理湖泊海湾富营养化的工程(构成了水体恢复生态工程)、应用生态学原理对污染土壤进行修复(污染土壤修复生态工程)等近年来发展相当迅速。

（三）特别注意与基础生态学的相互衔接性

基础生态学与应用生态学之间存在一个什么关系?生态学应用是否就是应用生态学?由于基础生态学和应用生态学各自独立发展,两者是否没有丝毫的联系?不可否认,生态过程的研究是当前基础生态学的核心问题,也是应用生态学和基础生态学紧密联系的枢纽和桥梁。1997 年,英国学者 Klomp 等在 *Frontiers in ecology: building the links* 一书中,就专门论述了两者相互关系的构建,基础生态学理论的深化和在实际中的应用,需要对生态过程进行动力学的研究和微观机理的认识。应用生态学为了从根本上解决生态环境与资源问题,常常依赖对生态过程的研究成果。例如,成功的污染土壤修复生态工程就是建立在对土壤污染生态破坏过程、生态系统恢复过程、生态净化过程和生物修复过程的认识基础上的。

（四）全方位采用新方法与新技术

应用生态学之所以发展迅速，最为根本的就是全方位采用新方法与新技术以实现该学科研究方法的不断改善，生态学研究中由于采用了分子生物学方法与技术，产生了分子生态学这一生态学新的分支。分子生态学就是分子、基因标记在生态学与生态进化问题中的应用，主要研究个体、种群与物种之间的遗传关系。例如，采用分子生物学与行为生态学相结合的技术探索生物遗传与性别选择（生态遗传）、杂交系统的进化（生态进化）、疾病抗性（生态适应）和种群之间的基因流（种群分子生态），这些都属于基础分子生态学研究。

（五）宏观调控与微观机理并行发展

与地球的南极与北极一样，应用生态学研究也有"两极"的现象，即存在宏观与微观两极。从目前能被 Science 和 Nature 接受发表的论文来看，一个是关于大尺度的应用生态学研究问题，另一个就是应用生态学中关于基因或分子机制的研究，非常明显地体现了应用生态学向两极发展的趋势和特点。随着应用生态学向两极发展，美国许多沿海研究机构从陆地"走向"海洋，发展海洋应用生态学研究。研究的对象有海洋微藻类、海洋微生物、海洋鱼类等，采用的研究手段主要是基因工程和细胞工程等，研究方法有DNA 重组技术、DNA 或 RNA 探针检测技术、DNA 序列分析、利用引物的 PCR 技术等，体现了应用生态学向微观深入的发展趋势。

二、农业生态学

我国农业生态学的学科框架"农业生态学"在我国指的就是一个学科，其指导的实践和社会运动在我国称为"生态农业"。在我国农业生态学理论框架中，农区生物与环境通过能流、物流整合起来的农业生态系统是基本研究对象。这就是所谓的"硬农业生态学"部分[44]。中国农业的发展尽管处于以经济效益为核心的农业工业化前期，但人均资源短缺和对农业产出的压力已使农业生态问题相当突出。因此，中国必须现在就正视农业的生态合理化问题。世界农业发展的历史表明，农业发展可以大体分为三个大的阶段，即以人畜力为主的传统农业阶段，以工业投入为主的工业化农业和以科技投入为主、追求可持续发展的生态农业阶段。

（一）农业生态学发展

尽管农业生态学在国际上的发展可以追溯到 20 世纪 20~30 年代，但是现代农业生态学的发展还是在 20 世纪 70 年代世界生态环境意识觉醒以后。1979 年美国 Cox 和 Atkins 出版的 *Agricultural ecology: an analysis of world food production systems*，1983 年 Altieri 出版的 *Agroecology: the scientific basis of alternative agriculture* 和 1990 年 Gliessman

主编的 *Agroecology: researching the ecological basis for sustainable agriculture* 才比较系统地提出了农业生态学面对的农业问题、学科体系和应用方向。以中国和美国为代表的国际上的现代农业生态学体系发展几乎是同步的。

Wezel 等认为，目前"农业生态学"实际上指的既是一个学科，还是一类实践，甚至是一种运动。在国际上大量使用"agroecology"来描述利用农业生态学指导的实践，实质等同于中国的"生态农业"实践。Altieri 认为应当重视循环体系建设和维护土壤有机组分，充分利用物种多样性与遗传多样性以便提高太阳能、水分和养分等自然资源利用率，还应当注意通过扩大物种间有利的相互关系，强化生态系统的服务功能。De Schutter 提出生态农业需要模拟和利用自然进程，通过流域和生态系统的整体生物多样性构成、养分循环和能源流动关系构建来实现系统的多功能协调[45]。2004 年美国学者 SaraScherr 牵头在内罗毕成立了国际"生态农业伙伴"（ecoagriculture partner）。

在我国生态农业实践中非常重视农民经验和农业传统知识。中国农业大学李隆教授有关间套作研究[46]、水稻遗传多样性控制稻瘟病理论和技术及生物多样性控制植物病害理论[47]，稻鱼共作研究都达到了很高的理论研究水平[48]。中国科学院地理科学与资源研究所李文华院士与闵庆文研究员领导的团队持续开展了农业文化遗产研究。李文华院士主编出版的《生态农业——中国可持续农业的理论与实践》中总结了大量农民创造的生态农业模式与技术。

目前我国农业生态学研究多在农田和农田以下水平开展。对农田生态系统水平的水分平衡、养分平衡、能量平衡的研究，已经从短期田间取样研究向长期定位试验站支撑的研究发展。作物间套作的养分、光照、水分、病虫关系，作物-害虫-天敌的化学相互作用，作物-土壤-微生物的复杂影响，农业生产的温室气体排放，全球变化对农业生产影响等研究方向都相当深入，并且常常触及前沿。然而在农业生态系统和农业宏观层次的研究却相对较少，与农业生态学相关的社会经济学研究就更加少了。

（二）生态农业模式的基本类型

生态农业是能够协调农业的生态效益、社会效益和经济效益的一种农业方式。比较传统农业和生态农业，尽管规模、效率不同，外部的科技条件和社会经济条件有了很大变化，但还有很多共同之处。生态农业的技术体系是能够支撑生态农业模式顺利运作并达到预期目标的多个单项技术的组合。原则上并不存在单项的生态农业技术，在生态农业中为了建立食物链或者循环体系，常常需要把不同组分连接起来[49,50]。

"生态农业"是由美国土壤学家 Albreche 于 1970 年提出来的，1981 年美国农学家 Worthington 将其定义为"生态上能够自我维持，低投入，经济上有生命力，在环境、伦理和审美方面可接受的小型农业"。在生态农业实践中把这类农业的整体称为生态农业模式[51]。

1. 生态农业模式的基本类型

按照生态学的生物组织层次区分，生态农业模式的基本类型见表 3-1[52]。

表 3-1　生态农业模式的基本类型[51]

生物层次	模式基本类型	分　类　型	举　　　例
生态景观	景观模式	（1）生态安全模式	农田防护林模式、水土流失防治模式
		（2）资源安全模式	集水农业模式、自然保护区设置模式
		（3）环境安全模式	污染土地修复模式、污染源隔离模式
		（4）产业优化模式	流域布局模式、农田作物布局模式
		（5）环境美化模式	乡村绿化模式、道路景观设置模式
生态系统	循环模式	（1）农田循环模式	秸秆还田模式
		（2）农牧循环模式	猪-沼-果模式
		（3）农村循环模式	生活废物循环模式
		（4）城乡循环模式	城市垃圾循环模式
		（5）全球循环模式	碳汇林建造模式
生物群落	立体模式	（1）山地丘陵立体模式	果草间作模式
		（2）农田平原立体模式	作物轮间套作模式
		（3）水体立体模式	鱼塘立体混养模式
		（4）草原立体模式	饲料植物混合种植模式
生物种群	食物链模式	（1）食物链延伸模式	腐生食物链模式（沼气、食用菌、蚯蚓）
		（2）食物链阻断模式	污染土地的植物生产模式（仅种植花卉、树水等）
个体与基因	品种搭配模式	（1）抗逆性搭配模式	耐低磷大豆、抗稻瘟病水稻的利用
		（2）资源效率搭配模式	高光合效率、高水分利用效率品种的利用

（1）景观层次的农业土地利用布局——景观模式

景观模式主要涉及一个区域或者一个流域范围土地的功能区划分,包括:① 生态安全模式;② 资源安全模式;③ 环境安全模式;④ 产业优化模式;⑤ 环境美化模式。

（2）生态系统层面的农业生态系统组分能流、物流联结——循环模式

循环模式主要涉及农业生态系统水平的能量和物质流动方式,实现物质的循环利用。根据循环系统的范围,循环模式可分为:① 农田循环模式,如秸秆还田模式;② 农牧循环模式,如猪-沼-果模式;③ 农村循环模式,如生活废物循环模式;④ 城乡循环模式,如工业废物循环模式,城市垃圾循环模式;⑤ 全球循环模式,如碳汇林建造模式等。

（3）群落层面的生物种群结构——立体模式

立体模式可以根据开展生态农业建设的土地资源类型分为:① 山地丘陵立体模式,如乔灌草结合的植被恢复模式,果草间作模式,橡胶和茶叶间作模式等;② 农田平原立体模式,包括农田的轮间套作模式,如泡桐和小麦间作模式,玉米和大豆间作模式等;③ 水体立体模式,如鱼塘立体混养模式;④ 草原立体模式,如不同类型饲料植物的混合种植模式,以及不同食性家畜品种在草地混养或轮牧等。

（4）种群层次的生物关系安排——食物链模式

根据食物链的结构可分为：① 食物链延伸模式，如利用秸秆和粪便生产食用菌、蚯蚓、蝇蛆、沼气等，与农业废弃物利用有关的腐生食物链模式，为有害生物综合防治而建立的取食、寄生、捕食、偏害等食物链模式；② 食物链阻断模式，如在污染出现时，为阻断污染物的食物链浓缩，需打断食物链联系，在农田生产中可采用种植花卉、用材林、草坪等非食物生产模式，在水体可采用养殖观赏鱼类的生产模式。

（5）个体与基因层面的动植物品种选择——品种搭配模式

品种搭配模式主要涉及适应当地自然生态条件和社会经济需求的动植物品种选择。根据选择品种的主要依据可以分为抗逆性搭配模式、资源效率搭配模式等。

2. 生态农业模式的复合与套叠

由于涉及不同的生物组织层次，生态农业模式基本类型之间可套叠形成复合模式，处于上一层次的模式可套叠处于下面各层次的一个或多个模式。

以珠江三角洲传统桑基鱼塘为例[53]，桑基鱼塘是一个农业生态系统层面的循环模式，在桑-蚕-蚕沙-鱼-塘泥-塘基-桑生态系统大循环模式中，套了水体群落的立体模式。当多个桑基鱼塘连接在一起时，可看到壮观的低洼地利用景观模式，如浙江湖州的桑基鱼塘景观（见图3-3）。无论是蚕种、桑种，还是鱼品种，形成比较稳定的选择和搭配关系后就会形成独特的品种搭配模式。

图3-3　浙江湖州的桑基鱼塘[54]

又如对一个小流域布局进行设计时,在景观上采用陡坡和山顶种植水保林,缓坡开垦梯田种植果树,在下游平原种植高产作物,这就是一个景观模式。

(三) 生态农业发展中的主要问题[40]

1. 生态农业模式分类

生态农业模式的分类一直是一个难题。目前国内外尚无统一的分类系统。现行的分类方法很多,有的直接以品种组合搭配来命名,如胶-茶间作模式;有的则根据地貌单元来命名,如山坡地生态农业模式和低洼地生态农业模式等;有的又以产业结构为依据,如农-林-牧-渔生态农业模式等。由于分类标准、尺度与依据的不同,结果导致生态农业模式在内容上相互交叉、包含或重叠,层次不一。

2. 生态农业模式的空间分布与动态演变规律

任何生态农业模式的产生和发展都与一定的条件相关。对某一个给定的地区,到底应该采用哪些模式? 对各种模式如何进行空间布局与组合? 一个生态农业模式随着时间的变化如何发生演变? 其内在的驱动机制是什么? 一个具体的生态农业模式的"时空弹性""生态经济适应性"和"可塑性"有多大? 对这些理论问题需要加以研究,这些规律可以为生态农业生产实践提供科学的指导,从而可避免生态农业模式构建时的盲目性和随意性,防止机械地照抄照搬。

3. 生态农业的时空尺度转换与技术接口

我国现有的生态农业实践往往具有不同的层次规模,如生态户、生态场、生态村、生态镇、生态县、生态市乃至生态省,那么,在发展生态农业时,是否存在一个适宜的规模或尺度,不同尺度之间的生态农业模式如何进行时空尺度转换?

4. 典型生态农业系统的生态学过程及其生态服务功能

农业不仅具有"生产"功能,而且还具有重要的"生活"功能(如旅游观光、体验休闲等)和"生态"环境服务功能,即所谓的"三生"功能。我国现有成百上千种的生态农业模式,但对于很多模式,在其结构与功能、生态模式内在的养分循环转化和能量流动等生态学过程方面尚缺乏细致与深入的科学研究,其技术的生态合理性到底如何? 它们对区域乃至全球生态系统的物质能量流动起着什么作用? 它们对全球变化(如碳循环、水循环)有无影响? 它们履行着哪些生态服务功能? 如何对生态农业的服务价值进行客观评估与生态补偿? 这些均需要科学家们加以研究、给予回答。

5. 区域农业生态安全与生态管理

生态农业模式不是孤立发展的,它总是与其所在的自然环境条件、社会经济发展状况和农民自身状况有关。因此,在生态农业建设时,不仅需要强调单个模式的构建,而且还要考虑整个区域的农业生态安全及其生态管理问题。

6. 政策管理的改变

国家的生态农业建设制度,依据生态农业建设的红色清单、绿色清单、生态户认证的思路,形成国家层面的"现代生态农业实施条例"。经过一段时间的实践检验,暴露出一些涉及需要完善法律层面的内容,可以考虑对现有的农业法进行适当的修订,就像欧盟、日本和韩国曾经做过的那样,使农业的生态转型大方向能够得到有力的法制保障[55]。

目前我国的农产品产量在继续增加的同时,农业成本越来越高,农产品价格超越国际市场价格现象越来越普遍,生态环境与食品质量越来越成为社会普遍关注的问题和农业长远发展的制约。只有从制度建设着手,才有可能整体扭转农业以产量和经济为核心的惯性,走向"产出高效、产品安全、资源节约、环境友好"的绿色可持续发展道路。中国人也才能够最终把"饭碗"牢牢端在自己手上。

三、水产养殖生态学

水产养殖生态学是水产养殖学与生态学相结合的产物,属应用生态学范畴,又是水产养殖学的分支学科或研究方向,是研究水生经济生物及其养殖生产活动与环境相互作用关系、养殖系统(模式)构建和管理原理的学科。其目标是为水产养殖业的可持续发展,即保护水域生态环境、合理利用资源和提高经济效益,奠定生态学理论基础[56,57]。

(一)水产养殖生态学的发展

20 世纪 50 年代初才真正出现水产养殖与水生生物学或生态学实质性的交叉研究工作。1950 年,《中国淡水鱼类养殖学》总结出了"水、种、饵、密、混、轮、防、管"的八字精养技术,并初步阐述了这些技术所依据的生态学原理。认识了养殖鱼类繁殖与营养、温度、光照、水流等的关系,总结了施肥理论、稻田养鱼理论,阐述了池塘水质与病害发生的关系等。与此同时,以生态学原理指导水产养殖科学研究和生产实践的工作思路盛行起来,使我国的水产养殖理论,特别是水产综合养殖理论,在国际上处于领先地位。

60~70 年代我国在水产养殖生态学研究方面取得了一些令世人瞩目的成果。在淡水鱼类池塘养殖方面发展了不同生态位鱼类合理混养的精养和半精养理论,混养密放和轮捕轮放以提高池塘养殖负载量的理论。80 年代,全面开展了以水体供饵能力指导放养数量和放养种类的"鱼产力"研究,有力地促进了我国湖泊、水库鱼类放养业的蓬勃发展。90 年代,湖泊和水库片面追求渔业高产而过度放养、过量投饵、大量施肥、湖区滥围滥圈的负面效应逐渐显现;海水池塘对虾养殖高投饵率、大排大灌的养殖方式也开始引起人们的关注。人们开始认真研究渔业发展与水域环境保护问题,并着手研究无公害渔业的原理与技术,如开展了水库对网箱养鱼的负荷力、滩涂池塘和近海养殖容量、大水面高效渔业模式、对虾封闭式综合养殖等研究。20 世纪末,特别是进入 21 世纪后,人们开始高度关注水产养殖业可持续发展问题,反思湖泊和水库的渔业模式,在海水池塘养殖中倡导封闭式综合养殖。零排污、无公害、生态养殖、可持续发展等概念已成为水产养殖生态学论文中出现频率很高的词汇。

（二）水产养殖生态学的研究方向

水产养殖生态学既是应用生态学的分支学科又是水产养殖学的分支学科，其研究内容和重点是随着产业发展、科技进步而不断变化、转移，具有显著的因产业发展需求牵引而发展特色的学科。主要研究方向有：① 养殖生物个体生态学；② 养殖水体环境管理；③ 水产养殖系统生态学；④ 水产养殖生产活动与养殖环境的相互作用；⑤ 水产养殖生态经济学；⑥ 水产生物生态防病原理。

（三）水产养殖生态学的特色

水产养殖生态学的特色是相对于普通生态学或其他应用生态学而言的特点。概括起来讲，其特色主要有以下三方面：研究对象的多样性和复杂性、养殖水体的多功能性、服务于产业发展的应用性和学科交叉性。三十年来，我国水产养殖产量一直以接近7.5%的平均速度增长，为丰富居民菜篮子、为我国的经济社会发展做出了重要贡献。与此同时，水产养殖种类也迅速增加，估计我国的养殖种类已约300种。水产养殖业规模的不断扩大，养殖水域类型的不断向深、远扩展，养殖生物多样性的不断增加为水产养殖生态学提出了越来越多的研究课题，研究领域也在不断扩大、深化。

四、污染生态学

污染生态学（pollution ecology）是研究生物系统与被污染的环境系统之间相互作用规律的科学。它的概念和范畴有别于环境生物学，环境生物学的研究领域包括污染生态学和自然保护生态学，主要研究异常环境条件与生物系统之间的相互关系。随着发达国家经济的迅速发展，给环境带来了严重的污染，50年代发生的几大环境事件如伦敦烟雾事件、日本水俣病事件等震惊了世界，为弄清这些污染物的来源、危害情况及治理措施，污染生态学应运而生。污染生态学是环境生物学研究的核心，是关系到人类健康和命运的科学。污染生态学的研究开始从"生物圈"角度考虑，但仍以单因子污染物及其治理措施为主。

污染生态学起步于20世纪60年代末至70年代初，由于环境污染的日益严重和生态破坏的不断加剧，污染生态学研究开始于某些具体点位、区域环境污染而引发的危害和后果研究，侧重于静态观测和实地调查。例如，大气污染形成的植物急性或慢性中毒症状，水体污染造成的水生生物的急性中毒或死亡数量，土壤污染导致的作物危害和歉收，农业污染引发的畜禽肉蛋的残毒以及化肥施用带来水体富营养化和地下水 NO_3-N 的污染范围和程度等[58]。

自80年代开始，污染生态学的研究一方面向宏观研究领域发展，但研究重点主要在环境质量的评价、环境管理的研究,开展生物圈、大气圈、水圈及岩石圈的环境变化监测,并从研究人类生产活动和工业污染对各类生态系统的影响发展到以人为中心的城市、农村等区域生态系统的研究。另一方面同时向着微观研究领域开拓。由定位观测扩展到区域评价,由环境背景、环境容量调查延伸到环境基准、环境标准的制订与形成[59,60]。

污染生态学是环境科学及环境管理的理论依据,同时也是制定环境质量标准的理论依据。污染生态学是生态学研究中的一个应用性较强的分支学科,包括以下研究内容: ① 复合污染生态学;② 污染生态过程;③ 污染生态毒理学;④ 污染生态修复。

五、流域生态学

流域是指一条河流(或水系)的集水区域,河流(或水系)由这个集水区域上获得水量补给。流域生态学以流域为研究单元,应用现代生态学的理论和系统科学的方法,研究流域内高地、沿岸带、水体等各子系统间的物质、能量、信息流动规律。在研究流域作为一复合生态系统的结构和功能之基础上,进一步从中、大尺度上对流域内各种资源的开发利用、保护及环境问题进行研究,为流域中陆地和水体的合理开发利用决策提供理论依据,从而为区域的社会经济可持续发展做出贡献[61~63]。

1. 流域的结构和功能

流域是一个社会-经济-自然复合生态系统,可分为流域生态、经济和社会子系统三大部分,流域复合系统具有物质循环、能量流动、信息传递、资金增值四大功能。仅考虑流域生态系统的自然部分,可以将其划分为水体(waters)、河岸带(riparian zone)及高地(upland)三类,进一步可分为各种生态系统类型。具体到每一个自然生态系统,其结构和功能与一般生态系统相同,而把流域作为一个复合的自然生态系统时,结构和功能则要复杂得多。流域复合系统的平衡是客观存在的,具体表现在结构、机制和功能平衡三个方面。同时,这种平衡是相对的、动态的,依赖于与外界的能量、物质和信息交换以及系统的自组织能力。

2. 研究尺度与等级系统理论

等级系统理论(hierarchy theory)可理解为小集水区、整个流域复合系统、流域与流域之间以及这些不同层次对全球气候和环境变化的响应等尺度上进行。具有等级结构的生态系统对环境的反应也与具体尺度有关。这对理解流域复合系统结构、功能和行为上的高度复杂性提供了有效途径,在流域生态学的实践中具有指导意义。

3. 河流连续体

由源头集水区的第一级河流起,以下流经各级河流流域,形成一连续的、流动的、独特而完整的系统,称为河流连续体(river continuum)。它在整个流域中景观上呈狭长网络状,基本属于异养型系统,其能量、有机物质主要来源于相邻陆地生态系统产生的枯枝落叶及地表水、地下水输入中所带的各种养分,自身的初级生产力所占比例仅为

1%~2%。河流连续体不仅是许多动、植物特有的栖息地,也是许多高地种迁移等生命活动必不可少的景观因素。Vannote等提出的河流连续体概念(river continuum concept,RCC),使河流生态系统的研究进入一个崭新的阶段。

4. 生态交错带与河岸生态系统

生态交错带(ecotone)是指相邻生态系统之间的过渡带,它具有由特定的时间、空间尺度以及相邻生态系统相互作用程度所确定的一系列特征。流域内最明显、最重要的交错带是水-陆交错带,按景观作用可分为4种:湖周(或水库、沼泽周边)交错带、河岸边交错带、源头水交错带以及地表水-地下水交错带。另外,流域因在地理学上具有确定的界限,流域之间也存在明显的地理上的交错带,这种交错带一般由山脊和高的丘陵构成。对于小流域或集水区而言,其脆弱性是明显的,其类型多为裸露荒地或灌、草丛;而对于大的流域,这种交错带还往往构成不同地带性植被的分水岭。

5. 流域生物多样性

淡水生态系统多样性分布格局与海洋或陆地生态系统不同。淡水生境相对不连续,许多淡水物种的分布不易突破陆地的阻隔,这些阻隔将淡水系统分隔成不连续的单元,这样就产生了3个重要的效应:淡水物种必须战胜局部地区气候和生态条件的变化;淡水生物多样性通常高度特化,即使一个小湖泊或溪流系统也积累了特有的、区域进化的生物群落;即使在任一类生境中物种数都很低的地区,淡水生物多样性也很高,这是物种在各生境间的相异性所致。

6. 流域信息系统与流域可持续发展

可持续发展的实质是强调建立在可承受开发基础之上的社会、经济发展与资源、环境保护相互协调的一种发展模式,现在似乎已成为所有生态学研究的热点和共同目标。流域对于可持续发展的研究或具体实践而言,是比较合适的尺度和地理范畴。流域生态学研究的最终目标,就是在实践上针对不同流域的具体情况,建立各自不同的可持续发展模式。流域社会经济可持续发展的研究包括所有关于流域的基本研究及建立流域综合评价、预警或可持续发展测度的指标体系,在此基础上建立流域信息系统和制定流域发展战略规划。

六、生态水文学

水文学是一门关于地球上水的存在、循环、分布及它的物理、化学性质、环境(包括与生活有关事物)反应的学科。水文科学的内涵包括许多基础科学问题,具有自然属性,是地球科学的组成部分,其研究方向是地理水文学;另一方面,由于它在形成与发展过程中,直接为人类服务,并受人类活动的影响,具有社会属性,又属于应用科学的范畴,其研究方向是应用水文学或工程水文学[64]。

水资源问题是21世纪人类面临的重要资源问题之一。随着现代科技的进步,人类社会的生存面临着淡水资源短缺、水质恶化和全球变暖等一系列全球性环境危机的威胁。生态学和水文学基础理论和研究方法开始进行融合,1992 年在都柏林国际水与环境大会上正式提出了生态水文学(eco-hydrology)概念,以期减轻全球性的环境危机对人类社会的威胁[65,66]。

生态水文学是水文科学和生态科学的交叉学科,是 20 世纪 90 年代后期诞生的新兴学科。生态水文学的一个重要研究领域集中于陆地和水生生态系统中植物与水的关系问题,根据陆地主要环境或生态系统类型,该问题可分为干旱地区、湿地、森林、河流和湖泊等 5 种类型环境或生态系统类型的生态水文分析[67]。

过去 20 年中,人们逐渐认识到陆面过程尤其是陆面植被生态过程对水文过程的重要性,也意识到生态与水文过程的耦合关系对全球变化的作用与响应在全球气候模式中的重要性。传统的水文学研究只考虑水量的自然变化,现代水文循环需要考虑地球生物圈、全球变化以及人类活动等方面的影响。国际地圈生物圈计划(IGBP)代表国际地球学科发展前沿,水文循环的生物圈方面是 IGBP 的核心之一,它注重陆面生态-水文过程与空间格局的变化规律和受人类活动影响的关键问题,以科学地解释以下问题:植被是如何与水文循环的物理过程相互作用的? 改变陆面生态过程的直接原因是什么? 是大尺度人类活动改变了陆面覆盖,还是大气中二氧化碳浓度增加的缘故? 这些影响变化的水文后果如何? 通过这些研究,为认识自然变化和人类活动影响下的土地利用/土地覆被变化与陆地表层生命物质过程,评估人类对生物圈的影响,保护环境和资源可持续利用提供科学的基础依据[68]。

七、生态化学计量学

目前,生物学家面临着发展综合性理论去研究生物系统的挑战,这种理论必须把我们已深刻了解的个体水平生物有机体联系起来,而且必须强调各种生物群体和生态系统的一致性特征。地球上的所有生物是否具有统一的特征呢? 是否可能在现代生物科学框架下提出一种理论去连接各种不同的组织水平(从基因的分子结构到生态系统)? 要整合各种组织水平、有机体类型和各种生境的生物学知识确实是一个很大挑战。代表性的有生态学的代谢理论(metabolic theory of ecology)、生态化学计量学(ecological stoichiometry)。[69,70]

生态化学计量学综合生物学、化学和物理学的基本原理,利用生态过程中多重化学元素的平衡关系,为研究 C、N、P 等元素在生态系统过程中的耦合关系提供了一种综合方法。1958 年哈佛大学的 A. Redfield 首次证明:海洋浮游生物的 C、N、P 有特定的组成(摩尔比 106∶16∶1,该比率后被称为 Redfield 比率),这一比率受海洋环境和生物相互作用的调节。这一开创性的研究成为以后生态化学计量学的奠基之作。

Reiners(1986)在其文章"*Complementary models for ecosystems*"中首次明确地把化学计量学理论作为生态系统研究的一个补充理论,从而使生态学与化学计量学有机结合起来。以 Sterner 和 Elser(2002)的著作《生态化学计量学：从分子到生物圈的元素生物学》一书的出版为标志,生态化学计量学理论基本得到完善,这一理论也逐渐被许多生物学家认同。此外,生态化学计量学还发展了两个重要的理论,即动态平衡原理和生长速率理论。有机体化学元素组成的动态平衡原理是生态化学计量学理论成立的理论基础。"生长速率理论"(growth rate hypothesis,GRH)是有机体生态化学计量控制的基本途径,这个理论提供了生态化学计量控制生命进化、细胞生物学特性、种群动态和生态系统功能机制的基本框架。

目前生态化学计量学理论已经应用于包括营养动态、微生物营养、寄主、病原关系、共生、比较生态系统分析、消费者驱动的养分循环、生物的养分限制、碳循环、种群动态、森林演替与衰退和生态系统养分供应与需求的平衡等研究,生态化学计量学理论不断得到丰富和验证[71]。

稳定同位素方法也用于生态系统结构及恢复评价,同位素分析已被用于研究食物网的结构和相互作用,稳定同位素可用作陆地碳通量的示踪剂和水生生态系统碳氮循环研究[72~74]。

八、古生态学

古生态学(paleoecology)是研究地史时期生物之间,以及生物与其生活环境之间的相互关系的古生物学分支学科。古生态学专门研究古代生物的生活习性和生活环境,它与沉积学、古地理学、古气候学等密切相关。古生态学划分为个体古生态学和群体古生态学(或称综合古生态学)。前者研究个别属种古生物的生态,后者研究一段地史时期的全部化石群落的古生态系统。个体古生态学是群体古生态学研究的基础。古生态学对研究古生物分类、地层划分、古地理变迁、沉积矿床的形成条件和分布规律等具有重要意义。如今的古生态学已不再单一地为恢复古环境服务,它已成为古生物地理学、海洋地质学、古海洋学、海底工程学等不可缺少的基础,也是一些新的地学理论如板块学说、生物进化论等的重要依据[75,76]。

在众多的湖泊沉积物指标中,古生态指标越来越被重视。湖泊中水生生物个体死亡后,残体会保存在湖泊沉积物中,因此如大型水生植物化石、硅藻化石、摇蚊化石等能作为记录过去生态系统结构及状况的载体,分别代表了湖泊水生植物、浮游生物及底栖动物等各种生境中的生物类群,能有效地提供历史时期不同演化阶段生物群落结构、功能及多样性等生态信息,还能指示当时水环境参数的特征。因此,许多生物指标(包括孢粉、硅藻、介形类、摇蚊和金藻等),已被广泛地应用到古环境的定量评估中,实现了湖泊水环境要素(如 pH、盐度、温度和总磷等)的定量反演,这些研究很好地揭示了生态系统及主要环境要素的变化过程,因此也被广泛地运用于确立区域环境要素的本底状况[77]。

通过对昆虫化石群落的分析及其时空分布规律的研究,我们就可更加接近真实地恢复当时的地质环境。只有通过生物与环境的综合研究,才能对包括昆虫在内的生物群的兴起、演化、灭绝和复苏有一个全面的了解[78]。

九、气象学和气候变化研究

20世纪的前50年,气象观测开始向高空发展,在此期间气象学的发展中有三大重要进展:锋面学说、长波理论和降雨学说。其中,长波理论是瑞典学者 Rossby 等研究大气环流后提出的,它既为进行2~4天的天气预报奠定了理论基础,同时也使气象学由两度空间真正发展为三维空间的科学。20世纪50年代以后,由于电子计算机和新技术如雷达、激光、遥感及人造卫星等的使用,极大地促进了气象学与气候学的发展,开展大规模的观测试验,对大气物理现象进行数值模拟试验,把大气作为一个整体进行研究。人类对大气中的化学现象与化学过程也进行了多年的观测,分析和研究,并已形成了气象学中一个新分支——大气化学。随着科学技术的发展,气象观测仪器的发明、探测手段、通信装备及计算工具的发展,人类对大气现象探索的扩大及加深,使之逐步发展为科学的气象学[79]。

农业气象学是研究气象条件与农业相互关系及其规律的一门学科。它一方面研究与农业有关的气象条件,即光照、温度、降水、大气 CO_2 等气象要素的数量、质量及其时空耦合状况,揭示其对农业动植物和微生物生长发育过程的影响规律;另一方面也研究制约农业的气象条件及其解决途径[80]。气象学既涉及大气又涉及海洋,因此它是大气科学和海洋科学共同研究的领域。由于地球表面的绝大部分为海洋所覆盖,而海水又具有和陆地迥然不同的物理、化学性质,这就决定了海洋在海洋气象学研究中的重要地位[81]。由于森林与气候之间存在着密切的关系,气候的变化将不可避免地对森林产生一定程度的影响。反过来,因全球森林生态系统是一个巨大的碳库,受气候变化的影响,它对大气中的 CO_2 起着源或汇的作用,从而进一步加强或抵消未来气候的变化。因此,未来气候的变化对森林的影响及森林对气候的反馈作用已引起人们极大的关注,并进行了大量的研究[82]。

全球气候变化将使人类面临前所未有的严峻挑战,对我国部分地区的农业生产产生了重大影响,这必将给未来农业生产带来新的挑战。全球气候变化对农业水资源、农田土壤养分变化、农作物生长发育、农作物病虫害与杂草、粮食安全及农业生态系统的结构和功能等方面的影响[83]。从20世纪90年代中期开始,塔里木河流域气温上升、降水增加,阿克苏河、开都河等主要河流几乎同步进入持续的丰水周期时段,为塔里木河流域生态修复创造了绝好的“天时”和历史性机遇。这种大区域的气候异常变化现象引起了国内外广大学者的广泛关注。塔里木河流域的水资源合理利用和生态环境恢复与保护,在中国西北地区大型河流流域具有普遍的重要意义[84]。

中国的气候变化非常明显(见图3-4),从公元200年到600年是一个冷期,公元600年到1400年是个暖期。之后经历了个小冰期,我们现在又开始处在暖期[85]。

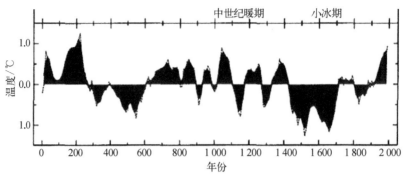

图 3-4　近 2 000 年中国温度变化

气候变化给我国的经济、社会以及可持续发展带来很大的挑战,气候变化使极端气候事件趋强趋多;气候变化使农业生产不稳定性增加;气候变化使水资源问题日益严重;气候变化使冰川迅速退缩等。

十、生态学模型

生态学需要各种模型介入,对于淡水主要是生态水文学相关模型;对于海洋主要有各种生态系统动力学模型;这些模型对生态系统变化的定量把握,对于生态修复是非常有指导意义的。宏观生态学的问题都需要生态学模型的介入,对于恢复生态学更是如此。如 CHHMS 耦合模型(coupled hydrology and hydraulics model system)在河流生态修复的模拟运用中具有很高的可开发性和实用性,经过模型模拟得到研究区域的合理规划方式,并且在成功利用河流到蓄滞洪区开口的情况下,水量以及泥沙沉淀物得到有效的控制,植被得到恢复,湿地的生态状况得到有效的改善[86]。

海洋生态动力学模型自 20 世纪 40 年代产生以来,一直被认为是除了现场调查和模拟实验之外研究海洋生态系统的一种有效方法。模型构建的目的在于,为揭示海洋生态系统的循环机制,模拟和预测它的变化,以及为维持海洋生态系统的健康发展和重建提供科学的依据。建立评估海洋生态状况和预测海洋生态平衡和演变的生态动力学模型,已成为国内外海洋研究者的关注热点。

在以往关于海洋生态系统的模型研究中,人们主要关注海洋生态系统的持续发展、营养动力学机制、生态系统的生物过程等,如物质迁移和物质平衡模型、营养补充机制模型、营养吸收动力学模型、食物网结构模型和分室能流模型。这些模型的发展,推动了全球海洋生态系统动态的深入研究,对人类生存、资源利用和生态环境保护有重大意义[87]。尤其在近代,生态的动态数学模型展示了物理、化学、地质、环境、生物等学科的综合的生态过程,如欧洲北海区域的海洋生态系统模型,美国和加拿大对东海岸的乔治浅滩生态系、西海岸的加利福尼亚上升流生态系、切萨皮克湾生态系、圣劳伦斯湾生态等工作,使得生态条件大为改善[88]。

区域的可持续发展必须以生态环境的可持续发展作为前提和保障。近年来发展迅速的生态足迹(ecological footprint)模型不仅能够满足上述要求,并且计算结果直观明了,具有区域可比性,成为国际可持续发展度量中的一个重要方法[89]。生态位模型在假设入侵物种的生态位需求保守的前提下,以物种在其原产地的生态位需求为基础,预测其在入侵地的潜在分布,通过比较预测分布与实际分布的差异可以从一定程度上得到外来入侵物种的生态位是否发生漂移的间接证据[90]。

　　生态系统能流网络模型被广泛应用于生态系统结构和功能研究,其中包括食物网、营养级、生态位重叠、生态效率、生态系统成熟度相关指标等,可以评估渔业活动对生态系统结构与功能的影响,对渔业资源管理具有重大意义。构建能流网络模型的方法有很多,其中非常流行的就是构建生态通道模型(ecopath 模型),该方法在海洋保护区研究、渔业资源评估、生态系统结构与功能分析等研究领域被广泛使用,用于发现、建立渔业生产与生态系统营养级之间的相关性,详细可参见图 3-5[91]。

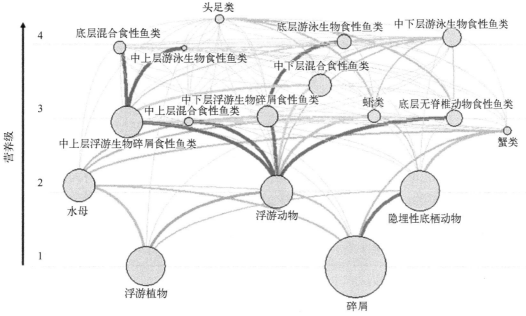

图 3-5　长江口及邻近海域能流图(单位: t/km²)[91]

　　种群生态学仍然是生态学理论创建和模型发展的重要源泉之一。通过将种群生长置于更加接近现实的环境条件之下,对来源于种群内和种群外的噪声干扰、异质环境和种群内个体行为表现对种群动态的影响成研究的热点问题。最为突出的是基于个体的模型(individual — based model,IBM)的迅速发展[92]。复杂性是复杂系统表现的性质。生命系统是可自我复制以保持物种不至于被稳步解体,有代谢以补偿稳定的熵产生和具有变异、选择以放大和完善物种存在的可能性并以其作为内在目的进行自我调控的系统。在复杂系统研究中,生态学涉及极其复杂的结构,而这些结构又依赖其中各组分的功能和相互作用[93]。

桑沟湾整个养殖环境是一个复杂的系统。海带的生长取决于无机氮营养盐的输运和补充,无机氮浓度同时又是浮游植物生物量和海水交换速度的函数;双壳贝类滤食浮游植物、海带碎屑等颗粒有机物,同时其代谢物又是无机氮营养盐的来源之一。为了解桑沟湾海带养殖情况、探寻得到最大海带产出的途径,建立了三维养殖生态模型,将物理、生态和养殖过程耦合起来,并分别以浮游植物生物量和海带产量为目标变量,对参数敏感性进行了分析[94]。模型水动力部分是在被广泛应用于陆架海的水动力模型 POM(princeton ocean model)的基础,加入了养殖活动的影响,对海表养殖设施和水体中海带的阻力分别进行参数化,模拟得到桑沟湾作为典型养殖海域真实的流场。多元养殖模型包含 4 个状态变量:海带、浮游植物、无机氮营养盐和悬浮有机颗粒物[95]。

第三节　恢复生态学的理论

一、来自生态学的理论

生态恢复实践或恢复生态学研究中常用的生态学理论有:生态因子作用、竞争、生态位、演替、定居限制、护理效应、互利共生、啃食/捕食限制(影响植物种群的更新)、干扰、岛屿生物地理学、生态系统功能、生态型、遗传多样性等(见表 3-2)。从上述理论内容看,竞争和定居限制理论是恢复生态学的基础。近来,生态型和区域遗传多样性、健康生态系统中的干扰也已进入生态恢复主流视野。此外,植被连续变化准则、异质种群动态、尺度的概念、正反馈在生态恢复中的作用、启动自然恢复的途径等也被用于生态恢复领域[96,97]。

表 3-2　直接应用于修复实践的生态学概念

生态理论/概念	实践的例子	概念上的进步	技术进步
a) 在实践中建立			
竞争/植物战略理论	杂草控制;营养素养分溶出和减少	便利/寄生的重要性;化学计量理论	GIS 绘制杂草入侵图;无人机帮助制图
演替	通过初始植物区系或中继模式进行干预	组合规则;"梦想领域"假设的测试	数字处理历史航空照片;卫星图像/NDVI;数字多光谱图像来检测绿色的变化
补充限制	种子添加	个体发育的生态学;种子利用链:恢复种子库和系统方法;种子和幼苗性状	最佳的种子加工和预处理;种子包衣和用于本地播种的挤出小球
食草/掠食	围以栅栏;害虫控制	综合虫害管理	种子包衣,发展种子球,红外线照相机

（续表）

生态理论/概念	实践的例子	概念上的进步	技 术 进 步
生态位概念	地面准备;菌根接种;协助迁徙和移位	植物-土壤反馈;生态系统工程师	测量生态位的工具,例如用于土壤水分细微测量的电阻率层析成像;建模能力
扰动	控制的燃烧;放牧;分类替换	扰动状态的时间和空间尺度	模拟建模以预测管理干预的结果;去灭绝
b）日益融入实践			
生态型/遗传多样性	基于遗传起源的种子收集,假定当地种源是最佳实践;协助迁移	遗传多样性在生态系统服务中的作用	种子库业务,例如低温保存
促进/共同主义	保护性种植;菌根接种	菌根网络;系统发育相关性	理解交互效应的分析模型(如结构平衡方程建模)
岛屿生物地理学	保护区设计(若干小保护区或单一大保护区);种植缓冲区和走廊以改善连通性	复合种群和复合群落理论;景观生态学;土地分享概念	机械化以规模复绿;无线电领域追踪动物群的移动;卫星 GPS 技术和微型项圈
生物多样性-生态系统功能	恢复特定功能/生态系统服务的干预措施;种植物种吸引关键传粉者和种子传播者	基于过程的特征;响应-效应框架	高通量下一代 DNA 测序和功能基因定位
c）尚未完全实现			
替代稳定状态/阈值	克服非生物/生物阈值的干预措施	状态和转换模型;新颖的生态系统管理框架	状态和转换模拟模型;贝叶斯方法
营养动力学	改进促进动物返回的做法,例如腐烂的原木桩,树洞	改进了对营养网络和动物群在生态系统过程中的作用的认识	利用稳定同位素确定营养相互作用和食物网结构
弹性	生态系统要明确包括人的因素	网络理论;与功能多样性、尺度、阈值和连通性的联系;社会生态系统	能够检测阈值自动化,即导致状态变量发生较大变化的环境属性的小变化

二、在自身发展过程中产生的理论

（一）状态过渡模型及阈值

早期的恢复生态学理论主要参考演替理论,认为生态系统处于静止的、单一的、稳定的状态,生态恢复也就是恢复成历史上的某个状态,Bradshaw 据此提出的退化生态系统恢复过程中结构与功能变化曲线的模型。现代生态学认为生态系统是一个不断变化的、非线性的、具有非平衡态且具有多稳定状态,不同稳定态之间有阈值存在。Allen 提出经典的恢复的状态和跃迁模型,但这类恢复必须是在生物种类损失不多、生态系统功能受损不严重的生态系统上面。

人们越来越有兴趣开发更好的预测工具和更广泛的概念框架,以指导退化土地的恢复。传统上,恢复工作的重点是重建历史干扰制度或非生物条件,依靠演替过程来指导生物群落的恢复。但是,生物因素与物理环境之间的强烈反馈可能会改变这些基于演替的管理工作的效果。最近的实验工作表明,由于诸如景观连通性和组织的变化,本地物种库的丧失,物种优势的变化,营养相互作用和/或外来物的入侵等因素的限制,一些退化系统对传统的恢复工作具有弹性,并且伴随着对生物地球化学过程的影响。包含系统阈值和反馈的稳态模型现在正在应用于退化系统的恢复动态,建议恢复可以识别,优先确定并解决这些限制的方法[98]。

"稳态转换"最初是在陆地群落中被确定,并随后引入海洋生态系统,用以描述影响海洋渔业产量发生的变化及其驱动因素。然而,这一概念却并未在生态学界得到广泛接受。对生态系统稳态转换的关注首先来自研究人员对恢复力和阈值的界定。1973年,美国学者 Crawford S. Holing 阐述了生态系统对胁迫的响应能力并引入恢复力一词帮助人们理解生态系统对外界胁迫的非线性特征。随后,美国学者 Robert M. May 在1977年阐述了生态系统的多稳态变化和阈值概念,并指出:生态系统的恢复力可以衡量系统在受到外界胁迫时的承载容量,而阈值则反映生态系统可能发生状态变化的临界点。阈值理论初步奠定了对于稳态转换的一致认知:持续的外来胁迫会降低生态系统的恢复力,从而使其超过阈值的范围并发生稳态转换。在稳态转换的研究中,目前得到最广泛关注的是"多稳态"理论,分别为平滑型、突变型和不连续变化型。并由此推测生态系统可能具有多个稳定状态,而稳态转换就是生态系统从一个特征趋势或状态转变为另外一个不同的趋势或状态的转变过程。该理论得到广泛接受,此后的大量研究都是基于此而开展的[99]。

湖沼学的长期研究发现,浅水湖泊生态系统对干扰的反应会随着干扰力度的改变或增强而出现突然的变化,致使系统结构或功能发生相应的改变,即稳态转换(或称跃变)。同时,稳态转换还出现在其他的复杂系统中,如社会系统及气候系统等,且发生这种转换的系统在持续增加。稳态转换在发生前常常没有明显预兆,发生过程往往却是突然和灾难性的。如果湖泊生态系统已发生稳态转换,则与未发生变化前相比,需要将胁迫因子(如流域营养物质输入)的水平降到更低方可实现对生态系统的恢复。同时,研究发现,在多数情况下,生态系统的稳态转换无法沿退化的绝对路径恢复到退化前的状态。以生态系统稳态转换理论指导富营养化湖泊治理与生态修复是解决当前水体富营养化的根本途径。理解湖泊生态系统稳态转换的首要问题是明确稳态转换发生的胁迫因素和驱动机制[100]。

如果生态系统受损超越了受生物或非生物因子控制的不可逆的阈值,生态系统恢复将遵循 Whisenant(1996)所提出的更复杂的恢复状态和跃迁模型(见图3-6),显示生态退化是分步完成的,而且要跨越被生物或非生物控制的跃迁阈值。

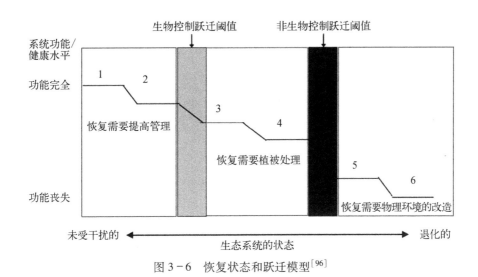

图 3-6 恢复状态和跃迁模型[96]

（二）集合规则

由于生态恢复的目标是重组一个系统,因而其成分间的组合很重要。集合规则理论认为一个植物群落的物种组成基于环境和生物因子对区域物种库中植物种的选择与过滤的组合规则,它意味着生物群落中的种类组成是可以解释和预测的。已有研究表明：物种库包括了区域、地方和群落物种库 3 个层次,集合规则主要显示在群落中哪个种能发生和哪些组合是不相联系的等方面的限制或环境过滤;群落的集合规则有生态位相关的过程、物种是平等的中性过程、特化和扩散过程 3 种解释;生物间相互作用的集合规则主要基于物种和功能群等生物组分的频率;而生物间及生物与非生物环境因子间相互作用的集合规则强调基于确定性、随机性及多稳态模型的生态系统结构和动态响应,这更符合生态恢复。

生态系统是生态学研究当中一个非常重要的生态单元。虽然有特定边界,但一个生态系统与其相邻生态系统之间并非完全隔离,而总是存在一定的相互作用,而这些具有一定相互作用的生态系统的集合就被概念化为"集合生态系统"（meta-ecosystem）。集合生态系统是指"由跨生态系统边界的物质流、能量流和生物体流所连接起来的一系列生态系统的集合",是生态系统生态学中的一个新概念,也是空间生态学中的一个新研究框架。集合生态系统概念的提出和应用对生态系统的结构、过程、功能和异质性研究具有重要的推动作用,对推动理解和建设生态保护网络具有重要意义（见图 3-7）。

从知识的结构上来讲,集合生态系统概念是生态系统空间异质性研究的一个重要分析路径（见图 3-8）。对生态系统空间异质性的研究,传统上由景观生态学来做,但主要关注景观的格局、尺度、过程等问题。集合生态系统概念则从生态系统生态学的角度出发,探讨在空间上异质的一组生态系统之间的物质、能量、生物体的流动,以及由这

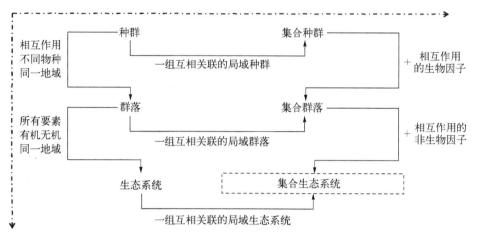

图 3-7   集合生态系统概念提出的背景框架[101]

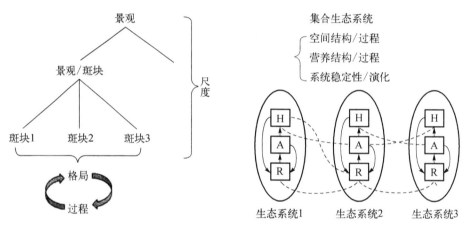

图 3-8   景观概念的体系和集合生态系统概念的体系[99]

R：无机营养资源；A：自养生物；H：异养生物

些流动所产生的对局域生态系统和对集合生态系统所产生的影响和约束。在自然界当中，无机盐、碎屑物、生物体的跨生态系统边界的流动非常普遍，而且这种流动往往对流出和流入双方生态系统都有影响，甚至在很多情况下这种流动是双向的。因而，集合生态系统概念的提出就是为了给空间生态系统生态学提供一个理论框架，具体来讲，集合生态系统研究主要就是通过整合局域生态系统之间的空间流和局域生态系统之内的生态流，来研究跨局域生态系统边界的异速迁移过程对集合生态系统整体和局部的结构、过程和功能的影响。

一般来讲，构建一个经验化的集合生态系统，有 2 种典型的模式：① 不确定的集合生态系统边界-以特定类型的生态系统为局域生态系统-不明确的局域生态系统空间连接，可以称为"异质生态系统集合"，如某经济区或政治区内的森林-草地-农田-湿地集合生态系统；② 确定的集合生态系统边界-以地理单元为局域生态系统-明确的局域生态系统空间连接，可以称为"特定空间区域集合"，如流域、亚流域集合生态系统。

（三）参考生态系统

生态恢复最重要的内容之一是确定恢复的目标。生态恢复时选定参考生态系统不只是参考其结构,还包括其发展过程中的任何状态。过去认为恢复的目标是一组明确可行的生态系统参考指标或某一个参考系统。目前认为环境的随机性和全球变化会导致不确定性,而且恢复的目标是参考生态系统多个变量及各个变量一定的变化范围。对于没有参考时,则要从过去存在的又可获得的信息和知识中提取正常功能和历史变异范围,生态系统中的生态记忆可以为生态恢复提供参考。

发现恢复的群落和参考站点之间的功能组成存在差异,表明十年前恢复的森林仍然与参考生态系统不相似。基于功能特征组合对群落进行建模,并对正在进行恢复的站点进行长期监测,可以更好地评估恢复轨迹和管理需求,恢复应侧重于功能性组合物的恢复,这将为生物体提供更好的资源并促进生态系统过程的变化[102]。许多研究推断了环境与鱼类群落之间的关联,但人们对鱼类群落指标如何与人为和水文气候驱动因素的时间变化有关,以及在何种地理范围内这些指标具有代表性知之甚少。生态系统鱼类群落指标的主要驱动因素在沿海地区之间往往存在差异,但在评估的参考地点中,水文气候变化和内部过程似乎对指标的时间发展比人为压力更为重要[103]。一般而言,到达参考生态系统的估计时间对于结构属性而言要短于物种组成或功能行使的时间。对于大多数属性,此时间的长度在三种类型的参考生态系统中不同。在所考虑的所有变量中,林冠覆盖、基底面积、密度和林下植物的丰富度——通过其生态相关性和可预测性——被推荐为监测热带森林恢复成功的生态指标[104]。

（四）人为设计和自我设计

人为设计和自我设计理论是从恢复生态学中产生的理论,并在生态恢复实践中得到广泛应用。人为设计理论认为:通过工程方法和植物重建可直接恢复退化生态系统,但恢复的类型可能是多样的。这一理论把物种生活史作为植被恢复的重要因子,并认为通过调整物种生活史方法可以加快植被恢复。而自我设计理论认为:只要有足够的时间,随着时间的进程,退化生态系统将根据环境条件合理地组织自己,并会最终改变其组分。这两种理论不同点在于:人为设计理论把恢复放在个体或种群层次上考虑,恢复的结果可能有多种;而自我设计理论把恢复放在生态系统层次考虑,认为恢复完全由环境因素所决定。

（五）适应性恢复

据 Moreno-Mateos 等对全球 621 个湿地恢复案例的分析,即使有一定年限的恢复,相对于参考生态系统,也只有 23%～26% 的生物结构(主要由植物集合驱动)和生物地球化学功能(主要由土壤碳库驱动)恢复。可见,生态系统是很难完全恢复的,因为它有太多的组分,而且组分间存在非常复杂的相互作用。此外,在生态系统恢复过程中,由于物理和生态环境及社会经济因素发生变化,对生态系统的认识也要发生变化,在恢复过程中要考虑恢复的目标与措施进行适应性生态恢复[105,106]。适应性管理是在综合考虑生态、经济和社会各方面知识的基础上开展项目设计及实施的过程,概念强调3点:① 制定项目管理决策必须综合考虑生态、经济和社会各方面的价值。② 环境管理项目涉及不同利益群体。③ 环境具有内在不确定性。适应性管理是生态系统管理方法之一,要强调系统存在不确定性,并把生态系统的利用与管理视为试验过程,从试验中不断学习[107~109]。

思考题

1. 简述生态位原理在生态恢复实践上具有哪些应用?
2. 顺行演替与逆行演替的异同点(请说出5点)。
3. 为什么说植物多样性的发展能增加生态系统的物种多样性?
4. 生态系统的脆弱性与退化生态系统有何关系?
5. 研究退化生态系统恢复的意义。
6. 生态恢复参照系的概念及对退化生态系统的恢复有什么意义?
7. 何谓边缘效应,在生态恢复中有何应用?
8. 生态系统服务功能的基本概念及内容。
9. 自然生态系统与人工生态系统服务功能的比较。
10. 简述区域生态恢复的分区原则。
11. 简述全球变化的现象。
12. 景观尺度上生态恢复的意义是什么?
13. 复合稳定状态能够恢复到初始的结构与功能条件吗?
14. 生态恢复过程中如何考虑尺度效应?
15. 目前人为修复生态系统通常只局限于很小的区域,面对一些较大区域的生态系统恢复还存在哪些方面阻碍?
16. 生态恢复重建的发展现状如何? 我国现阶段有哪些难以解决的生态恢复案例?
17. 关于生态恢复的两种极端观点如何寻求统一,以实现生态环境的恢复?
18. 伴随着生态修复,当今及以后土地该如何规划?
19. 生态系统的正负反馈对我们恢复生态有什么指导意义吗?
20. 景观可持续与景观可持续性科学如何推动可持续发展?
21. 打破碳氮磷元素循环会对生态系统有什么影响?
22. 假如用植物功能性状来反映被修复生态系统功能的变化,有哪些缺点和优点?
23. 梯田文化景观所带来的好处与收益有哪些?
24. 一个新物种进入原有食物链会有什么影响?

25. 应用生态学的基本走向的特点和趋势是什么?

26. 当生态农业模式发展到什么程度,才具有生态服务功能?

27. 生态农业中的桑基鱼塘模式的原理是什么?

28. 全球气候变化对我国的影响体现在哪些方面?

29. 景观演替过程中,土壤、土壤水、土壤气候和小气候的演替是如何交替进行的

30. 全球变化对可持续发展产生的影响。

31. 全球变化和人类活动引起的生物多样性丧失对生态系统产生的不利影响应该如何处理?

32. 生态功能一旦退化,会有什么不可逆的影响?

33. 演替理论是指生物群落被另一种取代,我们可以理解为这是生物群落的优胜劣汰,也就是说这一过程对大自然的发展而言是积极的。可既然人为干预可能会延缓生态演替甚至带来反向结果,我们为什么依然认为人为干扰是必要的呢?

34. 能否具体解释生态水碳耦合关系的含义?并举例说明一下。

35. 怎样利用风的生态作用来促进生态多样性?

参考文献

[1] Donald A. Falk, Margaret A. Palmer, Joy B. Zedler.Foundations of Restoration Ecology[M]. Washington, DC: Island Press, 2006.

[2] 美国生态学会展望下一个世纪的生态学[OL].http://blog.sciencenet.cn/blog-502444-912485.html.

[3] 中国生态学会《生态学发展战略》研究组.论中国生态学发展战略[J].学会,1995,(04):33.

[4] Jelte van Andel, James Aronson, Restoration Ecology: The New Frontier, Wiley-Blackwell, 2006.

[5] 李文华,赵景柱.生态学研究回顾与展望[M].北京:气象出版社,2004.

[6] 李国勇,杨中领,万师强.生物多样性与生态系统功能[M]//于振良.生态学的现状与发展趋势.北京:高等教育出版社,2016:196-215.

[7] 方精云.群落生态学迎来新的辉煌时代[J].生物多样性,2009,17(06):531-532.

[8] 王红芳,葛剑平.系统发育群落生态学[M]//于振良.生态学的现状与发展趋势.北京:高等教育出版社,2016:216-230.

[9] 邱英雄.亲缘地理学[M]//于振良.态学的现状与发展趋势.北京:高等教育出版社,2016:80-96.

[10] 王志恒.物种多样性的大尺度格局[M]//于振良.生态学的现状与发展趋势.北京:高等教育出版社,2016:231-251.

[11] 安德烈·贝尔格拉诺(Andrea Belgrano).水生食物网:生态系统途径[M].杜建国等,译.北京:海洋出版社,2016.

[12] 孙书存.食物网结构与生态功能[M]//于振良.生态学的现状与发展趋势.北京:高等教育出版社,2016:254-271.

[13] 唐启升.海洋食物网与高营养层次营养动力学研究策略[J].海洋水产研究,1999,(02):1-6.

[14] 朱江峰,戴小杰,王学昉,等.海洋食物网拓扑学方法研究进展[J].渔业科学进展,2016,37(02):153-159.

[15] 雷羚洁,孔德良,李晓明,等.植物功能性状、功能多样性与生态系统功能:进展与展望[J].生物多样性,2016,24(08):922-931.

[16] 陈利顶,李秀珍,傅伯杰,等.中国景观生态学发展历程与未来研究重点[J].生态学报,2014,34(12):3129-3141.

[17] 李明辉,彭少麟,申卫军,等.景观生态学与退化生态系统恢复[J].生态学报,2003,(08):1622-1628.

[18] 高吉喜.区域生态学基本理论探索[J].中国环境科学,2013,33(07):1252-1262.

[19] 陈领,宋延龄.生物地理学理论的发展[J].动物学杂志,2005,(04):111-120.

[20] 王志恒,唐志尧,方精云.生态学代谢理论:基于个体新陈代谢过程解释物种多样性的地理格局[J].生物多样性,2009,(6):625-634.

[21] 方精云.全球生态学——气候变化与生态响应[M].北京:高等教育出版社,2000.

[22] 彭少麟.恢复生态学的发展趋势及与全球变化生态学的交叉[C].中国植物学会.中国植物学会七十周年年会论文摘要汇编(1933—2003).中国植物学会,2003:2.

[23] 田汉勤,万师强,马克平.全球变化生态学:全球变化与陆地生态系统[J].植物生态学报,2007,(02):173-174.

[24] IPCC新报告:全球气温或提前升高1.5℃[OL].https://baijiahao.baidu.com/s?id=1613900615708854235&wfr=spider&for=pc.

[25] 季维智,朱建国,何远辉.保护生物学概要[J].动物学研究,1995,16(3):289-300.

[26] 蒋志刚,马克平.保护生物学的现状、挑战和对策[J].生物多样性,2009,17(02):107-116.

[27] 马克平.生物多样性科学的热点问题[J].生物多样性,2016,24(01):1-2.

[28] 赵平.退化生态系统植被恢复的生理生态学研究进展[J].应用生态学报,2003,14(11):2031-2036.

[29] Kooijman S. Dynamic Energy and Mass Budgets in Biological systems [M]. Cambridge:Cambridge University Press, 2000.

[30] 李博,马克平.生物入侵:中国学者面临的转化生态学机遇与挑战[J].生物多样性,2010,18(06):529-532.

[31] 张旭辉,邵前前,丁元君,等.从《世界土壤资源状况报告》解读全球土壤学社会责任和发展特点及对中国土壤学研究的启示[J].地球科学进展,2016,31(10):1012-1020.

[32] 赵其国.中国土壤科学战略发展研究的新思路——土壤学战略发展研究的顶层设计与路线图[J].生态环境学报,2013,22(10):1639-1646.

[33] 沈仁芳.土壤学发展历程、研究现状与展望[J].农学学报,2018,8(01):44-49.

[34] 吴同亮,王玉军,陈怀满,等.基于文献计量学分析2016年环境土壤学研究热点[J].农业环境科学学报,2017,36(02):205-215.

[35] 刘莹静,张润志.动物学Zoology主题研究发展与趋势的可视化分析[J].科学与管理,2015,35(02):60-69.

[36] 王文采.植物分类学的历史回顾与展望[J].生物学通报,2008,43(6):1-4.

[37] 宋永昌.植被生态学[M].北京:高等教育出版社,2017.

[38] 郑重.动、植物种群生态学研究及其在退化生态系统恢复、重建中的相关性[J].环境科学导刊,2001,(2):12-14.

[39] 李晓然,吕毅,宫路路,等.微生物分子生态学发展历史及研究现状[J].中国微生态学杂志,2012,24(4):366-369.

[40] 任丽娟,何聃,邢鹏,等.湖泊水体细菌多样性及其生态功能研究进展[J].生物多样性,2013,21(4):421-432.

[41] 刘晶晶,陈全震,曾江宁,等.海水养殖区微生物生态研究[J].浙江海洋学院学报:自然科学版,2006,25(1):72-77.

[42] 周启星,孙顺江.应用生态学的研究与发展趋势[J].应用生态学报,2002,(07):879-884.

[43] 何兴元,曾德慧.应用生态学的现状与展望[J].应用生态学报,2004,(10):1691-1697.

[44] 骆世明.农业生态学(第三版)[M].北京:中国农业出版社,2017.

[45] 骆世明.农业生态学的国外发展及其启示[J].中国生态农业学报,2013,21(01):14-22.

[46] Li B, Li YY, Wu HM, et al. Root exudates drive interspecific facilitation by enhancing nodulation and N$_2$ fixation[J]. Proceedings of the National Academy of Sciences, 2016, 113(23): 6496-6501.

[47] 朱有勇.农业生物多样性与作物病虫害控制[M].北京:科学出版社,2013.

[48] Xie J, Hu LL, Tang JJ, et al. Ecological mechanisms underlying the sustainability of the agricultural heritage rice-fish co-culture system[J]. PNAS,2011,108(50):1381-1387.

[49] 骆世明.传统农业精华与现代生态农业[J].地理研究,2007,(03):609-615.

[50] 骆世明.中国多样的生态农业技术体系[J].自然资源学报,1995,(03):225-231.

[51] 骆世明.论生态农业模式的基本类型[J].中国生态农业学报,2009,17(03):405-409.

[52] 骆世明.论生态农业的技术体系[J].中国生态农业学报,2010,18(03):453-457.

[53] 吴厚水.创建基塘生态系统学科饮誉海内外[J].热带地理,2016,36(04):521-523+531.

[54] 湖州桑基鱼塘系统捧回一块世界级奖牌[OL].http://www.hzag.gov.cn/html/main/gzdtView/94898.html.

[55] 骆世明.构建我国农业生态转型的政策法规体系[J].生态学报,2015,35(06):2020-2027.

[56] 董双林.水产养殖生态学发展的回顾与展望[J].中国海洋大学学报(自然科学版),2016,46(11):16-21.

[57] 董双林,田相利,高勤峰.水产养殖生态学[M].北京:科学出版社,2017,580.

[58] 孙铁珩,周启星.污染生态学的研究前沿与展望[J].农村生态环境,2000(03):42-45+50.

[59] 黄德娟,黄德欢,刘亚洁,等.污染生态学的学科拓展及其研究前沿展望[J].东华理工大学学报(社会科学版),2010,29(01):40-43.

[60] 钟福生.环境生物学的研究现状与发展趋势[J].湖南环境生物职业技术学院学报,2004,(04):301-310.

[61] 邓红兵,王庆礼,蔡庆华.流域生态学——新学科、新思想、新途径[J].应用生态学报,1998,(04):108-114.

[62] 吴刚,蔡庆华.流域生态学研究内容的整体表述[J].生态学报,1998(06):13-19.

[63] 徐辉,张大伟.中国实施流域生态系统管理面临的机遇和挑战[J].中国人口.资源与环境,2007,(05):148-152.

[64] 叶守泽,夏军.水文科学研究的世纪回眸与展望[J].水科学进展,2002,13(1):93-104.

[65] 沈志强,卢杰,华敏,等.试述生态水文学的研究进展及发展趋势[J].中国农村水利水电,2016,(02):50-52+56.

[66] 徐宗学,彭定志.生态水文学——一个新的充满挑战的研究领域[J].北京师范大学学报(自然科学版),2016,52(03):251-252.

[67] 陈华,杨阳,王伟.基于文献计量分析我国生态水文学研究现状及热点[J].冰川冻土,2016,38(03): 769 - 775.

[68] 夏军,谈戈.全球变化与水文科学新的进展与挑战[J].资源科学,2002,24(3): 1 - 7.

[69] 曾德慧,陈广生.生态化学计量学:复杂生命系统奥秘的探索[J].植物生态学报,2005,(06): 141 - 153.

[70] 贺金生,韩兴国.生态化学计量学:探索从个体到生态系统的统一化理论[J].植物生态学报,2010, 34(01): 2 - 6.

[71] Waal DBVD, Verschoor AM, Verspagen JM, et al. Climate-driven changes in the ecological stoichiometry of aquatic ecosystems[J]. Frontiers in Ecology & the Environment, 2010, 8(3): 145 - 152.

[72] 管卫兵,苏孙国,何文辉.青草沙水库立体复合生态操纵池塘水生动植物的同位素特征[J].海洋湖沼通报,2015,(1): 41 - 49.

[73] 商栩,管卫兵,张国森,张经.互花米草入侵对河口盐沼湿地食物网的影响[J].海洋学报,2009,(1): 132 - 142.

[74] Perga ME, Gerdeaux D. Using the δ^{13}C and δ^{15}N of whitefish scales for retrospective ecological studies: changes in isotope signatures during the restoration of Lake Geneva, 1980 - 2001[J]. Journal of Fish Biology, 2003, 63(5): 11.

[75] 陈源仁.当前古生态学研究的几个主要方面[J].成都地质学院学报,1985,(03): 72 - 78.

[76] 古生态学(paleoecology)[OL].http://www.uua.cn/show-27 - 800 - 1.html.

[77] 董旭辉,羊向东.湖泊生态修复基准环境的制定:古生态学面临的机遇[J].湖泊科学,2012,24(06): 974 - 984.

[78] 任东.中国中生代昆虫化石研究新进展[J].昆虫学报,2016,45(02): 234 - 240.

[79] 气象学[OL].https://baike.baidu.com/item/气象学/81787.

[80] 梅旭荣.农业气象学发展现状及展望[J].农学学报,2018,8(01): 61 - 66.

[81] 什么是海洋气象学[OL]? https://www.sohu.com/a/195274437_100009880.

[82] 刘国华,傅伯杰.全球气候变化对森林生态系统的影响[J].自然资源学报,2001,(01): 71 - 78.

[83] 肖国举,张强,王静.全球气候变化对农业生态系统的影响研究进展[J].应用生态学报,2007,(08): 1877 - 1885.

[84] 邓铭江.塔里木河流域气候与径流变化及生态修复[J].冰川冻土,2006,(05): 694 - 702.

[85] 秦大河.气候变化对我国经济、社会和可持续发展的挑战[J].外交评论(外交学院学报),2007,(04): 6 - 14.

[86] 黄显峰,吴俊,方国华,等.CHHMS耦合模型在河流生态修复中的应用[J].水资源与水工程学报, 2017,28(06): 33 - 37.

[87] 樊娟,刘春光,冯剑丰,等.海洋生态动力学模型在海洋生态保护中的应用[J].海洋通报,2010,29 (01): 78 - 83.

[88] 杨东方,詹滨秋,陈豫,等.生态数学模型及其在海洋生态学中的应用[J].海洋科学,2000,(06): 21 - 24.

[89] 蒋依依,王仰麟,卜心国,等.国内外生态足迹模型应用的回顾与展望[J].地理科学进展,2005,(02): 13 - 23.

[90] 王运生,谢丙炎,万方浩,等.应用生态位模型研究外来入侵物种生态位漂移[J].生态学报,2008,

（10）：4974－4981.

［91］王远超,梁翠,线薇微,等.基于生态通道模型的长江口及邻近海域生态系统能流动态分析［J］.海洋科学,2018,42（05）：54－67.

［92］陈新军,李曰嵩.基于个体生态模型在渔业生态中应用研究进展［J］.水产学报,2012,36（04）：629－640.

［93］李典谟,马祖飞,王正军.生态模型当前的热点与发展方向——兼记2002年国际数学家大会生物数学卫星会议暨第四届全国数学生态研讨会［J］.生态学报,2002,（10）：1788－1791.

［94］史洁,魏皓,赵亮,等.桑沟湾多元养殖生态模型研究：Ⅰ养殖生态模型的建立和参数敏感性分析［J］.渔业科学进展,2010,31（04）：26－35.

［95］史洁,魏皓,赵亮,等.桑沟湾多元养殖生态模型研究：Ⅱ生态环境模拟与生源要素循环［J］.渔业科学进展,2010,31（04）：36－42.

［96］任海,王俊,陆宏芳.恢复生态学的理论与研究进展［J］.生态学报,2014,34（15）：4117－4124.

［97］Perring MP, Standish RJ, Price JN, et al. Advances in restoration ecology: rising to the challenges of the coming decades［J］. Ecosphere, 2015, 6(8): 131.

［98］Suding KN, Gross KL, Houseman GR. Alternative states and positive feedbacks in restoration ecology ［J］. Trends in Ecology & Evolution, 2004, 19(1): 0－53.

［99］李玉照,刘永,赵磊,等.浅水湖泊生态系统稳态转换的阈值判定方法［J］.生态学报,2013,33（11）：3280－3290.

［100］赵磊,刘永,李玉照,等.湖泊生态系统稳态转换理论与驱动因子研究进展［J］.生态环境学报,2014,23（10）：1697－1707.

［101］杨海乐,陈家宽.集合生态系统研究15年回顾与展望［J］.生态学报,2018,38（13）：4537－4555.

［102］Rosenfield MF, Müller SC. Predicting restored communities based on reference ecosystems using a trait-based approach［J］. Forest Ecology and Management, 2017, 391: 176－183.

［103］Östman Ö, Lingman A, Bergström L, et al. Temporal development and spatial scale of coastal fish indicators in reference ecosystems: hydroclimate and anthropogenic drivers ［J］. Journal of Applied Ecology, 2017, 54, 557－566.

［104］Suganuma MS, Durigan G. Indicators of restoration success in riparian tropical forests using multiple reference ecosystems［J］. Restoration Ecology, 2015, 23(3): 238－251.

［105］Hychka K, Druschke CG. Adaptive Management of Urban Ecosystem Restoration: Learning From Restoration Managers in Rhode Island, USA［J］. Society and Natural Resources, 2017, 30(4): 1358.

［106］Rafael LG, Raimundo, Paulo R, et al. Adaptive Networks for Restoration Ecology［J］. Trends in Ecology & Evolution, 2018, 33(9): 664－675.

［107］侯向阳,尹燕亭,丁勇.中国草原适应性管理研究现状与展望［J］.草业学报,2011,20（2）：262－269.

［108］金帅,盛昭瀚,刘小峰.流域系统复杂性与适应性管理［J］.中国人口资源与环境,2010,20（7）：60－67.

［109］孙建,张振超,董世魁.青藏高原高寒草地生态系统的适应性管理［J］.草业科学,2019,36（04）：933－938+915－916.

第四章　生物多样性和生态系统服务

在人类社会发展将野生生物彻底扼杀以前,人们一直以为,野生生物和刮风日落一样,都是大自然习以为常的存在,于是也就把野生生物的存在视为理所当然。如今,我们所面临的问题是:为了追求一种所谓更高层次的"生活水平",是否必须要以牺牲那些自然的、野生的且又不受约束的东西为代价。

——《沙乡年鉴》

生物多样性是人类赖以生存、发展、维系的基础和条件。但是,人类活动使得物种的灭绝速率比地球历史上物种的自然灭绝速率提高了一千倍。全球生物多样性的丧失正在威胁着地球上的生物群以及对人类福祉至关重要的生态系统的功能和服务。在世界各地,越来越认识到生态系统是自然资本,为生命支持提供巨大服务价值[1~3]。全球保护生物多样性的努力有可能为人们带来经济利益(即"生态系统服务")。但是,除非能够量化和评估生态系统服务区域,否则无法确定保护对生物多样性和生态系统服务有益的区域。尽管生态系统服务与既定保护优先事项之间的空间一致性差异很大,缺乏普遍的一致性,但对生态系统服务和生物多样性都很重要的"双赢"区可以在更精细的范围内得到有效识别[4]。

中国是世界上生物多样性最丰富的国家之一,具有物种丰富、物种特有程度高和遗传资源丰富的特点。中国的生物多样性面临着严峻的威胁。自1970年以来,中国陆生脊椎动物种群数量减少幅度最大,达到了50%,其中两栖爬行类动物物种下降幅度达到了97%,兽类物种种群减少了51%[3]。截至2013年底,全国共建立各级自然保护区2697个,总面积约146.31万km^2;其中陆域面积141.75万km^2,占全国陆地面积的14.77%,略高于世界各国的平均水平。就地保护(in situ conservation)对于保持生态系统内生物的繁衍与进化、维持生态系统内的物质循环和能量流动、维持生态系统服务和功能更具有现实意义,是生物多样性保护中最为有效的措施。就地保护研究也是保护生物学的重要研究领域和内容之一[5]。我国在生态保护上的政府规划和财政投入也是规模空前,世界瞩目。近年来,中国政府实施了天然林资源保护、退耕还林、野生动植物保护和自然保护区建设等六大林业重点工程,对于修复和保护中国的生物多样性资源起到了积极的作用。

第一节　多样性与稳定性

一、生物多样性

生物多样性是多样化的生命实体群（entity group）的特征。每一级实体——基因、细胞、种群、物种、群落乃至生态系统都不止一类，即都存在着多样性。因此，多样性是所有生命系统的基本特征。生物多样性包括所有植物、动物、微生物物种以及所有的生态系统及其形成的生态过程。它是一个描述自然界多样性程度的内容广泛的概念，是时间和空间的函数[6]。

生物多样性一词至少有三个方面的含义：即生物学的、生态学的和生物地理学的。狭义的生物学意义上的多样性多侧重于不同等级的生命实体群在代谢、生理、形态、行为等方面表现出的差异性。如生命的多样性，有机体多样性，分类学多样性和生物的多样性；生态学意义的多样性主要指群落、生态系统甚至景观在组成、结构、功能及动态等方面的差异性，当然包括有关的生态过程及生境的差异。

1. 遗传多样性

遗传多样性是指种内基因的变化，包括种内显著不同的种群间和同一种群内的遗传变异。种内的多样性是物种以上各水平的多样性的最重要的来源。遗传变异、生活史特点、种群动态及其遗传结构等决定或影响着一个物种与其他物种及其环境相互作用的方式。

2. 物种多样性

此处的物种多样性是指物种水平的生物多样性，与生态多样性研究中的物种多样性不同。前者是指一个地区内物种的多样化，主要是从分类学、系统学和生物地理学角度对一定区域内物种的状况进行研究；而后者则是从生态学角度对群落的组织水平进行研究。物种多样性的现状（包括受威胁现状），物种多样性的形成、演化及维持机制等是物种多样性的主要研究内容。

3. 生态系统多样性

生态系统多样性是指生物圈内生境、生物群落和生态过程的多样化及生态系统内生境差异、生态过程变化的多样性。此处的生境主要是指无机环境，如地貌、气候、土壤、水文等。生境的多样性是生物群落多样性甚至是整个生物多样性形成的基本条件。生物群落的多样性主要指群落的组成、结构和动态（包括演替和波动）方面的多样化。

二、生物多样性-生态系统稳定性关系

稳定性是指系统受到外部扰动后保持和恢复其初始状态的能力，是一个基于热力

学原理的概念。生态系统稳定性的概念一般包括抵抗力（resistance）、恢复力（resiliene）、持久性（persistence）和变异性（variability）4 个方面的内涵[7]。生态系统稳定性的影响因子众多，非生物因子包括气候（温度、辐射、降水等），资源的可获得性（N、P 的浓度等）以及干扰（施肥、火烧等）；生物因子包括生物多样性，物种相互作用的强度，以及食物网的拓扑结构，其中生态学家对生物多样性的关注更多。稳定性特征可能更多地受制于相应层次的多样性特征，如群落的稳定性与种群功能型的多样性密切相关，而种群稳定性依赖于个体的生活史特征。

MacArthur 和 Elton 的多样性-稳定性假说自从提出后，一直到 70 年代中期，被奉为生态学上最有影响的信条，甚至被称为“核心准则”[8]。MacArthur 的稳定性是指一个群落内种类组成和种群大小保持不变；而 Elton 的稳定性是指一个群落难以受外来种的侵入，其结果也是种类组成和种群大小维持恒定。MacArthur 认为，如果系统中物种取得营养的途径越多，则系统越稳定。而 May 认为，对于一个群落，如果其平均种间相互作用强度和种间联结保持不变，则以群落内物种分布若干组从而形成分隔（block）结构时，群落的稳定程度要高。在这里，这些所谓的分隔同 Korner 的功能集群（functional groups）很相似，功能集群是在进行食物网特别是在地下食物网研究时经常用到的分类单位，不是简单地描述为有或无，而是有强弱之分和季节性的变化。食物网包含了系统中的所有物种和它们之间的联结作用。因此，有关多样性-稳定性之间关系的各种假说都可以放在食物网中进行[8]。

食物网的复杂性是与系统的物种多样性有关的。May 的分隔结构模型使他的假说与 MacArthur 的假说产生了一定的联系。通过对地下食物网的研究，Moore 等发现，群落里分别存在着时间分室（temperal compartmentation）和生境分室（habitat compartmentation），因此，群落是高度分隔化[8]。另外的一些研究也证明，群落确实存在着相互耦合的亚系统，而且它们的数量会随着物种多样性的增加而增加。McNaughton 认为群落中的物种可能按照资源关系而被分配至不同的分室里，而在这些分室里，物种间的作用强度会随着多样性的增加而降低。根据 May 的论点，当群落中物种形成分隔结构时，即使在高度多样的群落里，稳定性的条件将会有一定程度的放宽[8]。Yodzis 还发现没有分隔的食物网随着种类多样性的增加而变得更加脆弱，这就从反面证实了生态系统的分隔理论。然而，尽管食物网理论将多样性-稳定性关系的理论研究向前推进了一步，既考虑到了物种的数量，也同时考虑到了它们间的相互作用，但 Hasting 认为食物网理论对弄清自然界的稳定性问题并不是一个恰当的方法，更加确切地说，种间联结对于讨论稳定性这一类问题还不够深入。Stenseth 还提出了一种最佳食物选择理论，指出 Pimm 的生态稳定性需要有进化稳定性的补充[8]。

Elton 的种群密度的恒定性和 MacArthur 的生态过程的恒定性（均衡性）是稳定性的两个主要的方面，群落稳定性最原始的概念是指群落受到干扰后，种群密度回到平衡点的条件。生态系统中任一物种几乎都能抵御一定水平的生物或非生物因子的扰动,许多研究就认为在一些小的扰动下,种群密度能自动回到平衡点的情形称为稳定,但确切地来说,应称为持续性(persistence),这实际上是一种局部稳定,而不是全局稳定[8]。

物种组成和丰富度共同决定着群落或生态系统的结构、功能和稳定性。因此,生物多样性的丧失会改变和破坏复杂的食物网,而这种影响的大小取决于稳定性、生产力和食物链中反馈机制的调节。生物多样性的丢失可导致生态系统的复杂性改变并引起激烈的自组织过程,甚至引发系统向退化生态系统的快速转变。营养级相互作用在此过程中扮演着重要的角色,因此,结合食物链营养级特征,研究生物多样性、生产力和稳定性的关系是非常必要的[9]。

生物多样性与物种水平和群落水平的稳定性关系不一致,May 在 1973 年提出群落的属性比种群的属性更加稳定,这一观点在当时一直被忽略。随后的一些实验研究和理论研究表明生物多样性可能会增加群落水平的稳定性而降低种群的稳定性。但最近的一些研究表明,在一些特殊情况下生物多样性有可能既提高群落的稳定性又提高种群的稳定性。生物多样性与物种水平和群落水平的稳定性关系不一致与研究所选取的系统有关[10]。

第二节　生态系统服务

生态系统服务(ecosystem services)是指人类直接或间接从生态系统中得到的产品和服务。生物多样性是指生命形式的多样性,包括物种内、物种间、生态系统和景观的多样性。生物多样性是生态系统的核心,生态系统作为一种人类生存发展的资本支撑着全部生态系统服务类型。生物多样性的丧失将直接影响着生态系统服务功能,生物多样性是制约生态系统服务发挥的最关键因素之一。越来越多的研究记录了人类对生态系统的大规模影响,包括物种损失和改变的营养食物网,以及养分和碳循环。由于人类活动对生态系统功能和服务的普遍影响,环境管理者面临的一个紧迫挑战是最大化一个生态系统功能或服务,同时不妨碍其他的生态系统功能或服务。因此,有必要同时评估若干功能或服务,以便全面了解干扰如何改变生态系统。

一、生态系统功能和生态系统服务

生态系统功能(ecosystem functions)和生态系统服务已成为生态学中的重要研究领域。最早对生态系统功能进行定义的是著名生态学家 Odum,他认为,生态系统功能是指生态系统的不同生境、生物学及其系统性质或过程。1970 年出版的《人类对全球环境的影响》著作首次使用了环境服务的概念,并列出了一系列自然系统提供的"环境服务",如害虫控制、昆虫传粉、渔业、土壤形成、水土保持、气候调节、洪水控制、物质循环与大气组成等方面。1974 年 Holdren 和 Ehrlich 研究了生态系统在土壤肥力与基因库维持中的作用,将"环境服务"概念拓展为"全球环境服务"。Westman(1977)提出应该考虑生态系统收益的社会价值,并将这些社会收益称为"自然的服务"。Ehrlich 等在 1981年首次称生态系统服务。

1997 年 Daily 提出生态系统服务是指自然生态系统及其物种所提供的能够满足和维持人类生活需要的条件和过程。同年,Constanza 等指出生态系统产品和服务是指人类直接或者间接从生态系统功能中获得的收益,并且将产品和服务两者合称为生态系统服务,即生态系统服务是指人类从生态系统功能中获得的收益,并将生态系统服务具体分为 17 种类型,每种类型又对应着不同的生态系统功能[11]。正是由于对"生态系统服务"概念和内涵的理解不同,国内不少学者从强调产生生态系统服务的过程以及服务行为的提供者和功能的生态学角度出发,将"ecosystem services"译作"生态系统服务功能"或者"生态服务功能"[12]。

大型野生食草动物对生态系统和人类社会至关重要。地球上大型食草动物正面临严重的种群下降和范围缩小,约 60% 面临灭绝的威胁。几乎所有受威胁物种都在发展中国家,主要威胁包括狩猎、土地使用变化和牲畜资源减少。大型食草动物的丧失可能对其他物种产生连锁效应,包括大型食肉动物、腐食者、中等牧食者、小型哺乳动物以及涉及植被、水文、养分循环和火灾管理制度的生态过程。大型草食动物减少的速度表明,世界上越来越多的地区将很快缺乏这些动物提供的许多重要的生态服务,导致巨大的生态和社会成本[13]。通过破坏树木,非洲大象有利于增加结构栖息地的复杂性,使蜥蜴群落受益。当非洲大象打开难以穿透的灌木丛时,大型掠食者(例如狮子)对小型有蹄类动物的捕食得到了促进。非洲大象也是远距离种子的伟大分散者(见图 4 - 1)。

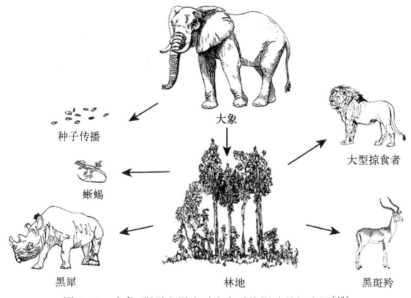

种子传播

大象

大型掠食者

蜥蜴

黑犀

林地

黑斑羚

图 4 - 1　大象、狮子和犀牛对生态系统影响的概念图[13]

二、中国生态系统服务功能和价值

生态系统服务功能是指生态系统与生态过程所形成及所维持的人类赖以生存的自然环境条件与效用。它不仅为人类提供了食品、医药及其他生产生活原料,还创造与维持了地球生命支持系统,形成了人类生存所必需的环境条件。生态系统服务功能的内涵可以包括有机质的合成与生产、生物多样性的产生与维持、调节气候、营养物质贮存与循环、土壤肥力的更新与维持、环境净化与有害有毒物质的降解、植物花粉的传播与种子的扩散、有害生物的控制、减轻自然灾害等许多方面[14]。

(一) 中国陆地生态系统服务功能及其间接价值

1. 有机物质的生产

利用太阳能,将无机化合物,如二氧化碳、水等合成有机物质是生态系统一个十分重要的功能,它支撑着整个生命系统,是所有消费者(包括人)及还原者的食物基础。第一性生产力及生物量是反映有机物质生产的两个重要指标。据综合分析,中国陆地生态系统第一性生产力为每年 6.711×10^9 t,总生物量为 $1.284\ 1 \times 10^{10}$ t,其中森林的第一性生产力为 $1.268\ 0 \times 10^9$ t,总生物量为 $9.067\ 7 \times 10^9$ t,分别为总生产力的 18.90%,总生物量的 70.61%。

2. 维持大气 CO_2 与 O_2 的平衡

生态系统通过光合作用和呼吸作用与大气交换 CO_2 和 O_2,从而对维持大气中 CO_2 和 O_2 的动态平衡起着不可替代的作用。在评估生态系统对固定 CO_2 与释放 O_2 的作用时,以中国陆地生态系统有机物质生产为基础,根据光合作用和呼吸作用的反应方程式推算每形成 1 g 干物质,需要 1.62 g CO_2,释放 O_2 1.2 g。

3. 营养物质的循环与贮存

生态系统中的营养物质通过复杂的食物网而循环再生,并成为全球生物地球化学循环不可或缺的环节,在评估中国生态系统在营养物质循环中的作用时,仍以中国陆地生态系统的生物量与生产力为基础,估算其重要营养物质氮、磷、钾在生态系统中的年吸收量与总储量。结果表明,中国陆地生态系统每年新吸收的氮总量为 76.78×10^6 t,磷 1.69×10^6 t,钾 48.68×10^6 t,氮、磷、钾三种营养元素的总储存量分别为 86.84×10^6 t、8.52×10^6 t 及 49.09×10^6 t。据有关统计资料,1985~1990 年,我国化肥平均价格为 2 549 元/t。若以此价格估计其间接经济价值,则我国陆地生态系统每年在固定氮、磷、钾等营养物质的循环中的作用创造间接经济价值 3.24×10^{11} 元。

4. 水土保持

生态系统保护土壤主要通过减少表土损失量,保护土壤肥力,减轻泥沙淤积灾害,减少风沙等 4 个相互联系的生态过程来实现其经济价值。在估算过程中,首先采用无林地的土壤侵蚀量来估算森林、草地每年减少的土壤侵蚀量,然后再评价森林、草地对表土损失、肥力损失和减轻泥沙淤积灾害三方面的价值。

5. *涵养水源*

涵养水分是生态系统的一个重要功能，以森林生态系统为对象，应用水平衡法测算出森林涵养水源能力，再运用影子工程法，评价生态系统对涵养水源的间接经济价值。

6. **生态系统对环境污染的净化作用**

绿色植物净化大气的作用主要有两个方面，一是吸收二氧化碳，放出氧气等，维持大气环境化学组成的平衡；二是在植物抗性范围内能通过吸收而减少空气中硫化物、氮化物、卤族元素等有害物质的含量。

生态系统维持了地球生命支持系统，为人类创造了赖以生存的生态环境条件，具有巨大的直接与间接经济价值。研究表明，中国陆地生态系统有机质生产间接价值为每年 $1.57×10^{13}$ 元，固定 CO_2 总经济价值为每年 $7.73×10^{11}$ 元，释放 O_2 间接经济价值为每年 $2.84×10^{12}$ 元，在氮、磷、钾等营养物质循环贮存间接经济价值为每年 $3.24×10^{11}$ 元，减少土壤侵蚀的间接经济价值为每年 $5.69×10^{12}$ 元，涵养水源的间接经济价值为每年 $2.71×10^{11}$ 元。植物净化大气的潜在经济价值达每年 $4.89×10^{12}$ 元。从这一不完全的估计中，可以发现，生态系统具有巨大的生态经济效益。[15]

（二）中国生态系统服务净价值

工业化以来，全球范围内生态系统的服务价值下降了 63%。服务价值的减少必然会影响人类未来福利，对生活在贫困线以下、依靠自然资源生存的约 11 亿居民的影响尤为严重。生态修复的成本是巨大的，典型生态修复项目每公顷的成本为 100～1 000 美元不等。同时，项目修复的收益与生态系统类型、生态系统退化程度以及修复方法密切相关。对全球 89 个生态修复项目进行评估，发现多种类型的生态系统修复后，生物多样性平均增加了 44%，生态系统提供的服务价值增加了 25%，与未受人类干扰的自然生态系统相比，这一价值仍处于较低水平[16]。

自从 Costanza 等（1997）计算了全球生态系统的服务价值以来，生态系统服务价值评估成为生态学和经济学研究的热点。然而，多数学者在开展生态系统服务价值估算时忽略了生态系统提供服务所需要的成本，或者仅仅计算了部分成本。

中国陆地生态系统年均服务净价值为 $10.0×10^3$ 元/公顷，为服务价值的 35.1%，草地生态系统服务净价值最低，为 $-0.7×10^3$ 元/公顷；中国陆地农田、草地、林地和湿地 2014 年实现生态系统服务净价值 $7.2×10^{12}$ 元，是全国国民净收益 $25.6×10^{12}$ 元的 27.0%。1952 年以来，由于人口增加的持续压力和环境政策的原因，中国陆地生态系统服务价值和净价值持续减少；1998 年以后，中国政府陆续实施了一系列森林保护政策，中国陆地生态系统服务价值和净价值止跌回稳。但相关政策忽略了林地以外其他生态系统的保护，导致农田、湿地和草地等生态系统严重退化（见表4-1）。

表 4-1 2014 年中国陆地主要生态系统服务价值和净价值

生态系统	单位	生态系统服务价值	成本				生态系统服务净价值
			水成本	土地租赁成本	直接投入	其他成本	
湿地	$\times 10^3$ RMB ha^{-1} a^{-1}	61.26	14.66	1.30	0.99	5.34	38.97
	$\times 10^9$ RMB a^{-1}	1 301.86	311.61	27.66	21.07	113.39	828.13
草地	$\times 10^3$ RMB ha^{-1} a^{-1}	4.83	4.87	0.59	0.04	0.06	−0.72
	$\times 10^9$ RMB a^{-1}	1 673.22	1 687.10	159.80	13.19	19.26	−206.12
农田	$\times 10^3$ RMB ha^{-1} a^{-1}	58.45	15.56	8.12	0.08	7.02	27.67
	$\times 10^9$ RMB a^{-1}	7 900.82	2 103.16	1 097.68	11.30	948.18	3 740.50
人工林	$\times 10^3$ RMB ha^{-1} a^{-1}	45.95	10.65	0.90	19.93	0.13	14.34
	$\times 10^9$ RMB a^{-1}	3 190.17	739.09	62.56	1 383.87	8.88	995.78
天然林	$\times 10^3$ RMB ha^{-1} a^{-1}	43.20	7.47	0.74	0.05	0.15	34.79
	$\times 10^9$ RMB a^{-1}	6 386.86	1 104.40	109.59	7.95	22.24	5 144.33
总计	$\times 10^3$ RMB ha^{-1} a^{-1}	28.44	8.28	2.03	6.62	1.54	9.98
	$\times 10^9$ RMB a^{-1}	20 482.01	5 959.53	1 458.56	4 766.58	1 111.34	7 185.99

第三节 生态系统服务与生物多样性关系

生态系统服务面向的对象是人类,动力核心是生物多样性。生态系统服务是双向相关的,需要同时关注提供者的状况和对象的需求,以及两者间的博弈。人类活动改变生物地球化学循环、土地利用、气候和生物多样性等,特别在工业革命后,人类利用自然的能力大大提高,对生态系统的压力越来越大,严重影响生态系统服务水平和服务质量。人类是生物多样性减少的主要驱动力,生物多样性又通过影响生态系统的结构和过程来影响生态系统功能,从而产生生态系统服务。

通过生态系统服务分类,加上经济学理论和方法可以核算生态系统服务价值,在实际评价时需要关注生态系统服务的供应相对于需求是否充足。生物多样性作为生态系统服务产生的核心,可以决定生态系统服务的水平高低,也是生态系统服务质量的风向标。

传统上,保护野生自然的努力集中在生物多样性:地球上从基因到生态系统的各种生命。最近,保护主义者已经开始关注保护的另一个方面:生态系统中有益于人类的商品和服务(如水净化、碳封存和作物授粉)。这些"生态系统服务"目前是研究、开发和政策关注的焦点。

生物多样性与生态系统功能的关系已成为当前人类社会面临的一个重大科学问题。生物多样性的空前丧失促使人们开展了大量研究工作来描述物种多样性-生态系统功能关系,并试图揭示多样性与系统功能关系的内在机制[17,18]。

近年来,随着全球物种灭绝速度的加快,物种丧失可能带来的生态学后果备受人们关注。生物多样性与生态系统功能的关系成为当前生态学领域内的一个重大科学问题。2002年以来,人们更加细致地探讨物种多样性对系统生产力和稳定性的影响及其作用机制。人们开始运用已有的知识揭示更大时间、空间尺度上的物种多样性-生态系统功能关系;而非生物因素(如资源、环境扰动等)与多样性-生产力的交互关系则吸引了许多生态学家开展实验研究;营养级相互关系对多样性效应的影响也开始受到重视。同时,人们开始认真地思考物种共存机制对物种多样性-生态系统功能关系的决定作用。

一、生物多样性和生态系统服务评估

许多生态系统已被人类使用转化或退化,恢复提供了恢复服务和福利的机会,更不用说内在价值了。但研究表明恢复从业者还未能发现生态恢复、社会和政策之间的联系[19]。

生物多样性和生态系统服务评估是生态系统管理与决策制定的重要依据,指标体系是开展评估的主要工具。中国在生物多样性与生态系统服务评估指标体系建设方面,由于没有形成统一的指标体系和技术方法,导致不同区域间的评估结果可比性差,区域和国家尺度上的集成研究难以开展。傅伯杰等(2017)借鉴国内外生物多样性与生态系统服务评估的主要研究成果,充分考虑"生物多样性-生态系统结构-过程与功能-服务"级联关系基础上,建立生物多样性与生态系统服务评估指标体系构建的主要原则,采用频度分析法和专家咨询法,构建了中国生物多样性与生态系统服务评估指标体系[20]。

许多实验表明,生物多样性的丧失降低了生态系统提供人类赖以生存的多种服务的能力。然而,现有研究通常关注单一营养群体的多样性,忽略了生物多样性丧失在许多分类群中发生的事实,任何营养群体的功能影响可能取决于其他群体的丰富程度和多样性[21]。

随着对生态系统功能的研究扩展到包括更多地点、时间跨度和功能,个别物种的功能重要性正变得越来越明显。然而,个体物种的功能重要性并不一定转化为在整个相互作用物种群落中测量的生物多样性的功能重要性。此外,规模大于邻近物种丰富度的生态多样性也可能影响在延长的时间尺度上提供多种功能[22]。

社会重视生态系统的多种功能,从土壤肥力到侵蚀控制到野生动物携带能力,这些功能可能受到持续的生物多样性丧失的威胁。最近使用个体物种特征的基于经验的模型表明,需要更高的物种丰富度来提供多种生态系统功能[23]。

生态系统服务评估是一个重要的科学主题,因其有可能解决可持续性问题而得到认可。中国的生态红线政策(ERP)是最早利用多个生态系统服务评估的国家政策之一。使用多时相、高分辨率图像(0.5 m)和生物物理模型确定了上海生态红线区的五个标准。在空间规划中纳入 ES 使得利益相关者在上海将陆地栖息地保护增加了174%。分析表明,生态系统服务评估的战略规划可以减少环境质量与发展之间的冲突[24]。

恢复受干扰和过度开发的生态系统对减轻人类对自然生态系统的压力非常重要。通过使用遥感技术和生态系统建模,定量评估了自 2000～2008 年中国退耕还林计划以来黄土高原生态系统碳固存的变化。植被净初级生产力(net primary productivity,NPP)和净生态系统生产力(net ecosystem productivity,NEP)稳步增加,在此期间共吸收了96.1 Tg 的额外碳。土壤碳储量的变化滞后,但预计将在未来几十年内出现。因此,黄土高原生态系统已从 2000 年的净碳源转变为 2008 年的净碳汇[25]。

森林和草原的长期压力,导致生态系统退化和碳损失。自 20 世纪 70 年代末以来,中国启动了六个重要的国家生态恢复项目,以保护其环境和恢复退化的生态系统。这十年中,估计项目区的年度碳汇总量为 132 Tg C a^{-1}(1 Tg = 10^{12} g),超过一半(74 Tg C a^{-1},56%)归因于项目的实施。研究结果表明,这些修复项目为中国的二氧化碳减排做出了重大贡献[26]。

亚马孙河流域是世界上最重要的生物区之一,拥有丰富的植物和动物物种,为人类提供丰富的商品和服务。多年来,生态科学已经证明了大规模森林砍伐会导致生物多样性的减少和森林产品的供应。然而,雨林及其提供的生态系统服务方面的一些重要变化直到最近才被评估。新研究表明,亚马孙地区的土地使用远不止大面积砍伐森林。选择性伐木和其他树冠的破坏比以前认为的要普遍得多。砍伐森林会对周围森林造成附带损害:通过加强森林地面干燥,增加火灾频率和降低生产力。健康森林的丧失会降低关键的生态系统服务,例如生物量和土壤中的碳储存,水平衡和河流流量的调节,区域气候模式的调整以及传染病的改善[27]。

生物多样性丧失已成为全球关注的问题,因为证据表明它将对社会所依赖的生态系统服务产生负面影响。到目前为止,大多数研究都集中在地上生物多样性丧失的生态后果上;然而,地球生物多样性的很大一部分实际上隐藏在地下。研究表明,土壤生物多样性丧失和土壤群落组成的简化损害了多种生态系统功能。所有测量的生态系统功能的平均响应与土壤生物多样性指标呈现强烈的正线性关系,表明土壤群落组成是调节生态系统功能的关键因素。研究结果表明,土壤群落的变化和土壤生物多样性的丧失威胁着生态系统的多功能性和可持续性[28]。

二、全球变化对生态系统多功能性的影响

随着全球经济的快速发展,人类利用和改造世界的能力越来越强,在全球范围内出现了诸多生态问题,如资源短缺、空气质量下降、生物多样性丧失和人口剧增等,正是这些问题的产生使生态系统服务及其价值评估引起了世界各国的普遍关注。

全球变化主要是土地利用和土地覆盖变化以及气候变化。其中气温上升和降水改

变会同时影响生物多样性和生态系统服务以及两者间的关系。土地利用和土地覆盖变化是生物多样性快速下降的主要原因,也是目前影响生态系统服务最广泛、最剧烈的驱动力。生物多样性创造了肥沃土壤和生存环境,但是人类的活动正在摧毁这一切,从生境破碎化到土地利用改变,生物多样性存在的根基正在消失,稳定的生命网络正在缩小瓦解,人类面临着可怕的生存危机。

全球变化和人类活动引起的生物多样性丧失将会对生态系统功能产生诸多不利影响,如生产力下降、养分循环失衡等。因此,始于 20 世纪 90 年代的生物多样性与生态系统功能(biodiversity and ecosystem functioning,BEF)研究一直是生态学界关注的热点。然而,随着研究的深入,人们逐步认识到生态系统并非仅仅提供单个生态系统功能,而是能同时提供多个功能,这一特性被称为生态系统多功能性。

生态系统多功能性,亦即生态系统同时维持多种生态系统功能和服务的能力,或者说生态系统多个功能的同时表现。与此同时,如何量化多样性丧失对生态系统功能的影响,以及生物多样性对多个生态系统功能的响应与其对单个生态系统功能的响应是否一致等问题应运而生。Hector 和 Bagchi(2007)首次定量分析了生物多样性对多个生态系统过程的影响,发现维持生态系统多功能性比维持单个生态系统功能需要更多的物种。由此,生物多样性与生态系统多功能性的研究才受到人们的关注,逐渐成为当前生态学研究的热点[29,30]。

尽管最近的研究表明气候变化可能会大大加速生物圈中物种丧失的速度,但只有少数研究关注的是生物多样性空间重组(spatial reorganization of biodiversity)与全球变暖的潜在后果。近几十年来北大西洋的浮游植物和浮游动物生物多样性在温带的纬度增加,生物多样性的这种上升与浮游动物桡足类的平均大小的减少相对应,并且浮游生态系统重组为较小生物的优势可能会影响碳流动的网络,对向下的生物碳泵和底栖大西洋鳕鱼(*Gadus morhua*)产生负面影响。研究表明,与增加生物多样性作为促进生态系统稳定性/复原力的积极新兴特性的通常解释相反,北大西洋可以看到浮游生物大小的平行减少,因此它减少了海洋生态系统对人类提供的一些服务[31]。

由于公众对土地退化的关注日益增加,美国国家森林和草原系统于 1891 年成为联邦森林保护区。78.1 万平方千米的森林保护区仅占美国陆地面积的 9%,但在向提供淡水、娱乐、野生动物栖息地和其他生态系统服务方面发挥着重要作用。但是,这些服务容易受到多种环境威胁的影响,包括气候变化[32]。

尽管来自实验草地的证据表明植物多样性增加了生物量生产和土壤有机碳(soil organic carbon,SOC)储存,但仍然不清楚这在自然生态系统中是否属实,特别是在气候变化和人为干扰下。根据中国 6 098 个森林、灌木丛和草地的实地观察结果以及综合多种理论的模型预测,系统地研究了气候、土壤和人类对 SOC 储存的影响与物种丰富度(species richness,SR),地上净初级生产力(aboveground net primary productivity,ANPP)和地下生物量(belowground biomass,BB)所带来的间接影响。研究发现有利的气候(高温和降水)对森林和灌木丛中的土壤有机碳储存具有一致的负面影响,但对草地没有影响。气候有利性,特别是高降水量,与较高的 SR 和较高的 BB 相关,这对 SOC 储存具有一致的积极影响,从而抵消了有利气候对 SOC 的直接负面影响。气候对 SOC 储存的间接影响取决于 SR 与 ANPP 和 BB 的关系,其在所有生物群系类型中始终为正。研究结果对改善全球碳循环模型和生态系统管理具有重要意义:保持高水平的多样性可以增强土壤碳固存(soil carbon sequestration),并有助于维持植物多样性和生产力[33]。

三、保护区在保护生物样性中的作用

入侵物种的扩散,气候破坏和污染,导致生物多样性和关键生态系统服务的减少。遏制此类威胁的一个主要方法是建立受保护区域(protected area,PA),保护区的全球覆盖范围从 1990 年的 1 340 万 km^2 增加到 2014 年的 3 200 万 km^2,共有 20.9 万个保护区,占世界陆地面积的 15.4% 和海洋面积的 3.4%。2010 年提出的"爱知生物多样性目标"确定到 2020 年占陆地面积覆盖率为 17%,沿海和海洋面积覆盖率为 10%。

在中国,研究如何实现生物多样性和生态系统服务的需求至关重要。最近人类活动规模的扩大对地球的生命支持系统构成严重威胁。预计保护区(PA)将越来越多地实现双重目标:保护生物多样性和保护生态系统服务。一项针对中国的全国性评估报告量化了受威胁物种栖息地的供应和四项关键调节服务:保水、土壤保持、沙尘暴预防和碳固存。我国的自然保护区适合哺乳动物和鸟类,但不适用于其他主要类群,也不适用于这些关键的生态系统服务。我国的自然保护区占国土地面积的 15.1%。它们占受威胁哺乳动物和鸟类整个栖息地面积的 17.9% 和 16.4%,但植物仅占 13.1%,两栖动物占 10.0%,爬行动物占 8.5%。自然保护区仅包括四个关键调节服务的源区域的 10.2%~12.5%,并集中在中国西部,而东部省份则有很多受威胁物种的栖息地和调节服务源区[34]。

全球生物多样性的丧失威胁着独特的生物群以及对人类福祉至关重要的生态系统的功能和服务。为了保护生物多样性和生态系统服务,指定保护区至关重要。然而,现有的保护措施在多大程度上符合这些保护优先事项是值得怀疑的,尤其是在海洋中。研究证明了现有保护程度与上述所有保护优先事项之间存在明显的空间不匹配,表明世界上最多样化,生产力最高的海洋生态系统目前都不是最受保护的生态系统。此外,发现生物多样性,生态系统服务和人类影响的全球模式相关性很差,使得普遍适用的空间优先排序方案的识别变得复杂化。因此,在指定对全世界海洋保护优先事项的适当程度的保护时,需要有全面的观点[35]。

四、入侵生物对生态系统影响

人类对海洋的开发活动,如渔业捕捞、水产养殖、水生生物贸易、科学研究、开辟航道和船舶运输等,可能有意或无意引入该区域历史上未出现过的新的物种。这些物种被称为外来物种,也称作引入种、迁入种引种也称为生态入侵、生物污染。人类活动是生态入侵现象的主要促进者,近代人为传播物种的数量和规模更是前所未有的[36]。

生物入侵(biological invasion)作为全球变化的一个重要组成部分,被认为是当前最棘手的三大环境问题之一。外来物种的成功入侵,常常直接或间接地降低被入侵地的生物多样性,改变当地生态系统的结构与功能,并最终导致生态系统的退化与生态系统功能和服务的丧失。严重威胁区域生态安全,也给全球的环境、经济甚至人类健康造成巨大的损失[37]。

由人类活动导致的外来种入侵是全球性的生物安全问题。随着全球化进程的加快,外来入侵种数量呈持续上升趋势,中国与世界各国都将面临更严峻的外来种入侵威胁。本质上,外来种入侵性的表达体现为其决定入侵性的功能性状与土著生态系统中功能群相互作用,从而改变生态系统结构和功能的过程[38]。

全球气候变化背景下,生态系统内不同功能群的差别响应可能改变彼此间的互作模式,进而影响入侵过程和态势。尽管围绕生物入侵机制、影响及其管控策略的研究已取得诸多重要成果和进展,但仍有一些基本的问题尚未解决。例如,长期演化形成的生物地理分布格局如何影响生态系统对外来生物入侵的易感性和抵御力?为什么外来物种中只有少部分发展成为恶性入侵种?适应性进化与外来种成功入侵有何关系?如何权衡外来种管控与经济发展及社会文化的关系等。

生物入侵并非独行,而是与全球的环境变化问题同时袭来。可以说,几乎所有全球环境变化的主要过程都与生物入侵过程相互作用,不仅正在催生出一次进化史上的革命,而且将产生难以预测的生态、经济和社会后果。仅就气候变化来说,其与生物入侵相互作用就可能产生五大后果:① 改变入侵种的迁移和引入机制;② 改变气候对入侵种的约束,从而导致新入侵种的出现;③ 使现有入侵种的分布区发生改变,扩张到新的区域;④ 改变现有入侵种所造成的影响;⑤ 用于管理入侵种的现有对策需要做适应性调整,或者其管理效率会有所改变。所以,生物入侵作为全球变化的重要过程之一,应与其他过程整合起来加以研究,认识这种相互作用的格局、机制与后果[39]。

虽然入侵物种经常威胁生物多样性和人类福祉,但很少考虑它们通过抵消原生栖息地的丧失来增强功能的潜力。我们支持讨论这样一种观点,即在本土基础物种丢失的地方,侵入性栖息地形成者可被视为有价值的生态系统功能的来源。

五、物种引入

将物种重新引入生态系统可能会对受援生态群体产生重大影响。虽然重新引入可以带来惊人的积极成果,但它们也带来了风险。许多善意的保护行动产生了令人惊讶和不尽如人意的结果。重新引入计划旨在将自我维持的受威胁物种种群恢复到其历史范围。然而,人口恢复可能无法反映遗传恢复,这对于人口的长期持续存在是必要的。通过混合略微分化和近交的来源群体,实现了两个物种的遗传多样性增加。我们的研究结果表明,即使在小型保护区内,转移种群的遗传多样性也可以在相对较长的时间内得到改善或维持,并突出了混合作为保护管理工具的力量[40]。

　　国际上许多野生动物保护组织在积极地进行物种的再引入(reintroduction)工作,通过人工的方法将某些濒危动物重新引入到它们早已灭绝的地方,挽救濒临灭绝的珍贵野生动物。阿拉伯大羚羊(*Oryx leucoryx*)已经成功地重返野外,而再引入到夏威夷岛上的300多只夏威夷黑雁(*Branta sandvicensis*)迄今为止尚未能在该岛上建立起一个能够自我维持的稳定种群。麋鹿(*Elaphurus davidianus*)又称四不像,原产于中国,饲养种群于20世纪初在中国灭绝。近年将饲养在英国乌邦寺的麋鹿重新运回中国,在北京的南苑和江苏的大丰实现了半野生状态下饲养,并已繁殖出较多的后代。朱鹮(*Nipponia nippon*)曾经是东亚地区最为常见的。中国朱鹮的再引入工程首次在陕西省宁陕县实施,目前再引入种群活动稳定并成功配对繁殖,意味着世界朱鹮的再引入工程取得了实质性进展[41]。

　　我国的扬子鳄物种处于极度濒危状态,2001年国家林业局根据专家的评估,提出通过人工繁育的扬子鳄实施再引入,来恢复和扩大野生扬子鳄种群的战略。2002年启动扬子鳄野外再引入工程,并在安徽和上海两地实施。经过再引入地的选择、改造以及人工养殖扬子鳄的筛选和野化训练等工作,再引入活动在安徽省郎溪县高井庙林场连续实施12年,共野外放归99条扬子鳄;在上海崇明东滩实施2次,放12条扬子鳄。所放归的扬子鳄在野外生存成功,并繁育出了116条后代。实施再引入工程初步实现了扩大野生鳄种群的目的,并为以后大规模实施活动积累了丰富经验[42]。

　　再引入到底能否作为物种保护的有效手段来挽救濒危动物。尽管国际上已经开展了许多再引入项目,但真正获得成功的所占比例并不很高。在兽类方面,获得成功的项目大多数是大型食草动物的再引入;在鸟类的再引入工作中,只有几种猛禽取得了突破性进展。要广泛而深入地开展生态学基础研究工作,了解动物的生活习性和生理需要,研究种群消长的规律及其影响因素,探索对野生动物进行科学化管理的途径。在此基础上,可以试验性地有选择地开展一些再引入的工作,积累经验,拯救濒危物种[43,44]。

　　植物的再引入在全球刚起步,是一项新兴的且长期有效的生物多样性保护工程。世界自然保护联盟(IUCN,1998)编印的第1本《物种回归指南》距今20余年。相比而言,发达国家的再引入开展得相对较早,尤其是美国、澳大利亚、新加坡、英国、法国等国家,在植物的再引入研究中做了许多探索和较大的贡献[45]。

　　为了恢复稀有物种和恢复目的,重新引入本地物种在全世界的保护中变得越来越重要。然而,分析了全世界249种植物物种的重新引入。结果表明,再引入植物的存活率、开花率和结果率通常很低(平均分别为52%、19%和16%)[45]。

　　濒危野生动物数量下降的全球问题不太可能减弱,因此,保证原产地和重新引入可能会变得更加普遍。如果这些努力要在生物学上取得成功需获得足够的资金,那么实施必须更加严格和负责[46]。

案例　互花米草的入侵

互花米草(*Spartina alterniflora*)为禾本科米草属多年生草本植物。互花米草是一种多年生根状茎植物,互花米草的繁殖方式有两种,即有性繁殖与无性繁殖。在适宜的条件下,互花米草3~4个月即可达到性成熟,其花期与地理分布有关。互花米草通常生长在河口、海湾等沿海滩涂的潮间带及受潮汐影响的河滩上,并形成密集的单物种群落。其分布通常受与高程相关的一系列环境因子的影响,因此互花米草的分布往往有一定的高程范围[47]。

互花米草原产于北美洲与南美洲的大西洋沿岸。在北美,从加拿大的魁北克一直到美国佛罗里达州及墨西哥湾,沿海各州均有分布。在南美,互花米草零星分布于法属圭亚那至巴西里奥格兰德(Rio Grande)间的大西洋沿岸。近200年来,由于有意或无意的人类活动,互花米草的分布区域已经从其原产地扩展到欧洲、北美西海岸、新西兰与中国沿海。大量研究表明,无论是在原产地还是入侵地,互花米草对当地非生物环境均产生了强烈的作用,而且被认为是生态系统工程师(ecosystem engineers),改造着被入侵生态系统的物理特征,从而进一步对当地生物群落、生态系统、公共事业及经济活动产生影响(见图4-2)。

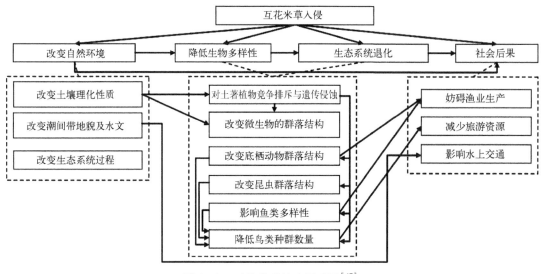

图4-2　互花米草的入侵后果[47]

从生态学上来讲,互花米草的生态价值也存在着一定的争议。在原产地,互花米草是滩涂植被的优势物种,对生态系统物理结构具有改造作用,从而有助于其他物种的定居,所以在当地生态系统中发挥着重要的生态系统功能;而当其扩散至其他地方后,除了在一些生态工程中发挥了一定作用外,给当地的生态系统造成了一系列危害。对互花米草的控制是非常困难而昂贵的,目前常用的方法有物理法、化学法和生物控制法。

思考题

1. 简要列举几个引起生物多样性丧失的原因。
2. 各有关机构所颁发的珍稀濒危动植物保护物种名录,主要依据的标准是什么?
3. 进行物种保护应先了解哪些问题?
4. 自然保护区的功能有哪些? 建立自然保护区的原则有哪些?
5. 生境发生片断化后,生境"岛屿"会发生哪些变化?
6. 迁地保育的生态因子的调控作用。
7. 对受胁迫濒危物种的生境进行恢复时的步骤及注意事项。
8. 种群遗传多样性恢复的方法和恢复的意义。
9. 试阐述生物技术在遗传多样性恢复研究中的应用。
10. 种群恢复中关键种产生的扩展的表型效应影响生态系统的具体过程是如何发生的?
11. 为什么说生物入侵过程压缩了传统生态学和进化生物学所涉及的时间和空间尺度?
12. 实际生产生活应用中,是否可以通过气候改变来调整一个地区的物种分布?
13. 外来植物入侵与植物功能性状的联系和影响。
14. 全球变化对森林生态系统的影响?
15. 简述保护生物学的现状和挑战。
16. 生物多样性对生态系统的功能有什么影响?
17. 植物群落不通过人工手段恢复,能否实现自然恢复?
18. 对于物种多样性的保护还有哪些不足的地方?
19. 种群恢复是否只能在自然保护区实现,对于人为管理下的环境能否实行种群恢复?
20. 生态廊道的恢复对于区域景观恢复有什么帮助?
21. 物种多样性的下降对生态功能有什么影响?
22. 在什么情况下应建设生态廊道? 建设生态廊道最基本的几个步骤是什么?
23. 什么类型的物种消失会引起重大生态失衡? 什么类型的物种消失对生态系统影响不大?
24. 以蝗灾为例,列举人工防治的几种具体措施?
25. 什么样的物种能对生态修复有利? 试列举几例?
26. 生物栖息地恢复过程中会对其中的关键物种造成什么影响?
27. 对于江豚、中华鲟这些长江流域的保护动物,我们还能通过生物栖息地恢复来进行种群恢复吗?
28. 包括人类和各种生物群落的迁徙,对局部生态的影响会向哪一方面发展,又该怎么解决?

29. 在有害群落人工干预方法中,通过引入群落天敌,控制群落发展之后,引入的新物种(天敌)会带来的哪些问题,怎样预防?

30. 物种入侵、外来物种对不同的生态环境(森林、湿地、海洋)的影响有哪些? 对人类的生存是否构成威胁? 我们有什么好的解决方案?

31. 如何应对由栖息地片段化造成的异质效应,并列出事例。

32. 长江上大坝的建造已经造成了中华鲟目前濒危的处境,那么有什么办法可以两全其美,既能让长江大坝正常运作,又不威胁到中华鲟的生存呢?

33. 各个国家对于物种入侵的防范建立了怎样的合作关系,不同国家的方法有何不同?

参考文献

[1] 徐海根,丁晖,欧阳志云,等.中国实施 2020 年全球生物多样性目标的进展[J].生态学报,2016,36(13):3847-3858.

[2] 郑云开,尤民生.农业景观生物多样性与害虫生态控制[J].生态学报,2009,29(03):1508-1518.

[3] Daily GC, Matson PA. Ecosystem services:from theory to implementation.[J]. Proceedings of the National Academy of Sciences, 2008, 105(28):9455-9456.

[4] Naidoo R, Balmford A, Costanza R, et al. Global mapping of ecosystem services and conservation priorities [J]. Proceedings of the National Academy of Sciences, 2008, 105(28):9495-9500.

[5] 马建章,戎可,程鲲.中国生物多样性就地保护的研究与实践[J].生物多样性,2012,20(05):551-558.

[6] 马克平.试论生物多样性的概念[J].生物多样性,1993,(01):20-22.

[7] 王国宏.再论生物多样性与生态系统的稳定性[J].生物多样性,2002,(01):126-134.

[8] 黄建辉,韩兴国.生物多样性和生态系统稳定性[J].生物多样性,1995,3(1):31-37.

[9] 许海珍,田海芬.食物网在生物多样性、生产力、稳定性关系研究中的重要性[J].内蒙古科技与经济,2014,(9):53-54.

[10] 张景慧,黄永梅.生物多样性与稳定性机制研究进展[J].生态学报,2016,36(13):3859-3870.

[11] Costanza R, De Groot, Farber S, et al. The value of the world's ecosystem services and natural capital [J]. Nature, 1997, 387(6630):253-260.

[12] 冯剑丰,李宇,朱琳.生态系统功能与生态系统服务的概念辨析[J].生态环境学报,2009,18(04):1599-1603.

[13] Ripple WJ, Newsome TM, Wolf C, et al. Collapse of the world's largest herbivores[J]. science Advances, 2015, 1:e1400103.

[14] 欧阳志云,王如松,赵景柱.生态系统服务功能及其生态经济价值评价[J].应用生态学报,1999,(05):635-640.

[15] 欧阳志云,王效科,苗鸿.中国陆地生态系统服务功能及其生态经济价值的初步研究[J].生态学报,1999,(05):19-25.

[16] 曹世雄,刘玉洁,苏蔚,等.中国陆地生态系统服务净值评估[J].中国科学(地球科学),2018,48(03):331-339.

［17］张全国,张大勇.生物多样性与生态系统功能:进展与争论[J].生物多样性,2002,(01):49-60.

［18］张全国,张大勇.生物多样性与生态系统功能:最新的进展与动向[J].生物多样性,2003,(05):351-363.

［19］Aronson J, Blignaut JN, Milton SJ, et al. Are Socioeconomic Benefits of Restoration Adequately Quantified? A Meta-analysis of Recent Papers (2000-2008) in Restoration Ecology and 12 Other Scientific Journals [J]. Restoration Ecology, 2010, 18(2): 143-154.

［20］傅伯杰,于丹丹,吕楠.中国生物多样性与生态系统服务评估指标体系[J].生态学报,2017,37(2):341-348.

［21］S Soliveres S, van der Plas F, Manning P, et al. Biodiversity at multiple trophic levels is needed for ecosystem multifunctionality[J]. Nature, 2016, 536(7617): 456-459.

［22］Pasari J R, Levi T, Zavaleta ES, et al. Several scales of biodiversity affect ecosystem multifunctionality [J]. Proceedings of the National Academy of Sciences, 2013, 110(25): 10219-10222.

［23］Zavaleta ES, Pasari JR, Hulvey KB, et al. Sustaining Multiple Ecosystem Functions in Grassland Communities Requires Higher Biodiversity[J]. Proceedings of the National Academy of Sciences, 2010, 107(4): 1443-1446.

［24］Bai Y, Wong CP, Jiang B, et al. Developing China's Ecological Redline Policy using ecosystem services assessments for land use planning[J]. Nature Communications, 2018, 9(1): 3034.

［25］Feng X, Fu B, Lu N, et al. How ecological restoration alters ecosystem services: an analysis of carbon sequestration in China's Loess Plateau[J]. Scientific Reports, 2013, 3: 1-5.

［26］Lu F, Hu H, Sun W, et al. Effects of national ecological restoration projects on carbon sequestration in China from 2001 to 2010 [J]. Proceedings of the National Academy of Sciences, 2018, 115(16): 4039-4044.

［27］Foley JA, Asner GP, Costa MH, et al. Amazonia revealed: forest degradation and loss of ecosystem goods and services in the Amazon Basin[J]. Frontiers in Ecology and the Environment, 2007, 5(1): 25-32.

［28］Wagg C, Bender SF, Widmer F, et al. Soil biodiversity and soil community composition determine ecosystem multifunctionality[J]. Proc Natl Acad Sci, 2014, 111(14): 5266-5270.

［29］Hector A, Bagchi R. Biodiversity and ecosystem multifunctionality[J]. Nature, 2007, 448, 188-190.

［30］Isbell F, Calcagno V, Hector A, et al. High plant diversity is needed to maintain ecosystem services [J]. Nature, 2011, 477(7363): 199-202.

［31］Beaugrand G, Edwards M, Legendre L, et al. Marine biodiversity, ecosystem functioning, and carbon cycles[J]. Proceedings of the National Academy of Sciences, 2010, 107(22): 10120-10124.

［32］Duan K, Sun G, Sun S, et al. Divergence of ecosystem services in U.S. National Forests and Grasslands under a changing climate[J]. Scientific Reports, 2016, 6: 24441.

［33］Chen S, Wang W, Xu W, et al. Plant diversity enhances productivity and soil carbon storage [J]. Proceedings of the National Academy of Sciences, 2018, 115(16): 4027-4032.

［34］Xu W, Xiao Y, Zhang J, et al. Strengthening protected areas for biodiversity and ecosystem services in China[J]. Proceedings of the National Academy of Sciences, 2017, 114(7): 1601-1606.

［35］Lindegren M, Holt BG, Mackenzie BR, et al. A global mismatch in the protection of multiple marine biodiversity components and ecosystem services[J]. Scientific Reports, 2018, 8(1): 4099.

［36］杨圣云,吴荔生,陈明茹,等.海洋动植物引种与海洋生态保护[J].台湾海峡,2001,20(2),259－265.

［37］王卿,安树青,马志军,等.入侵植物互花米草——生物学、生态学及管理[J].植物分类学报,2006(05)：559－588.

［38］杨继,李博.入侵科学的发展需要新视角和新技术[J].生物多样性,2017,25(12)：1255－1256.

［39］李博,马克平.生物入侵：中国学者面临的转化生态学机遇与挑战[J].生物多样性,2011,18(6)：529－532.

［40］White LC, Moseby KE, Thomson VA, et al. Long-term genetic consequences of mammal reintroductions into an Australian conservation reserve[J]. Biological Conservation, 2018, 219, 1－11.

［41］陈文贵,李夏,刘超,等.陕西省宁陕朱鹮再引入种群之现状[J].野生动物学报,2013,34(1)：23－24.

［42］王宏根,汪仁平.扬子鳄再引入工程综述[J].安徽林业科技,2018,(2)：28－32.

［43］张正旺.濒危动物的再引入与物种保护[J].动物学杂志,1992,(6)：37－40.

［44］陈宝玲,宋希强,余文刚,等.濒危兰科植物再引入技术及其应用[J].生态学报,2020,30(24)：7055－7063.

［45］Godefroid S, Piazza C, Rossi G, et al. How successful are plant species reintroductions? [J]. Biological Conservation, 2011, 144(2)：672－682.

［46］Muths E, Bailey LL, Watry MK. Animal reintroductions：An innovative assessment of survival[J]. Biological Conservation, 2014, 172：200－208.

［47］王卿,安树青,马志军,等.入侵植物互花米草——生物学、生态学及管理[J].植物分类学报,2006,44(5)：559－588.

第五章　生态哲学、生态文化和生态经济

你理解了太阳、大气层和地球运转的一切问题,你仍然可能遗漏了太阳落下时的光辉。

——怀特海(A. N. Whitehead)

生态恢复以保护现有生态系统或创造新的不退化的生态系统作为主要方向。所有生态危机都或多或少是因为人类过度依赖技术和不重视与地球其他生物平等相处的结果。所以当生态系统在人为退化后再花巨大的经济代价去修复是十分不可取的。地球上的氮污染和生物多样性极度减少本身都是可以避免的过程。人类一定要意识到我们只有一颗地球,建立一个生命共同体才是正确的方向。生态修复必须要从社会、经济和文化角度着手,形成全面地参与才能成功。美国著名环境伦理学家霍尔姆斯·罗尔斯顿的著作《哲学走向荒野》,引起了人们对自然价值的关注和人与自然环境关系的重新认知[1]。自20世纪60年代以来,全球越来越多的人类拥有了生态意识,确立了生态哲学(Ecophilosophy)的价值观。[2]

第一节　生 态 哲 学

一、中国生态哲学理论的发展历程

中国的生态哲学从环境伦理学研究开始,历经几十年的发展正在走向成熟。它从生态伦理学的发展阶段展开,历经自然观入手的自然哲学研究,对技术异化的批判,在人类思维的历史进程中的生态思想研究,直至今天生态哲学走向全面发展[3]。

(一) 生态伦理发展阶段

中国的生态哲学研究也从环境伦理学开始涉及。在研究过程中它把握了西方环境伦理学理论及思想,阐释了生态伦理内涵,也形成了富有特色的研究基础,产生很多有价值的研究成果,从而形成了中国环境伦理学重要的理论内容。

1980年,余谋昌把环境伦理概念介绍到国内,1986年发表了《关于人地关系的讨论》,认为远古时代人类社会生产水平很低,对自然的控制能力弱,对自然只是一味地崇拜。第一次技术革命以后,机器技术体系装备的生产力高速发展,人类凭借着这种力量

控制一个又一个自然力,在征服自然的凯歌中开辟人类的新天地。人类产生了自己是主人的思想,形成了控制自然、战胜自然的观念。1988 年 2 月其发表的《生态学中的主体与客体》一文将人与自然的关系和社会与自然的关系作为生态哲学中的主客体来研究,这是当代重要的全球性问题。正如余谋昌在《生态伦理学的基本原则》一文中所说,生态哲学以人与自然关系为基本问题,它区别于人与自然二元分离和对立的传统哲学,是关于人与自然和谐发展的哲学。

(二)从自然观入手的自然哲学研究以及对技术异化的批判

2000 年之前,中国的生态哲学主要从人工自然的角度研究人与自然的关系、研究自然观,2000 年之后转向从技术异化的批判角度研究人与自然的关系以及自然观。人与自然的关系贯穿于生态哲学研究始终,人通过技术与自然建立联系,技术的不断发展引起学者对人工自然的哲学研究。1993 年发表的《由自然哲学到人工自然哲学》认为,自然哲学的研究需要从自然扩展到人,人的活动所产生的产品及其过程、人对自然的能动作用、人的活动及其产品对人类的反作用等都应该扩展为研究内容,也就是说人工自然必须走入研究视野,自然哲学要走向人工自然。林德宏在 1993 年发表论文《自然观研究的新阶段》,提出系统地开展人工自然观的研究是自然观研究的新阶段。人工自然是人类行动产生的,人的行动沟通人类和社会并以人工自然呈现。对于人工自然的研究有助于进一步揭示自然与社会的本质联系,有助于我们更好地实现生产模式的转轨。1999 年陈洪良发表论文《人工自然观与现代社会发展》指出,人类社会在自然之中发展,自然的发展是其前提,人工自然观首先必须体现生态文明,这是人类的精神对自然的生态把握,是把人类意识融入宏大的自然生态系统中。

(三)人类历史思维进程中的生态思想研究

2010 年以后,中国学者开始研究西方哲学历史中的生态哲学思想,再加上对中国传统哲学生态思想所做的挖掘,中国的生态哲学在哲学的历史思维中研究生态思想的历程,从思维的层面丰富了生态哲学的研究。在人类的思维历史中,生态思想的发展是持续的,期间有过反复、曲折。生态哲学有价值观维度的研究,也就是生态伦理学或环境伦理学;有本体论维度的研究,也就是生态自然观;在哲学思维历史进程中研究生态思想,就是思维层面的生态哲学研究,这相当于认识论维度的生态哲学研究。

(四)生态共同体:生态哲学对走向生态纪元的追求

从中国学者对生态哲学在不同时代的不同看法可以体会出生态哲学本身的发展。《中国环境伦理学研究进展》一文表明当时的生态哲学就被看作是环境伦理学,作者李寿德肯定了中国学者在环境伦理学领域所做出的成就。而佘正荣(2006)认为在生态伦理学这门重大新兴学科的开创过程中,存在着多元竞争的理论是非常合理的,这肯定了生态哲学发展的多元性。张岂之(2007)指出,环境哲学的目的是要探讨伴随环境危机而产生的哲学问题,它们主要涉及人和自然之间关系的各类问题。环境哲学必定需要研究环境伦理问题。当前最紧迫的是要解决人们该做什么和如何做的问题。

由于全球生态危机的现实,生态哲学揭示其深层根源并批判现代所存在的问题也是中国学者所研究的内容。针对全球生态危机,寻求后现代的思想去解决,运用具有更彻底生态性的过程哲学去分析也是中国学者所做出的努力。2002 年发表的《过程哲学与生态危机》一文明确指出,过程哲学被誉为当代新思想的来源,并用以解决人类所面临的全球危机。过程哲学的空间不受限制,它涉及现实中的所有层次。不同层次的相互依赖,不同个体的相互依赖,特别是人与自然的相互依赖。《过程哲学与时代的急难》一文中作者指出,过程哲学的精髓就在于使人们意识到"我们在世界中,世界在我们中",这是过程哲学有关现实的研究。过程哲学的产生与发展也伴随着现代西方哲学的终结过程。由于过程哲学对相互联系的推崇,怀特海称其为"有机体哲学",以表明他对世界组成的理解,它是生态的,以生态学为基础。《生态学:过程哲学的科学基础》一文这样阐述:生态学揭示了每一个体都体现了创造性的能量流动,支持了过程哲学所倡导的创造性,个体以生物多样性、生态位创造构成了生态系统的有序结构,肯定了自然的内在价值,由此支持了过程哲学的多元价值观。这是关于过程哲学本体论的研究。

把握国外生态哲学的理论发展一直都是中国学者的研究任务,"生态纪"思想的研究就是其中之一。面对全球危机,西方著名生态思想家 Thomas Berry 提出,要使人类获得一种可持续的生存方式和发展方式,唯有实现"生态纪"(ecozoic)的转变。走向生态纪是地球地质生命过程的必然,更是生命过程的未来走向,决定了中国生态哲学所面临的研究任务。2005 年《地球的地质-生命过程之中的技术-社会过程》一文就是中国生态哲学把过程哲学和"生态纪"思想结合起来的研究成果。地球的地质生命过程创造了不同的文化体系,从人类学会使用火开始,地球的地质生命得到了丰富,随后人类的技术打破了地域的限制,形成了多方文化、文明的交流和冲突,并产生了宗教,现代技术迅猛发展,也产生危机,被紧密编制在地球的地质-生命过程之中,这是走向生态纪元的必经过程。在中外生态思想史上,地理环境决定论由来已久,地理环境的特殊属性促使人逐渐从自然中分离出来。远古代、中生代、新生代是地球的过去和现在,生态纪是地球的未来,走向生态纪元就是人类和地球共同体的共同追求,共同体的观念也存在于时间的整体中。

二、西方生态伦理学发展

生态伦理学是环境哲学的一个分支,它们之间的关系和哲学与伦理学的关系一样,它不解决世界观和方法论的问题,而是在环境的框架下,研究人与人的关系、人与环境的关系,是生态学思维与伦理学思维的契合。生态伦理学是关于人与环境之间关系的道德原则、道德标准和行为规范的研究,是人与自然协同发展的道德学说[4]。

　　始创于20世纪初的生态伦理学,便是直接针对现代化的生产和科学技术的发展导致生态平衡被严重破坏的恶果而提出的。法国哲学家Albert Schweizer《文明的哲学:文化与伦理学》中提出了"尊重生命的伦理学"。美国哲学家Aldo Leopold的《沙乡年鉴》书中主张:扩大伦理学的边界,改变人类的地位,确立新的伦理价值尺度。他首次提出"大地共同体"的概念。

　　早在19世纪,英国功利主义哲学家Jeremy Bentham就有扩展道德共同体(moral community)之议;美国George Perkins Marsh的《人与自然》(1864)、英国Thomas Henry Huxley的《进化与伦理学》(1893)都主张在人与自然之间建立某种亲和的伦理关系。Albert Schweizer从对生命的崇拜出发,提倡尊重生命的伦理学。他认为崇拜生命是伦理学的基础,维护生命、完善生命和发展生命是善;毁坏生命和损害生命的行为是恶,在这种伦理学中最主要的是人应对所有生物负有个人责任。Aldo Leopold提倡大地伦理学,他主张伦理学研究的对象要从人和社会领域扩展到人和大地(自然界)。1975年,美国哲学家Holmes Rolston Ⅲ发表《存在生态伦理学吗?》一文,从生态规律转换为道德义务的必要性论证了生态伦理学的合理性。此后他发表一系列论文和两本专著:《哲学走向原理》(1986年)与《环境伦理学:自然界的价值和人对自然的责任》(1988年),建构了环境伦理学的理论框架。

　　此外,1985年,日本学者丸山竹秋发表论文《推进地球伦理》。首次使用"地球伦理"一词,指出伦理学本来是关于人与人之间道德关系的学问。儒家学说里蕴含着丰富的生态伦理思想,他们所提出的"天人合一""仁爱万物"的思想,以及对合理利用自然资源的论述,以朴素的、直观的形式反映了当时人们对自身与自然关系的认识,具有丰富的文化伦理价值,是全人类宝贵的文化遗产。

　　西方学者提出的生态伦理学之所以会陷入理论困境,根源于它没有完全摆脱西方文化传统的束缚。虽然它提出了一种与西方文化传统完全不同的生态价值观和生态伦理观,但是,其思维方式和理论构架还停留在西方传统文化设置的藩篱之中[5]。

　　1970年,奈斯在《问题的深性和深生态学运动概要》一文中提出了"深生态学"一词,其相关的一整套生态哲学观念、环境思想、生态政治主张与绿色经济理念以及自然教育洞察被称为"奈斯主义"。奈斯创立并发展了当代生态哲学最具挑战性与革命性的激进思潮——深生态学理论体系,并引领深生态学实践运动而被学界尊为"深生态学"之父,他也是战后世界著名的生态哲学思潮杰出的领军人物之一,在中外学界具有广泛而深远的影响。奈斯融东西方文化资源、生态智慧于一体,自觉吸收现代生态学、系统科学和心理学等最新成果,深度追溯环境危机的哲学根源,认为主流世界观假设单体与环境之间的人为区别,导致生态灾难,并由此证明这种形而上学的危险性。深生态学秉承并倡导"生物圈完全平等"的生态主义立场,拒斥人类中心主义价值观。[6]

　　奈斯及其创立的深生态学对全球性生态危机进行全方位的审视与思考,试图对其产生根源进行深层挖掘,对现代社会主流价值观进行反思与批判,为推进生态环保运动提供了必要的智力支持和精神动力。虽然其理论的内部自洽性与科学前提有待于进一步精致化与完善化，但其宽容开放的姿态与品格必将汲取反映当代环保主题的进步元素而与时俱进，为生态文明建设做出其应有的时代贡献。

总之，生态哲学是当代哲学界从反思人与自然关系的演化进程，面向生态环境危机的严峻现实，展望人类生存发展的文明前景等一系列活动中提升出来的哲学新形态。在新的历史条件下，生态哲学的研究，不仅强化了哲学对维护生态系统协调平衡和促进经济社会持续发展的反思与批判功能，而且为我国哲学研究的进一步拓展和深化，提供了历史的契机。而哲学的特征之一便是以概念范畴体系的有效统摄和合理构建理论，理论地揭示和实践地设计自身与对象世界及其关系[7~10]。

案例　生态哲学视野下的荒野

19世纪末20世纪初荒野保护运动兴起于美国。经过自然作家、生态学家、生态主义者和政府部门等众多力量的合力推动，特别是经 Henry David Thoreau，John Muir，Roderick Nash 等荒野保护先行者的不懈努力，对荒野哲学思想的探索不断深化，荒野哲学范畴的规范不断完善，表明现代西方环境哲学界对地球生态文明的自觉探索。近年来，我国生态哲学界对荒野思想和荒野范畴展开多维度的学术研究，并有诸多相关成果相继面世[11]。

荒野是与文化相对立的存在物，荒野保护的实质是人们能否接受并承认其不可毁灭的价值。人们在对荒野的价值，以及对待荒野的政策的理由和根据等问题上的认识并不一致。印度环境科学家古哈认为荒野保存有重要的价值，但是他主张在发展中国家最重要的问题不是保护荒野和提高生活质量的问题，而是基本生存问题，包括土壤侵蚀、空气和水污染、食物安全和燃油短缺等问题[12]。

在人与自然矛盾日渐突出的今天，生态问题成为当代国际学术研究的重要话题。自19世纪起，美国的环境保护主义者们便开始反思人与自然的关系。由于美国独特的地理环境，荒野日益成为美国开发与环境保护争论的焦点，由此美国荒野保护理念及其实践成为美国发展和环境保护历史进程中较为重要的议题之一[13]。美国荒野保护观对本土和国际均产生了较大的影响。国家公园制度的建立、相关法案的完善以及民间环境组织的发展都与美国荒野保护观的推动相关。如今全球建立了上千个国家公园，各国对荒野保护均有所关注，这些成果与美国荒野保护观密不可分。

荒野保护是一种协调人与自然关系的重要途径。我国现行生态文明政策中并未直接提及荒野这一概念，但已初步形成与荒野保护相互耦合的"观念-制度"体系。中国是荒野景观的大国，应进一步加强荒野价值的系统性、永久性保护，因此需要将荒野保护观念与制度作为生态文明建设的一项核心内容[14]。

第二节　生态经济和文化

当前生态经济学研究中的理论和前沿进展主要有：经济增长的生态经济学研究，生态系统的经济分析，具有开放进入特征的生态系统管理的研究。其中，将自然资本纳入增长与分配的宏观模型是生态经济学研究中的重大理论问题。生态系统服务对福祉和不平等的影响研究已进入经济学家的视野，有清晰的证据显示出，功能良好的生态系统和人类福利两者有重要的相关性。生态系统服务价值的前沿研究是一些尚未涉及的生态系统服务价值、生态系统服务价值增量以及生态系统服务未来价值的预测。科学家对具有开放进入特征的生态系统管理的关注度不断增加，正在试图给出超越经典经济理论的解释[15]。

作为新型文明形态的生态文明对社会经济结构提出了新要求，从整个经济系统看，要求人类的经济活动应实现自然资源利用率最大化和对生态环境损害最小化。从产业价值流程看，人类产业活动过程应把对资源的浪费和对生态的破坏降到最小。生态文明对于社会经济结构的要求就在于建立生态化的经济发展模式。生态经济学理论表明，必须把发展科学技术尤其是生态化技术作为转变发展方式的根本动力[16]。

一、生态经济学

20 世纪 60 年代后期，美国的经济学家 Kenneth E. Boulding 在他的一篇论文《一门科学：生态经济学》中正式提出了"生态经济学"的概念。生态经济协调发展，是可持续发展的必然要求。美国著名思想家 Lester R. Brown 于 2001 出版了《生态经济：有利于地球的经济构想》，其宗旨是提供环境上可持续发展的经济——生态经济的构想，提供从目前经济模式转向生态经济的途径，并且不断地对我们是否朝着这个方向发展进行评估。这标志着世界范围内以生态经济为主旋律的全球经济运动已经开始[17]。

（一）生态经济学内涵与意义的提出

生态经济学真正作为研究生态系统和经济系统关系的一门学科而走上国际舞台是在 20 世纪 80 年代。20 世纪 20 年代中期，美国科学家 Mekenzie 首次把生态学的概念运用到对人类群落和社会的研究上，主张经济分析必须要考虑生态过程。20 世纪 60 年代中期，美国经济学家 Kenneth E. Boulding 发表了《宇宙飞船经济观》，引起了世界的巨大轰动，60 年代后期，他正式提出了生态经济学的概念[18]。1972 年美国的 D. Meadows 发表了罗马俱乐部的第一个报告《增长的极限》，而后出现了一大批相关论著。1988 年国际生态经济学会(ISEE)的成立，以及第二年 *Ecological Economics* 刊物的出版发行，成为生态经济学研究的一个重要里程碑。2019 年，加拿大 Peter Brown 与 Peter Timmerman 合编《人类世的生态经济学：一个新型范式》构想了一个尊重地球生态，对所有生命负责,对人类安全和真正繁荣负责的社会,代表着一种有助于消除现行经济秩序威胁的非常精密且实际的策略。

我国生态经济学的提出和建立始于 1980 年,我国经济学家许涤新首先提出了进行生态经济研究和建立生态经济学科的建议。1982 年 11 月,我国召开了第一次生态经济讨论会。1984 年 2 月,中国生态经济学会正式成立。1985 年 6 月,创办了全世界第一份生态经济学杂志——《生态经济》,比美国的 *Ecological Economics* 还要早 4 年。王松霈在其著作《生态经济学》中总结认为,20 年来我国生态经济学研究做得更多的工作是服务实践和指导实践。中国生态经济学会自成立以来组织的学术交流活动也主要体现在生态农业、山区、林区、牧区等的生态经济开发与水土流失治理问题的研究。

近 20 年来,生态经济学逐渐得到各国政府和公众的认可,不同领域的学者从不同角度对生态经济问题进行了广泛研究。多数生态经济学家认为,生态经济学是生态学和经济学相互结合形成的一门新兴交叉学科。其中最权威的是 Robert Costanza 给出的定义:生态经济学是从最广泛的意义上阐述生态系统和经济系统之间的关系,这些关系也正是当前我们所面临的许多最紧迫的问题,但目前的任何学科都没有很好包含这些内容。生态经济学的目的就是要拓展这些交叉领域,将现代经典环境经济学和受生态学影响的学科都纳入其子学科之列,同时它也鼓励用新方法来考虑生态系统和经济系统之间的联系。

虽然普遍认为生态经济应该是生态系统和经济系统的协调发展,但其出发点却不尽相同。经济学家把环境看作经济的一个子系统,生态学家则与之相反,把经济看作环境的一个子系统。Lester Brown 提出经济系统是生态系统的一个子系统的观点,并将这一思想同哥白尼挑战"地心说"对人们世界观的影响相提并论[17]。

国内学者的研究与国外基本一致。对于生态经济内涵的理解基本上等同于可持续发展的概念,根据研究的侧重点不同其表述也不同,常见的有:生态经济协调发展、生态与经济的良性循环、生态经济系统的协调和稳定、生态经济平衡等。

(二)生态经济学为建立可持续发展思想提供理论基础

生态经济学是一门跨自然科学和社会科学,尤其是一门跨经济学和生态学的新的交叉学科。近十余年来,随着环境与可持续发展问题成为国际科学界研究的热点,生态经济学研究进入全面发展的时期,生态经济学在可持续发展的经济学研究中发挥着日益重要的作用。生态经济学是可持续发展研究的理论基础,可持续发展是生态经济学的中心内容,生态经济学主要针对人类对自然环境的不可持续性影响这个中心问题开展研究[19]。

环境经济学与资源经济学正如它们目前的发展和实际应用情况,仅涉及新古典经济学在环境问题与资源问题研究中的应用。生态经济学既包括利用经济学方法研究经济活动对环境与生态的影响,也包括用新的方法研究生态系统与经济系统之间的联系。

生态经济学是研究经济系统和生态系统之间相互作用的跨学科研究领域,关注的是环境(或生态)系统与经济系统之间的相互作用。生态经济学着重于研究人类经济活动与生态系统的福利以及与人类社会系统的福利日益冲突的领域。生态系统最终支撑人类的所有经济活动,而人类社会系统是经济活动收益的最终受益者。

作为一个跨学科的研究领域,生态经济学将其焦点置于帮助定义什么是"可持续发展"或者对不同社会"可持续性"意味着什么? 1990 年首届国际生态经济学讨论会的论文集题目就是《生态经济学——可持续性的科学与管理》。人类及其生命支持系统的可持续发展正是生态经济学的目标。因此,生态经济学是关于可持续发展研究与评估的科学。

(三) 循环经济和蓝色经济

在研究循环经济时,四位欧美学者对循环经济的理论与方法,有着自己独特的理解和系统的探索,出版了有影响力的著作。Walter R. Stahel 的《绩效经济》(2009)、William McDonough 和 Michael Braungart 的《从摇篮到摇篮:重塑我们的生产方式》(2002),Gunter Pauli 的《蓝色经济》(2010)。Pauli 用蓝色经济的名义研究循环经济,蓝色经济有三个主要的内涵[20,21]。

1. 蓝色经济完整地模仿生态系统,而不只是末端处理的垃圾经济

按照 McDonough 和 Braungare 的论述,摇篮经济有两个基本形式,即作为自然营养物和技术营养物的废弃物再循环。但是国内许多读者当前解读的循环经济,却是在走简单的垃圾经济道路。这样一种末端处理的垃圾经济与作为生态设计的循环经济是有本质上差异的。《蓝色经济》一书中可以看到 Pauli 再次强调了循环经济是要向自然界学习完整的生态智慧。Pauli 认为中国在城市化的进程中,不应该摈弃传统去效仿西方,而是应该深化生态思维搞循环经济,把城市养分用来促进表土再生,这样就可以有效地保障中国的粮食生产和安全。

2. 蓝色经济创造可观的经济效益,而不是只会烧钱的环保经济

国内发展经济,经常存在着有经济效益没有环境效益,或者有环境效益没有经济效益的矛盾。特别是循环经济开展以来,虽然政府与企业投入了不少资金,但是经济效益远远没有达到期望值。正是针对这种环保经济的普遍情况,Pauli 特别强调了蓝色经济与绿色经济的区别。蓝色经济的目的,不但是要节约资源和环境友好,而且要在保护、调适、增值自然系统的同时创造经济价值。Pauli 介绍的非洲贝南农业与食物处理系统,被认为是蓝色经济具有经济与环境双重效益的典型事例。

3. 蓝色经济可以创造工作机会,而不是浪费人力资源的失业经济

循环经济可以通过产业链的延伸,创造出新的劳动密集型的工作机会。例如,在当前的低碳经济中减少二氧化碳排放被认为是需要花费巨额投资的烦恼事情,巴西利用火电厂现有基础架构捕捉二氧化碳生产藻类生物柴油的案例,证明可以将处理二氧化

碳转化成为有利可图的挣钱之道,同时还创造了100多个工作机会。而Pauli从世界各地3 000个事例中筛选出来的100个商业创新案例,启发世人结合当地的资源,开发出投资少、回报多、就业好的蓝色经济创新项目。目前已经创造了大约2万个工作机会,如果推广应用,可以在未来10年内,在全球范围内再增添1亿个直接和间接相关的新岗位。

(四) 生态修复经济学

中国科学院院士孙鸿烈提出生态修复要与经济效益相结合。几十年来,关于生态系统的经济价值、生态系统经济损失及生态恢复经济价值等研究受到了广泛关注。这些理论研究都是某个方面的、零星的,而完整的、综合的生态恢复经济价值过程的研究尚未涉及。为能够更好地进行生态恢复管理工作和实施生态系统可持续管理,应该建立一门新的学科——生态恢复经济学,从而形成一个系统的生态恢复经济理论框架。生态恢复经济学主要关注退化的、受损的或被毁的生态系统及其恢复和重建的经济学问题,其研究内容主要涉及三方面[22]。

1. **生态退化的经济损失评估**

生态系统退化过程的经济损失,主要是由于生态系统退化而产生的生态资本减少,以及生态价值(如土壤保持价值、CO_2贮存价值、O_2释放价值、温度调节价值等)降低所造成的生态经济损失,包括直接经济损失和间接经济损失。直接经济损失,是生态系统中的生态资源作为生产要素价值的损失,这个价值是由市场所决定的,并可用经济价格计量出来。间接经济损失,是生态系统中生态资源的非生产要素价值丧失所隐含的经济损失。

2. **生态恢复的经济可行性分析**

退化生态系统的恢复过程是漫长的,需要长期的管理投入,同时又有临界阈值。其次,良好的经济效益是维系恢复的保障,没有经济效益做基础,恢复结果也难以维系,环境可能继续恶化。因此,需要根据生态恢复的目标和实际需求,估算退化生态系统的损失额,确定生态恢复投资规模、资金来源、投资方式、时空分配、运行规律、恢复效果以及恢复资金投资策略等。

3. **生态恢复过程中的价值评估**

退化生态系统经过恢复与重建,能够产生良好的生态效益、经济效益和社会效益。通过改善生态系统的结构和功能、增加生态系统群落的多样性和稳定性、促进退化植被及生境土壤的恢复和发展、改善小气候环境等,产生良好的生态效益,增加直接经济价值和间接经济价值,带动周边社区的协调稳定发展,提高社会效益。

退化生态系统在不断恢复期间,生态系统的服务功能将不断发生变化,其经济价值将不断增值。退化生态系统恢复是一个长期的恢复过程,在不同的恢复时期将会产生不同的经济价值;退化生态系统经过长期的恢复,其某些功能的恢复经济价值的发展过程将会在某一个时期达到稳定状态。同时,在恢复期间将产生社会效益,改善周边社区居民生活,促进经济发展。

用巴西塞拉多的商业甘蔗扩张作为典型案例研究,我们应用经济和生物物理稳态模型来量化《巴西森林法规》(Brazilian Forest Code,FC)在景观和经济层面规划中的效益。我们发现 FC 合规性给企业带来了很小的成本,但可以为自然带来显著的长期利益:支持 32(±37)种其他物种,储存 593 000 至 2 280 000 吨碳,价值 6 900 万至 2.65 亿美元,并略微改善地表水质。发现景观水平的合规性使每 6 年甘蔗种植周期的总营业成本减少了 1 900 万美元至 3 500 万美元,同时经常支持更多的物种并储存更多的碳。研究结果表明,景观水平的缓解提供了仅有一定成本的保护效益,可用于促进可持续发展[23]。

二、生态文化

在全球环境保护浪潮的冲击影响下,在我国环境问题的呼唤下,通过外部输入的方式刺激了我国生态文化的产生,如 Rachel Carson 的《寂静的春天》、利奥波德的《沙乡年鉴》、罗尔斯顿的《环境伦理学》等对我国生态文化诸领域的发展都起到了积极的推动作用。

当现代文化将反自然倾向推向极端时,人类面临着自诞生以来最为严峻的考验:我们能否以文化生存的方式与地球生态系统和谐共存? 换言之,超越了动物生存状态的人类文化可否不采取反自然的形态? 这是 21 世纪的人类必须全力探究的问题。现代文化的各个层面都必须得以改变,才会成为亲自然的而不是反自然的。生态文明是人类的必由之路,生态文明就是广义的生态文化[24]。狭义的生态文化是以生态价值观为核心的宗教、哲学、科学与艺术。在广义的文化中,狭义的文化主要体现于理念和艺术,当然它也直接渗透在语言、风俗和制度中,甚至还体现在技术和器物之中。

当今世界,人们越来越认识到生态系统服务功能对地球生命系统和人类生存发展的重要支撑作用。经济发展新常态下,生态服务、环保治理、绿色产业和生态产品已成为转型发展的首要需求;生态文化基本公共服务供给不足,体系建设亟待加强[25]。生态危机的出现预示着一个崭新的生态文明形态的到来。生态文明不仅仅是一个自然的历史过程,也是生态文化主体的文化建设的价值导向问题。作为一种当代形态的文化现象,生态文化理念在中国还是一种新生事物,相对于日益加剧的环境危机及所引起的环境冲突而言,它的成长和发育存在着严重的缺陷与不足[26]。

人类面临的生态环境问题的严重性迫使人们重新审视人与自然的关系,反思我们的自然观和生态观,从理论和实践的层面寻找解决生态问题的良策。那么,在当代中国社会,我们应该如何完善我们的生态文化理念制度呢? 当前,中国古代传统生态伦理思想就成为当前生态伦理学研究的热点,其中有许多极有价值的思想值得我们去研究并加以借鉴[27]。中国传统文化蕴涵着博大精深的生态智慧,如天人合一、道法自然、众生平等的思想。我们要在继承传统生态文化的基础上对西方环境文化的理论成果进行整合、创新，建设民族的、中国特色的生态文化。生态文化的三个组成部分(精神形态层次、制度形态层次和物质形态层次)并不是相互独立的，而是相互关联，相互影响的，它们共同组成了一个生态文化的有机整体。

当前中国正处于工业文明向生态文明转变的巨大变革之中，只有将人与自然、人与人、人与自身的和谐作为人类的价值目标，并以和谐理念作为环境立法的指导思想，人类才能改善现有的环境状况，实现人与自然和谐统一、协调发展的美好目标。"山水林田湖是一个生命共同体，人的命脉在田，田的命脉在水，水的命脉在山，山的命脉在土，土的命脉在树"，道出了生态文化关于人与自然、生态、生命、生存关系的思想精髓。

文化的本质是人的生存方式，是人与自然相互交往的结果。人类正是在认识自然、改造自然的过程中创造了丰富的物质文化财富和精神文化财富，形成了自身的存在方式。迄今为止，人类历史上已经出现了原始文化、农业文化、工业文化三种文化形态，其中原始文化是人屈从于自然的生存方式[28]。生态文化是人与自然和谐的生存方式，是人类文化发展的新阶段。构建生态文化有赖于科学技术的创新，有赖于制度的重新设计，有赖于文明的生产方式和生活方式养成，但从根本上必须首先塑造人的生态观念，使人与自然和谐的生态意识牢固树立。生态意识是人对人与自然关系的自觉认知，树立生态意识是生态文化建设的关键所在。

近年来，在工业文化的驱动下，我国经济社会快速发展与资源环境有限承载之间的矛盾不断显现，生态问题已经制约着经济社会的可持续发展。不合理的生产方式和生活方式是造成我国生态状况总体恶化趋势难以有效扭转的原因。

三、人类生态学

现代生态学将人类生态学的研究提到一个很高的层次。协调人与自然的关系以改善人类的生存环境，将成为生态学研究的重要动向，即人类生态学将成为生态学发展的新的重要方向。人类生态学和生态学按照学科分类，它们都是"生物学"的研究领域[29]。

(一) 人类生态学的发展

人类生态学(human ecology)作为生态学的一个分支，它的出现并不是由生态学家为其奠定了基础，而是最先由美国社会学家 Robert Ezra Park 在其论文《城市：对于开展城市环境中人类行为研究的几点意见》中，提出了"人类生态学"。1985 年，世界上成立了国际人类生态学会，标志着人类生态学已经形成了自己的学科优势，成为生态学研究的一个主要方向，也成为一个自主和独立的学科。20 世纪 90 年代以后，国际生态学界认为，生态学正在从传统的生物生态学向人类可持续发展生态学的方向发展，生态学的研究重点将会转移到生态系统和人类关系的可持续能力建设上。

人类生态学是指研究不同文化背景下,人类与环境之间各种关系的一门学科。20世纪二三十年代:Park 等从人与城市关系及其空间利用形式的结构及形成机制等角度提出:人类生态学是研究人和社会机构的结构秩序及其形成机制的科学,是研究人类在其环境的选择力、分配力和调节力的影响下所形成的空间和时间上的联系科学。这些学者被后人称为"芝加哥学派"或"古典人类学派",其主要特点是以社区作为人类生态研究的基本单元,大量引进传统生态学概念[30]。

1996 年 8 月在美国生态学会第 81 届年会上,Meyer 作了题为《走出黑暗,面向未来的生态学》的报告。在报告中 Meyer 提出了当今生态学发展的五大方向:生态工程、生态经济、生态设计、产业生态学和环境伦理学。

中国虽然有"天人合一"这一朴素的人类生态学思想,但从现代人类生态学角度来看,中国这方面的研究起步相对较晚,20 世纪 80 年代以来,马世骏、曲仲湘、夏伟生、周纪纶等老一辈生态学家,对中国人类生态学的研究做出了较大的贡献。特别是马世骏(1991)提出的"自然-社会-经济复合生态系统"的理论,以及创立的人类生态系统的"整体、协调、循环、自生"的学术思想,为人类生态学的研究奠定了基础[31]。

人类生态学是美国城市研究领域中最重要的理论体系之一。芝加哥学派将人类生态观引入城市学研究,提出了认识城市的系统方法和理论,至今仍有一定的影响和指导意义。美国早期的城市研究起源并集中于生态研究,人类生态学奠定了城市学基础,许多新的概念与假设都是在修正和补充早期生态理论的基础上发展起来。经典生态学观点在城市研究领域的应用是对城市空间结构或增长模式的探索[32]。

(二)人类生态学在 21 世纪的发展

未来的 50 年到 100 年中,世界的总人口预计将增长到 80～100 亿。随着人口的快速增长,社会科学技术的进步,人类对于自然资源的掠夺和对生态环境的破坏将会进一步地加剧。今天,地球表面上已经没有一个生态系统没有被人类的活动所影响,人类生态系统现在正在以不断增强的力量影响着整个地球。而巨大的人口压力在带来自然危机的同时又会不可避免地引发诸多的社会问题。而如果人类不考虑那些经常性的、强大的、支配性的影响的话,将永远都无法理解整个地球生态系统的结构和作用。

2004 年,美国生态学会的 20 多位著名生态学家共同发表的一个战略研究报告指出"未来的环境是由人类为主体、人类有意或无意管理的生态系统所组成;生态学必然会成为世界各国制定环境政策和可持续发展规划中的重要组成部分;世界各国应该在全球范围内结成广泛的合作关系"。在报告中,生态学家们普遍认为,生态学特别是人类生态学应该成为未来人类与自然系统共生存、共发展的理论依据。该报告为人类生态学在 21 世纪的发展做出展望,为其日益重要的地位做出诠释,即生态学未来发展的方向和归宿就是人类生态学。

未来的环境是由人类管理的生态系统所组成;可持续发展的未来将包括维持性、恢复性和创建性的综合生态系统;生态学注定会成为制定可持续发展规划与决策过程中的重要组成部分;要在全球结成合作关系,形成新型的生态文化。生态学应该成为未来人类与自然生态系统共存的理论依据和行动指南,生态学未来的归宿就是人类生态学[33]。

案例 我国应走后现代农业之路

鉴于时代特点和我国国情,无论是城市建设还是农村建设,都必须遵循生态化原则,实行人与自然的协调发展,兼顾发展经济与保护环境。当今农民工进城打工的人口流动趋向,在不太遥远的将来可能会发生逆转。这种人口流动的逆转趋势,取决于农业生产的多样化发展与城市生产的普遍不足、人口畸形膨胀的同时并存。总之,中国作为东方农业大国,其发展远景与发展道路,决不会、也不应该走所谓的城镇化道路[34]。

传统城乡二元社会结构的弊端在于,城市与乡村各自封闭,在经济、文化、信息、人才等方面基本没有相互流动、交流互补。但是,取代传统城乡二元社会结构的并非单质一元的同质社会,而是多元多维的异质社会:不仅城市与农村存在不同的发展模式,而且不同的城市和不同的农业区域各有自己的发展模式,即使是同一个城市或同一个农业区域,也会有自己内部的多业并举和多样化选择。总之,用多元多维的异质社会取代传统的城乡二元社会结构,是适合时代特点和中国国情的发展模式。

长期以来,消灭三大差别、改变传统的城乡二元社会结构曾经是中国人普遍认同的理想目标,但用城市化一元社会结构取代城乡二元社会结构,既脱离中国农业大国的国情,有失中国农业保护物种多样性的生态化传统,又违背市场经济体制下不同力量竞争、多元经济互补的原则。事实上,无论城乡差别的内涵发生怎样的变化,城乡差别的形式将是永远存在的。在新形势下,中国的城市建设需要以内涵式发展取代外延式发展,逐步优化城市的内在功能。完善城市的现代功能,提升城市的环境质量,尽量为农村建设留出更多的空间。

澳大利亚国家级工程"绿色澳大利亚项目"主任、著名后现代农学家大卫·弗罗伊登博格建议:难道中国真的渴求发展与澳大利亚和美国相同的现代农业吗? 中国别无选择,唯有发展一种独特的后现代农业。

对于我国来说,挑战在于,要从自己过去和当前的那些高度污染能源和侵蚀土地的非持续性做法中吸取教训。挑战还在于,应创造一种后现代的务农文化。后现代农业是后工业时代的农业发展形态,它的首要目的是为人类提供绿色、安全、健康的食品和愉悦的服务。具有中国特色的"两型"农村建设和后现代农业选择,在一方面是对西式现代无机农业进行反思和超越的结果,在这个意义上,中国的"两型"农村建设必然是高于西式农村建设的后现代文明形式;后现代农业是扬弃工业化农业的生态农业。按照农村经济社会和农业生产同步推进的发展战略,我们将会逐步建设一个资源节约型、环境友好型、农民尊重型、社区繁荣型、审美欣赏型的后现代新农村,走出一条既符合世界生态化潮流、又适合中国国情的新农村建设和后现代农业之路。只有走后现代农业道路,才可能实现中国城市建设与农村建设的同步发展。

思考题

1. 我国在生态文化建设上取得了哪些成就?

2. 如何在考虑人类状况需求的同时保持生物多样性?

3. 物质生产、人口生产、环境生产之间的区别与联系。

4. 产业生态学的健康发展指标是什么?

5. 关于生态系统服务价值评估还存在哪些问题?

6. 人工绿化等于生态修复吗,我们植树造林是不是应该考虑周密?

7. 我国的城乡二元结构是如何影响生态环境的?

8. 如何建立一个良好的生态系统服务评价体系?

9. 举例生态文化特色产业,以及其如何做到生态化的?

10. 蓝色经济指的是什么? 它是否只在非洲实行,是否有成功的案例?

11. 荒漠对生态系统有什么有益的贡献吗? 当世界上的沙漠和荒漠都被种上植被,会不会很多地方变成多雨气候而过于潮湿?

12. 退耕还林还草在生态修复的同时,是否会对经济产生影响? 对于农民来说,是利大于弊还是弊大于利?

13. 中国如何具体的去实施可持续发展战略?

14. 生态伦理学遭遇西方文化的阻力是什么? 为何生态伦理学需要中西方文化的结合?

15. 我国生态文化建设有哪些具体实例,生态文化重点发展任务与发展方式有哪些?

16. 符合生态文化要求的生态行为实践有哪些,请举例说明。

17. 人类应该如何用生态文化促进生态文明建设?

18. 生态伦理学尊重生命和自然界的主张,但想要发展经济必然离不开对生命和自然界的"不尊重",这是否冲突呢?

19. 我国提出了把培育生态文化作为重要支撑,但又处于经济发展的高速时期,那如何能够平衡生态文化和工业城区等的关系呢?

20. 生态恢复中出现过哪些道德伦理问题,请举一个例子。

21. 古代的类似"天人合一"是一种人生境界吗? 其是不是被强加到生态学中的,试说明。

22. 我国生态补偿的措施和政策主要是什么? 请举出相关事例。

23. 中国应如何去发展后现代农业?

24. 生态伦理学对于人类是不是真的有利,我们应该以人类为中心,还是以生态环境为中心?

参考文献

[1] 李慈慈.哲学走向荒野——论自然价值与生态伦理的关系[J].伦理与文明,2014,(02):82-90.

[2] 鲁枢元.生态哲学:引导人与自然和谐共处的世界观[J].鄱阳湖学刊,2019,(1):5-11.

[3] 李世雁,鲁佳音.中国生态哲学理论的发展历程[J].南京林业大学学报:人文社会科学版,2016,16(1):32-42.

[4] 林红梅.生态伦理学的历史演进和未来走向[J].南京林业大学学报(人文社会科学版),2009,9(01):35-41.

[5] 刘福森.中国人应该有自己的生态伦理学[J].吉林大学社会科学学报,2011,51(06):12-19+155.

[6] 夏承伯,包庆德.深生态学:探寻摆脱环境危机的生存智慧——纪念阿恩·奈斯诞辰100周年[J].鄱阳湖学刊,2012,(6):40-57.

[7] 包庆德,徐文华.生态哲学视界:草原生态恢复与重建研究之述评[J].内蒙古师范大学学报(哲学社会科学版),2007,(03):10-17.

[8] 崔永和.生态哲学视域下的中国城乡同步发展[J].唯实,2011,(06):26-29.

[9] 包庆德.生态哲学十大范畴论评[J].内蒙古大学学报(人文社会科学版),2005,(04):73-79.

[10] 余谋昌.生态哲学:可持续发展的哲学诠释[J].中国人口.资源与环境,2001,(03):3-7.

[11] 包庆德,吕忱洋.生态哲学视界中的荒野范畴及其研究进展[J].内蒙古大学学报(哲学社会科学版),2013,45(06):25-32.

[12] 叶平.生态哲学视野下的荒野[J].哲学研究,2004,(10):64-69.

[13] 李敬尧.美国荒野保护观的生态哲学研究[D].苏州科技大学,2017.

[14] 曹越,张振威,杨锐.生态文明建设背景下的中国荒野保护策略[J].南京林业大学学报(人文社会科学版),2017,17(04):93-99.

[15] 孙若梅.生态经济学研究中理论和前沿进展的几点评述[J].生态经济,2018,34(5):54-59.

[16] 刘希刚.生态经济学视角下中国经济生态化转型路径探析[J].商业时代,2012,(25):86-87.

[17] 莱斯特·R.布朗.生态经济:有利于地球的经济构想[M].林自新等,译.北京:东方出版社,2002:1-21.

[18] 周立华.生态经济与生态经济学[J].自然杂志,2004,(04):238-242.

[19] 张志强,徐中民,程国栋.可持续发展下的生态经济学理论透视[J].中国人口·资源与环境,2003,(06):4-10.

[20] 冈特·鲍利,李康民.蓝色经济为危机时代培植新经济商业模式[J].世界环境,2010,(01):76-79.

[21] 诸大建.蓝色经济具有可持续发展的三重效益——评冈特·鲍利《蓝色经济》[J].世界环境,2014,(02):89.

[22] 虞依娜,彭少麟.生态恢复经济学[J].生态学报,2009,29(8):4441-4447.

[23] Kennedy CM, Miteva DA, Baumgarten L, et al. Bigger is better: Improved nature conservation and economic returns from landscape-level mitigation[J]. Science Advances, 2016, 2(7): e1501021.

[24] 卢风.论生态文化与生态价值观[J].清华大学学报(哲学社会科学版),2008,(01):89-98+159.

[25] 《中国生态文化发展纲要(2016-2020年)》出台[OL].http://www.jsforestry.gov.cn/art/2016/4/15/

art_63_87955.html.

［26］李家寿.中国生态文化理念发展现状及其生成路径［J］.广西民族大学学报（哲学社会科学版），2008，（04）：102－106.

［27］蒙培元.从中国生态文化中汲取什么？［J］.社会科学战线，2008，（08）：26－30.

［28］王丹.生态文化与国民生态意识塑造研究［D］.北京交通大学，2014.

［29］刘术一.生态学与人类生态学归属与分类问题［J］.科技信息，2012，（08）：97－98.

［30］任文伟.人类生态学发展及国内外研究进展［J］.中国科学基金，2011，25（02）：90－93.

［31］胡萌萌，张雷刚，吕军利.从生态学到人类生态学：人类生态觉醒的历史考察［J］.西北农林科技大学学报（社会科学版），2014，14（04）：156－160.

［32］高鉴国.美国现代人类生态学的发展与评价［J］.都市文化研究，2007，（02）：249－261.

［33］刘术一.人类生态学研究现状与发展趋势［J］.绿色科技，2012，（04）：1－2.

［34］大卫·弗罗伊登博格，周邦宪.中国应走后现代农业之路［J］.现代哲学，2009，（01）：68－71.

第六章 退化陆地生态系统的修复

如今的自然资源保护主义,已经来到了穷途末路,它与我们现有的亚伯拉罕式的土地观念背道而驰。我们滥用土地,因为我们将它当作自己的附属财产。而唯有当我们把自己看作土地的附属品时,才会以热爱和敬畏之心去利用土地。

——《沙乡年鉴》

我国地处欧亚大陆东南部,自北向南有寒温带、温带、暖温带、亚热带和热带五个温度带。特别是我国西南部青藏高原的隆起,对周围地区的地貌、气候和生物产生巨大影响[1]。我国地貌类型复杂,从东向西,地势逐渐升高,形成三大阶梯。这种地势阶梯对我国境内生态环境的大地域分异产生深刻的影响。中国古近纪、新近纪及第四纪相对优越的自然、历史、地理条件更为我国生物多样性的发育提供了可能,从而,使我国成为世界上生态系统类型最为丰富的国家之一,具有地球陆生生态系统各种类型,包括森林、草地、湿地、荒漠、农田生态系统和城市生态系统等。同时我国是个多山的国家,山地自然环境复杂孕育着丰富的生态系统类型。

全球共有十大陆地生态系统类型,我国占其中九类,分别是热带雨林、常绿阔叶林、落叶阔叶林、针叶林、红树林、草原、高寒草甸、荒漠、苔原,我国唯一缺乏典型的非洲萨王那群落(稀树疏林草地生态系统),但是中国的四大沙地(浑善达克、科尔沁、毛乌素、呼伦贝尔)在健康状态下其结构与功能恰恰是"萨王那"类型[2]。我国划分为 3 个生态大区、13 个生态地区和 57 个生态区,全国生态建设划分成八个类型区域[3]。李文华(2016)对我国重要的陆地生态系统的保育与建设、相关生态建设实践的总结和生态产业发展等重要问题进行了全面深入的探讨[4]。

第一节 山地生态系统

中国是多山之国,山地、丘陵和高原的面积占全国土地总面积的 69%。山地是中国地貌的格架。中国大地貌单元如大高原、大盆地的四周都被山脉环绕。占地球陆地面积 24% 的山地,提供了陆地 80% 以上的淡水资源和绝大部分能源、矿产资源与生态系统服务功能,在人类社会生存与发展中具有重要作用。

山地生态学的诞生几乎与近代生态学和自然地理学同步。但直到 20 世纪 90 年代,在全球变化研究迅猛发展背景下,山地生态系统对全球变化的高度敏感性及其显著的区域乃至全球环境与社会效应,山地生态学才得以在全球范围内被广泛重视并得到较大发展[5]。山地系统是一个集自然过程和人文过程为一体、对周边环境产生深刻影响的生态复杂系统:复杂多变的环境创造出丰富的生物多样性;丰富的水资源成为下游地区的水塔;异质生境和地貌过程形成发达的山地垂直带和镶嵌的山地景观;多样的原生群落为可持续农业提供合理的生产模式;秀丽的自然风貌和丰富的生物多样性提供了丰富的生态旅游资源;特殊的生境孕育着丰富的文化多样性。

英国生态学家 Myers 等提出了全球 18 个森林生物多样性保护的热点区,仅占陆地面积的 0.5%,却有地球上 20% 的植物种,且大都位于山区。1998 年由北京大学城市与环境学系陈昌笃先生主持的《中国生物多样性国情研究报告》提出了中国 17 个具有全球意义的生物多样性保护关键区域,其中 11 个在山区[6,7]。

山地生态比较脆弱,在全球环境变化背景下,这里受到的影响更大。山区的人与自然保持着均衡与和谐的关系,创造了星球上最为协调的景观,有人称山地为"生态源"。占地球陆地面积 24% 的山地,提供了陆地 80% 以上的淡水资源和绝大部分能源、矿产资源与生态系统服务功能,在人类社会生存与发展中具有重要作用。山地系统对全球变化的响应与适应成为当前国际全球变化研究的热点领域和重点关注区域。

我国西南山地区域地处长江流域和澜沧江流域的上游区,地理上包括青藏高原东南部,四川盆地和云贵高原。受地质影响及区域内农业开发历史悠久、经济落后,长期以来不当的资源开发不当和生态环境保护不力,致使区域自然资源遭到极大破坏,生态系统退化严重。针对西南山地生态系统脆弱、植被退化严重等突出生态环境问题,在阐明退化生态系统类型、空间分布以及退化机理的基础上,从山地植被破坏成因、植被恢复关键技术、水土流失综合防治技术、农林牧复合管理模式等方面深入系统的研究,评价筛选不同退化生态系统类型恢复重建的关键技术,优化集成综合治理模式,确定不同生态综合治理模式推广的空间范围和实施条件,提出综合整治和管理技术对策[8-12]。

一、山地生态系统基本概念和意义

(一) 山地

山地是指具有一定海拔高度、相对高度和坡度的地面。山地一般由山峰、山脊和沟谷组成。山地不仅是地貌类型也是由许多生态系统组成的景观。山地是"陡坡"与高地并列的单独或串联的景观单元,是人类利用和适应的边际性地区。广义的山地包括高原、山间盆地和丘陵;狭义的山地仅指山脉及其分支。丘陵为世界五大陆地基本地形之一,是指地球表面形态起伏缓和,绝对高度在海拔 500 m 以内,相对高度不超过 200 m,由各种岩类组成的坡面组合体。

(二) 山地生态系统的概念

山地生态系统就是从环境的角度或突出环境中的山地属性命名的生态系统。1981

年 Connor 曾给山地生态系统以如下定义：由山地景观内活跃的物理-化学-生物过程组成的系统。有些文章将同一事物冠以"山地生态系统"与"山地系统"两个名词[13]。人们研究山地生态系统的真实对象绝不是概念化的生态系统，而是一个一个具体、实用的或有理论研究意义的山地生态系统。为此，人们常常将山地生态系统按照某种理论研究和应用实践的需要进行分类：① 按生态系统所处空间位置及其间物质、能量运动特点分类：区分为分水岭生态系统、斜坡生态系统、山谷或谷地生态系统。② 按山地土地利用方式和景观特点进行的分类：一般可分成山地农业系统、山地林业系统、山地牧业系统、山地混农林（牧）系统、山地刀耕火种系统等。③ 按人类影响程度分类：可分为山地自然生态系统、山地适应（自然）型农业系统、转变型农业系统、蜕变型农业系统。

通常所说的山地生态系统是对生态环境具有山地属性的生态系统的泛称，因此，也可以说是一个地域（貌）性生态系统。在这样的地域性系统内，环境特质差异和生物种群与群落差异都很大，相应的生态系统结构、功能也有明显不同。包括小流域生态系统，分水岭亚生态系统，斜坡亚生态系统，谷地亚生态系统。

因此，山地生态学是研究在山地这一特定环境中，不同生命层次的生态现象和过程的生态学领域。形成山地生境的最基本要素是地形（即地貌，landform）。因此，地形地貌以及由此产生的各种生态现象和过程是山地生态学研究的核心内容。从这一角度讲，山地生态学可以理解为地貌生态学。空间技术（如 GIS 技术）和数字技术（如数字地形模型，DTM）为量化地形特征提供了有效的手段。

（三）山地生态系统研究意义

山地生态系统的变化加剧了人类社会在全球变化下的生态安全与生物资源供给风险，生态屏障与生态服务的丧失进一步强化了人类发展的多重挑战。全球陆地森林的28% 是山地森林，陆地森林覆盖面积持续减少，以热带森林递减率最大，为年均 1.1%，但是山地森林的变化显示出显著的空间差异性与不确定性，分布范围的减少与扩张并存。在这个宏观背景下，高山寒温带森林树种的分布变化和林线的向上迁移似乎具有普遍性，并与北极地区灌丛和森林带的迁移变化相对应。

山地系统对人类社会的生存与发展具有重要的生态屏障作用，包括生物资源供给、生态服务功能以及自然灾害抵御等多方面。山地生态系统的健康、稳定与可持续是山地生态屏障安全的基础。在全球变化下山地生态系统的上述剧烈响应，将严重威胁山地生态屏障的安全，并对人类社会发展产生的巨大挑战。

山地是淡水资源的发源区，地球上湿润地区超过 50%、干旱与半干旱区 90% 以上的淡水资源来源于山区供给，是下游地区的水塔。山区的水循环不仅受制于气候条件，也与植被组成与分布格局关系密切。多样的、具有良好结构的植被覆盖，将形成有效的山坡物理边界以保护生态系统免受自然灾害如各类崩塌（岩崩、雪崩等）的机械损伤，反过来促进植被的稳定和繁衍、土壤发育等。作为世界第一山地大国，我国山地生态科学研究应得以重视和发展。

二、山地生态系统的退化

山地是一个整体系统,系统内森林、草地、农田等系统相互联系、相互制约。山地、森林、草地是农田的生态屏障和保护神,坡上的森林、草地退化引起水土流失、局地气候恶化会严重制约农田子系统的生产和持续性,可引起农田系统的退化,制约农村经济的发展。

(一)丘陵区生态系统退化——辽西低山丘陵为例

辽西低山丘陵区包括朝阳、阜新、锦州和葫芦岛四市,是辽河平原向内蒙古高原的过渡带,属暖温带半干旱大陆性气候。境内山峦起伏,丘陵蔓延,河流纵横,滩地开阔,总面积5.40万 km^2,森林覆盖率27%。该区多年平均降水量为450~550 mm,且分布不均,多集中在7、8、9三个月,其雨量占全年降雨量的70%以上。由于地处丘陵地带,雨量偏少,区域总体的植被覆盖较差。这些自然因素综合作用的结果导致了严重水土流失。辽宁省2001年土壤遥感普查结果表明:辽西四市土壤侵蚀面积达22 857.2 km^2,占总面积的45.6%,土壤侵蚀模数在5 000万 $t/(km^2 \cdot a)$以上的土壤侵蚀面积达3 499.2 km^2。土壤为山地褐土,上层较薄,多在10~30 cm。本区属华北植物区系与内蒙古植物区系过渡地带,兼有两个区系的特征,植物资源比较丰富,因长期频繁的不合理人为活动,致使各森林植被带的森林植被基本被破坏,现有森林大多为人工林和少部分天然次生林。油松是本区的代表树种,与蒙古栎、辽东栎等组成地带性植被,草本植物有萎陵菜、羊胡子苔草等,植被盖度30%[9]。

据史料记载,辽西低山丘陵区早在二三百年前还是一个山川秀美、草木繁茂的山区,落叶松、云杉原始森林覆盖整个原野,奇禽异兽较多,泉水晶莹,山川锦绣,风景宜人,农牧业生产风调雨顺,旱涝保收。

(二)山地生态系统退化——以岷江上游为例

岷江位于青藏高原东缘、长江上游高山峡谷地带,是长江上游重要的支流之一,具有代表性。近几十年来该区承受了越来越严重的人为活动干扰,尤其是大规模的以森林资源、水资源和土地资源为主的开发,超过了该区作为脆弱的生态交错带山地系统的承载和抵抗能力。外部的巨大干扰体和系统自身的脆弱性的综合作用,驱动了整个脆弱的山地系统严重退化,表现出一系列的生态失调现象。岷江上游山地生态系统的退化已严重威胁着该民族地区的生态安全和社会稳定,威胁长江上游生态环境和区域可持续发展。

岷江上游山地生态系统所具有的脆弱性,准确刻画出了山地系统本身对外在干扰的敏感性和潜在的退化危险性。以岷江上游山地生态系统的典型的干旱河谷灌丛、亚高山森林、亚高山草甸为对象,以关键种群为核心和切入点,通过植物生态学与动物学、微生物学、土壤学的交叉,进行跨学科研究干扰导致种群衰退,以及关键种群变化对生态系统结构功能的影响等,在总体上将有助于推动山地生态系统退化机理的研究[10~12]。

三、退化山地生态系统恢复模式

(一) 退化荒山生态系统封育恢复模式

该模式按生态无人区理论,将植被盖度大于20%,且具有萌蘖或天然下种条件的退化荒山实行封育治理,采取封育管护技术,杜绝或降低人和牲畜活动,充分利用生态系统的自我修复能力,逐步将植被恢复到初始状态,最终实现减少流域水土流失,改善生态环境的目的[13-15]。

(二) 退化荒山生态系统人工修复模式

退化荒山生态系统人工修复模式以水资源就地利用为手段,以促进植被快速恢复,增加植被盖度,控制水土流失,改善生态系统为核心,通过增加荒坡积水工程,建立水分平衡型人工与自然复合型生态系统,达到土壤水分长期稳定,植被快速恢复,群落结构与多样性稳定,水土流失减少或降低,土壤养分与土地生产力恢复的主要目的[16,17]。

尽可能保护原生植被,采用水平沟、鱼鳞坑、反坡梯田等模式整地,分段截留坡面雨水资源,减少降雨大面积汇流,改善土壤结构,增加土壤蓄水保墒作用,使坡面不但成为汇集降雨的集水场,也为原生植被的自然恢复提供条件,有效防止或降低水资源流失;在坡面同时采用封育技术、人工生态林与经济林建设等技术,最终形成人工林与自然植被复合生态系统,提高降水资源利用率,促进林草生长,增加植被盖度,提高固土能力,减少土壤流失,就地改善生态环境,提高经济收入(见图6-1)。

(三) 退耕地人工林草建设模式

该模式以水资源高效就地利用,控制水土流失,增加植被盖度、提高经济收入,改善生态效益为核心,将广种薄收的传统耕作方式转变为经果林模式或乔灌草混交模式,达到改善生态,增加收入的目的。

(四) 侵蚀沟立体综合治理模式

侵蚀沟是坡面降水经过复杂的产流和汇流,顺坡面流动,水量增加、流速加大,水流不断下切、侧蚀而形成的具有一定外形的长而深的水蚀沟。侵蚀沟作为一种累进性或渐变性的地质灾害,所带来的危害往往不被人所重视,所以不自觉地陷入"越垦越穷,越穷越垦"的恶性循环中。侵蚀沟立体综合治理模式将自然恢复与人工造林相结合、生物

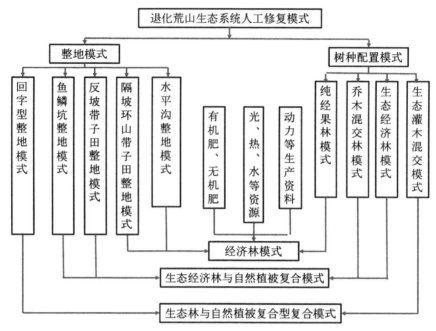

图 6-1　退化荒山生态系统人工修复模式[15]

措施与工程措施相结合,以增加植被盖度,控制水土流失,改善生态系统为核心,通过增加荒坡微积水工程,建立水分平衡型人工与自然复合植被,达到降水与土壤水分长期稳定,植被快速恢复,群落结构、多样性稳定,水土流失减少或降低,土壤养分与土地生产力恢复(图 6-2)。

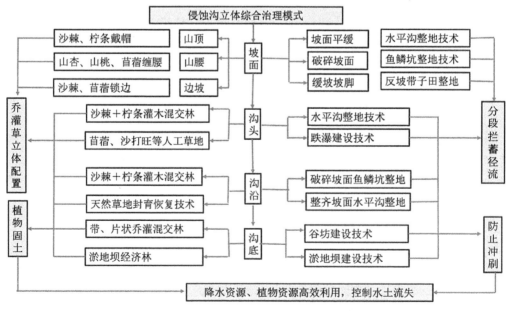

图 6-2　侵蚀沟立体综合治理模式结构[15]

针对侵蚀沟发育的特点与形成的原因,以侵蚀沟为治理单元,分块立体综合治理,遵循"截流、保边护底、固土"的治理方针,按照"坡面、沟头、沟沿、沟坡、沟底"的"上、中、下"立体同步综合治理的思路,工程防冲,生物固土,控制水土流失。

四、干旱河谷生态系统恢复

干旱河谷是横断山地区最突出的自然景观之一。干旱河谷光热资源丰富,人口稠密,是横断山区农业和城镇发展的中心。该区域山高谷狭,地质活跃,生态脆弱,很多县坡耕地比例高达80%以上,绝大部分为雨育农业,同时降雨集中且严重季节分配不均,雨季水土流失和重力侵蚀极为严重,因而也是长江中上游水土流失重点治理区域。多数干旱河谷位于长江上游主干及其主要支流,其环境退化直接对长江上游环境整治造成严重的影响[12][18]。

干旱河谷现存植被均为耐旱乔木、灌丛、草丛,一些地段已呈半荒漠化景观,大部分地段盖度大多在20%~30%,个别植被较好的地段可达60%,群落层次结构单一。除在横断山区南段的一些干热河谷有一些耐旱乔木如木棉等零星分布外,随着积温等的逐渐降低,北段河谷只有落叶低矮小灌丛、草丛分布。

在金沙江下游干热河谷区大面积分布的严重退化草丛生态系统,以耐旱禾草为优势种的草丛群落为主。元谋干热河谷区脆弱的生态环境,在人类活动的强烈干扰下,强烈的水土流失导致土地荒漠化,海拔1 350 m以下干热河谷区的沙质荒漠化面积达5 000 hm²,主要是强烈水土流失后形成的土林区,土地失去生产能力,整个景观向荒漠化发展。

(一)生态恢复研究

对干旱河谷土壤及生态系统退化及其评价指标体系的研究比较多,主要集中在元谋、金沙江等流域的干热河谷地区。元谋干热河谷土壤退化的主要演化形式包括渐变型退化、突变型退化、跃变型退化、复合型退化等,并从土壤侵蚀、母质特性、土壤水分特性等方面探讨干旱河谷土壤退化的可能发生机理。这些研究为干旱河谷土壤退化及其评价提供了参考依据。

(二)干旱河谷生态恢复实践

干旱河谷生态恢复多以造林为主,重点区域是在岷江干旱河谷和金沙江干热河谷。干旱河谷适应恢复的物种主要以灌木或半灌木、草本植物为选择对象,具有种子小、小叶或微叶、无性繁殖能力强为选择对象。要尽量发挥自然植被恢复更新和发育,通过合理的整地改善土壤结构,保护土壤结皮。采用多功用固氮植物篱,适量施用一定氮肥促进移栽苗木生长。干旱河谷的农业模式类型大体上可归纳为果蔬、林果药、果草畜、果粮等6个主要的经营类型。特色植物种植与农林复合经营是适应横断山区干旱河谷特殊环境条件的经济发展方式,在干旱河谷资源开发与区域发展中充当关键作用[18]。

干旱河谷面积广大的坡耕地是其环境退化的一个主要问题,坡耕地比例大,有些县占耕地总面积的80%以上。坡耕地水土流失严重,土壤退化快,使很多地区陷入越退化越开垦,越开垦越退化的怪圈。坡耕地的综合治理一直是一个难题,同时也对下游水利工程产生极大威胁,解决坡耕地的环境问题,对解决干旱河谷生态环境日益恶化、实现干旱河谷农业与环境可持续发展具有重要意义。

五、岩溶生态系统恢复

我国是一个岩溶大国,岩溶面积为$334×10^4 km^2$,占国土面积的1/3。以贵州为中心的中国西南岩溶区是全球三大块岩溶集中分布区(欧洲地中海沿岸、美国东部、中国西南部)之一,其面积达$54×10^4 km^2$。岩溶生态系统以岩溶地质环境为基础,强烈的人类活动为驱动力,导致生态系统生产力退化,呈现出独特的大面积石漠化景观。岩溶分布面积巨大,岩溶作用与全球变化关系密切。岩溶区生态环境具有明显的脆弱性。大多数贫困县位于岩溶生态环境恶劣区,是生态与经济并发的"双重贫困"。岩溶生态系统则随着国际岩溶学与生态学科的发展、交叉渗透而产生的新的岩溶学科领域,归属于地质生态学。

(一)喀斯特生态修复

我国分布有裸露、覆盖、埋藏等三类喀斯特,面积约$344.3×10^4 km^2$,其中裸露型喀斯特面积为$90.7×10^4 km^2$,主要分布于贵州、广西、云南等西南地区。喀斯特地区脆弱的生态环境,加上长期以来人为因素的影响,导致森林植被严重破坏,水土流失加剧,土地严重退化,基岩大面积裸露,最终形成石漠化的面积达$46.3×10^4 km^2$,短期内有潜在石漠化严重的趋势的土地达$87.6×10^4 km^2$。全国石漠化区域共涉及429个县,总人口约1.3亿。石漠化导致自然灾害频发,生存环境不断恶化,严重制约着该区域的社会、经济和生态协调发展[19]。

喀斯特是一种易受干扰而遭破坏的脆弱生态环境,对环境因素改变反应灵敏,生态稳定性差,生物组成和生产力波动较大,被学术界定为世界上主要的生态环境脆弱地区之一,同时喀斯特也面临着贫困与环境恶化的双重难题。

多年来的理论研究与生产实践中,已探索出了一套退化喀斯特生态系统的恢复与治理技术。主要原则是喀斯特石漠化过程中不同阶段的类型应采取不同的策略,即生境较好的轻度退化生态系统以人工造林为主,缓坡及岩石裸露率40%以下的中度退化生态系统以造林为主自然恢复为辅,严重退化的生态系统以自然恢复为主人工恢复为辅,极度退化的生态系统以自然恢复为主(见图6-3)。

在植被自然恢复方面,首要的是遏制生境退化的干扰,根据生态系统自身演替规律分步骤分阶段进行,自然恢复要辅以人工促进措施,因地制宜地补充种源、促进种子发

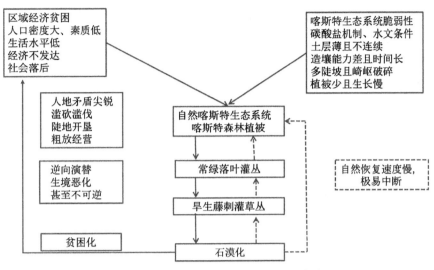

图 6-3　喀斯特生态系统石漠化过程[19]

芽、幼树生长、密度调控、结构调整等。人工恢复的基本内容是造林,水分亏缺导致成活率低,因此应采用的主要技术是正确选择造林树种,按小生境类型配置树种的适地适树适小生境技术;不全面砍山,不炼山,见缝插针,局部整地的造林植被利用技术;切根苗造林,容器苗补植,生根粉浸根等提高造林成活率技术;汇集表土,加厚土层,造林地穴面覆盖,提高土壤墒情的生境改造技术;栽针留灌抚阔,利用自然力形成针阔复层混交林技术。

在农业综合开发利用方面,已有大量治理模式,如以花椒种植为核心的"花椒-养猪-沼气"模式,以砂仁种植为核心的"砂仁-养猪-沼气"模式,以花椒、砂仁与传统粮经作物混种的"传统粮经作物(如苞谷、花生、红薯等)-花椒、砂仁"间作套种模式,相对单一的"传统粮经作物(如苞谷、花生等)-野生乔灌木(如乌桕、栾树、构皮树等)"模式等。

(二) 广西岩溶地区生态恢复与综合治理技术

广西岩溶地貌特别发育,形成了峰丛洼地、峰林谷地、岩溶丘陵和峰林平原4种典型的岩溶地貌类型。广西岩溶地貌景观举世闻名,但生态环境也非常脆弱,比较普遍的生态环境问题有:石漠化严重、岩溶干旱导致缺水、水土流失、洼地内涝灾害频繁、土壤贫瘠、生态效率和土地生产率低。针对岩溶生态脆弱区的主要环境问题和农村社会经济发展障碍,开展岩溶石漠化综合防治、桂中干旱区综合治理、资源合理开发与可持续发展等方面的关键技术攻关,综合集成新技术研究[20]。

1. 封山育林与人工诱导植被优化配置恢复技术

根据植被演替规律、生态经济效益并举的原则及植物生物学原理,结合退耕还林工程,进行林分结构与混交类型、混交方式的优化配置试验,人工模拟构建岩溶山地植被生态系统,进行针阔叶林的混交、常绿树种与落叶树种的有机组合,进行乔灌藤草混交、封育补植,加速植被恢复,构建乔-灌-藤-草生态系统的优化配置技术。

2. 农业生态系统优化与复合农林模式构建技术

根据不同岩溶地貌类型,将岩溶山区农业农村经济发展和生态环境治理与保护、资源培育和高效利用融为一体,构建新型综合农业生态体系。在促进农业生产和农村经济增长的同时,保护和改善农业生态环境。坡地旱作、林果园内实施间作套种,多层配置,使高矮、生育期、营养需求不同的植物形成适生互补的共生群落,地被覆盖率增加10%~40%,既能减少蒸发、贮蓄水分,又能提高养分含量和光能利用率,增加经济效益34%~204%。

3. 综合治理与高效节水技术

运用3S技术,探明桂中岩溶旱区地下水资源分布、蓄水量和地表水漏失规律,实施地表、地下水联合开发和调度、调整水资源与土地资源配置;提高地表、地下水资源调控能力和岩溶水资源开发利用的有效性,配套组装节水灌溉技术和高效农业综合技术,构筑防旱治旱的技术保障和基础设施、条件,有效开发节水灌溉技术,推广应用生物蓄水保肥技术。

4. 优质高效畜牧业技术

开展以保护生态、发展经济为目标的生物载畜平衡研究,推动岩溶山区畜牧业的发展。建立以豆科牧草为核心的混播草地生态系统,引进优良牧草10多个品种,采用豆科与其他草种混播技术,在果树、疏林下套种或无遮蔽种植等;采用豆科与禾本科牧草2~4个牧草品种进行混播,早期生长慢的品种如豆科植物和鸡脚草等禾本科植物与生长快的品种混播,生长快的植物具有为生长慢的植物保护越冬和防旱的能力;及时利用牧草,采用春秋生长旺盛与冬夏生长旺盛的品种混播。示范结果表明:优良的牧草生长快,而且能够固氮增肥保持水土等促进与其相伴而生的植物生长。

案例　红壤丘陵开发模式——以千烟洲为例

千烟洲位于吉泰盆地的核心地带江西省泰和县灌溪镇,属亚热带湿润气候区,系我国南方红壤丘陵山地地形地貌特征的典型代表。20世纪80年代初期,为解决当地水土流失和农民口粮等问题,科研工作者创造性地提出了驰名中外的"丘上林草丘间塘,河谷滩地果渔粮"的千烟洲模式。其中"林-牧-粮""林-果-经"和"水陆复合立体经营"三个子模式基本上遏制了水土流失,实现了生态-经济双赢,获得各界高度认同,产生了广泛的社会影响。

开发前的千烟洲是无林,缺水,土地大量荒芜,经营单一,不通车,不通电,信息不通,经济落后的贫穷小山村。经过10年的开发治理,千烟洲红壤丘陵区已获得显著的经济效益。主要表现在:森林覆盖率不断上升;水土流失基本得到控制;生物生产量不断上升[22](见图6-4)。据统计,千烟洲土地利用率由10.9%提高到91.5%,共造林169.84 hm²。

开发前

开发后

图6-4　千烟洲模式[21]

　　红壤丘陵开发治理的关键措施有以下几点:以水为突破口;以发展柑橘等果树为主导产品;尽量丰富短期受益的项目;同步大力发展林业;建立生态农业是开发治理红壤丘陵之本。

　　在21世纪新的社会需求和经济背景下,千烟洲模式在森林覆盖率显著提高的生态背景下,又拓展了"林-禽"和"种-养殖循环经济"子模式,这对于提升生态系统服务功能、提前完成扶贫脱贫攻坚任务和促进当地的生态文明建设等具有重要意义[21]。

第二节　水土流失地生态退化及治理

　　土地资源是三大地质资源之一,是人类生产活动最基本的资源和劳动对象。人类对土地的利用程度反映了人类文明的发展,但同时也造成对土地资源的直接破坏,这主要表现为不合理垦殖引起的水土流失、土地沙漠化、土地次生盐碱化及土壤污染等,其中水土流失尤为严重,乃当今世界面临的又一严重危机。据估计,世界耕地的表土流失量约为230亿t/a。我国水土流失面积之大、范围之广,位居世界之首。水土流失是我国土地资源遭受的最常见的地质灾害,其中以黄土高原地区最为严重。

水土资源是人类赖以生存和发展的基础性资源。水土流失是我国重大的环境问题。严重的水土流失导致水土资源破坏、生态环境恶化、自然灾害加剧,威胁国家生态安全、防洪安全、饮水安全和粮食安全,是我国经济社会可持续发展的突出制约因素。

一、水土流失的现状与形势

水土流失(soil erosion and water loss)是指土壤在水的浸润和冲击作用下,其结构发生破碎和松散,随水流动而散失的现象。多发生在山区、丘陵区。在自然状态下,纯粹由自然因素引起的地表侵蚀过程非常缓慢,常与土壤形成过程处于相对平衡状态。因此坡地还能保持完整。这种侵蚀称为自然侵蚀,也称为地质侵蚀。在人类活动影响下,特别是人类严重地破坏了坡地植被后,由自然因素引起的地表土壤破坏和土地物质的移动,流失过程加速,即发生水土流失[23~25]。

2011年我国水土流失面积294.91万km²,占我国陆地面积的30.7%,其中水力侵蚀129.32万km²,风力侵蚀165.59万km²。总体分析,水土流失以轻中度侵蚀为主,其中轻中度水力侵蚀面积占水力侵蚀总面积的78%。水蚀主要集中在蒙滇川陕晋甘黔黑等省(自治区);风蚀主要集中在西部的新蒙青甘藏等省(自治区)。

我国水土保持总体形势:水土流失综合防治逐步纳入法制化轨道,重点地区水土流失治理成效显著,植被保护和修复初见成效,退耕还林还草面积不断扩大和巩固,水土流失面积和强度逐年下降。但西部和老少边穷地区水土流失依然严重,江河源头区、重要水源地水土流失防治要求不断提高,城镇化建设、生产建设项目产生的水土流失问题日益凸显。

(一) 水土流失的危害

水土流失对当地和河流下游的生态环境、生产生活和经济发展都造成极大的危害。水土流失破坏地面完整,降低土壤肥力,造成土地硬石化、沙漠化及石漠化,影响工、农业生产,威胁城镇安全,加剧干旱等自然灾害的发生、发展,导致群众生活贫困、生产条件恶化,阻碍经济、社会的可持续发展[26,27]。

1. 破坏土壤肥力

水土流失导致大量的肥沃土壤随水流走,土层日益变薄,土壤肥力不断下降,土地资源受到破坏,耕田在逐年减少,水土流失中的沟蚀是破坏地面完整的"元凶"。例如,黄河流域的黄土高原地区,许多地方沟头每年平均前进3 m左右,把地面切割得支离破碎。我国南方的广东、江西、湖南等省境内风化花岗岩地区的崩岗,也有类似的情况。

破坏地面完整是破坏生态环境的一个重要方面。我国的农业耕垦历史悠久，大部分地区土地遭到严重破坏，水蚀、风蚀都很强。

2. 造成土壤干层

根据调查研究，黄土高原由于地下水埋藏很深，土壤水分主要以悬着水状态存在。因此悬着水的蒸发成为区内土壤水量平衡的主要支出项，从而构成特殊的土壤水文状况类型——蒸发的自成型水文状况。在这种土壤水文状况下，通常都伴随有土层的干燥。土壤水分上行蒸发性能十分活跃，降水对土层水分的补给，只能在土层中持续短时间即行消失，从而构成以水分负补偿为特征的土层低湿状态。

3. 影响河道工程

由于上游流域水土流失，汇入河道的泥沙量增大，当挟带泥沙的河水流经中、下游的河床、水库、河道，流速降低时，泥沙就逐渐沉降淤积，使得水库淤浅而减小容量，河道阻塞、淤积水库、阻塞河道、抬高河床而缩短通航里程，严重影响水利工程和航运事业。

4. 威胁工矿交通设施安全

山地灾害发生过程其实质就是水土流失过程，现代山地灾害地貌形成过程中，人为因素在因山地灾害发生而引起的水土流失过程中起着越来越显著的作用。人类不合理的经济活动，破坏了自然环境，引起泥石流灾害和严重水土流失，给人类生存和经济持续发展带来巨大损失，在高山深谷，水土流失常引起泥石流灾害，危及工矿交通设施安全。

5. 恶化生态环境

20世纪30~60年代，人们对于水土流失灾害的认识还停留在对土地造成直接经济损失方面，但在60年代以后，开始认识到对人类整个环境所受的影响，包括沉淀物的污染，生态环境的恶化等。在1972~1996年的25年间，黄河有19年出现河干断流，平均4年3断流，尤其是80年代中期后。黄河季节性断流使其下游地区水源减少，而排入黄河的工业污水与生活废水却逐年增多，黄河的自净能力减弱，地下水水质恶化，威胁着人们的健康状况。黄河的季节性断流极大地制约了华北地区社会、经济的健康发展。

（二）水土保持生态修复概念和特点

水利部生态修复规划给出的定义是：水土保持生态修复是指在水土流失区，通过一定的人工辅助措施，促使自然界本身固有的再生能力得以最大限度地发挥，促进植被的持续生长和演替，保护和改善受损生态系统的功能，加快水土流失防治的步伐，建立和维系与自然条件相适应、经济社会可持续发展相协调并良性发展的生态系统。传统的小流域治理主要是修梯田、筑拦砂坝、种树种草，合理配置林地、草地、牧场和农田，建立农林牧结合的生产体系，提高水土流失治理效益的行为。

1. 封育保护是水土保持生态修复的主要手段

水土保持生态修复主要是通过解除生态系统超负荷的压力，依靠自然的再生和调控能力,促进植被的恢复和水土流失治理,因此封山禁牧、舍饲养畜,停止人为干扰是它的重要手段之一,禁封是它的核心。大量的实践表明,通过禁封治理,林草覆盖率可以得到提高,土壤侵蚀模数明显降低,水土流失能得到有效遏制,当地的生态环境可以显著改善。

2. 水土保持生态修复适宜地区的选择是有条件的

不同地区的适宜程度和生态修复的难度差异很大,这些条件主要表现在:① 人口密度,人口越少,土地承载力越小越适宜;② 年降雨量,一般认为年降雨量至少要在300 mm以上;③ 土层厚度最好不少于10 cm,能够保障耐旱、耐贫瘠草、灌的生长;④ 水土流失虽然严重,但还不至于寸草不生;⑤ 林草覆盖度应大于10%;⑥ 人均基本农田应多于0.03 hm^2;⑦ 没有严重的滑坡、崩塌和泥石流发生等。

3. 成功的水土保持生态修复需要必要的人工和政策措施辅助

成功的水土保持生态修复不可能仅仅依靠简单的封禁,一方面要通过人工育林育草,如因地制宜地补植补种、防治病虫害等加快封禁区的生物量生长,当然保证生态用水等措施也相当关键;另一方面相应的管理措施也非常重要,如果封禁区的管理工作上不去,不能妥善地解决居民的生产生活,就很难保障封禁区水土保持生态修复的成功。

4. 水土保持生态修复周期比较长

植被的生长需要一定的时间,相对于工程措施,生态修复需要较长的时间,它的效益一般要在3~5年后才会缓慢发挥出来。它不像坡改梯和小型水保工程那样,当年实施,当年就见效;也不像经果林那样,3~5年即可大见成效。当地的自然条件不同,植被恢复的速度会有所不同,一般来说水土保持生态修复成功是缓慢的,功能的发挥则需要更长的时间。

二、水土流失综合防治总体布局

我国地域辽阔,自然条件区域差异显著,土壤侵蚀类型与成因复杂。根据不同类型区地貌特征、生物气候及其土壤侵蚀特点,将我国主要土壤侵蚀区划分为水力侵蚀区、风力侵蚀区及冻融侵蚀区三大类型区。针对不同类型区水土流失的区域特点、国家决策所关注的水土保持生态建设重大战略问题,以及各区水土保持生产实践中亟须解决的热点、难点问题及其关键技术将其分为8个区[28]。

1. 东北黑土区

东北黑土区主要分布有大小兴安岭、长白山、呼伦贝尔高原、三江平原及松嫩平原。主要河流涉及黑龙江、松花江等。主要植被类型包括落叶针叶林、落叶针阔混交林和草原植被等,林草覆盖率55.27%。区内耕地总面积2 892.3万 hm^2,其中坡耕地230.9万 hm^2,缓坡耕地356.3万 hm^2。水土流失以水力侵蚀为主,兼有风力侵蚀,北部有冻融侵蚀。东北黑土区地形地貌多变,丘陵、漫岗、平地交错分布,存在多种土壤侵蚀类型,包括水力侵蚀、风力侵蚀、冻融侵蚀、重力侵蚀和人为侵蚀,其中又以水力侵蚀面积最广。2002年区内水土流失面积 27.59 万 km²，占东北黑土区总土地面积的 27%，其中水力侵蚀面积 17.70 万 km²，风力侵蚀面积 4.13 万 km²，冻融侵蚀面积 5.76 万 km²。各省区水土流失类型及面积见表 6-1。黑土区水力侵蚀面积中，以轻度侵蚀为主，占水蚀总面积的 68%，中度侵蚀占 28%，强度与极强度侵蚀占 4%[29]。

表 6-1　东北黑土区各省区水土流失类型及面积

省（区）	总面积	侵蚀面积	水力侵蚀	风力侵蚀	冻融侵蚀
黑龙江	45.25	11.52	8.86	1.06	1.60
吉　林	18.70	3.11	1.73	1.38	0.00
辽　宁	12.29	3.41	3.07	0.34	0.00
内蒙古	26.76	9.55	4.04	1.36	4.16
总　计	103.00	27.59	17.70	4.13	5.76

2. 北方风沙区

北方风沙区主要分布有内蒙古高原、阿尔泰山、准噶尔盆地、天山、塔里木盆地、昆仑山、阿尔金山。主要植被类型包括荒漠草原、典型草原以及疏林灌木草原等，林草覆盖率 31.02%。区内耕地总面积 754.4 万 hm²，其中坡耕地 20.5 万 hm²。水土流失以风力侵蚀为主，局部地区风力侵蚀和水力侵蚀并存。

3. 北方土石山区

北方土石山区主要包括辽河平原、燕山太行山、胶东低山丘陵、沂蒙山泰山以及淮河以北的黄淮海平原等。植被类型主要为温带落叶阔叶林、针阔混交林，林草覆盖率 24.22%。区内耕地总面积 3 229.0 万 hm²，其中坡耕地 192.4 万 hm²。水土流失以水力侵蚀为主，部分地区间有风力侵蚀。

4. 西北黄土高原区

西北黄土高原区主要分布有鄂尔多斯高原、陕北高原、陇中高原等。植被类型主要为暖温带落叶阔叶林和森林草原，林草覆盖率 45.29%。区内耕地总面积 1 268.8 万 hm²，其中坡耕地 452.0 万 hm²。水土流失以水力侵蚀为主，北部地区水力侵蚀和风力侵蚀交错。

5. 南方红壤区

南方红壤区主要包括大别山、桐柏山、江南丘陵、淮阳丘陵、浙闽山地丘陵、南岭山地丘陵及长江中下游平原、东南沿海平原等。主要植被类型为常绿针叶林、阔叶林、针阔混交林以及热带季雨林，林草覆盖率 45.16%。区内耕地总面积 2 823.4 万 hm²，其中坡耕地 178.3 万 hm²。水土流失以水力侵蚀为主，局部地区崩岗发育，滨海环湖地带兼有风力侵蚀。

南方红壤对于我国农业乃至整个国民经济的持续发展和人民生活水平的迅速提高发挥了重要作用，但由于红壤性质上的酸、瘦、粘等弱点，分布区域降水时空不均匀，以

及不合理开发利用造成的水土流失、土壤退化、土壤污染等,导致红壤地区的生态环境
恶化,红壤资源潜在的生产能力得不到应有的发挥,使整个地区农业及经济持续发展受
到严重影响。目前,中国南方红壤生态系统面临水土流失、土壤酸化、肥力退化、季节性
干旱、土壤污染、生物退化、石漠化及土地沙化、耕地面积缩减和系统功能衰减等问题。
针对上述问题,在综合治理措施上必须提高认识,调整农业结构,优化耕作制度,大力发
展立体农业,防治水土流失和土壤污染,改良土壤,培肥地力,建立红壤区植被生态系
统,建立和完善红壤预警,从而保证南方红壤生态系统的持续稳定健康发展[30]。

6. 西南紫色土区

西南紫色土区分布有秦岭、武当山、大巴山、巫山、武陵山、岷山、汉江谷地、四川盆
地等。植被类型主要包括亚热带常绿阔叶林、针叶林及竹林,林草覆盖率57.84%。区
域耕地总面积1 137.8万 hm²,其中坡耕地622.1万 hm²。水土流失以水力侵蚀为主,局
部地区滑坡、泥石流等山地灾害频发。

7. 西南岩溶区

西南岩溶区主要分布有横断山山地、云贵高原、桂西山地丘陵等。植被类型以亚热
带和热带常绿阔叶林、针叶林、针阔混交林为主,林草覆盖率57.80%。区内耕地总面积
1 327.8万 hm²,其中坡耕地722.0万 hm²。水土流失以水力侵蚀为主,局部地区存在滑
坡、泥石流。

8. 青藏高原区

青藏高原南起喜马拉雅山脉南缘,与印度、尼泊尔、不丹毗邻;北至昆仑山、阿金山
和祁连山北缘,以4 000 m左右的高差与亚洲中部干旱荒漠区的塔里木盆地及河西走廊
相连;西部为帕米尔高原和喀喇昆仑山脉,与吉尔吉斯斯坦、塔吉克斯坦、阿富汗、巴基
斯坦和克什米尔地区接壤;东部以玉龙雪山、大雪山、夹金山、邛崃山及岷山的南麓或东
麓为界;青藏高原的东及东北部与秦岭山脉西段和黄土高原相衔接[31]。植被类型主要包
括温带高寒草原、草甸和疏林灌木草原,林草覆盖率58.24%。区内耕地总面积104.9万
hm²,其中坡耕地34.3万 hm²。冻融、水力、风力侵蚀均有分布。

三、水土保持科技发展和重点领域

经过半个多世纪的努力,我国水土保持逐步发展成为一门独立的学科,基本确立了
水土保持在我国科学体系中的学科地位[32,33]。

(一)水土保持重点技术

1. 水土流失区林草植被快速恢复与生态修复关键技术

针对我国目前土壤侵蚀区区域植被结构不尽合理,林草恢复措施成活率与保存率
低,植被生产力及经济效益不高等问题,应加强区域植被快速建造与持续高效生产方面
的研究。主要有:高效、抗逆性速生林草种选育与快速繁殖技术,林草植被抗旱营造与

适度开发利用技术,林草植被立体配置模式与丰产经营利用技术,特殊类型区植被的营造及更新改造与综合利用技术,不同类型区生态自我恢复的生物学基础与促进恢复技术,生物能源物种的筛选与水土保持栽培管理技术,经济与生态兼营型林、灌、草种的选育与栽培技术,小流域农林复合经营技术。

2. 降雨地表径流调控与高效利用技术

水土流失是水与土两种资源的流失,"水"既是水土流失的动力,又是流失的对象。在当前水资源十分紧缺的形势下,更应切实保护和高效利用水资源。要通过汇集、疏导地表径流等措施使"水"、"土"两种资源更有效地结合,提高利用率。需要研究的关键技术有:降雨-地表径流资源利用潜力分析与计算方法,降雨径流安全集蓄共性技术,降雨径流网络化利用技术,降雨地表径流高效利用的配套设备。

3. 水土流失区面源污染控制与环境整治技术

水土流失是面源污染的载体,流失的水体和土壤携带的大量氮素、磷素、农药等物质,是下游河湖、水库面源污染物的主要来源。水土保持应与提供清洁水源和环境整治相结合,在改善当地生产条件、提高农民生活水平的同时,控制面源污染,保障城乡饮用水安全。

4. 开发建设项目与城市水土流失防治技术

随着我国经济社会快速发展,工业化、城市化步伐的加快,开发建设项目和城市建设过程中人为造成新的水土流失防治的关键技术研究十分迫切。主要有:不同下垫面开发建设项目弃土弃渣土壤流失形式、流失量及危害性评价,城市土壤侵蚀特点、流失规律、危害与防治对策,开发建设项目与城市土壤侵蚀综合防治规划与景观设计,开发建设严重扰动区植被快速营造模式与技术,不同类型区开发建设项目水土保持治理模式与技术标准。

5. 水土流失试验方法与动态监测技术

长期以来作为研究工作基础的土壤侵蚀实地试验观测和动态监测工作还比较薄弱,亟待加强。同时,监测体系刚刚建立,各地开展监测的内容、技术和方法不一,观测资料难以统一分析和对比。亟须加强的关键技术研究有:区域水土流失快速调查技术,坡面和小流域水土流失观测设施设备,沟蚀过程与流失量测验技术,风蚀测验技术,滑坡和泥石流预测方法与观测设备,冻融侵蚀监测方法,水土流失测验数据整编与数据库建设,全国水蚀区小流域划分及其数据库建设,水土保持生态项目管理数据库建设等。

6. 坡耕地与侵蚀沟水土综合整治技术

坡耕地改造是改变微地貌,有效遏制水土流失的关键技术。研究重点是:不同类型区高标准梯田、路网、水系合理布局与建造技术,不同生态类型区坡地改造与耕作机具的研制与开发,梯地快速培肥与优化利用技术。

沟壑整治与沟道治理开发是水土保持主要措施之一。研究重点:坝系合理安全布局、设计与建造技术,沟壑综合防治开发利用技术,淤地培育与提高利用率技术,泥石流、滑坡、崩岗综合防治技术。

7. 水土保持农业技术措施

缓坡耕地将在我国一定时期内的农业生产中长期存在,大量坡耕地的存在又是我国土壤侵蚀的主要发源地,在农牧交错区、黑土区以及土层极薄的土石山区,由于受地形和投入等因素的限制,大量坡耕地难以通过基本农田建设及时加以改造。因而,亟须加强水土保持保护性耕作、保护性栽培、管理等关键技术研发。主要有:水土保持土地整治与带状种植模式技术,缓坡耕地水土保持保护性耕作机具研究,不同作物水土保持保护性耕作专用技术与模式,免耕等高耕作技术。

8. 水土保持数字化技术

水土保持数字化是数字地球思想及其技术在水土保持领域的应用与发展。"水土保持数字化"可以定义为按地理坐标对水土保持要素状况的数字化描述和处理,它借助地球空间信息技术,对水土流失影响因子、水土流失以及水土保持防治措施、水土保持管理等信息按照数字信号进行收集、贮存、传输、分析和应用。

9. 水土保持新材料、新工艺、新技术

水土保持也必须吸收相关学科和行业的发展成果,加快新材料、新工艺和新技术的应用研究。需研究的关键技术有:核素示踪技术在土壤侵蚀过程与规律研究方面的应用,土壤侵蚀动态监测的"3S"技术开发和应用,风沙区表土固结材料与技术,工程开挖造成的陡峭崖壁喷混植生技术,植生袋技术,坡面植被恢复过程中土壤保湿剂使用技术等。

(二) 水土保持重点项目建设

我国主要的水土保持重点建设项目介绍如下[34]:

1. 坡耕地水土流失综合治理工程

以建设高标准的基本农田为核心,梯田、经果林、水土保护林、种草、生态自然修复等统筹规划,工程措施、生物措施、耕作措施等多种措施并举,经过 20 多年的努力,整治坡耕地面积 0.2 亿 hm²。工程规划实施后,实现人均产粮 400 kg,扩大经济作物、经果林、牧草的种植面积,促进山丘区多种经营的发展,改单一农业生产为农林牧副全面发展,使农业生产结构得到合理调整。

2. 多沙粗沙淤地坝建设工程

淤地坝是黄土高原水土流失防治的关键措施,发挥拦沙蓄水淤地等综合功能,对促进当地农业增产、农民增收、农村经济发展,巩固退耕还林成果,改善生态环境,实现再造秀美山川,全面建设小康社会以及有效减少入黄泥沙,确保黄河长治久安具有非常重大的现实意义。

3. 红壤区崩岗综合治理工程

崩岗在水土流失面积中所占比例不大,但侵蚀量大,影响面积大,造成的危害很大。

损毁土地资源,破坏生态环境,造成严重的水旱和泥沙灾害。崩岗切割地形,破坏环境,大量泥沙下泻,沙埋水库、河道,影响土地安全。破坏桥梁、水库,威胁当地居民的财产和生命安全,影响社会公共安全。

4. 高效水土保持植物资源建设与开发利用工程

我国生态脆弱的"四荒地"不适宜进行粮食作物种植的坡耕地等边际土地面积有6 000万 hm²。利用边际地大规模种植水土保持植物,对于解决我国大部分地区存在的生态治理问题,资源和能源安全问题,以及发展偏远地区经济等,都具有深远的战略意义。

5. 湖库型水源地泥沙和面源污染控制工程

在我国,一些大中型水库库区水土流失严重,水库富营养化问题突出,水质达不到国家生活饮用水水源标准。水土流失作为面源污染物传输的载体,是造成水库水质恶化的重要原因。为保护水资源,保障饮用水安全,探索水土保持生态建设、防治面源污染的有效途径,在一批重要水源型水库(或水源区)开展防治面源污染、水土保持工程建设是非常必要的。

案例　黄土高原植被恢复：先"种树"还是先"植草"？

黄土高原形成于250万年以来的风成黄土堆积,只是近1 000年来急速演变才成黄土侵蚀区。究其原因较多,但其中自然因素特别是干旱与人为因素对"土壤水库"不断加深增厚而不断下伸,形成成壤强度上失调导致有限水资源功能的破坏,是加速水土流失的主要因素。因此,黄土高原的整治已成为当今非常重大的协调人与自然关系的系统工程[35]。黄土高原的严重水土流失是人类破坏植被,不合理利用土地和直接毁灭土壤适水并口抗冲能力的结果,而不是一个天然的地质过程。为此提出以"全部降水就地入渗拦蓄,米粮下川上塬,林果下沟上岔,草灌上坡下坬"28字为中心的水土保持治理方略[36]。

陕西省是中国水土流失、沙化等环境问题最严峻的地区之一,水土流失面积占全省土地总面积的66.9%。黄土高原面积约40万 km²,养育着上亿人口,同时每年要向黄河输送16亿吨泥沙,大量水土流失使这片土地顶着生态与经济发展的双重压力。种什么才有利于恢复黄土高原的生态? 一直以来,答案在"种树"与"植草"间徘徊。刘东生院士建议中央考虑能否把原提的"植树种草"增加为"蓄水植树种草",以利在植树种草行动中同时进行窖水蓄水以利于提高成活率,达到再造秀美山川的目的。例如,甘肃省定西市通渭县双胞胎兄弟许志强、许志刚,用49年时间在植被稀疏的黄土高原荒坡上种出了一片树林(见图6-5)。

中国科学院地质与地球物理研究所(以下简称地质地球所)研究发现,两万年以来,无论冷期还是暖期,黄土高原的植被均以草为主。这一研究结果为黄土高原植被恢复提供了科学依据[38]。

图6-5　黄土高原荒坡上的树林[37]

1. 黄土高原曾是草原

孢粉是孢子植物生殖细胞"孢子"和种子植物生殖细胞"花粉"的简称。它们的大小从10~200μm。地质地球所姜文英及其团队就以它们为媒介,重建了黄土高原的古植被格局。姜文英与研究团队先后采集了黄土高原6个地方两万年来冷期和暖期的样品。研究结果发现,无论是处于两万年前左右的冷期——末次盛冰期,还是处于距今1万至5000年左右的暖期——全新世适宜期,黄土高原的植被覆盖均以草本植物为主。不同的只是暖期植物类型比冷期丰富。在末次盛冰期,黄土高原植被由蒿属(菊科的一个属)、菊苣-蒲公英属菊科、蓝刺头属菊科、藜科和禾本科组成。而在全新世适宜期,黄土高原西北部植被由禾本科、蒿属、藜科和蓝刺头型菊科组成;东南部植被类型比西北部稍多,主要包括松属、榛属、禾本科和蒿属等,此外还有大量中华卷柏。

2. 种草有讲究

黄土高原适宜种草,许多学者曾提过这样的观点,但具体种什么类型的草并未搞清。姜文英说:"我们的研究显示,黄土高原植被恢复以种草,尤以应优先考虑种植禾本科和菊科的草本植物为宜;在少数河滨地带(如渭河)和地下水位较高的沟谷,可以适当种植一些木本植物;在黄土高原东南部可以适量种植榛、胡桃等经济植物。"地质地球所研究员杨石岭表示,研究结果表明,通过大规模植树恢复黄土高原生态的做法并不可取。"这样不仅树木成活率低,而且容易增加土壤水分蒸发,加剧水土流失。"

"黄土高原确实有一些林场,但野外调查发现,这些林场的生长环境都比较特殊,基本上都在基岩山区。"姜文英说,基岩是隔水层,表层土壤水分不易下渗,因此可适当种树。"而黄土高原绝大部分地区由厚层黄土覆盖,不利于在表层土壤中保存水,只能种草。"

第三节　森林生态系统退化及恢复

我国的森林生态系统退化也很严重,我国的森林面积占国土陆地面积的 17.2%,其中 25% 已严重退化。由于森林生态系统在维护生物多样性,保护区域生态平衡上具有极其重大的意义,因此,退化森林生态系统的恢复成为区域可持续发展的关键区域。森林生态恢复通过影响全球碳库动态,物质生物地球循环而影响人类的生存环境,植被恢复对碳平衡效应的研究表明,森林对于人类应对全球变化具有重要的意义[39]。

一、中国森林系统状况

中国的森林生态系统主要分布于中国的东部和西部,在中国西北的高山也有小面积的森林分布。1994~1998 年第五次森林清查,全国森林面积为 15 894.1 万 hm²(不包括台湾地区)。森林蓄积量为 78.06 m³/km²,只相当于世界平均水平的 68%。中国森林覆盖率为 16.55%,只相当于世界森林覆盖率(27%)的 61.3%。中国森林郁闭度 0.0~0.3 的林分面积占全国森林总面积的 20.1%,而且森林的幼龄林和中龄林面积占森林总面积的 71.1%。也就意味着成年林及成熟林或过熟林面积仅占森林总面积约 30%。

中国森林面积就世界范围而言,面积不大,但是森林生态系统类型却十分丰富,在世界上所分布的各类生态系统中国均有分布。可大致分为针叶林、阔叶林以及竹林、灌丛和灌草丛生态系统,其中针叶林又可分寒温性针叶林、常绿针叶林、温性针叶林、温性针阔混交林、暖性针叶林和热性针叶林生态系统;阔叶林可进一步细分为落叶阔叶林、常绿落叶阔叶林、硬叶常绿阔叶林、季雨林、雨林、珊瑚岛常绿林。

(一)长江上游退化森林生态系统的现状

历史上,长江上游地区森林茂密,古木参天;而今,森林生态系统严重退化,主要表现在:① 原始或天然的森林资源面积、蓄积大幅度减少,森林质量下降,疏林、灌木林、灌丛地面积增加,残存的天然林也多处于退化状态。② 纯林面积增加,人工林地力衰退。③ 由于过度采伐森林,或各种人类活动干扰,使森林生态系统生境的片断化加速,导致了物种的遗传物质交流受阻,加速了濒危物种的退化和消亡。近 40 年来,长江上游高山、亚高山地区的森林生态系统中约有 5% 以上的种类已经消失,由于森林面积缩小,物种生存条件受到破坏,如岷江柏木、紫果云杉、长苞冷杉、三尖杉、红豆杉、水青树、连香树和珙桐等珍稀和经济植物种类及数量明显减少。④ 老采伐迹地土壤出现不同程度退化,造林更新更加困难。雅砻江流域高山高原区未更新的采伐迹地,早期的灌木生物量高,10 年后下降至 50%,迹地土壤退化,其植被生草化程度加深,干物质特别是灰分元素积累增多,原棕色森林土壤酸性降低,迹地向高山草甸方向发展,这类迹地靠天然更新恢复森林,显然是不可行的。乌江流域喀斯特地貌的山地是国家重点荒漠化治理区,森林和植被破坏后,往往形成裸露的石质山地,成为典型的"石漠化"土地,亦属于造林困难地带;以元谋地区为代表的金沙江干热河谷稀树草丛植被,是原始森林遭受破坏后所形成的特殊产物。在这些稀树草原生境条件下,任其自然演替也不可能成为森林。

(二) 中国东部常绿阔叶林退化

常绿阔叶林是我国最具特色的森林生态系统,地球上中纬度地区气候干旱少雨,大面积分布的是荒漠和半荒漠,唯有在东亚大陆,因海陆对比显著,形成特殊的温暖湿润的亚热带季风气候,日本中部和南部及朝鲜半岛虽然也有分布,但是我国分布面积最大、类型最为多样的仍然是东亚常绿阔叶林为主体。其他洲常绿阔叶林不仅其形成的气候条件,区系背景也不同于东亚的常绿阔叶林[40]。

常绿阔叶林生态系统退化有两种基本类型,一类是群落结构受损类型,另一类是景观受损类型。前者主要是由群落内部结构遭到破坏而造成的,即由一种种群转变为另一种群落,这种退化类型经常表现为逆行演替的过程,如在外因的干扰下,常绿阔叶林可以退化成次生灌丛、灌草丛,以至于裸地。后者是群落遭到局部破坏,发生片断化,群落片断面积的减少,使得生物多样性丧失、种群繁殖力减弱以及生境条件恶化等,由此造成的生态系统退化。这两种类型密不可分,在一个区域内它们经常复合出现。

常绿阔叶林退化主要是人为干扰造成的,主要是农业垦殖、木材生产等土地利用方式的不科学造成的,历史上的战争也常常是森林退化的因素。此外,也还有一些自然灾害,如泥石流等,也是在人为乱砍滥伐和不合理的土地利用下触发的,因此,应该针对不同退化类型,找出退化原因,采用合理的科学手段,促进常绿阔叶林生态系统的恢复。

二、世界森林状况和功能

随着人口不断增长,林地转变为农田和其他用途,世界森林面积持续减少。自 1990 年以来,全球已丧失森林 1.29 亿公顷,几乎与南非的面积相当。2000～2013 年,全球毁林面积平均每年约 128.6 万公顷。2010 年至 2030 年间,全球范围内 80% 的毁林将可能集中在南美、非洲、东南亚、澳大利亚的 11 个"毁林热点地区"。如果毁林状况照当前趋势持续下去,到 2030 年在这些地区将会有 1.7 亿公顷的森林不复存在。

2000～2001 年森林生态系统的面积以北美洲最多,约 700 万～800 万 km^2,依次为南美洲、欧洲和俄罗斯均在 700 万 km^2 左右。亚洲的森林面积(不包括中东)为 400 万 km^2。中国的森林不仅面积、蓄积有限,而且林地还不断为其他用途所占有,每年约有 216.3 万 hm^2 的林业用地被逆转为非林业用地。因此中国森林生态系统特别是原生性的森林生态系统的面积在不断地缩小,人类活动对森林生态系统造成严重威胁。

虽然热带森林仅占全球陆地面积的约 6%,但它们是地上生物量碳储存的最大单一储存库,含有约 195PgC。由于其巨大的碳储存和汇集能力,热带森林在减缓气候变化方面发挥着关键作用[41]。森林是陆地生态系统的主体,具有复杂的结构和功能。2010年中国森林生态服务功能总价值为每年 10 万亿元,相当于 2009 年我国 GDP33.5 万亿元的近 1/3。

森林不仅仅是一个纯自然层面的概念,它还关系到人类经济与社会活动的方方面面。世界森林面积略大于 40 亿公顷,几乎覆盖全球陆地面积的 1/3,超过 16 亿人的生存、生计、工作和增收都依赖于森林,其中包括 6 000 万完全依赖森林的原住民。世界上至少有 13 亿人的住房问题依赖森林产品,约 24 亿人使用木质燃料烹饪食物,在贫困国家的农村地区,木质能源往往是唯一的能源选项,林产品往往是最可支付的房屋建筑材料。

森林具有丰富的生物多样性,而且为超过一半的陆地动物、植物和昆虫提供了栖息地。导致退化的因素包括人为或自然原因,如伐木、火灾、风倒和其他活动引起的林木生物量密度降低,而且污染和气候变化都会对环境造成负面影响。

气候变化也加剧了北方森林大火的频率和强度,长久且干热的天气会引起更多火灾,烧毁树木和泥炭土,从而排放更多的温室气体。国际粮农组织认为,以更加可持续的方式经营森林,将有助于减少森林的碳排放,并在应对气候变化影响方面发挥至关重要的作用。据国际粮农组织估计,在 2001~2015 年,主要由于全球森林砍伐速度放缓,森林的碳排放总量减少了 25% 以上。

三、森林退化及其评价研究

(一) 森林退化

不同的研究者或研究组织由于对森林管理的目的不同,对于森林退化概念的理解存在差异。联合国粮农组织对森林退化的定义为由于人类活动(如过牧、过度采伐和重复火干扰)或病虫害、病原菌以及其他自然干扰(如风、雪害等)导致森林面积减少,或者变成疏林等现象。

森林退化是森林在人为或自然干扰下形成偏离干扰前(或参照系统)的状态,与干扰前(或参照系统)相比,在结构上表现为种类组成和结构发生改变;在功能上表现为生物生产力降低、土壤和微环境恶化、森林的活力、组织力和恢复力下降,生物间相互关系改变以及生态学过程发生紊乱等。国际热带木材组织区分了森林退化 3 种类型,包括① 退化的原始林:由过度的或破坏性的木材利用所导致;② 次生林:大面积砍伐后林地上的天然更新林分;③ 退化的林地:退化很严重以致森林不能更新,目前主要有草本和灌木组成。

森林退化是一个世界性的问题,并且面积有扩大的趋势。到 2000 年,约 60% 的热带林属于退化生态系统,其中包括次生林、退化原始林以及退化林地。由于发展农业和刀耕火种,热带森林面积正在以 1.35×10^7 hm²/a 的速度在减少,而且每年有 5.1×10^6 hm² 的热带林变成次生林。在非洲,用于发展农业而采伐森林的面积占总面积的 70%,亚洲占 50%,拉丁美洲占 35%。退化的森林部分或全部丧失了森林结构、生产力、生物多样性以及曾经所能提供的生态系统服务功能,对木材生产和全球环境问题产生重要的影响。深刻理解森林退化的定义是判别森林退化状态和建立森林恢复评价指标体系和标准的前提。

(二)退化森林生态系统恢复评价的一般程序

退化森林生态系统的本质是森林生态系统的结构被破坏后失去固有的平衡,导致森林生态系统功能的退化[42]。

1. 恢复目标的确定

恢复评价首先需要定义恢复的目标。恢复的目标描述为帮助退化的、受损的、破坏的生态系统恢复的过程。在早期,恢复的目标仅仅是在退化地段建立能自我维持的植被覆盖。恢复目标应既清晰又有较现实的可操作性,这对于评价恢复很关键。当然,恢复目标依赖于所考虑的地区或生态系统目前状况的优先评价。恢复生态学工作者通常基于实现不同的生态需求来选择恢复的目标,比如恢复生态系统健康和恢复当地的环境。恢复的目标应以退化的地段为出发点,以参照系的状态为归宿点。

2. 参照系的选择

为了阐述森林恢复的生态目标和评价这一目标实际达到的程度,参照系的选择很重要,参照系的状态可以代表所受损生态系统干扰前的状态或没有受干扰的当前状态。通常有许多不同的方法来定义参照系状态。比如,天然林分的残余或天然恢复的地区经常作为参考点。

3. 恢复评价的概念性框架及方法

在对恢复对象进行深刻的生态理解基础上,确定参照系,并从中提取能表征恢复生态系统特征的指标。Aronson 等建议干旱和半干旱林地退化生态系统恢复的 9 个重要生态系统特征,后来扩展到 16 个重要的景观特征,分为 3 组:景观结构生物组成,景观上生态系统之间的功能作用,景观破碎化和退化的程度、类型和原因。Lamd 提出森林恢复与否的指标体系应包括造林产量指标、生态指标和社会经济指标,这 3 个一级指标又各自包含一系列二级指标。彭少麟等根据热带人工林恢复定位研究,提出森林恢复的评价标准包括结构(物种的数量及密度、生物量)、功能(植物、动物和微生物间形成食物网、生产力和土壤肥力)和动态(可自然更新和演替)。

恢复正日益被用于逆转森林生态系统的退化和破坏。随着对恢复的投入越来越多,迫切需要制定有效的计划来评估修复效果。森林恢复评估的数量因地区而异,与退化程度或恢复需求无关。大多数评估(43%)仅包括三个关键生态属性中的两个指标,平均评估每个属性使用的指标少于三个。最常用的成分指标是植物物种的丰富度,树木的高度和直径是一般相对容易测量的变量。功能指标的使用随着时间的推移不断增加,现在比结构指标更常用。最常见的功能指标是土壤功能。

（1）森林恢复的生态属性评估

大多数评估在评估所有三种生态属性方面都不全面,组成和功能的评估比结构更频繁。恢复生态系统的功能现在是恢复的明确目标,部分原因是这些功能维持恢复生态系统服务。之前的恢复项目主要是基于组成和结构目标设计的,实践者认为生态功能的恢复将遵循组成和结构的变化。有更多的恢复项目专注于恢复高度干扰的景观,这些项目更多地使用与地下功能相关的土壤变量来评估成功。

然而,把生态功能作为成功的一个指标,在森林类型中并不一致。在温带森林中,功能评估的频率低于其他森林类型,这可能是因为碳储量和凋落物分解等功能属性在温带森林恢复较慢。在温带森林工作的调查人员倾向选择在这些最新类型中变化相对较快的指标,如草本层的成分以及幼苗生长和直径的变化。

（2）评估森林恢复成功的指标

为了促进对生态系统恢复程度的推断,使用生态指标具有明显的优势,这些指标易于衡量,具有成本效益,并且可以被非专业人员轻松解读。一些高度使用的指标符合这些标准。例如,植物物种的丰富度和优势度,都是相对易于测量的植物物种多样性指标,被广泛使用。同样,森林冠层中最常用的植被结构,树木高度和直径指标是相对容易和快速衡量的指标。除了具有成本效益外,这些指标还可用于显示结构复杂性与动物群和生态系统过程恢复之间的关系。

最常用的功能指标是土壤变量（pH、容重和土壤湿度）,虽然营养物质含量和枯枝落叶的生物量也被广泛使用。由于它们对种子传播、分解、营养循环、地貌和其他过程的贡献,生物指示物也经常用作生态系统功能的替代指标。例如,在热带森林评估中,某些种族的后生节肢动物（如甲虫）常被用作生物指标,因为它们分布广泛,分类和生态学相对广为人知,它们与生态系统过程紧密相关,对生态系统变化高度敏感。尽管使用生物指标有优势,但其成本很高,这可能会限制其使用的可行性。

（3）评估时间段

Wortley（2013）等对森林恢复进行 6~10 年后进行的生态评估比任何其他时间都要多。也报告了在所有类型的陆地生态系统中进行的评估。监测恢复后的早期阶段至关重要,以评估本地物种是否有足够的栖息地,初始演替轨迹和均衡动态以及任何优先效应。因此需要在恢复的早期阶段进行评估,以引发适应性管理并提供有关意外后果的信息。在恢复过程的后期阶段,恢复实施 10 年或更长时间后,监测森林恢复的成功与否也很重要,因为短期内的条件可能不能预测长期的生态系统响应或连续性轨迹。尽管基于评估时间段的指标选择存在一些变化,但大多数指标都用于多个时间段。生物指标是唯一在所有时间段内都没有使用的指标。它们的使用仅限于恢复的早期阶段,因为它们对检测环境变化的敏感性可能特别有用。

4. 退化森林生态恢复评价与森林生态系统健康

与生态恢复密切相关的一个概念是生态系统健康。受损生态系统的恢复重建虽然是一种动态过程,但在某一研究时刻的表现实际上也是生态系统的一种特定状态。从生态系统健康的角度评价恢复状况是一条非常重要的途径。在进行退化森林生态系统恢复状态的评价时可借鉴类似生态系统健康的指标(比如对照参考群落提高物种和结构的相似性)或降低退化的指标(比如侵蚀、盐度或土壤压紧、非乡土物种覆盖),建立恢复评价方法进行定量评价。

四、退化森林的修复

由于森林生态系统在维护生物多样性,保护区域生态平衡上具有极大的意义,因此,退化森林生态系统的恢复成为区域可持续发展的关键领域。最有效率的恢复与重建森林植被的可能性,通过完整地研究森林生态系统的演替过程,可以揭示该生态系统类型从早期演替阶段开始,经过一系列的中间演替群落,最终形成相对稳定的地带性气候顶级群落的过程,从而建立区域森林植被生态恢复参照系。

在自然条件下,森林的演替总是遵循着客观规律,从先锋群落等一系列演替阶段而形成中生顶级群落,通过不同的途径向着气候顶极和最优化森林生态系统演替。例如,南亚热带区域森林演替的规律,先锋种群为马尾松或松尾在荒地上具有高的生物活力并生长很快,但成林后结构简单、盖幕作用小、透光率大,其林地高温低湿且昼夜温差较大。而且,它的生长可为阔叶阳性树种(如锥栗、荷木、藜蒴等)提供较好的环境,这些阳性树种入侵先锋林地并生长良好,林内盖幕作用和荫蔽条件增加。结果,先锋种群不能自然更新而消亡,但中生树种和耐阴树种(如厚壳桂、黄果厚壳桂、云南银柴、柏拉木等)却因有了合适的生境而发展起来,群落更为复杂,阳性树种也逐渐消亡,群落趋于以中生树种为优势的接近气候顶极的顶极群落。

全球已有 20 亿公顷用于森林恢复,分析研究了全球的 221 个景观,与退化的生态系统相比,森林恢复使生物多样性增加了 15%~84%,植被结构增加了 36%~77%。

(一)极度退化生态系统森林植被的恢复与重建

极度退化土地,诸如极度水土流失的光板地、沙化或石漠化地,采矿废弃地。这些土地水土流失比较严重,加剧了生境的恶化,自然恢复是不可行的,需要依靠人工的力量进行恢复[31][36]。主要步骤包括:① 控制引起极度退化的生态因子。主要通过工程措施和生物措施综合治理的方法,控制水土流失。② 重建先锋群落。由于极度退化的生态系统的生境非常恶劣,应该选用速生、耐旱、耐贫瘠的先锋树种,重建先锋群落。③ 林分改造加速演替的进程。先锋群落重建后,可以根据本区域生态恢复参照系,模拟自然森林群落的演替过程,根据不同演替阶段的种类成分和群落结构特点,在先锋群落中开展林分改造。④ 综合研究与利用。在林地构建后,可以考虑生态系统的综合利用。可以进行林业的多种经营,提高退化生态的经济效益,如可以进行各种形式的农林经济发展。

（二）次生林地生态系统的恢复

次生林地的生态系统一般生境较好或是植被刚被破坏而土壤尚未破坏或是次生裸地但已林木生长。主要技术有：① 主要是封山育林。停止对其人工的干扰与破坏活动，为地带性植被的恢复生长创造适宜的生态条件或使针叶林顺行演替为物种多样性和生态效益更高的针阔叶混交林，进而演替为地带性的季风常绿阔叶林。② 进行林分改造。次生林的自然演替过程是较为漫长的，为了促进森林快速顺行演替，可对处于演替早期阶段的林地进行林分改造，加速演替进程。③ 透光抚育。在次生林的演替进程中，人为加速其顺向演替进程的基本做法有两点，一是根据现在次生林所处演替阶段为基准，对已出现的后演替阶段的种类进行透光抚育，促进演替的发展；二是择伐一些先锋树种的个体，可以促进后演替阶段的种类生长，并使之进而顺行演替为生态效益最高的地带性植被的顶极群落类型。④ 次生林的后期保育。次生裸地成林后的群落动态与演替的发展是一致的。次生林的后期发育过程中常用一些生态恢复技术促进林地的发展。如土坑法可以解决土壤贫瘠和季节性干旱问题。次生林恢复发展成为地带性植被类型后，仍然存在着波动现象，如肇庆鼎湖山地带性顶极群落是相对稳定的群落类型。但无论是结构还是功能均有时空上的变化，对次生恢复的森林，需要有针对性的保育措施，才能成为地带性生物多样性结构最佳的类型。

（三）退化森林恢复的生态功能

森林是地球上结构最复杂、功能最多和最稳定的陆地生态系统，被誉为大自然的"总调节器"和"地球之肺"，维持着全球的生态平衡。退化森林恢复后的效益是提高的，生物效益提高，主要森林生物量的积累提高。生态修复后，林地生物量发展非常快，植物多样性也得到很快恢复，同时促进动物多样性和微生物多样性的发展。

环境效益的提高主要表现为对水土流失的控制，林地土壤质量的提高和森林小气候的优化等方面。在导致生态系统退化的因素中，与植被破坏相伴而来的严重水土流失是最主要的原因。植被恢复后水土保持就成为森林生态效应的重要指标之一，森林植被恢复后，林地有较复杂的地下根系和更多的地表凋落物覆盖，能有效地控制土壤的侵蚀。改善土壤理化结构是森林植被恢复后的重要效应。由于地被物增加植物根系的发展，以及土壤动物和土壤微生物的活动，明显地改善了土壤的理化性质。

林地生态恢复过程中，土壤肥力和水分、养分等都明显增加。改善小气候是退化生态系统的植被恢复后提高生态服务功能的重要方面。植被恢复的生态效应不但影响林地本身，也影响周围的环境，进而对区域和全球的生态平衡有所贡献。

研究区域植被生态恢复对碳固定的效应，表明植被生态恢复对缓解全球变化有重大贡献。在森林生态恢复过程中，土壤碳的变化是现代生态学研究所关注的重点。森林的恢复可以促进土壤有机碳的固持，缓解气候变化和大气 CO_2 上升所造成的影响。

长期观察与研究发现,经过 70 年的森林恢复,相对于阔叶树种,针叶树种更有利于土壤和地被层有机碳的积累。而且森林恢复有利于提高土壤深层微团聚体组分和有机矿质颗粒组分的含量,从而增加土壤碳的稳定性。

森林中大气碳(C)的封存已部分抵消了美国的碳排放,并可能降低实现排放目标的总成本,特别是在运输和能源部门向低碳技术过渡的过程中。利用美国相关的详细森林清查数据,我们估计森林目前的大气 C 净封存量为 173 Tgyr^{-1},抵消了运输和能源 C 排放量的 9.7%。考虑到多个驱动变量,预测未来 25 年(至 112 Tgyr^{-1})森林碳排放汇的逐渐下降与区域差异[43]。

热带森林是陆地全球碳库的主要贡献者,但这一资源正在通过砍伐森林和森林退化而减少。虽然热带森林仅占全球陆地面积的约 6%,但它们是地上生物量碳(ABC)储存的最大单一储库,含有约 195 PgC。除了他们的 ABC 储存总量外,热带森林也是净碳汇。由于其巨大的碳储存和汇集能力,热带森林在减缓气候变化方面发挥着关键作用。然而,尽管这种有价值的碳储存和潜在的气候变化减缓能力,热带森林经历了高度的年度森林砍伐,据估计,在 1993~2012 年期间,全球每年的 ABC 损失量为 0.26 PgCyr^{-1}。此外,热带森林的砍伐是化石燃料燃烧后向大气排放温室气体的第二大因素。除了砍伐森林外,大部分剩余的热带森林地区经历了各种形式的退化,目前估计退化的热带森林面积超过 5 亿公顷。此外,估计再生林超过原始森林,成为世界热带森林覆盖的主要形式[44]。

五、中国人工林发展

我国大面积的人工林至今已有几十年的历史,在解放初期多是作为建设用材林营建的,在 20 世纪 80 年代以后主要是作为治理水土流失和用作水源涵养营造起来的,包括西南亚高山的人工云杉林和云南松林、热带地区的橡胶林、长江中游和华南地区的马尾松林和桉树林、长江中下游的杉木林和湿地松林等。南方人工林已成为该区域森林的重要组成部分,有的地方甚至成为森林的主体。但是,目前人工林普遍面临的问题是以前大量营建的人工纯林生态系统树种单一、结构简单、抗逆性差、生态服务功能低下等。

按照森林更新理论,森林的自我更新与繁衍需要有合理的年龄金字塔结构,应是不同林龄树木的组合。目前我国的人工林,不论是商品林还是公益林,通常是在采伐后采用植苗造林或扦插造林方式进行更新,也有采用直播或飞播方式进行更新,但这实际上是人工再造林,而非人工林自身的可持续天然更新。这样构建的人工林结构都是一个龄级的,形成了同生种群(同龄),是一个特殊的森林类型,不能保证人工林的永续存在和功能发挥。

森林天然更新是一个非常复杂的生态学过程,受环境条件、自然和人为干扰,以及更新树种的遗传学。生理学和生态学特性及其与周围树种之间的关系(如植物种间竞争、化感作用)等影响。

目前我国人工生态公益林更新面临的主要核心问题是:是等几十年甚至几百年人工林长到生命终结时重新造林呢?还是现在采取人工措施让它形成天然更新产生自己的后代,以维持人工林的长期持续存在?这是关乎林业可持续发展的大问题。因此,可以说如何维持森林的可持续更新过程和稳定发展是当前林业可持续管理面临的一个重要问题[45]。

1. 人工林可持续经营管理

在经营中引入近自然林业经营理念。"近自然林业"是在确保森林结构关系自我保存能力的前提下遵循自然条件的林业活动,其目的是培育最符合自然规律的多树种、异龄、复层混交林,是由德国学者提出的一种回归自然、遵从自然法则、充分利用自然综合生产力来经营森林的理论。

2. 促进天然更新的管理技术

由于不同人工林林分天然更新的限制性因子不同,因而采用的促进人工林更新的手段措施也不尽相同,主要有以下措施:① 人工抚育间伐;② 营造混交林;③ 施肥或种植绿肥;④ 其他辅助措施。总之,人工林生态系统是一个与自然生态系统不同的全新系统,有其自身的结构和演变过程。目前,我们对其认识还非常缺乏,制约了对该系统的有效管理和功能发挥。

六、森林火灾的防范

近几十年来,由于世界范围的人口膨胀,工业化进程加快,人类活动对森林的影响日益加剧,森林火灾发生的危险性提高,防御和控制森林火灾受到了各国的普遍重视。森林火灾的发生有很深的自然因素和社会因素。全世界每年发生森林火灾几十万次,受灾面积达几百万公顷,约占森林总面积的0.1%。进入20世纪80~90年代以来,火灾每年都有上升的趋势,虽然各国的森林防火费用不断增加,但森林火灾面积并未发生明显变化,特别是90年代后期,火灾毁灭了数百万公顷的热带森林,严重破坏了全球的生态平衡。森林火灾增加了大气中CO_2的含量,导致了气温升高。严重的森林火灾还会引起土壤荒漠化,并对全球的经济产生巨大影响。

目前,世界每年发生火灾约22万次以上,烧毁各种森林达640多万hm^2,约占世界森林覆盖率的0.23%以上。世界各地的森林火灾频繁发生,大洋洲的森林火灾最为严重,其次是北美洲,最少为北欧。有的国家森林资源十分丰富,森林火灾也较为严重,如美国、加拿大、俄罗斯等。森林覆盖率在30%以上的,年均火灾面积也在百万公顷以上[46]。森林火灾烧毁了大量的林木,降低林分密度;烧掉了土壤中的有机质,导致土地沙化和水土流失;烧死了土壤中大量的生物和微生物,打破了林区的生态平衡;还破坏了野生动植物的生存环境,更使得林区及其周围地区的气象和环境变得十分恶劣[47]。

1987年5月6日大兴安岭北部发生森林大火。大火扑灭后,大兴安岭的森林覆盖率从76%下滑到61.5%,重度与中度火烧的林地生物多样性殆尽,作为松嫩平原与呼伦贝尔大草原的天然"水库"和天然屏障的大兴安岭(森林与湿地)生态系统的生态效能的降低,用经济是难以衡量的。仅从森林资源角度来看,就可见其损失之严重:新中国成立50年来,大兴安岭生产木材为国家贡献了40个亿,而火烧后国家却得"偿还"70个亿来恢复森林资源。

过去已有不少的研究指出大兴安岭的森林火灾是有利于森林更新的。因为这里枯落物层厚,不易分解,只有火烧后,种子才能接触土壤。由于这里降水量较好,水热同季,种子发芽与苗木生长都有较好条件。又因这里土层普遍较薄,人工栽苗十分困难,而天然下种成苗却很好,因此人们认为天然更新途径为佳,火烧迹地的天然更新更有条件。在大兴安岭的漠河林区,火烧对森林天然更新的影响与火烧程度、立地条件及原有群落中的树种相关[48]。

案例　三北防护林体系工程

1978年,中国启动建设三北防护林体系工程(简称三北工程)。按照总体规划,三北工程建设范围包括三北地区13个省(区、市)的551个县(旗、市、区),建设总面积406.9万 km^2,占全国陆地总面积的42.4%。经过30年的持续建设,三北工程取得了举世瞩目的建设成就,累计完成造林保存面积2 446.9万 hm^2,工程区森林覆盖率由1977年的5.05%提高到现在的10.51%,带片网相结合的农田防护林体系已经形成,沙化土地治理实现了由"整体恶化"到"整体遏制"的转变,水土流失区治理取得明显成效。三北工程建设对区域经济社会发展的支撑和保障能力显著增强,为进一步发展奠定了坚实的基础[49~51]。

1. 重点治理地区的风沙侵害得到了有效遏制

30年来,工程建设始终围绕"治沙、保土、蓄水、护农、促牧"的总体目标,在东起黑龙江、西至新疆的万里风沙线上,采取封飞造相结合的方式,营造防风固沙林561万 hm^2,使27.8万 km^2沙化土地得到治理,1 000万 hm^2严重的沙化、盐碱化草原、牧场得到保护和恢复;重点治理地区的风沙侵害得到有效遏制,沙化土地和沙化程度呈"双降"趋势。据第三次全国荒漠化和沙化监测表明,从1999年到2004年的5年间,陕、甘、宁、蒙、晋、冀等6省(区)在全国率先实现了由"沙逼人退"向"人逼沙退"的历史性转变。与1999年相比,沙化土地净减少7 921 km^2。重点治理的毛乌素、科尔沁两大沙地实现了根本性转变,已进入了改造利用沙漠的新阶段。

2. 局部地区的水土流失得到有效治理

在以黄土高原为主的水土流失区,坚持山水田林路统一规划,生物措施与工程措施相结合,按山系、分流域综合治理,营造水保林和水源涵养林723万 hm^2,治理水土流失面积由工程建设前的5.4万 km^2增加到现在的38.6万 km^2,局部地区的水土流失得到有效治理,水土流失面积和侵蚀强度呈"双减"趋势。

3. 平原农区防护林体系基本形成

通过 30 年的不懈努力,三北地区主要平原农区基本建成了防护林体系,粮食产量和农田面积呈"双增"趋势。在东北、华北、黄河河套等平原农区,坚持以保障粮食生产为目标,营造带片网相结合、集中连片、规模宏大的区域性农田防护林 253 万 hm^2,有效庇护农田 2 248.6 万 hm^2,平原农区实现了农田林网化,一些低产低质农田变成了稳产高产田。

4. 工程建设促进了区域经济发展和农牧民群众增收

工程建设在坚持生态优先的前提下,建成了一批用材林、经济林、薪炭林、饲料林(四料)基地,促进了农村产业结构调整,推动了农村经济发展。目前,工程区森林蓄积量由 1977 年的 7.2 亿 m^3,增加到 13.9 亿 m^3,净增 6.7 亿 m^3。三北地区"四料"俱缺的状况得到根本性改善。

5. 工程建设提高了全民的生态意识和中国的国际影响

三北工程开创了中国重点生态工程建设的先河,推动了中国林业建设的全面发展,走出了一条在经济欠发达地区开展大型生态工程建设的成功之路。但是,随着工程建设的深入发展,防护林退化问题日益显现,特别是死树问题,引起了社会多方面的关注。

第四节 草地生态系统修复

植物生态学或植物地理学的草地通常指以草本植物占优势的植物群落,可包括草原、草甸、草本沼泽、草本冻原、草丛等天然植被,以及除农作物之外草本植物占优势的栽培群落。农学里的"草地"主要指畜牧业的"资源",不仅包括以草本为主的植物群落,还包括灌木和稀疏树木等可用于放牧的植被。草地是地球上最重要的陆地生态系统之一。草地在保持水土、涵养水源、净化空气,防止荒漠化、维持生态平衡、保持国土资源合理承载力、维护国家生态安全等方面占有重要的地位,其生态功能和资源价值是其他生态系统无法替代的。我国拥有各种天然草地近 4 亿 hm^2,占全国土地面积的 41%,是面积最大的陆地生态系统。但是由于长期的过度放牧、缺乏科学的管理、投入少等原因使我国的草地系统严重受损,草地退化(grassland degradation)的面积也不断扩大,也演变成一项十分严重的生态环境问题[52]。

草原占世界陆地面积的约 40%,不包括南极洲和格陵兰岛,支持约 10 亿人的生计但这些草原中的许多都遭受了退化。中国有 4 亿公顷草原,其中北部和西部有 3 亿公顷,直接支持 1 600 万人以及更多间接支持,恢复草原对减轻贫困至关重要。草业科学,即草地农业科学,属农学的一个分支。中国草地农业走过漫长的道路,直到 20 世纪 80 年代才具有现代草业的雏形。它参照欧洲、北美和俄罗斯的学术传统,建立了自己的草业科学体系[53]。50~80年代的40年中,我国草地生态研究从无到有,从弱到强,在草地畜牧业生产中起着越来越大的作用[54]。

一、草地生态系统功能

草地生态系统是陆地生态系统的一个重要类型。在地球表面,草地生态系统的面积是仅次于森林生态系统的第二大绿色覆盖层,其面积约占陆地总面积的24%。中国不同类型草地生态系统的总面积约4亿 hm^2,约占国土总面积的40%,其中北方天然草原生态系统的面积约3.13亿 hm^2,占草地生态系统总面积的78%,是中国草地生态系统的主体。

草地生态系统、森林生态系统和农田生态系统是地球上三个重要的绿色光合物质来源,而草地生态系统的生物量约占全球植被生物量的36%;草地生态系统在全球碳循环中起着十分重要的作用;草地生态系统还对生物进化,人类文明发展以致国家兴衰、民族繁荣、人类未来都有着十分重要的意义[55]。

草地生态系统的生态功能,还体现于其对治理城市空气污染、提高空气质量中的重要意义与作用。草地生态系统具有举足轻重的经济功能,历来为人们所重视。对草地生态系统的不同功能,Costanza于1997年对其价值进行了估算,达到232美元/ hm^2,全球38.98亿 hm^2 草地总值为9 060亿美元。而对中国草地生态系统的价值,陈仲新和张新时(2000)也进行了估算,总面积434.98万 km^2,草地总价值达到8 607.68亿人民币,即合人民币约2 000元/ m^2。中国草地生物量碳密度存在较大差异,为215.8~348.1 gC/m^2,平均值为300.2 gC/m^2。中国草地土壤有机碳密度的估算在8.5~15.1 kgC/m^2 之间变动。采用目前最广泛使用的草地面积(331万 km^2),那么中国草地生态系统碳库约为29.1 PgC,其中96.6%的碳储存于土壤有机质中[56]。

二、草地生态系统类型

草地生态系统是陆地生态系统的一个重要组成部分。草地生态系统由生活在地上的生物群落及其赖以生存的并与之进行物质循环与能流等功能过程的非生物环境构成。草地生物群落即指草地生态系统的生产者、消费者与分解者。

(一) 中国草地生态类型

在中国,天然草原生态系统,自东北平原的大兴安岭,经辽阔的内蒙古高原,而后经鄂尔多斯高原、黄土高原,直达青藏高原的南缘,绵延约4 500 km,跨越约23个纬度(北纬51°~28°)。中国草原绝大部分处于大陆性气候区,其分布主要受水分条件制约的地带性影响,与水分状况的地带性变化相一致,基本上沿东北-西南走向的数条年均等雨线,自东北向西南呈倾斜的经向地带性分布,依次表现为温带性草甸草原类草地、温性草原类草地、温性荒漠草原类草地、草原化荒漠类草地、温性典型荒漠类草原地。南方草地类型就资源分布与开发利用而言,可划分为长江中下游湖盆平原草地、丘陵岗地旱作农业区草地、华南沿海低山丘陵区草地和西南云贵高原山区草地五大类[57]。

(二) 中国草地资源现状

不论依据哪种定义,草地都是一种分布辽阔的陆地生态系统类型。联合国粮食及农业组织(FAO)估计全球草地面积为 $3.5×10^9 \text{ hm}^2$,覆盖约 26%的陆地面积。我国第一次草地普查结果表明,各类天然草地约有 $4×10^8 \text{ hm}^2$,占国土面积的 41.7%,总面积仅次于澳大利亚,位居世界第二。草地不仅提供饲草饲料支撑畜牧业生产,在防风固沙、水土保持、水源涵养以及生物多样性保护和陆地生态系统碳循环中也扮演着重要角色。

我国天然草地面积变动于 $1.67×10^6 \sim 4.31×10^6 \text{ km}^2$ 之间。过去 30 年间我国天然草地生物量呈现增加趋势,平均地上和地下生物量密度分别为 178 gm^2 和 759 gm^2。基于过去文献资料得到的我国天然草地 NPP 为 $89 \sim 320 \text{ gCm}^2/\text{a}$ 之间,平均值为 $176 \text{ gCm}^2/\text{a}$,并具有逐年增加的趋势。根据 MIAMI 模型的估算,我国天然草地气候潜在生产力为 $348 \text{ gCm}^2/\text{a}$,约为实际估算生产力的 2 倍。过去 10 余年,我国天然草地超载率得到一定程度的缓解,但超载率仍超过 20%。2013 年底我国人工草地面积约为 $2.09×10^7 \text{ hm}^2$,仅占天然草地的 7.5%,远低于发达国家平均水平。人工草地具有较高的生产力,可达天然草地的 2.7 ~ 12.1 倍。冷季缺草成为我国草地利用中最大限制性因素,冷季草原载畜量已超载 50%,少数地区已超载 1 ~ 1.5 倍[58]。

(三) 草原面临的主要生态问题

1. 草原退化面积日益扩大

中国目前沙漠化土地已达 171.42 万 km^2,占陆地国土面积 17.8%。其中西部沙化土地面积 163.65 万 km^2,约占全国的 95%。中国每年新沦为沙化土地的面积为 3 436 km^2,因此土地荒漠化的实质问题是草原荒漠化问题。草原荒漠化地区集中分布在大兴安岭-阴山-吕梁山-横断山一线西北的内蒙古、新疆、青海、甘肃、西藏,通常被称为五大牧区。

2. 盲目开垦造成草原面积急剧减少

新中国成立后全国有近 1 930 万 hm^2 草原被开垦,占目前全国草原总面积的 5%。内蒙古高原农耕界线推进到正蓝旗一带。毛乌素沙地与库布齐沙漠之间的 50 km 宽的草场隔离带,经过 30 年后,已经几乎连在一起。我国的荒漠界线较 20 世纪 60 年代初向东部草原带推移了 50 km,新疆荒漠区盆地的荒漠向山地草原带推进了 100 ~ 200 km。

3. 不合理利用导致草原质量逐步退化

我国草地退化始于 20 世纪 60 年代以后,最早出现草原退化的地区是人口相对较多的农牧交错区,退化最为严重的地点是居民点附近。到 20 世纪 70 年代中期,全国退化草原面积约占草原面积的 15%,到 80 年代中期已增加到 30%以上,90 年代中期达到

50%以上,到了21世纪已增加到90%以上。草地质量退化表现在草群结构组成或发生变化,优势种植物及优良的伴生种植物种类减少,牲畜不喜食或很少采食的杂类草及毒害草出现数量相对增加,植物生物产量减少20%~50%。

4. 草原生态系统的生产力和生物多样性下降

20世纪80年代以来,主要草地分布区产草量全都呈下降趋势,下降幅度为10%~40%。由于草地资源的掠夺式利用,草地生态环境恶化,造成我国草地生态组件多样性的丧失加重。近年来,甘草、贝母、锁阳、肉苁蓉及内蒙古黄芪等草地药用植物产量明显下降,许多名贵草地药用植物已濒临消失。由于生境破坏或食物数量减少,大量草地野生植物动物被迫迁徙或消亡,旱獭、狐狸和狼的数量大量减少,野牦牛等珍贵动物濒临灭绝。从生态系统多样性看,草地物种多样性的丧失以导致生态系统严重失衡。20世纪中叶平均约6 km²草地会有一只鹰、雕或猫头鹰,这种密度基本上可以控制鼠害,现在100 km²的区域也不见一只。

5. 水资源的不合理利用导致生态问题恶化

草原区分布在干旱、半干旱地区,水资源短缺本来就是一个严重的问题,但是由于不合理利用更加剧了草原生态问题的恶化。草原区水资源利用方式主要为大水漫灌:① 是造成一些地区的土壤次生盐渍化;② 是使一些河流的下游大面积的珍贵的天然植被干枯死亡。如塔里木河胡杨林;③ 是水量减少,水源干涸。如民勤绿洲。

三、草地退化

(一) 草地退化的概念

草地退化(rangeland degradation)是荒漠化的主要表现形式之一。草地是一类特定的土地资源,通常用作放牧场或打草场。由于人为活动或不利自然因素所引起的草地(包括植物及土壤)质量衰退,生产力、经济潜力及服务功能降低,环境变劣以及生物多样性或复杂程度降低,恢复功能减弱或失去恢复功能,即称之为草地退化。草地退化的表现基本上包括两个层面:① 是草地植被的退化(vegetation degradation),反映在草地植被特征的许多方面,如植被的盖度、生产力、植物生物多样性等;② 是草地土壤的退化(soil degradation),反映在土壤的物理性质和化学性质等特征发生了不利于植被生长的变化。一般情况下,人为活动和不利自然因素引起的草地退化均系逆行演替[59]。

(二) 草地退化的驱动力

导致草地退化的因素是多种多样的,自然因素中如长期干旱、风蚀、水蚀、沙尘暴、鼠、虫害等;人为因素中如过牧、重刈、滥垦、樵采、开矿等。这些因素常常是交互作用,互相促进,互为因果。如开垦、樵采常导致风蚀沙化、水土流失等过程的增强,过牧会引起鼠、虫害的加剧等。有人认为气候变干是草原退化的主导因素,但据气象资料分析,近百年来北方草原区气候尽管有波动,但未发生重大变化,可见60年代以来全国范围的草原退化,气候并非决定因素。那么草原退化的主要驱动力应从人为活动中寻找[60]。

我国北方草原形成于百万年前,利用历史也超过三四千年,为什么直到近30年来才出现大面积退化?显然与人为活动增强有关。例如内蒙古自治区,1947年每只绵羊单位占有草场4.1 hm²,利用强度甚低,此后18年间,牲畜头数逐年增长,1965年平均每只绵羊单位仅占有草场0.97 hm²,已超过天然草场的负荷能力。可见,超负荷放牧是导致草地退化的重要因素[61]。

至60年代,草原区又掀起几次开垦浪潮,全国新垦草地达667万hm²。1960年内蒙古呼伦贝尔草原开垦19.8万hm²,其中13.1万hm²处于不宜开垦的干草原地带,垦后因无收成闲耕11.1万hm²,造成大面积草原退化。其次,在草原上滥挖中草药、搂发菜、砍柴、搂草等活动,也常常引起草地退化。常常由于河流上游截水、用水,使中下游断流,导致绿洲草地退化甚至消亡。如额济纳河下游过去是著名的居延海绿洲,后因上游建水库而断流,现已干涸,大面积红柳与草地枯死。又如新疆在天山山麓开垦了大量农田,引水灌溉,建立了一些人工绿洲,使原有绿洲因断流而消亡。此外,工业发展及城市化过程也导致草原的退化与草原面积的缩小。特别是我国草原区有不少能源基地,地下蕴藏着丰富的煤炭、石油、天然气与重金属矿藏,近年来由于开矿造成大面积矿区废弃地,也亟待治理[62]。

强调人为因素的同时,不能忽视自然因素在草地退化中的作用。但有人提出气候变干是草原退化的主要因素,至少在近代是不符合事实的。据气象资料分析,近百年来北方草原区、气候虽有波动,并未发生重大变化。20年代末至30年代初,内蒙古出现过一次连续大旱,使不少内陆湖泊干涸、流沙有所扩展,但并未出现大面积草原退化。但在局部地区,气候变化在草原退化中能起重要作用。

草地生态系统退化的另一个直接后果就是生态系统生产力、经济潜力及服务功能降低,也就是生态系统功能下降。生态系统功能主要体现在生产功能(经济功能)、生态功能和其他功能。生产功能主要包括净第一生产力以及牧草品质等方面。结合社会经济因素,生产功能则直接体现在诸如载畜量等具体指标上。生态功能概括起来主要包括水土保持、气候环境调节和生物多样性上。另外生态系统功能还体现在诸如休闲、文化娱乐等服务性功能、涉及民族团结和边疆稳定的社会功能以及生态系统存在的一些潜在功能和价值上,在这里归为其他功能(见图6-6)。

尽管草地生态系统结构退化与功能退化紧密联系,但两者存在差异,一般情况下,系统功能变化滞后于系统结构变化,如短时间内的过度放牧会引起草地生态系统短期内发生结构变化,而此时生态系统功能仍能在一段时间内维持原有的状态。因此,在草地生态系统退化程度诊断中,不能片面地仅从结构或功能的单一途径来考虑,只有将系统结构和功能紧密结合,才能客观科学地反映生态系统状态。

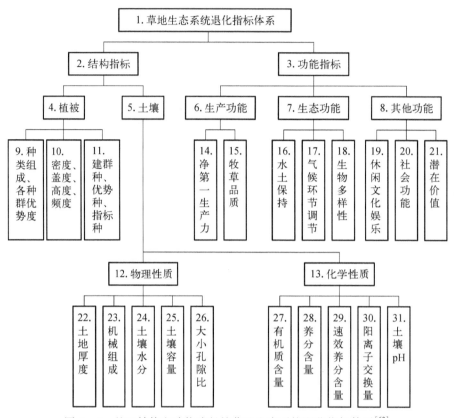

图 6-6　基于结构和功能途径的草地生态系统退化指标体系[63]

四、退化草地的恢复技术

退化草地的恢复技术大致包括物理技术、化学技术、工程技术,以及生物生态技术等。在实践中这些技术有对单独实施,有时又相互结合共同使用,以期达到良好的草地恢复效果。以下分别简要介绍几种主要的退化草地治理技术[64,65]。主要推广的技术成果包括对草原退化过程及成因的研究、退化草原植被恢复技术、草地退牧还草管理技术、草地改良与合理利用技术、草地家畜舍饲技术,等等。其中草地改良工程应用最广泛、最有效的技术措施有草地围栏封育技术、划区轮牧技术、草地禁牧休牧管理技术、草地补播改良技术、人工草地建植管理技术、放牧家畜舍饲喂养技术等。

(一) 物理技术"沙压碱"

这是一种改造盐碱化草地的物理性技术。"沙压碱"技术的具体特点是,方法简单,容易实施,见效较快,成本相对较低。"沙压碱"技术的基本原理,就是通过向盐碱化的草地土壤中"掺沙",使盐碱化土壤的物理结构和化学性质得以改变,最终降低土壤的盐分和碱分,植物容易在"掺沙"的土壤中生长繁殖。"沙压碱"技术的基本原理通过"沙压碱"技术的实施,盐碱化草地的土壤结构与性质得到很大改变。"沙压碱"

主要改变了土壤物理结构,表层土壤的透水性与通气性都有较大提高,甚至土壤的质地也发生了变化。同时,盐碱土壤的含盐量通过雨水的淋溶作用由表层转移到深层,逐年降低。"沙压碱"技术在实践中得到一定应用。但是,这种技术也有很大的局限性。

(二) 工程技术

治理盐碱化草地的工程技术主要是对盐碱化草地建立排灌设施,通过有效的排水与灌溉措施逐渐降低草地土壤中的盐分和碱分,退脱盐或脱碱的过程,最终使退化的草地恢复到原来或接近原来的正常状态。排水措施能够加快排涝,泄洪的速度,直接降低草地土壤中的地下水位,抑制土壤深层中的盐分过多地移动到表层;第二,排水设施能够增强自然降雨的淋溶作用,帮助转移停留在土壤表层的被淋溶的"盐分"与"碱分"离子。建立排水设施可以结合草地的地形地势,做到因地制宜。最有效的是直接利用天然的河沟、湖泡。

沙漠化草地的治理也可以通过工程措施,以达到固沙的目的。通过工程的方法,铺设多种沙障,改变沙地下垫面的性质,降低风速,防止风蚀和阴沙。实际固沙中多采用方格式的草沙障。

(三) 化学技术

在退化草地治理中采用的化学技术主要针对草地土壤进行有效的恢复。通过化学手段使各种退化的土壤,表现为盐碱化、酸化、土壤坚实与硬化、侵蚀、元素失衡等,发生良性改变,然后再使自然植被得到恢复。化学技术的关键是化学试剂,用于改良退化土地施用的化学药剂可称为土壤改良剂。在治理盐碱土壤的实验与具体工程中,应用比较广泛的是石膏,直接在盐碱化土壤上施用石膏能明显改善土壤中离子组成,特别是降低了 Na^+、NCO_3^- 的浓度。无论是施用石膏、磷石膏还是其他土壤改良剂,都要注意施用量、施用时期和施用方法等。

在国际上用石膏改造碱化土壤已有 100 多年的历史,但是由于成本过高没有得到推广。近年来燃煤电厂引入烟气脱硫技术以减少 SO_2 排放。大多数以钙基物质作为吸收剂,最终生成一种脱硫副产物——脱硫石膏。用脱硫石膏中含有的 Ca^{2+} 对土壤胶体吸附的 Na^+ 进行置换,并通过淋洗将其排出土体,达到治碱改土的目的。石膏可以通过增大表层土壤溶液中的电解质浓度达到降低土壤黏粒弥散性,增强土壤入渗能力和水力传导能力的目的。

(四) 生物技术

生物生态技术的出发点就是利用生物生态学原理(或理论),依靠草地植被自身的"潜力",即恢复稳定性,再实施人为各种措施,包括种草、植物移栽、铺设枯草,以及施肥、灌溉等,以使草地植被出现有利于人类的进展演替,草地土壤与植被共同向着正常的稳定状态发展。在实际退化草地治理过程中,生物生态技术的应用也常常结合其他技术,特别是在退化十分严重的地段上,采用多种技术的符合措施会收到更好的治理效果,而且能够缩短草地的恢复时间。

治理退化草地的传统生物技术包括草地封育和人工种草等。一般认为,草地封育是草地管理或者草地复壮的一种技术措施,实施封育的草地采取封围措施——围栏即可,有多种形式的围栏(见图6-7),如铁丝围栏、刺铁丝围栏、电围栏与生物围栏等。草地封育的时间和面积随着改良草地的要求而定,如果将草地围栏和日常的放牧(划区轮牧)结合起来,就需要确定时间、面积、哪些小区需要封育。草地封育后植物种类成分发生显著变化,禾本科与豆科等优良牧草在草群中的比例大大提高;有毒有害植物的比例呈下降趋势。人工种草的出发点是直接恢复草地植被,即在退化的草地上通过人工或者人工辅助,选择性地种植一些植物或牧草,使草地的生产性能逐步得到恢复的技术。

图6-7　藏北草地围栏[66]

退化草地的植被变化是逆行演替的过程,恢复退化草地实质上是从草地退化的某个阶段开始,让草地植被重新进行进展演替的过程。植被进展演替中植物群落的替代过程有比较严格的顺序,在人工种草时也必须参照这个顺序进行。在退化草地上铺设枯草层是增加生态积累的有效方法。铺设不同的枯草量对草地土壤以及植物群落的恢复速度有显著影响。在种草的环节上利用植物无性繁殖进行移栽是一种快速的种草技术。如在光碱斑上直接移栽羊草可以改良光碱斑,达到快速恢复草地植被的目的。

任继周认为,造成草地荒漠化、承载力下降的原因是多方面的,包括自然因素和人为因素,其中人为因素是主要因素。防治草原沙漠化的关键问题不是现代高新技术,而是草地资源的合理管理。对重度退化高寒草地,可采用"围栏封育+施肥+补播"的模式与技术恢复,还可以通过农区和牧区的互动偶合,在农区大力发展牧草种植业,为牧区提供饲草来源,从而减少牲畜对藏北草地压力。这种"三区耦合"模式畜牧业生产范式推广意义重大[67]。

五、农牧交错带生态修复

农牧交错带又称为农牧过渡带、农牧交错区、半农半牧区或生态脆弱带,是指以草地和农田大面积交错出现的以典型景观为特征的自然群落与人工群落相互镶嵌的生态复合体;在过渡带内,种植业和草地畜牧业在空间上交错分布,在时间上相互重叠,一种生产经营方式逐步被另一种生产经营方式所替代。

我国北方农牧交错带主要分布于降水量300~450 mm,干燥度1~2的内蒙古高原南缘和长城沿线,总面积654 564 km²。全区耕地总面积804.69万 hm²,人均占有耕地0.32 hm²,农、林、牧用地比例为1.0∶1.17∶3.67。主要生态问题为:沙漠化急剧发展、可利用土地资源锐减;草地退化、沙化、盐渍化严重,承载力急剧下降;生态环境恶化,自然灾害频繁。其原因除了受自然不利因素影响和现代人为强烈干扰外,还有沙漠化的历史烙印、现代农牧交错带的北移错位和经济地理三大原因。农牧交错带作为我国一条典型的生态脆弱带和重要的生态屏障带,其生态环境的好坏不仅是该区域社会经济发展的基础和保障,更关系到黄河、长江中下游经济发达地区的生态安全;其日益恶化的生态环境受到了政府和理论界的重视,对农牧交错带生态环境和可持续发展方式的研究成为这一时期研究的主题[68]。

该区的退化生态治理应注意:大部分地区要逐步用榆、柳、松、杏等乡土树种取代高耗水肥的杨树树种,采取以灌木为主的乔灌草结合的带状造林方式,建立类似原生植被的人工疏林草原植被,充分发挥其生态屏障作用。农业应以发展灌溉农业和保护型农业为主攻方向,改变生产经营方式,大力提高生产水平、防止土地沙漠化[69]。

农田、草地退化是我国农牧交错带所面临的突出问题。在21世纪初期,我国的农牧交错带研究将围绕解决农田、草地退化这一核心问题展开深入的研究。其热点领域应集中在农牧交错带生产力生态学、恢复生态学、界面生态学、放牧生态学,农牧交错带的健康诊断和价值评估等方面。其中生产力生态学是提高农牧交错带生产效率的保证;恢复生态学是治理退化农牧交错带的基础;界面生态学是剖析退化农牧交错带的切入点;放牧生态是调控退化农牧交错带的手段;健康诊断有助于对农牧交错带进行客观的评价;价值评估则是对农牧交错带生态系统效益和服务的估算[70]。

在农牧交错带建立新的产业带,把以粮食生产为主,变为畜牧业生产为主,将有利于当地在经济发展的同时,尽快达到区域生态平衡。产业结构调整的目的,无非是在发展当地经济、增加居民收入的同时,注意保护和改善区域生态环境。在一定范围内,山、水、路、农、林、牧统一规划,工程措施、生物措施与农耕措施一起实施,可以最大限度地发挥综合效益和规模效益。同时,以坡改梯和退耕还林为重点,把水土保持与资源开发结合起来,把生态环境保护、治理与群众脱贫致富结合起来[71,72]。

农牧交错带草地退化的根本原因是人口压力过重导致生态功能和经济功能失调。草地的稳定性取决于人为与自然因素的共同作用,没有人为干扰的草地也会随气候波动而变化,典型的例子是气候变化导致的草地退化。为了寻求草地的经济功能与生态功能的平衡点,人类通过使群落稳定在可控的退化阶段(相对于气候顶级群落而言)加以利用是必要的。

退耕地恢复的目标就应该是达到一个经济功能与生态功能相协调的稳定群落,在人类利用条件下,这样的稳定群落是可持续的,如适度放牧可维持上百年甚至更长,青藏高原的矮蒿草草甸和新西兰的多年生黑麦草/白三叶人工草地,这符合群落演替的"多稳态-多过渡态理论"。黄土高原退耕地恢复演替到原生植被需要 40~50 年,如此大规模的"退耕还林"和持久的人口压力,在漫长的恢复过程中,不仅不再次破坏难以做到,而且不适度利用也很不现实.所以,适度利用使退耕地恢复到生态功能与经济功能相对稳定的生态系统,从理论和实践上都是可行的,达乌里胡枝子+沙蓬+茵陈蒿群落就是刈割或放牧利用和沙漠化干扰下的稳定群落[73]。

案例　内蒙古正蓝旗 4 万亩沙地封地禁牧十年后又见草色

浑善达克沙地位于内蒙古中部锡林郭勒草原南端,东西长约 450 km,面积大约 5.2 万 km²,平均海拔 1 100 多米,是内蒙古中部和东部的四大沙地之一。浑善达克沙地距北京直线距离 180 km,是距北京最近的沙源地,也被专家们认为是造成北方沙尘的主要策源地之一。

浑善达克曾水草丰美,景观奇特,风光秀丽,近代由于掠夺性放牧,滥伐乱采等,造成草场退化,并加速了荒漠化进程,草原气候趋于旱化。河流湖泊萎缩,沙化日益严重。每年春季起,这里沙尘暴频频发生,强度逐年增高。2000 年春天,华北地区连续发生了多次沙尘暴或浮尘天气,频率之高,范围之广,强度之大是新中国成立以来罕见的。随后,环京津风沙源治理工程启动,浑善达克沙地被列入重点治理区域。

近十年后,内蒙古锡林郭勒盟正蓝旗下辖的巴音胡舒嘎查(村),终于又能看到草色青青。此前,这里过度放牧,草地逐渐退化,其中 4 万亩草地成沙地。而这只是浑善达克沙地的"冰山一角"。2001 年起,中国科学院的科学家们与正蓝旗在这 4 万亩地上开始治沙试验,不再是传统种树,而是将沙地围起来让其自行修复,人为措施作为辅助。十年后,许多消失的动植物重现。"人退沙退"的试验初见成效(见图 6-8)。

图6-8　2009年的4万亩实验地实景[74]

秦斌《新京报》

第五节　农田污染及农业生态化

　　农业是人类文明的发端,农田是人类创造的最早人工生态系统。伴随科学技术的进步和人口数量激增,人类干扰系统的频度与强度是祖先无法比拟的,由此导致耕地内在理化性质改变,生物区系贫化和功能衰退。其外部征象是土壤的荒漠化、盐碱化、污染化及贫瘠化。修复受损的农田生态系统成为经济可持续发展乃至人类延续的关键。

　　农业用地的扩张和集约被认为是当代全球环境变化的主要驱动力。人类已经将地球陆地面积的约38.2%(或49.73亿公顷)转化为农业,而牺牲了自然栖息地,这一数字有望在未来100年内达到60%。这种转换被认为是其空间范围和影响强度相结合的任何其他人为引起的变化所无法比拟的。土地覆盖变化和集约化可以极大地影响生物多样性、微量气体排放、水的质量和流量、土壤条件和气候等。

　　中国农田生态系统的形成和发展受制于中国的自然条件(主要包括热量、水分、土壤、地貌),同时也受长期人为活动(品种选择、种子繁育、水利建设、肥料施用料等)的影响,中国自然条件的多样性和人为活动的剧烈,决定了农田生态系统在地域上的广泛变异性。自然条件和人为活动影响的叠加,产生了多种多样的农田生态系统。

　　中国日益城市化和富裕的人口正在推动日益增长和不断变化的粮食需求,如果不大幅提高农业生产力和可持续利用自然资源,增加粮食产量的动力对环境产生了重大影响。在保护粮食生产所依赖的自然资源的同时,必须开发满足食品需求的新方法,以确保未来的粮食安全,同时实现在中国实现环境可持续性的雄心。对于中国来说,这是一个独特的机会,可以成为新的全球参与者,特别是对其他新兴经济体而言[75]。

一、中国主要农业生态系统类型

中国栽培作物的土地,即耕地面积约有 1.33 亿 hm^2,占全国陆地面积的 13.9%,广泛分布于全部国土之上。人类长期适应自然条件形成了中国在大农业意义上的三大区域格局:东部农业区,蒙新农牧区,青藏农牧区。这种区分反映了中国农田生态系统的区域分异特色。

(一)松嫩平原农田生态系统

松嫩平原农田生态系统以黑土农田生态系统为主,主要分布在滨北、京哈铁路沿线的两侧,北界直到黑龙江右岸,南界由吉林的四平市延伸到辽宁的昌图,西界与松嫩平原的黑钙土和盐碱土接壤,东界延伸到小兴安岭和长白山等山间谷地以及三江平原的边缘。黑土除集中分布在上述地区外,在三江平原和延边盆谷地有零星分布。

黑土农田生态系统按地形地貌划分为:岗坡地黑土农田生态系统;低平地黑土农田生态系统。黑土农田生态系统以平地黑土农田生态系统为主,其面积大约占黑土农田生态系统面积的 65%,岗坡地黑土农田生态系统大约占 30%。黑土农田生态系统地处中国农田生态系统脆弱地带的边缘区,对环境的敏感性较强,环境退化趋势比较明显。

(二)下辽河平原农田生态系统

下辽河平原位于辽河中下游,由低缓宽谷平地、平缓起伏台地、低缓剥蚀丘陵、冲积低平原和三角洲等地貌类型组合而成。地势自东北向西南微微倾斜下降至辽河口,是辽宁省最大的平原区,山区面积为 3 387 km^2,仅占总面积的 11.3%。下辽河平原河道纵横,河曲发育,河床多沙洲,河岸留有很多古河道的遗迹,水流缓,泥沙堆积旺盛。

下辽河平原地貌的形成是以升降运动为主的新构造运动、基底构造、古气候变化、岩石等内外动力地质作用综合影响的结果。堆积地形是下辽河平原地区最主要的一种地貌类型,占据了平原区的绝大部分,主要由冲积和冲洪积作用形成,南部为海冲积、海积作用形成,地势平坦,由北东向南西缓倾,东西两边略有起伏,中部水网密布,水渠纵横,并见有盐碱地、沼泽地、海蚀残丘和海蚀阶地等地貌类型。具体而言,可划分为山前冲洪积倾斜平原、冲洪积河谷阶地、柳河冲积波状平原、河床漫滩、海积漫滩等成因形态类型。

(三)华北太行山前平原农田生态系统

华北太行山前平原典型的农田生态系统为潮褐土农田生态系统,分布于太行山东麓的京广铁路两侧,北起拒马河,南至卫河,西与太行山丘陵褐土为界,东与低平原潮土接壤。行政区分布上,包括河北省的保定市、石家庄、邯郸市的一些县市和河南省的安阳、新乡等一些县市,总土地面积约 2.6 万 km²。湖褐土农田生态系统是华北平原上典型的高产农田生态系统,光、热、水、土等生态要素配置良好,障碍因子较少。

湖褐土多分布于山前平原中部及河谷低阶地,地势较平坦,但在潮褐土区仍发育有冲积扇、岗地、平地与沟谷等地形地貌。潮褐土农田生态系统可按地形地貌划分为:① 坡岗地农田生态系统,地形地貌为波状起伏的岗地,主要分布于太行山丘陵台地前缘;② 平地农田生态系统,主要分布在太行山前平原中部;③ 河滩洼地农田生态系统,地形地貌为扇间洼地、河滩,多分布于冲积扇交接地区、河道周围及古河道。

(四)黄淮海平原农田生态系统

黄淮海平原是中国最大的冲积平原,系指黄河、淮河和海河下游的冲积平原。历史上黄淮海平原长期受到洪涝、干旱、盐碱、风沙等多种自然灾害的危害,严重限制了农业生产的发展,农田生态系统比较脆弱。黄淮海平原地貌大致可分为三个大单元:山前洪积冲积倾斜平原、冲积平原和滨海海积平原。山前洪积冲积倾斜平原包括岗台地、孤丘和山前倾斜平地,居黄淮海平原的最高部位;冲积平原是黄淮海平原的主体,位于黄淮海平原的中心区,居于山前洪积平原及滨海平原之间的广大平原区,为平原上大小河流历次改道、泛滥冲积而成;滨海海积平原是冲积平原的特殊组成部分,地势低平,海拔不超过 5 m 等高线,比降甚小,一般在 1/15 000~1/10 000。

(五)红壤丘岗区农田生态系统

红壤丘岗区农田生态系统按地形地貌和利用方式可划分为三个主要类型:① 林草系统,主要分布于丘岗地的中上部,为水土流失严重地段,土壤薄、旱、瘦,农业利用方式以人工林为主,包括用材林、薪炭林和水保林,林灌草相结合,该系统占红壤丘岗区农田生态系统总面积的60%左右;② 果树-作物系统,主要分布于丘岗地的中下部,为水土流失过渡地段,土层厚度和肥力处于中等,农业利用方式以能吸收深土层水肥的经果、经作为主,如猕猴桃、板栗、甜柿、柑橘、无花果、枇杷、绿茶、中药材、花生、油菜等,该系统占红壤丘岗地农田生态系统总面积的20%左右;③ 稻田系统,主要分布在丘岗地下部、丘间谷地、河湖平原,为水土的积累段,土壤厚、肥、润,农业利用方式以对水肥条件要求较高的粮食、蔬菜和饲料为主,如水稻、玉米等,该系统占红壤丘岗地农田生态系统总面积的20%左右。

红壤地区农业利用模式很多,但都以复合模式为主,如广东、海南等省的"林、胶、茶、粮"模式,湖南省的"岗上松、窝里杉、山坡种油菜"模式以及江西省的"丘上林草丘间塘,河谷滩地果与粮"和"顶林、腰果、谷农、塘鱼"模式等。

(六)洞庭湖平原农田生态系统

洞庭湖平原农业生态区位于中国中亚热带向北亚热带过渡地带,由湖泊河汉、湖泊冲积平原及环湖丘陵岗地构成。洞庭湖区属中、新生代断陷盆地,其周缘又是新构造运动升降的过渡地带,区内75%以上的地区均为第四系沉积物所覆盖。这是由于原来烷区范围较小,随着泥沙淤积,围堤不断向外扩展,以至大堤封闭成坑。洞庭湖在极盛时期,曾是"周极八百里"的浩瀚湖泊景观,目前虽有所缩小,但仍是我国第二大淡水湖,是河湖串联、港渠纵横的水网区,既为农业生产提供了充足的水源,又为各种水生动、植物的繁衍提供了良好的场所。

洞庭湖区居于湖南省凹形地貌的朝北开口处,这种地理位置使得从北面或西北面来的冷空气可以长驱直入,加上西面武陵山、西南面雪峰山、东面幕卓山和连云山东西屏障的狭管效应,使本区气候具有明显的区域特点:光能充足、热量较多,同时伴有频繁的低温冷害。

(七) 川中丘陵农田生态系统

川中丘陵区分布的典型农田生态系统为紫色土农田生态系统。该系统是人类利用紫色土资源,通过不同作物长期适应本地区气候、土壤、水分条件所形成的相对稳定的人工生态系统。农田生态系统的形成与演变具有明显的区域特色。

川中丘陵区是指四川盆地腹心的丘陵低山区,广义的四川盆地位于长江上游。四川盆地地势自西北倾向东南,四周流水汇集盆地,使盆地长期受到切割。四川盆地中部的低山丘陵区,面积约4.86万 km^2,位于四川盆地腹心,是中生代典型的红色岩层沉积的大盆地,广泛分布紫色土,通常又称为川中紫色土丘陵区,因此四川盆地可以说是一个相对封闭的丘陵性盆地。川中丘陵地表岩层倾角小,近于水平,水系颇为发达,为山丘陵景观典型。

(八) 黄土高原农田生态系统

黄土高原农田生态系统分布于黄土高原地区内,其范围东起太行山山西西域,西至乌鞘岭和日月山东坡,南抵秦岭北麓,北止长城一线。黄土高原既是一种复杂的地貌组合形态,又是独具特色的地域名称。黄土高原是世界早期农业的发源地之一,黄土高原深厚的黄土覆盖,为这一地区农林牧业的发展提供了得天独厚的物质条件,同时又由于黄土十分疏松,易被侵蚀,因而土壤侵蚀十分严重。黄土高原农田生态系统类型按地形地貌和生产条件可划分为三大类型区:高塬沟壑区农田生态系统,丘陵沟壑区农田生态系统,风沙丘陵区农田生态系统。

(九) 荒漠绿洲农田生态系统

稀疏的荒漠植被和干旱环境组成一个独特的荒漠生态系统,在世界上分布面积约4 200万 km^2。中国的荒漠位于亚非荒漠的东端,包括寒性荒漠和温带荒漠两个气候各异的生态系统。寒性荒漠主要分布在西藏和青海,由于高寒,不适于农耕,绿洲农田面积较小。温带荒漠生态系统主要分布在中国西北干旱区,新疆、甘肃、宁夏和内蒙古西部,这些区域气候温和,水、土、光热资源比较丰富,绿洲农田广布,有着古老的农耕历史。人为灌溉绿洲是干旱区广袤荒漠中的精华。

中国荒漠面积约占国土面积的 1/5,其中新疆维吾尔自治区分布有荒漠面积 102.3 万 km^2,约占全国荒漠面积的 53%。新疆绿洲农田中的耕地面积为 398.57 万 hm^2(1996 年数据),约占温带荒漠区绿洲农田耕地面积的 40% 左右。

中国的荒漠绿洲农田生态系统以地貌、土壤单元可划分为以下三个主要类型区:准噶尔盆地、塔里木盆地荒漠绿洲农田生态系统,河西走廊荒漠绿洲农田生态系统,河套地区荒漠绿洲农田生态系统。

二、农田生态系统功能

农田生态系统是以作物为中心的农田中,生物群落与其生态环境间在能量和物质交换及其相互作用上所构成的一种生态系统,是农业生态系统中的一个主要亚系统。农田生态系统由农田内的生物群落和光、二氧化碳、水、土壤、无机养分等非生物要素所构成,这样的具有力学结构和功能的系统,称为农田生态系统。

与陆地自然生态系统的主要区别是:系统中的生物群落结构较简单,优势群落往往只有一种或数种作物;伴生生物为杂草、昆虫、土壤微生物、鼠、鸟及少量其他小动物;大部分经济产品随收获而移出系统,留给残渣食物链的较少;养分循环主要靠系统外投入而保持平衡。农田生态系统的稳定有赖于一系列耕作栽培措施的人工养地,在相似的自然条件下,土地生产力远高于自然生态系统。

农田是陆地生态系统中较为重要的生态系统之一,它与森林、草地、湿地等生态系统一样,对人类的生存环境产生着重要影响。但是,与其他生态系统不同,农田生态系统在人类活动的强烈干预下,具备了许多特殊的功能,如兼具正负双重环境效应等。

在中国,农业占土地面积的一半左右,占世界农田面积的 10.7%。中国的农田具有巨大的碳固存潜力。从 20 世纪 30 年代到 80 年代,全国土壤有机碳储存量略有下降。从 20 世纪 90 年代开始,我国政府开始推广保护性耕作和更好的管理实践,包括灌溉、施肥和使用农作物残留物。1981 年至 2000 年施肥量每年增加 6.2%,使作物产量年增长率提高 20%。这些管理措施开始扭转土壤有机碳的下降。在全国范围内,77.6% 的耕地被认为处于良好状态。应采用适当的农场管理措施,以改善剩余 22.4% 农田的贫瘠碳平衡,以促进碳固存。

三、我国农田生态系统退化现状

(一) 农田生态系统的退化

1. 农田荒漠化

荒漠化是一种在人为或自然双重因素作用下导致的土地质量全面退化和有效经济

用地数量减少的过程。荒漠化的直接结果是农田生产力退化,如耕地理化性质改变、生物量减少、生产力衰退、生物多样性降低及地表出现不利于生产的地貌形态(沙丘、侵蚀沟等)。人类破坏植被,使其生态服务功能下降,气候干旱和沙漠化显现。在晋、陕、蒙煤炭基地,因煤矿开发植被毁坏,水土流失加剧,其流失土地堆积达 $361.5×10^4$ m³,高于河床 7 m 多,地下水位下降 1.2~2.4 m,而且水中铅、汞高出本底值 4~7 倍。水源亏损使 33.33 万公顷水浇地变为旱地,粮食单产下降 30%~50%。为满足人口增长对耕地的需求,促使生产界线向"边缘"地区扩展,加速了生态脆弱带土地向荒漠化土地的转变。由于不合理开发和气候干旱协同作用,加重荒漠化程度。目前至少有 60% 的旱作农田,30% 的人工灌溉土地受到中等程度的荒漠化影响。

2. 农田盐碱化

对农田不合理灌溉,大水漫灌,有灌无排,少水季节抢水用,多水季节阻碍上游地区排水,加上农田水利设施老化失修,导致盐分在土壤表层积累,使盐碱耕地面积增加,次生潜育化发展较快,农田生产力降低。我国除盐防碱的养地作物——绿肥播种面积大幅度减少,促使返盐耕地面积加大。据"中国 1:100 万土地资源图"(西安地图出版社,1990)的统计,全国耕地中存在盐碱限制因素的面积约为 $6.9×10^6$ 公顷,而且在不断扩大。

3. 农田肥力下降

为了缓解人口激增与土地锐减的矛盾,不少地方的农业均以高产量和高利润为目标,耕作强度高,单一种植,持续耕作及农产品的持续输出,使养分回归土壤的正常生物地球化学循环遭到破坏,致使土壤肥力不断衰减,甚至丧失。我国现阶段水土流失的现象严重,不仅降低土壤厚度,还减少了土壤中有机质和养分。一般情况下,形成 1 cm 的土壤要花 200~500 年甚至更长时间,但流失同样厚度土壤却是一年之内即可完成。我国耕地中 59.1% 缺磷,22.9% 缺钾,14% 磷钾俱缺,耕层浅的占 26%,土壤板结的占 12%,中低产田占 79.2% 左右。

(二)农田生态系统污染及主要来源

农田污染物种类逐渐增多,污染空间呈现出扩张化的趋势。长期以来,中国农业发展是一条低水平的平面垦殖面积扩张,以追求农产品数量增长为主的发展道路。大量使用化肥、农药等石化物质成为提高农业产出的重要途径,已使农业生态环境问题十分突出。与此同时,工业化和城镇化使工业污染和城市生活污染加剧,给中国农业生态环境构成了严重的威胁,成为制约中国农业发展、社会稳定的重要因素。

目前,中国农田污染物不仅包括传统的农药、重金属污染,还包括化肥流失、畜禽粪便污染、秸秆废弃或焚烧、塑膜残留和大量温室气体排放等方面。近年来,规模养殖场畜禽粪便污染已经成为中国农田污染的重要来源之一,大部分的养殖场缺乏相应的防污措施。集约化种植业也正在变成中国农田污染的重要来源,而且其温室气体排放问题也日益被关注[56,59]。

（三）农业污染对农产品质量安全构成威胁

近年来，因化肥、农药等过度使用，农业污染物未经处理直接排入水体等造成的各种农业污染已经对食品安全和人体健康构成威胁。同时，农业污染物直排，使主要水体呈现严重的富营养化状态，严重影响居民饮水安全。累积于饮用水源特别是井水中的化肥氮磷和农药对居民的健康构成威胁。此外，土壤污染也会经过食物链，通过粮食、蔬菜、水果和肉类等进入人体，对人体健康造成影响。

近年来，中国农业污染已经对经济发展产生了影响。第一，造成的农产品质量安全问题严重影响到市场竞争力。近来，由于农药兽药残留、重金属含量等指标超过国际贸易限量标准，中国农产品出口不断遭遇被拒收、扣留、退货、索赔和中止合同等事件。特别是在国内，导致消费者普遍对农产品生产和市场信任度不高，表现出前所未有的信任危机，无疑波及整个农业的发展。第二，造成的直接经济损失十分严重。根据中国农业科学院土肥研究所对全国 2 300 多个县的调查，近十年来农民在蔬菜、花卉、水果上盲目过量施肥，导致平均 650 元/公顷的直接经济损失，每年流失于农田之外的氮肥超过 1 500 万吨，使用的氮肥约一半被挥发掉，导致直接经济损失高达 300 亿元人民币，农药浪费造成的损失要超过 150 亿元人民币。农业污染还对渔业、畜牧业、旅游业等造成了不同程度的经济损失，对整个中国农业造成的间接经济损失更难以计量。

四、退化农田生态系统的修复

（一）物理修复

主要采用排土、客土及深翻等方法。当污染物囿于农田地表数厘米或耕作层时，采用排土（挖去上层污染土层）、客土（用非污染客土覆盖于污染土上）法，可获理想的修复效果。但此法费时、费工和费钱，并需丰富的客土来源，排除的污染土壤还要妥善处理，以防造成二次污染。因此只适用于小面积污染农田。在污染稍轻的地方可深翻土层，使表层土壤污染物含量降低，但在严重污染地区不宜采用。

（二）化学修复方法

一是添加抑制剂。此法能改变有毒物质在土壤中的流向与流强，使其被淋溶或转化为难溶物质，减少作物的吸收量。一般施用的抑制剂有石灰、碱性磷酸盐、硅酸盐等，它们可与重金属（如铅、铬等）反应生成难溶性化合物，降低重金属在土壤及植物体内的迁移与富集，减少对农田生态系统的危害。二是控制农田的氧化还原状态。大多数重金属形态受氧化还原电位（Eh）影响，改变土壤氧化还原条件可减轻重金属危害。

（三）微生物修复

内容涵盖 3 个方面：

1. 微生物改良土壤

微生物活性剂（effective emicro-organisms，EM）是将仔细筛选的好氧和兼氧微生物加以混合，采用独特工艺发酵制成的微生物活性剂，以光合细菌、放线菌、酵母菌和乳酸菌为代表。EM 还能减少农药使用量，从而减少农药在农副产品中的残留量，减少由于大量使用农药而造成的土壤、水质污染。将畜禽粪便转化成无害化的微生物有机肥，控制了农业生产中的恶性污染循环。

2. 微生物农药

用微生物杀虫剂取代化学农药防治昆虫（昆虫的病原体）和杂草。对昆虫致病的真菌大约有 100 余种。通常用于有害生物防治的苏云金芽孢杆菌（*Bacillus thuringiensis*）是成功用于生产实践的商品性微生物杀虫剂。真菌病原体也被用于杂草防治中。

3. 互利共生

通过构建特定微生物与植物的互利共生关系，来改善植物营养或产生植物生长激素促进植物生长。如根瘤菌肥促进根瘤菌在豆科作物根系上形成根瘤；复合微生物肥料含有两种或两种以上的有益微生物，彼此之间互不拮抗，能提供一种或几种营养物质和生理活性物质。由此减少了化学肥料的使用，有利于退化农田生态系统的恢复。

（四）种植绿肥

利用栽培或野生的绿色豆科植物，或其他植物体作为肥料。豆科作物和绿肥，如紫云英、苜蓿、田菁、绿豆、蚕豆、大豆和草木樨等的固氮能力很强，非豆科植物如黑麦草、菌丹草、水花生和浮萍等都是优质的绿肥作物。种植这些绿肥可以增加和更新土壤有机质，促进微生物繁殖，改善土壤的理化性质和生物活性，防止农田生态系统的退化，或使已退化农田生态系统恢复。

五、农业生态化是必然趋势

中国面源污染是由常规农业现代化模式注定的。减轻面源污染的唯一途径是生产模式的转变，即变高投入、高废弃率的常规农业现代化模式为高投入、循环利用、高效率的可持续农业发展模式。中国生态农业应该是一种具有中国特色、适合中国国情的可持续农业。发展中国生态农业是减轻中国面源污染的重要途径[79,80]。现在中国的农业又一次走到一个重要的历史关口，在当前来看具有根本性的是农业生产成本问题，长远当然是一个可持续发展的生态化均衡的问题。农业模式按其解决生态问题的主要方向，可分为治理生态环境问题的模式、资源高效利用模式和绿色食品生产的模式。

生态农业是农业可持续发展的一种具体表现形式。由于生态农业考虑到更加长远的生态环境效益,更加注意到生态系统中各个组分的相互关系,因此在生态农业建设中,必然会形成各种区别于过去农业形式的生态农业模式和与之配套的生态农业技术体系。循环系统建设是通过建立系统组分间物质循环连接,提高生态系统的资源效率和减少其对环境的压力。根据系统的范围,循环体系建设包括农田系统循环、农牧系统循环、农业加工循环、农村内部循环、城市农村循环、生物地球循环等。生态农业建设的三个主要措施分别代表了农业建设的宏观、中观和微观格局[76]。中国的生态农业建设实际上就是营造有中国特色的农业现代化道路的基本格局。

面源污染控制是一个系统工程,通过管理食物链养分的途径控制面源污染,实际上就是优化养分投入和减少养分的损失。通过对食物链养分的综合管理来控制面源污染的策略,是把以往面源污染控制的"源头控制、过程阻遏、末端治理"的策略具体化和定量化,是一个从更为广阔和实质的层面控制面源污染的策略[77]。

2010 年我国食物链排入大气的氮素总量为 1 400 多万吨,其中 79% 来自农田、13% 来自畜牧、7% 来自家庭;动植物生产体系向水体排放的氮素约为 640 万吨,占到了动植物体系外源输入氮的 16%,其中畜牧业超过农田,成为主要来源。整个食物链排放氮素总量为 210 多万吨,接近当年氮肥的投入量。也就是说,施用的氮肥全部通过食物链排入了环境,数量十分巨大。加强食物链养分管理的研究,为面源污染的控制提供政策依据和技术支持就显得尤为重要。营养物质即养分作为比较容易定量的载体,其在土壤-作物-畜牧-家庭-环境系统(即食物链系统)的流量和去向,不仅直接影响农业和畜牧业系统的生产力,也关系到农业资源的利用效率和环境质量,还关乎人体健康。因此,定量食物链体系养分行为就成为探求农业绿色发展和食物系统可持续发展策略的重要突破口(见图 6-9)。

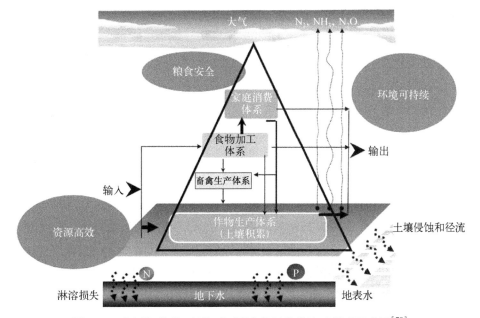

图 6-9　"土壤-作物-畜牧-家庭"食物链养分流动模型示意图[78]

2017 年农业农村经济工作推进农业供给侧结构性改革,要把增加绿色优质农产品供给放在突出位置,把提高农业供给体系质量和效率作为主攻方向,把促进农民增收作为核心目标。推进农业绿色发展,是贯彻新发展理念、推进农业供给侧结构性改革的必然要求,是加快农业现代化、促进农业可持续发展的重大举措,是守住绿水青山、建设美丽中国的时代担当,对保障国家食物安全、资源安全和生态安全,维系当代人福祉和保障子孙后代永续发展具有重大意义[81]。

<h2 style="text-align:center">案例 自然农法</h2>

自然农法是日本自然学家和哲学家冈田茂吉(1882~1955)于 1935 年提出的。他指出,农民种庄稼要和自然协调一致,主张通过增加土壤有机质,不使用化肥和农药获得产量。自然农法充分强调利用自然系统机制和过程培育土壤,并"最大限度地利用农业内部资源"。20 世纪 70 年代,另一位日本学者福冈正信主张,人类要"与自然共生的农法",并确立了"不耕地、不施肥、不用农药、不除草"的农法法则,发展了自然农法。冈田茂吉去世后,他的追随者们先后成立了冈田茂吉协会(MOA)、"自然农法国际研究基金会"和"自然农法国际研究中心",并相继设置了大仁、名寄、大恒三个农场,以此作为自然农法的研究、推广、培训和示范基地。目前,除了日本以外,美国、巴西、阿根廷、秘鲁等国都设立了有关研究机构。中国也积极研究自然农法,相继在山东、陕西、海南等地建立了以种植蔬菜、水果和花卉为主的省级自然农法示范基地[82,83]。

自然农法在研究方法上提倡实证研究,福冈正信身体力行几十年进行自然农法的研究、实验和推广工作,遵循严谨的科学实验方法,获得了大量的实验资料。为了尊重自然,他充分了解自然,包括对土壤、天敌、生物生理的了解。在对作物光合作用和呼吸作用的深入研究后,认为作物高产的影响因素包括日照、温度、湿度、风力、土壤养分以及作物自身的吸水力、叶片气孔开张度等等,提出为提高产量仅仅进行光合作用的研究是不行的,应该进行"宏观的群体生态学研究以及水稻生理学的研究",才能找到高产的理论基础。他所建立的不耕作、不施肥、不治虫、不除草的"免耕法"和"无为"体系,恰恰是在几十年反复实验的基础上形成的;他所提出运用自然天敌治虫,以草治草的技术也是其长期实践研究的成果。

自然农法虽然存在着一定的局限性,如在短时间内产量难以提高,忽略了人类社会城市化进展所带来的大量非农业人口问题,忽略了现代农业存在和发展的现实基础及其历史必然性。但是,自然农法蕴含了许多有价值的思想,它试图建立一种新的人与自然和谐的关系模式;它批判了现代农业技术的机械化、化学化、工业化、集约化和单一经营的弊端;它的建立在生态哲学思想下的节约生物资源的农业技术模式,为建构新的循环农业技术体系提供了一个翔实的实验案例。

第六节　荒漠化土地及其治理

荒漠化(desertification)是一种土地退化,其中相对干燥的陆地区域变得越来越干旱,通常会失去水体以及植被和野生动植物。它是由多种因素造成的,如气候变化和人类活动。沙漠化(sandy desertification)是荒漠化的主要类型之一。同时,风沙漠化(aeolian desertification)是中国最重要的荒漠化类型。连续风沙漠化对生物圈产生了严重影响。它还与诸如生产力下降,生物多样性丧失,土地退化和生态系统服务衰退等问题密切相关。到2014年,沙漠化土地面积约为261万km^2,分布在18个省,占全国土地面积的27.20%。

旱地面积约为5 400万km^2,占全球陆地面积的40%,在亚洲和非洲尤为常见,占世界旱地面积的58.5%。这些地区遭受了气候变化,不利的水文条件,植被构成的变化,土壤服务的丧失和荒漠化。这些影响的结合产生了许多不利后果,包括威胁生态系统服务和人类生命的沙尘暴。近年来,越来越多的沙漠地区形成的沙尘暴席卷了中国西北、非洲、美国西部和澳大利亚等现代城市。

世界各国政府公开将荒漠化视为严重威胁,并承诺降低土地的使用率。但是,自"阻止荒漠化行动计划"(plan of action to combat desertification, PACD)实施以来的退化防治进展甚微,《联合国防治荒漠化公约》缔约方仍然没有准确估计荒漠化程度[84]。

随着沙漠化地区的扩大,宜居栖息地面积将减少,贫困将加剧。荒漠化已成为全球范围内的一个重要环境问题,并已开始影响人类的生存和社会经济发展。我国干旱区地跨甘、宁、青、新和内蒙古的西部,约占全国陆地面积的1/4,在国家经济发展中地位重要。干旱区气候干旱、降水稀少、风大沙多、水资源短缺,也是我国生态环境最为严酷和脆弱的地区,在人类活动和气候变化的影响下,生态环境退化日益严重,尤其是荒漠化的迅速发展[85]。

一、荒漠概念及类型

荒漠是干旱气候条件下形成的地理景观。荒漠地区降水稀少,蒸发强烈,植被贫乏,物理风化强烈,风力作用强劲,地表主要被沙漠、戈壁、风蚀劣地,裸露山丘或干湖盆等占据。全球的荒漠主要分布在南北纬15度和50度之间,其中15度和35度之间为副热带,常年为行星风系下沉气流高气压控制是干旱少雨主要原因。中国的荒漠主要分布在贺兰山以西的西北干旱区,东界与年降水200 mm分布线基本吻合。荒漠自然条件严酷,植被以极其耐旱的灌木,小半灌木和肉质植物为主,也仅能维持一些有特殊适应力的昆虫、爬行类,啮齿类、鸟类和大型哺乳动物物种上较少。

（一）中国荒漠特征

我国荒漠区深居欧亚大陆腹地，约占全国陆地面积的1/4，是我国特殊的自然地理单元，也是世界干旱区中别具一格的地理景观。

1. 自然资源特征

我国荒漠区光热、能源、矿产资源、土地资源丰富，历来是我国重要农垦区之一，开垦全国10%的耕地，建立众多绿洲。

2. 水资源特征

形成众多独立的内陆河大小流域，其中较大的有塔里木河、玛纳斯河、黑河流域等集水区域。每个流域都有自己的径流形成区（山地）、水系（天然河道或人工渠）和尾闾（内陆湖泊）以及在大气中的山谷风环流，具有相对独立的水文系统。

3. 气候特征

日照时间长，热量丰富，多风沙，气候干燥。

4. 土壤特征

干旱荒漠区土壤一般较薄，处于干燥状态，成土作用微弱，母质较粗。表层有机质含量普遍较低，整个剖面均含有碳酸盐。绿洲区土壤分布受水热条件及植物类型的限制更加明显，一般从山麓到河流尾闾区形成与之相适应的灰钙土、灰漠土、灰棕漠土、棕漠土的分布规律。

5. 植被特征

中国荒漠区地理和气候带差异明显，有水平和南北的差异，也有不同海拔高度的垂直差异，形成不同生物群落。主要有矮半乔木、灌木、半灌木、半矮灌木、多年生时旱生草本植物、一年生短命植物和多年生短命植物。

6. 生物多样性特点

荒漠生态系统物种相对贫乏，西北荒漠区域种子植物仅600余种，但是荒漠生态系统区系的古老性以及生态条件的极端严酷决定了中国荒漠植物的独特性，形成一大批本地特有属和特有种。中国荒漠啮齿类和爬行类丰富，两栖类很少，但有蹄类很多。许多是家畜的祖先，如野马、野驴、野骆驼等。啮齿类有跳鼠、沙鼠等，鸟类多猛禽，爬行类主要有沙蜥和麻蜥，两栖类最为贫乏，稀有绿蟾蜍和花背蟾蜍，昆虫种类更为贫乏。

（二）荒漠生态系统组成结构和功能特点

荒漠生态系统发展的限制因子是水，无水是荒漠，有了水就形成绿洲。绿洲是一种独特的地理景观，是荒漠地区有水支撑的生产力大大高出其他地区的子生态系统。荒漠生态系统水热平衡失调，土地贫瘠、自然灾害频繁，地表物质强烈风蚀和堆积，以致出现裸露的戈壁和流动沙丘，土地生产力极低下，按照自然地理特征和成因差别，荒漠生态系统由下列7个亚系统组成，其各自分布特征如下[86]：

1. 天然绿洲生态系统

绿洲是一种独特的地理景观,指在干旱荒漠中有水源,适于植物生物和人类居住,可供进行农牧业和工业生产等社会经济活动的地区。一般呈带状或点状分布在大档口附近、洪积扇缘地带、井泉附近及有高山冰雪融水灌溉的山麓地事业,按出现的地貌部位将绿洲划分为山前倾斜平原绿洲、冲洪积扇绿洲、河流冲积平原绿洲、河流干三角洲平原绿洲、山间盆地绿洲和湖岸平原绿洲等。绿洲与荒漠相依存在,它只在各种条件组合较好的地方有规律地分布,这就造成了绿洲分布的地域性、存在唯水性和生态环境的脆弱性,自然绿洲的主体部分由河岸林、外围灌丛林,芦苇湿地等组成。

绿洲生态系统是依靠周围山地地表和地下水径流支撑的,其水源补给相对稳定,不但比周围荒漠,而且比靠降水涵养的半干旱区和某些半湿润地区的生态系统还要稳定,因此,绿洲生态系统是一种相对稳定的生态系统。

2. 人工绿洲生态系统

作为人类最早活动的区域,绿洲土地开发有着悠久的历史。可为自然绿洲、半人工绿洲和人工绿洲。可以说,时至今日纯自然绿洲已不复存在,多数绿洲已经完全人工化。人工渠系替代了自然河道,农作物和人工林替代了自然植被,家畜家禽替代了野生动物——经过长时间的灌溉,形成了灌淤土壤——“绿洲土”。人工绿洲按功能和建设方向,可分为农村绿洲(或称农业绿洲、农田绿洲,包括人工林业、牧业、草业、渔业为特色的绿洲)、城镇绿洲和工矿绿洲,但大多数是综合性的。绿洲面积占干旱地区比例虽不大,且分布零散,但却为经济、文化荟萃之地,是干旱区人口最为集中的地方。生态环境的人工化也带来绿洲环境失调的负面影响。

3. 荒漠草场生态系统

我国的荒漠草场主要分布在北疆和阿拉善冲积高平原戈壁,土壤多为荒漠土、沙土和盐土、可分为砾石戈壁小灌森木、灌木或小乔木荒漠草场,砂质戈壁灌木、小灌木草场,覆沙戈壁半灌木,灌木荒漠草场,盐土盐生半灌木,小灌木草场,半固定—流动沙丘灌木等5组13种草场类型。石戈壁小灌森木、灌木或小乔木荒漠草场面积较大,占该草场类的73.8%;石戈壁上生长有泡泡刺,麻黄等群落;小面积的覆沙戈壁上生长有沙拐枣、沙蒿群落;盐土戈壁上生长有怪柳灌丛、盐爪爪、齿叶刺群落;在固定、半固定的沙丘上生长有梭梭、小果白刺。

4. 裸露戈壁生态系统

裸露戈壁可分为剥蚀戈壁和堆积戈壁。剥蚀戈壁分布在侵蚀作用极强的剥蚀准平原化丘陵及波状高平原地区,由岩石碎屑经风的风蚀分选残留碎石组成。我国新疆东部天山,阿尔泰山余脉和河西走廊西北马鬃山、北山地区分布这种干燥剥蚀地貌,面积较大的有中央戈壁,嘎嘎戈壁,诺敏戈壁及将军戈壁,剥蚀戈壁的显著特征;一是风棱石相当普遍;二是暴露于地表的岩石和碎石表面水分时将其溶解的矿物残下来,并经过磨蚀,形成深褐色铁链化合——荒漠漆,地表呈现黑色,被称为“黑戈壁”。主要生长红砂,在地下水位较高地段,有梭梭生长,植物种单一,在覆沙冲沟中,常伴生泡泡刺、沙拐枣、霸王;在地势较低地段伴有珍珠、怪柳、黑果枸杞。原来生长梭梭地段,遭砍伐后由红砂所代替,且生长良好,一般覆盖度低于 5%。

堆积戈壁分布在内陆大型盆地的周边,如准噶尔盆地,塔里木盆地和柴达木盆地,山系如祁连山,阿尔泰山的山麓地带,是在山前洪积物的基础上经风力分选而成的。

5. 沙漠生态系统

我国的沙漠属于大陆型沙漠,主要分布在准噶尔盆地、塔里木盆地、河西走廊和阿拉善冲积高平原上。沙漠气候极端干旱,植被多为旱生及超旱生各类覆度极低,主要分布灌木荒漠、小半乔荒漠,半灌荒漠,多汁盐柴类荒漠。在古尔通古特沙漠,东部的腾格里沙漠、乌兰布和沙漠,库布齐沙漠的东半部分不但具有开阔的荒漠草原,也多固定半固定沙丘分布。

沙漠生态系统具有持续的恶劣气候和极端的多变性,目前正面临着气候变暖过程中沙漠化、沙尘暴、盐碱化等发展的态势,不仅造成该地区经济发展的障碍,而且还危及周边地区,荒漠生态系统的资源不是稳定的环境产品和服务链,必须加以保护。

6. 盐漠生态系统

塔里木盆地东端罗布泊,青海柴达木盆地分布着大范围的盐漠,自成独立的生态系统,在一些大型的山前洪积扇前洼地也有零星的斑块状分布。罗布泊自 20 世纪 60 年代彻底干涸后,地表呈盐裂状。在柴达木盆地西部,是盐皮的小丘与盐湖镶嵌分布景观,在有季节性水流的地方有稀疏的鹿角草、骆驼刺等。

7. 干旱低山丘陵生态系统

干旱区的大的山系外围,天山背起在海拔 1 000~2 000 m 以上,南坡在海拔 1 400~2 400 m 以下,昆仑山北坡和祁连山海拔 2 000 m 以下为干燥风化剥蚀控制的低山丘陵带,年降水量 100~200 mm,一部分地表岩石裸露,机械风化,干燥剥蚀作用强烈,岩石风化碎屑到处可见。以昆仑山西段、阿尔金山、天山南麓低山带最为典型,植被稀疏,由膜果麻黄、盐生假木贼、短叶假木贼、小蓬和天山猪毛菜、疏叶骆驼刺等组成山地盐柴类小半灌木荒漠,土壤为山地灰漠土、灰棕色荒漠土。另一部分,山前低山和丘陵上黄土状土,由各种耐旱和耐盐的蒿类,伴有针茅、狐茅、冰草等组成了蒿草荒漠。

二、荒漠化概念及原因

荒漠化一词是在 1977 年联合国荒漠化会议以后才被正式广泛采用。在 1977 年联合国荒漠化会议明确定义为:"土地滋生生物潜力的削弱和破坏,最后导致类似荒漠的情况,它是生态系统普遍恶化的一个方面,它削弱或破坏了生物的潜力"。荒漠化的实质是土地退化,是土地生物生产力下降,土地资源丧失和地表类似荒漠景观的出现[87]。

我国荒漠化类型多样,主要包括:风蚀荒漠化、水蚀荒漠化、土壤盐渍化、自然植被的长期退化等[88]。

1. 风蚀荒漠化

风蚀荒漠化是以空气动力为主的自然营力叠加在人类活动的条件下所造成的土地退化过程,干旱、多风和沙源丰富的疏松的沙质地表是产生风蚀荒漠化的条件和物质基础。风蚀荒漠化土地包括湿润指数在0.05~0.65之间的沙地和沙物质覆盖地表的各种类型可利用土地,以及地质时期形成的具有潜在生物生产力的沙漠、戈壁。我国西北、华北和东北西部广泛分布的沙漠、戈壁和沙地,是风蚀荒漠化土地的重要组成部分(湿润指数<0.05的地区除外)。我国沙漠、盆地与高大山系相间,这种独特的地形提供了世界其他沙漠所不具备的水分条件,高山融雪水和降水形成的间歇性河流,滋润荒漠植被,维持绿洲的繁荣。如北疆古尔班通古特沙漠,虽然发现有第四纪黄土和后期风成砂,但它历来是北疆的主要荒漠牧场,沙漠内部90%以上为固定和半固定沙丘;毛乌素沙地、科尔沁沙地,甚至塔克拉玛干沙漠的周边地区,千百年来一直是人们生活和生产的园地。

2. 水蚀荒漠化

水蚀荒漠化是以降水和重力作用为自然营力叠加在人类不合理活动条件下的土地退化过程,是我国干旱、半干旱和亚湿润干旱地区重要的荒漠化类型之一。主要分布在黄土高原北部一些河流的中、上游和一些山麓地带。这些地段一般坡度较大,降水集中,地表物质结构较疏松。我国水蚀荒漠化土地总面积占荒漠化土地总面积的7.8%,其中36.9%分布在亚湿润干旱区,27.4%分布在半干旱区分布在干旱区的占8.7%。位于黄土高原与鄂尔多斯高原过渡地带的晋陕蒙三角地带除了具有水蚀的地形和物质条件之外,当地人口密集,垦殖指数较高,是我国水蚀荒漠化较为严重的地区,是黄河泥沙的主要源地之一。

冻融荒漠化发生在高海拔地区,由于季节和昼夜温差较大,岩体或土壤因剧烈的热胀冷缩而形成滑坡。该类型的土地虽然生物生产力很低,但却作为当地的夏季牧场,在我国分布的总面积占荒漠化土地总面积的31.8%。

3. 土壤盐渍化

土壤盐渍化是在干旱条件下,由于人类不合理灌溉和管理措施不当产生的土地退化过程。这种类型的荒漠化土地,集中连片分布于塔里木盆地周边绿洲以及天山北麓山前冲积平原、河西走廊、河套平原、银川平原、华北平原及黄河三角洲等地,其总面积为$23.3×10^4$ km^2,占荒漠化土地总面积的8.9%。

4. 植被的长期退化

植被的长期退化主要表现为草原相对盖度明显降低,单位面积产草量下降,群落组成改变,可食性草类减少,有毒草类增加。草场退化比例在干旱区高达62%,在半干旱区为58%,亚湿润干旱区为47.5%,在人口密集的省区退化比例高达80%~90%。

三、荒漠化治理技术

荒漠化地区生态系统十分脆弱,科学地利用土地,宜农则农,宜牧则牧,农林牧水工综合发展是防止土地退化的重要原则。毁林开荒、破坏林地和盲目开垦草场等短期行为既造成脆弱的生态系统的破坏,也不能获得稳定的经济效益。水是干旱地区生产、生活的命脉,合理地分水、用水是系统中的一条主线。计划用水、节约用水,保持水系统的平衡和永续利用是干旱区防治荒漠化的重大战略措施。

(一) 荒漠生态保护措施与技术

1. 荒漠自然保护区建设

在广袤的荒漠区建立自然区是保护荒漠生态、生物多样性和自然资源的最有效措施之一。1983 年建立新疆阿尔金山自然保护区,截至 2011 年,有 33 个,占我国荒漠面积的 24.85%;这些保护区在维持和改善我国西北地区的自然环境、保护野生动物和植被资源、保护脆弱的荒漠生态系统、维护生态平衡以及改善区域生态环境中,发挥了巨大作用。

2. 沙化土地封禁保护区建设

考虑到沙漠是重要的荒漠生态系统类型之一,保护一个相对稳定的沙漠生态系统对保护陆地生态平衡十分重要,而封禁既是保护沙漠自然生态系统稳定,也是恢复已严重退化的沙区植被最有效、最经济的办法。

3. 封育修复技术

封育修复是一种有效的保护环境和资源的自然恢复方式,就是在原有植被遭到破坏或有条件生长植被的生态区域,实施一定的保护措施,建立必要的保护组织,禁止人类活动的干扰,比如封山,禁止垦荒、放牧、砍柴等人为的破坏活动,给植物以繁衍生息的时间,使天然植被逐渐恢复,从而起到防风固沙的作用。荒漠区封育技术措施主要包括封育类型确定、封育方法、封禁制度的建立和人工促进措施等几个方面的内容。

4. 荒漠生物多样性保护实践

我国干旱荒漠区幅员辽阔,自然条件差异大,生态环境复杂多样,动植物资源非常丰富,并且具有抗旱、抗盐碱、抗病虫害等抵抗极端环境的特殊性,是丰富的具有特殊功能的生物基因库。除了建立自然保护区对荒漠区的物种个体、种群或群落进行"就地保护"外,还通过建立沙生植物园、野生动物繁育中心等对荒漠区的重点物中特别是濒危物种开展了"迁地保护"。

(二) 荒漠生态治理工程

我国荒漠化治理研究工作始于 20 世纪 50 年代末期。经过 60 多年的开发、试验、示范和技术集成,取得了一批先进的技术成果。这些技术主要包括:① 固沙与阻沙技术,主要有工程防沙技术、化学防沙技术、生物防治技术;② 沙区节水技术,主要有渠道防渗、代压管道输水、喷灌、微喷灌、田间节水等技术;③ 荒漠化土地综合治理与开发技术,农业方面主要有引水拉沙造田,老绿洲农田改造,沙地衬膜水稻栽培,盐碱土改良,抗风蚀农业耕作,日光温室,地膜和无土栽培等技术;牧业方面主要有合理轮作,饲草加工,草场改良和温室养殖技术,农牧综合技术主要有"小生物圈"技术,"多元系统"技术和"生态网"技术等。

"九五""十五"期间,科技部将荒漠化治理技术研究与示范列入国家科技攻关计划,荒漠化防治重点工程如京津风沙源治理,"三北"防护林工程,草地沙化防治和退牧还草工程,以及区域性的荒漠化防治工程,如新疆和田地区生态建设工程,拉萨市及周边地区造林绿化工程、青藏高原冰冻融保护项目,还有众多示范区建设。

四、沙漠化土地治理

沙漠化是我国面临的一个极大挑战,了解沙漠化分布状况及成因能够为沙漠化防治提供决策依据。沙漠化是一种土地退化现象,是威胁人类和动植物生存和发展的重要因素之一。

沙漠化土地主要呈片状较集中分布于半干旱地带。这一区域北起呼伦贝尔草原,东界大致沿大兴安岭南下,包括了大兴安岭东侧的科尔沁沙地以西,沿冀辽山地、大马群山、燕山山脉、长城、黄河(晋陕间)南下,然后沿白于山西延,包括甘肃省环县北,西接西北干旱区。范围大致相当于全国农业区划的内蒙古及长城沿线,主要为半干旱草原和农牧交错带。

(一)沙地生态系统保护与恢复

沙地(sandy land)泛指草原地带内出现的沙质土地。沙地植被是不同于周围的地带性草原植被的一类具有隐域特征的植被,如广泛分布灌丛和沙地疏林等,以及分布在沙丘羊低地的生产力和利用价值较高的草地。沙地在我国通常对毛乌素、浑善达克、科尔沁和呼伦贝尔四大沙地的称呼上。

沙基质是沙地生态系统的主要生态因素,沙对水分再分配、凝聚、储积与防止蒸发,使得水地的水分条件相比沙质荒漠要好,沙地往往有河流或湖泊的存在,降水也比荒漠充足,而且这些降水主要集中分布在植物生长季节,可利用性高。较好水分条件使沙地孕育出不同于荒漠的植被。植被组成通常以地带性的草本层植物为主,灌木或半灌木广泛分布。在沙地除草本层植物和灌木外还有乔木生长,形成特有的稀树疏林景观。

生境的高度异质性,是沙地的另一特点。沙地的地形特征是沙丘和丘间低地的相间分布,在科尔沁当地称沙丘为"沱",称丘间低地为"甸",沱和甸相间排列或者不规则零散分布;在毛乌素沙地存在湖盆、下湿滩地和河谷阶地。这些地方常常是当地重要的牧场,打草场或开垦为农田,具有重要的经济价值。多种多样的基质类型、生态条件,形成了复杂多样的景观格局。毛乌素沙化草地景观分为硬梁地、沙地、软梁地、滩地四大类10种景观类型。

对沙地研究主要内容涉及环境演变与地理学研究,荒漠化现状,监测与防治,景观分类,沙地植物的生理生态研究,沙地植被演替,克隆植物生态学研究,草地建设的优化模式,以及沙地生态系统保护与恢复的综合治理模式等方面。我国在四大沙地建立了多种生态定位研究站:如鄂尔多斯沙地草地生态研究站(1990);内蒙古奈曼农田生态系统国家野外科学观测站(1985);内蒙古锡林郭勒草原生态系统国家野外科学观测研究站(1979);呼伦贝尔草甸草原野外观测试验站(1997);多伦恢复生态学试验研究站(2002);大青沟沙地生态实验站(1988);乌兰敖都荒漠化研究试验站(1975)[89]。

(二)沙漠化防治的基本途径

社会经济因素是影响荒漠化的主导因素,占79.3%的影响。因此,荒漠化控制方案必须考虑到社会经济因素和自然因素的综合影响[90]。为了控制荒漠化,中国政府实施了一系列大规模减灾计划,包括三北防护林计划和防治荒漠化计划。这些项目的重点是通过禁止放牧,种植树木和草,以及建造防护林以保护农田免受吹沙来增加植被覆盖。在许多地区,沙漠化总面积减少,但在其他地区,荒漠化面积继续扩大。沙漠化是人与自然相互作用的结果。在沙漠化的防治中,既要充分考虑减轻人类对生态环境的压力,又要符合其自然发展规律和提高资源的生产潜力,注重必要的财力和物力投入以提高单位面积土地的承载力,在防治过程中逐步改善人与自然的关系,使之逐步融洽和协调[91]。

1. 调整土地利用结构,合理配置农林牧生产比例

近些年,农牧交错区农田面积不断扩展,家畜数量持续增加。虽然生态工程连续上马,但结果是作物产量仍然低而不稳,草地质量越来越差,家畜个头越来越小,小老头树越来越多,不仅没有很好地体现农牧交错复合生态系统应有的功能,还难以遏制沙漠化发展的势头。究其原因,主要是农业生产结构不合理,农林牧用地比例不当,生产增值过程简单,导致农、林、草、畜相互矛盾和制约,生产力水平低下,经济和生态效益难以发挥。

(1)调整好农林牧用地

农牧交错带的种植业大部分为旱作农业,就其气候而言,长城以北年均降水量低于350 mm,且大风频繁的地区并不适于发展旱作农业,或者说旱作农业的生态风险极大。大面积退耕还林还草,合理配置农林牧生产用地,已成为农牧交错区生态环境保护与建设的重要前提。调整农林牧用地比例,主要是减少旱作农田面积,增加林草用地比例。首先要把大于25度的陡坡地和沙坨地完全退下来,用于种植牧草和灌木,因为这部分土地用于农作最容易发生水土流失;其次是拿出一部分农田用于防风固沙林网建设和村镇防护林建设,改善生产生活生态条件;第三要拿出一部分土地种植高产人工草,用于发展畜牧业。

(2)调整种植结构

北方农牧交错带是我国种植业的边缘地带,农耕技术水平低,无论是农作物还是林草业品种都单一,种植结构不合理。种植结构的调整,一方面在农业中要加大经济作物

的比重,如薯类、药材、棉花、蔬菜等经济价值较高的作物,另一方面要合理进行夏粮与大秋作物的配置;而大部分旱作农田还是应种植豆类、谷子、高粱和玉米,以充分利用水热同季的优势。对人工草地和林地来说,最重要的增加品种。人工草地除紫花苜蓿外,紫云英、无芒雀麦、饲用玉米、苏丹草都可在本区种植。林地种植结构中应逐步减少杨树比重,在目前尚无较好速生节水品种的情况下,应多种植榆树、杏树、樟子松、落叶松和锦鸡儿等乡土树种。

（3）调整产业结构

调整产业结构,首先要选择对环境压力小而经济效益大的项目,利用资源优势,通过发展规模生产,生产拳头产品,带动产业结构的调整;其次是以商贸为龙头,扶持和培育专业农牧市场或工业市场(奶牛、肉类等市场),迅速建立以促销带动生产的可持续发展经济体系;三是搞好农林牧产品的综合利用和深加工,进行多层次开发,变初级产品为高级产品,以获得更大的经济效益;四是搞好生产全过程的管理和产前、产中、产后服务,保证生产的正常运行;五是建立以加工业为主体的小集镇市场经济,发展农村的第二产业和第三产业,转移农村剩余劳动力,最终把资源优势转化为经济优势。

2. 加强植被的保护、恢复与重建

加强植被的保护、恢复和重建既包括对天然植被的保护与合理利用,又含有对天然植被的培育改良和人工植被的建设。

（1）控制家畜数量,减轻草地压力

目前要想大规模压缩该区的家畜数量十分困难,首先要按照草地产草量确定草地的载畜量,超载部分通过淘汰老弱病残畜和加快人工草地建设,使之平衡。其次,对一些植被破坏比较严重而又农业比重较大的地区,全面推行植被封禁,家畜全部舍饲,或在冬春秋三季实施舍饲,夏季放牧。通过提高畜群适龄母畜比例,来提高总增率,控制净增率,充分利用农牧交错带作物秸秆较为丰富的优势,发展季节畜牧业,在每年冬季到来之前使之出栏,减少对冬季草场的压力。进行畜种改良,淘汰对草场破坏性大的山羊和马匹及个体小的品种,发展个体大、繁殖率高的畜种,如:西门达尔牛和小尾寒羊等,以提高饲料报酬。

（2）对严重退化草地进行全面封育,禁止放牧和樵采利用

封育是使退化植被得以恢复的最简单经济的方法之一,其成本低、效益好,经测算,单位面积的综合成本仅为人工种植草地的1/10。科尔沁地区的沙漠化草地经过两年封育后,植被状况明显好转,沙地的固定程度由11%提高到了73%,植被平均盖度提高了1倍,地表起伏程度平均下降了1 m,单位面积产草量提高了91.1%。

（3）加强草地病、虫、鼠害的防治

危害草地的主要害虫有蝗虫、草原毛虫、宽颈萤叶甲等,危害草地的啮齿类动物主要是鼠类,包括高原鼠兔、鼢鼠、沙鼠和家鼠等,其中以蝗虫和鼢鼠对草地危害最为严重。蝗虫主要啃食植物地上部分,当发生蝗灾时地面植被常被啃食一光,造成地面风蚀

沙化。而鼠害不仅啃食植物地面部分,还啃食植物根茎,并在地下筑巢时把大量土壤推出地面,在地表形成大小不一的土丘,冬春在风力作用下造成土地沙漠化。目前,草地虫鼠害的防治有人工捕捉法、生物防治法和药剂防治法。

(4) 培育改良和人工植被建设

草地培育改良与植被的更新复壮包括施肥、灌溉、轻耙、补播和适度刈割,这些措施对退化植被的恢复与更新复壮都有一定效果。但由于农牧交错带主要为干草原植被和沙地植被,并受经济条件的限制,灌溉和轻耙措施并不适用。在草原区,能够大面积使用的措施还是补播和施肥,而沙地退化植被则主要通过补播和适当刈割促其恢复。

3. 提高农业生产水平

在长期实验研究中,针对沙地生态系统,我国科学家提出了很多针对四大沙地的保护与恢复的生态生产范式。毛乌素沙地"三圈"综合治理模式,浑善达克沙地"以自然恢复为主"综合治理模式,如采取的"以地养地"模式,在小范围的土地上,建立高产饲草基地,使牲畜的压力逐步向高效地集中。科尔沁沙地农牧复合生态系统(家庭牧场)治理模式。呼伦贝尔沙地治理主要集中在沙地樟子松造林,封育技术等。中国科学院植物研究所浑善达克沙地生态研究站通过牧鸡、牧羊和围封三种土地利用方式的对比实验发现,适度牧鸡能够显著促进植被生长、提高土壤质量,其效果优于牧羊;而通过调控牧鸡密度,其效果亦可优于围封。

案例 陕北这个沙漠可能快要改名成"森林"

毛乌素沙地是鄂尔多斯高原的主体部分,是具有特殊地理景观的生态过渡地带。其特殊意义在于这是一个草原气候条件下的沙地,处于荒漠草原-草原—森林草原的过渡地位,是以草地放牧业为主的牧、林、农交错地区。由于沙地所造成的生态多样性与优越的水分条件,这里曾是广泽清流、水草丰美、牛羊繁茂的草地,但由于历史上的长期战乱破坏,不合理的垦荒与樵采,尤其是不合理的农垦和过度放牧引起了严重的草地退化、土地沙化与荒漠化过程,光裸的流动沙丘与严重碱化的滩地成为优势的景观,畜牧业与农、林业遭到了极度的破坏(见图 6-10)[92]。

毛乌素沙漠位于陕西省榆林市长城一线以北,因此榆林市也被称为驼城,意为沙漠之城,毛乌素沙漠面积约 4.22 万 km^2。降水较多,有利植物生长,原是畜牧业比较发达地区,固定和半固定沙丘的面积较大。毛乌素沙漠是人造沙漠,其大部在鄂尔多斯草原,并沙蚀陕西、宁夏一些邻近地区。名城古镇陕北榆林,历史上曾被毛乌素沙漠逼得"三迁"。近 43 000 km^2 的毛乌素沙漠,是中国有名的八大沙漠之一,在现在的鄂尔多斯市域内有 35 000 多 km^2,地理学上也称之为鄂尔多斯沙漠。1959 年以来,人们大力兴建防风林带,引水拉沙,引洪淤地,开展了改造沙漠的巨大工程。到了 21 世纪初,已经有600 多万亩沙地被治理,止沙生绿。80%的毛乌素沙漠得到治理,水土也不再流失,黄河的年输沙量足足减少了四亿吨。

图6-10　毛乌素沙漠生态修复[93]

由于有良好的降水,许多沙地,如今成了林地、草地和良田。陕西榆林市在沙漠的腹地种植万亩以上的成片林地,建成了总长1 500 km的4条大型防护林带,造林保存面积1 629万亩,林草覆盖率由0.9%提高到25%。全市境内860万亩流沙有600多万亩得到固定、半固定,实现了地区性的荒漠化逆转。每年沙尘天气已由20世纪60年代至70年代的20多天,减少到不足10天。这里诞生了无数植树英雄,比如榆林定边的石光银,他用20多年时间,在63 km长的沙漠边缘种下6 km宽的一个绿带——这个"人进沙退"的速度,相当于清末同治年间流沙侵蚀榆林城墙速度的两倍多[94]。

思考题

1. 我国西北部有大片的荒漠,荒漠化的原因是什么? 过度放牧对生态系统造成危害的具体原因?

2. 农田生态系统的退化体现在哪些方面? 在农业领域的污染治理和发展中发达国家的哪些措施和模式值得我们借鉴和学习?

3. 退化的林地会是怎么样的? 亚马孙热带雨林2005年遇到百年未遇的干旱,严重退化,退化成什么样?

4. 沙漠能不能通过治理完全恢复成绿洲? 具体有什么实施方案? 如果可以的话周期为多久?

5. 农业生态系统退化会对农业生产造成多大影响? 有什么预防和修复的方法?

6. 为什么森林的恢复要比农田和草地的恢复时间短?

7. 西北地区一带的防护林的构建为什么长期遭受各种虫害等灾害?

8. 黄土高原和其他盐碱地为什么很难短期达到生态恢复治理？

9. 利用生态恢复技术,改善原有的梯田为生物生存提供稳定生长发育的基质后,是否会影响原本梯田环境下的种群密度与食物链?

10. 水土流失的原因和治理水土流失的主要措施?

11. 中国原始的自给自足的生态农业在现在的意义何在? 如果有不足如何调整它的生态结构来适合现代化体系达到现代化生产?

12. 随着全球变化对气候、土壤和温度的影响,部分地区荒漠化是否不可逆转?

13. 黄土高原水土流失为什么如此严重?

14. 怎样治理沙漠? 恢复沙漠生态系统关键是治沙吗? 举一个简单经济的治理沙漠的方法。

15. 盐碱地是怎么形成的并且如何恢复为耕地?

16. 怎么控制与恢复土壤肥力?

17. 全球气候变化对农业生态系统的影响和应对措施。

18. 农业上合理的生态系统带来的收益很广泛,那除了桑基鱼塘,还有什么经典的生态农业模式,解释一下它(们)的结构与相互作用。

19. 如何建立一个可持续的农业生态系统?

参考文献

[1] 李炳元,潘保田,程维明,等.中国地貌区划新论[J].地理学报,2013,68(03):291-306.

[2] 孙鸿烈,中国生态系统(上下)[M].北京:科学出版社,2005.

[3] 欧阳志云.中国生态功能区划[J].中国勘察设计,2007,(03):70.

[4] 李文华,等.中国生态系统保育与生态建设[M].北京:化学工业出版社,2016:624.

[5] 方精云,沈泽昊,崔海亭.试论山地的生态特征及山地生态学的研究内容[J].生物多样性,2004,(01):10-19.

[6] 刘小平.山地生态学研究进展[J].内蒙古科技与经济,2010,(18):36-38.

[7] 大消息袭来,西部多城楼市迎大利好![OL]. http://www.sohu.com/a/255300023_469199.

[8] 高吉喜,等.西南山地退化生态系统评估与恢复重建技术[M].北京:科学出版社,2014.

[9] 高大鹏,王世忠,田福军,等.辽西低山丘陵区退化森林生态系统恢复与重建刍议[J].防护林科技,2003,(04):25-26.

[10] 包维楷,王春明.岷江上游山地生态系统的退化机制[J].山地学报,2000,(01):57-62.

[11] 包维楷,陈庆恒,刘照光.岷江上游山地生态系统的退化及其恢复与重建对策[J].长江流域资源与环境,1995,(03):277-282.

[12] 刘庆,乔永康,吴宁,等.岷江上游山地生态系统退化机理研究的核心——关键种群的作用[J].长江流域资源与环境,2002,(03):274-278.

[13] 王根绪,邓伟,杨燕,等.山地生态学的研究进展、重点领域与趋势[J].山地学报,2011,29(02):129-140.

[14] 四川贡嘎山森林生态系统国家野外科学观测研究站[OL].http://ggf.cern.ac.cn.

[15] 潘占兵,李生宝,董立国,等.宁南半干旱黄土丘陵区退化生态系统恢复模式[J].宁夏农林科技,2012,53(08):5-8.

[16] 包维楷,陈庆恒.退化山地生态系统恢复和重建问题的探讨[J].山地学报,1999,(01):23-28.

[17] 孙辉,唐亚,黄雪菊,等.横断山区干旱河谷研究现状和发展方向[J].世界科技研究与发展,2005,(03):54-61.

[18] 吴绍洪,戴尔阜,何大明.我国西南纵向岭谷区环境与发展问题初步研究[J].地理科学进展,2005,(01):31-40.

[19] 任海.喀斯特山地生态系统石漠化过程及其恢复研究综述[J].热带地理,2005,(03):195-200.

[20] 李先琨,何成新,唐建生,等.广西岩溶山地生态系统特征与恢复重建[J].广西科学,2008,(01):80-86+91.

[21] 邹敬东,刘文婧,王景升,等.中国亚热带红壤丘陵区千烟洲模式研究进展[J].资源与生态学报(英文版),2018,9(06):654-662.

[22] 程彤,李家永.红壤丘陵生态系统恢复与农业持续发展研究——纪念千烟洲试验站建站十周年[J].资源科学,1998,(S1):1-9.

[23] 赵其国.我国红壤的退化问题[J].土壤,1995,27(6):281-285.

[24] 田卫堂,胡维银,李军,等.我国水土流失现状和防治对策分析[J].水土保持研究,2008,(04):204-209.

[25] 李锐,上官周平.水土流失生态治理研究[M]//李文华.中国当代生态学研究——生态恢复卷.北京:科学出版社,2013,75-84.

[26] 李永红,高照良.黄土高原地区水土流失的特点、危害及治理[J].生态经济,2011,(08):148-153.

[27] 秦天枝.我国水土流失的原因、危害及对策[J].生态经济,2009,(10):163-169.

[28] 《全国水土保持规划(2015—2030年)》国函〔2015〕160号的批复[OL].http://www.gov.cn/zhengce/content/2015-10/17/content_10232.htm.

[29] 阎百兴,杨育红,刘兴土,等.东北黑土区土壤侵蚀现状与演变趋势[J].中国水土保持,2008(12):26-30.

[30] 赵其国,黄国勤,马艳芹.中国南方红壤生态系统面临的问题及对策[J].生态学报,2013,33(24):7615-7622.

[31] 张镱锂,李炳元,郑度.论青藏高原范围与面积[J].地理研究,2002,21(1):1-8.

[32] 李智广,曹炜,刘秉正,等.我国水土流失状况与发展趋势研究[J].中国水土保持科学,2008,(01):57-62.

[33] 第宝锋,崔鹏,艾南山,等.中国水土保持生态修复分区治理措施[J].四川大学学报(工程科学版),2009,41(02):64-69.

[34] 余新晓.水土流失地区治理工程[M]//引自李文华.中国当代生态学研究——生态系统恢复卷.北京:科学出版社,2013,299-312.

[35] 朱显谟.重建土壤水库是黄土高原治本之道[J].中国科学院院刊,2006,21(4):320-324.

[36] 朱显谟,任美锷.中国黄土高原的形成过程与整治对策[J].中国水土保持,1992,(2):4-10.

[37] 黄土地上现江南,68岁双胞胎兄弟是怎么做到的?[OL]http://xinhua-rss.zhongguowangshi.com/425/-3679617155491403362/1297229.html.

[38] 中国科学院地质与地球物理研究所一项研究结果为黄土高原植被恢复提供科学依据——生态重建

先种草[OL].http：//www.cas.cn/xw/cmsm/201305/t20130521_3843417.shtml.

[39] 方精云,陈安平.中国森林植被碳库的动态变化及其意义[J].植物学报,2001,(09)：967－973.

[40] 宋永昌,陈小勇.中国东部常绿阔叶林生态系统退化机制与生态恢复[M].北京：科学出版社,2007.

[41] 刘国华,傅伯杰,方精云.中国森林碳动态及其对全球碳平衡的贡献[J].生态学报,2000,(05)：733－740.

[42] 马姜明,刘世荣,史作民,等.退化森林生态系统恢复评价研究综述[J].生态学报,2010,30(12)：3297－3303.

[43] Wear DN, Coulston JW. From sink to source：Regional variation in U.S. forest carbon futures[J]. Scientific Reports, 2015, 5(1)：16518.

[44] Alamgir M, Campbell MJ, Turton SM, et al. Degraded tropical rain forests possess valuable carbon storage opportunities in a complex, forested landscape[J]. Scientific Reports, 2016, 6(1)：30012.

[45] 刘庆,尹华军,程新颖,等.中国人工林生态系统的可持续更新问题与对策[J].世界林业研究,2010,23(01)：71－75.

[46] 舒立福,田晓瑞,李红.世界森林火灾状况综述[J].世界林业研究,1998,(06)：42－48.

[47] 狄丽颖,孙仁义.中国森林火灾研究综述[J].灾害学,2007,(04)：118－123.

[48] 罗菊春.大兴安岭森林火灾对森林生态系统的影响[J].北京林业大学学报,2002,(Z1)：105－111.

[49] 褚卫东.三北防护林体系建设生态经济效益探讨[J].林业资源管理,2005,(03)：25－28.

[50] 刘冰,龚维,宫文宁,等.三北防护林体系建设面临的机遇和挑战[J].生态学杂志,2009,28(09)：1679－1683.

[51] 中国七大防护林都是什么？[OL].https://zhidao.baidu.com/question/39853173.html.

[52] 旭日干,任继周,南志标.中国草地生态保障与食物安全战略研究[M].北京：科学出版社,2017.

[53] 任继周,胥刚,李向林,等.中国草业科学的发展轨迹与展望[J].科学通报,2016,(2)：178－192.

[54] 李博.我国草地生态研究的成就与展望[J].生态学杂志,1992,11(3)：1－7.

[55] 李建东,方精云.中国草原的生态功能研究[M].北京：科学出版社,2017.

[56] 方精云,杨元合,马文红,等.中国草地生态系统碳库及其变化[J].中国科学：生命科学,2010,40(07)：566－576.

[57] 任继周,梁天刚,林慧龙,等.草地对全球气候变化的响应及其碳汇潜势研究[J].草业学报,2011,20(02)：1－22.

[58] 沈海花,朱言坤,等.中国草地资源的现状分析[J].科学通报,2016,61(02)：139－154.

[59] 闫玉春,唐海萍.草地退化相关概念辨析[J].草业学报,2008,(01)：93－99.

[60] 李博.我国草地资源现况及其管理对策[J].大自然探索,1997,16(1)：12－14.

[61] 肖力宏,宝音陶格涛,刘海林.草地退化的原因及退化草地改良的研究[J].科学管理研究,2004,(S1)：27－29.

[62] 李博.中国北方草地退化及其防治对策[J].中国农业科学,1997,(06)：2－10.

[63] 闫玉春,唐海萍,张新时.草地退化程度诊断系列问题探讨及研究展望[J].中国草地学报,2007,(03)：90－97.

[64] 张文海,杨韫.草地退化的因素和退化草地的恢复及其改良[J].北方环境,2011,23(08)：40－44.

[65] 王德利,高英志.退化草地生态恢复[M]//李文华.中国当代生态学研究——生态恢复卷.北京：科学出版社,2013：21－35.

［66］Gao QZ, Li Y, Wan YF, et al. Significant Achievements in Protection and Restoration of Alpine Grassland Ecosystem in Northern Tibet, China［J］. Restoration Ecology, 2009, 17（3）：4.

［67］赵新全,周华坤,徐世晓,等.退化高寒草地恢复及生态畜牧业发展模式［M］//李文华.中国当代生态学研究（生态系统恢复卷）.北京：科学出版社,2013：121－146.

［68］吴贵蜀.农牧交错带的研究现状及进展［J］.四川师范大学学报（自然科学版）,2003,（01）：108－110.

［69］农牧交错带的异地育肥［OL］.https：//mp.weixin.qq.com/s?＿＿biz = MzI2NDIyNjI4NQ = = &mid = 2247488207&idx = 7&sn = e02bf32672fe4d1a8d274343ebac2442.

［70］赵哈林,赵学勇,张铜会,等.北方农牧交错带的地理界定及其生态问题［J］.地球科学进展,2002,17（5）：739－747.

［71］刘洪来,王艺萌,窦潇,等.农牧交错带研究进展［J］.生态学报,2009,29（8）：4420－4425.

［72］刘林德,高玉葆.论中国北方农牧交错带的生态环境建设与系统功能整合［J］.地球科学进展,2002,17（2）：174－181.

［73］侯扶江,肖金玉,南志标.黄土高原退耕地的生态恢复［J］.应用生态学报,2002,13（8）：923－929.

［74］内蒙古正蓝旗4万亩沙地封地禁牧　十年后又见草色［OL］.http：//news.163.com/10/0406/03/63IC076Q000146BD_all.html.

［75］Lu Y, Jenkins A, Ferrier RC, et al. Addressing China's grand challenge of achieving food security while ensuring environmental sustainability［J］. Science Advances, 2015, 1（1）：e1400039－e1400039.

［76］骆世明.生态农业的景观布局、循环设计及生物关系重建［J］.山西农业大学学报（社会科学版）,2008,（05）：463－467.

［77］张福锁,王方浩,马文奇,等.面源污染控制的新视角：食物链养分管理策略［J］.中国农学通报第24卷增刊,2008：11－14.

［78］马林,马文奇,张福锁,等.中国食物链养分流动与管理研究［J］.中国生态农业学报,2018,26（10）：1494－1500.

［79］朱万斌,王海滨,林长松,等.中国生态农业与面源污染减排［J］.中国农学通报,2007,（10）：184－187.

［80］卢永根,骆世明.中国农业发展的生态合理化方向［J］.世界科技研究与发展,1999,（02）：5－8.

［81］农业部关于推进农业供给侧结构性改革的实施意见［OL］.http：//www.moa.gov.cn/govpublic/BGT/201702/t20170206_5468139.htm.

［82］从自然农法看循环农业技术的哲学基础［OL］.http：//www.sohu.com/a/166432326_692015.

［83］福冈正信与自然农法："无为"的农耕哲思［OL］.http：//www.yogeev.com/article/25156.html.

［84］Li J, Xu B, Yang X, et al. Historical grassland desertification changes in the Horqin Sandy Land, Northern China（1985－2013）［J］. Scientific Reports, 2017, 7（1）：3009.

［85］王涛.干旱区绿洲化、荒漠化研究的进展与趋势［J］.中国沙漠,2009,29（01）：1－9.

［86］王涛,陈广庭.荒漠生态系统管理［M］//李文华.中国当代生态学研究——生态系统管理卷.北京：科学出版社,2013：257－272.

［87］朱震达.中国土地荒漠化的概念、成因与防治［J］.第四纪研究,1998,（02）：145－155.

［88］慈龙骏.我国荒漠化发生机理与防治对策［J］.第四纪研究,1998,（02）：97－107.

［89］董鸣,叶学华,刘国方,等.沙地生态系统保护与恢复［M］//李文华.中国当代生态学研究——生态系统恢复卷.北京：科学出版社,2013：60－75.

［90］Feng Q, Ma H, Jiang X, et al. What Has Caused Desertification in China? ［J］. Scientific Reports, 2015,

5：15998.

[91] 王涛,朱震达,赵哈林.我国沙漠化研究的若干问题——4.沙漠化的防治战略与途径[J].中国沙漠,2004,(02)：3-11.

[92] 张新时.毛乌素沙地的生态背景及其草地建设的原则与优化模式[J].植物生态学报,1994,(01)：1-16.

[93] 毛乌素沙漠要被灭了,中国居然把沙漠治理成了绿洲![OL].https：//baijiahao.baidu.com/s?id=1617804593737535369&wfr=spider&for=pc.

[94] 陕北这个沙漠可能快要改名成"森林"了[OL].https：//baijiahao.baidu.com/s?id=1616269781236018631&wfr=spider&for=pc.

第七章 淡水生态系统修复

　　水在生物进化过程中是至关紧要的;生物的生化系统完全适应于在水介质中发挥其作用。我们的发达社会也同样离不开水。人们每人每天平均用水量在 5 m³ 以上,或比我们自身体积大 60 倍。这个数字包括饮水、烧饭、洗衣、洗澡、家庭和工业废物处理、发电站冷却水和干旱地区灌溉用水。真正家庭用水大概仅为总用水量的十分之一。然而,即使这样的水量(500 L)和原始人类社会每人每天使用不到 10 L 水,非洲游牧部落成员大约只用 1~2 L 水的情况形成鲜明对比。

——布赖恩·莫斯《淡水生态学》

　　作为生物圈的一个重要环节,淡水生态系统在连接陆地和海洋生态系统,进行物质循环和能量流动及调节全球气候中发挥着特殊作用。淡水资源是人类生存的基本要素。内陆水体不仅是人类生活与生产用水的主要来源,而且在渔业、航运、水利灌溉、发电、旅游和净化污染物质等方面给人类带来诸多利益。目前全世界的水域生态系统正在受到严重的改变和损害,这种变化和破坏的程度显然大于历史上任何时期,而且受到损害的速率远远大于其自身的及人工的修复速率。美国和欧洲一些国家开展了大量水域生态系统恢复的研究工作,并取得了明显成效。目前,在发达国家的淡水生态系统研究中,政府和科学家们的关注焦点已从对内陆水体生物生产力的开发转移到水环境保护上来[1]。

　　我国地域辽阔,河流众多,大小河川总长约达 42 万 km,流域面积在 1 000 km² 以上的河流有 1 500 多条。我国又是一个多湖泊的国家,面积在 1 km² 以上的天然湖泊有 2 800 多个,总面积约为 7.56 万 km²,其中大部分为浅水型湖泊。我国地跨温带、亚热带和热带,生境多样,气候温暖,自然地理条件优越,经济水产生物种类繁多,具有很高的生物生产力。据调查,仅淡水鱼类就有 800 余种,淡水鱼产量位居世界首位。湖泊和水库水产养殖业的发展对缓解我国动物蛋白供应紧张的局面,改变人们的食物结构起到了举足轻重的作用,已成为国民经济的一个重要组成部分。

　　我国内陆水体淡水资源总储量约为 2.8 亿 m³,居世界第 6 位,但人均占有水量仅 2 400 m³,相当于世界人均占有量的 1/4,居世界第 109 位。中国已被列为全世界人均水资源 13 个贫水国家之一。目前淡水资源的缺乏和水域生态系统的损害已成为影响我国国民经济发展和人民生活质量的重要甚至是首要制约因素。我国内陆水域生态系统受损程度越来越严重,而且呈加重趋势:废水排放量逐年增加;江河污染普遍;湖泊富营养化问题突出;湖泊(湿地)面积大幅度减少;水域环境的破坏对生物资源的影响;水资源短缺。[2]

第一节 河流生态修复

随着人类非理性活动强度的增加,河流受到的负面影响日益增加,世界范围内河流面临严重退化的威胁。全世界未受人类影响的河流所剩无几,大部分亚洲、非洲、拉丁美洲及东欧国家均存在不同程度的河流污染问题,河流生态系统破碎化程度增加,严重影响了社会经济的发展和人类文明的进步[3]。

河流生态系统是一个复杂、开放、动态、非平衡和非线性的系统,认识河流本质特征的核心便是认识河流生态系统的组成结构与功能,修复受损河流生态系统的核心便是进行河流生态修复。美国河流修复委员会发展了河流生态修复的概念,提出了目前得到广泛认可的定义:从环境角度,河流修复是保护和恢复河流系统达到一种更接近自然的状态,并利用可持续的特点以增加生态系统的价值和生物多样性的活动,即修改受损河流物理、生物或生态状态的过程,以使修复后的河流较目前状态更加健康和稳定。

河流是自然界最重要的生态系统之一。河流作为人类文明的发源地,与人类社会的政治、经济、科技、文化等各项活动息息相关。河流系统为人类社会提供了供水、航运、发电、泄洪、输沙、景观等多种服务功能,世界各地的主要河流都被当地人民称为母亲河。人与河流的关系变化深刻地反映了人类从最初对自然的敬畏,到试图改造和主宰自然,再到逐步形成人与自然应和谐共处文明理念的进步历程。

随着社会生产力的不断提高和科学技术的日益进步,人类开发河流资源的力度越来越大,对河流服务功能的索取越来越多。人类活动对水产生了多重压力,包括养分污染,河流形态的改变,水流状况的改变以及外来物种的引入。陆上活动造成的多重压力对人类水安全和淡水生物多样性构成威胁,并在海洋和沿海水域产生累积效应。

一、河流生态修复研究进展

随着全球范围的水生态系统以惊人的速度遭到严重的改变和破坏,各国河流生态修复技术的研究不断发展起来。欧洲、北美和澳大利亚、日本等许多地区,较小河流生态修复的研究与实践较多,修复技术已比较成熟,如英国的河流修复中心在 2002 年出版了《修复技术导则》。而较大河流生态系统的修复工作也已有不少实例,如泰晤士河、密西西比河、莱茵河、多瑙河等。欧盟提出的改善水质的修复计划是河流管理史上河流修复的最大推动力之一。但综合来看,早期的相关研究思想范围主要集中在单一河流形态和水质的修复。

多年来,许多国家都观察到人类活动(如筑坝、砾石开采、渠道化)对河流的物理和生态过程的影响。修复环境退化(environmental degradation)已成为西方工业化社会的优先事项。关于水体环境质量的法律要求已经由美国水法案(US Water Act,1972年),加拿大水法案(Canadian Water Act,1985年)以及最近的欧盟水框架指令(EU Water Framework Directive,WFD;2000年)指定。因此,区域标准已用于确定哪些质量水平被认为足以满足水体的需求。旨在满足这些标准的河流恢复已成为河流管理的主要实践之一。

尽管恢复项目现在比以前更频繁,但仍然缺乏足够的评估和反馈。对河流恢复项目进行了几次调查,大多数旨在分享有关恢复和评估的经验。这些项目包括美国国家河流恢复科学综合中心,欧洲河流恢复中心和亚洲河流恢复网络。法国国家水和水环境机构以及水资源机构已经开发了数据库,记录了河流恢复行动的实现情况。然而,很少关注恢复评估的策略和结论。在美国,Bernhardt 等(2007)得出结论,只有10%的项目包括与目标或成功标准相关的监测。在日本,Nakamura 等(2006)强调,评估在20世纪90年代很少见,并且只在最近的项目中实施[4]。

河流的生态修复更是在此基础上融合了物理、化学、水文、形态等多个学科的内容。许多修复成功的工程例子就是物理学家、生物学家和工程师共同努力下的结果[5]。传统的河流修复计划多拘泥于物种或栖息地的驱使,试图去重塑河道形态,以期有利于特定物种及相应的栖息地,但这样往往忽略了形成河道形态的地貌过程,因此造成修复计划不能自我维持,而需要更多的管理投入。据调查,国外河流修复研究的75%是致力于河道形态的修复,约40%是尝试修复丧失的河岸植被和湿地群落。

WFD(water framework directive)认为根据系统思想,河流系统是生态、水文和地貌的相互作用体。应充分理解生态、水文、地貌及其之间的关系,并将这些概念综合形成生态水文地貌的思想。此外,景观生态学在河流修复中的应用也是多学科综合的另一个重要方面。河流廊道具有物质的传输、污染物的净化、动植物迁移和水陆生动植物的栖息地等功能,其不仅可以保护生物多样性,而且能维持较高的鱼类产量。河流恢复技术的发展呈现出以下趋势:生态恢复规模越来越大;要求生态恢复措施满足多个目标;水环境管理正在从水质管理转向水生生态系统管理[6]。

随着修复实践的开展,河流修复已经从单纯的结构性修复发展到整个系统整体的结构、功能与动力学过程的综合修复。河流修复不光包括河道本身,还应扩展到河漫滩乃至流域。在河流修复过程中,应将河流所在的流域作为一个整体来考虑。此外,还要考虑整个流域的背景。

(一) 国外河流生态修复研究进展

伴随着对河流生态系统的认识不断深入,人们对河流生态修复的尝试也不断涌现新的技术。在新的修复技术被研发、筛选、应用和验证的过程中,逐步形成了相应的河流生态修复理论,这一进程大致可分为以下三个阶段[7~14]。

1. 河流生态修复理论的雏形阶段

20 世纪 30 年代至 50 年代为河流生态修复理论发展的雏形阶段。早期的水利工程主要以"治水"和"用水"为目标,防治水患灾害和满足航运、灌溉,是对河流掠夺式的开发,大量使用混凝土、石块等硬质材料,造成河道渠化。这样的河流开发利用完全不顾河流生态系统的健康,打破了河流生态系统的平衡,造成河流水质恶化。20 世纪 30 年代起,很多西方国家对传统水利工程导致自然环境被破坏的做法进行反思,1938 年德国 Seifert 首先提出"近自然河溪治理"的概念,标志着河流生态修复研究的开端。

2. 河流生态修复理论的形成阶段

20 世纪 50 年代至 80 年代为河流生态修复理论的形成阶段。随着污染控制措施的有效实施,河流的水质明显改善,但河流的生物多样性、生物栖息环境的状况依然不佳,人们已经认识到混凝土护岸是导致河流生态系统恶化的重要原因,于是开始将生态学原理应用于土木工程。据此,20 世纪 50 年代德国正式创立了"近自然河道治理工程学",提出要在工程设计理念中吸收生态学的原理和知识,改变传统的工程设计理念和技术方法,使河流的整治要符合植物化和生命化的原理。20 世纪 70 年代末瑞士苏黎世州河川保护建设局又将德国的生态护岸法丰富发展为"多自然型河道生态修复技术",将已建的混凝土护岸拆除,改修成柳树和自然石护岸,给鱼类等提供生存空间,把直线型河道改修为具有深渊和浅滩的蛇形弯曲的自然河道,让河流保持自然状态。此方法随后在欧美及日本推广开来。

3. 河流生态修复实践全面展开阶段

20 世纪 80 年代至今为河流生态修复实践全面展开的阶段。随着生态工程在河流治理中的实践,河流保护的重点拓展到了河流生态系统的恢复,德国、瑞士于 20 世纪 80 年代提出了"河流再自然化"的概念,将河流修复到接近自然的程度。英国在修复河流时也强调"近自然化",优先考虑河流生态功能的恢复。荷兰则强调河流生态修复与防洪的结合,提出了"给河流以空间"的理念。

20 世纪 90 年代以来,美国将兼顾生物生存的河道生态恢复作为水资源开发管理工作必须考虑的项目。日本于 20 世纪 80 年代开始学习欧洲的河道治理经验,并使"多自然型河道生态修复技术"迅速发展起来,日本称之为"应用生态工学""多自然型河川工法"或"近自然河川工法"。日本的堤坝不再用水泥板修造,而是提倡凡有条件的河段应尽可能利用木桩、竹笼、卵石等天然材料来修建河堤,并将其命名为"生态河堤"。

与此同时,西方国家也大范围开展了河道生态整治工程的实践。德国、美国、日本、法国、瑞士、奥地利、荷兰等国家纷纷大规模拆除了以前人工在河床上铺设的硬质材料,代之以可以生长灌草的土质边坡,逐步恢复河道及河岸的自然状态。目前,河流生态修复已经成为国际大趋势。在过去的十几年里,拆除废旧坝(堰)、恢复生态的工作也空前展开。例如,美国在其国内的大小河流上总共修建了 75 000 多座挡水建筑物,到目前为止已有约 500 座坝(堰)被拆除。

随着河流生态修复技术方法的日渐成熟,发达国家于 20 世纪 90 年代进一步尝试开展流域尺度下的河流生态修复工程。例如,美国已经开始对基西米河、密西西比河、伊利诺伊河、凯斯密河和密苏里河流域进行了整体生态修复,并规划了未来 20 年长达 60 万 km 的河流修复计划。丹麦的斯凯恩河上的最大规模的河道复原工程,包括恢复河流和河漫滩的物理及水文动力,河流的再次弯曲化,重新确定自然水位和河流河谷的水位波动,以及改善动植物的栖息地条件等。Palmer 等(2014)对大量的河流生态修复工程进行了分析,结果显示这些工程的主要目标集中在改善水质、增加生物多样性、巩固河道结构、恢复河道内及滨水带生境等方面,而所选用的修复技术则主要包括了渠道生态化、滨水带重建等手段[15]。

B. Grizzetti 等(2017)调查了整个欧洲收集的生态数据以及泛欧模型评估的压力,包括污染、水文和水文变化,估计在欧盟三分之一的领土内,河流处于良好的生态状态。发现更好的生态状况与洪泛平原中自然区域的存在有关,而城市化和养分污染是生态退化的重要预测因子[16]。

（二）我国河流生态修复研究进展

我国河流生态修复研究始于 20 世纪 90 年代,当时生态学和水利学学者们已经普遍认识到水利工程对生态环境的影响,开始从不同角度积极阐明开展河流生态修复研究的重要性,探索修复受损河流生态系统的技术手段。1994 年,刘昌明提出在水资源供需平衡的研究中,要把生态水利和环境水利结合在一起。刘树坤于 1999 年提出"大水利"理论,董哲仁于 2003 年提出的"生态水工学"等,2009 年提出"水文-生物-生态功能河流连续体"概念[17]。河流生态修复同传统河流治理一样,首先是防御洪水,保护居民的生命财产,同时还要确保生态系统和让水循环处于健康状态,尽量处理好洪水期的防洪和平时的河流生态系统。

在这些概念的陆续提出及不断完善的过程中,针对我国国情分析研究了人类对河流生态系统的胁迫,从生态系统需要角度,提出了改善河流生态系统、修复河流生态环境的工程措施及思路并相继提出了一系列理论和方法。

1. 我国河流生态修复理论的形成与发展

自刘树坤 1999 年提出"大水利"的理论框架,并在其系列报告中对自然环境的保护和修复、湿地生态系统的生态修复、水电站建设中的生态修复、大坝建设中的生态修复、河道整治与生态修复、河道景观建设和管理等问题进行详细介绍以来,河流生态修复的理念逐渐被广泛接受并得到应用[18,19]。

之后董哲仁于 2003 年提出了"生态水工学"的概念,分析了仅以水工学为基础的治水工程的弊病,对河流生态系统带来不利影响,提出在传统水利工程的设计中应结合生态学原理,充分考虑野生动植物的生存需求,保证河流生态系统的健康,建设人水和谐的水利工程。2007 年董哲仁出版《生态水利工程原理与技术》,2013 年出版《河流生态修复》，为我国河流生态修复科研与工程开展提供了重要的理论基础[20~23]。

2. 我国河流生态修复技术的应用

我国对河流生态修复的研究虽仅有二三十年的时间，但目前已经引起全社会的高度关注。尤其是在五水共治和河长制全面实行的情况下，国内正在兴起河流生态修复的研究和应用推广的热潮，并在水质净化、生态河堤建设、生态景观设计和新型环保材料的应用等研究领域取得了大量成果。

随着生态水利工程学和河流生态学理念逐步被人们认知和接受，在我国的一些河道工程规划中，强调自然河道平面形态的保护和修复，遵循宜弯则弯宜宽则宽的原则。堤防工程建设要兼顾防洪和生态保护，正确处理土地利用和生态保护的关系，尽可能保留河漫滩区域。岸坡侵蚀防护采用生态工程技术，如植被护坡、具有良好反滤结构的抛石和空心混凝土块等[24]。

天津市南排河分段综合整治工程，福州市白马支河综合整治工程，秦皇岛市抚宁区洋河水库"复合人工湿地修复水库污染水体"示范工程，引江济太和淮河闸坝防污工程，上海市苏州河控制排污工程等，都明显改善了当地水体水质，减少了水污染所带来的损失。

不少城市河道对生态河堤的构建，也都取得了良好的生态和社会效应。比较成功的实例有浙江台州市黄岩永宁江公园右岸的河流生态环境恢复和重建工程，江苏镇江市运粮河生态堤岸示范工程，四川成都市府南河活水公园的人工湿地工程，山西太原市汾河生态河堤整治工程，广东中山市岐江公园亲水生态护岸工程等。

目前，河流生态修复的试点工程已在全国展开。2005~2008年，水利部先后确定了10个城市作为全国水生态系统保护和修复试点。通过试点，探索和总结水生态系统保护与修复的工作经验，为全国水生态系统保护与修复工作的全面开展提供技术、管理、制度建设、体制建设和资金渠道拓展等方面的经验。

二、受损河流生态修复的任务和原则

(一) 河流生态修复的任务

河流生态修复的任务有：① 水文条件的恢复，这里所说的水文条件恢复是广义的，是指适宜生物群落生长的水量、水质和水文情势以及水温、流速、水深等水文要素的恢复。② 生物栖息地的恢复，通过适度人工干预和保护措施，恢复河流廊道的生境多样性，进而改善河流生态系统的结构和功能。③ 生物物种的保护和恢复，特别是保护濒危、珍稀和特有物种，恢复乡土种。

(二) 河流生态修复的原则

河流生态修复规划所遵循的原则归纳起来则有以下五项：

1. 河流生态修复与社会经济协调发展的原则

要在社会-经济-自然复合生态系统中处理好河流生态健康与社会经济发展之间的复杂关系,就要求流域社会经济发展与河流生态系统承载能力相协调,河流生态系统修复项目的目标和规模也要与流域或区域的经济发展水平相适应。

2. 提高空间异质性的景观格局原则

（1）提高景观空间异质性,增强物种多样性

景观格局是在自然力和人类活动双重作用下形成的。降雨、气温、日照、地貌和地质等自然因素形成了大尺度的原始景观格局,而人类的农牧业生产活动、砍伐森林、城市化进程、水库建设、公路铁路建设等都大幅度地改变着景观格局。景观格局影响生物多样性、种群动态、动物行为和生态系统过程等。换言之,提高景观空间异质性,有利于增强生物多样性,有利于生态修复。

（2）改善流域尺度的河流景观格局配置

河流廊道网络不是孤立存在的,它具有特定的基底（农田、森林、草地、城市等）背景,并与其他形式的廊道（林带、峡谷、道路、高压线等）一起,将不同性质和特征的缀块（湖泊、水塘、植被、居民区、开发区等）连通起来,共同形成了流域的空间景观格局。在流域尺度下需要研究改善全流域景观的空间格局配置,达到河流生态修复的目的。

我国南方地区纵横交错的河网是景观镶嵌体中的物质流和能量流的传输网络,具有重要的生态功能。为充分发挥河流水网的连通作用,必须保持河流廊道网络的畅通。历史上基于防洪、取水、养殖等各种目的建设了涵闸控制工程或者对水网进行了围堵改造,导致了水网不畅。应在历史调查的基础上,恢复历史上河网的连通性,同时进行必要的生态型疏浚。杭州拱墅区开展河道"毛细血管"治理时,非常注重区域的整体推进,修复或拟修复的河道由线成面、连片成网,最终通过"毛细血管式"产清,源源不断地为干流输送清水,实现流域水质的整体提升[25]。

（3）在河流廊道尺度下提高景观空间异质性

河流廊道（river corridor）是陆地生态景观中最重要的廊道,对于生态系统和人类社会都具有生命源泉的功能。河流廊道范围可以定义为河流及其两岸水陆交错区植被带,或者是河流及其某一洪水频率下的洪泛区的带状地区。

在河流廊道尺度下,提高景观空间异质性的途径有:在河流平面形态方面,恢复其蜿蜒性特征,尽可能外移堤防以恢复河流原有的宽度,给洪水以空间,同时在汛期保持主流与河滩、河汊、池塘和湿地的连接。在河流横断面上,恢复河流断面的多样性,在水陆交错带恢复乡土种植被。在沿水深方向,恢复河床的渗透性,保持地表水与地下水的连通。通过这些景观要素的合理配置,使河流在纵、横、深三维方向都具有丰富的景观异质性,形成浅滩与深潭交错,急流与缓流相间,植被错落有致,水流消长自如的景观空间格局。

3. 流域尺度规划原则

河流生态修复规划的尺度应是流域。流域是水文学的最重要的地理单元。在流域

内进行着水文循环的完整动态过程,包括植被截留、积雪融化、地表产流、河道汇流、地表水与地下水交换、蒸发等过程。研究表明,气候、水文等生境因子往往在大的尺度上影响空间异质性,进而影响生态过程。河流生态修复问题应着眼于河流生态系统结构及功能的整体改善和恢复,应该在大的景观尺度上进行规划。

我国目前在局部范围实施了某些生物治污技术如在河岸、湖岸带种植植物等,这些措施在流域尺度内往往事倍功半,造成资金和人力资源的浪费。究其原因,一是项目区的空间尺度太小,二是单纯技术开发而缺乏综合措施。改进的方法是先从流域的大尺度的水资源的合理配置着手,继而制定流域范围内的污染控制总体方案,在此基础上制定流域尺度的河流湖泊生态总体修复规划,在规划的指导下开展项目区工程示范。

确定河流生态修复规划的时间尺度,必须考虑河流生态系统的演进是一个渐进的过程,形成一个较为完善的新的生态系统需要足够的时间。

4. 以生态自我修复为主,人工适度干预为辅的原则

河流生态修复工程要充分利用生态系统的自我修复功能。著名生态学家 H. T. Odum 认为生态工程的本质是对自组织功能实施管理。依靠生态系统自设计、自组织功能,由自然界选择合适的物种,形成合理的结构,从而完成设计和实现设计。近年来,我国在水土保持工作中采取退田还林、封山育林等措施,充分发挥自然界自我修复功能,实践证明这些措施是十分有效的。利用自然界自我修复能力开展生态修复,也是一种经济的规划方法,其生态效益与经济投入之比较高。成功的河流修复经验表明,生态修复规划是一种"辅助性规划"。

5. 生态修复工程与资源、环境管理相结合的原则

(1)河流生态修复与资源、环境管理相结合

河流生态修复工作应与建设资源节约型和环境友好型社会相结合。规划中应包括建设节水型社会的措施、生态和环境管理措施以及规划实施后项目区环境维护管理措施。

(2)建立河流生态修复的多部门合作机制

河流生态修复必然涉及发展改革、水利、环保、国土资源、林业、农业、交通、科技、旅游等多个部门,需要开展跨部门的合作,建立统一规划和实施的机制,具有坚实的组织保障。在处理开发与保护、不同开发目标之间的利益冲突时,需要建立解决矛盾的协调机制和评价体系。

三、河流生态修复的主要技术

河流的生态修复是指使用综合方法,使河流恢复因人类活动的干扰而散失或退化的自然功能。河流生态修复的目标是恢复河流系统的各项功能,从而恢复河流系统的健康;而河流系统的健康最终是由各项功能指标来体现的。因此,各项河流生态修复技术也应该具有针对性,从修复各项功能指标入手,修复河流系统健康。河流生态修复的

主要技术方法包括缓冲区恢复、植被恢复、河道补水、生物-生态修复、生境修复等技术。其中,生物-生态修复技术是目前河流生态修复的重要方法。

城市黑臭河流治理一直引人关注,2015 年 4 月国务院印发《水污染防治行动计划》(简称"水十条")以来,"地级及以上城市建成区 2020 年底前完成黑臭水体治理目标;直辖市、省会城市、计划单列市建成区要于 2017 年底前基本消除黑臭水体"。住建部等部门此前提出了"控源截污、内源治理、生态修复"的技术路线,将"控源截污"作为城市黑臭水体整治工作的根本措施。

目前,国内外污染河流生态修复的方法主要有物理方法、化学方法和生物/生态技术,在污染河流治理方面均已取得一定成果。

（一）物理修复

河流治理领域使用的物理修复措施主要有底泥疏浚、机械除藻、河流形态改造等。底泥疏浚法能较快清除水体中的内源污染物,且操作简单,在富营养化河流的修复中运用较多。

1. 河道曝气

河道曝气技术是在综合曝气氧化塘和氧化沟原理的基础上充分利用天然河道和河道已有建筑就地处理污水的一种方法。曝气装置一般由固定式充氧站和移动式充氧平台组成。河道曝气技术装置简单,易于操作,而且处理废水效率高、速度快,已被广泛运用于黑臭河道的治理中。

2. 土地处理技术

土地处理技术即以土壤为介质,通过草地、芦苇地、林地等土壤-微生物-植物系统的过滤、物理和化学吸附、离子交换、生物氧化和植物吸收等综合作用,固定与降解污水中的各种污染物,使水质得到不同程度的改善,同时通过营养物质和水分的生物地球化学循环,促进绿色植物生长,实现污水资源化与无害化。污水中的 N、P 等营养元素可满足农作物生长的需求,同时又使水质得到净化。

3. 生态疏浚

生态疏浚是湖库水生态系统中的底泥受到污染损益的背景下运用发展生态理论实施的生态修复工程。其本质是以工程、环境、生态相结合来解决水体可持续发展或称水体"生态位"修复。此方法在湖泊水库的治理中运用较多,近年来逐渐被运用于流速缓慢的城市污染河道治理。在苏州河的治理中,底泥生态疏浚即被作为三期工程的重点项目。

4. 生态混凝土

生态混凝土是一种理想的新型环保混凝土,具有独特的多孔结构和良好的促渗特性。依靠混凝土空隙的物理、化学及所形成生物膜的生物作用可以清除和降解污染物,达到净水作用。国外于 20 世纪 90 年代初开始生态混凝土技术的研究,日本处于领先地位。1997 年同济大学使用普通水泥和沙石等材料研制生态混凝土,生态混凝土有透水多孔质性等结构特点。如何提高其处理污水的有效寿命,避免生态混凝土的孔隙堵塞等将是生态混凝土技术推向实质性应用必须解决的问题,也是今后研究的重要方向。

(二) 化学修复

主要的化学修复措施有化学除藻和絮凝沉淀。化学除藻即向水体中投加硫酸铜等药剂以去除藻类。此方法快速高效,可作为河流富营养化治理的应急措施。絮凝沉淀法则通过向河流中加入药剂达到直接去除造成富营养化的 N、P 元素的目的,主要的治理措施有加入絮凝剂脱磷和投入石灰除氮。化学方法较之物理修复方法更快速,操作更简便,但大量投入药剂会对河流中的其他生物构成危害,造成二次污染,且药剂的多次投入会使水体中的藻类产生抗药性而影响处理效果。

(三) 以水生植物修复为核心的生物/生态技术

水生植物的根、茎等器官能吸收和同化大量污染物,特别是对水体中的 N、P 等元素有很强的吸附作用。恢复水生植物能抑制藻类生长,并能吸附某些污染物而间接提高水体透明度。且水生植物的根系可作为载体被大量微生物吸附,并为其提供丰富的营养物质,起到生物膜的作用。基于以上优点,水生植物修复成为水体生态修复中不可或缺的重要方法。

1. 生物浮床技术

生物浮床技术是依据水生植物修复机理将浮床作为载体,把一些对 N、P 等营养物有强烈吸附作用的水生植物栽植在水面上,从而达到削减富营养化的作用。后来发展起来的人工浮岛、浮床无土栽培等技术也是基于此原理设计而成的。

生态浮床的主要作用是在实施期间由植物吸收和富集水体当中的营养物质及其他污染物,并通过最终收获植物体的形式,彻底去除水体中被植物积累的营养负荷等污染物。可供进行选择的浮床植物品种主要包括具有较强生长能力的陆生植物——旱伞草、红花美人蕉、黄花美人蕉、蕹菜,水生植物——蘼草、芦苇、小香蒲、宽叶香蒲、菱草等 10 个品种[26]。

2. 人工湿地技术

人工湿地技术是 20 世纪 70 年代发展起来的一种污水生态处理技术。它构成了填料-水生植物-微生物三者的协同作用系统,通过一系列物理、化学和生物过程(如过滤、沉淀、吸附、生物转化及水生植物吸收微生物降解作用)达到去除 N、P,高效净化污水的效果,并在治理河流重金属污染方面也卓有成效。此技术由于运行简便、管理费用低、无二次污染等优点而得到广泛应用。我国自 1990 年建立起第一个人工湿地处理系统——白泥坑人工湿地污水处理系统以来,在人工湿地处理和运用方面已取得快速的进展。复合型人工湿地的基础建设对所处理河道污水中 COD_{Mn}、BOD_5、TN 和 TP 的去除率分别最高可达67%、74%、83%和65%[27]。

采用人工湿地技术治理河水污染已取得了一定的研究成果,针对河水内不同的目标污染物,通过合理设置人工湿地的位置、湿地类型、填料以及植物,以实现低成本、高处理效果,国内外已有很多中试规模的实例(见表7-1)。

表7-1 国内外应用人工湿地净化河水的实例[28]

受治理的河流	污染特性	湿地类型	填 料	植 物	处 理 效 果
巴西东北地区市区河道	悬浮物含量、微生物含量、可生化性高	水平潜流	砾石	香蒲	BOD_5 74%~78%,氨58%~82%,大肠杆菌(FC)90%、链球菌(FS)94%~98%、噬菌体92%~96%
中国台湾 Erh-Ren 河	高 N、P、BOD 浓度,低流量	复合自由表面流-潜流	沙土、碎石	芦苇、狼尾草、圆叶牵牛等	COD 13%~51%,NH_4^+-N 78%~100%,磷酸盐52%~85%
中国北京龙道河	市民生活污水,宽河道,低流量	垂直潜流	砂土、木炭、有机堆肥、铁矿渣等	芦苇、香蒲等	BOD_5 87.2%,COD 81.8%,TSS 85.1%,TP 98.8%,NH_3-N 77.4%
美国内华达州 Steamboat Creek of Truckee River	富营养化水质,高浓度汞和甲基汞	自由表面流	沙土、碎石	香蒲、灯芯草、浮萍等	TN 40%~75%,TN 30%~60%,Hg 78.2%
中国广东东莞运河	劣V类水质	复合垂直流-水平潜流	铝矿渣、碎石、沙子	风车草、美人蕉	COD 70.52%,BOD_5 69.21%,TP 55.56%
		复合垂直下行流			COD 64.74%,BOD_5 60.63%,TP 72.62%

3. 稳定塘技术

稳定塘技术是一种利用细菌和藻类共同处理污水的自然生物技术。目前,在原有稳定塘技术的基础上已发展出许多新型组合塘工艺,如美国的高级综合稳定塘。此技术被广泛运用于城市污水治理,同理在河道治理中也适用。河道滞留塘,即根据稳定塘原理在河道上建坝拦截水,形成滞留塘,利用其中的水生植物的拦截、稀释、沉淀以及微生物降解达到净化水质的效果。这项技术有机统一和协调了水生植物和微生物等的功能,构成微型生态系统,增进整个河流生态系统的稳定,且综合物理、化学及生物方法三者的作用,具有净化效果良好、投资小、操作简便等优点,在国外已开始运用于实际河流治理中。

4. 综合技术

针对城市河道的黑臭和湖泊富营养化采用截污、清淤、复合微生物技术、一体化污水处理设备、组合式生态浮岛、水体复氧等生态修复技术,使城市河道和湖泊建立生态自净功能[29]。

四、河流生态修复评价

河流生态修复影响方面的研究多集中于恢复后的影响预测和评价,包括修复造成的影响跟踪评价以及利用模型的预测评价。由于生物体中无论是稀有物种还是数量较多的硅藻类都对修复的响应较慢,修复效果不能在短期内表现。因此,制定河流生态修复后跟踪监测和评价是十分必要的。例如,1994年修复莱茵河水体群落生境,开始监测水生大型无脊椎动物、鱼类和涉水鸟类的情况。随着模型在修复研究方面的应用,利用其对河流生态修复影响进行预测和评价的研究也逐渐发展起来。如应用生态水利模型DIVAST来评价河流修复过程的有效性及其影响。研究表明恢复对所有鱼类、大型无脊椎动物和大型植物三个生物群体都有显著影响,特别是对于大型植物丰富度/多样性的扩大项目,对鱼类和大型无脊椎动物的河道内措施,以及与丰富河流管理/多样性相比对丰度/生物量的影响更高。恢复效应对河流宽度和水框架指令项目时间的影响最大。农业用地受影响较小,但恢复通常仍会增加农业集水区的丰富度/多样性和丰产/生物量[30]。

目前河流恢复实践的重点是恢复系统的物理过程和功能。恢复计划的生态评估可能需要遵循相同的方法,除了考虑分类多样性之外,计划是否还原功能多样性[31]。

作为土地上所有活动的集成者,河流对一系列压力源敏感,包括城市化、农业、森林砍伐、入侵物种、流量调节、取水和采矿等影响[32]。这些因子单独或组合的影响通常导致生物多样性的减少,包括水质降低,生物学上不合适的水体流动状态,有机物质或阳光的输入改变,栖息地退化等[33]。尽管这些压力源很复杂,大量河流恢复项目主要关注物理渠道特征。管理者应该批判性地诊断影响受损河流的压力因素,并首先投入资源来修复那些最有可能限制恢复的问题[34]。

(一)河流生态评价

河流生态评价方法的研究进程可以分为4个代表性阶段,分别是:① 河流水质指标评价阶段;② 河流生物指标评价阶段;③ 河流生物栖息地质量评价阶段;④ 河流整体生物指标评价阶段。首先,由于早期河流生态问题仅仅关注水质污染所造成的环境影响,早期河流生态评价主要以水质的物理化学指标来评价河流的健康情况,仍是目前较为成熟的技术方法之一。随后,美国俄亥俄州环保署考虑加入生物指标来评价河流的健康情况,目前常见的评估方法如生物整合性指标(index of biotic integrity,IBI)、科级生物性指标(family-level biotic index,FBI)、丰富度指标评价法(taxa richness)、EPT丰富度指标(EPT index)、百分比模式相似性(percent model affinity,PMA)以及快速生物评估方法(rapid bioassessment protocol,RBP)。

（二）河流健康评估

借鉴国外经验,结合我国国情,董哲仁提出了"可持续利用的生态良好河流"作为对河流健康的定义。"可持续利用的生态良好河流"作为管理工具,需要提供一种评估方法,即评估在自然力与人类活动双重作用下河流演进过程中河流健康状态的变化趋势,进而通过管理工作,促进河流生态系统向良性方向发展;又评估人类利用水资源的合理程度,使人类社会以自律的方式开发利用水资源。河流健康评估的内容一般包括以下4个方面内容:物理-化学评估;生物栖息地质量评估;水文评估;生物评估。

（三）栖息地评价

栖息地评价的目的是在揭示影响栖息地质量的关键环境因子,并定量地评价栖息地的质量。具体而言,是评价指示性生物的河流栖息地的质量状况。河流栖息地评价模型的建立一般包括以下5个步骤:确定指示性生物及评价的时空尺度,构建栖息地适宜度函数,建立评估模型并进行验证,构建栖息地评价模型时的参照系,构建栖息地评价模型所使用的数学方法。

目前,生态水力学耦合模型方法在栖息地评价中获得了广泛应用。它是生态水力学的重要方法,在充分理解水动力学、水质、生物和生态动态特征相互作用机制的基础上,描述生物过程和生态系统的实际特征,建立计算模型,为河流环境整治和生态修复及管理提供技术支持。

案例　"人水和谐"的生动实践——福建莆田木兰溪治理纪实[35]

木兰溪,是福建省东部独流入海的河流,发源于福建戴云山脉,天然落差784 m,干流总长105 km、流域面积1 732 km^2,是莆田的"母亲河"。木兰溪流域雨量充沛,水位季节变化大,流程短。由于河道弯曲、断面狭窄等独特自然因素,只要上游的仙游东西乡片区一下大雨,下游的兴化平原南北洋片区就水流漫滩,引发洪涝灾害,故有"雨下东西乡、水淹南北洋"的民谣。"水利无遗,海波不兴,人受其益,将及千年"历经后世修整,木兰陂至今仍发挥着引水、蓄水、灌溉、防洪、挡潮、水运等综合功能,成为我国东南沿海拒咸蓄淡的典型代表工程。作为我国现存最完整的古代灌溉工程之一,木兰陂被誉为福建的"都江堰"(见图7-1)。

近年来,从水上到陆上,从下游到上游,从干流到支流,木兰溪治理坚持安全生态相结合、控源活水相结合、景观和文化相结合,开启了全流域、系统性治理的新征程。

展读木兰溪流域图,干流之外,最大支流延寿溪上的东圳水库令人瞩目。这片广阔水域,承担着150万城市人口的供水任务,每年为城区内河及南北洋平原等生态补水6 000万 m^3。

图 7-1　木兰溪(林善传　摄)

(a)"城市绿肺"的莆田木兰溪支流延寿溪中的荔枝林带;(b)莆田的千载古堰——木兰陂;(c)木兰溪流域旧河道开挖成的人工湖——玉湖;(d)木兰溪流域最大支流延寿溪上的东圳水库

木兰溪治理后,425 km²的下游南北洋平原地区,农业灌溉全年有保障,促进了粮食产量的提高,目前莆田粮食产量每年稳定在 70 万吨以上,旱地变良田,每亩耕地效益从 2 000 元升至 7 000 元。同时,农业产业结构得到优化,涌现出一批现代农业企业。为保护生态,莆田市主动"调向",明确绿色发展导向,推动产业布局和经济结构向绿色低碳转型。

第二节　湖泊富营养化及生态修复

中国国土辽阔,湖泊众多。全国大于 1 km²的湖泊 2 693 个,总面积 81 415 km²。在空间分布上,中国地貌的三级地形阶梯特征加上东亚季风和西南季风气候,决定了湖泊在空间分布的区域特征。西部高原内流区湖泊因气候干旱,水系不发达,故湖水矿化度普遍较高,以咸水湖和盐湖为主。东部低洼平原地区,由于降水丰沛,湖水矿化度低,以吞吐型湖泊为主。东部沿海与长江中下游地区,拥有全国淡水湖泊总数的 60% ~ 70%,且绝大多数为浅水湖泊。所谓浅水湖泊是指夏季不存在热力分层的湖泊。位于长江中下游地区的众多湖泊,均可以纳入浅水湖泊这一范畴。

由于近 20 年来长江中下游平原、黄淮平原和东北平原等地区的湖泊位于东亚季风盛行区,降水丰沛,河、湖关系密切,多为淡水湖,受人类活动影响强烈,许多湖泊处于不同程度的富营养化过程中。中国也已经成为世界上湖泊富营养化最严重的国家之一[36]。

一、湖泊生态系统现状

(一)湖泊生态系统退化现状

当前我国湖泊面临水污染严重、富营养化、面积萎缩以及生态功能退化等问题,湖泊生态环境的不可持续态势令人担忧[37]。

1. 湖泊水污染严重

湖泊水污染严重,有相当数量的湖泊水质为 V 类或劣 V 类。据环境保护部 2010 年统计数据显示,26 个国控重点湖泊(水库)中,满足 II 类水质的 1 个,占 3.8%;III 类的 5 个,占 19.2%;IV 类的 4 个,占 15.4%;V 类的 6 个,占 23.1%;劣 V 类的 10 个,占 38.5%。

2. 湖泊富营养化形势严峻

据环境保护部 2010 年统计数据显示,26 个国控重点湖泊(水库)中,营养状态为重度富营养的 1 个,占 3.8%;中度富营养的 2 个,占 7.7%;轻度富营养的 11 个,占 42.3%;其他均为中营养,占 46.2%。另据统计,20 世纪 70 年代,我国湖泊富营养化面积约为 135 km²,而目前湖泊富营养化面积达 8 700 km²,40 年间激增了约 60 倍。

3. 湖泊萎缩退化严重

近年来我国相当数量的湖泊出现了水位持续下降、集水面积和蓄水量不断减小的问题,部分湖泊甚至干涸。自 20 世纪 50 年代以来,全国大于 10 km² 的湖泊中,干涸面积 4 326 km²,萎缩减少面积约 9 570 km²,减少蓄水量 516×10⁹ m³。

4. 生态系统的结构和功能总体处于不断退化的状态

具体表现为湖泊生物资源退化,生物多样性下降,湖泊与江河水力联系受到阻隔,生态服务功能退化等。如滇池 20 世纪 50 年代沉水植物有 42 种,80 年代降至 13 种,到目前只剩 8 种。长江中下游地区是我国湖泊分布最密集的区域之一,历史上该地区的湖泊大多与长江自然连通,发挥着正常的洪水调蓄和生物多样性维持等生态功能,而目前仅有洞庭湖、鄱阳湖和石臼湖等为数不多的几个湖泊自然通江,众多湖泊的环境净化、水量调蓄能力等生态服务功能急剧下降。

5. 湖泊渔业资源退化严重

近 30 年来工业和农业现代化进程加快,水体环境污染加剧,加之酷渔滥捕以及渔具渔法的改进提高,湖泊渔业资源逐年衰退,鱼产量不断下降,湖泊渔业潜力及资源可持续利用受到较大影响。鱼类在湖泊生态系统中处于顶级调控地位,它与其他生物之间通过食物网密切相连。鱼类群落结构的变化及其种群衰退,往往会导致湖泊生态功能的退化。渔业作为湖泊最重要的功能之一,其资源变动是湖泊生态系统演变的重要驱动因子,也是湖泊管理与生态系统恢复的关键。

(二) 浅水湖泊生态系统退化的原因

由于高强度的人为影响,许多湖泊出现急剧退化的现象,如藻类大量增生,水生植被衰退或呈劣性化的发展趋势,生物多样性降低,生物区系小型化现象严重,水质迅速恶化,不能满足多种湖泊功能的需求。从长江中下游浅水湖泊的情况看,主要原因如下[20,38]:

1. 入湖面源污染加剧

由于湖泊集水区和流域内人口增加、工农业生产的发展,湖泊加速富营养化。沿湖城市发展,相关工业生产基地在环湖的布局,城市河道等面源污染,环湖集约化农业的发展等,都会给湖泊带来剧量的面源污染,其实湖泊中不少蓝藻是在环湖的城乡河道中先集中生长,由于环境恶劣,大量增殖,然后在较大降雨期流到湖区,形成大规模漂浮景观。湖泊生态系统平衡被打破,生态系统异常脆弱,水质已不符合饮用水源和渔业等湖泊功能的要求。

2. 江湖阻隔

长江中下游大中型浅湖多数与大江大河相通,其间存在着活跃的物质和生物区系交流。那些洄游性和暂栖性的河流动物,在长期演变过程中,已成为湖泊生态系统的正常和必要成分,对维持湖泊生态系统的平衡有重要作用。因调蓄等需要建闸造成江湖阻隔,既引起泥沙淤积,也造成生物区系的交流阻断和湖泊生态系统结构的变化。如周期性的水位波动对湖泊周围的湿地生态系统非常重要,稳定的水位往往造成这种系统的退化和萎缩。据 20 世纪 60~80 年代的资源调查,巢湖有鱼类 94 种,虾类 8 种,其中湖鲚、白虾、银鱼、鲌鱼、鲤鲫鱼等构成巢湖水产品的主体。据 2002~2004 年的资源调查,巢湖鱼类区系由 54 种组成,隶属 9 目 16 科,其中鲤科鱼类 35 种,占 64.8%,与前几次调查相比,在种类数量上明显下降,鲤科等定居性鱼类种类数量的比例上升,而洄游性鱼类已很少见[38]。

3. 围湖造地破坏滨湖湿地

历史上,围湖造田活动是长江中游地区扩大耕地面积满足人口增长对于粮食需求的一种重要的人类活动方式,围湖造田活动从 20 世纪 50 年代初到 70 年代末的近 30 年规模达到空前。这种人为活动极大地改变了该区域的土地覆盖状况。比如,长江中游的洞庭湖区,由于围湖造田活动,从 20 世纪 50 年代初到 70 年代末增加的耕地面积可达 18×10^5 hm²(大约相当于洞庭湖 50 年代面积的 45%)。由此也带来了极大的生态负面影响,包括洪涝灾害的频繁发生和生物多样性减少。素有"千湖之省"美誉的湖北省,该省面积在 100 亩(1 亩约等于 666.7 m^2,以下同)以上的湖泊只有 843 个,比解放初期减少了 489 个,水面积为解放初期总面积 8 528 km^2 的 35%。近年不合理的环湖观光大道,以及相关度假休闲设施的邻湖建设,原来的湿地及自然湖岸基本破坏,导致滨湖自然湿地的丧失。

4. 不合理增殖渔业发展思路

根据我国湖泊渔业几十年开发实践及其对生态系统的影响,可将其经营方式区分为三类,一类是以天然捕捞为主,20 世纪 50 年代以前的我国湖泊渔业基本上由此种方式构成,目前一些大中型湖泊如洞庭湖、鄱阳湖等仍以此种方式为主;第二类从 50 年代开始迅速发展的,多在中小型湖泊内放养鲢、鳙、草鱼等主体鱼,以充分利用水体天然生物生产力,其养殖产量一般超过天然捕捞产量;第三类是 80 年代初兴起的,以开发"草型"湖泊为重点的围栏养殖业[39,40]。

我国内陆水域增殖的品种主要是以银鱼、池沼公鱼、鲢、鳙鱼及草鱼为主要的增殖对象,同时也大规模开展了河蟹的增殖放流工作。不合理的增殖也是我国内陆水域生态系统毁灭性破坏的重要原因,同时增殖前没有充分地进行科学研究[41~43]。我国多数天然湖泊生态系统中的生物多样性结构本身,就具有很强的污染自净能力和较高的渔业发展潜力。合理调整放养结构和渔业利用的强度,以优质水产品为主要放养对象,提高产值,达到渔业效益与环境效益的协调是完全可能的。对湖泊污染和富营养化的治理应采取以生物治理为主的综合措施才可显著见效。目前,有些湖泊采用种植沉水植物、限制草食性鱼类放养量、保护水草资源等方法,使"藻型湖泊"转为"草型湖泊"已初见成效。

湖泊、水库粗放式鱼类养殖就是根据水体自然条件,选择适当的放养对象、确定放养种类间的合理比例、合适的放养数量,并充分利用水体的空间和时间,以充分发挥水体的鱼产潜力[40]。粗放养殖的核心问题是"合理放养"。我国广大渔业工作者进行了大量的生产实践和试验研究,比较系统地总结出适合我国国情的"合理放养"的理论和综合技术措施,使湖泊、水库养鱼实现了高产、稳产。如浙江省的青山水库(8 500 亩) 1966~1982 年 17 年平均亩产 43 kg,湖北省的白潭湖(6 000 亩)1966~1975 年 10 年平均亩产 43 kg,武汉市东湖渔场(22 000 亩)在开展湖泊增产技术试验期间,使鱼产量由 1971 年的亩产 8.8 kg 逐年上升到 1978 年的 36.5 kg,平均每年增长 23.5%。这些事实都证明了"合理放养"理论和实践的正确性和强大的生命力。

我国传统的合理放养是我国湖泊自然资源可以支撑较大生物量下的基本产量,该产量对于我们生物操纵也是一个借鉴,即现代的生物操纵,总的生物量不能超过在过去有水生植物存在的情况下的粗放养殖的合理产量。

生物操纵是基于"营养级联相互作用"发展起来的,分为经典和非经典的生物操纵,还有以浮游动物直接进行生物操纵的模式[44]。生物操纵成功提高水质的约有 60%,这主要是和水体的营养状况有关。据研究生物操纵只对总 P 浓度 $50\sim130\ \mu g/L$ 的湖泊有效。当 P 是主要限制因子时,富营养化湖泊(P 浓度在 $0.1\sim0.25\ mg/L$)可以通过种植沉水植被得到修复。惠州西湖生物操纵实验表明,即使浮游动物的放牧潜力仍然很低,鱼类去除和食鱼动物放养与沉水植物移植相结合可能对温暖浅水湖泊的水分清晰度产生显著影响,后者最有可能是由于对浮游动物的高度捕食[45]。

湖泊恢复,特别是在富营养化湖泊中的鱼类清除,已在丹麦和荷兰广泛使用,对许多湖泊的湖泊水质产生了显著影响。长期影响($>8\sim10$ 年)不太明显,除非重复去除鱼类,否则经常可以看到恢复浑浊状态。外部负荷减少不足,内部 P 负荷和缺乏稳定的沉水植物群落以稳定清水状态是这种复发到早期条件的最可能原因[46]。

（三）湖泊污染治理的实践

湖泊富营养化是碳、氮、磷这些植物生长所需生命元素在湖泊中大量富集,导致湖泊生态系统出现异常的水质污染现象,包括蓝藻水华频繁暴发等。20 世纪 80 年代初,太湖的总氮($0.9\ mg/L$)和总磷($0.02\ mg/L$)可作为湖泊蓝藻水华开始大量发生的阈值。因此,治理富营养化湖泊,人们自然地想到利用水生植物吸收营养盐,降低水中的营养负荷,实现湖泊水环境修复的目标。湖泊富营养化治理,恢复以高等水生植物为核心的生态修复一度被认为是一个非常重要的途径。中国早在 20 世纪 90 年代初就开始了通过水生植物恢复来改善水环境的试验工作,例如无锡的五里湖、武汉东湖、太湖梅梁湾等水域都实施了生态工程来改善水质[47]。但是,项目完成后,原来恢复的水生植物和清洁水体很快消失。基于此,在"十一五"及"十二五"时期,在太湖富营养化治理中以控源截污取代生态恢复作为主要措施[48]。

将新的生态技术措施应用于湖泊,重点是浅湖：① 减少沉积物再悬浮;② 水位管理;③ 双壳类在浅湖中作为有效食草动物在碎屑上使用,特别是当蓝藻占优势时。如果考虑生物操纵的积极影响的可持续性超过十年,那么可能存在更多失败而非成功的案例。失败可归因于几个瓶颈,包括：① 外源 P 的减少不足以及原地 P 输入的增加;② 丝状和团块状的蓝细菌对水蚤的可食性差;③ 大型植物对湖区的覆盖不足,部分原因是鱼类和鸟类对大型植物的觅食;④ 浮游生物鱼类生物量的减少以及我们无法将鱼群维持在较低水平等[49]。

丹麦的湖泊恢复涉及使用几种不同的恢复技术,所有这些技术都旨在改善湖泊水质并建立清水条件。目前在 20 多个湖泊中使用的最常用的方法是减少浮游动物和食肉鱼类[（特别是拟鲤（Rutilus rutilus）和东方真鳊（Abramis brama）)],目的是改善大型食肉鱼类的生长条件。总体而言,湖泊恢复项目在丹麦主要浅湖中的结果表明,在平衡条件下,外部养分负荷必须降至 $0.05\sim0.1\ mg \cdot L^{-1}$ 以下,才能对湖泊水质产生永久性影响。通过鱼类去除,在 $1\sim2$ 年的时间内去除至少 80% 的鱼类,以获得对较低营养水平的实质性影响并避免剩余鱼类的再生。如果要获得对浮游生物水平的影响并且每年应重复放养直至达到稳定的清水状态,则放养食鱼动物需要高密度(>0.1 个 m^{-2})。低温氧化和沉积物疏浚的实验证实,内部磷负荷可以减少。大型植物种植实验的经验表明,草食性水禽对放牧的保护可能在重新定殖的早期阶段有用[50]。

二、富营养化湖泊生态恢复的理论基础

恢复水生植物,必须与生态系统结构的改造及其外部环境的改善结合起来,否则水生植物很难恢复成功;即使恢复成功,其系统也是脆弱不堪的,难以抵御外部环境胁迫[51]。

(一)大型沉水植被的功能

浅水湖泊富营养化造成的最严重问题之一是沉水植物的消失以及转向浑浊的浮游植物为主的状态。外部养分负荷的减少通常不会导致回到大型植物主导状态,因为导致恢复的稳定机制可能会延迟反应。因此,可能需要额外的内部湖泊恢复措施来降低总磷浓度并增加水的透明度。然而,为了长期稳定的清水条件所需的沉水植物的重建可能仍然失败,或者高生长物种的大规模开发可能对娱乐用途造成滋扰[52,53]。

大型植物影响水生态系统的功能,以及营养物质的流动、营养物质的运输和积累,并限制沉积物的再悬浮。它们负责湖泊沿岸地区初级生产的重要部分,为有机体提供避难所,减少污染物从集水区到种植区的渗透,因为它们吸收和钝化各种化合物,将其从水柱中移除。大型植物的存在有助于提高透明度并维持湖泊中的清水,因为它们可以控制浮游植物的生长。它们的发生和结构取决于环境因素,例如光照条件、营养物质的可用性、湖泊的经济开发以及对其集水区的利用。大型植物群落具有明确的生态学最佳状态,这使它们成为湖泊富营养化状态的良好指标[54]。

(二)藻型湖与草型湖稳态转换机制

富营养化湖泊的生态恢复,就是把蓝藻水华频发、水质浑浊的富营养化藻型湖泊生态系统通过一定的途径转化为水生植物茂盛、水质清澈的草型湖泊生态系统。实现这一目标的关键是改变决定该生态系统类型的外部条件,使其生态系统实现从藻型到草型的转变,重要的是要找到导致生态系统发生转化的关键影响因子。理论上,草型和藻型都是湖泊生态系统在一定条件下的稳定状态,这就是所谓的湖泊多稳态理论。

实现湖泊生态系统恢复的重要前提是,必须根除导致系统退化的胁迫因子,对于富营养化湖泊就是要控制营养盐的输入。完全控制入湖的外源负荷几乎是不可能的。研究发现 300 多个丹麦湖泊湖水总磷在 50 μg/L 以下时,大型水生植物丰富,肉食性鱼类较多,水质清澈。当湖水总磷在 80~100 μg/L 时,大型水生植物稀少,鲤科鱼类丰富,而且有 20% 的湖蓝藻占优势。总磷浓度更高的湖泊没有沉水植物,鲤科鱼类和蓝藻或绿藻占绝对优势。由此推断,实施生态恢复的总磷浓度一般应该在 100 μg/L 以下。

建立长江中下游湖泊硅藻-总磷及摇蚊-总磷转换函数重建历史水体总磷浓度,总磷约 50 μg/L 可以作为该区湖泊治理营养指标达标的一个基准值[55]。

20 世纪 50 年代欧洲和北美就开始出现较严重的富营养化,污染源控制在 60 年代就开始了,一些湖泊很快得到了恢复,如位于美国西雅图的华盛顿湖。另一些湖泊在外源控制初期湖水营养盐浓度下降较快,但随后营养盐维持在一个较高而相对稳定的水平,水华可能还会十分严重。美国、荷兰、丹麦、英国等国家在同期也开展了大量的湖泊生态恢复研究与试验,有些湖泊生态恢复并不成功,尤其在大型水生植物不能得到恢复的情况下,生物调控的效果很不稳定或很难持续。而大部分的湖泊恢复试验只持续 3~5 年,甚至更短,其效果的持续性有待进一步研究。

目前较成功的湖泊恢复都是在外源负荷完全或基本控制的情况下实现的,而我国经济还比较薄弱,人口多,污染负荷量大,一时还难以实现外源负荷的有效控制,湖泊治理与生态恢复面临着比欧美地区更严峻的挑战。事实上,无论是营养盐控制或蓝藻水华防治,都未能取得预期效果。迄今为止,之所以很少有富营养化湖泊或水体的生态修复能够取得成功,也是由于很少有湖泊能够实现真正意义上的截污,特别是像太湖、巢湖、滇池这样的大型湖泊,由于流域内的外源排放量大且面广,更是如此。对于浅水富营养化湖泊而言,由于"水浅",湖泊沉积物中积存了几百年来各种污染物质,沉积物中营养盐常常是上覆水中数十倍。而风浪的扰动和释放,使得其营养盐负荷在外源全部得到控制的条件下,仍然很难在短时间内迅速下降。浅水湖泊内源释放与富营养化互动过程的概念化模式见图 7-2[56]。

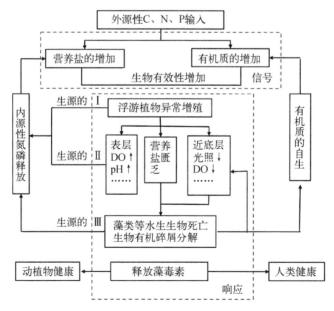

图 7-2　浅水湖泊内源释放与富营养化互动过程的概念化模式[56]

DO:溶解氧

(三) 水生植物生态恢复关键因子分析

虽然前面的分析中已经指出,控源截污和降低水体中的营养盐负荷是生态恢复的前提条件,但除了营养盐浓度,还有光照(或者透明度)、温度、底泥、水深、风浪、鱼等因素。营养盐浓度不是直接作用于水生植物而阻碍其生长。例如基于太湖多年平均数据,可获得太湖真光层的全湖分布。太湖真光层深度最大值出现在东太湖地区、胥口湾及贡湖湾南岸地区,这些水域的真光层深度都超过了 1.5 m,而太湖沉水植物生长的适宜水深不能超过 1.6 m,与上述利用真光层深度推导的结果一致。说明在太湖中,影响水生植物分布的关键因子是水下光照条件。

水生植被通过为多样化和经济上重要的动物群落提供栖息地,隔离碳和养分,稳定沉积物来支持关键的生态服务。此外,水生植被是水生生态系统中水质和生态价值的生物指标或哨兵。特别是水下植被的存在与增加的透明度和良好的水质有关。因此,已经开发出一种稳定的状态转换理论模型来描述浅水湖泊中以大型植物为主的清水状态和以浮游植物为主的浑浊水状态之间的转换(见图 7-3)。阈值检测(threshold detection)表明,高内稳性种类占优势的沉水植物群落发生稳态转化的临界磷浓度较高(0.08 mg/L),而低内稳性种类占优势的沉水植物群落出现稳态转化的临界磷浓度较低(0.06 mg/L),表明高内稳性沉水植物对富营养化的可塑性更强。随着富营养化的发展,低内稳性植物先行崩溃,这可作为湖泊生态系统从清水到浊水稳态转化的早期预警信号。但低内稳性植物具

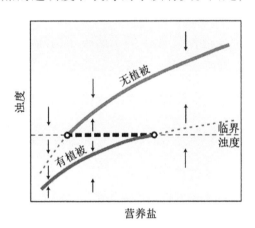

图 7-3　浅水湖泊中两种稳定
状态转化模型的图解[57]

有较快的恢复能力,因此可作为生态修复的先锋物种。高内稳性植物——分别是微齿眼子菜、苦草和马来眼子菜,低内稳性植物——分别是金鱼藻、穗状狐尾藻和轮叶黑藻[58]。

这个结论对于富营养化湖泊或者其他浅水湖泊的生态恢复具有非常重要的实际意义。提高水体真光层深度,改善水下光照条件,改善外部环境,促进水体生态系统向有利于水生植物生长和恢复的方向发展,从而实现草型生态系统的培育与扩展,促使水质得到改善[59]。

因此,对于浅水富营养化湖泊,湖泊污染治理的第一步是控制外源污染和内源污染(即清除那些有机质含量丰富、还原环境强烈、营养盐释放较多的沉积物)。第二步是恢复水生植物和培育草型生态系统,有效遏制沉积物的悬浮和底泥释放。第三步是辅以流域管理,减少全流域污染源排放,就可以真正实现湖泊污染治理与生态恢复的长期

效果[60]。

（四）湖泊生态恢复的目标

湖泊具有调蓄洪水、工业给水、农业灌溉、生活饮水、渔业、航运、旅游、纳污、水力发电等多种功能,其中有些功能是相互冲突的。湖泊是我国人民饮用水的重要来源之一,如洱海向周围地区提供了70%水源,20世纪80年代昆明市近一半的饮用水来自滇池。

胡志新等认为湖泊生态系统健康包含满足人类社会的合理要求和湖泊生态系统自我维持和更新的能力两方面的内涵[61]。对湖泊生态系统进行健康评价是湖泊生态系统健康研究的前提,可为人类管理湖泊和进行生态修复提供理论依据。湖泊生态系统健康评价方法主要可分为两类:生物监测法和多指标体系评价法。

Wetzel预言21世纪世界将面临水资源危机。我国水资源人均拥有量只有世界平均水平的1/3,保护水资源和保障人民的健康,治理湖泊富营养化,应该成为我国湖泊工作的首要目标。宣传内陆水域的发展是以保护水资源环境为主体,天然水域渔业发展以增殖和保护为主,全面改变内陆水域的发展观念。湖泊和水库水资源的价值是远远超过渔业资源本身的,尤其是较为发达的城市及严重缺水地区。

三、湖泊恢复的生态调控措施

（一）入湖河流流域为重点,控制入湖污染

通过控制沿湖化工厂及畜禽养殖场规划,传统农业化肥农药零增长,沿湖大力发展有机生态农业,控制粗放式池塘养殖,控制湖区投饵式围网养殖等措施,设置人工湿地或恢复天然湿地,大力进行城市河道生态修复等,进行入湖污染的减量化。以入湖河流为重点,进一步加大入湖污染负荷削减力度。根据研究结果,有超过50%的污染负荷是通过入湖河流进入重点湖泊。因此,要想有效削减入湖污染负荷,必须重视以入湖河流为单元的综合治理和系统管理。

（二）全面发展净水渔业模式

我们湖泊保护从大放养殖,又走向不允许养殖的两个极端。其实开展净水渔业模式将是科学的环湖或湖区渔业发展的科学模式。净水渔业模式突破了仅以鲢的操纵为中心的湖泊增殖发展形式,符合国情,也符合湖泊生态系统保护的规律。不少地区还在盲目地限制湖泊围网或网箱养殖,控制河蚌养殖,而仅发展湖泊水面的投放鲢鱼,这种做法是极不科学的。必须实行湖泊生态系统的整体优化,提高和恢复生物多样性,进而提高系统的稳定性。也就不存在是通过收获鱼虾类生物量,还是收获大型植物更为可行去除湖泊内源营养争论的问题。中国科学院水生生物研究所于1986～1989年在湖北省保安湖进行分区综合开发技术研究,在保持生态平衡的前提下,使湖泊渔业与其他功

能相协调,小区分室养殖与大湖资源增殖相促进,在重视繁殖保护和放养滤食性鱼类的基础上,扩大人工放流名特优鱼类和经济甲壳动物,调整生物群落结构,提高生态系统的稳定性,使优质鱼类稳步增产,同时保持水草覆盖率60%以上,逐步形成了草型湖泊生态渔业的优化模式[62]。

过度的增养殖会造成水域环境的污染,但合理的渔业发展,是有利于生态系统的优化。没有渔业对象为主的水生生物的作用,天然水域中物质和能量不能得到合理的转化。这就要改变对次要渔业水域中水生生物保护的不重视。这些次要渔业水域面积巨大,由于渔业价值不大,环境压力还不大,合理保护其中的水生生物,是有利于水生生物多样性保护,也有利于水域环境的保护,为此要端正渔业发展和环境保护的关系。

(三) 集约化生态型渔业养殖技术开发

大力发展适应国情的集约化渔业和生态渔业,减轻内陆水域的压力。从渔业安全的角度,随着我国人民生活水平的提高,渔业产量和质量还需要提高,但我国水资源压力巨大,是不能再支撑更大的天然渔业发展。开展集约化养殖和生态渔业是一种有效的方式,集约化养殖产量高,且可以处理养殖用水,保证整个生产过程的清洁生产,这是我国渔业可持续发展的重要保证。生态型渔业在我国有良好的基础,是一种可持续的渔业发展模式,应继续大力发展。

(四) 天然种群资源保护

保护天然种群资源,要加强对产卵场、幼体发育期的存活、生活洄游等的保护。如灌江纳苗可以改善湖中鱼类群落结构,增加鱼类资源量,提高鱼产量和质量。合理捕捞,制定各种商品鱼的起捕规格和捕捞量,严禁酷渔滥捕,取缔各种有害渔具渔法。根据鱼类生态习性建立禁渔区,确定禁渔期,保护主要经济鱼类产卵场和孵育场。在大、中型草型湖泊设立繁殖保护区、实施封湖休渔。天然渔业资源的保护及其自然的增殖是内陆增殖渔业发展主要内容,人工放流是其次的。在前期,调整水域鱼类组成时,人工放流才能发挥更大作用。

案例　净水渔业概念和理论

上海海洋大学王武教授提出的"净水渔业"的观点,给我们水产生态养殖及湖泊生态修复提了一种科学的方向,也是生物操纵理论在中国生态国情下的应用。净水渔业是以净化水环境为目的,以内源性生态修复方式,以现代生物学理论为基础(即生物操纵理论),根据水体特定的环境条件,通过人工放养适当的净水生物(鱼、螺、贝类)以改善水域的水生生物群落组成,让水中的氮、磷通过营养的转化,增强水体自净能力,保障生态平衡,从而达到既保护水环境,又修复和维持水域生物多样性的一种渔业生产方式(见图7-4)[63]。

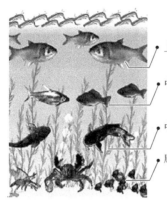

上层水：增殖滤食性鱼类(鲢、鳙等)

中上层水：增殖食碎屑性鱼类(细鳞鲴、鲫鱼等)

中下层水：增殖小型肉食性鱼类(塘鳢鱼、黄颡鱼等)

底层水：增殖青虾、河蟹、螺蛳等底栖类动物

图7-4 "净水渔业"是水产养殖未来发展方向[64]

1. 多品种、多层次种植水生植物是水体生态修复的关键

水生植物具有生长快的特点,能大量吸收水体中的营养物质,为水中营养物质提供了输出渠道;水生植物能提高水体溶解氧,为其他物种提供或改善生存条件;水生植物能提高水体透明度,改善景观;同时水生植物对藻类具有克制作用,可以抑制藻类的生长,起到改善水质的作用;水生植物除了直接吸收、固定、分解污染物外,还通过对土壤中的细菌、真菌等微生物的调控来进行环境的修复。

2. 投放鱼、螺、贝类等水产品是生态修复重要一环

鱼类和其他许多水生生物都是天然水域中生物群落的重要组成部分,通过食物网络关系与物能流动,转化氮磷等营养性物质,是水体生物自净的基础。鲢、鳙对浮游生物的高强度摄食使浮游生物总生物量和蓝藻生物量明显下降。螺、贝类的食物来源广泛,包括藻类、无机物质、有机碎屑、摇蚊幼虫、水生植物及动物性食物等,其中以有机碎屑和藻类为主要食物。螺、贝类作为刮食者,是食物链上的基本环节,在水生态系统中具有重要作用。

在该模式中,不养草鱼是为了保护水草,放养食碎屑性的鱼类和底栖动物是为了清洁底层积累的残渣,其中较关键的措施是增加放养小型肉食性鱼类,如塘鳢鱼、黄颡鱼等,这些小型肉食性鱼类可以捕食大量的小型野杂鱼,这样就增加了浮游动物的数量,降低了藻类生物量,达到恢复水质的作用。

3. 应用生物修复技术净化水质

一个良好水体的微生物环境需要经历积累、成长、成熟的过程。在水质恶化的条件下,水体的微生物环境被打破,所以,要人为向水体投加微生态制剂,尤其是人工养殖水体或天然局部生态修复区,以尽快形成良好的微生物环境。应根据不同水体中各种污染物质和微生物的分布情况,有针对性地选择多种微生物配比搭配进行投放,特别是在高温季节。常用的微生态制剂有光合细菌、芽孢杆菌、硝化细菌、双歧杆菌、乳酸菌等。

第三节 淡水湿地系统生态恢复

湿地是分布于陆生生态系统和水生生态系统之间具有独特水文、土壤、植被与生物特征的生态系统。按《国际重要湿地特别是水禽栖息地公约》将湿地定义为：天然或人工、长久或暂时性的沼泽地、泥炭地、水域地带，静止或流动的淡水、半咸水、咸水体，包括低潮时水深不超过6 m的水域。中国是世界上湿地类型多、面积大、分布广的国家之一，从寒温带到热带，从沿海到内陆，从平原到高原山区均有湿地分布，类型包括沼泽、泥炭地、湿草甸、浅水湖泊、高原咸水湖泊、盐沼、泥炭地、湿草甸、浅水湖泊、高原咸水湖泊和海岸滩涂等。

湿地是地球上重要的生态系统之一，其广泛分布于世界各地，是地球上生物多样性丰富和生产力较高的生态系统之一，和森林、海洋并称为全球三大生态系统。人类文明大部分起源于大河流域，如尼罗河、底格里斯河、幼发拉底河、恒河、湄公河和我国的黄河，这些河流两岸的沼泽湿地正是人类文明的摇篮。

21世纪以来，在人类活动影响进一步加剧，经济迅速发展，城市化过程加快、气候变暖等影响下，湿地退化日趋严重。湿地退化、退化湿地生态修复与重建是近20年国际大型湿地学术会议的主要议题之一[65]。

一、中国湿地现状

根据全国湿地分布的特点，考虑到不同区域明显的自然特征，可将全国湿地划分为东北沼泽湿地区、黄河中下游河流湿地区、长江中下游湖泊湿地区、滨海湿地区、东南华南湿地区、云贵高原湿地区、西北干旱湿地区以及青藏高寒湿地区，共计8个湿地保护区域类型[66]。如东北沼泽湿地区以淡水沼泽和湖泊为主，总面积约750万 hm²。三江平原、松嫩平原、辽河下游平原，大小兴安岭山地、长白山山地等，是我国淡水沼泽的集中分布区[67]。

长江中下游湿地类型多样，分布面积大，主要以河流、湖泊和滩涂湿地为主。河流岸滩和湖滨湿地是水陆自然过渡地带的特殊生态系统，由于上游水库调蓄，改变来水来沙条件，致使下游湿地资源中岸线资源损失较为严重。水流的淘刷与岸线的崩塌，使湿地面积逐渐缩小。长江中下游湖泊湿地保护面临一系列问题：长江中下游岸坡人为护砌采取的硬化措施阻断了水生生态系统和陆地生态系统之间的联系，湿地生态功能下降；围垦和改造导致湿地面积锐减，湿地防洪蓄洪能力大大降低；污染和富营养化使水质下降危及水生生物资源；水域生态系统分割萎缩导致野生动植物生境破碎化和岛屿化；资源不合理利用造成生物多样性锐减，湿地调节作用大大削弱[68]。

二、湿地的生态功能

湿地是地球上水陆相互作用形成的独特生态系统，全球约有 $8.6×10^6$ km² 的湿地

（约占地球陆地表面积的 6%），其中约 56% 的湿地分布在热带亚热带区域，此前 Matthews 于 1987 年估计全球湿地有 $5.3×10^6 km^2$。湿地是人类重要的环境资源之一，也是自然界最富有丰富多样性和较高生产力的生态系统。它在调节气候、涵养水源、抵御洪水、蓄洪防旱、控制土壤侵蚀、促淤造陆、净化环境、保护生物多样性和生态平衡等方面都发挥着重要的作用，有"自然之肾"之称[69]。由于大多数人并未意识到湿地的重要功能，随着社会和经济的发展，全球约 80% 的湿地资源丧失或退化，严重影响了湿地区域生态、经济和社会的可持续发展。

三、湿地退化的特征

湿地丧失和退化的主要原因有物理、生物和化学三方面，具体体现如下：围垦湿地用于农业、工业、交通、城镇用地；筑堤、分流等切断或改变了湿地的水分循环过程；建坝淹没湿地；过度砍伐、燃烧或啃食湿地植物；过度开发湿地内的水生生物资源；废弃物的堆积；排放污染物。此外，全球变化还对湿地结构与功能有潜在的影响。

湿地生态系统退化是自然生态系统退化的重要组成部分。湿地退化标准包括湿地面积、组织结构状况、湿地功能、社会价值、物质能量平衡、持续发展能力、外界胁迫压力等方面[70]。

1. 水文特征

水文特征是湿地最重要的特征之一，其直观、迅速、明显地反映湿地环境质量变化。湿地退化水文特征通常表现为水文周期、水位与水质变化。当前在全球气候变化和日益加剧的人类活动的影响下，很多湿地退化都与地表水位与地下水位下降以及水环境污染有关。此外，湿地退化水文特征还表现为湿地补给水源类型变化、水文状况、地表积水理化性质（土壤含水量、矿化度）与水分运动、径流和地表水平衡等方面的变化，这也是当前该领域研究的重点内容。

2. 植被特征

植被特征是湿地质量最具有指示标志作用的特征之一。大型水生维管植物是湿地生态系统结构和功能维持的关键组分。在湿地退化过程中，植物群落组成、植物群落演替过程、类型与模式、植物生理过程、群落高度、生产力、种群繁殖方式和种间关系等生物生态特征均会发生退化，并且植被退化特征与湿地类型以及人为干扰方式密切相关。对于沼泽湿地，由于过度放牧和排水疏干等人为活动干扰，原生沼泽湿地植物群落退化为常规杂草群落，无论是植物种类的数量还是个体的数量最终均明显降低，使植物群落出现同质化。富营养化湖泊从草型湖向藻型湖转变过程中，植被都将发生显著变化。

3. 土壤特征

土壤特征是湿地最主要特征之一，土壤质量也是湿地发育的重要基础。按照土壤发生学理论的土壤分类，湿地土壤类型主要为沼泽土、泥炭土与沼泽化草甸等。土壤退化特征依据类型而异，一般排水疏干、过度放牧、环境污染等干扰首先表现为土壤容重、孔隙度、含水量、分解度、有机质、氮、磷、钾等营养元素和重金属等理化特征的改变。如三江平原湿地、若尔盖高原湿地等。同时全球气体变化日益受到关注,湿地土壤温室气体排放及其气候效应、湿地碳汇与碳源转换功能和吸附污染物等功能特征的研究也受到高度重视。土壤退化指标研究也趋于多样化,如土壤酶和土壤微生物等生化指标也作为表征土壤退化特征与制订退化标准研究为湿地退化土壤特征研究开辟了新领域。

4. 动物特征

湿地退化动物特征研究主要集中在动物种类和丰度的变化,其变化特点依退化原因有别。排水疏干导致湿地退化突出的特点是湿地动物种类减少,数量下降,陆生动物种类增加,数量增多。污染胁迫下,湿地耐污染的种类保存下来,对污染敏感的种类消失。湿地退化动物特征研究的另一个特点就是其研究对象由传统的水禽、鱼类等大型湿地动物向昆虫、浮游生物等小型生物转变,这些小型生物类群是湿地生态系统生产力主要构成部分,处于食物链底端,决定着大型动物的种群数量,即"上行控制效应"[71]。

土壤动物是湿地生态系统物质循环和能量流动的关键环节,也是湿地生态系统演化的重要驱动因子,湿地土壤动物的动态变化可以作为湿地退化和恢复响应的重要生态指标。湿地土壤动物是湿地生态系统和湿地生物多样性的重要组成部分,已成为湿地恢复的重要指标。

5. 微生物特征

微生物是湿地生态系统的重要组成部分。黄河三角洲退化湿地微生物特性研究结果显示,土壤盐度与微生物数量、活性及多样性呈显著负相关性。耐盐细菌在耐盐微生物中占绝对优势,放线菌次之,真菌最少;微生物群落具有明显的垂直分布特征,数量、活性和多样性均随土层深度的增加而下降。五种植物(碱蓬、柽柳、芦苇、白茅、茵陈蒿)根际微生物群落的数量、活性及多样性明显高于非根际微生物群落;与柽柳、芦苇、白茅相比,碱蓬的根际效应最强。这些结果可为进一步开发利用滨海湿地微生物资源,形成修复退化湿地盐碱化土壤的植物-微生物耦合系统提供必要的理论依据[72]。

6. 生态功能特征

湿地具有 17 种生态环境功能,湿地退化最严重后果是湿地生态功能削弱,甚至消失,危及人类生存环境,影响人类生态安全。伴随湿地生态系统退化,首先大型维管植物的生产力和养分吸收能力下降,从而削弱湿地的水质净化功能。其次湿地蓄洪能力降低,水文调节功能削弱,导致洪灾频繁发生。最后土壤侵蚀和植被丧失将会进一步降低湿地社会经济功能。此外,气候变化将对湿地固碳功能产生重大影响,有证据表明,在未来全球气温上升的背景下,温带北方泥炭地非生长季碳排放通量将会增加,影响泥炭地 CO_2 年度收支平衡。

四、湿地恢复的策略和方法

湿地退化的主要原因是人类活动的干扰,其内在实质是系统结构的紊乱和功能的减弱与破坏,而在外在表现上则是生物多样性的下降或丧失以及自然景观的衰退。湿地恢复和重建最重要的理论基础是生态演替。由于演替的作用,只要消除干扰压力,并且在适宜的管理方式下,湿地是可以恢复的。

不同的湿地类型,恢复的指标体系及相应策略亦不同。对沼泽湿地而言,由于泥炭提取、农业开发和城镇扩建使湿地受损和丧失。就河流及河缘湿地来讲,面对不断的陆地化过程及其污染,恢复的目标应主要集中在洪水危害的减小及其水质的净化上。通过疏浚河道,河漫滩湿地再自然化,增加水流的持续性,防止侵蚀或沉积物进入等来控制陆地化,通过切断污染源以及加强非点源污染净化使河流水质得以恢复[73]。

(一) 湿地恢复的策略

湿地恢复策略经常由于缺乏科学知识而片面化,特别是湿地丧失的原因、自然性和对一些显著环境变量的控制、有机体对这些要素的反应等还不够清楚,因此对湿地水动力的理解以及评价不同受损类型的影响是决定恢复策略的关键。

1. 典型区域的湿地生物多样性优先保育策略

如在云贵高原湿地区,加强流域的综合治理,保护水资源和生物多样性,进行生态恢复示范,对高原富营养化湖泊进行综合治理;在青藏高原高寒湿地区,加强保护区建设及植被恢复等措施,保护世界独一无二的青藏高原湿地,尤其是江河源头地区的重要湿地,发挥该地区湿地的重要储水功能,并使高原特有的珍稀野生动植物得以栖息繁衍,保育好高海拔湿地;建立完善的湿地自然保护区(小区)网络,包括机构、基础设施、保护管理、科研监测和宣传教育等体系及信息交流能力、社区共管、生态旅游和资源合理利用。

2. 水量型限制的湿地优先生态恢复策略

如根据东北沼泽湿地区特点,以及东北地区天然沼泽湿地丧失和水量平衡及其湿地生态系统功能变化情况,通过湿地保护与恢复生态及农业等示范工程提供湿地生态系统恢复和合理利用模式。根据西北干旱湿地区情况,加强天然湿地的保护区建设和水资源管理与协调。采取保护和恢复措施,缓解西部干旱荒漠地区由于人为和自然因素导致的湿地环境恶化、湿地面积萎缩甚至消失的趋势,通过生态和工程措施,遏制湿地周边区域的土地沙漠化趋势。确定流域的水资源配置方案及水资源宏观控制指标体系和水量分配指标,在重要湿地和重要河流流域开展水资源调配与管理工程,适当增加关键区域生态用水比例,逐步恢复原有湿地生境。

3. 水质型限制的湿地优先生态修复策略

生物修复技术是利用微生物、植物及其他生物来降解和富集某种或某些污染物为基础,利用植物或植物与微生物的共生体系,运用生物学技术清除环境中污染物的一种环境污染治理技术。生物修复技术在滨海湿地的研究和应用中被普遍看好。它较多地着眼于对海岸带的微生物修复以及对重金属、有毒有机物和氮、磷营养盐等污染物的生物修复。1989 年在美国阿拉斯加的溢油事故中,美国环保局首次尝试利用生物修复技术清除海滩溢油。

此外的案例还有,通过退田还林、还湖、还泽、还滩、还草及水土保持措施,使长江中下游原有湖泊湿地的面积逐渐恢复;开展污染防治及生物修复工程,尤其是具有国际重要意义的水禽栖息地的修复等。

(二)湿地恢复的过程与方法

湿地恢复可分为消极的恢复(停止人类干扰,让其自然恢复)、积极的恢复、重建成非原始湿地、失败的恢复四类。积极的湿地恢复过程常包括清除和控制干扰,净化水质,去掉顶层退化土壤,引种乡土植物和稳定湿地表面等步骤。但由于湿地中的水位经常波动,还有各种干扰,因此在湿地恢复时必须考虑这些干扰,并将其当作恢复中的一部分[74]。

1. 退化湿地植被恢复技术

植被是湿地生态系统的"工程师",也是湿地恢复的重要组成部分。目前植被恢复技术手段多样,日益成熟,其中通过湿地土壤种子库进行天然恢复研究较受重视。此外,Kowalski 等(2009)采用便携式围堰技术恢复伊利湖(Lake Erie)湖滨湿地挺水植被。Mälson(2007)通过温室和田间试验方法,采用苔藓配子体片段进行沼泽湿地恢复。但不论采用哪种方式进行植被恢复,重要的是要了解物种的生活史及其生境类型,恢复生物避难所,这对于灾难性干扰后原生种群的存活与恢复至为重要。

2. 退化湿地土壤恢复技术

退化湿地土壤恢复技术主要是通过生物、生态手段达到控制湿地土壤污染、恢复土壤功能的目的。其中利用生物手段修复土壤污染较受重视,尤其在人口密度极大的滨海湿地生态系统应用更为广泛,如利用细菌降解红树林土壤中的多环芳烃污染物、利用超积累植物修复重金属污染土壤。生态恢复主要在了解湿地水文过程、生物地球化学过程的基础上,通过宏观调控手段达到恢复土壤功能的目的。如通过调控水文周期或改变土地利用方式等以恢复湿地土壤水分状况,促进湿地土壤正常发育,加速泥炭积累过程。因此在恢复过程中需要对土壤的各种生物、物理、化学过程进行深入研究以制定合理方案。

3. 退化湿地水文恢复技术

水文过程决定了植物、动物区系和土壤特征,是湿地恢复的关键。在水文恢复过程中,通常需要根据湿地退化程度及原因,采用外来水源补给等手段适当的恢复湿地水位,合理控制水文周期,并进一步运用生物和工程技术净化水质,去除或固定污染物,使之适合植物生长,以保持湿地水质。现在有些湿地科学家更提倡在流域尺度上进行退化湿地的恢复,在遵循原湿地水文特征的基础上,人工加以适当的辅助措施,从而在达到恢复水文、净化水质的目的。Mitsch 等在美国密西西比-俄亥俄-密苏里河盆地进行了较多的湿地水文恢复研究,其中的"牛轭"设计研究是一个较为成功的例子,有效降低了水中硝态氮、总氮、可溶性活性磷和总磷的含量。

案例 世界人工淡水湿地——大沼泽生态恢复区

美国南佛罗里达州的大沼泽地(Everglades),总面积约 9 000 km²,是美国本土最大的亚热带湿地。该区域是一个复杂且相互依存的湿地生态系统,长期以来主要依靠自身良性水文循环,维持水分的平衡,是南佛罗里达州重要的淡水及生态资源。为修复佛罗里达州的生态环境,特别是大沼泽地的生态环境,1991 年佛罗里达州立法通过了《沼泽地保护法》(EPA)。[75]

1. 工程概况

1994 年以来,南佛罗里达州水务局在水资源保护区、大沼泽湿地国家公园北部以及大沼泽农业基地南部之间,相继建造了 5 个总面积为 680 km²(包含有效治理面积 570 km² 和基础设施部件占地面积 110 km²)的人工淡水湿地,即雨洪治理区(stormwater treatment areas,简称 STAs),用于处理农业非点源污染,尤其是磷的污染,以有效改善进入大沼泽地地表径流的水质,保护大沼泽湿地生态系统及南佛罗里达州水资源。作为当地洪水控制系统的组成部分,5 个雨洪治理区均由南佛罗里达州水务局运行、维护和管理。

2. 除磷机理

大沼泽地雨洪治理区使用绿色技术来截留水中的磷,除磷机制主要包括植物和微生物摄取、颗粒沉降以及化学吸附等多重过程。每个雨洪治理区,均由内部堤防划分成大小、配置和运行时期不同的治理单元,从而形成不同的水流路径,并通过泵站、闸门或涵洞等水工建筑物来控制不同水流路径的水量分布。治理单元中的水生植物群落,根据其生长习性主要可以划分为挺水植物(EAV)、沉水植物(SAV)和浮水植物(FAV)三类。

3. 净化效果评价

根据历史监测资料,1995 年以来,大沼泽地雨洪治理区总计处理了约 215 亿 m³ 的径流量,去磷总量达 2 220 t。比较各个雨洪治理区处理径流总量以及进水和出水多年总磷浓度可以看出,出水总磷浓度比进水减少了 69%~85%,说明雨洪治理区截留磷的效果显著;而各个雨洪治理区的除磷效果也存在一定的差异。

4. 运行监测与维护

作为人工淡水湿地,大沼泽地雨洪治理区的运行受天气(降雨、干旱、飓风等)、植被生长率、野生动植物以及有害植物入侵等自然条件的影响。此外,前期土地利用情况、土壤类型、治理单元地形、地貌、养分和水力负荷等也会影响该工程的除磷效果。作为目前世界规模最大的人工淡水湿地,其运行和管理方式也是一个不断研究和改善的过程。

南佛罗里达州实施雨洪治理区工程已有 20 余年,对地表径流中的磷具有较好的净化作用,使大沼泽湿地生态系统得到了有效的恢复和极好的保护,同时还为各种生物提供了良好的栖息地。为进一步改善水质,2012 年佛罗里达州和美国环境保护署达成共识,对大沼泽地雨洪治理区进行扩建,还将进一步开展科学研究特别是加强水质的监测监控,使其在保护大沼泽地及南佛罗里达州水资源和生态系统中,继续发挥重要的作用[76]。

第四节　水库生态修复

特殊的地形、地貌和气候特点,决定了中国是个水患频发的国家,对于拥有几千年文明历史的传统农业国,治水、用水的重要程度不言而喻。水库是由人工筑坝形成的水体,以大坝为标志的水库主要在二战以后兴建。建筑水坝是人类利用工程手段来调节和利用水资源的主要方式。水库已成为人类影响地球表面水体最重要的工程,遍布于世界各地,特别在自然湖泊较少的地区。水库是人类活动中最壮观的水利工程,通过水库利用水资源所产生的社会效益是空前的。

我国作为一个农业大国,新中国成立后,我国开展了大规模的水库建设,取得了令人瞩目的成就。截至 2017 年,我国已拥有水库大坝 9.8 万余座,是世界上拥有水库大坝最多的国家,也是世界上拥有 200 m 级以上高坝最多的国家。水库建成后,可起防洪、蓄水灌溉、供水、发电、养鱼、航运、旅游等多重作用。我国是一个名副其实的水库大国,水库生态系统在区域环境改善、支撑国民经济发展与供水保障方面具有重大的作用,这是世界上任何一个国家所不能相比的,因此水库的生态保护与研究的重要性将需要我们开展系统的基础与应用研究。

修建坝库对生态的影响主要表现在两个方面[77]。一是梯级开发产生的江河生境碎片化。水库大坝蓄水改变了河流天然径流过程,改变了泥沙传输过程,河流水温发生较大变化,鱼类洄游通道受到阻隔,水生生物系统的生存与发展均受到不同程度的影响。二是在江河上修坝建库,必然产生供水、发电等经济用水和河道内生态用水的矛盾问题。坝工建设者不仅要在规划、设计、建设阶段把保护江河生态系统作为重要任务,运行阶段更要把提升生态系统的质量和稳定性作为自己的重要职责,通过科学调度构建美好江河生态廊道。

一、水库生态系统的结构和功能

在国际上,为区分于小型的山塘,水库是指蓄水量大于 10^6 m³ 具有明显河流来水特征的蓄水水体,大坝是水库的标志。大坝分为土坝和混凝土坝,大型深水水库的大坝主要为混凝土坝,能承受巨大的水压。水库是一种介于河流和湖泊间的半人工半自然水体,库容与水位的关系决定了对水库水量的调节与利用(见图7-5)。

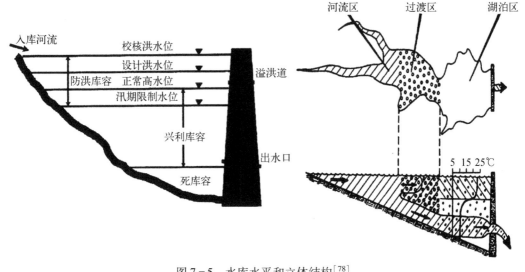

图7-5　水库水平和立体结构[78]

水库生态系统是淡水生态系统的一个类型,隶属于静水生态系统,是指由相对静止水体(流动和更换缓慢)构成的淡水生态系统,水库生态系统的流态特征一定程度上与湖泊生态系统类似,水库与湖泊的相似点是水的交换很慢。因此,水库又称为人工湖泊,这反映了水库与自然湖泊在湖沼学上具有一定的相似性,故它们又一起被称为湖库生态系统[78,79]。

但水库水面面积与流域面积之比一般在1∶20到1∶100,远大于同面积的天然湖泊,从而使流域特征(径流过程及生物地球化学要素)对水库生态系统的影响更为剧烈。在结构和水动力学特征上都与湖泊有明显区别,把水库与湖泊进行对比,不难发现水库与湖泊在很多方面的显著差异。水库特有的形态结构及吞吐流特征导致水库从河流入水库处到大坝在物理、化学和生物学上均存在一个纵向梯度,在生境上表现出由激流环境到静水环境的过渡。某种程度上,对水库水动力学过程的认识是掌握水库生态环境状况、开展水库水质科学管理的基础。

（一）水库生态系统的基本特征

1. 入库水流与出库水流

流域上的降水,扣除损失(蒸发等)后,经由地面和地下的途径汇入河网,形成水库的入库水流;在汇流过程中,土壤及成土母质的组成成分,树木及农作物枯枝落叶等伴随径流过程进入水库,成为水库水质的组成部分。因此,流域的土壤类型、土地利用状况、植被覆盖程度等对入库水流水质有决定性作用。流域陆地生态系统不仅是水库生态系统的水补给源,也是水库生态系统的营养来源。出库水流的水质取决于水库的水质。水库出现垂直分层现象时,不同水层的水质是不一样的,这时出库水流水质取决于出水口的位置选择。在水库具体运行管理过程中,出库水流可影响水库的水流及垂直分层,从而影响水库水动力学过程,使水库水质发生变化。

2. 水温结构

水库的修建使流水环境改变为静水环境。由此而出现一系列物理、化学及生物学现象的改变。其中,除了流态的变化外,水温结构的变化是最大的变化之一,可以说水库水温很大程度地决定着水库在物理、化学及生物上所发生的改变。水库的水温来自太阳的辐射,并由大气与水面的接触,输送至水中。但随着水库深度的增加,热量的吸收程度不相同。在不考虑其他因素的前提下,热量是不会传导至库中或水库很深之处。如果水库升温过程中,有风力的吹动、一定的入流水量,水库表面的水可与深层的水混合,其混合程度可决定水温的结构状况。当然水库温度结构还与水库的规模、深度、地理位置、气候条件等因素有关。根据水库温度结构,可分为分层型和混合型两类水库。

3. 生态过程的空间异质性

从入库河流到大坝处,水库水质与浮游生物群落的组成上具有明显的空间异质性。在水平方向上,明显地分为河流区(riverine zone)、过渡区(transition zone)和湖泊区(lacustrine zone)。因此,水库作为一种特殊的生态系统类型,具有河流与湖泊的杂合特性。但这3个区并不是独立的、固定不变的,而是在时空上动态变化的,均可扩大或收缩,以水库的吞吐流特征而定。这三个区域的水域范围是不稳定的,在时空上动态变化的,均可扩展或收缩,主要依赖于入库和出库的流量及其季节动态。在水动力过程的驱动下,水库水体中发生的物理、化学、生物过程通常存在着明显的梯度。

河流区位于水库入水口处,相对较窄,水深也较浅,河流入库后水流流速开始减慢,但仍是水库中流速最快的区域。相对于河流区,过渡区宽且深,流速减缓,这时粒径小的淤泥、黏土和细颗粒有机物大量沉积。过渡区底部沉积物有外源性的,也有内源性的。湖泊区位于水库坝前水域,是水库中最宽最深的区域,夏季容易出现水温垂直分层现象,但不稳定,受水库的出库水流的影响。

4. 生物群落的结构动态

水库是河道上筑坝形成的水体,水库建成初期保留着原来河流的特征。随着水库开始蓄水,水库与原来的河流在生态系统结构与动力学过程上发生明显的分离。水位的增加导致水库水量的增加,入库水流速度下降,水力学滞留时间延长,原有的河道生物群落发生了根本的变化。河道两岸的高等植物消失,大量营底栖生活的动物、植物、微生物也很快成为次优势类群,在敞水区生存的浮游植物、动物与鱼类成为主导生物类群开始向优势类群发展。拦河筑坝后,水库的水文水动力、水质与生物类群的变化,导致水库生态系统的快速发育与演替。水库生态系统的发育与演替主要为三个阶段:营养物质的上涌期、生态过程协调稳定期、水库富营养化及功能丧失期。

水库的发展变化改变了河流生境,也大大改变了水库的生物群落组成。在河流中繁殖较盛的藻类主要是硅藻类,而在水库中富含有机物质及其分解产物——氮、磷等,为蓝藻等创造了大量增殖的条件。水库藻类生长的限制因子主要是光和营养盐,单位体积的藻类生长率从入库口到大坝呈降低趋势,但单位面积生长率相差不多。过渡区是浮游动物分布的密集区,藻类和颗粒状有机物是其主要的食物来源。库的形成根本上改变了河流鱼类的生活条件,导致水库鱼类种类组成与同纬度湖泊相差不大,但各种鱼的相对密度存在一定的差异。

5. 水库消落带

水库消落带(water level-fluctuation zone)是介于水域生态系统和陆域生态系统之间的一个重要湿地生态系统,受水陆系统共同作用。国外称之为"河岸带",国内称之为"消落带""消涨带""涨落区""消落区"等,目前消落带一词逐渐成为主流[80]。水库消落带作为典型的内陆淡水河流湿地,将包含季节性淹水、草甸、沼泽、开阔水体等类型。它应该体现的积极生态功能和作用有以下几个方面:① 消落带作为水库水质安全的最后一道屏障,能拦蓄陆岸水土流失带来的大量泥沙和非点源污染物质,减少水库淤积与污染;② 以消落带植被为主体的消落带湿地生态系统能分解、吸收库区水体中的营养物质,减少库的富营养化水平;③ 消落带组成的多样性和分布的广泛性,为生物创造了多样的生境,巨大的食物链支撑了丰富的生物多样性,形成"生物公园"和"生物走廊";④ 消落带植被能起固定堤岸的作用,可防止堤岸被河水的冲刷而崩垮;⑤ 消落带是流域生态景观的重要组成部分,对于以库水体和峡谷为主题的旅游开发项目起着重要的影响作用;⑥ 消落带是库区移民生产与生活,以及库区两岸城镇、农村经济建设与发展的基本要素之一,可起到构建和谐社会、支持经济可持续发展的作用[81]。

(二) 水库生态系统的研究进展

现代水库生态系统研究和主要结论来自自然湖泊稀少和水资源较为紧张地区的湖沼学者。捷克学者在这一领域开展的工作较早也最为系统。20世纪80年代后,水库生态学受到世界各地学者和有关组织的重视,特别是美国和欧洲学者的重视,亚洲的学者侧重于水库渔业的研究,以水库为对象的生态学研究经费和研究论文数量有了飞速发展。1987年第一届国际水库湖沼学和水质管理大会的召开反映了人们对水库生态学研究重要性的认识。第一本水库湖沼学著作于1990年由美国学者Thortor和Kimmel编写出版,国际湖沼学会主席Wetzel教授为该书写了结论性的最后一章,这标志水库湖沼学作为现代湖沼学一个相对独立的学科的出现,水库生态学的发展也迎来了一个新的发展阶段。

20世纪90年代以后的水库生态学面对两个主要方向,即水库生态学原理在水质管理的应用和水库水动力学过程对不同水平上生态学过程作用的机理,并在过去的十年里均已取得十分重要的进展,如水库微生物作用过程等。地质、地理和气候条件的不同,可造成不同地区水库湖沼学过程的差异。我国水库从寒温带、温带、亚热带到热带均有分布。因此,多尺度开展我国水库生态学的研究,无论在生态系统理论上和水质管理应用上都是必要的。

二、水库生态系统修复

(一)水库生态系统面临的挑战

水库环境主要包括水体和底质两个重要的组成部分,它们都是水库的生态系统赖以生存的基础,受人类活动、地质、地貌、气候、入库河流、水库消落带土壤以及生物等诸多方面因素的影响。水库环境的破坏主要是指水库修建完之后一定时间内水质遭到了破坏性改变。当前,我国水库生态环境面临的主要问题是水库淤积、水体富营养化、水污染及其持续的环境效应。

1. 水库渔业

我国水库渔业起步于20世纪50年代,到20世纪70年代末以后快速发展,生产方式不断更新、水库养殖面积迅速扩大、养殖产量显著增加。从1978~2000年,水库渔业单产增长了12倍,显著高于同期世界渔业和我国淡水渔业增长的平均水平。2002年水库渔业总产量169×10^4 t,占全国淡水鱼业养殖总产量的10%。2005年水库渔业总产量达222.931$\times10^4$ t,占全国淡水鱼业养殖总产量的17.7%。2008年水库养殖产量241.54$\times10^4$ t,约占全国淡水渔业养殖总产量的11.63%。在半个多世纪的发展过程中,我国水库渔业单产水平由1978年的不到70 kg/hm^{2}提高到2008年的1 515 kg/hm^2,增长近22倍,并由单一追求产量逐步向优质、高效、生态、特色等方面过渡,根据水库自身特点因地制宜形成了相适应的养殖模式,大水面增殖、库汊养殖、流水养殖及网箱养殖[82,83]。

其中网箱养殖对湖库水环境的影响,确实客观存在,影响包括[84]:

(1)污染水质、增加湖库的富营养化风险

当网箱养殖超过一定的规模,高密度或集约化养殖的鱼类就会产生大量的残饵、粪便,就会对承载水体产生一定的有机污染,鱼类的排泄还会向水体释放出氮磷,当其数量超过一定限度,也会增加水体的富营养化程度[85]。在中国许多以饮用水源地为主要功能的湖泊和水库已面临水体富营养化,其中网箱养鱼的污染起着重要作用,且网箱养鱼造成的水体氮磷污染很难在短时间恢复正常状态[86,87]。

(2)外来种逃逸,破坏生物多样性

网箱养殖经常会养殖一些高附加值的所谓名优特种鱼类,这些鱼类中不少都是外来种,此外,有些即使不是外来种,也很可能是人工培育的所谓优良品种,但因为是人工选育种,其遗传多样性比野生种低得多,因此一旦它们在网箱发生逃逸的话,就可能对水库/湖泊的生物多样性造成一定的负面影响。

（3）阻挡/滞水流，不利于上下水层间的对流

水库中设置网箱，或多或少会对水流产生一定的阻滞作用。当网箱设置过多、布局不合理时，这种对水流的阻挡作用可能更大。水流受到限制后，则可能更易导致有机物在底层的堆积，导致底层缺氧时间延长，对水体生态系统的结构、功能产生一定的影响，严重时，导致生态系统结构破坏、功能严重受损。

（4）其他影响

除了这些影响外，网箱养殖过程中投喂的饲料，也可能含有一些投入品，如用于预防病害的抗生素、添加剂等，这些也会融入水体，并进入到湖库的食物链，从而产生更大的影响；此外，养殖鱼类也可能携带病原，从而传递给水库中的鱼类，导致大水面病害的流行等。

由于污染严重，2016年，全国各地对水库网箱的拆除力度空前加大。伴随着国家越来越重视环境污染治理，水库网箱养殖必将退出历史舞台。

2. 水库渔业的管理

发展水库渔业，必须考虑库区水质的问题，要保证库区水质不受污染的前提下进行。为了降低水库渔业对水质的负面影响，促进水库渔业的可持续发展，必须重视水库的生态管理与生态控制。渔业属于水库重要的次生功能，渔业的发展必须坚持以水库的基本功能有效发挥为中心，依水库的功能定位，因地制宜，采取相应的渔业利用模式。

内陆的水域、池塘、湖泊、水库，网箱养殖密度过大，大量投放饲料，造成水质恶化，影响了水生环境和产品质量。为贯彻落实中央关于生态文明建设的重大部署，加强农业资源与生态环境保护建设，《农业资源与生态环境保护工程规划（2016—2020年）》要求对于湖泊水库网箱养殖，设置养殖废水处理装置，构建复合型环保网箱设施系统。农业部《养殖水域滩涂规划》要求地方可根据地方性法规和生态保护等实际需要确定重点湖泊水库和近岸海域，设定重点湖泊水库和近岸海域网箱养殖密度上限，逐步调减重点公共自然水域网箱养殖。尤其是很多水源水库是禁养殖和限养的。

国家"八五"重点科技攻关项目"大型多功能水库渔业利用优化模式研究"试验基地在四川黑龙滩水库，研究结果表明，投饵式网箱养殖规模应严格控制在占水库总面积的0.078%以内。有些网箱养殖是非常必要的。现在，在水库中放养一定量的鲢鳙，我们称之为保水渔业，对于预防、控制蓝藻发生、加速水体的净化具有非常重要的作用。而最好在水库中通过库湾或网箱培育大规格鱼种，这是确保大库鱼种放养效果的最佳方式，是真正的"前置库"，能非常好地拦截流域的污染，加速磷沉降。

（二）水库生态管理思路与对策

水库补给系数（流域面积与水库水面积比）要大于同面积的湖泊，水库水质与流域土壤类型、土地利用状况等密切相关。水库的生态环境问题一般包括：富营养化、水华、湖下层缺氧、高泥沙含量、酸化、咸化、持久性有机物污染、重金属污染和细菌病毒污

染等[88,89]。三峡水库及其主要库湾的 TN、TP 含量都相当高,已远远超过国际公认的富营养化标准。蓄水后三峡水库营养盐浓度虽有所下降,但由于流速减缓的影响,藻类得到更适宜的生存条件,富营养化征兆更加明显。有 5 条(22.7%)支流库湾为中营养,17条(77.3%)支流库湾为富营养(重富营养化支流库湾有 10 条,占 45.5%);但三峡水库本身水质尚好,仍保持中营养状态[90]。

对水库水质管理应以流域管理为主,尽可能减少输入水库的污染物,清理和整治水库周边的生态环境,加强水库所在流域的陆地生态系统保护和建设工作,在此基础上,对水库进行生态修复和针对性管理,以达到改善水质的目的。三峡蓄水后藻类水华成因认为是由工业废水、生活污水、地表径流和船舶污水污油等点源和面源污染负荷增加,水流减缓等原因造成。但大量农田的湮没也是水华形成的不可忽视的重要因素,部分库湾网箱养鱼也加速了水体富营养化,春季适宜的温度是水华形成的引导因素。

(三) 水库生态修复技术

除了上述的生态环境保护对策,对于业已存在生态环境风险的水库,为确保其最大限度地发挥生态服务功能,需要针对已经显现的生态环境问题开展生态整治和修复工作。

水库生态修复就是通过一系列措施,将已经退化或损坏的水生态系统恢复、修复,基本达到原有水平或超过原有水平,并保持其长久稳定。生态修复除了依靠水生态系统本身的自适应、自组织、自调节能力来恢复水生态系统原来的功能外,还要通过一些人工辅助措施修复水生态系统。生态修复涉及面广,在开展研究和实践的过程中,应结合生态工程、环境工程、土木工程、水利工程等共同开展工作;需要对现场进行科学调查,科学地制定修复目标和修复技术。

控制水体营养物质含量是传统的富营养化防治措施,目前改善环境条件,修复水库生态系统的主要措施是截断外源污染、控制内源污染、生态过程调控以及水库景观美化等,必要时还需要配合以水利工程措施,以维护生态系统的稳定,保障生态动态平衡与健康[91]。

1. 外源污染的截断

除了雨污分流、污水管网以及污水处理厂等市政设施外,对于地处郊野的水库而言,更持久高效的处置是生态工程方法:利用生态学原理与工程学的先进技术对各种污染源头进行综合治理与控制。几种截断外源污染的技术方法有:生物缓冲带技术,消落带修复的生态护岸技术,前置库技术,人工湿地,生物塘系统和工程保护措施。

2. 内源污染的控制

入库的污染物减去出库的污染物即为库内的污染物,其中一部分以生物吸收、水体交换、水库取水等形式消耗,另一部分逐渐沉积在库底形成内源污染。内源污染物在低溶解氧、pH 大于 10 或小于 4、水体强烈扰动等条件下,容易将蓄积的污染物重新释放至水体,降低水库水质甚至暴发污染事件。内源污染物能够释放营养盐、重金属、难降解持久性有机污染物等多种不同的污染物质,持久地在富营养化、毒理性、富集性等多个方面影响水库水质。开展内源污染的控制对于水库生态环境的改善和稳定具有重大的意义。目前常用的内源污染控制技术有疏浚与底泥封闭技术、固定营养盐和改善与控制生态环境。

3. 生态过程调控

利用水生生物及其与外界非生物因子间的生态关系,通过人工技术手段调节和控制食物网、生态位以及非生物环境,这些调控措施着眼于水域生态的具体过程,通过对生态过程施加一定的作用与影响,将水生生物数量控制在一定范围内。这种技术可以避免施用药物所产生的毒副作用二次污染,也减少了使用机械所需要的高成本,而且长期持久有效。

上述内源污染控制的改善与控制生态环境也可以归属于生态过程调控范畴的水库生态修复技术,主要是针对水生生物群落开展的相关调控,利用的是水生生物彼此间对光照、营养的竞争关系、捕食关系等。

4. 景观化技术

水利工程是水景观的非常重要的组成部分,水库的建成蓄水所形成的景观具有一定的美感,满足人们休闲娱乐的需要。过去很多的水利工程往往只考虑单一的水利功能,忽略了景观的功能。随着社会发展和人民生活水平的提高,可持续发展的要求,水利工程必须符合生态化、景观化的要求。而水库工程气势恢宏,泄流磅礴,技术含量高,人文景观丰富,观赏性强,水库工程可以依托当地的山水资源优势,利用具有一定规模和质量的风景资源与环境条件,在设计中以改善河道水土保持和水环境现状为宗旨,运用生物措施实现工程建设与生态保护的有机结合,开展观光、娱乐、休闲、度假等项目,使其成为科学、文化、教育活动的区域,成为复合生态型水库。

案例　千岛湖保水渔业

所谓保水渔业,就是指以保护水环境为目的,选择适当鱼类进行人工放养的一种渔业生产方式。即是以现代生态学理论为基础,根据水体特定的环境条件,通过人工放养适当的鱼类,以改善该水域的鱼类群落组成,保障生态平衡,从而既达到保护水环境,又能充分利用水体的渔产力为目的的一种渔业生产方式。通俗地说就是"以鱼治水和以鱼养水"[92,93]。

浙江千岛湖以山清水秀闻名,为我国著名的旅游胜地。然而在 1998 年 5 月和 1999 年 5 月,其中心湖区却也连续两次发生了大面积的水华,水质也出现了较严重的异味。1999 年 8 月在浙江千岛湖开展了鲢鳙遏制千岛湖水华的试验研究。通过在中心湖区 21.7 万亩的水域内(用拦网与其他湖区隔开)大量放养鲢鳙,三年内禁止任何捕捞,即对鲢鳙资源进行保护和恢复,结果,在没有控制千岛湖外来营养盐输入的情况下,仍然成功地使水华得到了有效遏制。根据千岛湖的研究,能够遏制水华的单位水体鲢鳙生物量在丰水年的 2002 年 5~7 月时为 8.5 g/m³(水深以 5 m 计,若以 10 m 计,则只要 4.25 g/m³ 即可),很显然,减去 2002 年的放养量和生长量,千岛湖 2000 年和 2001 年时的鲢鳙生物量密度则更低,但都有效遏制了水华的暴发[94]。

由于鲢鳙的放养,还常需要对凶猛鱼类的清除(俗称除野),以保证人工放养鱼类的成活率。于 1999 和 2000 年连续 2 年对水库中的鳡鱼进行了大力捕杀(清除)。捕捞的鳡鱼 9 000 多尾,产量超过 92 t,有效地控制了水库中的鳡鱼种群[95]。

自从 2000 年在千岛湖实施保水渔业以来,尽管对千岛湖的各种污染源没有采取任何控制措施,但千岛湖不但没有发生水华,而且,水体的透明度不断提高,2004 年千岛湖水体的平均透明度已经达到 5.95 m,最高在 11.0 m 以上。总磷、叶绿素 a 含量也不断降低,特别是总磷,2004 年的平均含量仅为 0.009 mg/L,比实施保水渔业前(1999 年为 0.02 mg/L)下降了 122%。由于在整个过程中,对千岛湖的各种污染源始终没有采取任何控制措施,因此,可以认为,千岛湖水质的改善,主要是大量放养鲢鳙的结果。由此证明了保水渔业,是能够有效保护千岛湖不受流域日益增加的各种非点源污染影响的。

千岛湖保水渔业的成功,在理论上证明了,利用鲢鳙来预防水华发生和改善水质是可行的。渔业利用和水环境保护之间的矛盾也并非是不可调和的,而是完全可以协调发展的。

第五节　淡水养殖生态修复

改革开放以来,中国推行"以养为主"的渔业发展方针,淡水养殖业有了长足的发展,其产量已达到水产养殖总量的 1/2 以上,其中淡水池塘养殖对淡水养殖的贡献举足轻重。目前池塘养殖已成为我国主要养殖生产方式。然而当前中国池塘养殖所采用的高密度、高投饵率、高换水率的传统养殖方式已经对养殖内外环境产生不良影响,并成为制约池塘养殖业进一步发展的瓶颈。传统养殖形式下,随着池塘养殖产量的不断提高,池塘养殖存在的水资源浪费、养殖污染、食品安全等问题日益突出。这在全国的对虾和河蟹大面积养殖主产区是非常典型的。传统水产养殖产生大量的富营养物质,主要存在于水和底泥中,随着大量的换水池塘中的营养盐从池塘排放入环境,成为养殖区重要的面源污染。

一、我国淡水生态养殖发展现状

我国是世界上最早开展淡水养殖的国家,拥有两千多年的养殖历史,积累了非常丰富的实践经验。经过 30 多年的快速发展,我国淡水养殖产量对世界淡水养殖产量的贡献率从 1980 年的 38.5% 上升到 2013 年的 63.9%,位居世界首位。从养殖品种来看,草食性、滤食性和杂食性的淡水养殖品种仍占主导地位,约占淡水养殖总产量的85%。从养殖模式上看,我国所有的天然水域和人工水体,如池塘、湖泊、水库、江河和稻田等均可用作水产养殖。总体上,池塘养殖仍处于主导地位,多种养殖方式共同发展,且形成了各自的特色。全国池塘养殖面积保持小幅度增长趋势,养殖品种仍以大宗淡水鱼类为主(占67%以上),多种类混养模式(同池搭养不同食性的非主养鱼、虾和蟹等种类产量比例约占20%或更多)仍占主导,名优鱼类养殖产量所占比例也不断提高。

全国湖泊和水库养殖面积约占全国淡水养殖面积的50%,贡献了约20%的淡水养殖总产量,大水域渔业正在逐步转型为以生态环境保护和天然饵料生物利用为目标的生态渔业,其核心是基于多种土著经济种类资源养护和增殖的生态学管理。稻田养殖是我国历史悠久的一种养殖模式,近些年来其模式不断优化创新,养殖品种从鲤科鱼类向河蟹、克氏原螯虾、中华鳖、泥鳅等名优水产组合转变,养殖方式从"轮作"发展到"共作",养殖效益和生态效益显著提高。我国淡水养殖系统简图见图7-6。

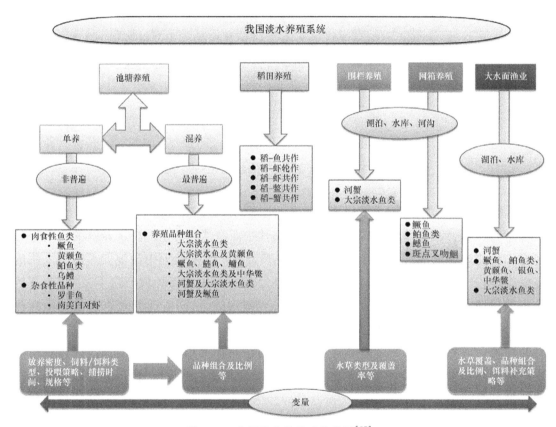

图7-6 我国淡水养殖系统简图[97]

二、传统淡水养殖的弊端与水体富营养化

近年来由于水体富营养化问题的日益严重,大水面围网养殖、围栏养殖的取缔及

"退鱼还湖"等政策的执行,使得池塘养殖在中国淡水养殖业中占有极其重要的地位。据《2010年中国渔业统计年鉴》的数据,池塘养殖面积占淡水养殖面积(还包括湖泊、水库、河沟、稻田及其他养殖面积)的43%。然而传统的精养池塘本身也不可避免地对周围环境产生污染。中国的池塘养殖模式发展于20世纪70年代,至今仍以"进水渠+养殖池塘+排水渠"为主要形式。随着养殖水平的不断提高,单位水体的鱼载力也随着增加,但是大量的饲料投入和鱼类代谢物的积累导致池塘内源性污染加重,养殖废水的排放也大大加剧了周围水体的富营养化程度。

(一)我国水产养殖业对水环境的影响

近年来,我国水产养殖业的快速发展和大规模扩张,对生态环境造成了严重的污染和破坏,主要表现为养殖过程中的饲料污染、渔药污染、养殖废水污染、水资源的开发和利用不合理等。

1. 饲料污染

在水产养殖过程中,饲料是促进水产动物生长的必需物质,但是,不合理、不科学的投饵方式不仅会造成饲料的浪费,也会对水环境造成污染。我国水产养殖者大多采用的是生鲜饲料,这种饲料不仅营养丰富,而且价格低廉。我国水产养殖业配合饲料的使用率还不到50%,然而,每年鲜杂鱼等生鲜饲料的使用量却高达3500万吨,生鲜饲料氮、磷的排放量是配合饲料的4~5倍,大量未被水产动物吸收的有机物沉积在水中,极易造成养殖水域的环境恶化,甚至引发病害,对我国水产养殖业的健康发展和水产品的质量安全造成了一定的影响。据推算,2009年全国1548.9万亩池塘养殖产量的氮排放总量约为49.4万吨/年,数字是惊人的。

2. 渔药污染

在水产养殖过程中,养殖者为了防治鱼病通常会投放一定量的渔药。据统计,我国使用的渔药主要有恩诺沙星、阿维菌素、二氧化氯、氟苯尼考、聚维酮碘、戊二醛苯扎溴铵、氟苯脲、孢虫净、地克珠利、环烷酸铜等,科学合理地用药不仅能够保证良好的防治效果,也能够降低药物施用对水环境的影响。我国仅淡水养殖鱼类的病害种类就达100余种,病毒性、细菌性和寄生虫等疾病均有发生。近五年,我国水产养殖业平均每年因病害造成的经济损失就高达百亿元。由于我国部分养殖者对病害防控的相关知识了解甚少,渔药被滥用、误用的现象普遍,使得养殖水域的药物残留状况较为严重,药物残留不仅污染了水域生态环境,其在水产动物、植物体内的积累,也会危害到我国水产品的质量安全,从近年出现的"氯霉素事件""多宝鱼事件""孔雀石绿事件""恩诺沙星事件"中可见一斑。

3. 养殖废水污染

我国水产养殖模式较为传统,开放型的养殖模式居多,养殖废水中往往含有大量的残饵、渔药、水产动物的排泄物,残饵、粪便中含N、P的营养物质和其他有机物是造成水体富营养化的主要污染物质,大量废水的排放会对养殖水域及其周边生态环境造成一定污染。目前,我国尚缺乏水产养殖业统一的废水排放标准,养殖者为了规避治污成本,通常不会采用循环水养殖系统和水体净化技术对废水进行循环利用和净化处理,而直接将废水排放到周边水域,仅太湖流域的养殖池塘每年向外排放的总氮含量就高达10千克/亩。养殖废水的排放易导致水域富营养化,而水域富营养化已经被证实是内陆水体蓝藻水华发生的重要原因。

4. 水资源的开发和利用不合理

水产养殖业是"以水为田"的农业,水产养殖活动必须以水环境为支撑,如果对水资源的开发和利用不合理,则会对水资源造成严重的污染和浪费。目前,我国养殖水域的开发利用布局不合理,主要表现在:① 过度集中和单一品种养殖,以兴化的河蟹养殖、如东的白对虾养殖为典型案例,死亡率逐渐上升;② 过度开发沿湖区养殖,间接破坏湖泊中天然水草、螺等资源;③ 过高的产量需求,以广东的水产养殖最为典型。此外,我国的池塘养殖对水资源的消耗较大,许多养殖场为追求产量的提高而进行高密度养殖,大量投放鱼苗、饵料和渔药等物质。

(二) 池塘氮磷营养收支研究

多年来,国内外重视对水产养殖的氮磷收支研究,并希望通过氮磷收支研究,提高池塘养殖的物质转化效率,减少养殖污染。王彦波等(2005)综述了池塘养殖系统中氮、磷营养盐的循环、收支情况以及氮、磷收支与水质的关系[98]。周劲风等(2004)研究了珠江三角洲密养池塘营养物质的收支情况,认为池塘中营养物质 N 的输入饲料占90%~98%,N 的输出鱼类仅占总输出的20%~27%,沉积的 N 占54%~77%。营养物质 P 的输入饲料占97%~98%,鱼类 P 仅占总输出的8%~24%,沉积的 P 占72%~89%[99]。

池塘养殖环境中氮的收入主要来自饲料、肥料、外源水以及固氮植物(藻类)等;养殖水体中的磷主要来自饵料、肥料、外源水、降雨等带入等。研究分析发现江浙地区大宗淡水鱼养殖的氮输入约为90.24 g/kg 鱼,其中饲料、肥料和外源水的输入比例分别为80%、11%、9%;养殖水体排放氮为13.76 g/kg 鱼,底质沉积氮为57.04 g/kg 鱼,分别为养殖投入氮的15.2%和63.2%。传统大宗鱼类池塘养殖的磷输入为21 g/kg 鱼,其中饲料磷82%、肥料磷9.5%、水源带入磷8%、降雨带入磷0.2%;水产品磷支出占总投入磷的45.2%,水体排放磷为1.1 g/kg 鱼,占投入磷的5.3%和排放磷的9.7%;底质沉积磷为10.38 g/kg 鱼,分别占投入磷的49.4%和排放磷的90.3%[100]。虽然养殖水体中总磷和总氮的含量已达到富营养化指标,但池塘中参与初级生产力活动的有效磷的含量相对是缺乏的。因为它在 pH 7.5~8.5 的池塘水体中,由于本身溶解度较低,极易被淤泥吸附或被重金属络合。中国养殖池塘大量施用氮含量远高于磷含量的有机肥,而天然饵料或者商品饲料中有机氮含量更高,因此氮失衡是养殖池塘面临的重要环境问题之一。

在可控的生态风险范围内,池塘养殖对外界环境造成的污染主要关注于总氮、总磷等富营养化物质的排放。据第一次全国污染源普查公报的数据显示,水产养殖业总氮和总磷的排放量分别为 8.21 万 t、1.56 万 t,分别占总污染源的 1.74%、3.69%,占农业污染源的 3.04%、5.48%。因此,池塘养殖的环境问题已成为制约中国淡水养殖发展的重要因素之一,池塘养殖环境生态修复技术的研究日益受到重视。

三、养殖池塘环境生态修复技术

大力开发推广池塘健康养殖方式已成为推进池塘养殖业可持续发展的必由之路。有关养殖污染物净化技术的研究,目前已有一些报道,从大的方面来看,可分为原位修复技术和异位修复技术[101]。异位修复技术主要以循环水养殖模式为代表,该模式将养殖废水排入人工构建的湿地,通过湿地净化的水体可进一步供养殖池塘使用(见图 7-7)。对于循环水养殖模式,在土地面积、水域面积匮乏的现状下,很难有大面积的净化配置。"鱼-菜共生"模式很难实现养殖池塘产排污系数的绝对为零,也就无法实现单个养殖池塘废水的零污染排放。虽然循环水养殖模式无法避免产生额外的经济成本和土地资源,但在局部区域内,特别是富营养化严重的区域,如环太湖流域,其零排放的特点使其推广应用有一定的可行性。因为在这些区域,生态效益是远高于经济效益的。

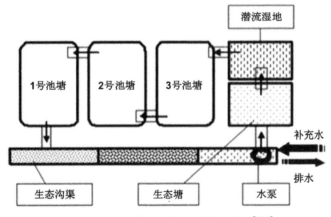

图 7-7　池塘循环水养殖系统工艺图[100]

四、淡水生态养殖与新养殖模式发展现状

(一) 生态养殖模式

中国是世界上发展生态养殖最早的国家之一。早在两千多年前的春秋战国末期的《养鱼经》就已论及鱼、鳖混养的道理。一千多年前,广东珠江三角洲和江苏太湖流域及浙江的杭(州)、嘉(兴)、湖(州)一带出现的"桑基鱼塘",被誉为生态农业的典型模式。但是古代的生态渔业,一般是凭借实践经验来开展的,属传统的生态渔业。1989 年全国水产工作会议明确提出"我国水产养殖要持续发展,要保持较好的比较效益,必须大力

推广鱼、畜、禽、养、加配套的生态养殖模式"。在此之后,我国各地在总结传统的"渔-农-农牧"复合生态生产经验基础上,把渔业、种植业、畜牧业、加工业、环保业等结合起来,形成多种种养结合的复合生态种养模式。

我国的池塘生态渔业形成了以"八字精养法"为核心"综合调控、优化和可持续"为特色的池塘综合生态养殖模式[102]。经过多年的实践和研究,已经从单一的水产养殖发展成复合型的生态养殖模式。近20多年来,我国的生态渔业已从传统的池塘型扩展到湖泊水库、河道以及沿海滩涂养殖等领域。

(二)基于生态系统水平的水产养殖管理

联合国粮食及农业组织对基于生态系统水平的水产养殖进行了定义:一种强调生态系统完整性、协调性和多方参与生态系统管理,促进水产养殖可持续发展的运行方式,其最根本的目的是整合部门和政府在资源管理方面的工作,建立管理机制,有效地在水产养殖所涉及生态系统中活动的各部门以及政府各级之间进行协调,以实现水产养殖部门在环境、经济和社会等方面的可持续发展。为实现水产养殖全方位的可持续发展,需从养殖场、流域和全球尺度水平上采取管理措施。在以色列,集约化池塘养殖产生的废水被用作半集约化养殖池塘的"肥料",以资源化利用养殖废水中的营养物质。在匈牙利,长期采用"渔农轮作"以资源化利用池塘底泥中的营养物质。在孟加拉国、越南、日本和中国等国家,"稻渔综合种养"技术在被大规模应用,取得了良好的经济、社会与生态效益。在德国和美国,"鱼菜共生"技术的产业化研发进展迅速,并取得了一定的产业化应用。在巴西,环境容量和承载力模型被应用于大型水库中网箱养殖罗非鱼的养殖容量估算与区域规划。英国和爱尔兰已开始采用水产养殖管理框架,包括区域管理协议和本地水产养殖协调管理系统,这些体系可确保水产养殖在收获、休耕和疾病治疗方面的协调管理。

(三)环境友好型健康养殖模式与技术

淡水养殖业比较先进的发达国家有日本、美国、欧盟成员国等,这些国家经济实力较强,科学技术发达,大量的工业化管理技术应用于水产养殖业,对水环境保护方面的要求非常苛刻,建立了较完善的养殖对环境影响的评估体系和养殖废水排放标准,有些国家甚至制定了相关法律。这些国家普遍发展集约化养殖,在集约化养殖相关的环保饲料、投喂技术、复合种养、水质调控、养殖工程、养殖设施和水处理技术等方面已有较高的水平。

在健康养殖技术及健康养殖管理方面比较有代表性的是美国的淡水鱼养殖。对鱼类的养殖生物学、生态环境基础理论的研究比较深入系统,养殖设施先进,而且操作机械化程度很高,单位水体产量及质量都很高,并有明确的卫生标准,此外,制定了一系列法规和健康管理办法,如控制养殖规模、建立疫病防疫体系等。

五、综合养殖是水产养殖可持续发展的必然方向

(一)综合养殖模式研究

综合水产养殖是水产养殖的重要类型,它既包括同一水体内水生生物的混养,也包括水产养殖与同一水体或邻近区域进行的其他生产活动的结合。综合养殖系统可分为技术措施综合、养殖种类综合和系统综合三大类,其中系统综合类又可再分为水基系统综合和水基与陆基系统综合两个亚类[103]。

中国传统的池塘养殖就是一种高度发挥不同鱼种之间营养或生态位互补的综合养殖方式,提出经典的池塘养殖"三塘合一"理论。但这些养殖类型都是在单一塘口系统进行复合生态养殖,即都是在研究一个池塘中混养的生态系统,属于中国传统养殖的混养概念范畴,简单地说是单塘口调节生态。这种模式下,同池混养多种经济生物在收获上会比较麻烦,更难同时满足多种水生生物所需的高产的生长条件。

在东南亚一带广泛开展的水产养殖和农业的整合,突破了池塘系统和其他农业系统进行有效整合,这种模式我国是以传统的桑基鱼塘模式最为典型。近年我国大力开展稻渔共作,以稻田综合种养殖为代表的典型的复合生态系统养殖类型。综合养殖另一种类型是分池循环水养殖方式,利用鱼、虾养殖排放水养殖滤食性水生动物或者大型藻,养殖水经过滤除作用处理水质改善后,排放掉或循环流入鱼虾养殖塘重新利用,这就是经典的陆基多营养层次综合养殖(integrated multi-trophic aquaculture, IMTA)模式。

陆基的综合养殖相关研究多从营养吸收角度、物种匹配等细节角度考虑,但是对生态系统的整体循环重视不足。陆基综合养殖的分池循环水养殖分为分池环联和并联系统,但是这两种方式都存在一定的缺点。长江水产研究所和中国水产科学研究院渔业机械研究所设计了配套水处理设施的并联综合养殖系统。中国水产科学研究院淡水渔业中心的大宗淡水鱼类产业技术体系项目组构建了一个池塘三级循环水养殖系统等。研究结果表明,作为一种新的池塘养殖生产方式,这些分池综合养殖系统在提高养殖产品品质,节约水资源及有效解决废水排放等方面均具有明显的理论和实践意义。

管卫兵等(2014)提出陆基生态渔场构建技术,采用新型水循环技术,实现多个功能单元之间的互相连通,通过将所有不同塘口复合系统在养殖场层次进行更高水平的复合,最终形成一个高复合性、高景观异质性的生态养殖系统[104]。但长期以来,我国综合养殖的基础研究相对滞后,对各环节的物质循环、能量流动等缺乏了解,难以正确把握合理配置,限制了相关生态模式效益水平的进一步提高,还需要大量相关基础研究。

（二）综合养殖是可持续发展的必然要求

中国的水产养殖存在众多问题,所以要走健康的可持续的发展道路,如稻渔共作模式为主要发展内容的综合养殖方式。国家正在全国推行有效的稻渔共作模式,相关科技进展也是非常快速的。我国水产养殖要持续发展,要保持较好的比较效益,必须大力推广鱼畜禽、种养加配套的复合生态养殖模式。综合在表面意义上是很好理解的,关键问题是如何有效地构建高产的综合养殖系统[105]。

蒋高中(2007)总结了我国传统综合养鱼具有节粮性、节水型、节能型等优点[106]。姚宏禄(1992)按照生态学原理模拟生态平衡,按其结构与功能分为五个基本类型,这五个类型都是综合养殖系统的一个重要的子系统或子生态工程[107]。发展综合养殖是依据养殖污染资源化,养殖种类或养殖系统间功能互补等原理构建高效低碳的养殖模式。综合养殖可能是解决水产养殖所带来的几个负面问题的主要途径之一。

稻田综合种养还存在不少技术难题和认识误区,稻田种养殖都是集中于稻田中套养水产品,而没有意识到将传统的稻渔共生和集约化水产养殖系统结合起来形成真正高效的稻渔共作模式。如果水稻采用有机生态种植方式,将获生态保护和经济高产出双重效益。管卫兵首先提出稻渔共作是水产养殖和水稻种植的两种系统联系在一起的共作方式称为"陆基生态渔场构建技术",也就是基于长江水产研究和长江大学等单位提出的"稻田-池塘复合生态系统"（见图7-8）。

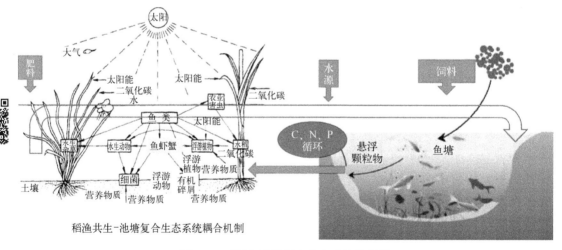

稻渔共生-池塘复合生态系统耦合机制

图7-8 稻田-池塘复合生态系统示意图

案例 陆基生态渔场构建技术

陆基生态渔场构建技术采用新型水循环技术,实现多个功能单元之间的互相连通,成为网格状的池塘系统布置结构。一个养殖单元和另一个养殖单元随时连通和中断联系,互相平衡,从而减少了综合养殖模式中营养物质出现时滞的问题。另外,每个养殖单元构建不同食性为主的养殖品种,每一个塘口形成一个混养的复合系统,通过将所有不同塘口复合系统在养殖场层次进行更高水平的复合,最终形成一个高复合性、高景观异质性的生态养殖系统。其中,四大关键技术阐述如下:

1. 生态系统水循环技术

陆基生态渔场采用独特的水系统规划技术,将资源生态、生态学原理、水产养殖多营养级养殖等理论整合到一起,实现陆基渔场三级(水、陆、空间)立体生态优化的目标。采用专利技术实现大规模的、不同模块的水产、作物和蔬菜、畜禽以及林业的综合生态利用,形成以水产为主体的"立体复合农业生态系统",从而实现高品质水产蛋白质食品的生产与供给。

2. 复合生态系统构建技术

陆基生态渔场实现复合式种养循环,构建水生植物和水生动物生态圈。在此系统中,水生植物为鱼、虾、蟹等水生生物提供饲料和肥料,水生生物在养殖过程中的肥水又成为农业生产中的肥源,互相结合,互相补充,以此提升农场生态系统的初级生产力能级,向光合作用系统、产品品质、降低化学能耗要效益。我国1.2亿hm^{2}耕地中66%以上是旱涝、盐碱等中低产地,要提高中低产田的产量,必须要依靠科技的力量。陆基生态渔场可以充分利用这些原生态的多样化景观进行复合生态系统地构建,而不需要整理成均一化的土地,因而有充足的土地资源发展空间。

3. 精准养殖技术

陆基生态渔场利用陆源的优势,在生态化学计量学的基本生态学原理指导下,充分利用陆地生态系统立体农业形式,高效率固定碳源,同时充分利用大豆等豆科作物中的氮源以及饲料鱼中的氮源和磷源,实现最高效率的物质循环利用。例如,现在流行的鱼菜共生系统中,1 kg鱼食至少能生产0.8 kg鱼肉,但同时也会生产50 kg蔬菜,其中50 kg蔬菜就是IMTA养殖方式比传统单一养殖系统多产出的产品或效益。

4. 生物综合防治技术

陆基生态渔场模仿自然资源生产方式,不使用任何药物,仅靠资源本身的免疫能力抗病,维持自然的死亡过程。该系统探求了一种生物防治法控制稻麦病虫害,通过大量培育蜘蛛(尤其是水生蜘蛛)(见图7-9),成功实现对稻飞虱等水稻害虫的有效控制,从而减少或避免农药的使用;通过黄鳝、泥鳅和莲藕的混养,达到控制莲藕种植业主要的敌害金花虫;对于鱼类主要采用天然植物成分,如用樟树皮-杨树叶-楝树果(樟杨楝)组合形成的天然植物原料进行一些病害的防治。

由于不用杀虫剂和除虫剂等农药,陆基生态渔场系统中保持着较高的生物多样性,存在大量蜘蛛、蜜蜂等昆虫,众多的鸟类常年在此栖息,不仅有吃鱼的白鹭、吃粮食的麻雀,还有多种吃虫的鸟类。

有机稻田布满蜘蛛网

携带卵囊雌蛛　负子雌蛛　雄成蛛
T-纹豹蛛

图 7-9　有机稻田布满蜘蛛网(200 亩稻田)

思考题

1. 中国湿地生态系统的现状及对策是什么?

2. 水生植物在河道生态系统中有什么作用?

3. 被污染退化的河道用什么技术恢复?

4. 生物操纵是否已经在运用? 具体有哪些成功的例子以及多大规模的系统比较适合进行生物操纵。

5. 营养动态综合模型功能强大,但采集生态系统功能类群基础资料需要的数据和信息量势必需要漫长的时间,如果在这期间生态发生变化,那么运用该模型是否会适得其反?

6. 河流廊道生态系统的动态平衡对于群落恢复的意义?

7. 巢湖水体富营养化有无处理的方法? 为什么治理多年收益甚微?

8. 湿地当前存在的主要问题有哪些以及产生的主要原因是什么?

9. 什么是综合养殖,中国发展综合水产养殖的必要性?

10. 中国水产养殖对外源环境的污染如何解决?

参考文献

[1] 许木启,黄玉瑶.受损水域生态系统恢复与重建研究[J].生态学报,1998,(05):101-112.

[2] 江曙光.中国水污染现状及防治对策[J].现代农业科技,2010,(07):313-315.

[3] 徐菲,王永刚,张楠,等.河流生态修复相关研究进展[J].生态环境学报,2014,23(03):515-520.

[4] Morandi B, Piégay, Hervé, Lamouroux N, et al. How is success or failure in river restoration projects evaluated? Feedback from French restoration projects[J]. Journal of Environmental Management, 2014, 137:178-188.

[5] 李永祥,杨海军.河流生态修复的新理念和目标[J].人民珠江,2007,(03):1-4.

[6] Pan B, Yuan J, Zhang X, et al. A review of ecological restoration techniques in fluvial rivers[J]. International Journal of Sediment Research, 2016,31(2):110-119.

[7] 陈兴茹.国内外河流生态修复相关研究进展[J].水生态学杂志,2011,32(5):122-128.

[8] 刘京一,吴丹子.国外河流生态修复的实施机制比较研究与启示[J].中国园林,2016,(7):121-127.

[9] 江惠霞,肖继波.污染河流生态修复研究现状与进展[J].环境科学与技术,2011,34(3):138-143.

[10] 倪晋仁,刘元元.论河流生态修复[J].水利学报,2006,37(9):1029-1037.

[11] 孙东亚,赵进勇,董哲仁.流域尺度的河流生态修复[J].水利水电技术,2005,36(5):11-14.

[12] 王薇,李传奇.河流廊道与生态修复[J].水利水电技术,2003,34(9):56-59.

[13] 王文君,黄道明.国内外河流生态修复研究进展[J].水生态学杂志,2012,33(4):142-146.

[14] 徐菲,王永刚,张楠,等.河流生态修复相关研究进展[J].生态环境学报,2014,(3):515-520.

[15] Palmer MA, Hondula KL, Koch BJ. Ecological restoration of streams and rivers: shifting strategies and shifting goals[J]. Annual Review of Ecology, Evolution and Systematics, 2014, 45:247-269.

[16] Grizzetti B, Pistocchi A, Liquete C, et al. Human pressures and ecological status of European rivers[J]. Scientific Reports, 2017, 7(1):205.

[17] 董哲仁,孙东亚,彭静.河流生态修复理论技术及其应用[J].水利水电技术,2009,40(01):4-9+28.

[18] 刘树坤.刘树坤访日报告:河流整治与生态修复(五)[J].海河水利,2002,(5):64-66.

[19] 刘树坤.刘树坤访日报告:日本城市河道的景观建设和管理(九)[J].海河水利,2003,(3):68-69.

[20] 董哲仁.河流生态修复[M].北京:中国水利水电出版社,2013.

[21] 董哲仁.试论河流生态修复规划的原则[J].中国水利,2006,(13):11-13.

[22] 董哲仁.河流生态修复的尺度格局和模型[J].水利学报,2006,37(12):1476-1481.

[23] 董哲仁,孙东亚,彭静.河流生态修复理论技术及其应用[J].水利水电技术,2009,40(1):4-9.

[24] 孙东亚,董哲仁,许明华,等.河流生态修复技术和实践[J].水利水电技术,2006,(12):4-7.

[25] 任香,孔春雷,揭亮,等.珠三角河网水系生态修复探索——以杭州拱墅区河道生态治理模式为鉴[J].低碳世界,2016,(27):3-4.

[26] 付子轼,邹国燕,宋祥甫.适应近郊污染河道治理工程的生态浮床植物筛选[J].上海农业科技,2007,(05):19-20.

[27] 杨旅,陆丽君,刘佳,等.人工湿地净化河道水质的研究进展[J].四川环境,2011,30(05):112-116.

[28] 邓辅唐,孙珮石,邓辅商,等.人工湿地净化滇池入湖河道污水的示范工程研究[J].环境工程,2005,(03):29-31+3.

[29] 陈晶晶.以"食藻虫"为引导生态修复富营养化水体技术介绍及工程应用[J].资源节约与环保,2015,(06):158-159.

[30] Kail J, Brabec K, Poppe M, et al. The effect of river restoration on fish, macroinvertebrates and aquatic macrophytes: A meta-analysis[J]. Ecological Indicators, 2015, 58: 311-321.

[31] England J, Wilkes MA. Does river restoration work? Taxonomic and functional trajectories at two restoration schemes[J]. Science of the Total Environment, 2017, 618: 961-970.

[32] Brown AG, Lespez L, Sear DA, et al. Natural vs anthropogenic streams in Europe: History, ecology and implications for restoration, river-rewilding and riverine ecosystem services[J]. Earth-Science Reviews, 2018, 180.185-205.

[33] Woolsey S, Capelli F, Gonser T, et al. A strategy to assess river restoration success[J]. Freshwater Biology, 2007, 52(4): 752-769.

[34] Palmer MA, Menninger HL, Bernhardt E. River restoration, habitat heterogeneity and biodiversity: a failure of theory or practice?[J]. Freshwater Biology, 2010, 55(s1): 205-222.

[35] "人水和谐"的生动实践——福建莆田木兰溪治理纪实[OL]. http://www.xinhuanet.com/politics/2018-09/21/c_1123462127.htm.

[36] 崔奕波,李钟杰.长江流域湖泊的渔业资源与环境保护[M].北京:科学出版社,2005.

[37] 白峰青.湖泊生态系统退化机理及修复理论与技术研究[D].长安大学,2004.

[38] 谷孝鸿,毛志刚,丁慧萍,等.湖泊渔业研究:进展与展望[J].湖泊科学,2018,30(1):1-14.

[39] 邱东茹,吴振斌.富营养浅水湖泊的退化与生态恢复[J].长江流域资源与环境,1996,(04):68-74.

[40] 金刚,李钟杰,谢平.湖泊渔业可持续发展的生态学基础及一个范例[J].湖泊科学,2003,(01):69-75.

[41] 胡传林.我国大中型水域银鱼引种移植的现状及今后发展意见[J].水利渔业,1995,(3):3-5.

[42] 管卫兵,蔡天成,杨牧川,等.河蟹的生态养殖现状及发展对策[J].湖南农业科学,2012,(03):116-119.

[43] 管卫兵,杨红.我国内陆水域增殖渔业发展存在的问题[J].海洋水产研究,2005,26(3):80-85.

[44] 管卫兵,陆锋,许维岸,等.大型枝角类引导的沉水植物生态修复对太湖围隔水质的净化效果[J].湖南农业科学,2012,(05):56-60.

[45] Zhengwen L, Jinrun H, Ping Z, et al. Successful restoration of a tropical shallow eutrophic lake: Strong bottom-up but weak top-down effects recorded[J]. Water Research, 2018: S0043135418307115.

[46] Søndergaard M, Jeppesen E, Lauridsen TL, et al. Lake restoration: successes, failures and long-term effects[J]. Journal of Applied Ecology, 2007, 44(6): 1095-1105.

[47] 李世杰,窦鸿身,舒金华,等.我国湖泊水环境问题与水生态系统修复的探讨[J].中国水利,2006,(13):14-17.

[48] 姚雁鸿,余来宁.生物操纵在退化湖泊生态恢复上的应用[J].江汉大学学报(自然科学版),2007,(02):81-84.

[49] Gulati RD, Pires LMD, Donk EV. Lake restoration studies: Failures, bottlenecks and prospects of new ecotechnological measures[J]. Limnologica, 2008, 38(3-4): 233-247.

[50] Martin Søndergaard, Jeppesen E, Jensen JP, et al. Lake restoration in Denmark[J]. Lakes & Reservoirs Research & Management, 2008, 5(3): 151-159.

[51] 管卫兵,苏孙国,何文辉.青草沙水库立体复合生态操纵池塘水生动植物的同位素特征[J].海洋湖沼通报,2015,(01):41-49.

[52] Hilt S, Gross EM, Hupfer M, et al. Restoration of submerged vegetation in shallow eutrophic lakes — A guideline and state of the art in Germany[J]. Limnologica, 2006, 36(3)：155－171.

[53] 吴振斌,马剑敏,贺锋,等.水生植物与水体生态修复[M].北京：科学出版社,2011.

[54] Rosińska J, Rybak M, Gołdyn R. Patterns of macrophyte community recovery as a result of the restoration of a shallow urban lake[J]. Aquatic Botany, 2017, 138：45－52.

[55] 董旭辉,羊向东.湖泊生态修复基准环境的制定：古生态学面临的机遇[J].湖泊科学,2012,24(06)：974－984.

[56] 黄清辉,王磊,王子健.中国湖泊水域中磷形态转化及其潜在生态效应研究动态[J].湖泊科学,2006,(03)：199－206.

[57] 谢平.从生态学透视生命系统的设计、运作与演化——生态、遗传和进化通过生殖的融合[M].北京：科学出版社,2013.

[58] Hao JS, Yao W, Wu LX, et al. Stoichiometric mechanisms of regime shifts in freshwater ecosystem [J]. Water Research, 2019, 149, 302－310.

[59] 秦伯强,张运林,高光,等.湖泊生态恢复的关键因子分析[J].地理科学进展,2014,33(07)：918－924.

[60] 谢平.太湖蓝藻的历史发展与水华灾害[M].北京：科学出版社,2008.

[61] 李冰,杨桂山,万荣荣.湖泊生态系统健康评价方法研究进展[J].水利水电科技进展,2014,34(06)：98－106.

[62] 史为良.内陆水域鱼类增殖与养殖学[M].北京：中国农业出版社,1994.

[63] 安徽当涂县运用"净水渔业"理论,生态修复千年护城[OL].http：//www.shuichan.cc/news_view-279835.html.

[64] "净水渔业"是水产养殖未来发展方向[OL].http：//newpaper.dahe.cn/hnrbncb/html/2013－12/26/content_1007615.htm? div＝－1.

[65] 杨永兴.国际湿地科学研究的主要特点、进展与展望[J].地理科学进展,2002,(02)：111－120.

[66] 陆晓怡,何池全.中国湿地现状及其生态修复[J].科学,2004,56(03)：29－32.

[67] 安树青,李哈滨,关保华,等.中国的天然湿地：过去的问题、现状和未来的挑战[J].AMBIO－人类环境杂志,2007,36(04)：317－324+347.

[68] 王越,范北林,丁艳荣,等.长江中下游湿地生态修复现状与探讨[J].中国水利,2011,(13)：4－6.

[69] 王思元,牛萌.湿系统的生态功能与湿地的生态恢复[J].山西农业科学,2009,37(07)：55－57.

[70] 韩大勇,杨永兴,杨杨,等.湿地退化研究进展[J].生态学报,2012,32(04)：289－303.

[71] 刘长海,王希群,王文强,等.湿地土壤动物及其与湿地恢复的关系[J].生态环境学报,2014,23(04)：705－709.

[72] 王震宇,辛远征,李锋民,等.黄河三角洲退化湿地微生物特性的研究[J].中国海洋大学学报(自然科学版),2009,39(05)：1005－1012.

[73] 崔丽娟,赵欣胜,张岩,等.退化湿地生态系统恢复的相关理论问题[J].世界林业研究,2011,24(02)：1－4.

[74] Horvath EK, Christensen JR, Mehaffey MH, et al. Building a potential wetland restoration indicator for the contiguous United States[J]. Ecological Indicators, 2017, 83：463－473.

[75] 关雪,尹明玉,陈浩生.美国南佛罗里达州雨洪治理区研究介绍[J].东北水利水电,2017,35(11)：69－70.

[76] Schade-Poole K, Moeller G. Impact, Mitigation of Nutrient Pollution and Overland Water Flow Change on the Florida Everglades, USA[J]. Sustainability, 2016, 8, 940: 1 − 20.

[77] 中国是世界水库大坝数量最多的国家[OL].http://news.163.com/17/1110/11/D2SIHNUF000187VI.html.

[78] 韩博平.中国水库生态学研究的回顾与展望[J].湖泊科学,2010,22(02):151 − 160.

[79] 林秋奇,韩博平.水库生态系统特征研究及其在水库水质管理中的应用[J].生态学报,2001,(06):1034 − 1040.

[80] 程瑞梅,王晓荣,肖文发,等.消落带研究进展[J].林业科学,2010,46(04):111 − 119.

[81] 戴方喜,许文年,陈芳清.对三峡水库消落区生态系统与其生态修复的思考[J].中国水土保持,2006,(12):6 − 8.

[82] 胡传林,万成炎,丁庆秋,等.我国水库渔业对水质的影响及其生态控制对策[J].湖泊科学,2010,22(02):161 − 168.

[83] 郝允碧,于福永.烟台市大中型水库施肥养鱼技术及效果[J].水利渔业,1992,(05):45 − 46.

[84] 全国网箱养殖惨遭"一刀切"的灭顶之灾！谁来拯救我国的大水面"网箱养殖"？[OL].http://www.shuichan.cc/news_view-382628.html.

[85] 曾涛,李浩.飞来峡水库网箱养殖对库区水环境的影响分析和管理对策[J].广东水利水电,2006,(02):71+85.

[86] 齐姗姗,杨雄.水库网箱养鱼富营养化生态修复模式研究——以青狮潭水库为例[J].环境科学与管理,2012,37(11):151 − 154.

[87] 宁丰收,古昌红,游霞,等.大洪湖水库网箱养殖区污染分析[J].环境科学与技术,2006,(04):47 − 49+118.

[88] 吴宗文,张健,高廷富,等.水库网箱养殖鱼类排泄物碳汇系统与生态效能研究(二)[J].广东饲料,2010,19(09):38 − 40.

[89] 王大鹏,何安尤,张益峰,等.西津水库米埠坑网箱养殖区富营养化状况分析[J].广西水产科技,2009,(2):1 − 9.

[90] 胡征宇,蔡庆华.三峡水库蓄水前后水生态系统动态的初步研究[J].水生生物学报,2006,(01):1 − 6.

[91] 林秋奇,韩博平.水库生态系统特征研究及其在水库水质管理中的应用[J].生态学报,2001,(06):1034 − 1040.

[92] 刘其根,陈马康,何光喜,等.保水渔业——我国大水面渔业发展的时代选择[J].渔业现代化,2003,(04):7 − 9.

[93] 刘其根,王钰博,陈立侨,等.保水渔业对千岛湖生态系统特征影响的分析[J].长江流域资源与环境,2010,19(06):659 − 665.

[94] 刘其根,何光喜,陈马康.保水渔业理论构想与应用实例[J].中国水产,2009,(5):20 − 22.

[95] 浙江千岛湖巨网捕鱼[OL].https://www.cqrb.cn/content/2018 − 11/29/content_176404.htm.

[96] 刘其根,王钰博,陈立侨,等.保水渔业对千岛湖食物网结构及其相互作用的影响[J].生态学报,2010,30(10):2774 − 2783.

[97] 方建光,李钟杰,蒋增杰,等.水产生态养殖与新养殖模式发展战略研究[J].中国工程科学,2016,18(03):22 − 28.

[98] 王彦波,岳斌,许梓荣.池塘养殖系统氮、磷收支研究进展[J].饲料工业,2005,(18):49 − 51.

[99] 周劲风,温琰茂,梁志谦.珠江三角洲密养池塘营养物质收支的研究[J].水产科学,2004,23(9):11-15.

[100] 刘兴国.池塘养殖污染与生态工程化调控技术研究[D].南京农业大学,2011.

[101] 宋超,孟顺龙,范立民,等.中国淡水池塘养殖面临的环境问题及对策[J].中国农学通报,2012,28(26):89-92.

[102] 姚宏禄.我国综合养鱼生态工程的特点原理及主要技术[J].水产养殖,1992,(02):24-29.

[103] 董双林.中国综合水产养殖的发展历史、原理和分类[J].中国水产科学,2011,18(05):1202-1209.

[104] 管卫兵,王丽.陆基生态渔场的概念、理论与实践[J].江苏农业科学,2014,42(09):197-200.

[105] 管卫兵,王丽.综合养殖是水产养殖可持续发展的必然选择[J].渔业信息与战略,2016,31(04):264-269.

[106] 蒋高中.我国综合养鱼发展现状及存在问题与对策探讨[J].南京农业大学学报(社会科学版),2007,(01):71-76.

[107] 姚宏禄.我国综合养鱼生态工程的特点原理及主要技术[J].水产养殖,1992,(1):24-29.

第八章　海洋生态修复

正如鳗鱼在海湾口等候的时间不过是它们充满变数的漫长生涯的一个插曲,海与岸、山的关系也不过是地质年代的短短一瞬。迟早有一天,山会被无休止的水的侵蚀彻底毁灭,被搬入大海成为淤泥。迟早有一天,所有的海滨会再次浸入海中,其上的城镇亦终归大海。

——蕾切尔·卡逊《海风下》

海洋恢复生态学是研究海洋生态系统退化的原因、过程以及退化生态系统评价、修复和管理的理论与技术的一门新兴学科,目前已经成为全球备受关注的、最有活力和发展速度最快的学科之一。国际海洋环境保护大体经历三个阶段:20 世纪 50~70 年代人们开始关注海洋的污染问题;20 世纪 80 年代,一些发达国家的关注点从海洋环境污染拓展到海洋生态恶化问题;20 世纪 90 年代以来,可持续发展思想深入海洋环保领域,海洋生态修复、基于生态系统的海洋管理及全球环境变化等问题成为新的关注热点。

海洋储存了地球上约 93% 的二氧化碳,是地球上最大的碳汇体,并且每年清除 30% 以上排放到大气中的二氧化碳。中国是世界上少数几个同时拥有海草床、红树林、盐沼这三大蓝碳生态系统的国家之一,670 万公顷的滨海湿地也为蓝碳发展提供了广阔空间[1]。中国海水养殖产量常年位居世界首位,贝类和大型藻类产量占总产量的 85% 左右,不仅吸收了大量二氧化碳,还能消氮除磷、净化海水,贡献了优质的食物和工业原料[2]。

目前,由于海洋生态资源的过度开发、环境污染不断地加剧,我国海洋水生生态系统受损严重,局部海域生态系统失衡,生物多样性锐减。

一、我国近海生态系统现状与特征

近年来,虽然我国近海重污染海域的范围已经有所减少,但局部海域污染严重的状况仍然存在,近海的水生生态系统还处于较重污染水平。海洋是最具价值的生态系统之一,是人类赖以生存和发展的宝贵财富和最后空间。随着我国海洋经济的发展,开发利用海洋的活动日益增多,导致了我国近海海域污染日益严重,我国海域海洋生态环境将面临前所未有的威胁和破坏。海岸带作为人类开发利用海洋的密集区,海岸带开发活动的不断加剧,自然资源的消耗速度也急剧加快,从而引发了海洋环境恶化、红树林消失、滨海湿地萎缩、生物多样性下降等一系列的生态退化问题,已严重威胁到海岸带地区经济的可持续发展。海洋生态退化已成为当前重点关注的生态问题之一,海洋生态系统的保护与修复研究已成为国际上生态学研究的热点[3]。

(一) 生境受到严重损害

由于人类活动的干扰,近海生活环境被大量侵占,水质和底质日益恶化,对海洋生物构成严重威胁。生境损害主要表现在以下方面:滨海湿地、河口和海湾面积大大缩小,导致许多海洋生物产卵场、育幼场和栖息地受损,近海环境污染严重。近十多年来,近海污染的主要物质是氮、磷营养盐,石油,重金属,农药和持久性有机污染物(POPs),如多氯联苯(PCBs)、多环芳烃(PAHs)和多溴联苯醚(PBDEs)等。海洋的污染物,主要是来自陆地的排放。例如,氮、磷主要来自城镇生活污水、农田和畜牧养殖业的排入。近海“死亡区”扩大,通常将溶解氧(DO)含量低于 2 mg/L 的水体称为低氧水体(hypoxia),在此临界值以下,鱼类可能会逃离水体,而底栖生物则濒临死亡。由于低氧对海洋生物会造成极大的伤害,因此低氧区又被称为“死亡区”(dead zone)。

(二) 典型海洋生态系统退化

典型海洋生态系统,如珊瑚礁生态系统、红树林生态系统、海草生态系统以及河口和海湾生态系统,在人类的干扰下均明显退化。据《2008 年世界珊瑚礁现状报告》,全世界范围内的珊瑚礁有 54%处于退化状态,其中 15%将在今后 10~20 年消失,特别是东南亚和加勒比海海域,另外 20%可能在 20~40 年消失。通常将珊瑚覆盖率超过 50%视为珊瑚礁生态系统的健康标准之一。

由于人为的砍伐、干扰,在 20 世纪下半叶期间,世界红树林面积锐减,红树林资源迅速减少。据统计,1980 年世界红树林面积约 1 880 万公顷,到 2005 年减少至 1 520 万公顷,25 年间减少了 360 万公顷。在我国南方各省,在 20 世纪七八十年代大量砍伐红树林,将红树林湿地开发成养殖塘、农田或进行基础设施,使红树林面积大大减少。

全球许多海湾和河口生态系统结构和功能都因人类的开发活动而受到明显的损害,如日本的水俣湾、美国的切萨比克湾和旧金山湾以及墨西哥湾等。我国沿海的河口和海湾,近几十年来由于人为活动的影响,导致浮游植物、浮游动物和底栖生物的群落结构、多样性都发生了很大的变化。

生长在全球 12 个国家或地区的海草资源日益恶化,有些地区海草已经绝迹,并危及其他海洋生物的生存。据统计(Green and Short,2003)全世界海草分布面积大约 177 000 km^2,但自 20 世纪 90 年代以来,在 10 年内约有 26 000 km^2 的海草区消失,大约减少了 15%。我国沿海海草床也受到严重损害。

(三) 海洋生态灾害频发

赤潮等生态灾害在世界范围的沿海时有发生。但是,近些年来在我国沿海发生的赤潮、绿潮、褐潮、水母旺发和外来生物入侵等生态灾害,频率之高、规模之大和影响之严重都是少见的。有害藻华指海水中能够引起鱼类死亡、水产品染毒或生态系统结构和功能改变的藻类增殖或聚集。在我国,微藻形成的有害藻华,常被称作"有害赤潮"。

自 2007 年以来,南黄海海域连年发生大规模绿潮(green tides),至 2018 年已连续12 年出现。大规模绿潮对南黄海西部沿海一线的景观、环境和养殖业造成了严重破坏,已经成为黄海海域一类常态化的生态灾害问题(见图 8-1)[4,5]。

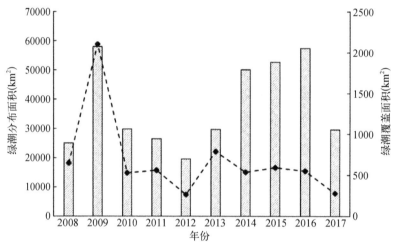

图 8-1　2007 年以来南黄海海域历年绿潮分布区面积和覆盖区面积变化情况[4]

针对连年暴发的绿潮问题,如何及时、准确地监测和预测绿潮发生情况,积极应对绿潮灾害是迫切需要解决的问题。在绿潮应对方面,主要依靠被动的人工和机械打捞,尽管打捞的绿藻可用于资源化利用,但只能部分弥补绿潮导致的经济损失,如何从源头控制绿潮发生仍然是当务之急。

二、近海生态退化的原因分析

近海生态退化的本质根源分人为污染和自然因素。海水的自我恢复能力极强,自然因素导致生态退化的概率很小,所以人为污染就成了水生生态退化最主要的根源。这些人为因素主要有以下几个方面[6]。① 近海过度捕捞:人类对海洋生态系统造成最大、最严重的冲击是在近海不合理的大量捕捞;② 陆源污染物排海问题相当突出:受陆源排污影响,约80%的入海排污口邻近海域环境污染严重;③ 海洋污损事件多,损失大。近年来,我国海上船只溢油事件逐渐增多,造成部分海域大面积污染;④ 不合理的海洋工程的兴建和海洋开发:这使一些深水港和航道淤积,局部海域生态平衡遭到破坏;⑤ 海水养殖业不规范:不健康的水产养殖,使大量饵料和养殖动物的排泄物沉入水底,造成局部海域有机质沉积,导致海水水质的局部富营养化和底质环境恶化,从而破坏了水生生态系统。

海洋生态系统的恢复与重建受国内外的关注,国内外已开展了大量的海洋生态修复研究与实践。从生态修复的研究尺度看,海洋生态修复的研究已从特定的物种或单个生态系统的生态修复工程逐渐向大尺度的生态修复转变。

总之,海洋是人类的摇篮,在陆地生态修复、淡水生态修复的基础上,加强海洋带和近海生态的保护和恢复是重要的迫切任务。因为大部分发达的城市和人口都靠近海岸,由人类造成的过多胁迫,通过渔业、航运、港口等途径会对海洋生态系统造成过大的压力。采用恢复生态学系统思想,解决现在的海洋生态退化问题是当前的重要任务。

第一节 盐沼湿地生态系统修复

沿海湿地被认为是最具生产力的生态系统之一,可以提供宝贵的生态服务。然而,沿海湿地被列为遭受人类活动影响最严重的生态系统。沿海湿地的丧失或退化引起了对湿地恢复的高度关注。通过生态恢复可以改善退化、受损和破坏的湿地的结构和功能。根据不同的恢复目标和不同的方法,在世界范围内开展了大量的恢复项目。评估沿海湿地恢复是否成功无疑是非常重要的。然而,由于目前对恢复评估的定义和概念存在分歧,沿海湿地恢复评估已变得具有挑战性。虽然60年来越来越多地认识到与河口湿地相关的生态系统服务的重要性及其与其他河口栖息地的功能联系,但退化的湿地栖息地恢复和恢复的应用方法在很大程度上缺乏系统、科学和严谨的思考,并导致湿地恢复的科学与实践之间的"脱节"[7]。

海岸带盐沼湿地(salt marsh)是介于陆域和海洋之间的生态缓冲区域,具有很高的生产力和丰富的生物多样性,为海岸带提供极为重要的生态服务功能。在气候变化、海平面上升、围垦、近岸污染等因素共同作用下,全球20%~45%的盐沼湿地将在21世纪内消亡。在我国,较大面积比例的盐沼湿地已在人为干扰与自然侵蚀的共同作用下,逐渐受损、退化并消亡。人类已经影响了地球上的所有陆地、海洋和水生生态系统。

一、盐沼生态系统功能研究

研究内容主要是盐沼生态系统物质循环及生境保护中的作用。滨海盐沼湿地由于其较高的初级生产力和较缓慢的有机质降解速率而成为缓解全球变暖的有效蓝色碳汇,近年来引起全球范围内的热切关注。我国滨海盐沼湿地分布较广,国内学者对滨海盐沼湿地碳循环及碳收支研究取得了一定进展,深入研究滨海盐沼湿地碳循环有助于对全球碳循环及全球变化的理解,并为利用滨海湿地进行碳的增汇减排提供科学依据[8,9]。

盐沼湿地因其在河口及沿岸水域生态系统中的重要地位而被普遍关注,以长江口盐沼湿地食物网为例,底栖微藻和本土陆源 C_3 植物是主要的营养来源。随着互花米草的迅速扩散,其在长江口湿地的有机质产出中所占比例还将不断增加,这将可能从营养基础的层面自下而上对该食物网的结构和功能造成影响[10,11]。互花米草盐沼湿地大型底栖动物的物种主要以纵带锥螺和微黄镰玉螺为优势种;在季节变化上,互花米草盐沼湿地大型底栖动物物种个体数有较大季节差异,秋季最高,夏季最低。长江口新生盐沼湿地是许多鱼类和甲壳动物的重要育幼场所。

二、盐沼湿地适应系统影响因素

盐沼湿地早已吸引人类居住,农业文明的摇篮和发源地被认为是美索不达米亚潮汐沼泽。盐沼湿地的许多特征使它们对人类具有吸引力。盐沼是许多温带海岸线最常见和广泛的潮间带栖息地之一,使盐沼湿地成为转化为耕地、沿海开发和港口的目标,水陆交通的便利促进了这些重要沿海社区的自然资源开发。由于人类对水资源和航道的需求所建立的永久水利设施和通航水道往往破坏了盐沼湿地与水动力过程的耦合造成严重后果,改变了沉积物供应并显著影响植物分布和生物地球化学。长期历史背景下湿地面临着多种人类威胁,人类对盐沼湿地的影响随着时间的推移而不断发生变化,影响因素有以下几种主要类型[12]。

(一)资源开发与获取

世界各地盐沼湿地的最常见用途是畜牧业的牧场,这种做法在中国、智利和欧洲仍然很普遍。除了作为饲料使用外,盐沼植物产品还被用作动物垫料。与耕地开垦的土地一样,从沼泽转变为晒盐场的动植物群落已经丧失。许多改造后的农田不可逆转地转化为城市住宅和工业用地。随着美国城市的发展,盐沼湿地曾被用于垃圾处理,后来被恢复。自1970年以来,西方国家沿海湿地的城市和工业开垦速度减慢,环保主义者倡导湿地保护,并帮助推动保护沼泽的立法,部分原因是逐步意识到健康沼泽提供的生态系统服务的优点。然而,在亚洲,人口增长和沿海土地需求激增,盐沼湿地的开垦仍在继续。仅在香港,自1973年以来,已有2 400公顷的湿地被开垦。

(二)物种引入和入侵物种

由于生产率高,耐涝和对缺氧条件的耐受性以及促淤造陆能力,引入盐沼植物已成为沿海地区的热门事业。几乎所有的潮间带植物都是在一个或另一个地方引入的,1870年英国盐沼开始引进杂交种大米草(*Spartina anglica*)。大米草迅速侵占泥滩,种植海岸工程和防御。在中国沼泽地引入的大米草并不具有侵略性,但互花米草也是中国的非本土种。在过去的一个世纪中,侵略性的欧洲南方芦苇(*Phragmites australis*)单体型在北美洲的沼泽中丰度增加,超越了本土植物。与植物入侵类似,入侵动物对植物和动物群落都有强大的影响。

(三)水文改变

盐沼湿地生态在很多方面都与水文有关。淡水径流,地下水汇入和潮汐淹水对沉积物和营养物输送以及植物水供应都很重要。潮汐淹没和冲刷调控着盐度和氧含量的波动,这是植物生产力以及硫化物和甲烷的微生物生产的关键因素。天然水文模式的人为破坏影响了天然生物地球化学循环和植物群落,如开沟、潮汐限制。

(四)污染和富营养化

盐沼湿地是悬浮颗粒物和相关营养物质及金属的沉积环境。这一过程通过地球化学风化自然发生,但在城市和工业区附近,人为排放水平已经超过了自然产出。在缺氧的海洋土壤中,游离金属离子以低溶解度的金属硫化物的形式沉淀下来,使得深层沉积的盐沼在没有生物扰动或其他土壤氧化的情况下可以成为污染物稳定的储存库。盐沼植物为根际充氧的过程局部氧化金属,提高其生物可利用性。盐沼植物作为污染物的生物指示物和修复手段已被广泛关注。

(五)消费者控制的变化

盐沼湿地被认为是完全由物理力量控制,如温度、盐度和营养物质。然而,越来越多的证据表明,人为干扰正在诱发消费者对盐沼湿地的控制,往往带来灾难性后果。20世纪80年代,亚北极加拿大每年迁徙到哈得逊湾的雪雁十年来的数量几乎增加了三倍,导致食物链失控,并影响了北极沼泽地区的广泛区域。近20年来美国东南部和墨西哥湾沿岸发生的类似沼泽死亡事件影响面积达到了25万多公顷,受到了大量媒体和科学界的关注。一直以来这些死亡事件完全归咎于严酷的物理条件杀死沼泽植物。然而,简单的田间试验表明,高密度的沼泽玉黍螺(*Littoraria irrorata*)可以通过在叶面上的垂直放牧瘢痕促进致命的真菌感染,在未到生长季节的情况下完全消除了盐沼草丛(>2.5 m 高)(见图 8−2)。在南美洲的大西洋沿岸,盐沼湿地以密度非常高的张口蟹为主,这是一种专食盐沼植物 *S. densiflora* 的草食动物(高达 60 个/m²,洞穴覆盖了 40%表面)。

总之,这些例子表明,人为改变盐沼中动物种群的影响,如氮污染、顶级捕食者的过度捕获、气候变化和异国来源的消费者入侵,可能会对曾经被认为很少或根本没有消费者控制的生态系统产生级联效应。

(六)气候变化

就像消费者控制的变化一样,气候变化是人类活动造成的全球性影响。关于气候变化对盐沼湿地的影响仍存在很大的不确定性,盐沼湿地生态系统的最终响应可能会影响气候变化的程度,从而可能会缓和或加剧气候变暖。这种反馈是由于盐沼湿地作为碳汇的特殊能力。在潮间带湿地(盐沼和红树林)中的碳封存量要比泥炭地多10倍(每年 210 g CO_2/m²,而泥炭地则为每年 20~30 g CO_2/m²),部分是因为盐水湿地比淡水湿地排放的甲烷和二氧化碳少。与碳循环有关的气候变化很可能会改变盐沼湿地提供

图 8-2　盐沼湿地螺类的作用[11]

a. 正常水草分布　b. 围隔实验　c. 螺啃食水草留下的粪便与伤口　d. 螺类粪便上生长的真菌　e. 围隔实验及周围景观

的封存服务,但长期的盐沼湿地增长率和盐沼与海平面上升速度的关系仍然不清楚。尽管气候变化对沼泽地的许多潜在影响尚不确定,但似乎很清楚,海平面上升将通过引起植物物种及其相关动物群的迁徙以及沼泽被淹没而深刻地改变盐沼湿地。

三、盐沼湿地生态恢复的目标

(一)盐沼湿地的状态

盐沼湿地按照受干扰与破坏程度的不同,可大致分为正常、受损、退化与消亡四种状态。

受损是指在短时间内出现的较强干扰条件,如自然侵蚀、人工围垦、海面溢油等作用下,盐沼湿地局部受到破坏或部分生态功能丧失,典型的情况如在北半球海湾、河口北岸,常常因为飓风或台风加强了波浪侵蚀力,从而导致植被破坏、湿地基底丧失。

退化是指在长期、低强度的干扰条件下,盐沼湿地生态系统结构与功能发生不可逆的变化,最为常见的是在湿地周边构筑堤坝、内部修建道路桥梁,从而改变了湿地原有的潮汐水动力条件,导致湿地水体淡化,建群种由耐盐植物(北美地区本地种为互花米草)转变为不耐盐植物(芦苇、香蒲等),进而导致湿地生物群落发生根本性变化,原有的生态系统服务功能丧失。

另外一种普遍的退化成因在最近才得到确认，即由于外源性氮污染的长期输入，逐渐影响盐沼植物自身的生理生态功能，导致地上部分生物量、根系生物量、湿地微生物种群等发生变化，最终表现为植物倒伏消亡，湿地表面裸露变成光滩，这种现象在受氮输入影响最大的湿地潮沟附近最为明显[13]。

（二）盐沼湿地生态恢复的目标

盐沼生态恢复的目标可设定为复原到"受损或退化之前的自然状态"，因此在许多盐沼湿地恢复的具体工程实践中，常常将现状受损退化湿地附近的无干扰自然湿地作为对照样地，以确定需要导入的主要植物物种类型及其空间分布格局，以及相应的生态工程调控手段。然而，在工程实践中生态学家们逐渐认识到，盐沼湿地恢复工程很难达到100%的复原目标，这与盐沼湿地的本底环境条件、受干扰程度、恢复时间等有关。

（三）盐沼湿地生态恢复的驱动力

盐沼湿地生态恢复的主要驱动力是"人工干预"还是"自然演替"，是生态恢复理论研究与工程实践中最受争议的一点。在欧美等国，主导生态恢复工程方案设计的一般为咨询公司，从工程可实施性角度出发，盐沼湿地生态恢复显然应当是可预测的，具体到工程手段与工程量、工程恢复周期、恢复湿地的最终规模、关键考核指标等都必须可以量化。然而从生态学的角度来看，多数生态学家都认为盐沼湿地生态恢复应当是自然生态系统消除干扰之后的次生演替过程，在这个过程中物种演替的先后次序虽然可以预测，却无法准确到何时何地发生，另一方面由于在恢复工程实施之前，无法完全掌握工程区域的水文、基质、植被等关键因子的长期变化数据，也增加了预测生态恢复效果的难度。盐沼湿地恢复应在尽量少的人工干预条件下实施，主要依靠生态系统自设计、自组织，在长时间尺度条件下自然演替到接近原初的状态。

四、盐沼湿地生态恢复的主要技术手段

（一）基底修复技术

盐沼湿地基底在上游下泄泥沙与海洋潮汐共同作用下形成。当上游泥沙来量下降，或风浪侵蚀力加强时，湿地基底可能在短期内大量损失，继而植物消亡，因此基底修复常常是受损湿地恢复的关键步骤之一。在欧美等国家，在实施基底修复时，常常以受损湿地附近航道疏浚、运河疏挖等产生的工程弃土为基底原料，采用原位吹填的方式直接修复基底。在人工抬升基底过程之前，需要预先评估基底原料的材质特性，如"黏土"和"沙土"质基底适用于不同的湿地恢复场地和先锋植物。另一方面，对基底的营养条件和受污染程度也必须进行先期测评，以确保基底有利于先锋植物自然生长的同时，不对周边

水域产生二次污染。除了直接的基底修复之外,对于一些坡度较大,自然侵蚀较为严重的湿地边缘,也可采用土工护坡结构消减风浪与固定基底,如固沙网、松木桩、土石坝等。

（二）水动力修复技术

在海洋潮汐驱动下,盐沼湿地和近岸水体进行周期性的物质交换,达成营养物质收支的动态平衡;同时鱼类、大型底栖动物等随潮汐进出潮沟,或索饵或隐蔽,从而促成了盐沼湿地丰富的生物多样性。在欧美等国,盐沼湿地的退化问题最为常见,主要由于筑堤、建桥、修路等人为活动造成盐沼湿地与近岸水体的连接度下降,水体淡化导致盐沼植物被芦苇、香蒲等淡水种所替代,因此水动力修复技术是目前欧美国家最为常见的盐沼湿地恢复手段。水动力修复技术实施时一般先打开湿地外围堤坝,形成缺口,引导潮汐进出湿地,同时开挖湿地内部潮沟,以调节内部水流分配,提升湿地持水时间,促进盐沼植物自然生长。值得注意的是,在具体实施之前,必须先构建水动力模型,并严格进行水工计算,在此基础上方能确定技术方案,以确保技术实施后水动力条件的变化不会影响湿地基底的稳定。

（三）植物引种技术

植物引种技术主要针对一些植物自然生长过缓,或对植物物种有特定要求的恢复湿地实施,常见的有种子播撒、外来植物移栽、原位植物移栽三种方式。种子播撒法成本最低,但成活率也相对较低;外来植物移栽时植株密度的选择是成功与否的关键之一,植株密度的高低决定了技术成本,同时也影响着工程实施后植物的自然生长速度和郁闭程度;原位植物移栽多在恢复湿地外围受损严重的区域实施,即利用湿地现存的本地植物及其基底,将其搬运至目标区域,形成植物岛丘,该法的成本较高,但具有可保留本地底栖动物和基底微生物的优势。在植物引种技术实施之前,必须先确定人工干预和自然演替的主次关系,目前得到多数生态学家们认可的方式是,先针对湿地局部有条件的斑块区域引种植物,通过自然演替作用逐渐恢复形成本地盐沼植物丛群。

五、恢复成功的主要指数

通常很难通过观察恢复湿地和参考湿地之间的相似性或差异来评估湿地恢复在生态上的成功与否。因此,应根据参考湿地为恢复的湿地建立一些定量成功标准,因为这些标准更依赖于参考湿地的特征和功能[14]。

生物完整性指数(index of biological integrity,IBI)、栖息地评估程序(habitat evaluation procedure,HEP)、水文地貌方法(hydrogeomorphic approach,HGM)和湿地功能的快速评估被广泛应用于评估湿地恢复的成功。对盐沼潮汐恢复的评估使用水文,土壤和沉积物,植被,游泳生物和鸟类作为成功指标。微生物指标(即酶活性、生物能参数、真菌丰度)用于指示盐沼恢复的进展。使用丰富的常驻鱼类的个体健康指标(血糖、血细胞比容、条件因子、能量密度、修正的健康评估指数）来评估沿海湿地环境中栖息地增强是否成功。在评估长期淡水断流恢复后中国黄河三角洲的恢复结果时，筛选了一些生态指标，如水质、土壤盐分、土壤有机质、植物和鸟类群落。此外，研究人员建立了一些指标来评估沿海湿地的恢复结果。例如，Wolters 等（2005）提出了评估盐沼恢复计划的饱和度指数，Staszak 和 Armitage（2012）设计了一个生态系统完整性指数来评估盐沼的恢复。群落结构完整性指数和更高丰度指数被开发用于评估社区层面的群落复原力和恢复成功率。遥感（RS）、地理信息系统（GIS）和全球定位系统（GPS）技术为湿地恢复评估提供了新的技术支持。Rozas 等（2007）基于 GIS，航空图像和种群模型研究了湿地面积和鱼群规模的动态变化，发现根据恢复湿地的成功评价，鱼群繁殖并未受到湿地恢复的正面影响。

Petursdottir 等（2013）强调，社会因素如恢复态度和土地管理实践，可以作为评估冰岛一些牧场恢复项目恢复政策的有效性的重要指标。在沿海湿地恢复和管理的评估中也可以采用这些社会因素。沿海湿地很容易受到公众的指责，例如，担心蚊子带来的健康风险限制了盐沼恢复项目的主动性，因为盐沼恢复会引入蚊子。蚊子可以传播威胁生命的疾病。社会态度影响沿海管理和政策的实施。因此，为了提高沿海湿地恢复项目的成功率，应将社会因素纳入评估体系。此外，应在恢复评估中评估不同参与者（即科学家、政府工作人员和利益相关者）之间的相互作用，因为良好的互动可以促进适应性管理。

案例　中国崇明东滩生态修复工程

1995 年崇明东滩湿地北部海三棱藨草群落和光滩发现呈小斑块生长的互花米草群落。2000 年互花米草群落主要以斑块状镶嵌于东滩湿地北部东旺沙一带的芦苇和海三棱藨草群落中。2011 年，互花米草群落扩散至东滩湿地中部地带，其中东旺沙和捕鱼港区域的中、高潮滩大部分生境被其占据，面积已达 1 487 hm²，并形成了较大面积的单优势群落。在 2000~2011 年，互花米草面积增加了近 8 倍，互花米草种群的扩散速度远高于土著物种（见图 8－3）。由于海三棱藨草群落和漫滩是水鸟的传统栖息地，海三棱藨草的球茎、幼苗、种子是雁鸭类、鹤类的主要食物。互花米草入侵不利于水鸟栖息。互花米草还会堵塞潮沟，减少潮沟内鱼类、底栖动物的物种多样性。对于鸟类而言，潮沟也是其觅食地和休憩场所。互花米草的入侵还改变了潮沟的发育状态和速度，严重影响到了潮沟生境中的各种生物以及以潮沟中以生物为食的其他生物的生存状态[15,16]。

崇明东滩生态修复工程于 2013 年 12 月正式开工，项目实施范围位于崇明东滩鸟类国家级自然保护区内。北面自北八滧水闸开始，南部大致接崇明东滩 1998 大堤中部，西以崇明东滩 1998 大堤为界，东边界为 2007 年 4 月互花米草集中分布区外边界以外约 100 m 处。项目实施总面积 24.19 km²，其中 8.98 km² 位于保护区核心区，5.33 km² 位于缓冲区，9.88 km² 位于实验区。工程主要内容包括互花米草生态治理、鸟类栖息地

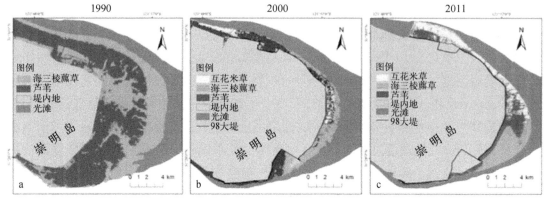

图 8-3　1990~2011 年崇明东滩湿地主要盐沼植被分布格局时空动态

优化、土著植物种群恢复。

工程队伍和科研人员反复探索，形成了"围、割、淹、晒、种、调"六字方针的综合生态治理方案，即先围剿，再割除，用水淹残根，太阳暴晒，种海三棱藨草、芦苇等乡土植物，调节水系盐度，达到生态修复的目的。保护区形成了 2 000 hm² 相对封闭、水位可调控管理的鸟类栖息地优化区。在优化区域内建成了长达万余米、相互连通的骨干水系，营造了总面积近 18 万 m² 的生境岛屿，为迁徙过境的鸻鹬类和越冬的雁鸭类提供了良好的栖息环境。项目实施区域内成功控制了互花米草生长和扩张，优化区内自然生境明显改善，鸟类种群数量显著增加。据调查，优化区内水鸟已达 38 种，成为部分夏候鸟繁殖的筑巢场地，还吸引到大量越冬雁鸭类在此栖息，水鸟栖息地的效果已经初步显现。

第二节　红树林湿地保护和修复

红树林（mangroves）是生长在热带、亚热带低能海岸潮间带，受潮水浸淹的木本植物群落。它适应于特殊生态环境并展现着特有生态习性和结构，为生物多样性增添了多姿多彩的内涵。红树林兼具陆地与海洋双重生态特性，成为最复杂、最多样的生态系统之一。

目前，全球红树林面积约为 $1.8×10^7$ hm²，其中东南亚国家为 $7.5×10^6$ hm²，占世界红树林面积的 41.5%。尽管红树林面积仅占全球陆地森林面积的 0.6%，但其在热带亚热带海岸生态系统中起着极其重要的作用。然而，由于人口的快速增长、城市的扩张和不适当的海滩经济开发，导致红树林资源毁坏的问题愈演愈烈。全球红树林面积急剧减少。近代我国红树林面积亦急剧下降。据报道，我国红树林面积从 1956 年的 40 000 hm² 减少到 1986 年的 18 841 hm²，30 年期间锐减了 52.9%，主要原因是 20 世纪 60 年代至 70 年代中期围海造田，80 年代后的围塘养殖和海岸工程与城市建设的转换性开发及毁灭性开发,当时对红树林的生态、经济和社会价值缺乏足够的认识。

在全球范围内,红树林地区正变得越来越小并分散,红树林正以每年 1%~2% 的全球损失率消失,过去 20 年中损失率达到 35%,其长期生存面临巨大风险。红树林生态系统具有重要的生态和经济意义。气候变化(海平面上升和降雨变化)和人类活动(城市发展,水产养殖,采矿以及木材、鱼类、甲壳类和贝类的过度开发)是红树林栖息地的主要威胁。

一、红树林种类和分布

(一) 中国红树林种类和群落类型

红树林区的植物可以分为真红树植物、半红树植物和伴生植物。红树林中生长的木本植物为红树植物,一般都没有包括群落周围的草本植物或藤本植物。中国有真红树植物 24 种,半红树植物 12 种。中国先后从国外引种 10 多种红树植物,其中无瓣海桑和拉关木已经成功驯化,并成为重要的造林树种。因此,目前中国红树林有真红树植物 26 种,半红树植物 12 种,合计 38 种。可以根据对气温的适应范围,将红树植物划分为三种生态类群:嗜热窄布种、嗜热广布种和抗低温广布种[17]。

根据种类成分、外貌和群落特点以及生境条件,中国红树林植物群落可大致分为 8 个群系,即红树群系、木榄群系、海莲群系、红海榄群系、角果木群系、秋茄群系、海桑群系和水椰群系。红树林主要分布在潮间带,由于从海岸到海滩不同位置的生境条件不同,不同红树植物对生境的要求和适应性不同而呈现与海岸平行的带状分布,最基本的有 3 个地带:① 低潮泥滩带:位于小潮低潮平均水面以下,大潮最低水面以上,即低潮滩。这里盐度较高,是红树林先锋植物种类生长的地带;② 中潮带:位于小潮高潮平均水面以下,小潮低潮平均水面以上的中间地带,盐度约在 10‰~25‰,是红树植物生长的繁茂地;③ 高潮带:位于大潮高潮最高水面以下,小潮高潮平均水面以上,这一地带土壤经常暴露,表面比较硬实,是红树林带和陆岸过渡的地带,土壤盐度因受淡水冲洗影响而较低。以上各带自海向陆所分布的红树植物是不一样的,群落表现出明显的演替特征(见图 8-4)。

(二) 中国红树林的分布地区与面积

中国红树林断续分布于东南沿海热带和亚热带海岸、港湾、河口湾等受掩护水域,其宏观纬度分布主要受温度控制,包括气温、海水表层温度、霜冻频率等。中国红树林主要分布在三个南方省份,海南、广东和广西,它们约占全国红树林总面积的 94%。其中,广东省现存红树林面积最大,随后是广西和海南。而红树林可以自然分布到纬度相对较高的地区,如福建和台湾。另外,仅有小面积天然红树林分布在香港和澳门。尽管浙江没有天然红树林分布,但是通过 20 世纪 50 年代的人工引种,现在有一片面积约为 20.6 hm² 秋茄群落分布[19]。

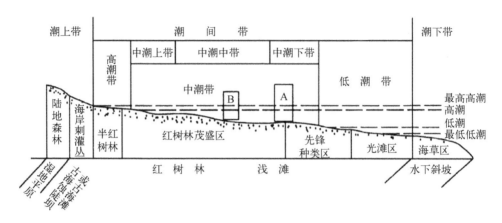

图8-4 原生红树林在海岸潮间带上的分布示意图[18]

尽管过去二十年红树林保护和再造林取得了明显成效,但中国红树林仍面临着许多威胁。城市和水产养殖废水排放、石油污染、生物入侵、昆虫爆发以及水运的影响仍然是中国红树林面临的严重威胁。

生物入侵是一个全球性问题,因为它对当地物种和当地生态系统构成了巨大的威胁。来自互花米草根状茎节段的种子或新分株的强大分散和繁殖能力使其成为一种非常有害的物种,给本地红树林带来了严重的威胁。在红树林遭到破坏的地区重新种植红树林仍然存在一些重大挑战,如单一红树物种或外来红树物种常常用于中国红树林造林,降低了再生林的生物多样性。

二、红树林的保护与生态恢复工程

红树林长期生存面临严重威胁,全球范围内面积正在急剧减小、破碎化严重。近年来在全球范围内,人们逐渐意识到红树林湿地的重要性。1995年的《中国生物多样性保护行动计划》中包括《中国海洋生物多样性保护行动计划》,在其中呼吁增加红树林保护面积。因此,大多数自然生长的红树林得到保护,成为全国范围红树林自然保护区的一部分,全国红树林面积也恢复到接近23 000 hm^2。然而,在大范围开展红树林湿地恢复工作的背后,依然存在不少问题,导致红树林面积增长仍较缓慢[20,21]。

(一)红树林生态修复

1. 红树林宜林地的选择

在进行红树林湿地恢复之前,必须首先对造林地的气候、底质、水文等环境条件有所了解。红树林生长必须具有一定温度范围、沉积物粒径较小、隐蔽的海岸线、潮水可以到达、具有一定潮差、有洋流影响和具有一定宽度的潮间带。这些根据红树林自然分布所归纳的指标,现仍被广泛用于选择红树林宜林地参考。

温度是调节生物生长繁殖最重要的环境因子,也是控制红树林天然分布的决定因素。大部分天然红树林分布于最冷月平均温度高于 20℃的区域。底质是控制红树林天然分布的另一个重要因子。尽管红树林可以生长在砂质、泥炭、基岩和珊瑚礁海岸,但红树林的大范围分布仍与淤泥底质密不可分。在新西兰,红树林高度与沉积物中粒径>0.02 mm 的颗粒百分含量有关,含量越高红树林的高度则较高。桐花树(Aegiceras corniculatum)对土壤的适应能力则较强。水文条件对位于陆地与海洋交接地带的红树林湿地亦较为重要。潮汐对红树林的影响主要表现为盐度和淹浸周期方面。

2. **造林树种的选择与引种**

为保证成功地恢复红树林湿地,在确定宜林地的同时就需要选择适当的造林树种。当前国外用于红树林恢复的大多为乡土树种。国外引种外来红树植物的例子很少,仅夏威夷分别于 1902 年和 1922 年引入了大红树和海莲,目前在瓦胡(Oahu)岛北岸形成了成熟稳定的红树林。我国关于红树引种选种的研究较多。早在 1957 年春天,乐清市就在雁荡镇西门岛引种栽植红树林,8 月又有部分增加,引种红树林幼苗约有 3 万株,从西北滩涂一直到东南滩涂。1985 年无瓣海桑被中国林业科学研究院热带林业研究所(简称热林所)从孟加拉国引回东寨港试种。1987~1988 年,木榄、海莲、尖瓣海莲、红海榄被厦门大学从东寨港引至福建九龙江口。进入 20 世纪 90 年代我国红树林的引种、选种工作进入了新阶段。1994~1996 年,热林所在深圳和廉江引种无瓣海桑、海桑、海莲、红树。内伶仃-福田自然保护区于 1997 年在深圳湾进行引种试验。同期热林所将木榄从海南三亚等 6 地引种至深圳湾,认为海南琼山种源适于在深圳湾推广种植。1997 年,热林所把澳洲白骨壤、小花木榄和水椰引入深圳湾进行试验,认为澳洲白骨壤的苗期抗寒性和生长适应性较好,较有发展前景。1998 年和 1999 年,热林所分别经过 6 年和 4.5 年的栽培试验,认为拉关木和澳大利亚白骨壤较耐寒、抗逆性较强,可继续北移栽培。

当前在我国关于红树林造林树种选择方面的意见大致分为两个方面:一方面主张选用乡土树种,另一方面主张选用外来树种,而讨论的焦点问题是关于无瓣海桑的引种及推广造林。

3. **红树林栽培技术的应用**

在选择宜林地和造林树种后,就可以开展种植红树林的活动了。在该过程中,栽培技术的应用是直接决定造林成活率的主导因素。种植红树林的方法分为 4 类:胚轴插植法、人工育苗法、直接移植法、无性繁殖法。

4. **红树林的植后管护及监测**

在种植红树林幼苗后,需要进行看护、补植和病虫害防治。红树林幼林是不完善、脆弱的生态系统,除了对逆境环境、人为干扰抗性较差外,亦易遭受病虫危害。危害人工红树林的生物因素主要包括:真菌病害、藤壶、昆虫和蟹类。其中立枯病、灰霉病、炭疽病较易侵害海桑属植物,而红树科植物、白骨壤、桐花树、海漆等苗期较少遭受真菌病害。

5. **红树林生态系统动物的恢复**

目前中国红树林湿地共记录了 2 854 种生物。中国红树林湿地是中国濒危生物保存和发展的重要基地,并在跨国鸟类保护中起着重要作用。中国红树林湿地单位面积的物种丰度是海洋平均水平的 1 766 倍。红树林植被对生境复杂性以及红树林生态系统相关动物的多样性和分布有重要作用,红树林的破坏则导致底栖动物多样性减少。

红树林恢复通常只是简单地进行红树植物幼苗的种植,对种植位点及种植措施缺乏生态系统水平上演替的评估和预测。红树林恢复研究还停留在植被恢复的水平上,仅注重育苗技术和宜林地的选择,未见有关红树林植被恢复对其他生物包括底栖动物亚系统的生态修复的报道,因此尚不能称之为"生态恢复"。

当然,所有红树林植被的恢复均必将导致海岸湿地底栖动物亚系统的变化。但在红树林恢复的过程中,不同的植被恢复措施将导致底栖动物亚系统生态修复的过程和机制如何? 对这一问题的正确认识,在红树林生态系统的功能恢复上具有重要的意义。

6. 红树林恢复成本

红树林湿地恢复是一项基础性的生态建设工程,需要投入大量资金,这就要求进行红树林造林时必须考虑成本支出。在我国广西,使用胚轴插植、人工育苗和直接移植法进行造林的成本分别为 0.20 元/株、0.96 元/株和 0.72 元/株,由此可推算在不包括土地利用费用、株行距选用 1 m×1 m 的前提下,以上 3 种方法在广西造林的成本分别为 2 040.20 元/hm²、9 792.96 元/hm² 和 7 344.72 元/hm²,显然这一数字在经济更为发达的厦门、汕头、珠江口区域会更高。

在我国现有的经济和技术水平条件下,综合可操作性、成本和造林成活率,胚轴插植法的成本最低,辅以适当的技术即可提高幼苗成活率,是今后一段时间内的主流造林方法;人工育苗法的成本虽高,但造林成活率高、成效快,在经济条件允许或逆境造林时可以推广;直接移植法成本较高,而且成活率低,不宜使用;无性繁殖法在我国虽未有相关的尝试,但为今后我国红树林的种苗生产留下了广阔的空间。

(二) 红树林自然保护区建设

红树林的保护工作已受到政府和有关部门的重视,加强红树林保护与管理的重要措施之一是建立各级自然保护区。在我国国家级保护区有海南省的东寨港红树林保护区、广西山口红树林保护区、广西北仑河口红树林保护区、广东深圳福田红树林保护区、广东湛江红树林自然保护区和福建漳江口红树林保护区。此外,还有不少省、市、县级红树林保护区(包括台湾和香港地区)。这些保护区的建立,对我国滨海红树林湿地和红树林物种多样性的保护起了重要的作用。但是尚须特别注意的是,自然保护区应以保护自然生长物种为主,除少量试验区外,不宜引种、护种外来红树品种,慎防生态入侵[22]。

香港米埔湿地是中国第一个红树林自然保护区,建立于 1976 年,并于 1995 年被列入《国际重要湿地名录》。随后,中国的红树林保护进展迅速,目前总计 34 个红树林自然保护区覆盖了中国不同地方,受保护红树林面积超过 18 000 hm²,总面积超过全国红树林面积的 80%。依据中国红树林保护和发展工程项目(国家林业局和国家海洋局),

未来十年中国将设立更多的红树林自然保护区。

（三）中国红树林保育的技术原则

为了从数量和质量上实现红树林恢复的国家战略目标,未来中国红树林保育应该遵循以下 3 项一般性技术原则:将单纯的植被恢复扩展到红树林湿地生态系统整体功能的恢复;将鸟类、底栖生物生境恢复纳入恢复目标;采取自然恢复为主、人工辅助恢复为辅的策略,在红树林恢复的同时创造条件恢复经济动物种群,提高周边居民收入。

具体措施如下。① 植被方面:鼓励利用本地种新造林,滩涂高程符合要求的地点利用本地种改造低矮次生林,对外来红树植物进行本地种替代改造;保护珍稀红树植物小种群生境并进行人工繁育和扩种;遏制互花米草等敌害生物的蔓延。② 海洋动物方面:因地制宜设立插管、小潮沟、庇护坑等辅助设施,增殖林区海洋动物,促进红树林的生长,提高生态系统功能。③ 合理利用方面:在滩涂新造林和次生林改造中推广应用地埋管道鱼类原位生态养殖技术;发展高效可控的虾塘红树林人工生态系统,生产健康蛋白与滨海功能植物,发展滨海休闲业,减少养殖污染排放,建设红树林湿地生态农场;将红树林、大型藻类和海底人工构筑物相结合,在不能自然生长红树林的浅海构建红树林人工鱼礁岛群,促进海洋牧场建设,保障海岸生态安全[23]。

除建立红树林自然保护区外,自 20 世纪 90 年代以来,中国政府进行了大量红树林恢复造林工作。到 2002 年为止,我国红树林造林面积达到 2 678 hm²,其中仅有 57% 成功恢复。据国家海洋局和国家林业局(2006)的统计:中国目前还有 65 600 hm² 的潮间带宜林地适宜种植红树林,表明通过人工造林恢复红树林的广阔前景。

生态保护的最终目标是维护健康的生态系统,以达到自然与环境的可持续发展。红树林的保护也同样要达到社会效益、经济效益和生态效益的统一。由于大量的围垦造田、围海养殖和道路码头的建设,大量红树林受到破坏。经过 2001 年的全国红树林普查后还必须大力开展红树林的生态恢复和重建工作。根据红树林种类的适应性,进行物种特性、宜林地勘测、潮汐、海流和土壤性质、海水盐度的综合调查和试验,达到红树林生态恢复的健康发展,符合生态学原理、工程学原理和生态经济学原理的最佳统一。

许多野外和温室研究指出在中国选择适宜的滩涂种植红树林面临极大挑战。在热带地区红树林只能分布在平均海平面和最高潮位间的滩涂。在广西、深圳和厦门都确立了适宜种植秋茄的滩涂。研究发现外来种无瓣海桑几乎被所有的中国红树林造林工程所采用,能够很好地耐受高潮位和低温条件,因此被认为是最好的红树林种植种之一。

红树林区海堤修复工程模式是选择在造堤修堤时,有意识地保护红树林,既可以扩大堤内的养殖面积又可以节约投资。在红树林堤岸的建设上,范航清(1995)比较了海堤维护的传统模式和生态模式的结构与功能,两种模式投入产出比的计算结果:传统模式产出/投入比为0.24,生态养护模式达5.44;而传统模式投入比生态养护模式大2.26倍,且产出只有生态养护模式的10%,说明在红树林营造及堤岸养护上必须应用生态养护模式,充分发挥红树林的生态效益和经济效益[23]。

案例 虾塘红树林湿地生态农场

2014年中国东南沿海虾塘总面积为240 324 hm²,为中国现有红树林总面积的949倍。从沿海围垦历史看,东南沿海现有虾塘中至少有10%源自红树林,约2.4万 hm²。针对目前中国传统虾塘养殖污染突出的问题及养殖的集约化程度,我们提出将25%~50%的虾塘水面用于重建红树林和盐沼植被,剩余水面用于养殖,实现传统虾塘养殖的生态改造与产业升级[24]。

理论上,只有在现有虾塘塘底的基础上再挖深0.5~1.5 m,即可保证养殖水体体积不变。挖掘出的底泥用于修建比养殖水面略高的人工湿地。通过水位控制,可创造红树林和盐沼植物生长所需的间歇性水淹条件和养殖水体湿地滞留净化时间。对传统虾塘进行形态和结构改造,水下多位射流既可增加溶解氧又可驱动水体回旋,促使颗粒状污染物汇集到塘底(见图8-5)。从虾塘底部引出颗粒状污染物和养殖水体,经过物理沉淀池后水体流入湿地进行生物净化,净化后的水体可再次进入虾塘循环利用,也可以部分排放到海区。

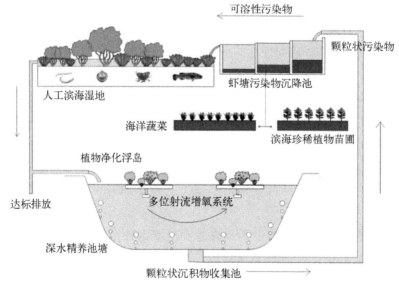

图8-5 传统虾塘红树林生态改造基本技术路线

物理沉淀池中富含N、P的沉积物可用于养殖市场需求巨大的可口革囊星虫,栽培盐角草、番杏等海洋蔬菜和滨海耐盐绿化、药用、能源等功能植物。滨海湿地主要种植红树植物、茳芏、短叶茳芏、芦苇和南水葱等多年生耐盐植物,同时进行底栖鱼类、贝、蟹的培育与生产。养殖水面设置抗盐植物海马齿净化汇岛或大型藻类网箱,在吸收养殖水体可溶性污染物的同时为养殖动物提供栖息与庇护空间。通过虾塘植被重建,美化海岸景观,促进滨海休闲渔业的发展。

红树林湿地生态农场特征是重建植被、多元能量输入、高经济效益、提升产品质量、显著降低排海污染物总量和可控的人工生态系统。在能量驱动方面,在条件满足的环节优先利用潮汐能,鼓励使用风能和太阳能,公共电网提供关键性和保障性电能。为了提高能量利用效率,尽可能使用低扬程水泵。

根据目前我国沿海虾塘养殖的集约化程度,可将传统虾塘养殖分为粗放养殖、集约化养殖和工厂化养殖3种模式。虾塘-海堤-潮间带湿地或红树林是中国东南沿海的典型景观特征,也是东南亚红树林国家遇到的一个相似问题。泰国自1975年起有50%~60%的红树林被转化为养虾场,菲律宾有约50%的红树林已被改造成半咸水鱼塘和虾池,20世纪50年代以来越南失去了50%的红树林。地埋管道原位生态养殖技术为缓解亚太地区红树林跟滩涂养殖之间的尖锐矛盾提供了一个解决方案(见图8-6);虾塘红树林湿地生态农场则针对海堤内虾塘提出了红树林重建与产业升级的初步设想。通过上述两者的研究和示范,可在全球率先建立海堤内外红树林一体化保育。

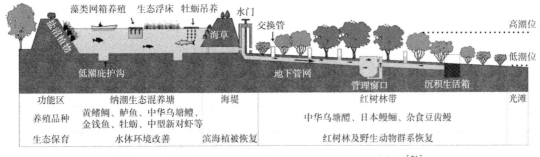

图8-6 地埋管道红树林原位生态养殖系统原理示意图[21]

第三节 海草床生态系统修复

海草床(seagrass meadows)是典型海洋生态系统之一,是全球海洋生态与生物多样性保护的重要对象。海草是生长在海洋中的显花植物,与陆生高等植物相比其种类极其稀少,全球仅有72种,却承担着全球营养循环、潮间及潮下带基质沉积和稳定、海洋生物栖息场所与食物来源等重要的生态服务功能,它们与海藻每年产生的生态服务功能价值高达1.9万亿美元。现存海草植物是七千万年前由单子叶植物进化而来的4个独立支系,广布于全球热带和温带的海岸带。沿海生态系统及其提供的服务受到各种人类活动的不利影响。特别是,海草床受到生活在50 km范围内的数十亿人产生的负面影响。自1980年以来,海草床面积正在以每年110 km²的速度减少,至今已经有超过

170 000 km²的海草区消失,占全球已知海草床面积的1/3,且年平均退化速度还正在逐年加快,如今海草床年退化速率已经接近2%,是海草再生速度的10倍以上,与红树林退化速度相当,甚至高于热带雨林的退化速度[25]。

因此海草研究正成为海洋生态与保护工作中关注的热点,沿海各国纷纷进行海草分布监测、种类调查、修复重建等研究工作。

一、海草床生态系统

(一) 全球最具生产力的生态系统

海草床生态系统是地球上最具生产力的生态系统之一,目前学术界认为全球海草床的面积约为300 000~600 000 km²,不到全球海洋总面积的0.2%。但据统计,海草床初级生产力的年净生产量高达1 012 gDW/m²,与红树林和珊瑚礁相当,这使得海草床生态系统逐渐成为近年来研究的热点。同时,海草完整的叶、茎和根茎为细菌、真菌、藻类乃至中小型无脊椎动物提供了良好的附着和生长基质[26]。

海草是海洋众多食物网的基础,经过海洋植食性动物的采食作用,海草固定的有机碳的15%~50%会流入食物网,供给海底生物的生长;24.3%输出至与其相邻的生态系统中,维持其他生态系统的稳定,在连接海洋和陆地生态系统的过程中发挥着重要的纽带作用。此外,这些有机碳对滋养海草床土壤有重要作用,且由于海草床土壤大多数为厌氧型,海底缺乏火源等原因,储存在海草床土壤中的有机碳非常稳定,数量巨大(见图8-7)。

图8-7 绿海龟牧食的龟裂泰莱藻海草床(右边)[27]

（二）高效的生态服务功能

海草床生态系统并不是孤立存在的,它是海岸带地区复杂生态系统的重要组成部分,对珊瑚礁、红树林、盐沼和牡蛎礁的正常和健康运行具有重要作用,它支撑着海洋渔业和沿海地区数百万人口的生计,同时粗大的根茎结构能够有效稳定海岸地区的底质,这对保护海岸线、减轻风暴等自然灾害对海岸的侵蚀具有重要意义。海草草甸提供重要的生态系统服务,包括每年约1.9万亿美元的养分循环;提高珊瑚礁鱼类生产力的数量级;成千上万的鱼类,鸟类和无脊椎动物的栖息地;是濒临灭绝的儒艮,海牛和绿海龟的主要食物来源。海草床是近岸海域中生产力极高的生态系统,是许多海洋水生动物的重要育幼场所。海草的减少威胁到海草生态系统提供的大量生态和经济服务。历史上,海草损失与沿海开发和养分输入等干扰导致的水质下降有关。

（三）理想的生态哨兵

海草床生态系统被广泛认为是衡量海岸生态系统健康的指示器。海草具有生态哨兵的功能,被人们称为"沿海金丝雀"。它们能对水质下降、底质(沉积物)破坏,尤其是人为活动引起的水体富营养化做出各种生理生化反应,通过对海草生长状况的监测就能评估海草床生态系统和其相邻生态系统的健康状况。

二、中国海草床退化现状和原因

基于我国海草分布的海域特点,我国海草分布区划分为两个大区：中国南海海草分布区和中国黄渤海海草分布区。南海海草分布区有海草9属15种,其中海南海域种类最多(14种),台湾次之(12种)。这些种类中以喜盐草分布范围最广,是中国亚热带海草群落的优势种,仅在广东和广西两省的总分布面积就超过1 700 hm²;泰来藻在海南和台湾沿海分布最为广泛,海菖蒲为海南独有。黄渤海海草分布区分布有3属9种,其中大叶藻、丛生大叶藻、红纤维虾海藻和黑纤维虾海藻在辽宁、河北和山东三省沿海均有分布,而具茎大叶藻和宽叶大叶藻只分布于辽宁沿海,其中大叶藻分布最广,也是多数海草床的优势种;天津只报道有川蔓藻[25]。

（一）中国海草床面积和物种多样性的丧失

由于我国海草研究起步较晚,20世纪鲜有我国的海草床分布面积记录,故目前无法准确估测出我国海草床退化的面积和速率,但以下大量事例可以说明我国海草床已急剧萎缩。1995~2007年,海南陵水县黎安港湾内有一半的水面被用于养殖异枝麒麟菜,该藻与海草竞争激烈,严重影响了海草的正常生长;广东湛江市流沙湾从20世纪90年代初开始直接损毁海草床开挖虾池,大力发展养虾业,导致养殖范围内海草已绝迹;广西北海市合浦英罗港附近的海草床,面积由1994年的267 ha减少到2000年的32 ha、

2001 年的 0.1 ha,面临完全消失的危险。

胶东半岛的特色民居"海草房"是大叶藻、虾海藻等海草种类曾广布于胶东半岛近海的最好证据,但目前在该海域只有零星分布的海草床。威海全市海域超过 90%的海草床在近 20 年内消失,消失速率远大于 1879~2006 年的 128 年间全球海草床的总消失率(29%)。青岛近海区域历史上曾分布有较广的海草床,现只在汇泉湾、青岛湾等几处海域零星分布;青岛近海的大叶藻在 1992 年多见于水下 1~2 m 处,2002 年只能于水下 4~5 m 处发现。1982 年胶州湾芙蓉岛附近大约 1 300 ha 的大叶藻群落在 2000 年已基本消失。

(二)中国海草床退化的原因

海草床生态系统一直被认为是一种高度动态的生态系统,在多数情况下,它们在时间和空间尺度上都能保持动态平衡。但由于海草生长需要较强的光照和疏松多氧的沉积物等条件,海草生长过程中随时要面临海浪的冲刷和破坏性极强的自然灾害,同时这些地区与人类活动区高度重叠,人为因素往往是脆弱的海草床生态系统遭到破坏的最主要原因。自然因素和人为破坏活动的双重作用打破了海草床的动态平衡,造成全球海草床生态系统在极短的时间内大面积退化。

1. 自然因素多重作用

海草不同于其他大型藻类和浮游植物的一个最主要特征是它们必须依附于海底平面生长,保证海草床的稳定和到达海草床表面的可利用光是海草正常生长的前提。海底火山喷发、地震等的发生会改变海底地形,造成沉积物的再悬浮,从而损伤海草根系,同时阻碍光线透过,影响海草光合作用,且这种海底平面的活动并不会对海藻和浮游植物造成显著地影响,从而进一步加剧了海草面对这些竞争性植物的弱势地位。生物入侵已经成为一个严重威胁海草的不可忽视的生物因素,全球范围内已经确定的入侵到海草床生态系统中的外来种有 28 种,其中 64%的种被认为是对海草有害,且这些外来种一旦在海草生境中成功生存并开始繁衍,将很难被清除。

2. 人为活动的破坏性影响

由于人类活动造成的全球气候变暖、CO_2 浓度升高、海平面上升和水体富营养化等原因,引起海草的大量死亡。中国海草退化的主要原因是人为干扰,突出表现为在海草床海域破坏性的挖捕和养殖活动,以及在海草生境和周边的围填海活动。破坏性挖捕主要有挖沙虫、挖螺耙贝、电鱼虾、围网等人为行为,直接破坏海草床;大型藻类和鱼虾蟹贝等经济动植物养殖会引起水域污染和水体交换不畅,大型藻类还会与海草竞争资源,因此会对海草的生存造成威胁;码头建设、围填海等会直接侵占海草生长的浅水海域,使得许多海草丧失最佳生长地。

另外,已有的研究表明,陆源养殖、工业、生活排污等亦会通过影响水体和底质引起海草床的退化,全球气候变化也是海草退化的一个原因,因此,人为和自然因素导致海草退化的机理将是未来一个重要的研究方向。

三、海草保护与恢复

过去 10 年,全球范围内大量海草保护区的建立是人类认识到全球海草危机,这些全球性工程主要包括海草监测和恢复工作两部分。随着研究人员将越来越多的视线转向海洋,海草监测技术也得到长足发展。如利用航空影像技术对海草床进行航拍,再通过地理信息系统(GIS)手段对图像进行数字化,可以轻易获得海草分布、密度、生长状况等指标。

海草恢复工程主要采取生境改良和人工移植两种恢复策略。人工移植是当前全球海草最有效的恢复方法。研究人员尝试了很多海草移植方法,如草皮法、草块法、根状茎法等,但能否成功存活并稳定建植还是一个难点[24,28]。最近的评论显示,大多数海草恢复计划仅仅是中试规模的移植练习,其中移植的恢复力和恢复仅在短时间内进行,并且大多数是不成功的。此外,这些恢复工作成本很高,具体价格取决于项目、移植物种和地理区域。

至今全球海草保护和恢复工程还处于起步阶段,大多数尝试和成果还主要集中在美国、澳大利亚以及欧洲发达国家,大量海草生理学、生态学、遗传组学信息稀缺,使得海草保护和恢复实践困难重重,研究人员要更系统地研究海草及海草床生态系统,为海草保护和恢复提供更坚实的理论基础。

案例　我国首次大叶藻规模化增殖在荣成天鹅湖海域进行

大叶藻,荣成人称"海苔"、海草,也就是苫制海草房的主要原料、大天鹅的"最爱"。荣成沿海因大叶藻丰富而成就了富有诗意的海草房民居,也因此吸引了大天鹅前来觅食。最重要的是它是一个地区海域自然生态优良状态的重要表现。可多年来因海洋环境和近海不科学的养殖开发等多种因素的影响,使这一海洋藻类几乎灭绝。近日,山东省渔业部门在荣成沿海成功进行了科学的海里种草规模化增殖活动,开全国先例。

大叶藻,学名鳗草,由大叶藻形成的海草床与红树林、珊瑚礁并称为三大典型近海海洋生态系统,具有极其重要的生态功能,固碳量达到森林的 2 倍以上,在水质净化和调控、护堤减灾等方面发挥重要作用。海草床还拥有极高的生产力和复杂的食物链结构,是众多渔业资源的栖息、繁衍、索饵和庇护场所,也是荣成天鹅湖大天鹅主要的食物来源。

由于大天鹅通常情况下只采食海草的嫩叶和根茎,随着近年来越冬大天鹅数量的增多,加上人类活动等其他各种因素的影响,山东省沿海鳗草资源衰退严重,调查数据显示,荣成天鹅湖区的海草床分布面积已经由 2010 年的 1.91 km^2 下降到 2016 年的 0.91 km^2。因此,在湖区开展大叶藻增殖,保护和恢复海草床的需求日益迫切。

张沛东教授团队长期以来一直致力于大叶藻繁殖机理的研究,团队系统评价了山东半岛典型海草床的关键生态过程,明确了海草床的生物栖息地功能、有性生殖过程及植株生长与关键因子的相互作用关系;建立了大叶藻高效促萌技术与途径,阐明了种子萌发机理,实现了种子休眠和快速萌发的人工诱导;建立了低成本、高效的大叶藻种子播种技术,幼苗建成率由自然环境下的 1% 提高到 30% 以上;同时建立了完整的大叶藻植株移植技术,提出了恢复生态工程技术方案,为缓解近岸生态压力提供了新的思路与途径(见图 8-8)[29,30]。

图 8-8　大叶藻规模化增殖[30]

第四节　珊瑚礁生态系统修复

珊瑚礁是热带亚热带潮下浅海区造礁石珊瑚群落及其原地碳酸盐骨骼堆积和各种生物碎屑充填胶结共同形成的海底隆起。鉴于珊瑚礁生态系统对热带海洋生物多样性和资源生产力的巨大价值,珊瑚礁对于热带海岸带民众有巨大的生态价值和经济价值,而珊瑚礁面临人类活动和全球气候变化广泛且强大的威胁。珊瑚礁是全球物种多样性最高、资源最丰富的生态系统,被誉为"海洋中的热带雨林"。它是全球生态系统的重要组成部分,可向人类提供食物和药物等资源及海岸防护。然而,近 50 年来,在人类活动和全球变暖的影响下,全球珊瑚礁受到不同程度的威胁,且处于快速退化中。

珊瑚礁正面临着人为的强烈冲击,造成珊瑚、礁珊瑚种群和许多珊瑚礁区域的活珊瑚覆盖面积下降。世界上 60% 以上的珊瑚礁预计在未来几十年内都会遭受退化或严重威胁。据估计,东南亚地区近 95% 的珊瑚礁受到人类活动的威胁,其中约 50% 的珊瑚礁处于高威胁或极高威胁类别,印度尼西亚和菲律宾拥有最大的受威胁珊瑚礁区域。珊瑚礁退化直接威胁到支持数百万人的珊瑚礁的生物多样性和巨大的生态和社会经济价值。珊瑚礁是世界上受威胁最严重的沿海海洋生态系统之一。

一、中国珊瑚礁生态系统研究现状

中国珊瑚礁主要分布在中国南海诸岛海域和海南、广东、广西、福建、台湾等近岸海域。中国造礁石珊瑚已记录 21 科,56 属,295 种,对珊瑚礁生态系统结构与生态功能的维持具有重要作用。八放珊瑚亚纲中柳珊瑚是现代海洋药物研究的热点生物资源。中国珊瑚礁具有造礁与消波护岸、维持珊瑚礁生态系统和生物多样性、提供生物资源和材料、生物地球化学与科学研究、文化教育与生态旅游等多种生态功能与价值。南海珊瑚礁年经济价值为 156.5 亿元,其中渔业价值占 90%,为 140.4 亿元;其次是海岸保护价值,占 5.5%,为 8.7 亿元;而旅游休闲价值和生物多样性价值分别为 5.3 亿元和 2.1 亿元。珊瑚礁如果维持可持续利用的状态,并考虑 10% 的贴现率,未来 20 年珊瑚礁总的经济价值为 1 370 亿元。由于各种原因,中国的珊瑚礁破坏的已经相当严重[31,32]。珊瑚礁生态系统多样性、遗传多样性已成为珊瑚礁研究热点,珊瑚礁生态环境效应和保护管理方面的研究也越来越受到重视。

二、珊瑚礁退化现状和原因

(一) 珊瑚礁退化现状

珊瑚礁是对维持生物多样性和资源生产力有特别价值的生物活动高度集中的海岸生态关键区。1970 年代以来,随着大气 CO_2 浓度不断上升及全球气温和海温不断上升,珊瑚礁白化逐步变得普遍和严重,珊瑚礁的传统性事件性干扰逐步转变为持续趋势性干扰,破坏力和恢复力之间的平衡发生转变,由此导致活珊瑚覆盖率普遍显著下降。1998 年以来,全球珊瑚礁监测网络报告认为人类活动和气候变化已经导致珊瑚礁全球性衰退,受到中等及以上破坏程度的珊瑚礁现已经达到全球珊瑚礁面积的 54%。各个地区之中,东南亚地区问题最严重,澳大利亚相对较轻微[33]。

我们使用高分辨率历史航海图来量化佛罗里达群岛 240 年来底栖结构的变化,发现珊瑚占海底面积的总体损失为 52%。我们发现这种下降的空间维度很强,佛罗里达湾和近岸的珊瑚空间范围分别下降了 87.5% 和 68.8%,而近海珊瑚区的空间范围基本保持不变。近几十年来,这些估计增加了一些地区活珊瑚覆盖面积超过 90% 的更大规模损失[34]。

中国南海珊瑚礁资源衰退状况严重,珊瑚礁破坏率高达 90% 以上,其中,占全国珊瑚礁总面积 98% 的海南,80%~95% 的珊瑚礁受到破坏。除自然因素外,对珊瑚礁资源的过度或不当地的开发利用,社会经济发展带来的海洋环境污染等人为因素,是珊瑚礁资源衰退的主要原因。

（二）珊瑚礁退化原因

导致珊瑚礁破坏的原因是多方面的，虽然珊瑚有一定的自我恢复能力，但是当破坏的速度超过其自我恢复的速度时，珊瑚礁就会逐渐衰退。影响珊瑚礁正常生长的主要因素有：海水升温、二氧化碳的浓度、臭氧的消耗和自然灾害等，以及破坏性的捕鱼方式、海水污染、珊瑚礁开采、旅游业等人为活动导致的生态环境破坏[35]。

1. 海水升温

随着化石燃料的大量使用和森林的大面积破坏，大气中二氧化碳和其他温室气体含量的增多，导致全球气候变暖。珊瑚对温度非常敏感，海水升温对珊瑚虫来说是非常危险的。海水升温会使珊瑚虫释放掉其体内的虫黄藻。虫黄藻是珊瑚的共生藻，其光合产物的80%以上提供给珊瑚，同时还给珊瑚带来了丰富的色彩，因此虫黄藻被释放后珊瑚就会出现不同程度的"白化"（见图8-9）。

图8-9　珊瑚礁的白化[36]

2. 自然灾害

每年的飓风海啸都会对珊瑚礁造成破坏，生长数百年的珊瑚礁可能在瞬间被摧毁，需要数百年恢复，此外还有随时可能爆发的捕食珊瑚的海洋生物，如长棘海星等。

3. 二氧化碳升高

在过去的几十年里，大气中的二氧化碳含量增加了近1/3，这也增加了海水中溶解的二氧化碳，降低了海水的pH。海水中大量的二氧化碳会降低碳酸盐的浓度，降低$CaCO_3$、各种矿物（文石、方解石等）的饱和度，这些矿物都是珊瑚和其他海洋生物骨骼生长的材料。工业革命以前，海洋中的碳酸盐含量是现在的3.5倍，珊瑚很容易吸收和制造骨骼。随着海水中二氧化碳的增多，碳酸盐浓度越来越低，使得珊瑚等海洋生物富集碳酸盐的能力降低，珊瑚骨骼的钙化速率也降低。

4. 破坏性的捕鱼方式

渔民为了眼前的利益经常采用一些极端的手段捕鱼，如使用氰化物，炸鱼等。氰化物中毒之后，体型较大的鱼可以通过自身机体代谢处理掉氰化物，但是对于小型的鱼或是别的小型的海洋生物如珊瑚虫来说,氰化物会导致它们畸形发育。为了生存,渔民通常大量的捕鱼,但是不正确的捕鱼方式给珊瑚礁造成了毁灭性的破坏。敲击珊瑚礁会毁坏珊瑚的正常结构和功能,使用拖网拖鱼和炸药炸鱼,更会对珊瑚礁造成了毁灭性的破坏。

5. 臭氧的消耗

由于氟氯烃等化学物质大量泄漏,臭氧层变得越来越薄。臭氧层的变薄会使到达海面的紫外线的强度和种类增加。虽然珊瑚有天生对抗热带日光的保护层,但是紫外线的增强还是会对浅水区域的珊瑚礁造成破坏。

6. 珊瑚礁开采

在很多地区珊瑚礁被用作建筑材料,用于建房或者铺路,也有被用来烧制石灰。此外,珊瑚还被用来制作纪念品,尤其是在一些发展中国家珊瑚被制作成装饰品、珠宝向游客兜售。

7. 海水污染

许多研究已经证实海水污染是造成珊瑚礁退化的重要原因。海水有很多污染源,如石油、农药等。当人类向海洋中倾倒生活污水或工业废水,或是河流携带着污水流入珊瑚礁海域时,都会对珊瑚礁造成破坏。这些污水增加了珊瑚礁海域中营养盐的含量,促使藻类暴发,使珊瑚虫得不到足够的光照而死亡。此外,沿岸进行的工程施工、采矿活动、伐木以及农业活动等都可能会造成水土流失,雨水又将大量固体颗粒冲进海洋。大量的固体颗粒不仅阻挡了光线而且还会覆盖在珊瑚表面,阻止珊瑚虫呼吸。

8. 旅游业

旅游区内的污水、垃圾如果处理得不好都会污染海水。此外,游客划船、潜水、钓鱼、船抛锚,甚至于在珊瑚礁上的任何行走都可能会对珊瑚造成破坏,更不用说游客对珊瑚的采摘了。

三、珊瑚礁生态修复的理论基础

南海乃至全球的珊瑚礁生态系统都处于快速退化中,珊瑚礁的生态修复因此成为社会关注的热点内容,但相关理论与技术仍在探索之中。保护珊瑚礁的生态环境、避免对珊瑚礁进一步的破坏无疑是最关键的策略[37]。

(一) 珊瑚的自我修复能力

珊瑚移植是目前提出最为重要的珊瑚礁生态修复手段。研究发现珊瑚在移植过程中部分组织会受到物理损伤,但它具有自我修复能力,包括伤口愈合、组织再生和免疫系统重建等。珊瑚与虫黄藻共生是珊瑚礁生态系统最基本的生态特征,珊瑚虫宿主给共生虫黄藻提供庇护环境和无机养料,虫黄藻为宿主提供光合作用产生 ATP。移植的珊瑚可通过改变体内共生虫黄藻系群的组成以增加对新环境的适应性。

(二) 珊瑚的自我繁殖、扩展能力

1. 移植珊瑚的有性繁殖产生具有强适应环境能力的珊瑚后代

有性繁殖和无性出芽繁殖是珊瑚主要的繁殖方式,有性繁殖是成熟珊瑚排卵至体外受精成为浮浪幼虫。浮浪幼虫经水流漂流和纤毛运动,选择合适的地区附着生长,发育成珊瑚。幼虫在水流作用下进行不同空间尺度的漂流和附着是珊瑚迁移、扩展的途径之一,退化礁区因为环境的不适宜性,特别需要移植成熟的珊瑚进行幼虫补充。移植的珊瑚适应环境并达到性成熟后,与原位珊瑚进行杂交繁育,产生变异后代,提高对环境的适应性,发挥出杂交优势。因此,跨纬度移植产生的珊瑚杂交后代具有更强热耐受力,理论上讲通过珊瑚移植、生态修复达到珊瑚繁殖、扩张的目的[38]。

2. 化学诱导增加珊瑚幼虫附着和变态的概率

漂流的浮游幼虫期和海底固着期是珊瑚生活史中的两个典型阶段。实现珊瑚礁生态修复的关键是浮游幼虫要补充到珊瑚礁区。完成幼虫的补充包括 3 个连续的阶段:幼虫漂流、幼虫附着和变态、幼虫生长。可通过海洋化学信息素的吸引,使浮浪幼虫漂流至合适的地方进行附着。移植的珊瑚和原位珊瑚杂交产生的幼虫,在细菌和珊瑚藻分泌的化学物质吸引下,进行附着和变态。

3. 创造海底微地貌促使幼虫附着

在适合珊瑚生长的环境中投放人工礁,在礁体表面增加微型孔洞等能够促进幼虫的附着,表面结构复杂的礁石是吸引珊瑚幼虫附着的重要因素。退化珊瑚礁区的礁体表面结构固然复杂多样,但水环境条件不利于幼虫附着和生存。因此,选择合适的水域创造微型地形地貌,理论上可增加幼虫附着的成功率。

4. 对人工礁体中底栖海藻群落的抑制

人工礁是通过建立一个稳定、抵抗风浪、提供庇护所的岩体结构,促使珊瑚的附着、生长和繁殖。但人工礁体中底栖海藻易于快速繁殖,抢占珊瑚生存的空间,影响珊瑚的生长,抑制幼虫补充。底栖海藻的快速繁殖,人工礁中的珊瑚群落向海藻群落更替,影响珊瑚礁生态修复的效果。有研究发现:隆头鱼捕食底栖海藻可降低这些海藻的覆盖度,从而帮助珊瑚的附着生长。过度捕捞会导致珊瑚礁区鱼类快速减少,投放的人工礁容易被底栖海藻覆盖,因此借助人工鱼礁修复珊瑚礁也需要相关生态因子的平衡。

四、珊瑚礁生态修复的实践

我国对珊瑚礁资源的重视比较晚,珊瑚礁保护区的建立也是 20 世纪末和 21 世纪初才提上日程的,先后建立了海南三亚珊瑚礁自然保护区(1990)、福建东山珊瑚礁自然保护区(1997)和广东徐闻珊瑚礁自然保护区(2003),广西涠洲岛也于 2001 年底初步组建了珊瑚礁海洋生态站,监测珊瑚礁生态系统的状况。1995 年陈刚在三亚海域对造礁石珊瑚进行了移植性实验,可谓是我国最早的珊瑚礁资源恢复性研究。此后,中国科学

院南海海洋研究所和中国水产科学研究院南海水产研究所于 2006 年和 2007 年对大亚湾的珊瑚礁成功进行了移植。相比国际珊瑚礁的恢复,我国这方面的研究还处于起步阶段,需要从多方面入手开展研究。

从理论上讲珊瑚礁的生态修复是可行的。如选择合适的移植区进行珊瑚移植、园艺式养殖珊瑚(提供移植对象)以及人工礁等都是目前探索的相关修复技术。

（一）珊瑚移植

虽然珊瑚礁的生态修复一直没有特别行之有效的方法,但是在过去的十几年里,珊瑚移植还是在珊瑚礁的恢复中发挥了很大的作用,成为修复珊瑚礁的主要手段。珊瑚移植的主要研究工作就是把珊瑚整体或是部分移植到退化区域,改善退化区的生物多样性。目前珊瑚移植的主要研究工作有:将整个珊瑚移植到退化区域;将枝状珊瑚的片断移植到退化区域;将块状珊瑚的碎片移植到退化区域;将珊瑚幼虫安放在退化区域(见图 8-10)。珊瑚移植因为成本较低且可以快速增加珊瑚的数量,因此是应用最为广泛的技术。

图 8-10　中国科学院南海海洋研究所科学家在海底种珊瑚[39]

（二）园艺式养殖珊瑚

园艺式养殖指在特定的海区对珊瑚断片或幼虫进行培养,待珊瑚生长到一定的大小时,再将其移植到退化的珊瑚礁区。珊瑚礁区之间的移植,即采集健康珊瑚礁区的珊瑚移植到已退化珊瑚礁区的方案,往往得不偿失。因为相对存活的珊瑚而言,移植的过程中损失的珊瑚可能更多。园艺式养殖可培养出大量移植个体,并可在移植过程中最大限度地减少对珊瑚的组织损伤,有助于被移植的珊瑚适应新的环境和繁殖,提高修复的成功率。加勒比海、红海及新加坡、菲律宾、日本等都开展过珊瑚园艺式的养殖。

（三）养殖箱培养技术

养殖箱培养是指将珊瑚放置于人工建造的养殖箱中,在可控的条件下研究珊瑚礁生态系统修复的方法,或将珊瑚作为移植供体。中国、美国、澳大利亚、日本、以色列等不少国家开展了这项研究。但到目前为止利用养殖箱培养的珊瑚主要应用于修复机理和其他理论的研究,还极少用于移植,主要是因为珊瑚的繁殖速度慢、培养成本高。

（四）珊瑚礁局部修补技术

珊瑚礁修补是当船只搁浅、炸鱼和自然灾害等物理作用破坏珊瑚礁时,通过工程手段恢复珊瑚礁结构的完整性,是一种应急措施。如佛罗里达 Keys 地区因船只搁浅使珊瑚礁开裂,研究人员用水泥和石膏粘结开裂的珊瑚礁体,再借助移植技术修复珊瑚礁体,恢复珊瑚的数量。珊瑚礁修补的案例很少,主要是针对被特殊破坏了的珊瑚体。

（五）借助人工礁的生态修复实践

人工礁应用于珊瑚礁的生态修复,既可以将人工礁投放于珊瑚礁区,也可以在珊瑚礁附近区域建造人工礁,形成新的珊瑚礁。许多国家（中国、美国、澳大利亚、日本等）利用人工礁进行过珊瑚修复实验,如 Blakeway 等在澳大利亚 Parker Point 海区用天然礁岩、混凝土块和陶瓷块作为人工礁进行实验,并进行珊瑚移植。广东大亚湾、海南三亚地区也有人工礁修复珊瑚的报道,在保护鱼类控制底栖海藻数量的前提下,人工礁有利于珊瑚附着生长。

（六）增强珊瑚适应环境的能力

改善生存环境和减少人类活动干扰是保证珊瑚生存的根本措施,但是提高珊瑚对环境的耐受能力和恢复潜力也非常重要。如提升珊瑚的基因储备、加快珊瑚的突变等,也是珊瑚礁生态修复的重要内容。传统的修复技术实际上很难保证珊瑚修复的效果,也很难进行大面积的推广,因此从本质上提升珊瑚的修复能力是珊瑚礁生态修复的重要发展方向。

五、珊瑚礁生态系统评价

珊瑚礁监测及评价中常用的指示物种的生物指标包括石珊瑚生物指标以及其他生物指标。造礁石珊瑚是珊瑚礁最重要的生物,目前对珊瑚礁的监测主要集中于存活硬珊瑚盖度以及生物多样性指数。一般而言,这是两个最重要的参数,但仍有不足。因此,珊瑚生长率（骨骼生长）的测量、钙化生产率、珊瑚生育力及补充、监测虫黄藻损失、珊瑚疾病及细菌暴发性增殖、珊瑚骨骼的生物累积等指标也随之建立起来。

为了对珊瑚礁原始生存结构生物提供一个早期亚致死压力预警,以便对珊瑚礁采取有效的保护管理措施,珊瑚礁鱼类、软体动物等其他生物及相关指标得到了应用和发展。与指示物种法相比,指标体系法不仅考虑了不同组织水平之间的相互作用以及同一组织水平上不同物种间的相互作用,而且还考虑了不同尺度转换时监测指标的变化,更能客观全面反映珊瑚礁的健康状况及变化趋势。"健康珊瑚礁服务健康人类倡议"（the healthy reefs for healthy people initiative,HRHPI）组织推荐从生态结构、生态功能、压力及社会经济几个特征属性方面对珊瑚礁健康进行评价，并给出每个特征属性包含的具体指标，以及各指标与珊瑚礁健康的相关性、指标选取标准、指标数据的获得方法以及基准值或目标值的设定等。

我国确定了珊瑚礁生物多样性保护的 5 个优先领域：① 完善珊瑚礁保护与可持续利用的法律体系和管理机制；② 开展珊瑚礁多样性调查、评估与监测；③ 加强珊瑚礁多样性保护和管理；④ 加强基础建设；⑤ 提高珊瑚礁应对气候变化能力；并提出了优先领域相应的行动计划和行动内容。

案例　大堡礁的珊瑚礁

人们越来越担心全世界范围的珊瑚礁的逐渐退化，主要的人为风险因素包括珊瑚礁开发建设、珊瑚的死亡和生长的减慢。珊瑚礁对海水温度升高、海洋酸化、陆地径流和疏浚造成的水污染、破坏性捕鱼、过度捕捞和沿海开发具有高度敏感性。

大堡礁提供了一个特别典型的研究案例，以调查生态系统的轨迹和潜在的缓解措施，因为它是世界上最大的珊瑚礁生态系统，在 34.5 万 km^2 范围内有约 3 000 个单独的珊瑚礁。其突出的自然生态价值得到了 1981 年世界遗产名录的认可。大堡礁被认为是世界上受威胁最少的珊瑚礁，因为它们与相对较小的人口中心相距甚远并受到强大的法律保护。当地的人为干扰（如破坏性捕鱼、工业和城市污染、旅游过度使用、锚损坏、船只底盘、漏油）对大堡礁的不利影响迄今为止仍较轻微。虽然海岸和城市附近的捕捞活动很频繁，但是在大堡礁中有 33% 的区域被禁止，并在剩余区域有严格的限制[40]。

由于过度捕捞、水质下降以及气候变化的直接和间接影响，世界各地的许多珊瑚礁都经历了相互转换、退化的过程。在 1998 年发生的迄今为止记录的最大的珊瑚死亡事件之后，人们尝试通过实验操纵大型草食性鱼类的密度来测试它们对珊瑚群落区域尺度白化后的恢复力的影响。实验在大堡礁珊瑚丰度和多样性因白化而急剧减少的无捕捞保护区内进行。在鱼类丰富的对照区域表现出很低的藻类丰度，而在 3 年期间，珊瑚覆盖率几乎翻了一番（达到20%），主要是因为补充了由白化而被局部灭绝的物种。相比之下，移除大型草食性鱼类则会引起巨藻的迅速扩张，而这会抑制珊瑚的繁殖力、种群补充和生存。因此，鱼类资源管理是防止珊瑚礁被取代和提升珊瑚礁恢复能力的关键因素（见图 8-11）。

海洋保护区模式是海洋保护的一个有效手段，目前的范例显示该模式为生物多样性和渔业带来诸多好处，特别是在作为一整套综合管理办法的一部分。作为世界上最大的海洋保护区，大堡礁提供了一个宝贵的机会，可以在大尺度空间和可控环境下测试这些与海洋保护科学和管理紧密相关的模式。

图 8-11　草食性鱼类有助于大堡礁珊瑚礁和造礁藻类的生长[40]

A. 围隔　B. 海藻　C. 造礁藻类　D. 新生长的珊瑚礁

第五节　河口受损生态系统的修复

河口位于河流-海洋交互区,是一具有重大资源潜力和环境效益的湿地生态系统类型。但由于长期以来不合理的开发利用,已导致了中国河口生境退化,生物多样性急剧下降,环境污染加剧,海岸侵蚀及河口淤积日益严重等环境问题,保护及合理开发利用河口资源势在必行。多年来长江流域及其河口日益加剧的人类活动及资源开发,使得河口地区生态环境发生了一些显著变化。

河口和沿海的变迁与文明一样古老,但在过去 150 年至 300 年间急剧加速。2000~2003 年的调查研究表明长江口水域水环境综合质量已处于严重污染水平,且呈逐年恶化趋势。其中油类、锌超标程度逐年加大。大通以下输沙量减少了近 1/4,河口沉积过程相应有所改变;长江南支上段的白茆沙头有所下移,北支持续萎缩,盐水倒灌加剧;长江口水质恶化,口外赤潮发生频率增加;河口生物物种减少,生态环境失衡,生态系统衰退;由于丰富泥沙的补给和动态保护,湿地面积基本保持平衡[41]。

一、河口生态系统的主要人为干扰

河口由于其独特的地理位置、便利的交通条件以及丰富的生物资源,自古以来就是人类重要的聚居地。在利用河口生态系统服务功能的同时,人类活动势必对区域生态系统的结构和功能产生影响或者干扰。在人类足迹几乎遍布全球的今天,已经找不到不受人为干扰影响的原生态河口了。河口生态系统的人为干扰主要来自区域内和流域两个方面。区域内的人为干扰主要包括发展航运、水产捕捞、滩涂圈围、岸线利用和引种等;流域的人为干扰主要是污染物排放、大型水利建设等[42,43]。

(一)水产捕捞

河口丰富的水生生物资源可以为人类提供各种水产品。在河口的潮下带及近海区域通常有渔场,以长江口为例,受长江径流影响的近海大陆架范围内,就有我国最大的渔场——舟山渔场和我国群众渔业规模最大的渔场——嵊山冬汛带鱼渔场。从渔场的成因看,除了暖、寒流交汇处,河口的高生产力输出是另一个重要因素,两者都能带来丰富的营养物质及浮游生物饵料。而河口地区作为很多鱼类的洄游必经之地,有着许多特有的洄游性水产品。以长江口为例,就有中华绒鳌蟹、日本鳗鲕和中华鲟等。此外,潮间带分布有许多大型底栖动物,不少种类都是重要的水产资源,如生长在基岩质河口礁石上的牡蛎、贻贝,生长在淤泥质河口潮滩上的缢蛏、泥螺和各种蟹类等。

适度的捕捞强度不仅可以为人类提供水产品,并且能够使资源生物类群维持在增长阶段。但在没有科学管理的情况下,由于市场杠杆的作用以及捕捞技术的大幅度提高,捕捞强度明显加大,往往导致许多资源水产的衰退。

(二)滩涂圈围与岸线利用

具有高悬沙输入的河口,其潮滩往往具有成长性特征,有不断向口外淤长的趋势。随着滩涂发育和生物群落的演替,"滩老成陆"以后,适当的圈围,不仅可以为邻近的城市提供发展空间,而且可以促进河口生态环境的稳定。而对于绝大多数的河口,由于其所处的独特的地理位置,往往成为许多国家和地区对外联系的水上枢纽。河口区域的岸线利用往往以货物港、贸易港等港口建设为主。许多基岩质河口还可以成为重要的深水良港。港口的发展可以促进区域对外交流与合作,推动地方经济的发展,但是高的运输流量以及航运本身却会给区域生态系统带来负面影响。

而过度的圈围,同样也会对河口生态系统产生负面影响。在长江口,从20世纪70年代后期开始,为了能够获取更多的土地资源,圈围建坝高程逐渐降低,从高潮位降至中潮位,继而降至低潮位。将各种生物生长、觅食的主要区域——潮间带湿地也被圈入堤内。圈围以后,随着区域水环境条件以及景观格局的改变,栖息地及觅食地逐渐丧失,进而影响区域生态系统生物群落的组成。

(三)引种与入侵

河口便利的交通不仅提供了航运、港口功能,也增加了外来种入侵的风险。河口地区的外来种主要来自:自然力(如水团、风力等)、运输(如压水舱)和有意引入(如观赏植物、牧草、工程物种等)。外来种入侵已经成为河口生物多样性降低的重要原因之一。对外来种的管理已经成为河口生态系统管理中的重要部分。虽然目前对外来种入侵的途径及机理仍众说纷纭,但在外来种扩散前控制其种群规模这一原则得到了一致的肯定,这需要对外来种进行长期的观察和监控。同时,在引种过程中需要加强生态风险评价和生态安全管理。

二、流域人类活动对河口的影响

河口海岸是地球四大圈层交汇、能量流和物质流的重要聚散地带。该区域经济发达、人口集中、开发程度高,导致严重的环境变异、资源破坏,对区域持续发展造成重大影响,特别是我国流域高强度开发,对河口和邻近海岸带有直接和深远的影响。我国的河口海岸面临着4个方面的挑战:入海泥沙量急剧减少;入海污染物质显著增加;滨海湿地丧失;全球海平面上升对中国低海岸的严重威胁。为此,开展河口海岸环境变异的研究,为解决国家目标和海岸带资源可持续利用,无疑是非常重要而迫切的问题[44]。

近年,长江口入海泥沙锐减,导致河口海岸侵蚀;咸潮入侵加重,影响供水安全;入海污染物剧增,近岸水体污染严重;滩涂围垦强度增大,河口湿地大量减少;生态系统退化,生物多样性减少。全球气候变化导致海平面上升和自然灾害加剧,河口地区反应灵敏,所受威胁加大。三峡工程、南水北调工程以及长江上游水利水电工程,虽极大地改善流域乃至全国经济社会发展的支撑条件,但也会进一步改变长江中下游的物质输运过程和通量,从而引起一系列河口资源环境条件的变化。

河口是流域与海洋的枢纽,也是流域物质流的归宿之地,流域和河口地区日益加剧的人类活动及资源开发,使得河口海岸环境产生显著的变异,长江流域高强度的开发必然导致河口地区生态环境的显著变化,这些环境变化因素主要包括:水文泥沙条件、河势演变、盐水入侵、生物物种、水质和湿地等。

(一)大型工程的影响

由于河口处于海陆交互作用的区域,因此,来自陆源物质和动力的变化对河口的发育和维持有极显著的影响。比如,流域活动导致的径流水量与泥沙含量变化就是其中重要的两个因子。因此,在流域开展的各种水利工程都应该考虑到对河口生态系统的影响。其中最典型的就是大坝和跨流域的调水工程。我国已拥有水库大坝9.8万余座,是世界上拥有水库大坝最多的国家,其中95%以上为土石坝。在为人类生产生活提供便利的同时,这些大坝的建设也对区域,包括了河口的生态环境产生了重要影响。

三峡工程建设之后,通过改变长江径流改变了长江口水域的温度、盐度及其他非生物因子,同时由于非生物因子的变化,也引起生物因子的改变,从而使鱼类浮游生物优势种的组成和群落结构的生态性质发生了一定的变化,影响到长江口鱼类资源的补充,进一步改变长江口水域生态系统的平衡。

大规模实施"全线缩窄"治理方案以来,钱塘江河口地区生态环境发生了新的变化,洪水、潮汐作用进一步增强;水资源需求不断增长,开发利用程度加大,跨流域配水量增加,水环境污染加剧;主槽摆动趋于平缓,河床冲淤幅度减小,河势趋于稳定;滩涂湿地资源总量减少,生态服务功能受到限制;水生生物物种减少,生物多样性有下降趋势。

(二)污染物排放及富营养化

由于生活污水排放、施用化肥的流失、土壤淋溶等因素造成的水体富营养化,是目前我国许多河流与绝大部分海岸带水域所面临的主要环境问题。而流域径流营养盐的输入,是导致河口水体富营养化的主要因子。具有高浓度悬沙的河口,河口区水体由于透光性的影响,即使具有很高的营养负荷,也不会有藻类的大爆发,但却引发口外海域的赤潮,造成鱼、虾、贝类的死亡。富营养化除了引发赤潮外,还可能导致河口及邻近水域的水体低氧,即水体含氧量低于 $2 \sim 3 \, mg/L$,甚至是缺氧。低氧区也被称为"死亡地带",是彻底丧失栖息地功能的水域。北美是报道和研究低氧现象最多的地区。除了大量的营养盐外,随着径流进入河口的还有各种污染物,包括有毒重金属、人工合成的有机物等。后者又包括了各种农药、杀虫剂、船舶涂料以及各种难降解有机物。

三、河口生态修复

对于健康的河口生态系统,需要采取有效措施将保护与生态系统服务的合理利用相结合,以保证生态系统的持续性和稳定性。但是对于大多数受损的河口生态系统,则必须采用河口生态工程的方法予以修复,以恢复其正常的生态服务功能。由于河口本身处于海洋生态系统向陆地生态系统的演替过程中,物种的组成在自然演替过程中会发生显著的更替。因此,受损河口生态系统的修复必须考虑河口的演替过程,纯粹地恢复原有植被与其他生物群落是难以达到并取得较好效果的。

(一)功能修复:结构重建的目标

河口本身就是一个处于不断变化过程中的生态系统,与其他生态系统类型相比,物理条件的影响非常显著,任何水文与沉积条件的改变都足以改变其景观及生物结构,从而对能流和物流产生深刻的影响。根据"滩老成陆"的规律,滨海湿地生态系统本身就具备了向陆地生态系统演替的自然趋势。因此,在河口生态系统的修复过程中,要完全恢复所谓原生态是不可行的,也是毫无意义的。生态修复的主要目标是通过适度的调节手段（包括对系统结构的调整、对辅助能和物质输入的控制等），恢复河口生态系统特有的高生产力和自净能力等功能。

（二）结构重建：功能修复的前提

生态系统的功能是以生态系统的结构为载体的。而在大多数生态系统中，每一项生态功能往往都由具有相似功能的若干物种组成的群体——功能群来完成。任何一个功能群的缺失都会导致系统的功能发生本质的改变，而单一物种的缺失可以通过功能群内物种间的互补而弥补。因此，功能群已经成为更有意义的生态系统结构单元，被广泛应用于生态系统健康评价、生物多样性测度等研究工作。

功能群是结构重建的基本单元目标。凡是增加原有功能群数量，并且有利于各功能群内物种数量增加的措施，都可认为是有利于结构重建的，反之，则是对系统结构的破坏。而缺失的或只有少数物种组成的功能群，是进行生态系统结构重建的关键所在。这就要求在进行结构重建时，除了要增加生态系统的生物多样性外，还要维持和增加各功能群的多样性，促进生态系统各组分的协调、有序。

（三）河口"原生态"的保育

在河口的生态修复过程中，保护河口的原生特色是实践与研究的关键。河口往往是重要的水禽、涉禽栖息地，只有满足了鸟类对栖息地景观要素的需求，受干扰的河口才可能恢复其栖息地功能。以涉禽为例，光滩、明水面与植被是其栖息地的三大景观要素，因此，在河口的生态恢复中，这三者的恢复与管理是非常重要的。

植被除了对河口的能量流动与物质循环具有重要贡献外，还可以提供饵料和隐蔽栖息地。在河口的复绿过程中，要注意维持和恢复植被的多样性；恢复盐沼的原貌；尽量采用本地种，如果采用外来种，需要进行生态风险评价，并制定相应的控制与管理措施；调整与河口已有植被的关系，避免对一些几乎不被人类利用的但可能具有潜在的生态效应的植被（如长江口的藨草群落）产生负面影响。当然，对于淤泥质的河口潮滩，在生态恢复的同时，要维持裸露光滩的面积，尤其是潮间带下缘的光滩。

潮沟是河口滩涂的特有生境类型，是潮滩上物质交换的重要场所，也是许多底栖动物的迁徙廊道。即使在圈围工程中，潮沟作为唯一的潮汐出入通道，也具有重要的生态价值（见图8-12）。

此外，河口"原生态"状态的保育还涉及了对污染物的控制。虽然河口本身是海陆间的屏障，具有强大的自净功能，但是，超过一定阈值的污染物不仅使河口丧失自净功能，还可能导致系统的崩溃，缺氧区就是一个极端的例子。当然，对河口污染物的控制更多的是依靠流域的点源、面源污染物的排放控制。在墨西哥湾的缺氧区治理工程中，科学家们已经向政府提出了许多针对流域排放的建议，包括：大规模改变美国中西部的土地利用模式，如改良耕作技术；对点源污染进行三级处理，尤其推广生物恢复技术；

图 8 - 12 长江口东滩湿地潮沟(复旦大学李博教授提供)

建立针对面源污染的河流缓冲区(约 770 万 hm²)和湿地恢复区(约 200 万 hm²)等,折算下来,要改变墨西哥湾的现状,消除缺氧现象,就要恢复密西西比河流域 3% 的湿地面积。由此可见,维持一个河口生态系统的健康,不仅是针对河口本身的治理,更需要针对整个流域进行可持续性管理。

四、河口生态系统评价

河口生态系统一方面能提供多样化的生态服务和较多的经济产出,但同时也更易受到人类活动的影响。合理评价河口生态系统健康有利于了解河口生态系统现状,为可持续利用河口生态系统提供科学依据。牛明香和王俊(2014)对河口生态系统的特征、健康内涵以及健康标准进行了归纳和分析,并系统论述了河口生态系统健康的评价指标、评价方法、指标筛选原则以及主流评价指标体系和评价模型,概述了遥感(RS)和地理信息系统(GIS)技术在河口生态系统健康评价中的应用[45]。

退化河口生态系统恢复评价指标体系综合考虑河口生态系统对全流域及人类生活的影响,分别从生态系统的环境部分、生物部分以及对人类的影响三方面,采用集水面积、人口密度、入海量、河口断流时间、水质、生物多样性指数和生物量 7 项指标对河口生态系统状况进行评价,指标体系在海河流域主要河口生态恢复评价中得到应用。

大河三角洲锋区河口(large-river delta-front estuaries, LDE)中的过程可以影响(驱动)从大陆到全球海洋的颗粒物和溶解物质的流动,这可能对沿海富营养化和缺氧区的发展等问题产生深远的影响。LDE 还记录了其迅速积累的陆上和水下三角洲沉积物的环境变化,如大陆尺度的气候和流域土地利用趋势,气旋风暴的频率和大小以及海平面变化[46]。

案例 美国国家河口项目(The National Estuary Program,NEP)

NEP 是美国环保局以地方为基础的计划,旨在保护和恢复具有国家重要意义的河口的水质和生态完整性。目前,位于大西洋、海湾和太平洋沿岸以及波多黎各沿岸的 28 个河口被指定为具有重要国际意义的河口。每个 NEP 都集中在一个包括河口和周边流域的研究区内[47]。

切萨比克湾(Chesapeake Bay)是美国面积最大的河口海湾,位于美国东海岸中部的马里兰州和弗吉尼亚州。整个海湾流域包括 150 多条支流,海湾和支流岸线累计达 1.3×10^4 km,流域内拥有 1 992 km^2 湿地和大量的河流小溪,孕育了丰富的生物多样性,有水生动物和植物等 3 000 多种,是美国生物多样性最高的河口海湾。切萨比克湾生态修复工程是美国最大的生态系统修复工程之一,保护和恢复渔业资源是切萨比克湾生态修复的首要目标。

1. 掌握退化机制,修复河口理化环境

对营养物质实施减排措施是进行生态修复最直接的方法,主要包括建立全水域水质监测站点网络(162 个站点)、对点、非点源(如地下水出流和大气沉降)控制;不断地提高污染防治措施,以便争取点源化学污染物零排放;将土地的害虫综合治理和最佳农药喷洒量结合管理。水域沉积泥沙量大、水体浊度高是导致切萨比克湾河口缺氧及退化的另一个重要影响因素。针对沉积物营养化和污染采取的治理方法有:① 减少营养和污染物的排放;② 通过永久性掩埋技术,使水体中沉积物加速永久性存储或者减少生物所需的有效营养源;③ 在小范围水域中,通过物理屏障(淤泥和黏土)对底泥沉积物进行密封,或通过化学性阻挡层(明矾)淀积水顶部或刚输入水表的沉积物,有效地减少养分和污染物质再循环。

2. 点(物种保护)面(重要栖息地)整合保护

(1) 恢复关键物种资源量

鲱、美洲牡蛎和蓝蟹恰好是切萨比克湾主要的食藻者、食腐质者和滤食者,对流域输入的有机物质来说,在其转换和存储过程中发挥着关键作用,并且能进一步调节海湾浮游带的群落代谢。在生态修复中,着重展开了对这些关键的功能物种的保护和恢复,提升其生态服务功能,主要实施的保护措施有:针对性地开展对这些物种(如蓝蟹)的限制性捕捞、增殖放流进行资源量补充和恢复。

(2) 保护与修复重要栖息地

对切萨比克湾河口重要栖息地的修复,主要包括维持现有的重要栖息地面积、种植沉水植被、重建海草床和保护特定湿地及退耕重建湿地。海草床是多种鱼类和无脊椎动物早期幼体重要的栖息地。切萨比克生态修复还对其他非定点在河口原位,但同时又对河口渔业资源有重要作用的重要栖息地进行保护和恢复,包括:① 修复鱼类洄游通道;② 人工重建与优化牡蛎礁床。

3. 促进合理的土地利用，在流域尺度上进行修复

自 1984 年以来，由于持续的管理行动使切萨皮克湾的氮浓度降低了 23%，沉水植被(submersed aquatic vegetation, SAV)已经重新获得了 17 000 公顷，以实现近半个世纪以来的最高覆盖率。研究经验证明，减少营养和保护生物多样性是有助于成功恢复区域尺度退化系统的有效战略，这一发现与全球环境管理计划的实用性密切相关[48]。

4. 建立流域尺度综治体系

为了确保切萨比克湾整治规划的实施，切萨比克湾建立了流域尺度上负责领导、协调和项目实施的综治体系。该体系的领导机构由一个强有力的领导机构(切萨比克湾整治执行委员会)和协调会及其下属的 4 个专门委员会组成。这种跨流域尺度的综治体系之间的协调合作体制，对切萨比克湾整治工作产生了巨大的推动作用，有力地促进了切萨比克湾整治项目的展开。

最新研究表明这些全区域水质效益可归因于 1990 年"清洁空气法"修正案(以及随后的美国 NO_x 控制计划)带来的 NO_x 排放控制，并反映了切萨皮克湾修复中的水质"成功案例"。而不是传统观点认为最佳管理实践(best management practices, BMP)和废水处理(wastewater treatment)的实施已经扭转了营养物质污染的趋势[49]。

作为国际上著名的大型水域生态修复工程，切萨比克湾生态修复是美国本土范围乃至世界河口海湾生态修复最为成功的典范，对河口渔业生态修复具有典型参考意义[50]。

第六节　海湾生态系统保护

海湾是深入陆地形成明显水面的海域，按照成因可分为构造湾、河口湾、潟湖湾、火山口湾、基岩侵蚀湾-堆积湾、连岛坝湾、三角洲湾等。海湾地处海陆结合部，常年经受海洋和陆地的双重影响，同时，海湾蕴藏大量的资源，具有独特的自然环境和明显的区位优势，是海洋最容易受人类活动影响的部分，并形成了特有的自然和人文景观[51]。

海湾是海洋向陆地凹入的一片三面环陆的水域，与大洋和海相比，海湾具有避风和抗浪的作用，所以很多海湾都是天然良港。海湾与人类的关系非常密切，人类很早就定居在海湾附近，这是与海湾本身特性密切相关的。因为海湾相对较浅、水流平缓，海湾中的鱼类和其他生物资源是人类最容易获得的海洋食物。后来人们发展贸易，建设港口，很多工业设施也建设在海湾，大量海水养殖活动的主要场所也是海湾，因此海湾是海洋中受人类活动影响最大的区域，也是海洋经济发展的核心区域。海湾生态系统的变化，不仅影响到生物资源的变化，更重要的是对海洋环境、海洋经济和社会稳定的影响。

世界上有很多著名的海湾，如哈德逊湾、缅因湾、比斯开湾、芬兰湾、波斯湾等。有

些海域尽管被称为湾,却是非常大的海,如墨西哥湾、孟加拉湾、几内亚湾和巴芬湾等。我国的渤海应该是典型的海湾,我们却称其为海。在我国比较有名的海湾中,有 3 个位于渤海:渤海湾、莱州湾和辽东湾。

海湾处于海陆过渡带,具有优越的开发环境,由于人类对海湾开发利用强度较大,沿湾地区环境污染日趋严重,导致海湾生态系统退化、生态服务功能下降。目前,国际海湾生态环境研究主要呈现出如下发展趋势:① 从环境质量、生物群落结构等现象研究转向环境变化机理、生态系统结构与功能的响应机制研究;② 从对海湾生态环境某个环节的研究转向对海湾生态系统的全过程、系统性研究;③ 从单纯研究海湾水体转向陆海相互作用的完整性研究,并从管理上提出海陆统筹的要求;④ 从对海湾生态环境某个时段变化的研究转向生态系统长期连续变化规律的研究。未来应重点开展的研究包括:营养物质在半封闭性海湾长期滞留聚集条件下的迁移转化规律;营养物质变化对海湾生态系统结构与功能的影响过程与机制;基于生态系统水平的海湾综合管理理论体系[52]。

一、中国海湾基本情况

中国大陆沿海主要海湾的岸线在结构组成、开发利用程度和空间位置等方面发生了剧烈的变化,主要体现为自然岸线的长度和比例不断下降、岸线的开发利用程度持续增强、岸线位置不断背陆向海运动;而且,海湾岸线空间位置的剧烈变化导致了湾面形态的显著变化。近 70 年中国海湾的各方面变化是自然因素和人类活动因素共同影响的结果,但海湾岸线结构和开发利用程度的变化特征表明,以围填海为主的人类活动无疑是主导的影响因素,而且其影响作用逐渐增强,尤其是最近的几十年,其作用已经远远超过了自然因素[53]。

监测和研究海湾变化对于发展海洋科学、保护海洋环境、确保国家安全等具有重大意义。海湾是陆、海相互作用以及人类干扰活动的强烈承受区域,是环境变化的敏感带和生系统的脆弱带,因而海湾生态系统是海洋生态学家、环境学家尤为关注的区域,也是可持续发展研究的优先区域。

近 20 年来,我国营养盐入海通量持续升高,沿岸海域特别是河口海湾富营养化程度比较严重,导致一系列的生态系统异常响应,包括赤潮频发、底层水体缺氧、沉水植物消亡、营养盐的循环与利用效率加快等[54]。近几十年来,高强度人类活动导致海湾生态环境恶化、生态系统失衡,已严重威胁到海岸带地区经济和社会的可持续发展。海湾营养物质来源多样,形态转化多变,生态过程及其效应复杂,营养物质在海湾的迁移转化规律及其对海湾生态环境的影响过程与机理,是国际海洋生态环境研究的前沿。

我国 200 个河口海湾,其环境条件多样,具有独特的循环、复杂地形、大尺度水平和垂直梯度,以及河海边界迥异的时空动力学等特性。影响海湾富营养化特征尤其是营养盐转化效率的原因是复杂的,要准确解释这种差异性,必须综合考虑各种影响因素的协同作用。同时,对于海湾富营养化程度的评价,其指标选择、阈值类型及时空代表性非常重要。为构建科学、合理的海湾富营养化评价方法,有必要在传统富营养化指数法的基础上,进一步考虑营养盐转化效率差异的影响。

二、海湾生态系统健康评价方法

(一)指示物种法

鉴于生态系统的复杂性,通常采用一些指示种群来监测生态系统健康。指示物种法选取指示物种如生态系统的关键种、指示种、特有种、濒危种、长寿种、环境敏感种等,以物种的数量、生物量、生产力、结构指标、功能指标以及一些生理生态指标来衡量物种健康状况,进而反映生态系统的健康状况,包括单物种指示物种法和多物种指示物种法。指示物种法由最初的根据指示生物出现与否的定性评价向定量评价发展,如利用底栖生物的完整性指数、Shannon－Weaner 多样性指数等评价生态系统健康状况[55]。

指示物种法研究对象单一,简单易行,在生态系统健康评价研究中应用得较早。由于指示物种的筛选标准及其对生态系统健康指示作用的强弱不明确,且未考虑社会经济和人类活动等因素,难以全面反映复杂的生态系统健康状况,尤其对于人类活动复杂的海湾生态系统健康状况的评价,具有一定的局限性。

(二)多指标体系综合指数法

多指标体系综合指数法是指根据生态系统的特征和服务功能建立指标体系,通过数学模拟确定其健康状况。该方法被较多地应用于海湾生态系统健康评价。合理的指标体系既能反映水域的总体健康水平,又能反映生态系统健康变化趋势。多指标体系综合指数法根据指标分类又可分为综合指数法、活力组织恢复(vigor-organization-resilience,VOR,结构功能)综合指数法和压力状态响应(pressure-state-response,PSR 模型)综合指数法。

多指标体系综合指数法的主要内容包括确定研究区域和研究尺度(研究区域分区);针对研究区域特点,选取适当指标,建立指标体系;确定指标权重;确定指标评价标准,对指标进行赋值或归一化处理;计算综合健康指数,得出研究区域生态系统健康状况。其中,确定指标权重是重要的步骤。较常用的确定权重的方法有层次分析法(analytic hier-archyprocess,AHP)、主成分分析法、模糊数学法和灰色关联度法等,其中AHP 较多地被用于多指标体系综合指数法中权重的确定[56]。

三、典型海湾生态系统健康评价

(一)广东大亚湾生态系统的健康评价

大亚湾生态系统的健康状态处于"较好"水平,但和"临界"水平的距离已经很近。

主要的健康问题是浮游植物丰度过高,生物多样性指数过低和生态缓冲容量过低。特别是生态缓冲容量,是指标体系中健康状况最差的。过低的生态缓冲容量会造成海湾生态系统对外界压力的承受能力和系统修复能力的低下,加大生态系统退化的概率。因此,大亚湾生态系统的健康状况正面临着向"临界"态退化的危险[57]。

大亚湾生态系统的主要健康薄弱区的空间分布格局与大亚湾周边人类活动区域的分布基本一致。如霞涌镇是大亚湾经济技术开发区所在地,也是废水集中排放海域,这与霞涌镇附近海域是生态系统健康状态较差的海域的研究结果完全相符。由此可以推断,"人类活动"很可能是造成目前大亚湾生态系统健康状态空间格局的主要因素。

(二)浙江象山港生态系统评价

象山港是我国典型的狭长形半封闭海湾生态系统,然而近年来在人类活动的作用下,海湾的资源、环境和服务功能出现退化。2003~2011 年,象山港海湾生态系统环境纳污能力表现为逐年下降的趋势,且过载区域面积所占比例也从 2003 年的 17.2%,逐年增加到 2011 年的 41.8%,水体无机氮和活性磷酸盐是造成海湾各功能区环境纳污能力过载的主要环境因子;资源供给能力逐年下降,可载区域面积所占比例从 2003 年的87.4%,逐年下降到 2011 年的 0.1%,表现为从海湾口门处向内湾逐渐降低的趋势[58]。

2010 年象山港海湾生态系统服务价值的总量约为 $27.16×10^8$ 元/a,单位面积海域生态系统服务的价值约为 $482.16×10^4$ 元/ $(km^2 \cdot a)$;供给服务总体比例较高,占 62.83%,体现了维持渔业资源稳定持续供给的重要性;文化服务其次,占 25.31%;调节服务比例偏低占 11.86%,对控制非点源污染、改善生境条件提出了迫切需求。

(三)福建兴化湾和罗源湾生态评价

依据"压力-状态-响应"(PSR)概念模型,构建了兴化湾海湾生态系统退化评价的指标体系,并采用综合指数法和模糊评价法对该海湾生态系统的退化程度进行了定量评价。结果表明:自 2005 年兴化湾海湾生态系统呈现出退化的趋势,到 2008 年生态系统处于"中度退化"状态。兴化湾海湾生态系统受到的环境胁迫作用较大,尤其从 2005年以来生态系统面临的压力有所增大。导致兴化湾海湾生态系统退化的主要胁迫因子有富营养化、围填海、GDP 增长对环境的压力、滨海电厂温排水以及海洋捕捞等;在持续较大的压力下海湾生态系统的状态表现出恶化趋势[59,60]。

以"暴露程度-敏感性-适应能力"为框架,构建了罗源湾海湾生态系统脆弱性评价指标体系,并运用模糊综合评价法对罗源湾海湾生态系统在 1986~1990、2004~2006、2010~2012 年三个阶段的脆弱性状况开展了定量评价,结果显示,罗源湾海湾生态系统在三个阶段均处于"中度脆弱"水平,综合评价得分逐年上升,呈现渐脆弱趋势。三个子系统的模糊评价结果表明,罗源湾海湾生态系统面临的暴露程度不断增大,其主要人为胁迫因子为滩涂围垦面积、临港工业发展和海水养殖密度;其次,罗源湾海湾生态系统的敏感性也越来越强,主要的敏感因子有海洋生物质量综合指数、浮游动物和潮间带底栖生物多样性指数和鱼卵仔稚鱼种类与密度;与此同时,适应能力则呈较好态势。研究结果可为相似区域海湾生态系统脆弱性评价提供参考。

(四)中国胶州湾的研究

胶州湾是我国东部沿海发展的一个缩影,胶州湾生态系统既受到黄海大环境变化的影响,也受到湾内各种环境因素的影响:河流注入、海岸工程、跨海大桥等重大活动等[61]。

胶州湾是我国沿海的一个典型海湾,胶州湾生态系统不仅受到邻近海域海洋环境变化的影响,也受到人类活动的强烈影响。胶州湾是我国开展观测与研究较多的海湾之一,特别是胶州湾海洋生态系统研究站对胶州湾的长期综合观测已经积累了超过 30 年的资料,涉及物理、化学、生物、污染物、沉积物等各个方面,对这些长期数据进行系统分析,探讨导致胶州湾海洋生态系统变动的关键控制因子、胶州湾海洋生态系统变化趋势、海湾生态系统的健康状态评估等具有典型意义。在复合生态系统视域下探讨胶州湾生态系统服务功能有利于从整体上揭示其服务功能。在胶州湾海洋生态环境 GIS 数据库的支持下,构筑了胶州湾主要营养盐硅、磷、氮的分析预警系统[62]。

有关胶州湾的生态系统的健康状态研究非常多,针对胶州湾环境、生物多样性、养殖环境、渔业资源变化、污染等进行了大量的研究,其中富营养化现象是世界上海湾生态系统普遍存在的问题。

胶州湾的生物多样性没有很大变化,但是胶州湾生物的种类组成发生了很大的变化,这对生态系统的结构与功能,生态系统的健康都会产生很大影响。如甲壳类浮游动物的种类减少或者消失了,但是小型水母等的种类和数量都增加了。良好的水体交换和大量的滤食性贝类的存在是维持胶州湾生态系统健康的两个最重要的因素,对控制胶州湾生态系统的变化起到重要的调节作用,特别是对于富营养化的控制作用尤为重要。从目前情况来看,随着一些沿岸重污染工业的搬迁和对环境保护的重视,能够对胶州湾生态系统产生致命影响的因素是胶州湾及其邻近海域的大型工程,特别是一些围海造地项目改变海湾流场。

案例　墨西哥湾缺氧区研究

排入墨西哥湾的水域起源于密西西比河,俄亥俄州和密苏里河的分水岭。该流域的总流域面积达 300 万 km^2,占 31 个州的 40%,占墨西哥湾淡水资源的 90%。氮是最常限制河口和近海水域初级生产力的常量营养素。20 世纪密西西比河流域的硝酸盐氮浓度和通量急剧增加,特别是伴随着 1950 年后氮肥用量增加。导致营养物质注入海湾的其他因素包括:人为排水和其他水文地貌变化,硝酸盐的大气沉降,城市和郊区的径流和生活废水排放,以及饲养场和其他场所的点源排放密集的农业活动[63~65]。

通过建立密西西比河流域营养物流量与净表面生产力和底层水缺氧之间的联系,

有人认为缺氧可能对海湾生物群具有潜在的严重影响,但到目前为止,渔业还没有受到严重影响。

解决墨西哥湾氮负荷规模问题是生态科学及其生态工程应用领域面临的重大挑战。它需要应用生态学(生态系统和景观尺度)、农艺学、土壤科学、水文学和大气科学的原理和实践,以及这些学科的整合,实践上则将涉及十几个州、无数的排水区、利益团体、环境组织、城市和州的复杂的监管体系。

通过几种通用方法和特定技术可以部分减少到达墨西哥湾的营养物质数量,特别是硝酸盐氮。这些措施包括修改农业实践,建造和修复河岸带和湿地作为农业土地和水道之间的缓冲区,控制城市和郊区非点源,使用环境技术,如点源处的三级处理,以及控制大气来源。

降水对密西西比河流域农田硝酸盐氮输出的时间有很大影响,特别是在通过地下排水管排出的硝酸盐氮的情况下。干旱年份会导致硝酸盐氮排放量非常低。潮湿的年份,特别是如果它们经历了一两年干旱,可能导致非常大量的硝酸盐氮通过地下排水管排放。硝酸盐氮浓度不随日常流量变化,但随季节变化。春季降雨量通常会达到最高浓度,雨季之间,由于施肥,作物吸收减少和土壤矿化作用,土壤中残留的硝酸盐会积聚在土壤中,仅在大雨期间才会释放。

研究表明,玉米和大豆等作物的地下排水中硝酸盐氮浓度相对较高,苜蓿或草等多年生作物的浓度较低。这些作物的根系延长了水和养分吸收的时间,从而优化了氮的循环。因此,通过改变种植系统可以控制氮素流失。

第七节　海水生态养殖

我国海水养殖业的发展速度快、规模大,但发展的同时也给海水养殖生态系统带来巨大的压力,并引起一系列的生态环境问题。这些问题包括养殖环境中的水体和沉积物环境质量恶化、富营养化程度加剧、自然生物群落结构被破坏、海洋生物多样性降低等。生态环境的退化又反作用于海水养殖业,造成养殖产品的产量和质量降低、病害情况加剧等,严重威胁海水养殖业的健康可持续发展。为了准确认识海水养殖生态系统所承受的环境压力、系统的状态和面临的问题,以对养殖海域进行适应性的有效管理,需要对海水养殖生态系统健康进行科学和综合评价[66]。

海水养殖生态系统具有生物结构简单、物质能量循环受阻、自我调控能力差、受人类活动干扰强烈等特点,这决定了该生态系统的结构和功能更易退化。

一、我国海水养殖发展现状

我国大陆海岸线约 18 000 km,-50 m 等深线以内的海洋成为海水养殖的主要水域。

1950 年,我国的海水养殖产量为 10 000 t,牡蛎是唯一的养殖种类。1970 年后,鱼虾类养殖开始发展。至 90 年代以后,我国的海水养殖进入了多种类快速发展阶段。2014 年,我国海水养殖产量为 1.81×10^7 t,2014 年世界水产养殖占水产总产量的百分比已经达到 45%。

在养殖方式上,经过多年的发展,目前我国水产养殖业绿色、可持续发展战略与任务已经形成海水池塘养殖、浅海与滩涂养殖、深水筏式养殖、深水抗风浪网箱养殖、集约化工厂化养殖等多种海水养殖模式和适宜于不同养殖水域的技术体系同步推行。

我国的海水池塘养殖真正起步于 20 世纪 70 年代初,最初用于虾蟹类养殖。近年来池塘虾、鱼、贝、参多营养层次综合养殖模式由于环境友好、生态高效的特点得到了迅速发展。同时,针对高密度池塘养殖水质富营养化和养殖自身污染等问题,开发了新型增氧机、生物滤器、微生物制剂等,缓解了池塘养殖富营养化和自身污染问题;这些技术的应用为池塘生态养殖发展奠定了基础。

工厂化养殖以鱼类养殖为主,20 世纪中期首先在淡水养殖领域发展,是我国水产养殖领域中装备应用水平最高的生产方式之一。20 世纪 90 年代,以大菱鲆、牙鲆等海水工厂化养殖为代表的海水工厂化养殖在北方地区得到了广泛应用,促进了工厂化养殖的进步。我国的滩涂养殖方式大部分为护养,养殖种类主要是贝类,是我国海水养殖的主要生产方式。与其他养殖方式相比,滩涂养殖生物多样性最高,属于传统养殖方式。

我国的浅海养殖在 20 世纪 90 年代以前,因受养殖器材和技术的限制,主要在港湾内发展。20 世纪 90 年代以后,随着抗风浪养殖器材的应用和养殖技术的提升,海上养殖逐渐拓展至湾外,并逐步向深水区发展。如黄海北部的虾夷扇贝底播养殖,山东半岛的浮筏养殖等,已经拓展至 50 m 水深。港湾内养殖方式多样化,多营养层次综合养殖较为普及。深水区养殖方式大部分以单品种养殖为主,特别是深水区,主要是大型海藻。

二、海水养殖模式发展

(一) 综合养殖模式

人类具有悠久的综合水产养殖的历史和丰富的实践经验。综合水产养殖有狭义概念和广义概念之分。狭义的概念是指在一个水体内开展多种水生生物养殖,或在一个水体内水产养殖与其他生产活动相结合的生产方式。广义的概念是将水产养殖与邻近陆地生产相结合的生产活动也包括在内,其范围更大。2004 年 Chopin 和 Taylor 将多营养层次种类的养殖(multi-trophic aquaculture)与综合养殖(integrated aquaculture)合并而称为多营养层次综合养殖(integrated multi-trophic aquaculture,IMTA),并在加拿大实践多年后才引起西方世界的广泛关注[67]。IMTA 其定义为,在同一养殖水体将不同营养层次的养殖种类有机结合在一起开展的生产活动。Soto 将包括多营养层次综合养殖在内的混养、渔-红树林等都包含在了综合养殖范畴之内。

综合养殖以中国海洋大学董双林团队的研究最为典型,其团队"海水池塘高效清洁养殖技术研究与应用"项目,2012 年获得国家科技进步二等奖。最早开始就是田相利(1999)报道的对虾三元养殖模式[68]。申玉春(2003)研究了虾-鱼-贝-藻多池循环水生态养殖模式[69]。许振祖等(2001)提出同池综合养殖下,不可能通过增大滤食性动物的放养量和系统的自养性产量来进一步提高养殖产量,故效益不够大[70]。为消除上述存在问题,最好的办法就是发展一种多池循环水型的封闭式综合养殖。

近年来,浙江省海洋水产养殖研究所研发了陆基生态高效循环水养殖模式与技术,该系统以养殖种类生态位互补理论为基础,利用不同营养级的养殖品种建立多营养层次生态循环养殖模式,达到高效、生态、安全、节能减排的目的,这将是我国池塘和工厂化生态养殖的新的发展方向。

多营养层次综合养殖模式是近年提出的一种健康可持续发展的海水养殖理念,由不同营养级生物(如投饵类动物,滤食性贝类、大型藻类和沉积食性动物等)组成的综合养殖系统,系统中一些生物排泄到水体中的废物成为另一些生物功能群的营养物质来源,从而达到养殖系统中营养物质的高效循环利用,提高食物产出效率,控制养殖水域富营养化的环境友好型生态高效养殖的目的。多营养层次综合养殖实现了养殖系统中营养物质在不同营养级生物间的传递、再循环,降低了环境压力[71,72]。

以色列、澳大利亚和南非等国在陆基集约化多营养层次综合养殖模式与技术方面的研发进展较快,并广泛应用于产业。如南非、澳大利亚的鲍陆基循环水养殖系统中,引入石莼吸收鲍养殖过程排泄的氨和氮,降低养殖对环境的负面效应,同时石莼又可作为鲍的饵料,实现了养殖与环境的双赢。加拿大已经构建了鱼贝藻多营养层次综合养殖模式。而挪威、新西兰等国家,为了解决各自国家单品种养殖对环境的污染问题,正在尝试构建适合自己国家的多营养层次综合养殖模式。近年来,多营养层次综合养殖模式已成为国际上研讨的热点,大型国际会议纷纷将多营养层次综合养殖列为专题研讨。多营养层次综合养殖理念是生态养殖的核心,也是健康养殖的基础,是世界水产养殖业的发展趋势。

(二)深水养殖技术

目前,开放水域的深水养殖技术正受到人们越来越多的关注,很多国家已经开展了离岸养殖的相关工作。2005 年美国国会通过了国家深水养殖法令,成为世界上第一个为深水海域进行海水养殖立法的国家,充分说明了开展深水养殖的重要性。2000 年墨西哥成立了墨西哥海湾离岸养殖协会,目的是发展社会和环境可接受的离岸水产养殖。海水养殖具有巨大的增长潜力,部分原因在于它是一种生产海鲜的极其节省空间的方式[73]。

（三）陆基工厂化养殖

国外的陆基工厂化养殖业比较先进的有日本、美国和欧洲等,这些国家或地区经济实力较强,科学技术发达,材料设备先进,与陆基工厂化养殖有关的基础研究,如养殖对象的营养生理、新品种开发、防病技术、水处理技术等已有较高的水平。发达国家十分重视陆基工厂化养殖中水质调控的自动化研究与应用,美国、挪威在高密度养殖系统中,程序控制技术研究与应用在世界上处于领先水平。此外,海水封闭循环水养殖理论与技术也是欧盟建议的重要研究领域之一。近年来,封闭循环水养殖技术进步较快,并在西方一些国家实现产业化,从研究、设计、制造、安装、调试以及产品的产前和产后服务,形成了一个新的知识产业。

三、海水生态养殖发展趋势

针对海洋生物固碳的机理及目前沿海各地区主要养殖品种的营养级和生物学特征,可从发展循环水养殖,大力发展贝、藻类养殖和推广生态、高效海水养殖模式这几个方面着手[74]。

（一）加大推广循环水养殖

循环水养殖是指建立完善的水处理系统,养殖用水通过处理后循环使用,不向海中排放,整个养殖过程由微机调控水质、统一管理、自动化操作,可有效保证90%以上的水重复利用,减少排放的同时还可提高养殖密度,大大提升经济效益。然而,由于成本高等客观原因,目前我国海水养殖中的工厂化养殖大部分仅仅是把养殖池塘搬到了车间水泥地,管理方式和养殖技术工艺几乎不变,仅仅是增加了养殖规模,相反却占用了土地资源、增加了养殖废水的排放,导致水质恶化,病害频发。因此,应重点解决高效实用的循环水养殖系统的研究和开发问题,在满足养殖对象需求的情况下尽可能地简单化,通过合理设计和安排循环水处理的路线和设备,使养殖系统实用、高效。

（二）大力发展贝、藻类养殖

藻类和贝类是海洋生物固碳的主力军,其中海洋大型藻类养殖水域面积的净固碳能力分别是森林、草原的10倍、20倍。据计算,每生产1 t海藻,可固定二氧化碳1.1 t。同时,藻类又可作为一种数量巨大的可再生资源,制造成乙醇替代石油燃料,间接减少二氧化碳的排放[75];海藻水产养殖的兴起代表了中国沿海水域的平行发展,海藻水产养殖产量从1978年的25.98万t(干重)上升到2014年的200.46万t(干重),增长7.7倍,目前年均增长7.96%。中国在全球海藻水产养殖生产中占据主导地位,占全球产量的2/3以上。沿中国沿海地区的个别养殖场面积超35 km²,图8-13为浙江苍南紫菜养殖场。

图 8 - 13　浙江苍南大规模紫菜(*Pyropia*)养殖场[76]

中国的海藻养殖规模可能具有区域生物地球化学意义。特别是,海藻吸收溶解的营养物质,然后在收获后将其从沿海水域移到陆地。事实上,据推测,大型藻类生产有助于去除多余的营养物质并补充水中的氧气,从而减轻富营养化对沿海生态系统的影响。其次应拓展贝类养殖区,构建贝、藻复合养殖模式,统计数据表明,如果使我国养殖贝类产量翻一番,仅贝壳固碳就能增加 50×10^4 t,并可提供 600×10^4 t 的优质蛋白食物。另外,作为滤食性动物,其产量的增加也加快了水体中生产力的利用[77]。

(三) 推广生态、高效海水养殖模式

根据大养殖海域的容纳量,把不同营养级的海水养殖品种组合到一起进行生态、高效养殖,加大海洋生物固碳作用的同时,把海水养殖对生态系统的危害性降到最低,是海水养殖产业现代化发展的最好方式。主要有贝藻养殖,虾贝养殖,鱼虾混养,参虾混养,参鲍混养,鱼类、贝类和藻类混养,藻、鲍、参综合养殖等多种混养模式。

目前,我国渔业经济正由"单一型"向"多元型"转变,由"开发型"向"环境友好型"转变,在追求经济效益的同时,人们也逐步意识到低碳、环保、生态、安全的重要性。以上几种混养模式主要根据各养殖品种的生活习惯、食性以及养殖海区条件和海域容纳量等方面进行组合,从而达到养殖模式优化、提高单位水体养殖生物产量、减少养殖废水的排放、提高海区的固碳能力的目的,实现低碳、生态、高效养殖。

案例　桑沟湾的多营养级水产养殖

桑沟湾面积 144 km²,是位于山东半岛东端的半封闭海湾。湾内养殖海带、扇贝、牡蛎、鲍和刺参等 30 多个品种,养殖方式有筏式、底播、沿岸池塘和潮间带养殖等,是我国最早开展海水养殖的海湾,并先后开展了养殖生物生理生态学、养殖容量评估、生源要素的生物地球化学循环、水动力、养殖模型、综合养殖,以及养殖对环境的影响和评价等研究工作,其 IMTA 模式得到世界范围认可(见图 8 - 14)[80,81]。

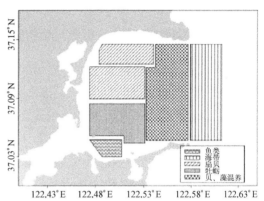

图 8 - 14   桑沟湾地理位置及养殖区域分布[78,79]

海带一直是桑沟湾开展养殖活动以来的主要养殖品种,遍布湾中部和外部,年产量超过 8 万 t(干重)。目前该湾开展规模化海水养殖生产活动 30 余年,水质环境仍处于优良状态,与大型海藻养殖不无关系。海带(Saccharina japonica)是我国养殖的重要经济海藻,属低温型大型藻类,原仅在我国山东、辽宁等北方沿海地区养殖,近年来培育了一些耐高温品种,使养殖范围逐步扩大,现已在江苏、浙江和福建等沿海地区养殖,2015年我国海带产量为 141.1 万 t,占海藻产量的 67.6%。

第八节   海岛生态修复

海岛是四面环水并在海水高潮时高出水平面的自然形成的陆地区域,具有孤立性、有限性、依赖性、脆弱性和独特性等特征。我国是世界上海岛最多的国家之一。近几十年来,海岛经济发展迅猛,随着开发程度的加大,海岛资源与生态环境面临着严重的威胁。

世界经济迅速发展和快速城市化使得人地矛盾日趋尖锐,资源已经成为经济发展瓶颈,远离大陆的岛屿资源的开发利用受到各国政府广泛的重视。

海岛由于面积小,环境资源的承载力小,因此容易引起生态系统退化。海岛生态系统退化来自自然和人为两方面威胁,前者包括飓风、风暴潮和水土流失等自然因素,后者主要包括旅游业和废弃物排放等人为活动。人类活动影响是海岛生态系统退化的主要因素。如果不处理好保护与开发的关系,降低生境破碎程度,减少不利影响,不仅会造成海岛生物多样性降低、生态系统受损,更为重要的是将影响海洋经济可持续发展、损害国家海洋权益、威胁国防安全。因此,如何进行海岛生态的修复,使得海岛生态系统完整和资源的可持续利用,成为当前迫切需要解决的问题[82]。

一、岛屿生态系统

(一)岛屿生态系统的资源环境特征

岛屿是一块特殊的陆地。世界岛屿可分两种类型:一是从海洋盆地底部升高到海面以上的海洋型岛,二是大陆架上被水包围而未被淹没的部分陆地即大陆型岛,世界上较大的岛屿很多是属大陆型。岛屿生态系统(islands ecosystem,IE)是以岛屿地理区域内的要素及其周边环境组成的生态系统。

岛屿与大陆相比,生态环境敏感脆弱,极易受到周围水域的威胁,致使自然灾害频繁,脆弱性较高,对自然和人类干扰高度敏感。岛屿一般地质地形条件复杂,台风、水灾及地震等天然灾害发生率较高,岛屿的面积小,物种的族群数量有限,物种灭绝的可能性也越大。岛屿的资源环境特征包括:

1. 物理演变

岛屿可以不断地形成和消失,海水浸淹低平的大地边缘以及海底火山喷发会产生新的岛屿。海面下降,一些岛成了大陆的边缘部分,海底扩张,板块运动,一些古老的岛屿冲入到海面以下而消失。

2. 地理区位的孤立性与资源有限性

岛屿远离大陆,地理位置上处于孤立状态,决定了岛屿固定面积上资源的有限性,这种孤立性和有限性使得全球大部分岛屿的经济都处于欠发达状态,也是脆弱性的原因。

3. 风险大灾害多

岛屿生态系统明显地不同于其他生态系统,地形起伏和地质状况是决定因素。在各种岛屿中,海岸生态系统与海洋密切联系,海洋可以提供营养如迁徙海鸟的粪便等。另外对于岛屿生活的生物来说,岛屿生境风险大、灾害多。

(二)岛屿"源-流-汇"的结构特征

岛屿生态系统的生态安全是通过生态安全格局的构建来控制的。岛屿生态安全格局由生态源、生态流、生态汇、缓冲区、通道、战略点等组成。源、流、汇等的认定是相对的,与生态系统中构成要素的生态位有关,而且同一种斑块既可以是生态源又可以是生态汇。岛屿生态安全格局的源流汇关系具有水平生态位和垂直生态位。水平关系上,此时岛屿作为研究对象是生态汇,需要从陆地和海洋生态系统输入物质与能量,生态流的通道是风以及交通系统如航道、航空、桥梁、隧道等,而海洋和陆地生态系统就作为岛屿的生态源而参与整个区域生态系统的物质循环与能量流动。从垂直关系上,岛屿生态系统具有时间与空间上的发展变化历程,这种变化是通过其构成要素来表征的。

(三) 岛屿的干扰特征

岛屿由于其特殊的地理区位与资源环境特征,受到的干扰可以分为内部与外部干扰。内部干扰是指影响岛屿生态安全的岛屿自身的构成因子,主要表现为气象因子、地理构成、水文以及构成要素的属性等;外部干扰是指来自岛屿生态系统外部的影响岛屿生态安全的因素,主要表现为全球气候变化、土地利用、人类活动、经济投入以及社会支撑系统等因素。

通过分析可以看出国内外岛屿经济发展基本模式有集中式: 保护生态环境牺牲经济利益的保守模式;先污染后治理的传统模式;保护生态环境同时发展特色产业的特色发展模式,以及经济与环境和谐发展的跨越式发展模式[83]。

二、海岛生态退化的影响因素

(一) 自然环境的影响

1. 自然灾害频繁

海岛的地理位置决定其自然灾害发生较多,台风、地震和海啸等海洋灾害对海岛生态系统有极为不利的影响。台风往往给海岛地区带来大风、暴雨和风暴潮,造成损失严重。

2. 淡水资源缺乏

海岛四周环海,淡水主要来自大气降水。由于海岛陆域面积小,多以基岩丘陵为主,岩层富水性差,截水条件差,调蓄能力低,地表径流大都直接入海。

3. 水土流失、植被退化

海岛土地资源数量有限,且比较贫瘠,受海浪和海风侵蚀,水土流失严重,因而一旦海岛的土地资源遭到破坏,其植被群落随之受到影响,从而导致整个海岛生态系统的健康受到威胁。

4. 生物入侵

外来有害生物入侵对岛屿生态系统的危害是多方面的、严重的、不容忽视的。外来物种入侵是岛屿生物多样性丧失的最重要因素。

(二) 人类活动的影响

1. 围填海工程等海岸工程建设

海岛潮间带湿地面积减少在我国岛屿开发利用过程中比较常见,随着岛屿开发和建设项目的实施,减少了岛屿原有的潮间带湿地面积,其相应的生态服务功能也将因此而消失。温州浅滩曾是瓯江口外规模最大、发育最完善的拦门沙滩,海上大堤建立后将浅滩人工围垦变为陆地。滩涂型湿地的减少,也使得原来在此觅食的涉水鸟类丧失了部分觅食场所。如厦门黄厝文昌鱼自然保护区受沿岸海洋工程建设的影响,区内沉积物颗粒变细,使文昌鱼分布区面积缩小、文昌鱼数量减少。黄岛区经济开发建设中进行大规模围滩填海,使原开阔的砂质泥潮间带基本消失,生物种类数几乎减半,珍稀动物黄岛长吻柱头虫绝迹。

海岛开发利用秩序混乱,资源破坏严重。与20世纪90年代相比,浙江海岛消失了200多个,辽宁省海岛消失48个,河北省海岛消失60个,福建省海岛消失83个,海南省海岛消失51个。

2. 无限制的砍伐和破坏海岛植被

海岛水土流失除自然因素外,人为砍伐植被,挖沙采石,严重破坏了原地貌,加快水土流失。目前台湾以林为主的山地利用正在向多样化利用发展,对山坡地滥垦、滥建严重,加上台湾又雨多山高坡陡,土壤冲刷强烈。海南岛的天然林由于不断采伐,面积减少,虽就地营造了大量人工林和橡胶林等,但涵养水源的效果不如天然林,水土流失加剧。广东南澳岛东半岛东西两个迎风口的原生群落被砍伐后,植被退化形成草坡,草坡的土壤理化结构较差,植物种类以阳性和旱生性种类为主,当地政府曾种了大量的树,但至今东面迎风口的植被仍不能恢复。

3. 海岛周围海域环境污染和富营养化严重

近年来随着沿海经济的快速发展,工业废水和生活污水的排放、垃圾的任意倾倒、化肥和农药的使用以及海水养殖业的发展,使近海环境污染和海岛周围海域富营养化逐渐加重。农田大量施用氮肥,河川径流中硝酸盐浓度较高,随着江河洪水期入海时间的不同,影响河口硝酸盐的季节变化。随着近海养殖产业规模的不断扩大,1985~2000年海水网箱数增加了10.4倍。养殖过程中产生的残饵、粪便和代谢废物也给海岛和周围海域的环境造成了污染。

三、海岛生态修复技术

海岛是地球进化史中不同阶段的产物,反映重要的地理学过程、生态系统过程、生物进化过程,以及人与自然的相互过程。大海岛的生态过程与大陆相似,因而其恢复方法与大陆相似;此外,海岛可分为海岸带、近海岸带和岛心三部分,不同部分的恢复策略也不同。海岛由于海水的包围而有明显的边界,岛内的生物群体在长期进化过程中形成了自己的特殊动物区系缀块,生态系统非常脆弱,在干扰下极易退化且不易恢复。

(一)海岛恢复的限制性因子

海岛与大陆不同,一般由低地和海岸带群落组成,海岛与大陆生态环境的主要不同点是大风及各种海洋性气候带来的附加影响。海岛一般与物种丰富的大陆相隔离,面积较小,有高的边缘/面积比,有独特的地形特征和有限的土壤,土壤中含Cl^-和Na^+多,气候变幅小,蒸发量大,更易受到台风等极端气候或自然灾害的袭击,生境多样性少,这些特征产生了海岛有特色的生物适应及营养循环,同时也形成了海岛恢复的限制性因子:缺乏淡水和土壤、生物资源缺乏、严重的风害或暴雨。海岛一般有大量裸露的岩石,缺乏淡水资源和土壤资源,这样的生态系统一旦破坏,退化生态系统的土壤和水分很难支撑重建或恢复的生态系统过程。风害对于海岛的恢复影响极大,尤其是处于迎风口的退化生态系统的恢复特别难。由于海风的影响,海岛群落的平均高度低于大陆,一些易风折的树种及蒸发量大的地带性树种很难成活。

（二）海岛生态修复技术

在生态修复技术方面国内外的研究已经达到一定水平,其中物种引入与恢复技术运用较多,除此之外还综合运用到种群动态调控、群落演替控制与恢复、物种选育与繁殖、土壤肥力恢复等技术。海岛生态系统修复根据空间可以划分为岛屿陆域生态系统修复、潮间带生态系统修复以及周边水域生态系统修复。

1. 陆域生态系统生态修复技术

海岛陆域生态系统的修复中最重要的问题是恢复和维持退化海岛的水分循环与平衡过程,其中最常用的手段是恢复海岛植被。海岛植被的恢复,是通过人工的方法,参照自然规律,创造良好的环境,恢复天然的生态系统,主要是重新创造、引导或加速自然演化过程。生态恢复方法又包括:物种框架法和最大生物多样性方法。由于与大陆的地理隔离,海岛的遗传多样性一般较少,恢复时可尽量增加海岛物种的遗传多样性,以增加海岛生物抗逆性的潜力。在引种时,最关键的是选择适生的关键种。

2. 潮间带生态系统生态修复技术

潮间带是指陆地与海洋交界的地段,受潮汐作用的影响,周期性处于干湿交替的过程之中。由于来自陆地和河流的矿物质及有机物等营养成分十分丰富,因此生活在潮间带的生物种类繁多。在潮间带生态修复中,首先应考虑恢复其生境多样性,维持并加强该生态系统功能。

对于生物资源衰退型的泥质、砂质潮间带,可以采用沙蚕、青蛤、毛蚶、杂色蛤,并采捕非经济优势种等技术手段,使原来生物结构单一、生态系统脆弱的滩涂区生物物种多样性和生物资源量得以提高。针对岩礁、泥滩、沙滩等不同类型的海岛潮间带,可以选择人工鱼礁、人造沙滩等技术,也可以通过人工兴建导流堤、丁字坝等技术,改变岛屿局部水文动力条件,促进岛屿潮间带生态系统的发育。另外,构建人工海藻场,移植珊瑚礁、利用附着性海洋贝类等生物技术促进生物沉积都可以作为潮间带生态系统的生态修复备用技术。

3. 周边水域生态修复技术

由于海岛四周都是水,其周边水体环境的变化影响着其陆域和潮间带生态系统,因此加强对水体富营养化、赤潮等生态问题的治理也是海岛生态修复的一个重要问题。

"梯状湿地"技术是指在浅海区域修建缓坡状湿地来减弱海浪冲击、促使泥沙沉积和保护海滩的海岸工程技术,通过人造湿地可以为海洋生物提供栖息地。人为地在海岛周围部分水域中设置构造物,以改善修复和优化水生生物栖息环境,为鱼类等生物提供索饵、繁殖和生长发育等场所,从而达到海岸带生物种群恢复和海岸带保护的目的,此方法在日本、马尔代夫和塞舌尔等岛屿国家得到了成功应用。

4. 全岛综合考虑的海岛生态修复技术

建立自然保护区和生态功能区对轻度受损的生态系统比较有效,对中度和重度受损的生态系统的恢复必须进行人为的适度干预。采用人工方法恢复和重建植被和湿地是海岛生态恢复的重要措施。对破坏严重的典型海岛开展"海岛生境恢复"计划,旨在利用生物技术和工程技术,建立人工群落和植被系统,修复遭到严重破坏的海岛生态系统。实际工作中,必须将海岛陆域、潮间带及周边水域 3 个子系统构成的海岛生态系统进行整体对待,维系海岛生态系统的物质流、能流和信息流。因此,综合考虑全岛的海岛生态修复技术是实现海岛资源环境与社会经济可持续发展的必由之路。

四、中国海岛保护与管理工作进展

自 20 世纪 80 年代以来,海岛重要的战略地位逐渐受到重视,在全国海岛资源调查的基础上,沿海各省、自治区、直辖市纷纷出台政策、措施,鼓励海岛的开发利用。因此,开发海洋、开发海岛、科学利用海岛已经成为我国当前一项重要的发展战略。海岛生态从系统动力学角度进行可持续发展模式的研究成为可能。

2010 年,由全国人大常委会通过的《中华人民共和国海岛保护法》正式颁布实施。2012 年,国务院批准了《全国海岛保护规划》。近年来,各级海洋主管部门认真履行法定职责,在海岛保护管理方面做了大量工作,取得了积极成效。国家海洋局要求各级海洋部门要以推进制度建设为重点,以推进业务体系建设为支撑,以生态整治修复为导向,全面提升海岛资源保护与开发利用的管控能力,开创海岛监督管理新格局。

案例 舟山枸杞岛

枸杞岛海上牧场是指枸杞岛贻贝的海上养殖区。枸杞乡的贻贝海上养殖业在浙江省乃至全国都占有一定的地位。远看整片养殖海域,养殖浮子星星点点,整齐排列,一望无际,让人心旷神怡,享有海上牧场的美称,养殖面积达 2.4 万亩[84]。

枸杞岛位于中国东海东侧嵊泗列岛中的一个岛屿。嵊泗列岛位于中国第一大群岛舟山群岛的北部,长江口与杭州湾的汇合处,由包括枸杞岛在内的嵊山、花鸟、绿华、泗礁、黄龙等大小约 400 个岛屿构成。枸杞岛位于嵊泗列岛东部,面积约 6 km²,距大陆约 85 km,岸线总长 22.5 km,除东部有两处沙滩外,其余均为岩礁,近岸水深多在 0~30 m,岛的西南、西北及东北海域距岸线最近 100 m 外,有大量贻贝筏式养殖(见图 8-15)。

图 8-15　中国贻贝之乡——枸杞岛[84]

枸杞岛由于位于该海域东部,偏向外海,沿岸浪击度较高,近岸岩礁以附着性强的藻类为主,而潮间带低潮带和潮下带区域则生长着抗浪击性较强的鼠尾藻、马尾藻等底栖海藻。枸杞岛所处该海域高盐区,根据已有记录盐度最高值达 34.81,近岸岩礁底栖动物以甲壳动物占优势,生物分带现象明显。潮间带生物种类多样性高,群落结构复杂,种与种之间空间及食物竞争较激烈,群落的中下部有物种镶嵌分布现象。在该海域生活的底栖生物种类有低盐性、广盐种与高盐种并存现象,广盐种占多。如此丰富的渔业资源被当地政府和渔民广泛利用,除钓、刺网、张网、小型拖网等传统捕捞作业外,绿华海域还设有网箱养殖基地,中央海域建设了人工鱼礁场,枸杞海域则设有贻贝筏式养殖场。

第九节　海洋渔业的生态修复

海洋作为人类社会可持续发展的宝贵财富,是解决当今人类所面临的人口增长、环境恶化和资源短缺三大问题的关键基础保障。特别是 1994 年《联合国海洋法公约》生效后,各沿海国家均把可持续开发海洋、发展海洋经济定为基本国策。其中,近海及其邻近地区具有非常重要的供给、支持、调节与文化等生态系统服务功能,成为各国实施海洋战略的主要区域。近海渔业更是对于保障各国食物安全和促进海洋经济发展发挥了极其重要的作用,成为各国缓解粮食危机的战略措施之一。

据 FAO 数据显示,2013 年近海渔业产量约 1 397 万吨,占全球渔业总产量的 17%,2014 年产量约 1 481 万吨,占全球总产量 18%。2018 年海洋捕捞(不含远洋)产量

1 112.42 万吨,占海水产品产量的 33.49%,比上年减少 74.78 万吨、降低 6.30%。从全球来看,近海及其周边地区用 18% 的地球表面,提供了 25% 的初级生产力和 90% 的渔获量。目前,约 30 亿人口的动物蛋白摄入量中有近 20% 来自水产品。其中,近海捕捞产量占 60% 以上。就我国而言,自 20 世纪 80 年代改革开放以来,渔业生产力得到了显著提高,近海渔业得以快速发展。在保障我国水产品供给、增加渔民收入、促进沿海地区海洋经济发展等方面做出了巨大贡献。

渔业资源作为海洋生物资源的主体,因过度捕捞直接造成的资源量骤减和生态环境恶化造成的关键栖息地如产卵场退化,已经呈现全球性衰退趋势,日益危及生态系统的健康和渔业资源的可持续性。而且,这种趋势已从沿岸水域蔓延到近海水域,引起了各国科学家的广泛关注。

一、国内研究现状和水平

在 20 世纪 80 年代之前,我国渔业资源学和渔业海洋学研究主要聚焦于鲐、大黄鱼、小黄鱼、带鱼、鲽鲆类等重要渔业种群的渔场海洋学及渔业生物学等研究。这些研究在近海渔业种群生物学、资源数量分布与变动规律、渔业生态环境等方面积累了重要的调查数据,产生了一批开创性研究成果,为我国海洋渔业科学的发展奠定了研究基础。"八五"以来,"渤海增养殖生态基础调查研究""典型海湾生态系统动态过程与持续发展研究""渤海生态系统动力学与生物资源持续利用""东、黄海生态系统动力学与生物资源可持续利用"等国家重大项目注重生态环境变化对生物资源生产的影响研究。这些工作引领并推动了我国海洋生态环境与生物资源相关领域的基础研究。之后,科技部相继支持和实施了一批与海洋相关的"973"项目。这些研究大大提高了我国近海生态系统与生物资源的综合观测、建模和预测技术的研究水平,对推动我国海洋生态系统动力学研究的发展发挥了重要的作用。

渔业种群作为海洋生态系统的生物主体之一,其资源量的变动是反映生态系统结构与功能变化的重要指标,我国在该领域中也取得了一些重要研究成果。在渔业种群对捕捞和环境变化压力的适应性响应的认识和研究方面,也取得了一些进展,如发现小黄鱼、带鱼等种群的性成熟个体年龄提前和小型化等现象。

二、海洋渔业生态失衡机理判断

当前,海洋渔业生态系统失衡已成为我国乃至世界海洋渔业健康发展所面临的最严峻问题之一[85]。而在世界范围内,从对海洋渔业生态治理的理论研究和实践来看,海洋渔业生态修复问题仍是一个热点和难点问题。仅靠采取一些治理措施短期内难以实现失衡生态系统的全面恢复,必须采取工程、生态修复技术以及生态、生产模式相结合的集成技术体系。海洋渔业生态系统失衡是自然因素和人为因素共同作用的结果。主要包括气候变迁、地壳运动、海洋自然灾害等自然因素;过度海洋渔业捕捞、过度海水养殖、外来物种引进、生物栖息地改造和破坏、各种形式的污染及污染修复过程中化学修复剂使用不当等人为因素[86]。

（一）自然因素主导下的海洋渔业生态失衡

此类海洋渔业生态系统演变主要受自然因素作用，如地壳升降运动引起海洋地貌变化、气候变迁引起水文因素变动等。具体表现在：

1. 滩涂湿地侵蚀影响

海水的冲击造成海岸线后退和海滩的下蚀，使土地流失、海岸构筑物被破坏、海滩生态环境恶化。侵蚀下来的泥沙又被搬运到港湾淤积而使航道受损、海洋渔业生态环境发生变化。

2. 大气沉降影响

大气中的氮、磷、硅等元素通过大气干、湿沉降过程进入海洋。含此类元素的局部降雨可能使表层海水中叶绿素和浮游植物量在短期内迅速增加，导致表层海水暂时富营养化和赤潮发生。

3. 气候变化影响

气候变化引起生物多样性丧失、平流层臭氧损耗、空气质量恶化等，影响海洋渔业生态系统的构成和生产力，加速海洋渔业生态环境的失衡。

4. 台风事件影响

我国海岸线独特的地理条件使我国容易遭受巨大海洋自然灾害，如风暴潮、海冰、地震、海啸等，威胁着我国海洋渔业生物多样性及海水养殖业。从世界范围看，近年来受"温室效应"等一系列自然灾害的影响，海洋渔业环境出现了许多异常现象，渔业生物栖息地发生了诸多变化，使海洋渔业生态失衡现象有所加剧，这其中有自然周期交替变化的因素，而人类的影响同样不容忽视。

（二）人为因素主导下的海洋渔业生态失衡

以人为干扰作用为主的海洋渔业生态失衡，主要表现在以下三个方面：

1. 过度利用导致的渔业资源衰退

人类对海洋渔业生态系统造成的最严重冲击是不合理捕捞。我国海洋捕捞船只急剧增加，渔业捕捞的不规范，导致了鱼类年龄种群结构失衡，生长周期遭到破坏，造成渔业资源急剧衰减甚至枯竭。最终破坏海洋渔业生态系统的平衡，许多优质品种无法再形成渔汛。海洋渔业资源过度捕捞的生态后果是使海洋食物链顶层生物遭受严重破坏，使复杂的食物网与脆弱的生态系统发生不稳定性动荡。此外，海水养殖与沿岸渔业生态环境之间的矛盾也越来越突出。

2. 污染物排放造成水域污染和水体富营养化

随着石油的大规模开采及排入海中的工业和生活废水量大量增加，沿海渔业水域污染日益严重,水质不断恶化,特别是在人口密度大、工业区集中的大中城市近岸海域,污染更为严重。大量含有氮、磷营养物质的污水以及非点源地表径流等排污入海,导致海洋渔业生态环境失衡。近年来,我国海上船只溢油事件逐渐增多,沿海大油田或石油化工企业跑、冒、滴、漏石油现象时有发生,造成局部海域大面积污染,致使海域污染更为严重。水域污染会直接导致海水富营养化及营养盐失衡,成为诱发赤潮发生的主要原因。

3. 开发活动致使渔业生境被破坏

20世纪60年代开始的大规模围海造地对海洋渔业生物多样性和生态环境造成了巨大危害。如厦门1959~2000年由于围海造地工程,使西海域纳潮量大量萎缩;海沧大道建设导致厦门东屿湾红树林已所剩无几。20世纪80年代以来,海南大规模推进围垦造田,红树林由25万 hm^2 减少至1.5万 hm^2,80%的珊瑚礁生态系统遭到破坏,导致了严重的海洋侵蚀,海岸线向陆地推进了近300 m。不合理的海洋工程兴建与海洋开发,如沿岸港口修建、航道整治、挖沙、抛泥、油田建设等,以及围海养殖都对海洋渔业资源与环境造成了巨大冲击,成为海洋渔业生态恶化的主要因素。

三、我国海洋渔业生态修复技术体系构建

海洋渔业的生态修复简单定义为:在大自然自我恢复的基础上,辅之以适当的人工干预,利用海洋渔业资源恢复的科技成果,通过工程建设(如投放人工鱼礁、建设牡蛎礁等)和生物补充(如渔业增殖放流),快速修复海洋渔场的生态系统,使渔业资源结构和数量改善并达到预期的目标。渔业生态修复的主要表现包含生物资源的恢复和生态环境的改善。针对海洋渔业生态失衡机理及时进行人为调控,是缓解海洋渔业生态系统失衡进一步恶化并逐步转向健康海洋渔业生态系统的重要途径。

(一)污染治理及控制技术

海洋渔业水质恶化与富营养化是外源污染物、生物多样性减少、工程建设和环境等综合影响的结果,也是海洋渔业生态系统的一种失衡状态,该种失衡的生态系统是在一定污染负荷下调整适应的结果。要获取稳定健康的海洋渔业生态环境,只有通过生态技术和方法对已失衡的海洋渔业生态系统进行修复才能实现真正意义上的生态恢复。研究与实践都相对成熟的海洋污染治理及控制技术主要包括物理技术、化学技术和生物技术三类。

(二)生态系统重建技术

海洋渔业生态系统恢复重建就是要以渔业生物多样性为基础,利用营养链,在适当海洋渔业水域恢复不同层次的生态链,重新构造完整性的海洋渔业生态系统,以使海洋渔业生态系统生产力得以修复和提高。可以采用的重建技术有:

1. 增殖海洋渔业资源

由于我国海洋渔业资源捕捞过度,渔获物趋于低龄化、小型化,海洋渔业国内生产总值有下滑趋势,因此应采取有效措施,通过放流、底播等海洋渔业资源增殖方式,改善海洋渔业资源结构和质量,提高海洋渔业生产能力。

2. 建立海洋保护区

在海洋野生渔业资源分布密集区,选建生态自然保护区,对具有较高经济价值、遗传育种价值的渔业种质资源进行保护,重点保护海洋鱼类产卵场、索饵场、育肥场、洄游通道和越冬场,同时注意保护濒危渔业物种及生物多样性。

3. 建设人工藻场

海藻群落是海洋生态系中极为重要的族群,其生产的有机物为整个海洋营养链提供了初级生产能力,而海藻能够吸收水体中的氮、磷等污染物,抑制海域富营养化程度,同时为其他海洋动物和微生物提供必要的食物。为此,应重新审视海藻群落在海洋渔业生态系统中的功能和作用,将恢复藻场作为海洋渔业生态系统重建的重要技术措施。

4. 投放人工鱼礁

在海洋渔业生态失衡和渔业资源衰退严重的海域,以人工鱼礁投放为起点,重建和恢复海洋渔业生态系统,提高海域渔业生产力,并以此带动其他相关产业的复兴。

(三)生态捕捞生产技术

根据海洋渔业生态失衡及修复情况,还应注意渔业生产方式的转变,开发装置型渔法,大力推广节能、节力、节成本的渔船、渔具及绿色生产方式,从源头遏制海洋渔业生态失衡趋势,维护海洋渔业生态系统健康性和渔业资源多样性。具体做法为:

在远洋捕捞方面,从投资效益和环境保护角度出发,在逐步减少小功率单拖网船的前提下,适度发展较大功率单拖网船到深海海域作业。同时,倡导发展光诱围网、钓具等对海底生态环境影响较小的作业方式,以减少对渔业资源和生态的损害。此外,还应注意扩大海洋遥感技术等地理信息技术在渔场变动、动植物分布、海况与海洋生态监测等方面的应用,指导渔业生产,促进渔业及生态环境研究。

在海水养殖方面,根据不同养殖种类生态习性与环境要求,设计生态养殖模式,开展生态多元化立体养殖,发展深水抗风浪网箱养殖。

在水产品加工方面,不断扩大高新技术在生产中的应用,提高加工品的技术含量,实现对海洋渔业资源充分、合理、高效地利用。

(四)加大近海渔业生态系统研究

近海拥有丰富的陆源营养物质补充,基础生产力和生物多样性高,具备适宜生物繁育生长的水动力基础和底质条件。渔业种群数量的变动主要由补充量的变化驱动,而种群的补充机制直接决定了渔业资源的世代发生量和生物资源的可持续产出。因此,近海作为众多渔业生物的优良产卵场、索饵场和渔场,支撑着渔业种群的持续补充和繁衍。但近海同时又是人类活动密集、开发强度高的区域,其生境和生物资源受人类活动和环境压力的影响也是显而易见的。

环境变化导致近海生态系统服务功能的衰退已成为制约我国海洋渔业可持续发展的主要瓶颈,为实现基于生态系统的渔业管理造成了巨大障碍。为突破这种困境,围绕国家对近海渔业可持续发展的重大需求以及所面临的渔业生境退化和渔业资源衰退等问题,应重点关注以下4个方面的研究[87]:关键栖息地的形成和变迁过程与机理;关键资源补充过程与机制;渔业种群对环境变化的适应性响应;资源动态模型分析与资源效应综合评估。

(五)加大资源增殖和养护

渔业资源的恢复有三个主要途径。首先是增殖放流,将无脊椎动物和鱼类的仔稚鱼释放到沿海水域,以增加它们的自然供应[88]。第二个主要途径是建设人造鱼礁以加强栖息地,人造鱼礁的种类繁多,包括石块、钢筋混凝土/水泥结构以及钢铁或木质船等废料,钢筋混凝土结构是最常用的,占全部建礁的67.82%[89]。第三,渔业资源的恢复也采用了海洋牧场和藻类移植的方法。除了这三种主要的恢复方式之外,还采用了其他一些方法,如堤防和养鱼场的退养、清除泥沙、疏浚和藻类养殖,其目的往往是改善水质。

海洋牧场既不同于海水养殖,也有别于单纯的人工放流,更不是两者的简单组合。海洋牧场海域经过人工改造建设,辅以人工鱼礁为载体,借助底播增殖等手段,以增殖放流为补充,充分利用自然生物资源及水域生产潜力,再通过适当人工控制实现经济生物的人工增殖和自然增殖,使生态系统在人为控制和影响下进行生产,促进海洋生态系统的健康发展和生物资源的持续增殖。

(六)加大离岸海水养殖

海洋牧场通过人为在自然海区营造适宜鱼类等自由生活的海洋生物繁殖的生境,实现增殖和优化渔业资源。一方面恢复和种植海草、海藻,不仅净化水质、减少污染,而且为海洋生物提供栖息地,保护生物多样性;另一方面人工鱼礁的投放为野生资源以及人工放流的海洋生物提供了庇护、附着和繁殖的场所,吸引生物资源聚集[90]。

海藻场的概念来源于对"kelp forest"的意译,因美国太平洋沿岸的"巨藻森林"而得名。海藻固着器附着的硬质海底被称为"kelp bed",即海藻床。海藻场支撑物种——底栖海藻提供了海藻场生物群落生存所需的初级生产力,支撑起整个海藻场食物网,为很多附着植物和动物提供生活空间,是许多鱼类和小型水生生物的栖息地、产卵场和避难所。海藻场广泛分布于冷温带的大陆沿岸,部分热带和亚热带海岸也有分布。海藻茂盛且分布区域较广的多为以褐藻为主的海藻场,我国沿海则以马尾藻分布较为广泛。

海藻场所处的近岸地区初级生产力高且较为集中[91]。

（七）加大渔业资源管理

围绕国家对海洋食物供给和资源可持续利用的重大需求以及在中长期发展战略中所面临的海洋资源与权益方面的严峻挑战,从人类活动和自然变化两个方面来研究和认识我国近海生态系统的服务功能及其承载力,目的是剖析食物产出的关键过程与可持续机理,寻求提高近海生态系统食物生产的数量和质量及其可持续开发利用的科学途径。拟解决的主要关键科学问题有：① 食物生产的关键生物地球化学过程;② 生源要素循环和补充的海洋动力学机制;③ 基础生物生产与关键生物地球化学过程的耦合机理;④ 生物功能群的食物网营养动力学[92]。

围绕影响近海生态系统食物产出的支持功能、调节功能和生产功能的四个主要关键科学问题,拟选择黄东海典型生态海域、主要生物功能群/关键种,以生物地球化学与全食物网关键过程相互作用为核心,以生态容纳量为切入口,从关键生物地球化学过程对食物生产的支持作用、生源要素循环和补充的关键海洋动力学过程、基础生产及其生物地球化学耦合和生物功能群食物产出过程与可持续模式等方面开展多学科交叉与整合研究[93,94]。

第十节　砂质海滩养护与修复

海滩是沉积物在波浪作用下形成的堆积地貌单元,在砂质海岸普遍发育,也是海岸带最活跃的,始终处于运动变化状态的地貌单元。一定的海岸轮廓与物质供给状态下,不同的动力条件导致泥沙运动形式的不同,形成不同类型的海岸与相应的地貌组合,从而形成不同的砂质海岸类型。构造背景、物源和水动力环境等差别致使海滩发育复杂多变。然而,全球各种类型的海滩面临着同一问题——海岸侵蚀,随着世纪性的全球海面上升和人类活动的加强、海岸侵蚀日趋加重,据统计,世界上70%的砂质海滩遭受侵蚀,美国高达90%。

海岸侵蚀是人类经历的一个自然过程。沿海地区通常经济比较发达,开发程度高,随着经济发展,在人为活动造成的负面环境效应和全球气候变暖的共同作用下,海岸侵蚀加剧。据统计,全球70%的砂质海岸遭受侵蚀,岸线平均蚀退率>1 m/a,而渤海绝大部分砂岸目前正在遭受严重侵蚀,海滩正遭受极大的侵蚀破坏,已经严重影响了人们的休闲旅游等活动。在20世纪50年代之前的数千年里,海岸泥沙长期处于动态平衡状态;而在这之后的50多年里,人为干预海岸带的活动不断增多加强,水库拦截泥沙入海,沿岸建筑改变沿海泥沙的数量和方向,海滩海底采砂行为日益增多,加上风暴潮频率不断增多,打破了海滩的平衡,使其出现亏损状态,海滩宽度逐年变窄,质量逐渐下降。

我国东部毗邻黄海、东海和南海三大西北太平洋边缘海,总岸线长度超过 32 600 km。漫长的海岸线有山地丘陵海岸、平原海岸、河口海岸和生物海岸类型。就大陆岸线而言,依其组成物质和动力特征可划分为砂质海滩(约 4 000 km)、粉砂淤泥质潮滩(约 10 500 km)和基岩海岸(约 3 500 km)。

我国绝大部分砂质海岸均沦为被侵蚀的重灾区,岸线蚀退率普遍大于 1~2 m/a,局部达 9~13 m/a。我国 3.2 万多 km 的海岸线,超过 1/3 的海岸普遍遭受侵蚀,其中渤海沿岸为 46%,黄海沿岸为 49%,东海沿岸为 44%,南海沿岸为 21%,且均具有加剧发展的趋势。在全球气候变暖背景下,21 世纪温度上升 0.6℃ 以上的可能性为 90%,上升 4℃ 的可能性为 10%,到时海平面将上升 18~59 cm,更加增强了海岸带侵蚀,也加剧了风暴潮对海岸带的破坏。若海平面上升 1 m,就会带来 2 700 亿~4 750 亿美元的经济损失。另外,人类过度开发利用海岸,不合理的沿岸建筑等使海岸侵蚀更加普遍和严峻,因此海岸侵蚀防护成为各国海岸开发与保护的重要组成部分。海滩养护工程由于养护效果较明显,干滩面积明显增加等好处,因此越来越得到广泛的应用。

一、国内外海滩养护进展

海岸侵蚀的防治是各国海岸开发与保护的重要组成部分,通常分"硬工程"防护和"软工程"防护。前者主要是通过构筑海墙、丁坝(丁坝群)、离岸潜堤、人工岬湾等措施;后者主要是通过向受蚀海滩进行人工填沙养护、种植植被的生态养护等,并逐渐成为替代硬工程治理的主要措施,主要应用于砂质海岸上,又称为海滩养护、人工养滩、海滩修复等。

(一)国外的海滩养护

国外的海滩养护实践和理论等方面均已较为成熟,最早开展海滩人工养护的是在美国的康尼岛(Coney Island),东海岸也有养滩 154 处,经过多次养护,已取得了良好的效果。另外养滩工程在荷兰、美国、意大利、法国、德国、日本等国家均得到广泛的应用。国外养滩工程大约从 20 世纪 70 年代开始,截至 21 世纪初,西班牙和丹麦的海滩养护工程总长度已达到 525 km 和 515 km,德国的养护总长度达到 313 km,荷兰为 291 km。而实施养护工程的抛沙年数在德国、美国、英国均已超过 40 年,其养滩工程的评价工作开展得早而较为成熟。在美国,养滩效果的评价已经成为工程的重要部分,需要定期公布养滩综合效果评估结果;在欧洲,荷兰和丹麦已经将养滩效果评价列入法规框架之中。目前,我国养滩工程逐渐增多,截至 2009 年底已有近二十处受侵蚀岸段完成或基本完成了海滩养护工程,其中 13 个典型养护岸段岸线总长度 10.39 km,共向海滩抛沙约 202.7 万 m³[95]。

(二)我国养滩工程发展状况

早在 20 世纪 70 年代,我国就开展了初级的抛沙养滩工作,但规模太小,如青岛第二海水浴场,为防止海滩侵蚀,曾在该湾修两丁坝消浪,每年夏初向高潮线一带抛沙数十汽车(约 0.1 万~0.2 万 m³),遇大风浪天气,许多沙顺东丁坝根流走,以至于连年抛沙,连年侵蚀光。正规的养滩工程应从 1990 年算起,至 2009 年底已完成或基本完成十多处,其中,典型的养滩工程长江口以北 7 处,以南 6 处。至 2009 年底大陆海岸共完成养滩工程有:香港浅水湾浴场、大连星海广场浴场、北戴河六九浴场、北戴河东滩 A 浴场、北戴河东滩 B 浴场、北戴河中海滩、青岛第一海水浴场、天津东疆港海滩、上海金山浴场、厦门鼓浪屿海滩、厦门香山海滩、三亚鹿回头浴场和三亚小东海浴场。2010 年开始建养滩工程有:海南陵水土福湾海滩、深圳亚婆岬海滩、唐山打网岗浴场、北戴河西海滩、广西北海海滩和秦皇岛金梦湾浴场。

纵览我国近几年发展起来的多处典型养滩工程,与发达国家养滩工程相比较,明显存在养滩工程规模小的特点,这也合乎我国实际:我国砂岸以岬间短滩(袋状海滩)为主,人们养滩意识普遍薄弱,投资途径单靠国家[96]。

二、海滩养护技术

海滩养护简称养滩,是按设计向海滩大量抛沙,或再辅以"硬工程"护沙,达到增宽和稳定海滩的目的。通过向海滩喂养沙来营造生态海滩。除砂质海岸外,在非砂质海岸(粉砂淤泥质岸或基岩海岸)上的人造海滩也属于养滩范畴。

数十年前,人们曾对海岸侵蚀采取逆来顺受或建坝固岸方法,以求海岸的稳定,实践证明,这只是消极的办法,避免不了附近陆岸的节节蚀退。近几十年来,许多西方经济发达国家转变过去的建坝固岸观念,实施以沙补滩的所谓"软工程",既能扩宽和稳住海滩,还能向海征得大片滩地,如荷兰建成繁荣的生态海滩、美国迈阿密海滩。

海滩养护和海滩修复已成为当前海岸侵蚀"软性"防护的最常用手段。其不仅可以减缓海滩侵蚀的威胁,而且可以改善海岸环境,提高滨海城市品位,从而促进滨海旅游业的可持续发展。鉴于波浪是砂质海滩形成及其得以维系和演化的最基本动力因素,自 20 世纪 50 年代以来,国内外众多学者对于波浪作用下砂质海滩的动力地貌学机制做了大量研究,取得了丰富的研究成果,这为进一步开展海滩养护和海滩修复工程的设计奠定了重要的理论基础。

进行海滩养护和修复工程设计时,不管是针对侵蚀型海滩采用的"海滩养护"的理念,还是针对遭受人为活动破坏而采用"海滩修复"的理念,或是在非砂质海滩上新建海滩进行"异相整治",都应根据工程海区的波浪场分布及原滩的地形地貌,尽可能将新滩的滨线形状布设在平衡状态,以尽量减小海岸形态变化及沉积物类型的变化。

海滩滨线处在平衡状态有 2 种表现形式:① 静态平衡,一般指由天然岬角或是由人工构筑物构成的岸段内无河流供沙,且上游无沙量输入及下游无沙量输出的情况;同时假设常年向岸入射的波浪基本取决于一固定波向(优势浪向),次要波向入射的波浪作用应较小可忽略;并且当波浪入射时,在整个海湾沿岸同时发生破碎(即不发生沿岸泥沙运动)而形成的一种特殊类型的理想稳定海岸。应用静态平衡概念对平衡滨线形状的预测与评估较为简单,可只依据上游岬角顶端的优势波向简单估算。② 动态平衡,指一般性砂质海岸在各方向向岸入射波浪的综合作用下,沿岸泥沙发生运动存在沿岸输沙率,但其岸线沿程的年均沿岸净输沙率较小几近为零的平衡状态[97]。

以秦皇岛金梦湾海滩养护工程为例,采用滩肩补沙和近海补沙,并辅以硬工程离岸潜堤。离岸潜堤是分离的,通常是与岸线平行的构筑物,使波浪在未到达海岸时就已经发生破碎起到消浪的作用,而且暴风浪时也能阻挡泥沙的横向移动,也起到了拦截泥沙的作用,在潜堤之后,波能降低导致保护区中沿岸流流速减慢,发生沉积作用。在一定程度上保护了海滩,延长了海滩的使用时间。根据本海域波浪特征,设计潜堤离岸380 m,堤长360 m,潜堤间距300 m,堤顶高程-1.5 m,可有效地削减波能,减少波浪对海岸的侵蚀作用[98]。

在发展海滩养护技术的同时,我国也探索了多样化的海滩养护方式。针对不同的海岸地貌,设计出不同的养护方式。其中,北戴河西海滩属于岬湾海岸,在海滩的两端构筑突堤,对侵蚀的沙滩进行滩肩、剖面和水下补沙,并在水下建造人工沙坝和离岸潜堤;厦门观音山海滩属于平直海岸,借助南北两端基岩岬角的保护,在原侵蚀殆尽的海滩上抛沙进行海滩修复;厦门岛会展中心海滩属于人工护岸前的海滩养护,直接在护岸前缘抛沙建造人工沙滩;三亚鹿回头海滩属于弱动力海岸,对泥质沉积的珊瑚礁坪进行清淤后,在水下修筑离岸潜堤,并进行滩肩和剖面补沙[99]。

我国是台风和风暴潮频发的国家,浪力较强,单靠软工程难以稳住新海滩,这就必须靠硬工程,特别是离岸潜坝和丁坝等加以消浪护沙。2000 年底建成和基本建成的 13 处养滩工程中,除青岛第一海水浴场外,其他 12 处均实行软、硬工程兼顾的方法,特别是离岸坝的使用。

海滩养护工程实施的主要工作过程一般分为[100]:① 进行前期调研,通过现场踏勘、查阅资料等手段,对工程区气象、水文等自然条件进行调查,测量岸线侵蚀情况;② 通过数学模型实验研究水动力条件和泥沙运动规律,查明岸滩侵蚀的原因;③ 设计多个海滩养护方案,并通过数学模型试验分析各方案养护效果,提出推荐方案;④ 通过物理模型试验对泥沙运动、侵蚀原因、断面方案、平面方案、补砂方案等进一步研究,细化养滩方案,为后续工程设计和施工提供依据;⑤ 根据物模实验结论开展工程设计和施工;⑥ 施工完成后对工程区沙滩的变化、岸线的侵蚀淤积情况进行跟踪监测,对沙滩养护效果进行评估。

案例　厦门香山-长尾礁海滩修复

香山-长尾礁沙滩修复工程位于厦门岛东北岸,北起长尾礁南至香山岬角,岸线长度约 1.5 km。采用生态软质修复手段,结合硬质丁坝设计和海岸排水管的改造,通过数值模拟预测分析,形成科学的修复方案。2007 年 7 月开工,至 2010 年后续工程完工。

海滩修复共补砂 121 万 m^3,其中垫层砂 101 万 m^3,表层砂 20 万 m^3。工程竣工后,经过多年的自然过程作用和岸滩地貌调整,目前滩肩宽度稳定在 120 m,塑造了近 1.8 km^2 面积的干滩。彻底改变了香山-长尾礁岸段脏乱的海岸地貌形态,营造了国内规模最大的人工修复沙滩之一(见图 8-16)。

图 8-16 香山-长尾礁沙滩修复工程[101]

本工程是国内沙滩修复理论研究与技术实践科学结合的先驱性工程之一,从厦门沙滩修复的目的和要求出发,构建了一套不断改进且沿用至今的技术路线,包括海岸调查,海滩修复条件分析,海滩修复方案初步构建,方案数值模拟预测、比选、优化,海滩修复形态要素、排水管工程、辅助近岸工程等的初设和施工图设计,沙滩修复后演变监测和评估等,有力保障了工程设计科学性和可靠性。

观音山沙滩修复工程取得了巨大的成效,不仅提升了海滩旅游和生态价值,提升了周边环境价值,还推动了观音山商务区的快速发展,提升了城市品位和周边土地价值。项目有关海滩的养护成果,对于提升我国海岸的防护理念、有效抵御海滩侵蚀、维持海滩自然状态、促进滨海旅游业的发展,推动城市旅游经济的发展,有着重要的指导意义[101]。

思考题

1. 海洋无氧区和厌氧区怎么产生的?会对人类活动产生怎样的影响?
2. 海洋微型食物环的作用以及其被破坏的后果。
3. 海洋生态系统和陆地生态系统在修复时有什么异同之处?
4. 珊瑚礁生态系统退化的具体原因和影响。

5. 过度捕捞会加重资源受气候因子的影响程度,那么气候因子是如何影响鱼类资源的?

6. 现在人们对海鲜的需求越来越大,但海洋生物却无法急速生长,那现在人们对此是如何进行平衡的呢?

7. 怎么在保证沙丁鱼生物量的前提下控制开发量达到利益最大化?

8. 虽然近年来的人类有在采取措施抑制海洋污染和全球变暖,但珊瑚群的保护已经迫在眉睫,那么现在有什么措施可以保护这些珊瑚群?

9. 建立海洋保护区的意义是什么以及如何管理。

10. 纽芬兰渔场消失的原因是什么?今后我们该如何避免这种悲剧的发生?

11. 对于未来海平面上升,中国有什么适应对策?

12. 研究海洋生态学的重要意义。

13. 全球气候变暖会导致南北极冰层融化,这对于南北极本身的生态系统会有怎样的影响?

14. 全球变暖对海洋渔业的影响有哪些?

参考文献

[1] 唐剑武,叶属峰,陈雪初,等.海岸带蓝碳的科学概念、研究方法以及在生态恢复中的应用[J].中国科学:地球科学,2018,48(06):661-670.

[2] 周晨昊,毛覃愉,徐晓,等.中国海岸带蓝碳生态系统碳汇潜力的初步分析[J].中国科学:生命科学,2016,46(04):475-486.

[3] 姜欢欢,温国义,周艳荣,等.我国海洋生态修复现状、存在的问题及展望[J].海洋开发与管理,2013,30(01):35-38+112.

[4] 于仁成,孙松,颜天,等.黄海绿潮研究:回顾与展望[J].海洋与湖沼,2018,49(05):942-949.

[5] 王艺,张建恒,霍元子,等.黄海绿潮发生过程监测[J].海洋湖沼通报,2019,(01):135-145.

[6] 张福,王思思.我国近海水生生态系统的退化与修复[J].盐业与化工,2006,(06):47-50.

[7] Weinstein MP, Litvin SY, Krebs JM. Restoration ecology: Ecological fidelity, restoration metrics, and a systems perspective[J]. Ecological Engineering, 2014, 65: 71-87.

[8] 袁俊吉,项剑,刘德燕,等.互花米草入侵盐沼湿地 CH4 和 N2O 排放日变化特征研究[J].生态环境学报,2014,23(08):1251-1257.

[9] 韩广轩.潮汐作用和干湿交替对盐沼湿地碳交换的影响机制研究进展[J].生态学报,2017,(24):8170-8178.

[10] 商栩,管卫兵,张经.长江口盐沼湿地底栖微藻的分布特征及其对有机质产出的贡献[J].海洋学报(中文版),2009,31(05):40-47.

[11] 商栩,管卫兵,张国森,等.互花米草入侵对河口盐沼湿地食物网的影响[J].海洋学报(中文版),2009,31(01):132-142.

[12] Gedan KB, Silliman BR, Bertness MD. Centuries of Human-Driven Change in Salt Marsh Ecosystems, Annu Rev Mar Sci, 2009, 1: 117-41.

[13] 陈雪初,高如峰,黄晓琛,等.欧美国家盐沼湿地生态恢复的基本观点、技术手段与工程实践进展[J].海洋环境科学,2016,35(03):467-472.

[14] Zhao Q, Bai J, Huang L, et al. A review of methodologies and success indicators for coastal wetland restoration[J]. Ecological indicators, 2016, 60(jan.):442-452.

[15] 汤臣栋.上海崇明东滩互花米草生态控制与鸟类栖息地优化工程[J].湿地科学与管理,2016,12(03):4-8.

[16] 丁丽,徐建益,陈家宽,等.崇明东滩互花米草生态控制与鸟类栖息地优化[J].人民长江,2011,42(S2):122-124+162.

[17] 林鹏.中国红树林研究进展[J].厦门大学学报(自然科学版),2001,(02):592-603.

[18] 林鹏.中国红树林湿地与生态工程的几个问题[J].中国工程科学,2003,(06):33-38.

[19] 廖宝文,张乔民.中国红树林的分布、面积和树种组成[J].湿地科学,2014,12(04):435-440.

[20] 廖宝文,郑松发,陈玉军,等.红树林湿地恢复技术的研究进展[J].生态科学,2005,(01):61-65.

[21] 彭逸生,周炎武,陈桂珠.红树林湿地恢复研究进展[J].生态学报,2008,(02):786-797.

[22] 张乔民,隋淑珍.中国红树林湿地资源及其保护[J].自然资源学报,2001,(01):28-36.

[23] 范航清,王文卿.中国红树林保育的若干重要问题[J].厦门大学学报(自然科学版),2017,56(03):323-330.

[24] 范航清,阎冰,吴斌,等.虾塘还林及其海洋农牧化构想[J].广西科学,2017,24(02):127-134.

[25] 郑凤英,邱广龙,范航清,等.中国海草的多样性、分布及保护[J].生物多样性,2013,21(05):517-526.

[26] 王锁民,崔彦农,刘金祥,等.海草及海草床生态系统研究进展[J].草业学报[J].2016,25(11):149-159.

[27] Johnson RA, Gulick AG, Bolten AB, et al. Blue carbon stores in tropical seagrass meadows maintained under green turtle grazing[J]. Scientific Reports, 2017, 7. 13545.

[28] Waycott M, Duarte CM, Carruthers TJB, et al. Accelerating loss of seagrasses across the globe threatens coastal ecosystems[J]. Proceedings of the National Academy of Science, 2009, 106(30):12377-12381.

[29] 张沛东,曾星,孙燕,等.海草植株移植方法的研究进展[J].海洋科学,2013,37(05):100-107.

[30] 中国海洋大学参与开展我国首次大叶藻规模化增殖[OL]. http://www.ouc.edu.cn/7b/37/c10639a97079/page.htm.

[31] 傅秀梅,王长云,邵长伦,等.中国珊瑚礁资源状况及其药用研究调查 I.珊瑚礁资源与生态功能[J].中国海洋大学学报(自然科学版),2009,39(04):676-684.

[32] 傅秀梅,邵长伦,王长云,等.中国珊瑚礁资源状况及其药用研究调查 II.资源衰退状况、保护与管理[J].中国海洋大学学报(自然科学版),2009,39(04):685-690.

[33] 张乔民,赵美霞,王丽荣,等.世界珊瑚礁现状和威胁研究进展[J].广西科学,2017,24(05):435-440.

[34] Mcclenachan L, O'Connor G, Neal BP, et al. Ghost reefs: Nautical charts document large spatial scale of coral reef loss over 240 years[J]. Science Advances, 2017, 3(9):e1603155.

[35] 李元超,黄晖,董志军,等.珊瑚礁生态修复研究进展[J].生态学报,2008,(10):5047-5054.

[36] Hoegh-Guldberg O. Climate change, coral bleaching and the future of the world's coral reefs[J]. Marine and Freshwater Research, 1999, 50(8):839-866.

[37] 覃祯俊,余克服,王英辉.珊瑚礁生态修复的理论与实践[J].热带地理,2016,36(01):80-86.

［38］Hagedorn M, Carter VL, Henley EM, et al. Producing Coral Offspring with Cryopreserved Sperm：A Tool for Coral Reef Restoration［J］. Scientific Reports, 2017, 7(1)：14432.

［39］海底"植树造林"中国科学家在南海种珊瑚［OL］. http：//www.xinhuanet.com /2017－10 /23 /c_ 1121843464.htm.

［40］De'ath G, Fabricius KE, Sweatman H, et al.The 27－year decline of coral cover on the Great Barrier Reef and its causes, Proceedings of the National Academy of Sciences, 2012, 109(44)：17995－17999.

［41］陈吉余,陈沈良.近20年来长江口生态环境变化［J］.净水技术,2002,21(S1)：1－3.

［42］陈吉余,陈沈良.中国河口海岸面临的挑战［J］.海洋地质动态,2002,(01)：1－5+3.

［43］胡四一.人类活动对长江河口的影响与对策［J］.人民长江,2009,40(09)：1－3+105.

［44］陈吉余,陈沈良.长江口生态环境变化及对河口治理的意见［J］.水利水电技术,2003,(01)：19－25.

［45］牛明香,王俊.河口生态系统健康评价研究进展［J］.生态学杂志,2014,33(07)：1977－1982.

［46］Bianchi TS, Allison MA. Large-river delta-front estuaries as natural "recorders" of global environmental change［J］. Proceedings of the National Academy of Sciences, 2009, 106(20)：8085－8092.

［47］National Estuary Program（NEP）［OL］. https：//www.epa.gov /nep /printable-map-national-estuary-program-study-areas.

［48］Lefcheck JS, Orth RJ, Dennison WC, et al. Long-term nutrient reductions lead to the unprecedented recovery of a temperate coastal region［J］. Proceedings of the National Academy of Sciences, 2018：201715798.

［49］Eshleman KN,Sabo RD. Declining nitrate — N yields in the Upper Potomac River Basin：What is really driving progress under the Chesapeake Bay restoration? ［J］. Atmospheric Environment, 2016, 146.280－289.

［50］张婷婷,赵峰,王思凯,等.美国切萨比克湾生态修复进展综述及其对长江河口海湾渔业生态修复的启示［J］.海洋渔业,2017,39(06)：713－722.

［51］夏东兴,刘振夏.中国海湾的成因类型［J］.海洋与湖沼,1990,(02)：185－191.

［52］黄小平,张景平,江志坚.人类活动引起的营养物质输入对海湾生态环境的影响机理与调控原理［J］.地球科学进展,2015,30(09)：961－969.

［53］侯西勇,侯婉,毋亭.20世纪40年代初以来中国大陆沿海主要海湾形态变化［J］.地理学报,2016,71(1)：118－129.

［54］李俊龙,郑丙辉,张铃松,等.中国主要河口海湾富营养化特征及差异分析［J］.中国环境科学,2016,36(2)：506－516.

［55］赵漫,余景,陈丕茂,等.海湾生态系统健康评价研究进展［J］.安徽农业科学,2015,43(35)：8－11.

［56］Schraga TS, Cloern JE. Water quality measurements in San Francisco Bay by the U.S. Geological Survey, 1969－2015［J］. Scientific Data, 2017, 4：170098.

［57］李纯厚,林琳,徐姗楠,等.海湾生态系统健康评价方法构建及在大亚湾的应用［J］.生态学报,2013,33(06)：1798－1810.

［58］翁骏超,袁琳,张利权,等.象山港海湾生态系统综合承载力评估［J］.华东师范大学学报(自然科学版),2015,(04)：110－122.

［59］钟慧琪,鲍姗姗,韩宇,等.福建罗源湾海湾生态系统脆弱性评价［J］.应用海洋学学报,2017,36(01)：16－23.

[60] 程建新,肖佳媚,陈明茹,等.兴化湾海湾生态系统退化评价[J].厦门大学学报(自然科学版),2012,51(05):944-950.

[61] 孙松,孙晓霞,等.海湾生态系统的理论与实践——以胶州湾为例[M].北京:科学出版社,2015.

[62] 梁中,龚建新,焦念志,等.胶州湾生态环境分析预警系统——主要营养盐月际变化及其成为生物生长限制因素的概率计算[J].海洋科学,2002,(01):58-62.

[63] Bjorndal KA, Bowen BW, Chaloupka Milani, et al.Better Science Needed for Restoration in the Gulf of Mexico[J]. Science, 2011, 331(6017):537-538.

[64] Mitsch WJ, Day JW, Gilliam JW, et al.Reducing nitrogen loading to the Gulf of Mexico from the Mississippi River Basin: Strategies to counter a persistent ecological problem[J]. Bioscience, 2001, 51(5):373-388.

[65] Mississippi River/Gulf of Mexico Hypoxia Task Force[OL]. https://www.epa.gov/ms-htf/hypoxia-task-force-reports-congress.

[66] 赵法箴.中国水产健康养殖的关键技术研究[J].渔业科学进展,2004,25(4):1-5.

[67] Neori A, Chopin T, Troell M, et al. Integrated aquaculture: rationale, evolution and state of the art emphasizing seaweed biofiltration in modem mariculture[J]. Aquaculture, 2004, 231(1-4):361-391.

[68] 田相利,李德尚,阎希柱,等.对虾池封闭式三元综合养殖的实验研究[J].中国水产科学,1999,(04):49-54.

[69] 申玉春,叶富良,梁国潘,等.虾—鱼—贝—藻多池循环水生态养殖模式的研究[J].湛江海洋大学学报,2004,(04):10-16.

[70] 许振祖,杨圣云,方志山.闽南虾池综合养殖系统的结构及其养殖效益[J].台湾海峡,2001,(04):502-509.

[71] 方建光,李钟杰,蒋增杰,等.水产生态养殖与新养殖模式发展战略研究[J].中国工程科学,2016,18(03):22-28.

[72] 唐启升,方建光,张继红,等.多重压力胁迫下近海生态系统与多营养层次综合养殖[J].渔业科学进展,2013,34(01):1-11.

[73] Lester SE, Gentry RR, Kappel CV, et al. Opinion: Offshore aquaculture in the United States: Untapped potential in need of smart policy[J]. Proceedings of the National Academy of Sciences, 2018, 115(28):7162-7165.

[74] 唐启升,丁晓明,刘世禄,等.我国水产养殖业绿色、可持续发展战略与任务[J].中国渔业经济,2014,32(1):6-14.

[75] 何培民,徐姗楠,张寒野.海藻在海洋生态修复和海水综合养殖中的应用研究简况[J].渔业现代化,2005,(04):15-16.

[76] Xiao X, Agusti S, Lin F. et al. Nutrient removal from Chinese coastal waters by large-scale seaweed aquaculture[J]. Sci Rep, 2017, 7, 46613.

[77] Cranford PK, Hargrave BT, Doucette LI. Benthic organic enrichment from suspended mussel (*Mytilus edulis*) culture in Prince Edward Island[J]. Canada. Aquaculture,2009, 292, 189-196.

[78] 桑沟湾海洋牧场深度体验游![OL].http://www.sohu.com/a/163583456_376223.

[79] 山东省荣成市桑沟湾海带养殖海域:满载海带的舢板[OL].http://www.cqn.com.cn/zgzlb/content/2020-06/18/content_8611511.htm.

[80] 毛玉泽,李加琦,薛素燕,等.海带养殖在桑沟湾多营养层次综合养殖系统中的生态功能[J].生态学报,2018,38(9):3230-3237.

[81] 李瑞环.生态养殖活动下营养盐动力学研究[D].中国海洋大学,2014.

[82] 任海,李萍,周厚诚,等.海岛退化生态系统的恢复[J].生态科学,2001,(Z1):60-64.

[83] 徐晓群,廖一波,寿鹿,等.海岛生态退化因素与生态修复探讨[J].海洋开发与管理,2010,27(03):39-43.

[84] 中国贻贝之乡——枸杞岛[OL].http://bbs.photofans.cn/blog-213756-100522.html.

[85] 高强,乐高华.我国海洋渔业生态失衡机制与修复研究[J].中国渔业经济,2011,29(01):150-157.

[86] Cao L, Chen Y, Dong S, et al. Opportunity for marine fisheries reform in China[J]. Proceedings of the National Academy of Sciences, 2017, 114(3): 435-442.

[87] 金显仕,窦硕增,单秀娟,等.我国近海渔业资源可持续产出基础研究的热点问题[J].渔业科学进展,2015,36(01):124-131.

[88] 沈新强,周永东.长江口、杭州湾海域渔业资源增殖放流与效果评估[J].渔业现代化,2007,(04):54-57.

[89] 陈勇,于长清,张国胜,等.人工鱼礁的环境功能与集鱼效果[J].大连水产学院学报,2002,(01):64-69.

[90] 阙华勇,陈勇,张秀梅,等.现代海洋牧场建设的现状与发展对策[J].中国工程科学,2016,18(03):79-84.

[91] 章守宇,孙宏超.海藻场生态系统及其工程学研究进展[J].应用生态学报,2007,(07):1647-1653.

[92] 我国近海生态系统食物产出的关键过程及其可持续机理[OL].https://wenku.baidu.com/view/0b8135d149649b6648d74703.html.

[93] Costello C, Ovando D, Clavelle T, et al. Global fishery prospects under contrasting management regimes [J]. Proceedings of the National Academy of Sciences, 2016: 201520420.

[94] Reusch TBH, Dierking J, Andersson HC, et al. The Baltic Sea as a time machine for the future coastal ocean[J]. Science Advances, 2018, 4(5): eaar8195.

[95] 杨雯,王永红,杨燕雄.海滩养护工程质量评价研究进展[J].海岸工程,2016,35(01):75-84.

[96] 庄振业,曹立华,李兵,等.我国海滩养护现状[J].海洋地质与第四纪地质,2011,31(03):133-139.

[97] 曹惠美,蔡锋,苏贤泽,等.海滩养护和修复工程的动态平衡滨线设计研究——以浙江省苍南县炎亭湾海滩修复工程设计为例[J].应用海洋学学报,2018,37(02):185-193.

[98] 刘修锦,庄振业,谢亚琼,等.秦皇岛金梦湾海滩侵蚀和海滩养护[J].海洋地质前沿,2014,30(03):71-79.

[99] 雷刚,刘根,蔡锋.厦门岛会展中心海滩养护及其对我国海岸防护的启示[J].应用海洋学学报,2013,32(03):305-315.

[100] 于明.海滩养护工程工作流程研究[J].智能城市,2018,4(09):21-22.

[101] 厦门观音山沙滩修复工程[OL].http://www.oceanol.com/zhuanti/201804/26/c76465.html.

第九章　破坏地和其他污染生态修复

我是宁愿一个人宽宽敞敞地坐到大南瓜上,也不愿和一群人挤坐在羽绒坐垫上。我宁愿坐在牛车上,呼吸着新鲜空气畅游地球,也不愿挤在昂贵精致的游览车上,一路闻着污浊的空气去天堂观光。

——梭罗《瓦尔登湖》

中国城市的快速发展以及公共服务设施的不足正在给中国制造巨大的环境压力,发达国家在一百多年里面陆续出现的环境问题,在中国仅用了三十年就集中出现。目前,我国城市污染的主要问题是大气污染、噪声污染、垃圾污染、电磁波辐射污染和水污染[1]。

中国城镇化率从 1978 年的 17.9%上升到 2016 年的 57.4%,城镇化的快速推进带来了社会经济的繁荣与物质文明的提升,助推乡村发展转型和空间重构的升级。城镇化是一种强烈的地表人类活动,引起乡村土地利用剧烈变化[2]。改革开放四十多年来,随着农村经济社会改革不断深入,工业化、城镇化以及农业开发等都给广大人民群众的生产、生活带来了诸多直接或潜在的负面影响[3]。我国环保工作在过去的 30 多年里主要以城市环境和工业环境治理为主,农村环境基础设施薄弱,环境保护工作相对滞后[4]。随着城镇化进程加快和人们生活水平的提高,畜禽养殖废弃物已成为我国农村环境污染的重要来源。畜牧业温室气体减排已成为我国畜牧业环境污染防治工作面临的新课题[5,6]。

面源污染按照来源的不同,可细化为农业面源污染和城市面源污染。随着城市污水收集管道和雨污分流工程的建设,城市面源污染正逐步得到解决。相对城市地区,农业面源污染多年来一直是我国"三河三湖"污染的主要污染源,也渐成为农村地表水体污染的主要来源,严重威胁全国人民的饮水安全。全球每年用于粮食生产的 1.2 亿吨氮中,只有 10%被人类直接消费,大部分未使用的氮则被广泛分散到的环境中,最终汇入地表水体,成为主要的面源污染源。

第一节　中国污染概况

一、大气污染

作为世界上经济发展最快的国家之一,中国能源消耗量近十年来稳步增长。一是煤炭的消耗在中国的大气污染中起着决定性作用;二是机动车保有量和城市人口随着经济的快速发展而迅速增加,这种趋势在大中城市表现得尤为明显。我国城市大气环境污染问题日趋严重,煤气燃烧污染、工业废气、工地扬尘、机动车尾气已成为主要污染源,城市大气污染 60%~70% 源于机动车尾气排放。

大气污染呈现出煤烟型与机动车污染共存的新型大气复合污染,颗粒物为主要污染物,霾和光化学烟雾频繁、二氧化氮浓度居高不下,酸沉降转变为硫酸型和硝酸型的复合污染,区域性的二次性大气污染愈加明显[7]。中国的大气环境污染与经济增长是有关系的[8],在高增长的背后,中国的环境污染严重,高污染的压力与日俱增。严重的大气污染对公众健康、生态环境和社会经济都会产生巨大的威胁与损害,为此,我国环保部门开展了一系列污染控制举措。

对大气污染演变特征的认识是制定治理政策时,应当考虑的首要环节,由此可以发现我国现有治理政策存在的问题。大气污染主要包括燃煤污染、机动车船污染、废气、尘和恶臭污染等。随着经济结构和生产生活方式的转变,城市大气污染的来源、构成、时空分布发生了深刻的变化。根据污染源、污染物、大气问题、污染方式、污染尺度、污染频率和污染区域等维度的差异[9],我国城市大气污染呈现出明显的阶段性特征,主要体现为以下几点。

1. 污染物复杂化

城市大气污染物构成类型也不断变化。在 20 世纪 90 年代以前,大量的煤炭消耗和重工业生产造成了以二氧化硫(SO_2)、悬浮物(TSP)和可吸入颗粒物(PM_{10})为主的烟煤型大气污染。20 世纪 90 年代,城镇化建设带来了大量悬浮物(TSP)、可吸入颗粒物(PM_{10})等微尘污染,形成酸雨微尘型大气污染危害。进入 21 世纪,城市汽车保有量激增,加剧了氮氧化物、一氧化碳等污染,汽车尾气成为城市大气污染的主要来源。近几年,细颗粒物污染加剧,臭氧层破坏严重,氮氧化物、颗粒物、碳氢化合物、一氧化碳等多种污染物与更多来源未知的污染物相互叠加,产生复杂的物理化学反应,造成二次无机气溶胶污染,而灰霾就是主要表现形式。中国城市大气污染物演变可见表 9-1。

表 9-1 中国城市大气污染物演变历程

项目	1980~1990 年	1990~2000 年	2000~2009 年	2010 年至今
污染源	燃煤、工业	燃煤、工业、扬尘	燃煤、工业、机动车、扬尘	燃煤、工业、机动车、扬尘、生物质焚烧、土壤尘、二次无机所溶胶
污染物	SO_2、TSP、PM_{10}	SO_2、NO_x、TSP、PM_{10}	SO_2、PM_{10}、$PM_{2.5}$、NO_x、VOC、NH_3	臭氧、一氧化碳、一氧化氮、SO_2、PM_{10}、$PM_{2.5}$、NO_x、VOC、NH_3
大气问题	煤烟尘	煤烟尘、酸雨、颗粒物	烟煤尘、酸雨、光化学污染、灰霾/细粒子、有毒有害物质	烟煤尘、酸雨、光化学污染、灰霾、细粒子、有毒有害物质、臭氧

（续表）

项目	1980~1990年	1990~2000年	2000~2009年	2010年至今
污染方式	工业生产	工业生产、城市建设	酸雨、煤烟尘、光化学污染、灰霾	工业生产、城市建设、移动污染、生活污染
污染尺度	局地	局地+区域	多城市+跨区域	广覆盖+跨国
污染区域	工业基地	部分城市	东南部大范围地区	大部分城市区域
污染频率	偶尔	较少	较多	频繁

2. 污染方式轻型化

在工业生产活动之外,社会公众生活的负外部性成为造成城市大气污染的重要因素。在城市大气污染初期,污染方式主要是煤炭燃烧等工业生产性活动。随着我国进入城镇化快速发展阶段,城市建设和开发的力度不断增强,扬尘、微尘污染便成为城市大气污染的重要来源。当汽车成为市民出行的主要交通工具,汽车尾气就成了大气污染主要的移动来源。而灰霾等大气污染来源更为复杂和多元化,城市垃圾焚烧、城郊生物质焚烧等城市居民生活污染物都对城市大气环境的有限容纳力构成了极大挑战。

3. 污染范围扩大化

城市大气污染范围不断增大,由点源污染演变为面源污染,呈现出区域化、国际化的特征。最初烟煤型大气污染的影响范围零散地分布在重工业基地等局部地区,大气污染的外溢性不太显著,区域化特征也不明显。但随着城市交通和城市建设的发展,汽车尾气、扬尘等污染形式在多数城市出现,少数城市的点状污染逐渐汇集成块状污染。更为严重的是,灰霾等细颗粒污染、二次无机气溶胶污染能够在远程传播,呈现出区域性叠加及污染扩散的特性。中国城市普遍的粗放式工业化进程促使块状污染发展成为区域性面源污染。污染物甚至漂浮扩散到周边国家,如日本、韩国。大气污染的影响范围超出了国家地理边界。

4. 污染时间持续化

城市大气污染天气发生的频率显著增加,污染影响持续时间长。以霾日天气为例,根据对1951~2005年743个国家基本站的气象观测统计发现,从时间维度来看:在工业化初期的20世纪80年代之前,中国霾日频率较低,一般每年不超过50天;20世纪90年代霾日数明显增加;到了2000年以后,中国东部大部分地区每年的霾天气都超过了100天,一些大城市区域甚至超过了150天,并呈现出与经济活动的密切正相关关系。据国家环境保护部的统计,2013年全国平均灰霾日数达到35.9天,为1961年以来的最长时间。

二、土壤污染

土壤环境是一个系统,由土壤的内部环境、外部环境及其界面环境组成。土壤环境是一个活系统,存在物质循环、能量交换和生命体代谢繁衍。当今,处于地球陆地表层的土壤环境系统不仅具有自然的特征,而且因深受人类活动的冲击而同时具有人为的烙印。自然作用和人为影响的结果产生三类土壤环境系统问题。土壤内部环境污染是土壤环境系统问题之一,但是可能伴随着对外部环境——水、气、生物、人污染危害的风险,影响区域生态安全、国家环境安全和全球变化。

随着工业化、城市化、农业集约化的快速发展以及全球变化的日益加剧,我国土壤环境污染退化已表现出多源、复合、量大、面广、持久、毒害的现代环境污染特征,正从常量污染物转向微量持久性毒害污染物和新兴污染物,并与土壤肥力障碍、温室气体排放叠合共存,这在经济快速发展地区尤其如此[10]。

随着经济社会的高速发展和高强度的人类活动,加之缺乏强有力的监管措施和技术支撑,我国土壤环境重金属、农药、增塑剂、持久性有机污染物(POPs)、放射性核素、病原体、新兴污染物(如抗生素)等污染态势严峻。总体上,污染退化的土壤数量在增加,土壤污染范围在扩大,污染物种类在增多,出现了复合型、混合型的高风险污染区,呈现出从污灌型向与大气沉降型并重转变、城郊向农村延伸、局部向区域蔓延的趋势,体现出从有毒有害污染发展至有毒有害污染与土壤酸化、养分过剩、次生盐碱化的交叉,形成了点源与面源污染共存,生活污染、污泥污染、种植养殖业污染和工矿企业排放污染叠加,多种传统污染物与新兴污染物相互混合的态势,危及粮食生产、食物质量、生态安全、人体健康以及区域可持续发展。

三、水环境污染

水污染是指进入水体的污染物含量超过水体自净能力和本底值,导致水质受到破坏,严重影响了水体原有的用途和性质。污染水体的途径各式各样,主要可分为两大种,包括自然污染和人为污染。污染物种类可包括有毒化学物质污染、放射性污染、石油污染、植物营养物质污染、盐类污染、病原体污染、需氧物污染、热污染等一系列物质[11]。

(一)水环境状况

"十二五"期间,国务院各部门积极建立全国水污染防治工作协作机制和京津冀、长三角、珠三角等重点区域水污染防治联动协作机制。各地扎实推进水污染治理工作,重点流域水污染防治取得积极成效。重点流域达到或优于Ⅲ类的断面比例增加了18.9个百分点,劣Ⅴ类断面比例降低了8个百分点。

1. 部分水体水环境质量差

全国地表水仍有近1/10的断面水质为劣Ⅴ类,约1/5的湖泊呈现不同程度的富营养化,约2 000条城市水体存在黑臭现象,氮、磷等污染问题日益凸显。其中海河流域北京、天津、河北,辽河流域辽宁,黄河流域山西,淮河流域河南,长江流域湖北、贵州、四川、云南、江苏,珠江流域广东等地污染问题相对突出。

2. 水资源供需矛盾依然突出

水资源过度开发问题十分突出,水资源开发利用程度已超出了部分地区的承载能力,黄河、淮河、海河以及辽河浑河、太子河、西辽河等流域耗水量超过水资源可利用量的80%,造成部分河流断流甚至常年干涸。长江、珠江等流域中上游地区干支流高强度的水电梯级开发导致河流生境阻隔、生物多样性下降。农田灌溉水有效利用系数0.53,与2020年达到0.55的目标相比仍有一定差距。

3. 水生态受损严重

湿地、海岸带、湖滨、河滨等自然生态空间不断减少,全国湿地面积近年来每年减少约510万亩,三江平原湿地面积已由建国初期的5万km^2减少至0.91万km^2,海河流域主要湿地面积减少了83%,自然岸线保有率大幅降低。

4. 水环境隐患多

全国近80%的化工、石化项目布设在江河沿岸、人口密集区等敏感区域,水污染突发环境事件频发;部分饮用水水源保护区内仍有违法排污、交通线路穿越等现象,饮用水水源安全保障水平亟须提升;因水环境问题引发的群体性事件呈上升趋势,社会反映强烈。

(二) 水污染存在问题

水环境污染可分为物理性污染、化学性污染和生物性污染三种污染类型。物理性污染是指进入水体的某些物质如固体悬浮物、泥土、有色物质、放射物质以及高于常温的水所造成的水体污染;化学性污染是指水体受到酸、碱、有机和无机污染物质的破坏而导致的水体污染;生物性污染指病原微生物进入水体所造成的污染。

由于历史欠账过多和众多的主、客观原因,纵观全国水污染仍呈发展趋势。造成我国水污染严重的主要原因在于[12]:我国许多企业生产工艺落后,管理水平较低,物料消耗高,单位产品的污染物排放量过高;城市人口增长速度过快,工业集中,而城市下水道和污水处理设施的建设发展速度极为缓慢,欠账太多,与整个城市建设和工业生产的发展不相适应;防治水污染投资少,加之管理体制和政策上、技术上的原因,仅有的投资亦未发挥应有的效果;有些地方对工业废水处理提出了过高的要求,耗资很大,而设施建成后却不能正常运行,投资效益差;不少新建的城市污水处理费用高,而不能发挥应有的作用。此外,由于用水和排水的收费偏低,使得人们(包括工矿企业)不重视节约用水、不合理利用水资源、不积极降低污染物排放量,造成水资源严重浪费和水污染不能得到有效控制的局面。

总体看,水环境恶化趋势尚未得到根本扭转,水污染形势仍然严峻,现在工业水污染仍旧突出,仍是江河水污染的主要来源。过量氮(N)、磷(P)等面源污染物进入地表水体,正是造成我国诸多湖泊、水库和海湾富营养化和有害藻类"水华"爆发的重要原因之一,严重威胁我国水环境安全[13]。

四、海洋环境污染

20世纪90年代以来,我国海洋环境污染一直比较严重。其中,我国近海水质劣于一类海水水质标准的面积,从1992年的10万km²,上升到1999年的最高值20.2万km²,平均每年以14.6%的速度增长。1999年以后,我国的海洋环保工作初显成效,总体污染状况得到改善,污染加重的势头得到遏制,全海域未达到清洁海域水质标准的面积由1999年的20.2万km²,逐年下降到2004年的16.9万km²,减少了16.3%,环境污染状况得到了初步的改善。但2004年的数据显示,全海域未达到清洁海域水质标准的面积约16.9万km²,比2003年增加约2.7万km²,我国近岸中度和严重污染海域范围会反复并增加[14]。

20世纪末以来,由于江河携带大量陆源污染物入海,我国近岸2/3的重点海域受到营养盐污染。入海口海域独特的地理位置决定着其直接承受沿海、沿江居民排放的城市生活污水、食品工业废水及残渣、人畜粪便、造纸工业废物等富含有机物质及其他污染物,是污染物最为集中、密度最高的区域。海洋生物是海水环境和沉积环境污染的直接受害对象,并且海洋环境中的污染物对海洋生物质量的影响具有累积作用。

2017年,全国近岸海域一、二、三、四类及劣四类水质点位比例分别为34.5%、33.3%、10.1%、6.5%、15.6%,总体水质保持稳定,水质级别一般。水质超标点位主要集中在辽东湾、渤海湾、黄河口、长江口、珠江口以及江苏、浙江、广东省部分近岸海域,主要超标因子为无机氮和活性磷酸盐。从四大海区近岸海域水质状况来看,黄海近岸海域水质良好,渤海、南海近岸海域水质一般,东海近岸海域水质差。九个重要海湾中,胶州湾和北部湾水质良好;辽东湾水质一般,渤海湾、黄河口和闽江口水质差;长江口、杭州湾和珠江口水质极差。从11个沿海省(区、市)来看,广西和海南近岸海域水质为优;辽宁、山东和福建水质良好;河北水质一般;天津、江苏和广东水质差,上海和浙江水质极差[15]。

五、矿山迹地环境污染

自20世纪80年代以来,我国对矿山环境的保护工作取得了较大的进展,但是矿山环境恶化的趋势仍然没能得到有效遏制。因此,矿山开采引起的生态环境问题已成为全球性的问题,备受关注,而且矿山生态恢复也已成为我国当前所面临的紧迫任务,是我国实施可持续发展战略所优先关注的问题。解决矿山废石和尾矿中的重金属释放对矿山环境及河流水体和沿岸土壤的污染问题刻不容缓,并且系统分析和研究矿山金属造成的环境污染对矿山环境污染的防治具有非常重要的现实意义[16]。

1. 矿山开采引起的主要环境问题

由于矿山开采工艺的限制,在建设时需要改变矿区的地貌、地形,并破坏矿区的自然地表草地、植被等景观,这会造成矿区土地荒废、水土流失等环境问题。地下开采的矿山还容易在采空区形成地表塌陷,并诱发地质灾害,最终导致矿山生态环境的逐步恶化。重金属矿山的土壤和废弃物中均含有大量的重金属,导致土壤污染的范围进一步扩大。重金属矿山在采矿和选矿的各个过程中都需要使用大量的水资源,其产生的废水排入地表水体后,会导致矿区地表水体的重金属污染和有机污染,是目前矿山环境污染的主要问题之一。重金属矿山矿石的破碎、筛分和选矿中还会产生大量的粉尘,这些粉尘中含有大量的酸性气体,会导致矿山周边形成酸雨,造成森林及农作物的大幅度减产,而且粉尘中的重金属元素也会随着尾气的流动,最终使这些重金属进入土壤和水源中,造成二次污染。

2. 重金属污染的特点

金属矿山的污染多为复合性污染,与有机污染物不同,重金属不能被生物分解,但却可以在生物体内富集并转化为毒性较大的甲基类化合物。矿山的重金属一般都是通过与有机物形成混合物的方式进入土壤、水源及空气中,其对水源、大气的污染容易被发现,但对土壤的污染需要通过分析化验才能测试出来,而且其危害通常会滞后较长的时间。重金属的水污染、大气污染会随着气流和水流进行长距离迁移,而其在土壤中的扩散和稀释较为困难,使得土壤中的重金属不断累积,达到一定浓度是会对植物和农作物造成很大危害。大气和水体受到污染时,可以在切断污染源后通过稀释和自净化的方法减轻污染,但累积在土壤中的重金属很难靠稀释和自净化,对土壤结构和功能的破坏不易恢复。对于目前的重金属污染,其对土壤的污染必须采用多种治理技术相结合的方法才能消除污染,导致治理成本较高、周期较长。

六、棕地开发和利用

工业区衰退和城市产业结构调整所导致的城市土地利用价值改变是棕地形成的主要原因。随着我国产业结构的变化,工业化进程进入中期阶段,城市产业结构退二进三、工业区从城区外迁,旧城市工业区衰退并失去利用价值,逐渐成为被废弃、闲置或利用率很低的土地;在提倡环保、循环经济和可持续发展思想的影响下,一些重污染企业也纷纷调整区位或转产,其原厂址成为棕地[17]。

"棕地"意译自英文单词"brownfield",棕地是一些不动产,这些不动产因为现实的或潜在的有害和危险物的污染而影响到它们的扩展、振兴和重新利用。在英国,棕地是指被以前被工业使用污染,可能会对一般环境造成危害,但有逐渐增强的清理与再开发需求的用地。广义的棕地与绿地是一组相对应的概念,是指已开发、利用过并已废弃的土地。

我国的棕地具有面积大、地理位置优越和盲目利用严重等特点。我国处于工业化浪潮的末期,工业的发展为我国留下了很多棕地,并且大部分位于城市中心附近,虽然没有发达国家那样严重,但也对城市发展造成影响,近年来才有少数人关注。

棕地存在于城市内部会造成土地闲置、环境污染、失业率上升、城市景观破碎等问题,对城市的经济、社会、环境等产生不利影响。棕地的治理与再开发是城市可持续发展与城市复兴的必然。棕地治理与再开发可以缓解土地利用压力,节约利用土地,刺激经济增长。棕地经过治理以后,可以被开发成各种用途的用地,包括公园广场、展览馆、商业区、办公区和住宅区等,这样使土地达到再生性循环使用。

第二节　矿山迹地的生态恢复

矿山迹地(abandoned mine land)也称为采矿废弃地、矿山废弃地、矿区废弃地等。包括排土场、尾矿场、地下开采的沉陷地以及受重金属污染而失去经济利用价值的土地等[18]。矿山资源是工农业生产和社会经济发展必不可少的物质基础,是社会财富的重要源泉[19]。全国累计采煤沉陷面积就已超过 80 万 hm^2,每年还在以 6 万 hm^2 的速度递增,造成耕地数量减少、农业设施损毁、耕地质量下降等,极大地影响了农业生产和农民生活。

一、矿山迹地生态恢复的发展历程

矿区生态因矿业活动而失衡,如地标景观受损、土壤质量下降、水体酸化、空气污染、生物多样性丧失等,并影响到人体健康。长期的生态损失积累,新产生的损毁与治理恢复数量质量上的差异,以及少有节制的采矿活动,使得矿区生态损伤影响的深度、广度不断扩大,甚至成为制约国家社会安全和生态安全的战略性问题[20]。

1. 对土地资源的影响

煤炭的开采主要分为井工和露天两大方式。井工开采对土地资源的影响以地表塌陷和矸石山压占为主。采煤沉陷不仅破坏地形地貌,同时也改变了矿区水文地质条件,生态环境使得土地生产力严重下降,经济效益大幅度降低。例如地表沉陷导致地处平原地区的鲁西与两淮矿区大量耕地受损,土地盐碱化严重,从而加剧了煤炭开采与农业发展的矛盾。地处山区、丘陵地区的云贵基地,由于煤炭开采加速植被退化,引起的地表塌陷更易诱发滑坡、崩塌、地裂缝等地质灾害。露天开采对土地资源的影响以直接挖损和外排土场压占为主。露天开采必须把煤层上覆盖的表土和岩石剥离,对土地资源的破坏十分严重。

2. 对水资源的影响

我国北方煤炭基地大多位于水资源缺乏地区,且都属于资源型缺水和工程型缺水并存地区。煤炭资源丰富的地区往往水资源匮乏,形成了"煤多水少"的局面。煤炭资源的开采一般对地表水资源以及地下水资源造成重大影响。对地表水资源的影响主要是对水质产生污染,而对地下水资源的影响主要是导致地下水位的下降和地面沉降等。

煤炭开采产生的矿井水、洗煤水和矸石淋溶水若处置不当,废水中的少量重金属、有害有毒物质会对矿区地下水、地表河流造成严重污染,改变水质酸碱度。开采 1 t 煤排水量为 1.75~2.15 t。大量水资源的流失和破坏,会加重矿区地下水位的下降,促使风蚀和水土流失加剧,引起土地沙漠化。

3. 对大气环境的影响

煤炭开采中形成的大气污染物主要是煤炭开采形成的废气,有矿井瓦斯、矸石山和煤堆自燃释放的烟尘、露天爆破和排土场扬尘等。矿井瓦斯中的主要成分甲烷,是一种重要的温室气体,其温室效应为二氧化碳的 21 倍。矸石山长期露天堆放,在外力作用下,会发生氧化、风化和自燃,产生大量的扬尘和 SO_2、CO_2、CO、H_2S 等有毒有害气体,严重污染环境并直接损害周边居民的身体健康。运输中产生的煤尘飞扬,既对煤炭运输产生损失,又污染沿线周围的生态环境。

二、矿山生态修复新技术

(一) 植物修复新技术

植物修复技术一直是矿山生态修复研究的重点。近几年很多的案例强调了植被修复的全过程控制技术,而不仅仅依靠单一的生态修复技术。例如加拿大阿尔伯特油砂矿场植被重建的瓶颈是水,研究人员提出了加强重栽植被的保水管理、重塑地形减少水土流失、加大渗透以在地下保水、选择适当的保水植被、关注水的时空配置及其与植被重建相耦合等关键技术。在澳大利亚露天矿场植被重建中,研究人员考虑到植被生命周期的播种、幼苗和成熟三个阶段土壤和植被的相互作用,提出了全局植被重建技术,包括植物物种优选、土壤基底重构、表土覆盖、播种和维护管理等环节。

(二) 土壤修复新技术

土壤修复往往是针对退化土壤的某种性状缺陷而开展的。例如,在加拿大阔叶林生态修复过程中,研究人员发现人工扰动后土壤酸性太强,因而采用添加石灰来中和土壤酸性。再例如,加拿大的矿山生态修复研究人员为了减少锌的污染,提出了专门的土壤修复方法,包括施加鱼粉生物炭、钙基膨润土和覆盖木纤维等。另外,加拿大研究人员还开发了一种加速泥炭转化为土壤有机质的方法。澳大利亚采矿场地土壤修复中特别强调土壤种子库的保护和建设,研究人员认为土壤种子库是重建生态系统抵抗干旱扰动的关键。土壤的微生物修复技术也是研究的重点。

(三) 景观恢复新技术

近年来,矿山景观恢复受到越来越多的关注。澳大利亚露天矿山修复中注重模仿自然地貌来重塑景观,这实质是对自然景观的恢复,其中关键技术是增加地形的异质性。冰岛严重退化的矿山景观恢复强调非生物因素的改善、利益相关者的参与、生态修复人员的培训和引导等。近年来,矿山景观恢复力的评估、矿山生态系统景观服务价值、景观尺度上的生态恢复、生态恢复过程中景观结构和功能的响应和反馈、采后景观的维持和优化、不同物种对景观配置的影响、公共政策和社会过程对矿山景观恢复的作用、景观恢复效果评价这些问题也受到关注[21]。

矿业废弃物包括剥离废土和废石、低品位矿石和尾矿等。剥离废土若不存在有害金属残余,则有潜力成为理想土壤,尽管质地和结构可能较差,尤其是经过搬土机械压缩后,但可经耕作和添加有机质加以改善。废石是指各种金属及非金属矿山开采过程中从主矿上剥离下来的各种围岩,沙泥、黏土很少,甚至没有,因而植被恢复相当困难,需要进行改良。尾矿是在选矿过程中提取精矿以后剩下的尾渣,大多呈角状晶体颗粒,由细砂或淤泥状颗粒组成,易于形成土壤组成物。不同层的颗粒大小影响空气和水的运动,以及氧化还原反应。水平方向质地也可发生沙土到黏泥的变化,因而在复垦和设计样地时应加以考虑[22]。

矿业废弃物大多含有硫化铁,氧化后产生硫酸,溶出金属,经淋溶、扩散后可形成严重污染,阻碍植物生长,危害人和动物的健康。不同类型,其修复方法是不同的:① 塌陷地废弃地复垦的基本方法,有充填法和非充填法。非充填法最常用的就是挖深垫浅,即挖掘塌陷地较深区域土壤形成鱼塘的同时,用取出的土充填塌陷区较浅区形成平整的农田;② 废弃物堆积废弃地复垦通常采用工程复垦,即平整场地后覆土的表土复原技术;③ 采矿场废弃地复垦大都采用工程复垦,复垦土壤多为人造"表土",同样可能造成重金属、毒性有机物和细菌等二次污染问题[23]。

总之,矿山生态系统是国际生态恢复研究的主要对象之一。植被、土壤和水的修复是矿山生态修复的核心主题,系统性、大尺度的生态恢复将是研究的重要方向。自然恢复的方法和技术将成为研究热点,矿区社会生态恢复力建设将逐步受到重视,确保矿区生态系统的可持续性是这些研究的共同目标。

第三节　污染土壤生态修复

污染后土壤的生态修复是指在生态学原理的指导下,以生物修复为基础,结合各种物理、化学、工程技术等措施,重建正常的生物化学循环过程,实现污染生态系统功能恢复的一种综合方法。面对当前资源约束趋紧,污染形势严峻,强化污染生态修复及污染环境治理是当前最紧迫的任务之一。近 30 年来随着我国经济快速发展,矿产(石油)等化石资源开发力度不断加大,环境污染状况日益严重,面积不断扩大,改变土壤、水体等生态系统生物地球化学循环过程,对人类健康威胁不断加剧。

一、污染退化土地的生态修复

土地退化是一种在不合理的人类利用和不利的自然因素的双重影响下土地质量与

生产力下降的现象。土地的污染退化已成为我国乃至全球土地退化的主要表现形式之一。近30年来,随着高速的社会经济发展和高强度的人类活动,我国因污染退化的土地数量日益增加、范围不断扩大,土地质量恶化加剧,危害更加严重,已经影响到全面建设小康社会和实现可持续发展。

英国、澳大利亚、美国和新西兰等国家在矿区污染土壤修复与生态恢复理论研究和实践方面走在前列,早在20世纪50年代就开始注重对有色金属和挥发性金属矿区污染土壤修复与生态恢复的研究。我国在矿区污染土壤修复与生态修复理论研究和实践研究工作始于20世纪80年代。随着我国土地污染退化现象的加剧,污染土壤生态修复原理与技术研究受到国家有关部门和科技界的高度关注。科技部在"十一五"期间启动了4项863计划重点项目[24]。

(一)金属矿区退化土地的生态恢复研究

我国矿山开采造成的土地资源破坏和环境污染十分严重。据统计,全国矿区累计被破坏的土地面积达 $2.88×10^6 km^2$,并且每年以大约 $467 km^2$ 的速度增长,加剧了矿区土地污染退化趋势。20世纪50~60年代,人们通常通过填埋、刮土、复土等措施来实现矿区退化土地的恢复;进入20世纪70~80年代,运用工程配套方法稳定矿区退化土地,使其修复更加系统化;到了90年代,则更多地运用生态学的观点来恢复矿区土地。在矿区退化土地生态恢复过程中,涉及的适生植物筛选、适于植物生长的基质改良以及植被恢复等生态条件,是矿区污染退化土地生态系统恢复的关键因素。因此,选择适宜在重金属污染土壤上生存的植物对于这些矿区土地的生态恢复至关重要。

重金属污染土壤的植物修复的关键是超积累植物的筛选、开发和应用。基于能源植物的生态恢复是一条有效利用矿区边际性退化土地资源的新途径。芒草和香根草是国际最受关注的两种能源植物。

(二)污染退化农田土壤的生态修复

我国农田土壤污染日趋严重,农田受污染率从20世纪80年代末期的不足5%,上升至目前的19.4%。污染物主要来自工矿业三废(废水、废气、废渣),并通过大气沉降、洪水冲积和不合理的农业生产过程3个路径进入农田,其中不合理的农业生产过程,尤其是污水灌溉是污染物进入农田的首要路径。不仅化肥会污染农田,有机肥同样也会污染农田。例如,通过调节Cd超标农田土壤的pH可以降低Cd的活性,减轻对农作物的危害;不同作物对Cd的敏感性不同,通过调整农作物品种结构,可以降低危害;治理农田土壤污染,首要工作是强化农田土壤污染防控,并因情而宜,走综合治理之路。

针对中低浓度PCBs(多氯联苯)污染退化的农田土壤,采用原位生态调控修复技术,可以最大限度地激活土壤生态系统的自净功能,实现转移或转化、清除或消减土壤中的污染物含量。农田原位生态调控修复主要是利用土壤中已存在的能降解氯代芳香族污染物的土著微生物类群。

二、土壤污染的生态恢复

随着我国工业的迅速发展,许多地区的土壤都不同程度地受到重金属的有机污染物污染而且污染面积又不断扩大的趋势。土壤污染往往被称为"化学定时炸弹",其后果是对农作物的产量或品质造成了影响,即使有机污染物在土壤中有可能被降解,也需要相当长的时间才能达到土壤安全标准,而土壤的重金属污染则完全是不可逆的[25]。

(一) 土壤重金属污染生态恢复

1. 砷污染土壤生态恢复

近年来,我国开始关注砷污染土壤修复的理论、技术和工程研究。1999 年,中国本土发现了世界上第一种砷的超富集植物——蜈蚣草,其羽片含砷 5 000 mg/kg(干重),生物富集系数达 80,显示出对砷独特的吸收富集能力,蜈蚣草能够正常生长在含砷 0.15%~3% 的尾矿上,对砷具有极强的耐性,且生物量大,生长快,具有巨大的植物修复潜力。土培试验表明,蜈蚣草具有极强的耐 Pb、Zn 和 Cd 毒性能力,除了修复单一砷污染之外,还可以用来修复铅锌矿周边常见的 Pb - As - Cd - Zn 复合污染土壤。

2. 铅污染土壤生态恢复

化学钝化对于铅污染土壤较为可行。通过施用石灰降低土壤的酸性,红薯植株对土壤 Cd、Cu、Pb 等重金属的吸收。施用石灰石改良大宝山矿强酸性多金属污染土壤,石灰石可不同程度地降低麻疯树中各部位的 Cd、Cu、Pb、Zn 和 Al 的含量,并且呈现随石灰石用量增加而减少的趋势。采用含 P 物质对铅锌矿污染土壤进行原位修复,Pb 污染环境中容易生成溶解度极低的氯(羟基)磷酸铅盐化合物,降低了土壤中 Pb 的水溶-交换态含量,土培试验结果表明降低幅度为 92%~95%。为期两年的田间试验表明:随着处理时间的延长,磷肥原位固定污染土壤中的铅锌,其田间效果稳定,是一种经济有效的修复材料。

3. 镉污染土壤生态恢复

利用景天和印度芥菜等植物修复镉污染土壤取得一定的进展。在东南景天和玉米套种情况下,用不同浓度和种类的混合试剂对土壤进行化学淋洗,测定淋洗液中重金属含量、植物的吸收量以及土壤重金属的剩余量。套种和化学淋洗联合技术对重金属的去除量大于单一植物提取。两季合计对 Cd 的总去除率达到 40.5%,还降低了第二季玉米籽粒和茎叶 Cd 含量。

4. 铜锌污染土壤生态恢复

总体来说,与土壤砷、铅和镉污染相比,我国铜、锌对土壤的污染范围和危害程度相对要小一些。对于铜、锌污染土壤的生态恢复技术主要采用化学钝化和植物萃取等。

香根草、海州香薷、伴矿景天和黑麦草等植物,是铜、锌污染土壤修复中较为常用的植物品种。香根草对铜、锌等重金属的耐受性极强,是有色金属矿山尾矿库生态修复的适宜植物材料。化学淋洗法在 Cu、Zn 等重金属严重污染的土壤修复中也有一定的潜在应用价值。

(二)有机物污染土壤的生态恢复

持久性有机污染物(POPs)是一系列在环境中长期残留和长距离迁移、具有脂溶性和生物蓄积性、对人类和野生动植物有高毒的含碳化合物。近年来,持久性有机污染物对于全球环境和人类健康的危害受到越来越广泛的重视。人们关注的焦点主要有多环芳烃(PAHs)、多氯联苯(PCBs)、二噁英(dioxin)和有机氯农药等高难降解有机污染物。这些有机污染物由于其低水溶性和高稳定性及一定程度的挥发性而使其得以进行远程迁移,从而造成全球性的环境污染。又因其高脂溶性而使其能沿着食物链富集而影响人类的健康和生存。传统的污染治理技术,如填埋、回收、高温处理、焚烧等方法效率低、费用高,易产生有毒有害的中间产物而造成二次污染。目前,污染环境的生物修复已成为国内外的研究热点,也是修复 POPs 污染土壤的重要方法。

第四节　水污染治理

我国长期以来面临着水体污染、水资源短缺、水生态退化和洪涝灾害等多个方面水问题的压力,而水体污染在一定程度上加剧了其他三种水问题的恶化程度。虽然从中央到地方大规模开展了流域水体污染防治,取得了一些成效,但从总体上来看,我国水体污染仍将是今后相当长时期内制约经济社会可持续发展的关键因素。

一、中国水污染控制现状

自 20 世纪 70 年代我国成立三废办公室,又相继成立城乡建设环境保护部以来,我国即开始了治理水污染的努力,其中包括:① 制定法律,1982 年制定了《海洋污染防治法》,1984 年制定了《水污染防治法》,都早于《大气污染防治法》的制定(1987)和《环境保护法》的制定(1989),至今均已有 20 年以上的历史;② 1990 年“八五”计划开始,即确定了淮河、海河、辽河“三河”和太湖、巢湖、滇池“三湖”为重点治理的水域,并相继展开了轰轰烈烈的治理水污染的零点行动,对污染企业实行关停并转,严格管理工业废水的达标排放,投资建设城市污水处理厂,力度不可谓不大;③ 对一些严重污染的水体,如淮河,还采取了专门行动,淮河于 1994 年发生震动全国的特大污染事故,持续时间 55天,污水团总长 90 公里,污染农田 5 000 余亩,经济损失 1.7 亿元,为控制类似事件的发生,1995 年 8 月 8 日,我国制定了《淮河流域水污染防治暂行条例》[26]。

但根据前述的我国当前的水污染状况,可以说曾经做过的这些努力收效甚微。原因何在呢？以下几个方面是很值得认真思考的：① 基本的认识误区：重视经济发展，轻视环境保护，甚至把二者对立起来。② 污染泛滥的根本原因：有法不依、执法不严。我国的环保法律体系虽然已经建立，但权威性极差，企业违法排污已经成了司空见惯的现象，很多企业还有一套对付执法检查的手段。③ 有效控制环境污染的关键问题：抓重点、搞运动与抓全面、打持久战的关系。

目前我国水污染控制的现状总结如下：

1）城市废水处理率低，处理水平不高。随着城市化进程加快，生活污水排放量逐年增大，我国污水排放总量逐年增加。近年来，中国政府在水污染治理方面的投入不断增大，污水处理率逐年提高，但到 2005 年，城市污水处理率也仅有 51.99%。在已经建设的城市废水处理厂中，还有相当一部分因为排水管网建设未能配套，以及污水处理费不能收齐等原因而不能正常运行，绝大部分污水处理厂没有完善的污泥处理设施。也就是说，虽然建成了废水处理能力，却没有充分发挥其减轻水污染的作用。大量污水废水以及污泥未经过处理便直接排入江河湖海，是导致中国水环境状况得不到明显改善的直接原因。

此外，中国大部分地区的污水厂实行由国家统一制定的《城镇污水处理厂污染物排放标准（GB 18918－2002）》及相关行业标准，而并未真正考虑受纳水体的承载能力确定相应的排放标准，这就导致了即便污水厂出水达标，依然不能保证消除对水体的污染，这种现象在河流径流量较小的中国北方地区尤为显著。

2）工业污染源控制不力，排放大量污染。虽然按照环境保护部门的统计，工业废水达标排放率已达 91.2%，但调查表明，上述数据极不可靠，工业企业推行清洁生产不够得力，工业废水处理设备也不能保证完好的运行状态，工厂违法排污的现象还十分普遍。即使是做到了达标排放，也要看到目前通用的排放标准是不能适应保护和改善已经受到严重污染的水体的需要的。国家环保总局曾经推行工业企业污染物排放总量控制的办法，要求削减排放污染物的总量，但至今效果不大。

3）对非点源污染控制的重要性还刚开始认识。除点源污染外，农业面源污染、城市面源污染等非点源污染也是导致中国水环境恶化的重要原因。

中国是一个农业大国，农业和农村的非点源污染不可忽视，其中包括：夹带着大量剩余化肥、农药的农田径流，畜禽养殖业废水废渣，农村生活污水及生活垃圾，以及水土流失造成的污染等。城市中含有大量污染物的初期雨水或排入污水管网的雨水也未经处理便进入了环境水体，加剧了水体的污染程度。近年来中国正逐渐认识非点源污染对于水环境质量的影响，但目前尚无专门针对非点源污染控制的标准或法规出台，非点源污染仍处于无序排放状态。

二、建立水生态环境功能分区管理体系

依据主体功能区规划和行政区划，划定陆域控制单元，实施流域、水生态控制区、水

环境控制单元三级分区管理。全国共划分为 341 个水生态控制区、1 784 个控制单元。依据国家主体功能区和生态安全屏障建设布局,开展生态健康评价,实施生态空间管控,推进重点生态功能保护与修复,维护区域生态格局安全[27]。

(一) 明确流域污染防治重点方向

1. 长江流域

长江流域共划分 628 个控制单元,筛选 200 个优先控制单元,其中水质改善型 98 个,防止退化型 102 个。长江流域需重点控制贵州乌江等水体的总磷污染,加强涉磷企业综合治理;继续推进湘江、沅江等重金属污染治理;深化太湖、巢湖、滇池入湖河流污染防治,实施氮磷总量控制,减少蓝藻水华发生频次及面积;加强长江干流城市群城市水体治理,强化江西等地污水管网建设,推进重庆、湖北、江西、上海等地城镇污水处理厂提标改造;严厉打击超标污水直排入江。到 2020 年,长三角区域力争消除劣 V 类水体。

2. 黄河流域

黄河流域共划分 150 个控制单元,筛选 50 个优先控制单元。黄河流域要加强汾河、伊洛河等支流水污染防治,控制造纸、煤炭和石油开采、氮肥化工、煤化工及金属冶炼等行业发展速度和规模;加大河套地区农田退水治理力度;推进河南等地污水管网建设和内蒙古、宁夏等地污泥处理处置设施建设。

3. 珠江流域

珠江流域共划分 160 个控制单元,筛选 52 个优先控制单元。珠江流域要加强珠三角等重点城市黑臭水体治理,持续改善茅洲河等重污染水体水质;制定实施广东分流域、分区域重点行业限期整治方案;着力加强广东等地污水管网建设及敏感区域污水处理厂提标改造,推进城镇再生水利用。到 2020 年,珠三角区域力争消除劣 V 类水体。

4. 松花江流域

松花江流域共划分 119 个控制单元,筛选 27 个优先控制单元。松花江流域要持续改善阿什河等污染较重水体水质,重点解决石化、酿造、制药、造纸等行业污染问题,加强大型灌区农田退水治理;推进黑龙江等地污水管网建设;保障哈尔滨、长春等重点城市饮用水安全;加强额尔古纳河、黑龙江、乌苏里江、图们江、绥芬河、兴凯湖等跨国界水体保护;加大水生态保护力度,增加野生鱼类种群数量,加快恢复湿地生物多样性;加强拉林河、嫩江等左右岸省界河流省际间水污染协同防治。

5. 淮河流域

淮河流域共划分 188 个控制单元,筛选 75 个优先控制单元。淮河流域要大幅降低造纸、化肥、酿造等行业污染物排放强度;加强山东、河南等地污水管网建设,推进江苏、山东等省敏感区域内城镇污水处理设施提标改造,深化河南、山东等地区污泥处理处置设施建设;促进畜禽养殖布局调整优化,推进畜禽养殖粪便资源化利用和污染治理;持续改善洪河、涡河、颍河、惠济河、包河等支流水质。推进高耗水企业废水深度处理回用;加强跨省界水体治理和突发污染事件防控;实施闸坝联合调度,开展生态流量试点;严格对东渭河、沂河等河流上游优良水体和南四湖、骆马湖、峡山水库等良好湖库进行生态环境保护,保障京杭运河、通榆河、通扬运河等南水北调东线输水河流水质安全。

6. 海河流域

海河流域共划分164个控制单元,筛选74个优先控制单元。海河流域要狠抓城市黑臭水体治理,加大造纸、焦化、印染、皮革等产业结构和布局调整力度,提高工业集聚区污染治理和风险防控水平,大幅减少水系污染负荷,强化跨省界水体治理。加强河北污水管网建设,推进北京、天津、河北等省(市)污泥处理处置设施建设。突出节水和再生水利用,高效配置生活、生产和生态用水,运用综合措施加大白洋淀、衡水湖、永定河等重要河湖的生态保护与修复力度;保障水库水源地水质安全。

7. 辽河流域

辽河流域共划分105个控制单元,筛选29个优先控制单元。辽河流域要大幅降低石化、造纸、化工、农副食品加工等行业污染物排放强度,提升沈阳等城市污染治理水平,持续改善大凌河等水体水质。加强辽宁省污水管网建设,推进敏感区域内城镇污水处理设施提标改造。维护鸭绿江等上游优良水体及水丰水库等良好湖库优良水质。保障大伙房水库水源地水质安全。加强水库调度,显著恢复辽河保护区、凌河保护区水生态。

8. 浙闽片河流、西南诸河和西北诸河

浙闽片流域共划分134个控制单元,筛选46个优先控制单元。浙闽片河流、西南诸河、西北诸河流域加强金华等中心城市污染治理,持续改善浦阳江等水体水质。加强福建省敏感区域内城镇污水处理设施提标改造,推进污泥处理处置设施建设。以西南诸河澜沧江等跨国界水体为重点,加大基础设施建设与中央资金支持力度,加强跨界河流环保双边机制建设,加大对相关机构能力建设的投入力度,系统、科学防范跨界风险。严格保护新安江、闽江、额尔齐斯河等上游优良水体及千岛湖、长潭水库等湖库优良水质和水生态。

(二)强化重点战略区水环境保护

京津冀区域作为海河流域污染防治的关键区域,要打破行政区域限制,加强顶层设计,持续提升水污染治理、水资源管理、水生态保护和修复水平。长江经济带11省(市)涉及长江、珠江、淮河、浙闽片河流、西南诸河等流域,要坚持生态优先、绿色发展,以改善生态环境质量为核心,严守资源利用上线、生态保护红线、环境质量底线,建立健全长江生态环境协同保护机制,共抓大保护,不搞大开发。

三、水污染防治规划重点任务

(一)工业污染防治

1. 促进产业转型发展

严格环境准入。根据控制单元水质目标和主体功能区规划要求,细化功能分区,实施差别化环境准入政策。强化水环境承载能力约束作用。建立水环境承载能力监测评价体系,实行承载能力监测预警,已超过承载能力的地区要统筹衔接水污染物排放总量和水功能区限制纳污总量,实施水污染物削减方案,加快调整发展规划和产业结构。全面取缔"十小"企业。全面排查装备水平低、环保设施差的小型工业企业。

2. 提升工业清洁生产水平

依法实施强制性清洁生产审核。以区域性特征行业为重点,鼓励污染物排放达到国家或者地方排放标准的企业自愿开展清洁生产审核。

3. 实施工业污染源全面达标排放计划

加强工业污染源排放情况监管。2018 年底前,各地完成所有行业污染物排放情况评估工作,全面排查工业污染源超标排放、偷排偷放等问题。

(二)城镇生活污染防治

1. 推进城镇化绿色发展

优化城镇建设空间布局,以资源环境承载力为依据,合理确定城市规模、开发边界、开发强度和保护性空间,科学划定城市功能分区。优化城市绿地布局,实施生态廊道建设,实现城市内外绿地连接贯通。

2. 完善污水处理厂配套管网建设

城镇生活污水收集配套管网的设计、建设与投运应与污水处理设施的新建、改建、扩建同步,统筹水功能区监督管理要求,合理布局入河排污口,充分发挥污水处理设施效益。

3. 继续推进污水处理设施建设

各地根据城镇化发展需求,适时增加城镇污水处理能力。到 2020 年,全国新增污水日处理能力 4 500 万吨,所有县城和重点镇具备污水收集处理能力,县城、城市污水处理率分别达到 85%、95%左右。图 9-1 为临安污水处理一厂,宛若一座春意盎然的"湿地公园"。

4. 强化污泥安全处理处置

污水处理设施产生的污泥应进行稳定化、无害化和资源化处理处置,禁止处理处置不达标的污泥进入耕地。推进污泥处理处置设施建设。

图 9-1 临安污水处理一厂[28]

5. 综合整治城市黑臭水体

全面排查水体环境状况,建立地级及以上城市建成区黑臭水体等污染严重水体清单,制定整治方案,以解决城市建成区污水直排环境问题为重要着力点,综合采取控源截污、节水减污、生态恢复、垃圾清理、底泥疏浚、流量保障等措施,切实解决城市建成区水体黑臭问题。

(三) 农业农村污染防治

1. 加强养殖污染防治

优化畜禽养殖空间布局。加快完成畜禽养殖禁养区划定工作,2017 年底前,依法关闭或搬迁禁养区内的畜禽养殖场(小区)和养殖专业户,京津冀、长三角、珠三角等区域提前一年完成。以南方水网地区为重点,通过提升畜禽标准化规模养殖水平、推进养殖产业有序转移等措施促进畜禽养殖布局调整优化。

控制水产养殖污染。优化水产养殖空间布局,以饮用水水源、水质较好湖库等敏感区域为重点,科学划定养殖区,明确限养区和禁养区,拆除超过养殖容量的网箱围网设施。改造生产条件、优化养殖模式,大力推进生态健康养殖。引导和鼓励以节水减排为核心的池塘、工厂化车间和网箱标准化改造,重点支持废水处理、循环用水、网箱粪污残饵收集等环保设施设备升级改造。加强对大中型水产养殖场的水环境监测,推动制(修)订水产养殖尾水排放标准。

2. 推进农业面源污染治理

大力发展现代生态循环农业,合理施用化肥、农药,推进重点区域农田退水治理。在松花江、海河、淮河、汉江、太湖等典型流域,三峡库区、南水北调水源地等敏感区域以及大中型灌区建设生态沟渠、植物隔离条带、净化塘、地表径流积池等设施减缓农田氮磷流失,减少对水体环境的直接污染。

3. 开展农村环境综合整治

以长江经济带、京津冀、南水北调水源区及输水沿线的优先控制单元为重点,推进农村环境综合整治。推进农村污水垃圾处理设施建设,综合考虑村庄布局、人口规模、地形条件、现有治理设施等因素,坚持分散、半集中、集中处理相结合,因地制宜采取分散(户用)污水处理设施、污水处理厂(站)、人工湿地、氧化塘、土地渗滤等方式,统筹城乡污水处理设施布局。加强垃圾分类资源化利用,完善收集-转运-处理处置体系,推进特种收集机械研发和应用,实现规模化、专业化、社会化处理处置。完善农村污水垃圾处理设施运营机制,加强已建污水垃圾处理设施运行管理。

(四)流域水生态保护

1. 严格水资源保护

加强水资源开发利用控制、用水效率控制、水功能区限制纳污三条红线管理,全面推进节水型社会建设。完善水资源保护考核评价体系。加强水功能区监督管理,从严核定水域纳污能力。科学确定生态流量,在黄河、淮河等流域进行试点,分期分批确定生态流量(水位),作为流域水量调度的重要参考,维持河湖基本生态用水需求。严控地下水超采,以华北地区为重点,推进地下水超采区综合治理,到 2020 年,地下水超采得到严格控制。

2. 防治地下水污染

以集中式地下水饮用水水源和石油化工生产销售企业、矿山开采区、工业园区、危险废物堆存场、垃圾填埋场、再生水农灌区和高尔夫球场等污染源周边地下水环境为重点,加大地下水污染调查和基础环境状况调查评估力度。加快推进人为污染地下水饮用水水源治理。

3. 保护河湖湿地

划定并严守生态保护红线。把对维护区域生态安全具有重要生态系统服务功能的区域优先划定为生态保护红线,实施最严格的生态保护。统筹江河湖库岸线资源,严格水域岸线用途管制。积极保护生态空间。强化入河湖排污口监管和整治,对非法挤占水域及岸线的建筑提出限期退出清单,加快构建水生态廊道。提升生态系统整体功能。以现有的天然湖泊、大型水库、湿地等生态系统为依托,因地制宜扩大河湖浅滩湿地面积,减少污染物入河(湖),保护水生生物资源和水生态环境,维护与修复重要区域的水生态功能。

4. 防治富营养化

以太湖等 16 个轻度富营养湖库,以及滇池等 5 个中度富营养湖泊为重点,开展河湖滩涂底泥污染调查,大幅削减入湖(库)河流污染负荷,实施入湖(库)河流总氮排放控制,加强内源污染控制,增殖滤食性鱼类,加大湖滨带保护与修复力度,确保湖库水质污染程度减轻,综合营养状态指数有所降低。

(五)饮用水水源环境安全保障

2018 年 6 月 16 日发布的《中共中央国务院关于全面加强生态环境保护,坚决打好污染防治攻坚战的意见》指出,打好水源地保护攻坚战。明确了以下任务:加强水源水、出厂水、管网水、末梢水的全过程管理。划定集中式饮用水水源保护区,推进规范化建设。强化南水北调水源地及沿线生态环境保护。深化地下水污染防治。全面排查和整治县级及以上城市水源保护区内的违法违规问题。

案例 嘉兴石臼漾湿地

石臼漾湿地位于浙江省嘉兴市市区西北角,紧邻石臼漾水厂,是目前国内最大的城市饮用水水源保护湿地之一。利用城市楔形绿地,规划总面积 2.59 km²,包括河道生态修复区、湿地核心净化区、湿地绿化景观区以及科普实践区等部分。湿地核心区总面积 108.7 hm²,其中陆地面积 45.4 hm²,水域面积 63.3 hm²。湿地工程由中国科学院生态环境研究中心提供方案和技术支持,并与嘉兴市水利水电勘察设计研究院联合设计,项目直接投资 6 034 万元(见图 9-2)。

图 9-2 嘉兴石臼漾湿地(王为东供图)

自然界广泛存在的植物床-沟壕系统在水位波动情势下会表现出强烈的边界过滤效应(boundary filtration effect),对于发挥水陆交错带的过滤截留作用、保护内陆水体水质具有着重要生态学意义。石臼漾湿地以仿拟自然界的植物床-沟壤系统作为主要结构单元,占所有功能区总面积的55%左右,对整个湿地的水质净化发挥了重要作用[29]。

植物床-沟壤系统其特色在于采用了人工湿地生态根孔技术,通过构筑根孔和自然根孔之间的过渡以及湿地根孔的不断更新,实现湿地填料/介质的自我更新,克服了一般潜流人工湿地其填料/介质易发生堵塞的缺点。该技术应用成本较低。

(1)根孔构筑方式。符合自然湿地植物根孔空间分布规律和常理推断,均匀分布秸秆填埋方式其水质净化效果略优于两层分布。综合考虑人工湿地建设时的施工难易、控制精度以及经济成本,推荐在满足秸秆填埋数量的前提下,优先采用两层(间距20~30 cm)秸秆填埋方式。

(2)植物组合。中试强化区植物芦苇、香蒲、菰、灯心草均为人工湿地常见种,并进行了合理搭配。试验结果显示宜优选芦苇+菰这一组合。

(3)强化介质。沸石、方解石这2种介质在运行初期强化效果较好,以方解石更优,而砾石强化效果较弱。在中试工程建设时期(2010年5~10月),砾石、沸石、方解石的市价(含运输费和人工费)分别为每吨156元、290元、236元。显然,在植物床-沟壤系统中引入强化介质会大大增加人工湿地的工程建设成本。同时,考虑到这些强化介质在运行一段时间后就会发生不同程度的堵塞,反冲洗或更换介质等维护措施亦较为麻烦并进一步增加成本。综合而言,推荐在植物床-沟壤系统的大规模推广应用过程中于植物床局部采用适量方解石作为强化手段。

中试强化试验研究时间段虽然处于冷季,但对各种营养物质去除率仍高于石臼漾湿地的年均水平。与石臼漾湿地大工程区相比,中试强化区对总氮、总磷、氨氮等水质指标去除率提高幅度约为20%~40%。为满足石臼漾水厂的供水要求,目前有70%左右的水流是从大渠中直接通过,使得湿地的水力停留时间总体不高。

第五节 大气污染治理

大气污染是大气中污染物含量达到一定程度,对环境、生态和人体健康产生影响或造成损害的现象。随着世界各地工业化、城市化和现代化的迅速发展,由人为因素造成的大气污染已成为人类无法回避的现实问题。大气中一次污染物与二次污染物的复合污染,有机污染物与无机污染物的混合污染和颗粒物、颗粒携带污染物与气态污染物的交织污染,已直接或间接地威胁到了陆地生态系统和人类自身的健康与生存。控制和治理大气污染是维持和提高区域性和全球性环境质量、保障生态环境卫生和人体健康的迫切需要,也是社会经济可持续发展的重大需求[30]。

随着工业化和城镇化进程的加快,中国的国民生产总值逐年攀升,但与此同时,城市各类环境污染问题逐渐显现。重度污染的灰霾(雾霾)天气频现,$PM_{2.5}$、PM_{10}成为社会热门词汇。严重的大气污染给城市居民的身体健康乃至生命安全带来了巨大威胁,也影响到了城市交通、旅游业、工商业生产等经济活动[31~33]。

一、常规大气污染物控制取得进展

1. 二氧化硫排放增加的态势基本得到遏制

2001~2011 年,全国废气中二氧化硫排放总量呈先增后降的态势。其中"十五"期间,二氧化硫排放总量呈稳步上升态势,从 2001 年的 1 947.8 万吨增加到 2005 年的 2 588.8 万吨,未完成"十五"期间确定的减排目标。"十一五"期间,国家开始对二氧化硫排放实施总量控制,并全面推进火电脱硫工作。全国废气中二氧化硫排放总量、工业废气中二氧化硫排放量和生活废气中二氧化硫排放量均呈逐年下降趋势。中国的能源消耗主要以煤炭为主,占一次能源消费总量的 75%。

2. 烟尘、粉尘排放量得到有效控制

2001~2010 年,工业粉尘稳步下降,从 2001 年的 990.6 万吨下降到 2010 年的 448.7 万吨。2001~2010 年,烟尘排放量经历了先逐步上升,然后稳步下降的态势。其中,2001~2005 年,烟尘排放量从 2001 年的 1 069.8 万吨增加到 2005 年的 1 182.5 万吨。随后逐年下降,从 2006 年的 1 088.8 万吨降低到 2010 年的 829.1 万吨。

3. 二氧化碳含量在增加

随着煤炭消耗量的增加,二氧化碳排放从 1992 年到 2001 年已经翻了三倍多,这对我们是一个巨大的挑战。部分原因是因为,我们目前的脱硫脱硝采取的是钙法技术,而这种钙法技术在脱硫脱硝过程中是会释放出 CO_2 的。

二、城市进入新型复合大气污染阶段

在过去三十多年中,随着中国工业化城镇化的快速发展,主要污染源已由燃煤、工业转变为燃煤、工业、机动车、扬尘等。在主要大气污染物中,细颗粒物($PM_{2.5}$)、氮氧化物(NO_x)、挥发性有机物(VOCs)、氨氮(NH_3)等排放量显著上升。可吸入颗粒物已经成为影响城市空气质量的首要污染物。中国城市群出现了煤烟型和机动车尾气型污染共存的大气复合污染。其特征是多污染物共存、多污染源叠加、多尺度关联、多过程耦合、多介质影响。区域性大气灰霾、光化学烟雾和酸沉降成为新的大气污染形式。

中国化石燃料消费的峰值在 2030~2040 年之间,电力、冶金、化工和建材等高耗能行业的峰值在 2020~2030 年之间,主要污染物排放的峰值在 2020 年左右。随着中国工业化的快速发展,在面临常规污染的同时,非常规污染物的问题日益显现。

1. 氮氧化物排放呈增长态势

中国从 2006 年开始统计氮氧化物排放量,数据显示,全国氮氧化物排放总量从 2006 年的 1 523.8 万吨持续增长到 2011 年的 2 404.3 万吨。一般认为,电力、建材(水

泥)、交通行业是氮氧化物的主要排放源,考虑到这些行业仍处于快速发展阶段,以及现有的治理水平,预计氮氧化物的排放将持续增长。

2. 细颗粒物($PM_{2.5}$)排放呈显著增长态势

燃煤尘、交通道路扬尘、机动车尾气尘、工业过程粉尘、建筑扬尘是细颗粒物($PM_{2.5}$)的主要来源。数据显示,现阶段生活源烟尘排放总量大体上呈增长的态势,从2000年的212.1万吨增长到2010年的225.9万吨。当前中国处在基础建设的高峰期,建筑、拆迁、道路施工及堆料、运输遗撒等施工过程产生的建筑尘和道路扬尘,呈进一步加重的态势。

3. 挥发性有机物($VOCs$)排放呈显著增长态势

工业过程、机动车尾气、化石燃料、建筑装修是挥发性有机物(VOC)主要排放源。

4. 大气重金属排放呈显著增长态势

燃煤是全球重金属循环中最为重要的大气污染物排放源。

从大气污染治理的国际经验来看,欧美国家大致在 1970~1990 年控制了二氧化硫、氮氧化物等常规大气污染物,1990~2010 年控制了 PM_{10} 和 $PM_{2.5}$ 等大气污染物排放。《中国环境宏观战略研究》(2011)提出了中国大气污染治理的目标,2050 年大多数城市和重点区域基本实现世界卫生组织(WHO)环境空气质量浓度指导值。中国科学院可持续发展战略研究组(2013)认为,中国城市空气质量真正好转,并达到欧美国家空气质量标准,还需要 20 年时间。郝吉明(2013)也指出,目前大气污染物总量(水平)减少30%~50%,环境空气质量才能出现根本好转,如果按照每个五年规划减排 10% 的进度,要到 2030 年左右才能实现。

2004~2012 年,全国 PM_{10} 污染程度大大减轻,重污染区域逐渐减小,华东、华北、华中及西南地区污染改善情况最为明显,但是主要污染区域格局并未发生太大变化,还是以西北和华北部分地区为主。《大气中国 2019:中国大气污染防治进程》记录分析 2018 年 338个地级及以上城市的空气质量数据。2013—2017 年,城市空气质量得到整体改善,但大气污染防治的形势依然严峻,338 个城市中尚有六成以上城市环境空气质量超标。

综上所述,通过大气污染治理,实现城市空气质量明显好转,将是一个长期和艰巨的过程,可能还需要二十年甚至更长的时间。

三、大气污染的植物修复

工业污染减排,国土绿化,农业生态发展是解决中国大气污染的重要的措施和方向。大气污染的植物修复主要过程是持留和去除。持留过程涉及植物截获、吸附、滞留等,去除过程包括植物吸收、降解、转化、同化等。有的植物有超同化的功能,有的植物具有多过程的作用机制[36]。

1. 粉尘污染的植物修复

植物对大气中的粉尘有阻挡、过滤和吸附作用,其滞尘量的大小与树种、林带宽度、草皮面积、林带种植状况以及气象条件有关。

2. 生物性大气污染的植物修复

大气中一些微生物(如芽孢杆菌属、无色杆菌属、八迭球菌属等)和某些病原微生物都可能成为经空气传播的病原体。由于病原体一般都附着在尘埃或飞沫上随气流移动,植物的滞尘作用可以减小病原体在空气中的传播范围,并且植物的分泌物有杀菌作用,因此植物可以减轻生物性大气污染。

3. 化学性大气污染的植物修复

(1)植物吸附与吸收。植物对于化学性污染物的吸附与叶片形态、粗糙程度、叶片着生角度和分泌物有关。植物枝叶表面可有效地吸附空气中的浮尘、雾滴等悬浮物及其吸附着的气体分子、离子及固体颗粒。O_3、SO_2等可被吸附在叶片和枝干表面的粉尘中。植物还可吸附亲脂性的有机污染物,包括多氯联苯(PCBs)和多环芳烃(PAHs),其吸附效率主要取决于其辛醇-水分配系数。

(2)植物的同化作用。植物能吸收大气中的硫、碳、氮等营养元素并加以同化利用,即通过气孔将 CO_2、SO_2 等吸入体内参与代谢,最终以有机物的形式储存在氨基酸和蛋白质中。植物还可利用专性植物体内的超氧化物歧化酶、过氧化物酶等吸收并转化 O_3。在大气中多环芳烃类污染物以固体和液体气溶胶形式存在,它们都可被高等植物同化。不同植物之间同化大气中毒性物质的能力差异显著。同样条件下,普通枫树和胡颓子属植物对大气中苯的吸收量比桤木和榆树高数百倍,比白桑树和美洲椴高数千倍。对于大气中氮氧化合物的同化是目前研究热点之一。从植物中筛选或通过基因工程手段培育"超同化植物"将是一项具有应用前景的研究。

(3)植物的代谢降解。植物降解是指植物通过代谢过程来降解污染物或通过植物自生的物质如酶类来分解植物体内外来污染物的过程。植物含有一系列代谢异生素的专性同工酶及基因,以束缚保存代谢产物,直接降解有机污染物的酶有硝基还原酶、过氧化物酶、脱卤酶、漆酶等。

(4)植物的转化作用。植物转化是植物保护自身不受污染物影响的生理反应过程。植物转化需要乙酰化酶、巯基转移酶、甲基化酶、葡糖醛酸转移酶等多种酶类参与。植物不能将有机污染物彻底降解为 CO_2 和 H_2O,而是经过一定的转化后隔离在液泡中或与木质素等不溶性细胞结构相结合。促使植物将有毒有害的污染物转化为低毒低害的物质是大气污染的植物修复主要研究内容之一。O_3是近地表大气中主要的二次污染物,可利用专性植物有效地吸收大气中的 O_3,并利用其体内的酶如超氧化物歧化酶、过氧化物酶、过氧化氢酶等和一些非酶抗氧化剂如维生素 C、维生素 E、谷胱甘肽等进行转化清除。

(5)对酸雨的中和缓冲作用。植被冠层对酸雨具有阻滞、吸收和蓄存作用。植被冠层可与酸沉降发生强烈的相互作用,包括酸沉降中 H^+ 与树叶内部阳离子交换、树叶对营养元素和某些重金属元素的吸收、酸沉降对盐基离子和分泌物的淋洗等。植物代谢物的释放和运输,蓄积在树叶表面的大气沉降物和植物分泌物的生物地球化学过程,都会影响进入森林和土壤的雨水的酸度、化学成分及含量。

植物修复是一项对环境友好的、技术要求相对较低的修复方法,容易为社会民众接受,而且与传统的修复技术相比,成本要低得多。大气污染的植物修复理论及技术将对城市园林绿化、环境规划和生态环境建设具有一定指导意义和应用价值。

案例　国外大气污染治理的典型做法

1943 年美国的"洛杉矶光雾事件"和 1952 年英国的"伦敦烟雾事件"发生后,两地政府采取的治理手段各具特色,但存在一定共性[37]:

1. 针对源头重点治理

根据大气污染分别缘于"汽车尾气排放"和"工厂烟囱和民用取暖直接排放的烟尘"的调查结果,洛杉矶围绕限制车辆排污,实施高于联邦政府的尾气排放标准、提高汽车燃油清洁标准、督促汽车生产商研发废气控制装置;伦敦则采取了包括大规模改造城市居民的传统炉灶,在冬季采取集中供暖,将烧煤大户迁往郊区等系列措施。

2. 推动大气污染立法进程

1955 年,美国联邦政府出台首部大气污染防治法律——《空气污染控制法》。1963 年和 1967 年,先后通过《清洁空气法》和《空气质量法》,此后几十年间,《清洁空气法》经过数次修改,最终成为制定全国空气质量标准的重要依据。在英国,伦敦市于 1954 年出台《伦敦城法案》;1956 年,英国颁布《清洁空气法》,将伦敦治理模式普及全国;1974 年出台《控制公害法》,全面、系统地规定了对空气、土地、河流、湖泊、海洋的保护及对噪声的控制。发挥市场机制的作用。20 世纪 70 年代,美国和英国分别开征硫税和二氧化碳税,此后,两地的环境税种类呈多样化趋势,涉及能源、日常消费品和消费行为等多方面。

3. 注重科技创新及应用

1994 年,洛杉矶投入使用机动车"行驶诊断系统",该系统能即时监测机动车的工作状态,对车辆排污超标进行提醒。提供即时、全面的空气监测数据。美国环保署通过 AirNow 网站发布全美空气质量预报和实时情况,公众可按州和城市查看当日和次日空气质量指数。英国则通过空气质量网公布全国各监测点的空气污染指数及趋势。

第六节　垃圾污染处理

人口增长后,电子垃圾、建筑垃圾、生活垃圾等几种垃圾形式是主要污染源之一。

一、电子垃圾

电子垃圾是指废旧的电子产品,包括电脑、打印机、复印机、电视、手机以及混合有塑料、金属及其他材料的精密玩具。全世界每年有 $2\times10^7 \sim 5\times10^7$ t 废旧电子产品被丢弃,电子垃圾正以每年 3%~5% 的速度增长。电子垃圾成为继工业时代化工、冶金、造纸和印染等废弃物污染后一类新的重要环境污染物。

电子垃圾中含有金、银、铜、塑料等 700 多种物质,被称为"21 世纪的矿山宝藏"。在资源紧张的背景下,对电子垃圾进行回收、利用的前景十分可观。世界上约 80% 的电子废物被转运到亚洲,其中约 90% 输入到中国,广东的贵屿镇、龙塘镇和浙江的台州地区是我国主要的电子垃圾拆解回收中心。目前,我国对电子垃圾拆解、回收的处理方式原始、落后,不能有效保护环境和人体健康。家庭作坊式的回收方式使大量的有毒物质被释放到环境中[38]。

1. 电子垃圾处理引发的重金属污染

重金属元素广泛存在于电子垃圾中。压碎、拆解和焚烧电子垃圾的过程会造成重金属的泄漏。有报道指出,电子垃圾回收会导致重金属在空气、水、底泥和土壤等环境介质中富集,印刷电路板被认为是电子垃圾回收过程中最重要的重金属释放源。

2. 电子垃圾处理引发的 POPs 污染

除了重金属污染,多环芳烃、多氯联苯和多溴联苯醚等 POPs 也会伴随着电子垃圾回收处理活动而被释放到环境中。塑料废物的不完全燃烧和废弃电子垃圾的任意丢弃是 POPs 进入环境的重要途径。PCBs 通常用于电子电器产品中的变压器以及电容的冷却剂和润滑剂,落后的拆解、回收方式容易造成 PCBs 泄漏从而进入土壤或大气中,燃烧会生成毒性更大的类二噁英物质,对人体健康及环境产生严重危害。

二、餐厨垃圾

餐厨垃圾是一个外延非常广泛的概念,食物生产、运输、分配及消费中产生的废弃部分都属于餐厨垃圾。根据中国住房和城乡建设部制定的《餐厨垃圾处理技术规范》,餐厨垃圾是指"饭店、宾馆、企事业单位食堂、食品加工厂、家庭等加工、消费食物过程中形成的残羹剩饭、过期食品、下脚料、废料等废弃物。包括家庭厨余垃圾、市场丢弃的食品和蔬菜垃圾、食品厂丢弃的过期食品和餐饮垃圾等"。在通常的观念及论述里面,餐厨垃圾基本上专指家庭厨房、公共食堂及餐饮行业的食物废料和食物残余,这种专指用"厨余垃圾"来称呼可能会更为恰当[39]。

在美国、日本、韩国及欧盟等地,餐厨垃圾资源化处理早已法制化和企业化,成为一项成熟的环保产业,而国内对于餐厨垃圾资源化处理尚处在起步阶段。

中国城市每年产生餐厨垃圾不低于 6 000 万 t,大中城市餐厨垃圾产量惊人,重庆、北京、广州等餐饮业发达城市问题尤其严重。而中国目前绝大多数城市的餐厨垃圾与生活垃圾混合堆放,以传统的焚烧、填埋为主。焚烧、填埋不能实现餐厨垃圾资源化利用,是对餐厨垃圾的极大浪费,并给地方财政带来沉重负担。即使在大力发展餐厨垃圾资源化处理的城市,目前资源化处理比例也相对较低。

三、农村生活垃圾

长期以来,我国农村地区生活垃圾问题没有得到足够的重视,大部分农村地区垃圾处置设施建设几乎处于空白,农村生活垃圾的处理机制极不健全,"脏、乱、差"的垃圾污染现象普遍存在。随着农村经济的发展和农民生活水平的提高,以及各种现代日用品的普及,随之而来必然产生大量的生活垃圾。据统计,我国农村一年的生活垃圾量接近3亿t,全国仅有26.8%的行政村设有垃圾收集点,每年上亿吨的农村生活垃圾得不到任何处理而被随意弃置。大量生活垃圾无序丢弃或露天堆放,对环境造成严重污染,不仅占用土地、破坏景观,而且还传播疾病,严重污染了水、土壤和空气以及人居环境[40]。

1. 农村生活垃圾处理现状

目前,我国农村垃圾的收集运作模式为"户负责投放,村负责收集,乡镇(街道)负责中转,市负责处理",垃圾以何种方式堆放不仅与地方政府的工作支持、资金的投入相关,同时与农民群众的思想意识相关。垃圾堆放方式和垃圾产生量一样都与生活水平直接相关,生活水平高、经济条件好的地区,垃圾以收集方式堆放的比例相对较高。

2. 我国农村生活垃圾污染防治技术现状

现在的农村环境保护多是直接套用城市环境保护的技术体系和管理办法,不符合农村实际,投资大、能耗高、运行管理复杂、工艺流程长,未形成适合我国农村特点的适宜处理技术体系或模式。农村生活垃圾处理与处置面临规模小,处理成本高,人员管理缺乏,收集、运输体系尚待建立,小规模的焚烧处理和填埋处置一时难以达到现行标准的状况。因此,开展农村生活垃圾污染防治工艺技术及管理技术研究是促进我国社会主义新农村建设的切实科技行动。

3. 农村生活垃圾处理过程存在的问题

目前,我国农村生活垃圾收集处理还存在许多问题,如农村经济落后、生活垃圾处理缺乏资金投入,农村生活垃圾基础设施建设滞后,科学研究广度深度不够、成果有待加强等。

农村生活垃圾污染防治仍然是我国环保工作的重点,也是新农村建设过程中的重要环节。"垃圾只是放错地方的资源",为了解决农村生活垃圾问题,应该从加强源头分类、加大农村环保资金投入、加大科研投入力度和成果转化,并因地制宜地采取农村生活垃圾处理模式。农村生活垃圾处理效果的好坏直接影响着农村居民的生活质量,对于保护农村生态环境、实现农村可持续发展、促进社会主义新农村建设有重大的意义。

四、建筑垃圾

伴随着工程建设的不断加快,建筑垃圾的产生量也在高速增长,我国建筑垃圾的数量已占到城市垃圾总量的30%~40%。有关统计显示,在每万平方米建筑的施工过程中,仅建筑垃圾就会产生500~600 t。中国每年20亿 m^2 以上的工程建设将持续10~15

年,每年会产生约 6 亿 t 的建筑垃圾。每年因新建、拆除、装修等产生的建筑垃圾约为 15.5 亿～24.4 亿吨[41]。建筑垃圾主要是指工程新建、改扩建及危旧建筑物的拆除过程中产生的固体废弃物。主要包括建筑渣土、废砖、废瓦、废混凝土、散落的砂浆和混凝土,此外还有少量的钢材、木材、玻璃、塑料、各种包装材料等。建筑垃圾中的许多废弃物经过分拣、粉碎和筛分后,大多可作为再生资源重新利用[42]。建筑垃圾经过雨水冲刷和渗透,会严重腐蚀土壤,污染地下水和大气环境,危害居民健康[43]。

自 20 世纪 90 年代以后,世界上许多国家,特别是发达国家已把城市建筑垃圾减量化和资源化处理作为环境保护和可持续发展战略目标之一。目前我国巨量的建筑垃圾,绝大部分未经任何处理,便被建筑施工单位运往郊外或乡村,采用露天堆放或填埋的方式进行处理。这种传统的处理方法(露天堆放、填埋、焚烧等)不仅耗用了大量的耕地及垃圾清运等建设经费,而且给环境治理造成了很大的压力[44]。世界上许多发达国家建筑垃圾资源化水平较高,而我国建筑垃圾资源化起步晚,与世界先进水平有较大的差距[45]。

建筑垃圾中的许多废弃物经分拣、剔除、磁选、粉碎、熔炼、压制等加工工艺,绝大多数是可以成为再生资源而重新利用的,如各种型钢、管材、钢筋、铁丝等废金属,集中回收、回炉后,可以再加工成各种规格的钢材;废竹木材则可用于制作人造木材和纸类制品;砖石、混凝土等废渣经破碎后,可以代砂,用于砌筑砂浆、抹灰砂浆、打混凝土垫层等,还可以作为骨料用于修筑道路的路基和制作砌块、铺道砖、花格砖等建材制品。综合利用建筑垃圾既可增加施工企业的经济收入和降低施工成本,又有利于建筑垃圾的分类化、减量化管理[46,47]。

在这些方面,日本、美国等工业发达国家的许多先进经验和处理方法值得借鉴。日本把建筑垃圾视为“建筑副产品”,1977 年制定了《再生骨料和再生混凝土使用规范》,并建立了以处理混凝土废弃物为主的加工厂,生产再生水泥和骨料,生产规模可达 100 t/h。1991 年制定了《资源重新利用促进法》,规定建设过程中产生的渣土、混凝土块、沥青混凝土块、木材、金属等建筑垃圾,须送往再资源化设施处理。美国政府制定的《超级基金法》规定:“任何生产有工业废弃物的企业,必须自行妥善处理,不得擅自随意倾卸”。总体来讲,这些国家大多施行的是“建筑垃圾源头削减策略”,即在建筑垃圾形成之前,就通过科学管理和有效的控制措施将其减量。

我国对建筑垃圾的管理起步较晚,开始于 20 世纪 80 年代末 90 年代初,范围仅限于一些大城市。近些年来,我国已经意识到建筑垃圾回收利用的重要性,开展了许多探索性的研究和尝试[48]。

五、我国城市垃圾处理的现状及问题

2002 年,全国生活垃圾清运量为 13 638 万 t,比上年增加 1.2%;2003 年,全国生活垃圾清运量为 14 857 万 t,比上年增加 8.8%。长期以来,我国的垃圾处理方式主要是露天堆放,即未经处理就裸露地堆放在城市周围的垃圾场里。由于产生的垃圾量大且有逐年增加的趋势,各大城市逐渐被垃圾场所包围,学术界早已有"垃圾围城"之说。

随着我国工业化和城市化的逐步推进,城市生活垃圾问题越来越受到人们的关注。当前,我国城市垃圾每年产生量接近2亿t,平均每人每年生产垃圾量约300 kg,且近年来基本以10%的速度在增长。我国的大中型城市中约有2/3被垃圾所"包围",严重影响了人们的生活质量。目前,垃圾填埋是我国主要的垃圾处理方式,但由于垃圾填埋占用土地资源,而我国人口分布极不均匀,在人口密度大的地区,城市生活垃圾与土地资源紧缺的矛盾日益尖锐,急须加大垃圾焚烧和垃圾回收[49]。

1. 我国垃圾处理现状及问题

目前,对垃圾处理主要有垃圾填埋、垃圾堆肥、垃圾焚烧3种方法。2012年我国垃圾无害化处理量达14 489.5万t,其中垃圾填埋量达10 512.5万t,占总量的72.6%,焚烧处理量达3 584.1万t,占总量的24.7%,垃圾堆肥处于萎缩状态。可见,我国城市生活垃圾主要还是依靠垃圾填埋方式进行处理。垃圾填埋不仅造成环境污染,而且占用大量土地,导致发达地区城市生活垃圾处理与土地资源矛盾尖锐。

我国有677座城市生活垃圾处理设施,其中垃圾填埋场547座,实际处理量约1.0亿t/a,垃圾焚烧109座,实际处理量约2 600万t/a,垃圾堆肥厂21座,实际处理量约427万t/a。可见,垃圾填埋和焚烧的应用不断增长,堆肥处理的应用处于萎缩状态。垃圾焚烧具有减量多、耗时短、占地面积小等优点,可有效缓解城市生活垃圾与土地资源紧缺的矛盾。我国垃圾焚烧处理起步较晚,受经济水平的限制,长期以来发展较为缓慢。

2. 发达国家城市垃圾处理现状

发达国家在垃圾处理的过程中,非常重视垃圾的回收利用和在源头减少垃圾产生量的问题。由于发达国家城市化进程较早,在垃圾收集、运输、处理等方面技术更为成熟,在注重垃圾源头控制、对垃圾严格分类的同时,根据本国的情况采取了不同的垃圾处理方式,取得了良好的效果。

六、垃圾渗滤液

垃圾渗滤液是垃圾填埋过程产生的二次污染,可以污染水体、土壤、大气等,使地面水体缺氧、水质恶化、富营养化,威胁饮用水和工农业用水水源,使地下水丧失利用价值,有机污染物进入食物链将直接威胁人类健康。垃圾渗滤液处理难度大,实现其经济有效处理是垃圾填埋处理技术中的一个研究热点[50]。

1. 垃圾渗滤液的产生和污染特性

(1) 垃圾渗滤液产生有四个主要来源:垃圾自身含水,垃圾生化反应产生的水,地下潜水的反渗,大气降水。垃圾含水量为47%时,每吨垃圾可产生0.072 2 t渗滤液,生化反应产生的水要少得多。大气降水具有集中性、短时性和反复性,未及时引流的降水渗过垃圾层形成的渗滤液占总量的绝大部分,是工程设计的主要依据。

(2)污染特性

1)污染物种类繁多。渗滤液中含量较多的有烃类及其衍生物、酸酯类、醇酚类、酮醛类和酰胺类等,其中列入我国环境优先控制污染物的有 5 种。

2)污染物浓度高,变化范围大。垃圾渗滤液的这一特性是其他污水无法比拟的。

3)变化性。① 产生量呈季节性变化,雨季明显大于旱季。② 污染物组成及其浓度季节性变化。平原地区填埋场干冷季节渗滤液中的污染物组成和浓度较低。③ 污染物组成及其浓度随填埋年限的延长而变化。填埋层各部分物化和生物学特征及其活动方式都不同。

2. 垃圾渗滤液处理方法

(1)物化法包括:① 作为垃圾渗滤液的预处理或后处理措施,吸附、絮凝沉淀和膜技术较为常见。② 光催化氧化和电化学技术的应用是渗滤液污染化学控制的新发展。③ 去除渗滤液高含氮量,加石灰自由吹脱预处理比自由吹脱简单和经济。

(2)生化法包括:① 生化法的研究和应用比较普遍。活性污泥法最为广泛,BOD_5、有机碳和 COD_{Cr} 分别为 99%、80% 和 90% 以上的去除率,该法受温度影响,能耗高,条件控制复杂,耐冲击负荷能力差。而经过 A/B 复合系统(A:缺氧活性污泥,B:A/O 淹没式生物膜),COD_{Cr}、氨氮和全氮去除率分别为 94.2%、95.1% 和 73.9%。② 稳定塘方法。稳定塘能有效去除渗滤液中小于 1 000 Da 的有机小分子,对大于 5 000 Da 的分子则几乎不起作用,因此将生化法与物化法结合是渗滤液处理研究和应用的趋势。

(3)土地处理法回淋技术利用填埋层中的微生物降解渗滤液中的有机物,控制填埋层含水量,加快垃圾分解和稳定速率,降低处理费用,实质是污水土地处理,有垃圾预湿润、垂直渗井、水平渗沟、场顶积水塘、喷淋灌溉等形式。渗滤液回淋可提高沼气产量和产率,填埋一年后,回淋与不回淋相比,垃圾产甲烷能力下降 23.7%,而产甲烷速率则提高 1 倍多。回淋改变了填埋层的水分饱和程度和土壤蒸发条件,土壤蒸发能力接近甚至可能大于水面蒸发量,从而可以削减垃圾渗滤液量。

七、垃圾分类的工作

垃圾问题涉及城乡各地和千家万户,涉及社会各个层面、各个方面。由于垃圾分类处理不能完全靠政府强制推行,也不可能完全市场化,因为这项工作根本离不开社区居民及其家庭的支持和参与。能否发动全社会支持和参与垃圾处理,从社区这个源头解决垃圾分类处理问题,具有重要的现实意义和深远影响[51]。

垃圾分类处理和综合利用,就是将垃圾从源头分成可回收利用垃圾、有机易腐垃圾、适于焚烧垃圾等类别,然后根据不同类别垃圾的物理和化学特性,分别进行减量化、资源化、无害化处理和利用的一种垃圾处理模式。目前,我国一些大城市和比较发达城市在不同程度地推动垃圾分类处理,其他地区也正普遍推行。

第七节　城市工业废弃地修复

工业废弃地,指曾为工业生产用地和与工业生产相关的交通、运输、仓储用地,后来废置不用的地段,如废弃的矿山、采石场、工厂、铁路站场、码头、工业废料倾倒场等。伴随着后工业时代的来临,世界经济格局、城市产业结构发生了巨大转变,第三产业逐渐代替了第二产业在产业结构中的主导地位,导致了许多传统工业基地的结构性衰退;另一方面进入信息社会,全球经济日趋一体化,新的生产、通讯、运输技术和方式的出现,原有工业、交通、仓储用地的功能布局、基础设施不能满足新的要求,导致功能性衰退,甚至沦为废弃地;再者,城市化的蔓延造成内城经济的严重萎缩,被围合于城市中心地带的产业类用地被废弃,由于土地区位级差和整治环境污染两方面的因素导致城市产业空间布局的调整需求[52]。在城市的发展历史中,这些工业设施具有功不可没的历史地位,它们往往见证着一个城市和地区的经济发展和历史进程。城市的这些传统工业基地乃是非传统的城市景观,是一种工业景观,更重要的要考虑其历史文化价值。

20世纪90年代城市的更新产生了更多的不活跃的城市内部空间,其中包括衰退的产业类地段,这些工业废弃地的再开发在当今已成为全球性普遍关注的问题,对这些地区的再开发,尊重工业文化的历史价值已是必然趋势。在微观层面上,对于工业废弃地的更新、改造,就是针对这种用工业语言写成的"工业景观"进行挖掘、开发和利用,创造具有多重含义的工业之后的景观。

一、工业废弃地的更新、改造

(一)生态学与工业废弃地的更新、改造

20世纪70年代深层生态学理论的提出对解决城市中这类废弃地的问题提供了理论上的支持。面对日益恶化的环境问题,生态学家提出了生态节制和适度发展的思想,认为人类应该节制那种对自然环境过度干预的行为,人类的活动应该有一定限度。

一些设计师提出并尝试了对场地最小干预的设计思路,在废弃地的改造中,尽量尊重场地的原有特征和生态发展的过程。在这些设计中,场地上的物质和能量得到了尽可能地循环利用。那些残砖瓦砾、工业废料、矿渣堆、混凝土板、铁轨等,都能成为场地更新、改造过程中创造景观的良好材料。例如,上海后滩公园保留了场地内的原有一块面积16公顷的江滩湿地,改造原有水泥硬化防洪堤而成为生态型的江滨潮间带湿地,供乡土水岸植被繁衍生长;同时,根据现状用地及工业遗存分析湿地净化系统适宜狭长的场地条件,设计了一个人工内河湿地系统(见图9-3)[53]。

图 9 - 3　上海后滩湿地公园(海沙尔摄)[54]

(二) 现代艺术与工业废弃地的更新、改造

异彩纷呈的现代艺术,为工业之后的景观提供了设计源泉,它重新解释了废弃的工业景观的价值与含义,从而使工业之后的景观设计手段更加丰富。传统的美学观点认为,废弃地上的工业景观是丑陋而难以入目的,没有什么保留价值。于是在对废弃地更新、改造时,要么将那些工业景象消除殆尽,要么将那些"丑陋"的东西掩藏起来。而今天,艺术的概念已发生了相当大的变化,"美"不再是艺术的目的和评判艺术的标准,景观也不再意味着如画。在众多的艺术潮流中,对工业之后的景观设计影响最为深远的是大地艺术。大地艺术家们最初选择创作的环境时,偏爱荒无人烟的旷野、滩涂和戈壁,以远离人境来达到人类和自然的灵魂沟通。后来他们发现,除此之外,那些因被人类生产生活破坏而遭遗弃的土地,也是合适的场所。上海佘山世茂洲际酒店就是在采石坑基础上设计而成(见图 9 - 4)。

(三) 后现代工业之后的景观设计

在某些方面表现出人们对多元化的设计的追求,对历史的价值、基本伦理的价值、传统文化的价值的尊重——这些正是后现代的设计思想。在工业之后的景观作品中,最触动人心,具有强烈视觉冲击力的是工业遗迹。这些遗迹诉说着场地上辉煌的工业历史,记载着一段灿烂的工业文明。正是它们的存在,才使得工业废弃地的文脉得以延续[55]。

二、工业之后的景观的设计手法

从成功的工业之后的景观设计实践中,可以总结出用景观设计的途径,更新工业废弃地的手法。尽管这并不意味着所有的废弃地都必须采用同样的方式来更新。由于场

图9-4　上海佘山世茂洲际酒店(深坑酒店)(世茂集团官网)

地受到了工业生产的破坏或污染,从工业废弃地转变为绿色公园,往往比一般的景观设计复杂得多,其设计和实施过程主要面临以下一些问题。

(一) 废弃工业建筑、构筑物和工业设施的处理

在这些公园中的景观设计是以对工业景观的秉承为基础的,对场地上原有工业景观的处理,是设计中重要的部分。这里的工业景观是指场地上废弃的工业建筑、构筑物、机械设备和与工业生产相关的运输仓储等设施。大致有 3 种方式来保留场地上的工业景观:整体保留、部分保留和构件保留。保留下来的废弃工业建筑构筑物或设施,可处理成场地上的雕塑,只强调视觉上的标志性效果,并不赋予其使用功能。但大多数情况下,废弃的工厂设施,经过维修改造后,可以重新使用。

(二) 工业生产后地表痕迹的处理

工业生产在自然中留下了斑斑痕迹,在这里,景观设计并不试图掩盖或消灭这些痕迹,而是尊重场地特征,采用了保留、艺术加工等处理方式。可以将场地上独特的地表痕迹保留下来,成为代表其历史文化的景观,也可以基于地表痕迹进行艺术加工,工业废弃地是一些艺术家偏爱进行艺术创作的地方,通过艺术创作,提升了这些地方的景观价值。

(三) 废料利用和污染处理

场地上的废料包括废置不用的工业材料、残砖瓦砾和不再使用的生产原料以及工业产生的废渣,一些废料对环境没有污染,可以就地使用或加工,一些废料是污染环境的,这样的废料要经过技术处理后再利用。在废料和污染处理中,原则是就地取材、就地消化,在污染严重时,要对污染源进行清理必须污染物外运。

(四) 植物景观设计

需要对工业废弃地土壤情况进行分析测试,才能选择相应的对策。常规做法是将污染的土壤换走,或在上面覆土以恢复植被,或对土壤进行全面技术处理。例如,在废渣上面覆土,再种植植物。这种常规做法是必要的,但景观设计师根据废弃地的实际情况的不同,有不同的处理方法。

三、工业废弃地改造为公园的意义与技术

将工业废弃地改造为公园,不仅仅是改变一块土地的贫瘠与荒凉、保留部分工业景观的遗迹,也不仅仅是艺术、生态等处理手法的运用,最终的目的是通过这些改造,为工业衰退所带来的社会与环境问题寻找出路。

一些工业废弃地被改造成公园而没有作为其他用地的一个主要原因在于,原有的工业用地污染严重,不经环境改善,很难作为城市的其他用地使用,而将它们变成公园,不仅能改善地区生态环境还可以将被工业隔离的城市区域联系起来,同时担负着类似休闲绿地的角色,满足人们对绿色的需求。在绿地紧缺的城区,这对于缓解市民休闲娱乐的需要是行之有效的途径。

在工业废弃地上实施生态恢复和植被重建计划时,一个非常棘手的问题是土壤内含物限制植物的生长。对工业废弃地进行植被重建的首要任务是鉴定限制生态环境恢复的因子和有毒物质,并清除这些不利因素,否则,恢复工作要么无法开始,或几年之后仍以失败告终。因此植被重建计划往往要求对种植地采取有效措施,以改善其基质的性质。工业废弃地的共同特点是由于废弃沉积物、矿物渗出物、污染物和其他干扰物的存在,使土壤中缺少自然土中的营养物质。在多数情况下,土中缺少腐殖质。由于植物主要营养物质的匮乏,使得基质肥力很低。而毒性化学物质的存在,又导致土壤的化学和物理条件不适宜于植物生长。另一个困难是土壤条件的多样性,每一块废弃地都有其特殊问题,因此不可能采取统一的处理方法[56]。

一般来说,工业废弃物可分为以下5种类型:① 煤矿区的污染物,包括深层煤矿的污染物和露天煤矿的渗出物;② 炼铁和炼钢鼓风炉排出的矿渣;③ 含有金属的废弃物,包括金属矿污染物、熔炼后的废弃物、粉末状矿石尾渣;④ 化学废弃物;⑤ 贫瘠的废弃物。不同废弃物的特点差异很大,在各类废弃地的每项植被重建计划中,均需进行专项调查研究,然后根据调查资料设计改良土壤基质、改进耕作技术和养护管理方案,使之与重建计划及需要种植的植物类型的要求相适应。

对在工业废弃地植被重建的初始阶段,植物种类的选择至关重要。根据工业废弃

地极端的环境条件,植物种类选择时应遵循如下原则:① 选择生长快、适应性强、抗逆性好、成活率高的植物;② 优先选择具有改良土壤肥力的固氮植物;③ 尽量选择当地优良的乡土植物和先锋植物,也可以引进外来速生植物;④ 选择植物种类时不仅要考虑经济价值高,更主要是植物的多种效益,主要包括抗旱、耐湿、抗污染、抗风沙、耐瘠薄、抗病虫害以及具有较高的经济价值。

第八节 石 油 污 染

石油又称原油,是地下岩石空隙内的不可再生的天然矿产资源,主要是以气相、液相烃类为主的、并含有少量非烃类物质的混合物,具可燃性。石油属于化石燃料,也是目前最重要的能源之一,其长期以来被称为"工业血液"。石油工业,是以石油为原料所发展出来的工业体系,包括从事原油的勘探与生产和石油炼制与石油化学工业两大部门,包括石油天然气的地质勘探、评价、开发、炼化、储运等多个专业。海洋石油工业是石油工业的重要组成部分,其主要生产、研究活动,如勘探、开采、输送、加工等,集中于海滨和海底进行[57]。

现代石油工业发源于美国。1859 年 8 月 27 日,Edwin Drake 在美国宾夕法尼亚州的石油溪(Oil Creek)旁成功钻成世界上第一口商业油井,随着油流的喷出,开启了现代石油工业发展的篇章。随着时间的推移,石油工业技术的快速发展,石油已经成为世界各国的核心能源之一。

2010 年 4 月,在距离路易斯安那州海岸约 80 km 的 BP 深井地平线(BP－DWH)石油钻井船下方的海底井喷,最终导致释放估计有 490 万桶原油进入墨西哥湾水域,其中一部分最终落在附近的海岸线生态系统中[58]。石油泄漏导致了对沿海栖息地的直接影响,例如广泛的动物死亡和生态系统服务的丧失以及更持久的影响,如动物行为的改变,食物网中含油化合物的持久性。

一、海洋石油状况

地球上,海洋覆盖面积约占地球表面积的71%,海洋是未来世界油气储量的主要接替区。美国地质调查局 2013 年公布的数据显示,除美国外,世界待发现海洋石油资源约 548 亿 t,天然气 78.5 万亿 m^3,分别占世界待发现油气资源量的47%和46%。

中国的海岸线绵延曲折,蕴藏着丰富的油气资源。海上油区同松辽、环渤海、西部油区称为我国的四大油区。中国现代地质学奠基人李四光曾预言,在中国辽阔的海域内,天然石油的蕴藏量应当是相当丰富的。据统计,仅南海已探明的油气储量约占全国总资源量的30%。

我国海洋石油资源量占世界的13%,截至 1996 年年底,获得各级石油地质储量约15 亿 t,天然气地质储量约 3 000 亿 m^3,年产原油 1 500.78 万 t,天然气 26.8 亿 m^3。我国管辖的海域内的沉积盆地共计 51 个,35 个在边远海区,油气资源量 310.7 亿 t。石油和天然气的资源量分别占全国石油天然气资源总量的 20%~30%。丰富的储量、技术的进步为石油事业进一步走向海洋提供了条件。

二、海洋石油污染

全世界每年约有 400 万~1 000 万吨原油进入海洋环境,其中因航运排入海洋的石油污染物达 160 万~200 万吨,1/3 左右是由于油轮在海上发生事故而引起的石油泄漏。我国每年排入海洋的石油达 11.5 万 t 以上,近年来呈快速增长趋势。2010 年,美国墨西哥湾深海溢油事故,给海洋环境带来巨大的生态灾难。在国内,2010 年,中石油大连新港石油储备库输油管道爆炸造成新中国成立以来最严重的海洋石油污染事件,2011 年 6 月中旬,渤海湾的蓬莱 19-3 油田发生漏油事故等,亦引起国内外的高度关注[59,60]。

(一)海洋污染石油的来源

海洋石油污染源主要有海上石油的运输、海上油田的开采、海岸上石油的排放和大气中石油烃的沉降。在海上运输过程中,通过压仓水、油轮事故、油码头及游船和其他船舶正常操作的油漏等途径将石油及其炼制油排入海水中;在海底石油的勘探和石油生产过程中可能发生的油井井喷、油管破裂或者在钻井过程中产生的含油泥浆等;来自陆上储油库、炼油厂等的未经处理的含油污水的排入;进入大气的石油烃,主要来源于工厂、船坞、车辆,一部分进行光氧化反应,另一部分沉降,落入海洋中。其中,海上运输游轮的原油泄漏事故与海上钻井井喷等是海洋石油污染问题的主要方式。

(二)海洋溢油的形式、分布及归宿

污染海洋环境的石油通常以油膜态、溶解态、乳浊液和球体 4 种形态存在,分布于海水、海洋生物、表层沉积物和海洋大气中。石油进入海洋后发生一系列复杂的物理化学变化,包括溶解、蒸发、光氧化、颗粒物上的吸附、表层下水体的混合以及微生物降解等。由于大多数石油组分在水中溶解度较低,因此蒸发过程远比在水体中溶解过程重要。光学氧化是海面上石油的重要化学过程,海洋溢油的 1/3 到 2/3 是通过蒸发进入到大气中,烃类进入大气中几乎都会发生光化学氧化作用。通过吸附、沉降等过程,烃类进入沉积物中,由于沉积物缺氧,其生物降解速度落后于水体中降解速度。溢油的生物化学的变化方面,主要是通过细菌非生长细胞降解石油和海洋生物摄取利用石油烃以后的生长代谢作用[61]。

(三)海洋石油污染的危害

1. 海洋生态系统的危害
溢油发生后,覆盖在海水表面,阻隔了海水与大气的海气交换,海洋中 O_2 和 CO_2 的

平衡遭到破坏,使缓冲 pH 功能受到影响。同时,由于油膜阻碍太阳辐射透入海水,使海水水温逐渐下降,并且直接影响海水复氧,而石油的分解过程离不开海水中的溶解氧。根据科学研究表明,1 mg 石油氧化约需要 3~4 mg 溶解氧。溢油经过海浪作用,被分散成小油滴进入海洋植物体内,会使叶绿素受到破坏,植物呼吸孔道被堵塞,从而抑制光合作用。石油污染导致大量藻类和微生物死亡,厌氧生物大量繁衍,引发赤潮。此外,溢油在海面上发生的光化学反应,生成的醌、酮、醇、酸和硫的氧化物等有毒物质,破坏细胞膜的正常结构和透性,干扰生物体内的酶系统,进而影响到生物体的正常生理生化过程。生物群落的生态结构和生活特性发生变化,海洋生态系统的食物链遭到破坏,从而使整个海洋生态系统失衡。

2. 人类健康及环境危害

石油的化学组成成分极其复杂,由于技术上的难度限制,某些石油成分还未能分离出来,目前已经从石油中分析出已知的 200 多种单纯的成分进入海洋环境。难降解的石油毒害物质,被水生生物吸收后,能在其体内富集,后经食物链逐级扩大进入人体,使人体组织细胞突变致癌。

海洋石油污染对渔业和旅游业的危害巨大,部分鱼类濒临灭绝,我国近海渔业产量呈现出逐年下降趋势。烃类对于新兴的海洋养殖业也有不可忽视的危害,水域污染影响养殖池正常换水,恶劣水质导致养殖对象大量死亡。海洋石油在海浪作用下容易附着到海岸上,从而污染海滩等海滨娱乐场所,影响滨海城市形象。此外,海洋石油污染减弱了海洋水循环中的蒸发环节,陆地降水量由此减少,从而影响整个生态系统,导致全球灾害天气的发生和气候变化。

三、海洋石油污染处理方法

海洋石油污染处理方法主要有物理、化学、生物三种方法。目前使用物理和化学方法较为普遍,一般处理海洋石油污染,首先用围油栏等设备将浮油阻隔起来,避免其漂流扩散,然后用物理方法回收围起来的石油,对于无法回收的部分,进一步使用化学和生物方法进行处理[63]。

（一）物理方法

物理方法采用的设备包括:围油栏、浮油回收船、撇油器、吸油栏、消油剂喷洒装置、浮动油囊、轻便储油器、油拖网等。发生溢油后,先将溢油海面用围油栏等设备建立油障,将污染区域封闭,再利用机械设备对溢油进行回收处理。物理方法虽然操作简单,对环境的二次污染作用小,但是耗资巨大,物理方法主要应对大规模、大范围的海面石油泄漏事故,而对于密度和黏度相对较小,且扩散速度快的汽油、煤油、柴油等轻质油,此方法难以对溢油处理完全。另外,溢油一旦进入滩涂后,由于油品附着在滩涂上,溢油流动性丧失,常规的收油机、收油网等设备无法使用,其清理效率和难度远远大于海上。

（二）化学方法

化学处理方法有现场燃烧和投放分散剂、去污剂、洗漆剂和其他界面活性剂等化学药剂，以达到把海面的浮油分散成小油滴，溶解或沉降到海底的目的。化学方法虽然是最大程度处理溢油的方法，但是燃烧产生的大量颗粒物以及二氧化碳、二氧化硫等，投放的化学制剂都会给环境造成二次污染。而且化学方法对溢油没有降解作用，污染物仍然以其他形式存在环境中，对溢油处理不彻底。

（三）生物方法

生物处理方法是利用具有氧化和分解石油能力的天然存在于海洋或土壤中的微生物，并且能以烃类作为碳源和能量来源，最终生成水和二氧化碳的过程。生物方法是彻底消除油污的最重要途径，利用微生物降解作用主动清除溢油的生物修复技术日益受重视。

生物修复海上溢油主要有两种方法：生物强化法和生物刺激法。石油污染物的微生物降解受到多因素的影响，加强石油污染生物修复的基本措施有投加高效降解菌、施加 N、P 等营养盐、投加表面活性剂。

四、陆上石油污染的修复

（一）陆地石油污染的特点

石油对土壤的污染，有着与其他土壤污染不同的特征。石油流入土壤，从而将土壤污染，以至于石油灌满一定深度土壤的空隙，影响土壤的通透性，破坏原有的土壤水、气和固的三相结构，影响土壤中微生物的生长，也影响土壤中植物根系的呼吸及水分养料的吸收，甚至使植物根系腐烂坏死，严重危害植物的生长，且土壤中的石油随土壤中水的运行而运行，不断地扩散到他处或深处。此外，因为石油富含反应基能与无机氮、磷结合并限制硝化作用和脱磷酸作用，从而使土壤有机氮、磷的含量减少，影响作物的营养吸收。另一方面，石油是种混合物，其中烃不易被土壤吸附的部分能渗入地下水，污染地下水，导致地下水水质恶化。石油中的某些苯系物质和多环芳烃具有致癌、致突变和致畸形等作用，这些污染土壤中的物质，经食物链的传递进入人体，在人体中积累，当积累的量达到人体所能承受的最大程度时，则严重危及人体的身体健康，甚至生命。故土壤的石油污染应引起高度的重视，应多方面地进行治理，其中对已经被石油污染的土壤的修复是关键一环。

石油对土壤的污染因其污染物（石油）这种混合物的具体成分的不同而各有其独特的特征。石油成分往往十分复杂，故土壤石油污染的情况也非常复杂，此外这种复杂性往往又与被污染土壤结构组分的复杂性交织导致污染特性的复杂性和后果的复杂性等。此外,土壤的石油污染一个最大的表现特征为土壤表里的贯通性,石油往往灌满一定面积上、一定深度土壤中的几乎所有空隙,堵塞绝大多数的土壤气孔,同时由于石油的黏稠性,石油在土壤中将原本散状的土壤颗粒,胶粘在一起,改变了土壤原有的结构特征,不利于土壤中的微生物的生长和繁殖,也不利于土壤中植物根系的生长与对土壤有机物的吸收和输运,加剧了对土壤的污染。我国所有的油田,因其对石油的开采技术与管理的缺失,在不同的程度上都存在石油对土壤的污染问题。

(二)石油污染土壤修复方法研究

对于石油污染土壤的修复方法主要有物理方法、化学方法、生物修复方法三大类[64~66]。

1. 物理方法

物理方法主要包括污染土壤的清洗方法、土壤淋洗方法、加热分解吸收法、土壤气相抽吸法4种。

2. 化学方法

石油污染土壤的化学修复方法指的是利用化学反应的方法将土壤中的石油污染成分进行转变并达到去除的目的的修复方法。该方法又主要有焚烧修复法、化学氧化修复法、物理化学技术修复方法三种。

3. 生物修复方法

生物修复就是利用生物的生长发育生理过程对土壤中的石油成分进行吸收、降解或挥发等作用,以期达到降低土壤中石油有害成分含量的目的。其又可分为动物修复方法、植物修复方法、微生物修复方法、植物与微生物复合修复方法、动物微生物复合修复法、动物-植物复合修复法、动植物-微生物修复方法7种具体的方法。

第九节 微塑料的污染

全球每年生产的塑料超过3.2亿吨,塑料产品以每年增加约5%的速率在持续增长,占了8%的石油品消费量[67]。塑料垃圾通过多种途径进入环境中,这给风险评估塑料垃圾带来的环境问题和采取有效的防范措施造成了极大的挑战。有研究指出60%~80%的海洋垃圾是塑料制品。塑料垃圾来源复杂,包括从陆地上丢弃的垃圾到海运船舶的突发性泄漏,致使该污染问题极难管理。较大的塑料会通过某种形式的降解与分裂,形成小片段塑料。微塑料(microplastics, MPs)是一种人工合成的尺度在0.001~5 mm的有机聚合物。相较于大块塑料,微塑料光降解能力减弱,导致其在沉积物、土壤等介质中不断富集,可在环境中持续存在数百年甚至上千年。因此,微塑料作为一种持久性有机污染物,已引起人们关注。为了更好地认识微塑料对自然环境和人类健康的影响,人们对微塑料的迁移分布、生物效应和分析方法等进行了一些研究。

一、微塑料的迁移分布

(一)微塑料的源解析

微塑料一般分为两种,初级微塑料和次生微塑料。初级微塑料主要存在于个人护理品中,所以这些微塑料会随冲洗过程经家庭排水系统进入废水处理系统,进而进入到水环境中。尽管现存的污水处理系统对微塑料的最高去除率可达 99.9%,仍有数量可观的微塑料进入到淡水环境。次生微塑料按照来源主要包括大块塑料破碎后形成的碎片和断裂的衣服纤维。水环境中大块塑料的破碎主要和紫外辐射及水面波浪有关,但小型水域(如河流、湖泊)中的微塑料较大型水域(如海洋)暴露于紫外线中的可能性更高,而且缺乏波浪提供的破碎力。陆地上的大块塑料,尤其是在土壤表面的,由于暴露在紫外线之下,破碎也是非常容易发生。很多衣物的材质是合成纤维,这也是塑料的一种。研究表明,在洗涤期间每套成人衣服可以减少约 1 900 根纤维,这些次生微塑料会进入废水处理系统,进而进入水环境。

陆地环境中,发达国家微塑料的主要来源是含微塑料淡水和污水处理厂的污泥。在中国、印度,微塑料主要来自大量未经处理的塑料垃圾暴露于环境中降解。虽然污水处理系统有很好的微塑料去除率,但大部分的微塑料仍保留在污泥中,这些含有微塑料的污泥会被用作农田肥料,导致土壤中微塑料含量增加。研究表明,每年应用于陆地环境的微量塑料的质量可能会超过 40 万吨,这远高于海洋和淡水环境中微塑料含量的总和。有研究发现,在最后一次污泥施用 15 年以后,仍能在土壤中检测到微塑料的存在,表明微塑料可以在土壤中积累多年,对土壤的影响是长期的。

水环境中,微塑料的来源主要有包括含微塑料污水的直接排放、外界环境中的微塑料的引入和生物的排泄过程。其中,含微塑料污水的排放主要包括个人护理品的排放、纺织厂和服装制造厂废水的排放与污水处理厂污水污泥的排放。外界环境中的微塑料的引入主要包括含微塑料的地表径流和地下径流的引入、降雨暴风等极端恶劣天气对陆地或大气中微塑料的引入和已引入的大块塑料的退化。生物排泄物的引入主要发生在海洋环境中,鱼类、贝壳类、鸟类、哺乳动物等海洋动物的体内都检测出了微塑料,浮游生物的粪便中也检测出了微塑料。

(二)微塑料在自然环境中的迁移分布

微塑料能够在陆地环境、淡水环境和海洋环境之间进行迁移活动。淡水环境被视为陆地环境和海洋环境微塑料迁移的桥梁,研究表明,70%~80%的海洋微塑料都是通过淡水径流引入的,因此淡水环境中的微塑料较陆地环境更加受到重视。一部分陆地环境中的微塑料会在重力作用和生物活动的影响下沉积到地下,另一部分留在地表。

地表上较轻的微塑料在风力的作用下进入淡水水体甚至海洋,较重的微塑料随着地表径流冲刷或水土流失进入淡水系统,例如农业灌溉的排水沟、雨水冲刷等,继而进入海洋环境。同样的,沉积到地下的微塑料也可能通过地下径流流入淡水系统。微塑料的迁移不仅仅是陆地到海洋的单一方向,在涨潮或洪水事件发生时,也会产生微塑料从海洋向陆地的迁移[68]。

微塑料的整体沉积、保留和运输的程度取决于许多因素,包括人类行为(如乱抛垃圾或回收)、颗粒特征(如密度、形状和尺寸)、天气(包括风、降雨和淹水)以及环境地形和水文等,这些因素增加了预测迁移行为的困难。微塑料在淡水河流运输的过程,一方面受到河流流速和深度的影响,较慢的流速和较深的深度会引起微塑料的沉积,而较快的流速和较浅的深度会引起已沉积的微塑料的运动;另一方面,微塑料粒径的影响也不可忽略。研究表明由于微塑料的聚集沉积和斯托克斯沉降作用,中等粒径的微塑料更易运输,而较小或较大粒径的微塑料却易被保留下来[69]。

到目前为止,对于微塑料的分布研究主要集中在海洋环境。由于海洋的流动性,微塑料已经渗透了整个海洋环境,甚至在两极、偏远海岛和深海地区也发现了微塑料的存在。尽管微塑料在海洋中普遍存在,但空间分布却非常不均匀。虽然海洋中的微塑料有聚集于海洋环流的趋势,但微塑料占海洋的范围和总量还不得而知。

二、微塑料的生物效应

(一) 生物摄入效应

很多证据表明,微塑料广泛存在于自然环境中,包括陆地和水生环境,因此生物与微塑料的接触是不可避免的。由于微塑料具有粒径小的特点,很多脊椎动物和无脊椎动物可能误食微塑料。自然界中,超过 220 个物种被发现能够摄入微塑料,以海洋生物为主,包括原生动物、浮游动物、鱼类、龟类、鸟类、鲸类等,图 9-5 为海洋环境中微塑料的生物摄入及生物链传递。目前对于淡水环境的研究较少,仅发现淡水鱼和大型溞能够摄入微塑料。有研究认为陆地生物对微塑料的摄入能力较差,但也有研究发现蚯蚓可以消耗石油中的微塑料颗粒,秀丽隐杆线虫也被观察到能够摄入微塑料。虽然大部分被摄入的微塑料能够通过排泄过程排出体外,但仍有少量微塑料存在于肠道中,甚至穿过肠道壁进入生物的其他脏器中,造成进一步的影响。

生物摄入微塑料的危害包括对自身的危害和对食物链(网)的危害。对自身的危害主要是亚致死效应有关的生理影响,包括减少繁殖、影响个体生长、减弱适应性、内部损伤(如撕裂伤)和替代食物影响营养摄入等,并涉及炎症反应、肝压力、氧化应激等等。由于微塑料能在生物体中积累,食物链和食物网中低能级生物摄入微塑料后,会对高能级的捕食者产生危害。正是因为越来越多的研究表明这种能级转移的存在,人们开始关注人类摄入微塑料的健康风险。

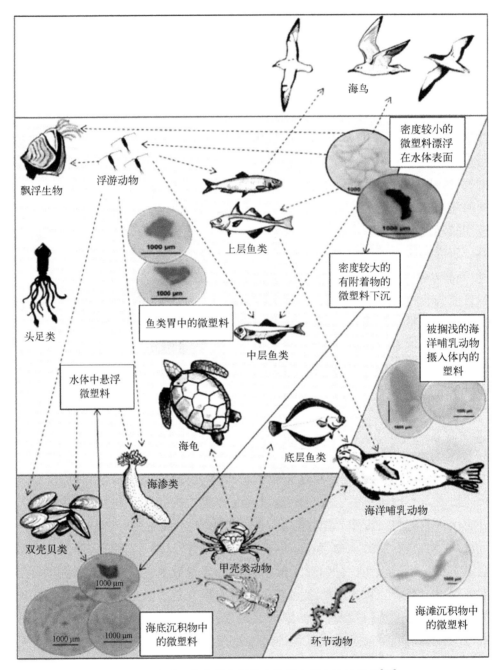

图 9-5　海洋环境中微塑料的生物摄入及生物链传递[69]

（二）微塑料中的增塑剂

为了使塑料具有一些特殊的物理性质（如弹性、刚性、紫外线稳定性、阻燃性、光泽等），在生产的过程中常加入一些增塑剂。很多增塑剂具有毒性或是内分泌干扰物，包括双酚 A、邻苯二甲酸酯、多溴联苯醚等。这些塑料添加剂并不与聚合分子结合，或者是一种弱束缚,因此随着时间的推移,这些物质很可能从微塑料中释放出来,对环境和生物造成危害。微塑料增塑剂的释放主要发生在微塑料聚集且分散受限、紫外线充足且温度较高的区域,因此,垃圾填埋场及垃圾渗漏液中往往含有大量的增塑剂有毒物质。有学者已经发现了增塑剂对大型潘存在毒性影响,但不同种类的微塑料释放的增塑剂区别很大,因此毒性影响也非常复杂。

(三) 微塑料与有机污染物结合

研究证明,环境中的微塑料能与疏水性有机污染物结合,常见的疏水性有机污染物包括有机农药、多氯联苯、多溴联苯醚、多环芳烃以及二噁英等。微塑料与疏水性有机污染物的结合多发生在陆地及淡水环境,主要因为人类活动带来的有机污染物的释放使得这两个环境中有机污染物的浓度高于海洋环境中有机物浓度。疏水性有机污染物由于其高疏水性,因此很容易吸附水中、土壤中及沉积物中悬浮的有机颗粒。很多因素都影响着疏水性有机污染物对微塑料的吸附,包括微塑料的类型、大小、风化程度等。在海洋环境中,海水的温度、盐度和 pH 也是不可忽略的影响因素。

人类可能通过两条途径接触到微塑料中的疏水性有机污染物。第一条就是直接摄入,包括食入含微塑料的双壳类、扇贝等海产品和海盐。双壳类、扇贝都是通过摄食摄入了吸附有机污染物的微塑料但无法排出体外而在体内积累。第二条途径就是通过食用摄入含疏水性有机污染物微塑料的鸟类、鱼类等所导致的二次暴露,这些鸟类、鱼类虽然能将大部分微塑料排出体外,但部分有机污染物却能在体内累积。因此,微塑料对人类健康的影响亟待学者们去深入研究。

思考题

1. 废弃矿区生态系统的退化特征有哪些?
2. 最适合污染土壤植物修复的植物应该具有哪些特征?
3. 废弃采石场造成的生态环境问题主要有哪几个方面?
4. 石油污染土壤处理的理化技术有哪些?
5. 试讨论您身边的被破坏地的类型,以及当地采取的治理措施,成效如何?
6. 开采矿藏带来的污染物如何处理? 如何修复开采矿藏破坏的土地?
7. 矿山的生态恢复存在哪些技术难题导致复垦率较低?
8. 淡水生态系统的污染(如工业废水污染)应如何治理?
9. 欧洲水资源管理对于我国有什么借鉴与学习的地方?
10. 处理电子垃圾造成的污染怎么进行生物修复?
11. 如何混合使用藻类及水草类来恢复被污染的水体?
12. 土壤被破坏、污染后对人类生活有什么样的影响?
13. 土地荒漠化、水资源污染、大气污染等目前人类所面临的环境危机中,形势最严峻、破坏力最大、改善措施最刻不容缓的是哪一方面？

14. 能否举出一个采矿废弃地恢复工程技术的具体案例？

15. 人类是怎么修复切尔诺贝利核泄漏破坏的环境？

16. 海洋污染的程度，我国是如何处理的？

17. 举例说明，在农田土壤污染修复中恢复生态学起到的作用？

18. 由于海上石油钻井平台越来越多，海上溢油的处理就显得尤其重要，有哪些方法比较有效呢？

19. 如何保护岩溶生态系统，如何治理岩溶区的土壤退化问题？

20. 地下水污染修复工程中将涉及哪些技术？

21. 现在海洋垃圾越来越多，那些海洋生物死亡后身体内部全是垃圾的图片看得触目惊心，这些问题该怎么改善？

22. 海洋微塑料也逐渐成为影响海洋生态的严重问题，我们该如何应对？

23. 中国在水资源管理方面的具体适应措施与政策。

参考文献

[1] 裴军.城市环境污染的现状、原因及对策建议[J].中国科技论坛,2009,(2)：98-102.

[2] 王永生,刘彦随.中国乡村生态环境污染现状及重构策略[J].地理科学进展,2018,37(05)：710-717.

[3] 魏晋,李娟,冉瑞平,等.中国农村环境污染防治研究综述[J].生态环境学报,2010,19(09)：2253-2259.

[4] 冯欣,师晓春.农村水环境污染现状及治理对策[J].环境保护与循环经济,2011,31(05)：40-42.

[5] 孟祥海.中国畜牧业环境污染防治问题研究[D].华中农业大学,2014.

[6] 刘玉莹,范静.我国畜禽养殖环境污染现状、成因分析及其防治对策[J].黑龙江畜牧兽医,2018,(08)：19-21.

[7] 郝吉明,程真,王书肖.我国大气环境污染现状及防治措施研究[J].环境保护,2012,(09)：17-20.

[8] 王敏,黄滢.中国的环境污染与经济增长[J].经济学(季刊),2015,14(02)：557-578.

[9] 陈健鹏,李佐军.中国大气污染治理形势与存在问题及若干政策建议[J].发展研究,2013,(10)：4-14.

[10] 骆永明.中国土壤环境污染态势及预防、控制和修复策略[J].环境污染与防治,2009,31(12)：27-31.

[11] 樊乃根.中国水环境污染对人体健康影响的研究现状(综述)[J].中国城乡企业卫生,2014,29(01)：116-118.

[12] 张桂杰,郑念发,李鹤.我国水环境污染现状及其防治[J].科技资讯,2010,(21)：155.

[13] 杨林章,吴永红.农业面源污染防控与水环境保护[J].中国科学院院刊,2018,33(02)：168-176.

[14] 王森,胡本强,辛万光,等.我国海洋环境污染的现状、成因与治理[J].中国海洋大学学报(社会科学版),2006,(05)：1-6.

[15]《2018年中国海洋生态环境状况公报》发布浙沪近岸海域水质极差[OL].http://news.cnr.cn/dj/20190529/t20190529_524631292.shtml?tdsourcetag=s_pcqq_aiomsg.

[16] 张文江.大型金属矿山环境污染及防治研究[J].资源节约与环保,2013,(01)：67-68.

[17] 薛春璐,周伟,郑新奇.国外棕地治理与再开发政策对我国棕地利用的启示[J].资源与产业,2012,14(03)：141-146.

[18] 宋书巧,周永章.矿业废弃地及其生态恢复与重建[J].矿产保护与利用,2001,(05):43-49.

[19] 胡振琪,李晶,王培俊.矿山迹地的生态修复[M]//李文华.中国当代生态学研究(生态系统恢复卷).科学出版社,2013:194-212.

[20] 魏艳,侯明明,王宏镔,等.矿业废弃地的生态恢复与重建研究[J].矿业快报,2006(11):36-39.

[21] 张绍良,米家鑫,侯湖平,等.矿山生态恢复研究进展——基于连续三届的世界生态恢复大会报告[J].生态学报,2018,38(15):5611-5619.

[22] 席嘉宾,徐昊娟,杨中艺.矿业废弃地复垦的现状与治理对策[J].草原与草坪,2001,(02):11-14.

[23] 黄敬军,陈晓峰,蒋波.矿业废弃地复垦中的环境问题及对策建议[J].中国矿业,2009,18(02):51-53+57.

[24] 骆永明,滕应.污染退化土地的生态恢复[M]//李文华.中国当代生态学研究(生态系统恢复卷).科学出版社,2013,378-385.

[25] 周启星,孙铁珩.污染生态学及其进展[M]//李文华.中国当代生态学研究(生态系统恢复卷).科学出版社,2013,360-377.

[26] 钱易.中国水污染控制对策之我见[J].环境保护,2007,(14):20-23.

[27] 重点流域水污染防治规划(2016—2020年)[OL].http://www.sohu.com/a/201125960_99921118.

[28] 临安污水处理厂完美变身"湿地公园"[OL].http://hznews.hangzhou.com.cn/wghz/content/2017-04/20/content_6528886.htm.

[29] 汪仲琼,张荣斌,陈庆华,等.人工湿地植物床-沟壕系统水质净化效果[J].环境科学,2012,33(11):3804-3811.

[30] 骆永明,查宏光,宋静,等.大气污染的植物修复[J].土壤,2002,34(3):113-119.

[31] 郝吉明,李欢欢,沈海滨.中国大气污染防治进程与展望[J].世界环境,2014,(01):58-61.

[32] 梁英振,赵东阳.中国大气污染之战:向谁宣战?[J].世界环境,2015,(05):60-65.

[33] 王冰,贺璇.中国城市大气污染治理概论[J].城市问题,2014,(12):2-8.

[34] 吕效谱,成海容,王祖武,等.中国大范围雾霾期间大气污染特征分析[J].湖南科技大学学报(自然科学版),2013,28(03):104-110.

[35] 云雅如,王淑兰,胡君,等.中国与欧美大气污染控制特点比较分析[J].环境与可持续发展,2012,37(04):32-36.

[36] 李玫,章金鸿.大气污染的植物修复及其机理研究的进展[J].广州环境科学,2006,21(2):39-43.

[37] 常纪文.中国环境问题的历史定位与历史战略——参考伦敦大气污染治理经验[J].环境影响评价,2015,37(03):36-39+64.

[38] 周启星,林茂宏.我国主要电子垃圾处理地环境污染与人体健康影响[J].安全与环境学报,2013,13(05):122-128.

[39] 胡新军,张敏,余俊锋,等.中国餐厨垃圾处理的现状、问题和对策[J].生态学报,2012,32(14):4575-4584.

[40] 张立秋,张英民,张朝升,等.农村生活垃圾处理现状及污染防治技术[J].现代化农业,2013,(01):47-50.

[41] 王瑞敏,王林秀.中国建筑垃圾现状分析及发展前景[J].中国城市经济,2011,(05):178-179.

[42] 李浩,翟宝辉.中国建筑垃圾资源化产业发展研究[J].城市发展研究,2015,22(03):119-124.

[43] 田佳奇.加快推进建筑垃圾的污染防治与资源化利用[J].中国国情国力,2015,(10):80.

[44] 陆凯安.利用建筑垃圾减少环境污染[J].北京节能,1999,(03):39-40.

[45] 高峰.建筑垃圾严重污染环境[J].防灾博览,2017,(02):56-59.

[46] 朱东风.城市建筑垃圾处理研究[D].华南理工大学,2010.

[47] 周文娟,陈家珑,路宏波.我国建筑垃圾资源化现状及对策[J].建筑技术,2009,40(08):741-744.

[48] 牛佳.建筑垃圾资源化机制研究[D].西安建筑科技大学,2008.

[49] 王临清,李枭鸣,朱法华.中国城市生活垃圾处理现状及发展建议[J].环境污染与防治,2015,37(02):106-109.

[50] 喻晓,张甲耀,刘楚良.垃圾渗滤液污染特性及其处理技术研究和应用趋势[J].环境科学与技术,2002,(05):43-45+51.

[51] 岳金柱.治理视角下的社区垃圾分类处理——从源头破解垃圾围城与污染的治本之策[J].城市管理与科技,2010,12(06):26-29.

[52] 张善峰,张俊玲.城市的记忆——工业废弃地更新、改造浅析[J].环境科学与管理,2005,(04):56-59.

[53] 张饮江,黄薇,罗坤,等.上海世博园后滩湿地大型底栖动物群落特征与环境分析[J].湿地科学,2007,(04):326-333.

[54] 上海后滩将建2平方公里世博文化公园 韩正现场调研并部署这件大好事[OL].https://china.huanqiu.com/article/9CaKrnK1Bnx

[55] 王向荣,任京燕.从工业废弃地到绿色公园——景观设计与工业废弃地的更新[J].中国园林,2003,(03):11-18.

[56] 包志毅,陈波.工业废弃地生态恢复中的植被重建技术[J].水土保持学报,2004,(03):160-163+199.

[57] 杨莹.中国海洋石油勘探开发史简析[D].中国地质大学(北京),2016.

[58] 彭先伟.海洋石油开发与污染:兼评美国墨西哥湾溢油事故的海事赔偿责任限制问题[J].中国海商法年刊,2010,21(04):68-74.

[59] 张成林.中国海洋石油污染问题及政策研究[D].渤海大学,2013.

[60] 王辉,张丽萍.海洋石油污染处理方法优化配置及具体案例应用[J].海洋环境科学,2007,(05):408-412.

[61] 詹研.中国土壤石油污染的危害及治理对策[J].环境污染与防治,2008,(03):91-93+96.

[62] Silliman BR, Van d KJ, Mccoy MW, et al. Degradation and resilience in Louisiana salt marshes after the BP-Deepwater Horizon oil spill[J]. Proceedings of the National Academy of Sciences, 2012, 109(28):11234-11239.

[63] 方曦,杨文.海洋石油污染研究现状及防治[J].环境科学与管理,2007,23(9):78-80.

[64] 邓绍云,徐学义,邱清华.我国石油污染土壤修复研究现状与展望[J].北方园艺,2012,(14):184-190.

[65] 陆秀君,郭书海,孙清,等.石油污染土壤的修复技术研究现状及展望[J].沈阳农业大学学报,2003,(01):63-67.

[66] 丁克强,孙铁珩,李培军.石油污染土壤的生物修复技术[J].生态学杂志,2000,(02):50-55.

[67] 张原,刘珊.塑料垃圾污染:海洋的灾难[J].生态经济,2015,31(02):2-5.

[68] 王彤,胡献刚,周启星.环境中微塑料的迁移分布、生物效应及分析方法的研究进展[J].科学通报,2018,63(04):385-395.

[69] 刘强,徐旭丹,黄伟,等.海洋微塑料污染的生态效应研究进展[J].生态学报,2017,37(22):7397-7409.

第十章　多功能景观生态设计和管理
——人类的未来

　　现在城镇必须停止像墨迹和油渍那样的蔓延:一旦真要发展,它们要像花儿那样呈星状开放,在金色的光芒之间交替着绿叶。

——帕特里克·格迪斯《进化中的城市》

　　进入人类世,由于人类活动的干扰,地球生态系统呈现不同程度地退化,无论是陆地生态系统、淡水生态系统、海洋生态系统都呈现不同程度的退化。人类两个多世纪的现代文明发展证明,生态文明是人类的必然选择。拥有天蓝、地绿、水净的美好家园,是每个中国人的梦想,是实现中华民族伟大复兴的中国梦的重要组成部分。

　　新型生态系统(novel ecosystems)的争论正在国际恢复生态学领域激烈地进行着。2013 年,Hobbs 重新定义了新型生态系统:由非生物要素、生物要素和社会要素(以及它们间相互作用)构成。由于人类作用,该系统和历史上曾经盛行的生态系统不同,它无须人类集约经营管理,即有自组织和显现新品质的趋势。新型生态系统来源于两大方面:一是原生-自然(或半自然)生态系统的退化和被侵入;二是集约管理的生态系统(如农业生态系统等)的废弃。

　　新型生态系统理论认为新型生态系统是可以分辨出来的,判别的标准是,系统是否越过了一个生态阈值(ecological threshold)。当超过这个阈值后,系统要不就不可能回到原有状态,要不就要花费很大的成本,而这个成本不足以被恢复后的系统产生的服务价值所支付,即所谓的生态修复得不偿失。新型生态系统理论认为,生态系统可以分为历史系统(historical ecosystems)、复合系统(hybrid ecosystems,能够部分恢复到原有状态的系统)和新型生态系统(图 10-1)[1]。

　　新型生态系统的支持者认为,这一新的理论具有十分重要的价值,表现在:① 为反思现有生态保护和生态恢复技术、工程、政策和规范等提供了新的思路;② 为遏制生态系统退化提供了新思维;③ 有助于确定物种和生态系统功能重建

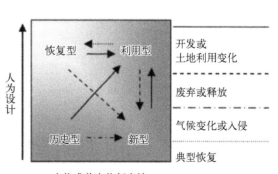

图 10-1　新型生态系统框架图[1]

的现实目标,而不是恢复到原有状态这一理想目标;④ 生态管理和生态工程中承认生态恢复的局限性以及重建遇到的社会经济文化障碍,有助于新的规划、设计和经营管理,以降低成本和提高效率;⑤ 有助于开发新的生态监测技术;⑥ 可应用于生态恢复工程项目评价;⑦ 有助于开发新的实用性恢复技术。比如,海洋生态系统食物网结构的退化,近海盐沼湿地生态系统的退化,集约化农田的开发等。

在国内,我们提出了"两山理论",实现方式就是"山水林田湖草"一体化,就是从多景观生态角度来整体管理国家的自然资源,同时也是构建一个复合生态系统,城市乡村融合、多景观并存、生态和谐是未来人类的发展方向。以生态工程建设为目标、以设计生态学作为手段、以恢复生态学思想为指导,建立城市和乡村融合的田园多功能景观,既具生产功能,也具生态功能,更具美学功能,创新人类美好生活的新图景。

在人类历史上,人类对生物物理过程、生态系统和进化的影响相对有限,主要是受到"自然"(非人类)过程的影响。生态和进化的变化一般归因于能量和物质流动的自然变化以及寄生虫、疾病、掠食者和竞争者的自然选择。然而,现在人类通过土地和资源消耗转换,改变生境和物种组成,破坏水文过程以及改变能量流和养分循环。人类现在使用大约40%的全球净初级生产量和超过一半的可用淡水径流量,全球至少有一半的森林因人类活动而消失。人类活动确定了所有非人为因素所固定的氮和硫含量,人类从根本上改变了地球的碳循环,也影响着进化过程。未来几十年生态学面临的最大挑战是将复杂性和全球范围内的人类活动充分有效地纳入生态研究。

城市是金钱铺就的辉煌,对于城市规模的追求,古今皆然,中外皆然[2]。从世界范围来说,像法国、德国、荷兰,城市和农村是一种互补协调,城市可能是日新月异的,但是农村却是一个恒久的、融合于自然的、为城市提供支撑的这么一个巨大的自然和经济的复合体。我国浙江在城镇化过程中推行的美丽乡村计划就是城乡融合的一个典型例子。

第一节　生态恢复的前景
——人工设计的生态方案

一、利用自然力修复

对那些治理难的"硬骨头"地区,最好的办法是"人退",减少人为的压力,让自然去修复。英国是世界上最早工业化的国家,也最早尝到了生态破坏的苦果。但英国把历史上由于采矿而造成的废弃地恢复成了自然生态系统,并进一步规划成为世界上著名的乡村景观,成功的重要经验就是借助自然力进行生态恢复。利用自然力恢复成功的例子其实很多,如在我国浑善达克沙地,科学家在锡林郭勒盟正蓝旗巴音胡舒嘎查进行的4万亩的围封实验。这些例子有力地显示利用自然力恢复生态系统是最直接、最经济、最有效、风险最小的途径,不应被人们所忽视[3]。

对于一些较为偏远,人类干扰较少的地方,生态恢复以发挥自然生态系统的自然恢复能力为主,要从人工生态转向以自然恢复为主,如建立自然保护区。但我国许多地区自然生态系统经过长期高强度的利用和开发已严重退化,结构和功能都已破坏,强调"自然恢复"是不符合实际的。生态重建有两类不同途径,一是生态重建试图重新建造真正的过去的生态系统,二是在完全退化的生境上重建,目的是建立一个符合人类经济需要的系统,重建的物种或已经不是原来的种类,不一定很适合环境,但有很大的价值。也只有这种把重建自然的需要与人类的经济需要结合起来的途径才是恢复地球生态系统的唯一有效的方法[4]。

二、生态系统服务仿生修复技术模块

通过模拟生态系统自我再生过程,实现高度人工化环境中的土地生态修复,把待修复的土地视为生态系统服务提供者,修复的过程同时又是提升生态系统服务的过程[5]。以生态系统服务为导向的设计,即通过观察、研究和模拟自然系统的调节、供给、生命承载以及文化与精神的服务功能,在场地土地修复工程上有效地利用自然系统的生态系统服务功能。乡土生境重建与自然演替形成的植物群落来提取、挥发被破坏的土地中的有害物质(如重金属),在稳定修复后的土地,配以休憩活动空间,实现完整而可持续的生态系统服务。作为"生态系统服务仿生修复技术模块"的示范,天津桥园所在地原为打靶场,经过三年的生态修复,土壤和水质条件都明显改善,乡土生物多样性大大提高,植物由 2008 年的 36 种自然增加到 2012 年的 126 种,同时成为广大市民喜爱的游憩公园[6]。

三、人工设计的生态方案

2004 年美国生态学会生态远景委员会提出:"人类赖以生存的自然服务功能将越来越难以维持,人类未来的环境很大一部分将由不同程度人工影响的生态系统所组成。一个可持续的未来要求科学在设计生态方案方面取得更大的进展,这种方案不只是通过自然保育和恢复,更需要通过人类对生态系统有目的地干预而提供积极的服务。从研究现有未被扰动的原生生态系统向以人类为重要组分、聚焦生态系统服务和生态设计的新生态系统的研究转型,将为维持地球生命的质量和多样性奠定科学基础。"这种人工设计生态系统并非用来代替自然生态系统,但它们将成为未来可持续世界的一部分。

人工设计的生态系统已超越了将生态系统修复到过去状态的传统理念,它要求创造一个功能完善的生物群落,并与人类耦合成自然-社会复合生态系统,使其为人类提供最优的生态服务。这种系统可以设计成通过组合各种技术手段,并搭配以新型的物种组合来减缓不利的生态影响,并有利于形成特定的生态服务功能。通过丰富人工生态系统的多样性：合理的、多种类间作、混作、轮作，与多层次（乔、灌、草、水体等）结构配置，或农、林、牧（草）、副、渔的多种经营组合来达到生物多样性与经济需要相结合的目的构成的"农林牧复合系统（agroforestry）"是十分符合重建生态学与生物多样性原则的，近年来得到极大重视，并作为生态农学的一个主流而迅速扩展[7]。

我国生态学家所提出的大农业生态学与生态工程在这方面进行了全面的理论阐述与实践总结，并提出优化模式，从而奠定了重建人工生态系统的良好基础。丁德文院士提出海洋牧场新形态是人工生态系统，海洋牧场从放流与底播技术、人工（鱼礁）技术、驯化加上养护与防灾技术，还有生态系统建设构建、生态工程技术、社会管理综合构成的一个新型的生态系统[8]。我国近年提出的区域性"生态-生产范式"就是对于人工设计生态方案的一个尝试[9]，这个生态方案首先必须基于当地的自然-历史背景，遵循生态地理（气候、水文、植被、地貌和地质结构等）的地带/非地带性规律，同时也要符合当地的经济发展状况、水平和需求。

四、生态工程

中国先后启动实施了退耕还林、退牧还草、天然林保护、京津风沙源治理、西南熔岩地区石漠化治理、青海三江源自然保护区、甘肃甘南黄河重要水源补给区等具有一定的生态补偿性质的重大生态建设工程。生态工程是由 Odum 和马世骏分别正式提出，作为一门年轻的学科，许多研究还在不断地深化和扩展。

（一）生态工程的定义

生态工程是一门正在形成中的学科，迄今还不到 30 年的历史，为应用生态学的分支学科之一[10]。马世骏早在 1954 年研究防治蝗虫灾害时，即提出调整生态系统结构、控制水位及苇子等，改变蝗虫滋生地，改善生态系统结构和功能的生态工程设想、规划及措施。1987 年马世骏等主编的《中国的农业生态工程》出版。1989 年，马世骏及颜京松、仲崇信等与美国 Mitsch，Jorgensen 等合作编著 *Ecological Engineering*，使生态工程正式在国内成为一门新兴学科。生态工程的目标就是在促进物质良性循环的前提下，充分发挥资源的生产潜力，防止环境污染，达到经济效益与生态效益同步发展。它可以是纵向的层次结构，也可以发展为几个纵向与横向联系而成的网状工程系统。

生态工程在我国的提出和发展不是偶然的，不仅基于我国人口多劳动力多这一现实状况，而且作为世界上最大的农业国，我国有数千年精耕细作的农作传统和经验，如轮、套种制度，垄稻沟鱼和桑基鱼塘等，本身就是相当成熟的生态工程模式，因此也最有条件在此基础上向深度发展。作为一个独特的研究领域，生态工程的产生有其科学理论基础和方法论基础。生态工程起源于生态学，虽是应用生态学的分支学科，但其重要概念、理论、方法已经并正在为系统论、控制论、信息论、协同论、耗散结构论、突变论及混沌现象、自组织论等渗透[11,12]。

（二）生态工程在中国的应用

中国生态工程正从自发走向自觉的应用。通过政府引导、科技催化、社会兴办、群众参与，许多地方已经或正在应用生态工程。生态工程的应用领域，起初主要是农业生态工程及污水处理与利用生态工程，现已扩大到多种生态产业，扩展很快[13~22]。具体有：① 农业生态工程；② 节水和废水处理与利用的生态工程；③ 生物质循环利用的生态工程；④ 山区小流域综合治理与开发的生态工程；⑤ 清洁及可再生能源系统组合利用的生态工程；⑥ 生态建筑及生态城镇建设工程；⑦ 废弃地及遭破坏的水、陆生态系统的生态恢复工程；⑧ 生态旅游；⑨ 绿色化学工程；⑩ 生物多样性保护和持续利用工程；⑪ 水生态治理工程；⑫ 海藻场生态工程。

五、生态设计

在风景园林领域，伊恩·麦克哈格（Ian L. McHarg）尝试着将包括生物学、生态学、地理学等学科在内的自然科学知识与风景园林实践联系在一起，并试图将科学技术、社会变革与生态引导的过程联系起来，强调了设计师从艺术创作到科学规划的思想转变。

20 世纪后半叶，风景园林设计进入了一个生态革命的时代，而生态主义思想在西方风景园林中持续发展，并日臻兴盛，由以生态学为指导的设计过程发展为依据生态设计、再生设计和可持续性设计原则并应用生态材料及技术进行的生态主义设计。

20 世纪 90 年代，生态设计原理的提出改变了将"生态"理念和生态学理论生硬地附会到风景园林设计领域的尴尬局面，强调对自然力量的体现和彰显，强调设计过程与生态过程的协调，关注对物种多样性的提升、对不可再生自然资源的低消耗、对生态系统内物质及能量循环的保持、对动植物栖息生境的维护和对人居环境健康性和安全性的改善，使风景园林设计成为一种综合性的、带有责任性、秩序性和伦理性的过程[23~24]。

（一）生态设计的定义

"设计"是有意识地塑造物质、能量和过程，来满足预想的需要或欲望，设计是通过物质能流及土地使用来联系自然与文化的纽带。任何与生态过程相协调，尽量使其对环境的破坏影响达到最小的设计形式都称为生态设计，这种协调意味着设计尊重物种多样性，减少对资源的剥夺，保持营养和水循环，维持植物生境和动物栖息地的质量，以有助于改善人居环境及生态系统的健康。

生态设计不是某个职业或学科所特有的，它是一种与自然相作用和相协调的方式，其范围非常之广，包括建筑师对其设计及材料选择的考虑；水利工程师对洪水控制途径的重新认识；工业产品设计者对有害物的节制使用；工业流程设计者对节能和减少废弃物的考虑。生态设计为我们提供一个统一的框架，帮助我们重新审视对景观、城市、建筑的设计以及人们的日常生活方式和行为。简单地说,生态设计是对自然过程的有效适应及结合,它需要对设计途径给环境带来的冲击进行全面的衡量。对于每一个设计,我们需要问:它是有利于改善或恢复生命世界还是破坏生命世界,它是保护相关的生态结构和过程,还是有害于它们?[25]

(二) 生态设计原理

1. 地方性

设计应根植于所在的地方。对于任何一个设计问题,设计师首先应该考虑的问题是我们在什么地方? 自然允许我们做什么? 自然又能帮助我们做什么? 我们常常惊叹桃花源般的中国乡村布局及美不胜收的民居,实际上它们多半不是设计师创造的,而是居者在与场所的长期体验中,在对自然深刻了解的基础上与自然过程和谐相处的创造性设计。

2. 保护与节约自然资本

地球上的自然资源分为可再生资源(如水、森林、动物等)和不可再生资源(如石油、煤等)。土地资源是不可再生的,但土地的利用方式和属性是可以循环再生的。从原野、田园、高密度城市到花园郊区、边缘城市和高科技园区,随着城市景观的演替,大地上的每一寸土地的属性都在发生着深刻的变化。昔日高密度中心城区的大面积铺装可能或迟或早会重新变为森林或高产的农田,已经填去的水系会被重新恢复。

3. 让自然做功

自然生态系统生生不息,不知疲倦,为维持人类生存和满足其需要提供各种条件和过程,这就是所谓的生态系统的服务。所以自然提供给人类的服务是全方位的。让自然做功这一设计原理强调人与自然过程的共生和合作关系,通过与生命所遵循的过程和格局的合作,我们可以显著减少设计的生态影响。

4. 显露自然

现代城市居民离自然越来越远,视觉生态反映了人对土地系统的完全依赖,重新唤起人与自然过程的天然的情感联系,在生态-文化与设计之间架起桥梁。生态设计回应了人们对土地和土地上的生物之依恋关系,并通过将自然元素及自然过程显露和引导人们体验自然,来唤醒人们对自然的关怀,这是一种审美生态(aesthetic visual ecology)。显露自然作为生态设计的一个重要原理和生态美学原理,在现代景观的设计中越来越得到重视,以此为主题,被称为生态显露设计(eco-revelatory design),即显露和解释生态现象、过程和关系的景观设计。

除了上述基本原理外,生态设计还强调人人都是设计师,人人参与设计过程。生态设计是人与自然的合作,也是人与人合作的过程。传统设计强调设计师的个人创造,认为设计是一个纯粹的、高雅的艺术过程,而生态设计则强调人人皆为设计师。

案例　麦克哈格——生态设计之父

麦克哈格以生态规划师自居,也被誉为是生态设计之父。他极为欣赏生态学这个整体科学的诊断和对症下药的力量,并认为生态学能建立自然科学与规划设计学科间的桥梁,是景观建筑学和区域规划必不可少的基础,也将对城市规划和建筑产生重大的影响,他创造了一种科学的生态规划方法,该方法迎合了新的环境浪潮,改变了20年前西方景观建筑和区域规划的思想观念,使人们用一种新的眼光来看待城市景观,乡村景观以及大尺度区域性景观的规划,把景观建筑学从狭隘领域解放出来,变成了一种多学科的、用于资源管理和土地利用规划的有力工具。它的某些原理,如保护肥沃土地,不得在侵蚀的山坡、有价值的沼泽或淹没区设建筑,不能建对含水层有污染的设施等已广为环境规划者采用。著名生态学家 E. P. 奥德姆也称赞说,用麦克哈格的方法完成的规划能把土地侵蚀、灾害降到最小,能保护水源、社会价值,如果把难以定量的人类价值考虑在内,效益会更显著[26]。

1969 年,麦克哈格出版著作《设计结合自然》(*Design with Nature*),总结了他的哲学思想和生态规划理论。该书一出,备受推崇,被誉为是里程碑著作,是北美生态规划最重要的文献,并成为规划领域内外引证最为频繁的著作,也是美国现在许多大学景观建筑系学生必读书之一(见图 10-2)。

图 10-2　麦克哈格的《设计结合自然》

麦克哈格是著名的城市规划和景观建筑师,更是一位应用景观生态学家。他以协调人类与自然的冲突为指导思想,用生态规划方法为手段,与同事一道,在美国做了大量的规划与研究,例如明尼阿波利斯中心区,斯塔腾岛,华盛顿特区,巴尔的摩内巷,下曼哈顿以及乌德兰兹新城等规划,它们已成为生态规划与设计的典范。近年来,他正致力于全球监测系统可行性及规划设计和盖娅假说(Giaa hypothesis)研究,并与生态学家一道,进行用生态原理(如生态演替)管理公园和生态敏感区的研究。他的思想广为北美和西欧规划师、景观建筑师们接受,生态规划方法已成为他们进行大尺度区域性规划的有效工具。

第二节　从生态系统管理到复合生态系统管理的演进

经济发展与生态环境之间的矛盾是不是一定不能调和?人类究竟是怎样影响区域环境和受环境影响的?个人和社会怎样减缓和适应环境的这些变化?决策者针对这些变化所选取的政策如何影响现在和未来的社会、经济发展?生态环境能否成为经济发展新的引擎和助推器?通过生态环境的治理和发展能否形成一个新兴的"生态产业"?如果这些问题有解,那么需要什么样的方法或措施来促进和保障其顺利实现,这是目前国际社会和学术界关注的热点和难点。生态系统管理(ecosystem management)理论的产生及其实践为上述问题的解决提供了很好的方法论基础。

社会-生态系统是非常复杂和动态变化的,要使其可持续发展,必须理解系统的抗干扰能力,管理系统以提高它们的弹性回复力是必不可少的。或者说,我们必须应用"弹性思维"来管理社会-生态系统。弹性是系统承受干扰并仍然保持其基本结构和功能的能力。弹性思维提供了理解周围世界和管理自然资源的一种不同的方式,它解释了为什么提高效率本身不能解决人类的资源问题,并且它提供了一种建设性的可供选择的办法,从而使管理促进社会-生态系统可持续发展[27]。

由于复合生态系统不是单纯的生态系统,而是广泛意义上的生态系统,也可以称为泛生态系统(pan-ecosystem)。复合生态系统管理是一门新兴交叉边缘学科,是运用系统工程的手段和人类生态学原理去探讨复合生态系统的动力学机制和控制论方法。复合生态系统管理理论是学者们应对全球(区域)规模的生态、环境和资源危机的一种响应。面对越来越突出的资源约束和环境压力,简单地仅从自然或人类的角度研究生态系统都不能诠释其复杂性。因此,以更加综合的视角,正确认识其分组的自然、经济、社会各子系统之间的相关关系,以及系统研究区域自然、经济和社会复合生态系统良性循环规律和机制,探索一种集经济效益、社会效益和环境效益为一体的新的管理模式——复合生态系统管理,具有重要的理论意义和实践意义[28~31]。

一、生态系统管理理论萌芽阶段

20世纪50年代后,生态系统理论受到广泛关注。60年代以后,生态学研究由种群尺度扩展到森林、草原、渔业和农业生态系统,生态系统逐步成为生态学研究的中心。

之后,来自54个国家的生态学家参加的国际生物学计划(IBP)将世界各类自然生态系统功能和生物生产能力作为研究重点,这不仅推动了生态学研究服务于经济发展,也为资源管理和环境建设提供了理论和政策依据。1971年,美国著名生态学家Odum认为生态学应该是研究人和环境的整体的科学,要着重研究生态系统的结构和功能。70年代初,《人与生物圈计划》(MAB)围绕人类经济社会活动与生态的关系,强调增强生态意识的重要性,第一次把人与自然及其资源作为一个系统加以研究。

二、生态系统管理理论形成和发展阶段

20世纪80年代以来,由于环境恶化、资源枯竭、污染加剧,生态系统可持续性问题日渐成为关注的焦点,人们逐渐认识到可持续发展的问题归根结底是生态系统管理的问题,用生态系统的理论和方法管理土地的思想得到了许多科学家、经营者的支持,生态学研究从以往注重短期产出和经济效益转而开始强调长期定位、大空间尺度研究。《生物多样性公约》认为"生态系统管理是操纵将生物同其非生物环境联系起来的物理、化学和生物工程和管制人类行动,以产生理想的生态系统状态"。

20世纪90年代,生态系统管理的理念传入我国。在生态系统管理的实践中,一些国际组织,如全球环境基金组织(GEF)为了强调对自然资源实行系统管理,从整体上综合考虑各个因素间的相互联系,并通过在相关利益方建立伙伴合作关系,推进管理目标的实现,提出了综合生态系统管理的概念(见图10-3)。

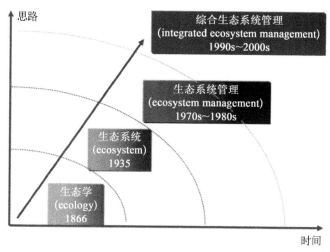

图10-3　生态系统管理术语的发展[28]

生态系统管理的理念是在生态科学研究不断进步和实践的推动下逐渐形成和发展的,与传统的自然资源管理不同的是,生态系统管理着眼于系统的整体性,是具有明确且可持续目标驱动的管理活动。生态系统管理理论的提出构建了一体化管理的新框架,即基于自然生态系统与经济和社会系统间的相互关系,通过生态、经济和社会因素

综合控制以达到管理整个系统的目的。总之,生态系统管理理论和实践主要还是基于自然属性为主的自然生态系统。

三、复合或综合生态系统管理理论形成与发展

复合生态系统概念是我国生态学家马世骏于 20 世纪 80 年代初率先提出的。早在 20 世纪 70 年代,我国生态学家马世骏先生提出了将自然系统、经济系统和社会系统复合到一起的构思。80 年代初,马世骏、王如松进一步提出复合生态系统是人与自然相互依存、共生的复合体系[32,33]。

复合生态系统管理理论是在生态系统管理理论基础上发展起来的。最初生态系统管理理论的产生、发展和应用主要集中在自然生态系统领域。目前复合生态系统管理研究更强调一种新的管理理念和方法论,强调生态系统结构、功能和生态服务以及对社会和经济服务的可持续性,为环境决策者提供有效参考和决策依据;特别注重区域各种自然生态、技术物理和社会文化因素的耦合性、异质性和多样性;注重城乡物质代谢、信息反馈和系统演替过程的健康度以及系统的经济生产、社会生活及自然调节功能的强弱和活力。其中生态资产、生态健康和生态服务功能是当前复合生态系统管理的热点。

复合生态系统管理不同于传统环境管理,不着眼于单个环境因子和环境问题的管理,更强调整合性、共轭性、进化性、系统性、耦合性、平衡性和自组织性。因此,复合生态系统管理理论与实践也大致经历了四个发展阶段:污染防治的应急环境管理,清洁生产的工艺流程管理,生态产业的产业生态管理,生态社区的生态系统管理。目前,已基本形成了产业生态管理、城镇生态管理、区域生态管理、生态基础设施管理等几个分支研究领域。

近几年,我国在复合生态系统管理研究领域取得了长足进展。中国将复合生态系统管理理念引入到西部退化土地治理事业中。国家 973 项目"湖泊流域复合生态系统管理原理和模型研究"课题,针对流域生态系统特征以及社会经济发展对典型湖泊富营养化的影响,研究湖泊及其流域的生态系统服务价值、生态系统管理原理,建立以湖泊健康生态系统为基础的管理模型和方法[34]。我国具备实施海洋生态系统管理的基础,并实现了与国际接轨。目前已在各地开展了海岸带综合管理示范工作;在黄海开始实施大海洋生态系管理模式;在渤海实施跨区域的环境综合整治,建立了环境伙伴关系的示范;在环渤海、长三角、珠三角等区域试图通过区域联动解决区域可持续发展。《全国海洋功能区划》提出了我国重点海域主要功能开发利用的优先顺序;《全国海洋经济发展规划纲要》在我国沿海划分了 1 个海洋综合经济区,2020 年以来在沿海省(自治区、直辖市)建立了海洋生态监控区的示范区和 30 余个海域使用管理示范区[35]。

水产养殖中开展多营养级养殖或综合水产养殖模式;开展稻渔综合种养殖,发展作物-家畜综合生产系统[36],作物与家畜是综合农业系统发生与发展的核心机制,持续地丰富和加强系统的生产与生态功能。

借鉴日本、美国的经验,结合我国国情,坚持现有环境法律体系,通过制定新法和修订现有法律的结合,初步建立起促进资源节约型、环境友好型社会和保障可持续发展的环境法律体系。在综合生态系统管理法律的具体制度层面上,应注意填补环境保护法规空白,完善法规体系[37]。

四、适应性管理

适应性管理最初的名称是"适应性环境评估与管理"(adaptive environmental assessment and management),它是由生态学家 C.S. Holling 和 Carl J. Walters 在 20 世纪 70 年代提出的。适应性管理通过科学管理、监测和调控管理活动来提高当前数据收集水平,以满足生态系统容量和社会需求方面的变化。它围绕系统管理的不确定性展开一系列设计、规划、监测、管理资源等行动,目的在于实现系统健康及资源管理的可持续性。这种管理方式常被应用在澳大利亚和北美,最初被应用于渔业管理,随后被应用于国际应用系统分析研究所(international institute for applied systems analysis, IIASA)。IIASA 主要从事全球及区域性的生态、环境、人口等社会问题的研究,在复杂系统研究方面主要提出了一种适应性动力学网络(adaptive dynamics network)的研究框架,其目标是开发和应用一种新的数学和概念上的技术来理解复杂适应系统的动力学行为和演化,关注有限增长的适应性过程的长期含义。

自然资源管理在世界各国具有广泛性、紧迫性和艰巨性,同时,也面临着复杂性带来的挑战。当代自然资源管理特别关注管理因果关系中潜在的不确定性,这种不确定性使人们越来越强调资源管理的全方位与长期化。管理者、科学家及经营者亟待打破传统的以还原论为基础的将整体分割成部分的管理模式,建立起新的思维、理念和方法。适应性管理在渔业、森林、水资源及草原管理等领域已经得到广泛应用,这为深入开展适应性管理研究和实践积累了丰富的知识和经验。适应性管理则认为,外部的环境变化已在所难免,除了减缓这种变化外,人类应该更好地去适应变化;此外,适应性管理强调参与式管理,通过充分学习和吸收多方的意见、建议,动态改变管理方式,增强生态系统适应性,实现全新的可持续发展[38]。

案例 大海洋生态系统

大海洋生态系统一般大于 20 万平方公里,它具有独特的洋流、海底地貌和在一个食物网中相联系着的生物群体。谢尔曼划分出两大类型,一是鱼类补充周期主要决定于环境力量,二是鱼类补充周期主要决定于掠夺行为(包括被天然捕食者所掠夺或受制于人类捕获压力),决定于掠夺行为的 LME(large marine ecosystem)是较易经营的,因为掠夺行为比环境力量更易于控制。大海洋生态系统是从渔场经营的角度划分的,它大多靠近海岸洋流和上涌流,或者是被陆地包围的海[39]。

全球环境基金会(Global Environment Facility, GEF)为发展中国家提供资助,以开展跨边界的大海洋生态系研究,推动了生态系统方法的发展、大海洋生态系的保护并丰富了基于生态系统的海洋管理(marine ecosystem-based management,MEBM)的实践经验[40]。

肯尼斯·谢尔曼等提出了评估与管理 LME 的五大模块,即生产力、渔业、生态系统健康、社会经济和治理,具体内容如下[41]:

1. 生产力

该模块主要针对支撑渔业资源的"海洋环境容纳量"。评估海洋环境容纳量的参数主要有:光合作用强弱、浮游动物的生物多样性及海洋学的可变性。在该模块中,通常是利用系统测定法来监测与评估这些参数的状况与变动,而由此获得的信息不仅可以反映 LME 的自然状况,而且还可反映其对 LME 的影响。

2. 渔业

这一模块主要关注鱼类群落生物多样性的变化,这一变化不仅影响 LME 中的渔业,而且还影响该生态系统中的其他组分。在该模块中,一般是利用系统调查法来获取鱼类群落生物多样性与鱼类群落丰度水平的变化及由此引起的其他相应变化等信息。

3. 生态系统健康

该模块集中探讨海洋污染,因为它是造成 LME 环境恶化与资源衰退的一个主要原因。通过对水质和生物指示种的系统监测,可评估污染对生态系统的影响,并预测可能发生的疾病;此外,还可根据评价生态系统健康状况的 5 个指标——生物多样性、稳定性、产量、生产力及恢复力——来评估 LME 的健康状况。因此,该模块可以监测与评估整个 LME 的污染与健康的变化情况。

4. 社会经济

该模块强调 LME 的人类维度。本模块主要调查研究与 LME 有关的人类社会经济发展状况,特别是与 LME 紧密相关或依赖于 LME 的产业与人类活动。通过上述研究,该模块可以获知基于社会科学与社会经济学的 LME 信息。

5. 治理

LME 管理制度主要是根据上述四个模块获得的信息以及适用于相关领域的全球性与地区性的相关协定所遵守的国际准则与制度来制定的。为了提高 LME 的管理水平,需对相关政策、法律和制度进行改革,并需采取一些地区与国家层面的其他相应措施。LME 管理制度的指导原则是采用综合的、基于生态系统的方法来管理与保护海洋环境与资源。

第三节 构建多功能景观是可持续发展的有效途径

景观是多种不同类型生态系统的集合体,景观的要素组成、结构及其生态过程决定了景观具有多种功能性。人们在进行环境规划与决策制定时,由于没有充分意识到景观的多功能性,导致许多类型的景观往往被改造成结构均一、只有单一功能的土地利用类型,甚至最终变为荒地。应该如何对景观进行合理的规划与管理,或许更需要从景观功能与景观服务的角度开展研究。景观多功能性被认为是能够识别环境变化对景观所产生影响的一个强有力的概念,构建被赋予了人类价值评价的多功能景观(multifunctional landscapes)则被认为是实现未来景观可持续发展的有效途径[42,43]。

当今生态系统管理者面临的现实是异构的,快速变化的景观之一,特别是在受城市和农业发展影响较大的地区。横向管理框架包含所有系统,涵盖各种变更程度,为如何以及何时进行干预,更有效地使用有限资源以及增加实现管理目标的机会提供了更全面的选择。许多生态系统已经远离其历史轨迹,以至于他们无视传统的修复工作并没有争议。承认新型生态系统不一定对现有的政策和管理方法构成威胁。相反,制定管理干预措施的综合方法可以提供符合当前快速生态系统变化现实的选择[44]。

一、景观多功能性概念

世界现代农业的快速发展,不仅使传统农业景观被改造成低异质性的农业用地,而且导致了野生动植物栖息地的破碎化、自然/半自然生境的缺失,以及农作物基因多样性和物种多样性的丧失。人们以各种方式利用景观,地球上许多景观正在以比过去更大的强度所利用,而且日趋以不同的目的同时使用。强烈的土地利用通过功能的空间割裂日益加重,土地超载和环境问题愈加严重。现实和未来昭示我们,未来的景观必须同时发挥多重功能:作为生命生存场所的生态功能,作为生产活动场所的经济功能,作为旅游和特色文化场所的社会-文化功能,作为居住和景观本身存在场所的历史功能,作为人类感知场所的美学功能。多功能景观的概念及研究应运而生,多功能性最早应用于农业,近来才扩展到整个景观概念。2000年10月在丹麦罗斯基勒召开的多功能景观国际会议,首次提出了"多功能景观"的研究议题[45]。

各国科学家先后从人类学、多学科交叉、系统学、经济学、生态学、地理学和可持续科学等视角对多功能景观的概念进行了界定,学者们对多功能景观概念的理解和表述有所差异,但究其本质仍强调景观多重功能的时空协同。景观多功能性是指景观在发挥其主要生态功能的同时,还兼具社会、经济、文化、历史和美学等其他功能及不同功能相互作用的特性。

二、景观多功能性和景观服务关系

景观功能,即景观能够为人类社会提供产品(如粮食或木材)和服务(如美学享受,为生物提供栖息场所)的能力,具有生态、社会-文化和经济价值。对景观进行规划和制定政策的过程中,为了协调好景观保护与土地利用和自然资源需求之间的矛盾,必须要充分考虑景观能提供的所有产品和服务。而一旦景观的功能被确定之后,这些功能就可以通过产品和服务的形式被分析和评价,从而使人们能够更加清楚地了解景观的多种服务和价值所在。与生态系统服务相比,景观服务更强调景观的结构与过程之间的联系。

多功能景观的研究应该以优化景观结构为基础,以提升景观功能为目标,在景观管理的过程中不断提高各利益相关者对景观功能、景观服务及其价值的认知水平,通过有效的景观管理与调控,协调景观多功能发展与人类需求之间的矛盾,最终达到人类社会与景观的和谐共同发展(见图10-4)。在当前由于人类活动的影响而导致众多景观生态系统发生退化的现实背景下,多功能景观的研究和发展能够为日益凸显的人地关系矛盾、粮食生产与环境保护之间所产生的冲突与矛盾提供有效的解决方法。

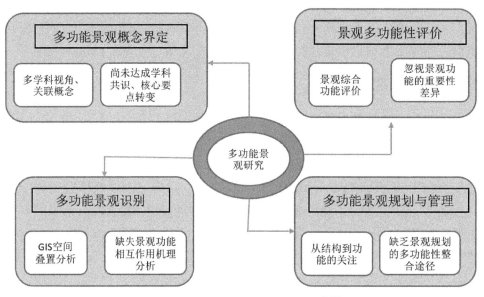

图10-4 多功能景观主要研究内容[49]

值得注意的是,多功能景观还与生态系统服务密切关联,生态系统服务常常被视为景观功能研究的重点内容、纳入多功能景观识别框架。由于生态系统服务和景观功能的同源性,生态系统服务的多样性也被视为景观多功能性的物质基础;多功能景观识别与生态系统服务权衡也常常关联在一起,相关研究视角与方法具有较大的一致性。但是,尽管多功能景观与生态系统服务的实现均受景观(生态系统)结构、功能与过程的制约,依循景观生态学格局-过程互馈的核心范式,多功能景观更强调多重功能相互作用的时空关联,以及景观异质性对多功能性的影响[46,47]。

无论是生态系统服务还是景观服务,都是将自然系统(生态系统或景观)与人类评价彼此联结起来的纽带。生态系统服务的多样性是景观多功能性的物质基础。生态系统服务从认知走向管理实践正面临着严峻的挑战,如多种服务的权衡、与政策设计的结合等方面。生态系统服务研究方面的局限性导致了其相关研究结果难以应用到景观规划与设计上。然而,与生态系统服务相比,景观服务能够更好地体现景观格局与过程的相互关系,有利于整合多门学科和研究方法,并帮助当地的利益相关者直接参与到景观经营与管理中来。

自 2000 年"多功能景观"研究议题正式提出以来,多功能的概念开始广泛应用于景观分析、评价、规划与管理研究。2011 年第八届国际生态学大会上关于"多功能景观:研究历史、现状和未来"议题的提出,则进一步明晰了多功能景观在景观生态学中景观功能综合研究的学科领域属性,指明了多功能景观未来的发展趋势与研究热点方向:① 景观多功能性评价;② 多功能景观空间识别;③ 多功能景观的模拟研究;④ 多功能景观规划与管理[48,49]。

两个或两个以上性质相近的生态系统在一定条件下,可以结合成为一个新的、高一级的结构功能体——即通过系统耦合所产生的耦合系统,系统耦合后,由于系统结构的变化必然引起系统内部诸多潜能的解放,从而显著地提高系统的生产水平[50]。巨大的山体给河西荒漠-绿洲以不可忽视影响,纵深颇大的祁连山耸立于河西走廊的南侧,多项地理垂直分布因素,形成由高到低,由南到北的河西走廊的荒漠-绿洲草地农业系统,使它成为链状山地-绿洲-荒漠型草地农业生态系统,它呈链状排列,区别于镶嵌状的、辐射型荒漠-绿洲草地农业系统。它实际是由山地子系统、绿洲子系统、荒漠子系统这三个子系统耦合而成(见图 10-5),荒漠-绿洲草地农业系统能流单位输出量,当发生系统耦合以后,显著增加,其增殖比值为 6~60,即系统耦合以后其生产水平可能提高6~60 倍[51]。

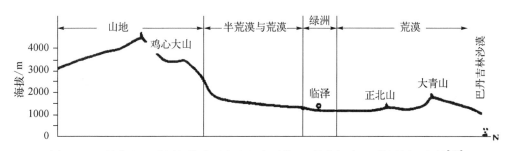

图 10-5　链状山地-绿洲-荒漠型农业生态系统,以甘肃祁连山-临泽剖面为例[51]

全球海洋生态系统动力学(global ocean ecosystem dynamics,GLOBEC)是全球变化和海洋可持续科学研究领域的重要内容,当今海洋科学最为活跃的国际前沿研究领域之一,其目标是:提高对全球海洋生态系统及其亚系统的结构和功能以及它对物理压力响应的认识,发展预测海洋生态系统对全球变化响应的能力。考虑到我国海洋科学研究的实际情况以及"浅海""陆架"是我国海域显著特点等原因,在我国 GLOBEC 发展之初,在研究目标区选择上确定与国际略有不同的发展策略,即确立以近海陆架为主的中国海洋生态系统动力学研究的发展目标,提出建立我国海洋生态系统基础知识体系的战略目标。

1999年,科技部正式启动了国家重点基础研究发展规划项目"东、黄海生态系统动力学与生物资源可持续利用"。该项目紧紧围绕浅海生态系统动力学的6个关键科学问题开展调查研究:① 资源关键种能量流动与转换;② 浮游动物种群的补充;③ 生源要素循环与更新;④ 关键物理过程的生态作用;⑤ 水层与底栖系统的耦合;⑥ 微食物环的贡献。从关键种、重要种类和生物群落的层面上,首次研究了浅海陆架态系统高营养层次营养动力学特征[52]。

案例 朴门永续农业

20世纪70年代,澳大利亚的Bill Mollison和David Holmgren首先提出了朴门永续农业(permaculture)的概念。针对工业化农业导致的高消耗、重污染等能源危机问题,朴门永续农业倡导依照自然界的运作模式去设计环境,以寻求并建构人类和自然环境的平衡点,实现让自然做功、资源良性循环的人居环境,涉及内容包括农艺、建筑、园艺、生态,甚至财务管理与社区规划,它不只是一种有机种植方式,而是一套整合各门学科、完善可持续农业系统与人类居住环境的设计学和规划学,是一种顺应生态城市发展的景观新模式(见图10-6)。

图10-6 朴门永续农业在丘陵生态系统中的应用[53]

朴门永续农业思想的启蒙可追溯到1911年,美国经济学家Franklin H. King最早将"permeance"和"agriculture"两个英文词汇合并,提出了永恒农业(permanent agriculture)的概念。随后,自然农法、小型食物森林、最大功率原理、不翻耕农作法等理念和实践为朴门永续农业设计提供了实质的精神基础和启发,促成了朴门永续农业的概念形成。1974年,Bill Mollison提出了朴门永续设计构想,并于1978年出版了著作《Permaculture One》,开创了朴门永续设计主张,并通过数百个朴门场址的规划,不断修正和深化了这一概念。20世纪80年代,Holmgren汇整出版了朴门设计手册,并在世界各地教授永续生活设计课程,朴门的概念也从农业系统扩展到了全面的永续人类居住环境。

随后,各种朴门相关的社群、社团、研究机构在世界许多国家快速形成,并开始自行教授相关知识技能。到 20 世纪 90 年代,朴门永续农业在世界范围内广泛应用,也得到了进一步发展,基于朴门永续设计的伦理与原则,可食地景(edible land-scaping)、渐进式朴门永续设计(rolling permaculture)、现代朴门等新概念在世界各地悄然兴起。如今,集结了多种文化思想的朴门永续农业已成为一股国际性的社会运动。朴门永续农业的应用也逐步从小尺度的家庭菜园、可持续住宅发展到了大尺度的生态社区、农业园区规划、城乡规划以及自然环境生态保育[54]。

第四节 生 态 城 市
——建立以人为主的生态系统

21 世纪是人类的"第一个城市世纪"。在世界范围内,城市化已经成为人类社会发展不可逆转的必然趋势。中国的城市化进程同样快速而剧烈,其速度与规模都是人类历史上前所未有的。据某国际权威机构统计,2009 年,全球有一半以上的人口生活在城市,到 2030 年,全世界城市人口有望突破 60%[55]。

当中国在 1978 年开始经济改革时,中国主要是农业社会,拥有世界上最大的农村人口(约 7.9 亿)。随着人口的增长,中国的城市数量已经从 1978 年的 193 个,增加到 2015 年的 656 个。中国的总建筑面积从 1978 年的不足 1 万 km^{2}增加到 2015 年的约 5.2 万 km^2。城市化景观及其周边地区最明显的是人类引起的行星尺度变化。城市化地区只占地球表面的大约 1% 至 6%,但它们具有非常大的生态"足迹"和对生态系统的复杂、强大并且往往是间接的影响。中国是世界上人口最多,城市发展历史最长的国家,预计到 2030 年,我国城镇人口达 9.79 亿,城市率达 60%。在城市经济社会快速发展过程中,中国城市不仅要解决过去环境污染和生态破坏遗留的历史欠账,应对发达国家城市化阶段出现的各种环境问题,而且还要面对发达国家不曾经历过的复合型、叠加型生态环境难题,经济社会快速发展所带来的环境压力,资源环境的瓶颈制约作用将日益凸显。

城市生态学作为一个学科出现于 20 世纪 70~80 年代,不同学科背景的先驱为增加我们对城市生态的理解提供了多样化的视角和重要的研究成果。现阶段的城市生态学始于 1990 年后期在几个温带城市开展的多学科长期研究。当今城市生态学研究,主要包括:① 栖息地和动植物制图及分析;② 物种类型和丰富度;③ 城乡梯度;④ 模型模拟和生物地球化学循环及物质流动;⑤ 复合生物物理——人类系统;⑥ 城市区域空间格局、过程和变化。尤其是城乡梯度的概念在推动城市生态学研究中起到重要的作用[56]。

一、城市化及其生态效应

城市化是人类历史长河中不断集聚资源、集聚财富、集聚能力的连续进程,是不断更新自己的生存方式与生产方式的连续进程。城市化是经济增长和区域发展的火车头,是引领财富集聚和社会进步的带头羊。城市化作为一种人类社会发展进程中重要的现象,是经济发展和社会进步的结果与标志,对区域发展具有强大的促进效应,是区域发展的极核[57]。

城市化提高了经济的规模效益和集约效益,使单位国土面积资源的利用效率大大提高;城市化解决了农村剩余劳动力的安置,为解决人口与就业问题创造了机遇;城市化也极大地促进城镇的基础设施的现代化建设,同时也促使旧的生活方式向现代、文明生活方式转变,改变着地域空间的面貌和人们的精神面貌。因此,从某种意义上说,推进城市化进程,已成为解决目前及未来诸多社会问题的关键手段。

为了解人类与发生在城市化地区的生态过程之间的特定交互作用,建议将城市作为现象进行研究,这种现象不能简单地通过研究各个部分的属性来解释。城市既是复杂的生态实体,又有自己独特的行为、发展和演化的内部规则,以及重要的全球生态保护功能[58]。

二、生态城市研究和建设

在此背景下,生态城市作为一种新兴的城市发展模式应运而生,进而取代传统的城市发展模式。生态城市这一概念最早是"人与生物圈计划"(MAB)研究过程中提出的。生态城市是在乌托邦、花园城等理想城的基础上发展而来,由苏联城市生态学家 O. Yanistky 于 1987 年提出的一种理想城市模式。中国对生态城市的理论研究是 20 世纪 80 年代开始起步,便进展迅速。1978 年城市生态环境问题研究列为科技长远发展计划。1981 年马世骏提出社会-经济-自然复合生态系统的思想。

1987 年 10 月在北京召开了"城市及城郊生态研究及其在城市规划、发展中的应用"国际学术讨论会,标志着我国城市生态学研究已进入蓬勃发展时期。1988 年《城市环境与城市生态》创刊。20 世纪 90 年代后,生态城市作为人类理想的聚居形式和人类为之奋斗的目标,已成为我国当代城市研究的新热点。王如松等(1994)提出了建设天城合一的中国生态城市思想[59]。"山水城市"作为具有中华民族特色、最能体现东方文化特色的生态城市类型具有十分重要的理论与实践价值[60]。

城市生态建设包括生态学、可持续发展、复合生态系统等系列理论。在我国城市生态的具体规划和实践中尤以生态承载力、生态功能区划和生态文明建设等理论最为关键。国内外许多城市进行了规划,美国长期生态研究计划和生态城市计划都致力于建设生态城市。澳大利亚学者 Downtown 发起了一个生态城市建设计划,称为《哈利法克斯生态城市计划》(*the Halifax project*)。上海生态城市建设、南宁生态城市建设都是国内典型代表。英国城市规划师霍华德认为应该建设一种兼有城市和乡村优点的理想城市,他称之为"田园城市"。田园城市实质上是城和乡的结合体。2009年成都正式确立了建设"世界生态田园城市"的历史定位和长远目标。成都是国家首批生态文明先行示范区,是长江上游重要的生态屏障,也是我国主要的水源涵养区和生物多样性富集区[61]。

生态城市的最终目的,是把社会、经济发展与生态建设、环境保护结合起来,努力创造人工环境与自然环境互惠共生、高效、和谐的人类栖境。生态城市是人与自然高度和谐的可持续发展城市的新模式,是现代理想的人类聚居形式。

三、城市生态系统恢复

城市生态系统是一个以人类生活和生产为中心,由居民和城市环境组成的自然、社会、经济复合生态系统。在这个生态系统中,人工生态环境组成成分,通过生命代谢作用、投入产出链、生产消费链进行物质交换、能量流动、信息传递而发生相互作用、互相制约,构成具有一定结构和功能的有机联系的整体,它是城市居民与其环境相互作用形成的复杂的网络结构,所以城市生态系统是以人为中心的城市环境系统,或称城市生态环境系统。1979年,Miller在《基本生态学概念和城市生态系统》中指出:城市是一个以人为中心的复杂系统,城市生态系统则是以人为中心的环境系统。城市生态环境是人类从事社会经济活动的物质基础和条件,是城市形成和持续发展的支持系统,同时也是城市生态系统的主要组成部分,是城市生态环境学研究的基础和对象。

自布伦特夫人提出可持续发展观以来,可持续发展成为新的发展模式备受推崇。城市的可持续发展已成为人类可持续发展的重心和焦点。正如M.斯特朗所认为的,"如果城市环境是不可持续的,那么我们星球上可持续生活模式的目标是不可能实现的"。城市生态系统是以人类活动为主体的生态系统。鉴于城市生态系统恢复对城市食物安全、城市环境质量、人体健康影响日益严重的现实。城市生态系统恢复就是要使城市生态系统的各个方面都恢复到结构合理、功能高效、关系协调的状态[62]。

1. 城市绿地生态系统恢复概况

20世纪初,西方发达国家在先污染后治理思潮的影响下,走过了工业革命与城市化的道路,为此付出了生态环境遭到严重破坏的代价。发达国家开始意识到城市绿地生态环境的重要性,进行绿地规划建设。城市绿地包含公园绿地、生产绿地、防护绿地、附属绿地和其他绿地。城市绿地对城市生物多样性的重要性已得到了广泛认可。城市绿地对热岛效应的调节作用因此受到学界广泛关注。快速城市化背景下,城市紧凑化与合理的绿地规划是适应全球气候变化、解决城市生态环境问题,提升居民生活质量的重要途径[63]。

1880 年,Olmsted 与 Eliot 突破了美国城市方格网格局的限制,把数个公园连在一起,形成了景观优美、环境宜人的公园体系。二战后,欧洲、亚洲各国在废墟上开始重建城市家园。20 世纪 70 年代末,我国城市绿地规划工作者提出连片成团、点线面相结合的方针后,我国城市绿化进入快速发展阶段,南北方的主要大城市都取得了显著成效。20 世纪 80 年代后,我国提出了北方以天津为代表的大环境绿化,南方以上海为代表的生态园林绿化。目前,中国拥有多个模范园林绿化先进城市,但主要是以经济较发达的城市为主[64]。

2. 城市湿地生态系统恢复概况

自 20 世纪 50 年代以来,城市水域空间的规划与改造成为国内外城市景观规划和生态建设的一个热点。对许多有河流的城市而言,城市中的河流是城市中的绿色廊道。与传统的单一水域治理为目的的河道规划不同,现代城市水域空间规划强调以生态理论为依据,生态恢复成为重要内容和手段,在综合考虑景观、植被、休闲娱乐、经济开发的基础上,增加绿地、保护河岸带植被和水域环境,形成连续的绿色开放空间成为主要内容。美国波士顿市通过查尔斯河恢复河流自然状态的翡翠项圈规划是成功的典范,其他如韩国首尔清溪川的生态恢复(见图 10-7)、美国芝加哥河流的恢复等。

图 10-7　韩国首尔清溪川生态恢复前后[65]

在国内,成都府南河综合整治工程运用水生植物能吸收和富集水体中的污染和有害物质的生态学原理,把水质生物净化过程和园林艺术结合起来,建立人工湿地处理污水,建成了生物多样化的滨河公园。上海市在城市河流改造过程中对河岸植被实行了两级控制。河滨绿地成为天津城市绿地系统中一种重要的绿地形式,是园林植物多样性最高的绿地类型之一。此外,对北京转河、浙江黄宁江、沈阳南运河的生态恢复,以及对杭州西湖,南京玄武湖、莫愁湖等治理恢复都取得了很大成功。

国内城市小型湖泊也得到较大生态修复关注,如武汉东湖全新的生态治理模式,东湖绿道呈现全新的城市生态景观。杭州西湖、广东海珠湿地[66]、肇庆七星湖、苏州阳澄湖等通过生态修复,景观和水质都得到较大的生态改善。

厦门筼筜湖区域历史上为天然港湾,20 世纪 70 年代人工围堰形成潟湖,由于水流不畅、纳污无度,曾经污染严重、蚊蝇滋生,对市容市貌和居民生活造成很大影响。1988 年以来,实施了以"截污处理、搞活水体、清淤筑岸、美化环境"为指针的综合整治工程,经二十余年的治理,已基本控制了污染的发展,湖区环境得到了极大改善,初步实现了"治理筼筜湖,保护西海域"的目标[67,68]。

3. 城市废弃地生态系统的恢复概况

城市废弃地的首要问题是对生态环境和城市景观的破坏,国外有很多改造城市废弃地较成功的例子。如著名的德国杜伊斯堡风景公园就是将一个工业化时期遗留下来的废弃工厂改造为具有历史气息的生态公园,在生态恢复的同时保留了场地的历史特征,将景观与生态很好地结合起来,废弃的建筑和铁路都成为景观构成的重要元素。日本东京野鸟公园废弃地被成功改造为与周围环境相融合的公园。加拿大汤米迅公园废弃地被成功改造为生态公园,不但成为人们的休闲场所,而且也成为野生动物的栖息地。伦敦市先后在废弃煤场、废弃码头建造了 10 余个生态公园。高度工业化和城市的扩张,使城市内自然环境和自然与人工环境生态系统遭受严重的破坏。随着人类环境与生态意识的觉醒,逆工业化的浪潮为城市环境建设和生态恢复提供了广阔的发展空间。

4. 城郊农业生态修复

城郊作为城市的重要组成部分,它必然要成为城市林业发展的重要场所,但城郊同时又是保障城市食品安全的重要基地,因此,它必然是一个农、林、牧、副协同发展的农林复合生态系统[69]。农林复合生态系统在我国经营历史悠久、种类繁多、遍及各地,且农林牧在时间、空间上有机结合,生态效益和经济效益都很显著[70]。

城市农业生产也涉及规模限制。许多人参与了微型城市农业,使用绿色屋顶、后院,甚至火灾逃生通道来种植适度的本土蔬菜。宏观城市农业正在成为我们城市中一种重要的新型土地利用类型。从垂直温室,玻璃墙高层建筑,到我们前工业区的花卉和蔬菜大棚,再到托儿所和小型果园,这些果园将废弃的棕色地带变成有用且健康的盈利景观[71]。

为什么提出中国生态城市建设要大力发展城郊结合的农林复合生态系统这个观点,中国城市绿化已经非常发达,建设的郊野公园、生态公园,生态廊道,湿地公园已经很多,整个城市都呈现一种大公园的外观。但是大都没有经济产业,光以植被恢复为中心的生态绿化其生态功能的完整性也是值得怀疑的。尤其是郊区,不应该将宝贵的土地资源仅仅发展以植树为主的生态廊道。城市郊区只有发展多产业融合的休闲产业,才能解决城郊的生态发展和保护,也才能实现城市和乡村的自然融合,从而真正建立一个生态城市。

总之,城市生态系统恢复是一个非常综合和复杂的、具有时间动态性、空间差异性和高度非线性特征的过程。城市生态系统恢复科学涉及很多研究领域,不但涉及土地景观规划、生态学及环境科学,而且也与社会科学、经济学和相关方针政策密切相关。然而,迄今为止国内外的大多数研究工作偏重对特定城市生态系统恢复的研究,而很少涉及不同退化类型在时间序列上的变化。此外,城市生态系统恢复的方法论及评价指标体系定量化、动态化、综合性和实用性以及尺度转换等方面的研究工作大多处于探索阶段。我国城市生态系统恢复研究虽然在某些方面取得了一定的、有特色的进展,但与世界其他国家还有一定差距。

四、中国新型城镇化建设

城镇化是经济社会发展的必然趋势和实现现代化的必由之路。2013 年 12 月,中央城镇化工作会议召开。2014 年,提出解决"三个 1 亿人"等战略目标,新型城镇化建设取得明显进展,新型城镇化、人的城镇化等被广泛关注,逐渐成为各级政府的工作重点[72]。

城镇化是现代化的必由之路,是解决农业、农村、农民问题的重要途径,也是解决新时代我国社会主要矛盾、推动经济高质量发展的强大引擎[73]。现代化是城镇化的内在机制和内容,城镇化是现代化的空间载体和形式,两者在很大程度上是相互叠合、同步发展的。这是因为,现代化意味着传统农业文明向现代工业文明的转型,最突出的特点是凭借基于现代科学技术的生产方式,深刻改变人类传统的空间环境、社会形态和生活方式,进而使城市成为人类生产生活的核心和主流[74]。国家发改委印发《2019 年新型城镇化建设重点任务》,提出要突出抓好在城镇就业的农业转移人口落户工作,推动 1 亿非户籍人口在城市落户的目标取得决定性进展。

(一) 中心城市建设

2007 年建设部上报国务院的《全国城镇体系规划(2006~2020)》首次提出"国家中心城市"的概念[75]。国家中心城市是《全国城镇体系规划》以及新型城镇化建设的最高城镇层级,能够充分发挥自身的政治、经济、文化以及对外开放的引领作用,实现集聚与辐射功能的发挥。国家中心城市的建设对发挥示范作用以及推进新型城镇化建设具有重要的意义。国家中心城市不仅是新型城镇化建设的重要空间载体,而且能够通过发挥城市规模与集聚效应,吸引要素跨区域流动,提高要素与产业匹配度,对于提高城市发展效率有重要影响。

(二) "城市群"建设

城市群(urban agglomeration)是指以中心城市为核心向周围辐射构成的多个城市的集合体。城市群在经济上紧密联系,在功能上具有分工合作,在交通上联合一体,并通过城市规划、基础设施和社会设施建设共同构成具有鲜明地域特色的社会生活空间网络。几个城市群或单个大的城市群可进一步构成国家层面的经济圈,对国家乃至世界经济发展产生重要的影响力。

城市群的研究历史还不长,但具有城市群思想萌芽可以追溯到 19 世纪末。早在 1898 年,霍华德主张将城市周边地域的城镇纳入城市规划范围,提出城镇集群(town cluster)概念。1915 年英国格迪斯(P. Geddes)称这类地区为集合城市(conurbation)或城市群(urban agglomeration)。中国的"城市群"概念实际上已经成为区域经济的概念,其实就是城市地理学和城市规划领域的"城市体系"概念,一般系统理论是城市体系研究的基础理论。纵观全球,六大世界级城市群已经形成——美国东北部大西洋沿岸城市群、北美五大湖城市群、日本太平洋沿岸城市群、英国伦敦城市群、欧洲西北部城市群和我国长江三角洲城市群,它们都对世界经济、科技、社会、文化具有强大的影响力和控制力,显著提高了国家综合实力。

(三)湾区建设

湾区是由一个海湾或相连若干个海湾、港湾以及邻近岛屿共同组成的区域。据世界银行的一项数据显示,全球 60% 的经济总量集中在湾区部分。这一由湾区非同寻常的地理位置所衍生出的经济效应被称为"湾区经济"。作为湾区空间的重要组成部分,港口与城市发挥着纽带与辐射作用,因此,湾区经济可以说是滨海经济、港口经济、都市经济与网络经济高度融合而成的一种独特经济形态,是海岸贸易、都市商圈与湾区地理形态聚合而成的一种特有经济格局。

纵观全球,目前知名的海湾有几千个,但真正意义上的湾区经济却只有三个,即纽约湾区、旧金山湾区和东京湾区。粤港澳大湾区已正式升级为国家战略。近期,浙江与上海正在探讨杭州湾大湾区规划,旨在将原先长三角地区中杭州湾一带的城市经济进一步细致定位,构建新的科技发展带。环渤海地区有着辽中南、京津冀、山东半岛三大城市群。未来随着环渤海高铁的全线贯通,沿线城市时空距离将进一步拉近,届时城市群之间有望进一步整合。

(四)特色小镇的建设

特色小镇是以某一特色产业为基础,汇聚相关组织、机构与人员,形成的具有特色与文化氛围的现代化群落。特色小镇更不是简单的"加",单纯的产业或者功能叠加,并不是特色小镇的本质。特色小镇是以信息经济、环保、健康、旅游、时尚、金融、高端装备制造等产业为基础,打造具有特色的产业生态系统,以此带动当地的经济社会发展,并对周边地区产生一定的辐射作用,是区域经济发展的新动力和创新载体。从特征内涵上看,特色小镇具备四个特征:产业上"特而强"、功能上"有机合"、形态上"小而美"、机制上"新而活"。总的来说,特色小镇不是"镇"也非"大拼盘",而是发展平台,是区域经济发展的新动力和创新载体。

案例 "海绵城市"理论与实践

"海绵城市"概念的产生源自行业内和学术界习惯用"海绵"来比喻城市的某种吸附功能,最早澳大利亚人口研究学者 Budge(2006)应用海绵来比喻城市对人口的吸附现象。近年来,更多的是将海绵用以比喻城市或土地的雨涝调蓄能力。《城市景观之路:与市长们交流》一书中,提出把维护和恢复河道及滨水地带的自然形态作为建立城市生态基础设施的十大关键战略,指出"河流两侧的自然湿地如同海绵,调节河水之丰俭,缓解旱涝灾害[76]。

"海绵城市"的概念被官方文件明确提出也代表着生态雨洪管理思想和技术将从学界走向管理层面,并在实践中得到更有力的推广。但是,不难发现相关研究多围绕以低影响开发技术(low impact development,LID)、水敏感性城市规划与设计等为代表的西方国家先进的生态雨洪管理技术而展开,也越来越聚焦于城市内部排水系统和雨水利用、管理,并且在具体技术层面的诠释依旧未能摆脱对现有治水途径中"工程性措施"的依赖。

为了构建完整的生态基础设施,景观设计师同时关注水城河流域和城市本体两方面。首先,河流串联起现存的溪流、坑塘、湿地和低洼地,形成一系列蓄水池和不同承载力的净化湿地,构建了一个完整的雨水管理和生态,如图 10-8 六盘水明湖湿地公园。

图 10-8 六盘水明湖湿地公园[77]

思考题

1. 何谓生态设计和生态工程?

2. 从生态系统管理到复合生态系统管理,有什么不同?

[41] A Large Marine Ecosystem Approachto Fisheries Managemenand Sustainability：Linkages and Conceptstowards Best Practices[OL]. https：//nefsc.noaa.gov/publications/tm/tm184/tm184.pdf.

[42] 汤茜,丁圣彦.多功能景观研究进展[J].生态学报,2014,34(12)：3151-3157.

[43] 吕一河,马志敏,傅伯杰,等.生态系统服务多样性与景观多功能性——从科学理念到综合评估[J].生态学报,2013,33(04)：1153-1159.

[44] Hobbs RJ, Higgs E, Hall CM, et al. Managing the whole landscape：historical, hybrid, and novel ecosystems[J]. Frontiers in Ecology and the Environment, 2014, 12(10)：557-564.

[45] 周华荣.干旱区湿地多功能景观研究的意义与前景分析[J].干旱区地理,2005,(01)：16-20.

[46] 张雪峰,牛建明,张庆,等.整合多功能景观和生态系统服务的景观服务制图研究框架[J].内蒙古大学学报(自然科学版),2014,45(03)：329-336.

[47] 王好.多功能景观概念在可持续景观规划中的应用[J].科技创新导报,2012,(17)：131.

[48] 王紫雯.多功能景观概念在可持续景观规划中的运用[J].城市规划,2008,(02)：27-33.

[49] 彭建,吕慧玲,刘焱序,等.国内外多功能景观研究进展与展望[J].地球科学进展,2015,30(4)：465-476.

[50] 任继周,贺达汉,王宁,等.荒漠—绿洲草地农业系统的耦合与模型[J].草业学报,1995,(2)：11-19.

[51] 任继周,万长贵.系统耦合与荒漠-绿洲草地农业系统——以祁连山-临泽剖面为例[J].草业学报,1994,(3)：1-8.

[52] 唐启升,苏纪兰,孙松,等.中国近海生态系统动力学研究进展[J].地球科学进展,2005,20(12)：1288-1299.

[53] Permaculture[OL]. http：//starseedsportal.org/self-reliance-sufficiency/permaculture/.

[54] 柳骅,赵秀敏,石坚韧.朴门永续农业在城市生态住区的发展策略与途径研究[J].中国农业资源与区划,2017,38(07)：188-194.

[55] 皮埃尔·雅克,拉金德拉·K·帕乔里,劳伦斯·图比娅娜.城市——改变发展轨迹(看地球2010)[M].潘革平,译.北京：社会科学文献出版社,2010.

[56] 邬建国,等.城市生态学——城市之科学[M].北京：高等教育出版社,2017.

[57] 梅林.泛生态观与生态城市规划整合策略[D].天津大学,2007.

[58] 鲁敏,张月华,胡彦成,等.城市生态学与城市生态环境研究进展[J].沈阳农业大学学报,2002,(01)：76-81.

[59] 王如松.转型期城市生态学前沿研究进展[J].生态学报,2000,(05)：830-840.

[60] 宋永昌,戚仁海,由文辉,等.生态城市的指标体系与评价方法[J].城市环境与城市生态,1999,(05)：16-19.

[61] 秦远清.成都生态城市建设的战略思考[J].四川环境,2004,(02)：40-44.

[62] 刘熙.城市生态系统恢复研究进展[J].资源开发与市场,2009,25(08)：744-747.

[63] 张征恺,屠星月,姜亚琼,等.2016年第二届国际城市生态学大会会议评述[J].生态学报,2017,37(6)：2134-2139.

[64] 上海计划建设21座郊野公园,现在已经完工6座郊野公园[OL].https：//baijiahao.baidu.com/s?id=1594111631998701890&wfr=spider&for=pc.

[65] 湖南城市建设信息网[OL].http：//www.hunancj.cn/.

[66] 湿地,让城市生活更美好——海珠湿地五周年保护建设成就综述[OL].http：//www.sohu.com/a/

202213500_99943840.

［67］黄凌风.关于厦门筼筜湖生态修复策略的思考［OL］.http://www.ngd.org.cn/jczt/stlt/zzyj/24654.htm.

［68］谢小青.厦门市筼筜湖综合治理工程介绍［J］.厦门科技,2003,(5)：30-31.

［69］胡仁华.城郊农林复合生态系统建设与管理［J］.湖北林业科技,2002,(03)：22-25.

［70］谢京湘,于汝元,等.农林复合生态系统研究概述［J］.北京林业大学学报,1988,10(1)：104-108.

［71］Handel SN. Greens and Greening：Agriculture and Restoration Ecology in the City［J］. Ecological Restoration,
2016, 34(1)：1-2.

［72］陈明星,隋昱文,郭莎莎.中国新型城镇化在"十九大"后发展的新态势［J］.地理研究, 2019, 38(1)：
181-192.

［73］把新型城镇化的作用充分发挥出来［OL］.http://theory.gmw.cn/2019-04-21/content_32761182.htm.

［74］开启从城市化到城市现代化新征程［OL］.http://theory.gmw.cn/2017-12-26/content_27187467_
2.htm.

［75］胡凡,陆建猷.国家中心城市建设与新型城镇化推进［J］.河南社会科学,2017,25(04)：24-30.

［76］俞孔坚,李迪华,袁弘,等."海绵城市"理论与实践［J］.城市规划,2015,39(06)：26-36.

［77］俞孔坚与北大的"海绵城市"理论与实践［OL］.http://wd.tgnet.com/DiscussDetail/201507241176981492/1/.